U0344341

丝绸之路上的葡萄酒

惠源 ■ 著

南方日报出版社
NANFANG DAILY PRESS
中国·广州

图书在版编目（CIP）数据

丝绸之路上的葡萄酒 / 惠源著. -- 广州 ： 南方日报出版社，2024. 11.
ISBN 978-7-5491-2889-1

Ⅰ. TS971.22

中国国家版本馆CIP数据核字第2024AS9901号

SICHOU ZHI LU SHANG DE PUTAO JIU

丝绸之路上的葡萄酒

著　　者：惠　源

出版发行：南方日报出版社

地　　址：广州市广州大道中289号

出 版 人：周山丹

责任编辑：曹　星　黄敏虹

装帧设计：肖晓文

责任校对：朱晓娟

责任技编：王　兰

经　　销：全国新华书店

印　　刷：广东信源文化科技有限公司

成品尺寸：210 mm×285 mm

印　　张：24.75

字　　数：678千字

版　　次：2024年11月第1版

印　　次：2024年11月第1次印刷

定　　价：130.00元

审 图 号：GS粤（2024）1181号

投稿热线：（020）87360640　　读者热线：（020）87363865

发现印装质量问题，影响阅读，请与承印厂联系调换

序一

　　Marco（惠源）写了一部非常全面、论证完善的有关西亚和东亚酒精饮料的出现以及数千年来发展历史的专著，主要是以中国和后来的丝绸之路为视角。Marco最早通过邮件联络我，是为了取得我的两本书*Uncorking the Past: The Quest for Wine, Beer, and Other Alcoholic Beverages*（Oakland: University of California Press, 2009/2010）和*Ancient Wine: The Search for the Origins of Viniculture*（Princeton Science Library; New Jersey: Princeton University, 2003/2006, 2019）中几幅图片的授权。我惊异于他的名字"Marco"，是否与那位最早的旅行家之一、涉及丝绸之路和中国文化的作家Marco Polo有关？这位现代的Marco告诉我，在一次意大利之行前他独立选择了这个名字，是Mark的意大利语形式。因为有人告诉他，这个词来源于一个意为"大"的词根，而且他比一般中国人要高。这个名字还很有可能和罗马战神Mars有关，这个战神经常被描述为全身披挂、肌肉发达、头盔高昂。

　　这似乎令人惊讶，一个并不具备学术背景的人能以科学思维涉猎多个领域，从分子生物考古学，到葡萄种植学，到啤酒制作，到古代中国和苏美尔文字分析。但Marco令人敬佩地完成了这一艰巨使命，同时为进一步的研究和解释提出了独立的假说。这一成就是他从复旦大学和北京大学分别取得物理学和商科学位的生动注脚，也和他在一家位于北京西北部、中国最好的葡萄酒厂之一从事相关事务有关。由于Marco不能从离家较近的北京大学取得相关的书籍或文章，他无论寒暑来回数公里去中国国家图书馆从缩微胶卷上阅读、记笔记。

　　虽然我和Marco未曾谋面，也不敢说我真正阅读了他的力作（尽管我通过Google Drive转化并阅读了他869页的PDF文稿的翻译），但是我们通过邮件进行了极富挑战性的深入交流。我们的想法并非总是一致，但我们都同意，在做出更强有力的假说之前，需要更多的证据。比如，我对通过淀粉分析研究方法得出纳吐夫/晚期旧石器时代（约公元前12 500—前9500年），在古巴勒斯坦地区用一系列谷物和其他碳水化合物资源进行早期啤酒制作的这一结论抱有疑问，而Marco倾向于接受对这一证据的这一解释，尽管他承认自己不具备作出这一判断必需的一些专门科学知识，我也不具备。

　　起初我对写序有些犹豫，因为我有另一位长久以来很亲密的同事——彼得·库弗（柯比德，Peter Kupfer），一位在德国美茵茨约翰内斯·古腾堡大学（Johannes Gutenberg-Universität Mainz）从事中国研究的教授，他用德语写了一本关于丝绸之路和葡萄酒的著作，几乎涵盖了与Marco这本书相同的领域，书名为*Bernsteinglanz und Perlen des Schwarzen Drachen: Die Geschichte der chinesischen Weinkultur*（Deutsche Ostasienstudien 26; Gossenberg: Ostasien Verlag, 2019），可参考他发表在《爱华论刊》（*the Sino-Platonic Papers*）的英文提要（http://sino-platonic.org/complete/spp278_chinese_wine_culture_history.pdf），而且他的书也即将推出中文版。

　　我认为对一些问题，特别是有争议的问题，公开、无拘束的讨论总是有益的。尽管我对Peter的书极为赞赏，我还是觉得这与我为Marco的书写序，并不存在内在的利益冲突。正如在古代或现代的一些集市（有可能就位于丝绸之路沿线的中亚某个地方）中，制作或贩卖某种商品——地毯、金制品、纺织品、金属、茶等——的工匠或商人，聚集在他们容易被找到的同一个地方，互相竞争，为挑剔的客户提供价廉物美的产品。

同样，有效的竞争可以使思想领域富有养分。其目的是通过两组证据、假说的相互对抗和比较，从而发现、展开、深化出更好的前进方向，并指明后续研究的目标。Marco和Peter的书都符合这个模式，对于进入一个未知但极重要的世界是出色的引导，为感兴趣的读者展开了一个充满挑战、横跨中亚5000公里的古代酒精饮料世界。你甚至可以想象自己走在从伊朗到中国的路上，沿途走访一个个考古遗址、一家家博物馆，遇见一个个古人的后裔，正如Peter和他的伊朗妻子Zahra驾驶他们的改装房车"丝绸之路巡游者"一样。

不管是在路上还是坐在扶手椅里，您都可以把手上这本由Marco所著的令人阅读愉悦且信息丰富的书，与美味的"液体时间胶囊"结合起来，就像那具有古代基因，来自费尔干纳河谷的吉尔吉斯斯坦葡萄酒、蒙古马奶酒和绍兴黄酒一样。

干杯！

宾夕法尼亚州立大学博物馆
人类学客座教授
分子生物考古学项目科学主任
Patrick E. McGovern（麦戈文）

丝
绸
之
路
上
的
葡
萄
酒

序二

最近几年，越来越忙，学术圈内的事情都难以应酬，所以圈外的来信往往没有时间处理和回复。不过，当我打开惠源先生寄来的大著《丝绸之路上的葡萄酒》，却爱不释手，快速翻阅，欲罢不能。

葡萄、葡萄酒，与我所关心的中外关系史密切相关，无论是张骞出使西域带回葡萄果实的记录，还是粟特商人沿丝绸之路的葡萄种植，乃至马可·波罗旅途中见到的各种饮酒习俗，都是我非常关注的问题。这本书的书名是"丝绸之路上的葡萄酒"，但作者说他觉得更恰当的题目应当是"东西交流视角下的葡萄酒"。在我来看，更可以说是一本以葡萄酒为中心讨论东西交流视野下各类酒及相关问题的著作。

惠源先生花了不少篇幅探讨酒的起源，指出酒精饮料曾经是古老居民祭祀时的首选，由此酒与人类的定居、植物驯化、种植、农业等的生成有密切关联。早在张骞出使西域之前，西汉都城上林苑中就已经种植了葡萄。中国虽然很早就有野生的葡萄，却和欧亚种酿酒用葡萄（Vitis vinifera）不同，这种野葡萄与谷物、水果、蜂蜜混合发酵，可以得到酒精饮料，但不是今天酿酒葡萄酿出的葡萄酒。因为没有酿酒葡萄的栽培，也就没有产生葡萄酒，中国传统是用曲发酵，用谷物酿酒。从这一基本点出发，作者利用考古学、语言学的证据，讨论了从新石器时代以来东西方酒的产生和不同的发展历程，确认高加索以南地带是葡萄最早的种植地，葡萄酒也从这里向东西方传播。又用大量篇幅阐述了欧亚种酿酒葡萄、葡萄酒向中国传播的过程，中国知识分子对葡萄酒的认知，传入中国的葡萄酒没有延续饮用下来的诸种原因等。他对唐、元时期葡萄酒的流行，着墨较多，指出葡萄酒是由经商的粟特人从西方带入中国的，或者通过朝贡的奉献，为唐朝的宫廷所用。到了元代，由于蒙古四大汗国的建立，更加推动了葡萄酒的东传，成为元朝人喜爱的饮品。此外，关于各种酒具的演变、酒与药的关系等，内容琳琅满目，极为丰富，且配以东西方大量图片，更便于读者理解文字的内涵。作者引用季羡林先生写《糖史》时说的话，来点明自己写作本书的用意，即："醉翁之意不在酒，我意在写文化交流史。"的确如此，这本书不是仅仅局限在葡萄酒、局限在酒，而是宏大的跨学科的文化交流史叙述。

书的内容让我对作者的身份十分好奇，经过追问，方才得知。惠源先生早年毕业于复旦大学物理学科，后来又在北大光华管理学院读了MBA。2006年作者进入葡萄酒行业，曾从零开始参与国内最大的自有葡萄园和酒厂的建设，对葡萄种植、葡萄酒生产和销售，以及企业管理有着丰富的经验。他有感于许多有关葡萄或葡萄酒的著作存在许多知识盲点，于是在2019年开始收集资料，撰写本书。正是由于他具有自身种植葡萄的经历，才能够根据葡萄的生长周期，认为张骞不可能带着葡萄翻越帕米尔高原，质疑所谓张骞带来葡萄籽的说法，认为是不可信的。其对学界一些通说的质疑颇有道理，我完全赞同。

2024年5月以来，我陆续翻阅了两遍这部自称为科普的书，获得不少新知。虽然作者不是历史学科的专业人员，但我想这样的著作是单纯做历史研究的人写不出来的。职是之故，我愿意写这篇序言，举杯为本书的出版而欢呼。

北京大学历史系教授

荣新江

序三

　　作为一名澳大利亚的葡萄栽培科学家和国际顾问，我在全球超过30个国家做过演讲和咨询，其中，最令我兴奋不已的是与中国新兴的葡萄和葡萄酒产业合作。我拥有从澳大利亚悉尼取得的学士和硕士学位，从美国纽约州的康奈尔大学（Cornell University）取得的哲学博士学位，和从南非斯坦陵布什大学（Stellenbosch University）取得的科学博士学位，是多篇科学论文的作者和英语世界关于葡萄酒的终极参考书《牛津葡萄酒伴侣》（*the Oxford Companion to Wine*）的葡萄种植编辑。这本书现在已出到第五版。我的研究领域是通过叶冠管理提升葡萄的产量和质量。

　　接到我的朋友和前同事Marco惠源的邮件，我又惊又喜。他告知我他刚写了一本书《丝绸之路上的葡萄酒》。中国的葡萄酒历史引人入胜。很少有读者意识到欧洲葡萄品种*Vitis vinifera*的近亲是中国的土生品种，被称为野葡萄或山葡萄。一些品种的果实，如*Vitis amurensis*和*Vitis thunbergii*在公元后第一个千年里用来做酒。欧洲葡萄品种*V. vinifera*，据信正是由张骞沿着丝绸之路引进到内地的，用来鲜食或酿酒。中国的现代葡萄酒产业始于十九世纪末期，至今葡萄种植仍以鲜食为主。

　　近年来，政府和区域投资鼓励了当地葡萄酒产业的发展，一些知名的外国葡萄酒企业也在中国种植葡萄园。中国很多地方的主要问题是需要埋土，以防冬季的严寒和干旱。即便如此，在一些外国顾问的指导和咨询下，产量和质量都有所提升，预示着中国葡萄酒前景光明。这种演进在Marco的书中得到了充分的描述。我向读者大力推荐此书。

葡萄栽培专家，博士

Richard Smart（里查德·斯玛特）

丝绸之路上的葡萄酒

序四

　　葡萄酒是最古老、最富多样性和最具文化内涵的酒精饮料之一。有关葡萄酒的著作浩如烟海，可以从葡萄的品种、栽培，酿酒技术，风土，品鉴，餐酒搭配等多角度展开。相对而言，有关葡萄酒历史、传播与文化的著作占比较少。一方面，葡萄酒是液体，酒精极易挥发，很难保存下来作为考古的物证，从各种器皿中发现的残存的固态物质只能作为推测其盛装过"葡萄酒"的佐证。另一方面，葡萄本身枝干细小，不易保存下来，加上葡萄的用途众多，包括制干、鲜食和酿酒，即使有出土的葡萄根蔓，也很难断定其产出的葡萄是否用于酿酒。葡萄酒文化就更是一个复杂且不易考证的领域，很多内容属于非物质文化遗产，处于流变之中，很容易由于天灾、战争之类的原因出现巨变甚至消失。

　　惠源先生是我的老朋友，也是一位知识分子企业家。他从事葡萄酒行业的管理工作后，精于钻研，从自己的兴趣点出发，在十几年的时间里查阅了大量的文献，收集各种考古证据，从文化与历史的角度写就了《丝绸之路上的葡萄酒》一书。惠源先生令我印象深刻的是对学习的热爱，他曾自学希伯来语，而对现代信息技术的掌握，又帮助他的阅读和考据达到了别人难以企及的广度和深度。《丝绸之路上的葡萄酒》一书中包含了大量珍贵的文物和史料的照片，它们被分散保存在一些世界知名的博物馆中，没有基于现代网络的技术手段，要找出这么多用不同语言注释的史料，并消化吸收，把它们集成在一起几乎是一项不可能完成的任务。

　　交流是人类发展的重要助推力，欧亚大陆的东方和西方从非常远古的时代起就存在着各种各样的物质与文化交流，同时这片大陆的东西两端又由于各自的气候环境与资源特点，一直保持着食物、饮品与文化的独特性。中华文化之所以博大精深、生生不息，在历史的长河中不断吐故纳新、兼容并蓄、为我所用是重要的原因。我国的现代葡萄酒历史仅有一百多年，追溯丝绸之路上的葡萄酒文化交流，尝试回答一些有趣的葡萄酒文化和历史问题，切合了现代葡萄酒本土化和创新的需要。

　　惠源先生这本《丝绸之路上的葡萄酒》是一本内容有趣、考据资料非常丰富的葡萄酒著作，既回溯历史，也启发我们思考今天。在我们举杯的时候，对葡萄酒咏之歌之，乐之享之。

中国农业大学果树系教授
马会勤

Contents
目　录

前言

本书名为《丝绸之路上的葡萄酒》，有两方面的含义：其一，丝绸之路实指东西方文化交流；其二，葡萄酒作为纯粹的舶来品，是东西方交流特别是文化东渐的一个实例。所以，这个题目毋宁叫作《东西交流视角下的葡萄酒》。

季羡林有一本著作叫《糖史》。粗看之下，特别是仅从中文发音"听"这个标题，还以为写错了。正如季先生说：

> 我对科技所知不多，但是我为什么又穷数年之力写成这样一部《糖史》呢？醉翁之意不在酒，我意在写文化交流史，适逢糖这种人人日常食用实为微不足道，但又为文化交流提供具体生动的例证的东西，因此就引起了我浓厚的兴趣，跑了几年图书馆，兀兀穷年，写成了一部长达七八十万字"巨著"，分为两编，一国内，二国际。西方研究糖史的学者已经写过的，我基本上不再重复。我用的都是我自己从浩如烟海的群籍中爬罗剔抉，挖掘出来的。[①]

就是说，季先生给他的书起名为"糖"，重点却不在"糖"上，这和本书书名中虽有"葡萄酒"，重点却在"东西交流"相似。

但这本小书和季先生的著作至少有两点完全不同，相距甚远。在季先生写《糖史》的年代，网络甚至计算机都很不发达。他在用到《全唐诗》时，听说深圳大学刚把《全唐诗》输入电脑数据库，于是写信请求协助，虽蒙"不弃"，检索出若干条目，却也得到回信说："电脑调试尚未臻完善，其他条目尚未能查检，只有俟诸异日"。季先生也"没有再敢麻烦"。[②]

荣新江也说：

> 季羡林先生在写作《糖史》的时候，每天都去图书馆古籍部翻看《四库全书》，抄录有关史料。[③]

季先生也写道：

> 在将近两年的时间内，我几乎天天跑一趟北大图书馆，来回五六里，酷暑寒冬，暴雨大雪，都不能阻我来往。[④]

而我得益于网络资料甚多，很多古籍都已上网就可检索，即使有一些未及校对，错误百出，也有影印版可以利用。和季先生的条件相比，真是天壤之别。即便如此，我多花了超过季先生一倍以上的时间，搜集的资料还是不足。这是我这本小书与季先生的《糖史》巨著的第一点巨大差别。

第二点差别在于，《糖史》是一本给学者读的专门史，而我写的是一本科普书，而非一本历史书，希望对葡萄酒爱好者、葡萄酒从业者等普罗大众有所裨益。为了这个目的，书中错漏、贻笑大方之处在所难免。为什么我要写一本科普书，把看似广为人知、常识性的东西再说一遍？这就涉及书名的第二层意思，就是葡萄酒。

我于2006年进入葡萄酒行业，遂与研究愈发渐行渐远，也得以从另一个角度看葡萄酒。从那时起，直到2019年觉得不吐不快开始落笔已有十三个年头。在这期间，我既看到酒在人类发展史上的重要作用，也看到葡萄酒在中国的历史，人们有很多迷思。

对于葡萄酒的种种误解，很大程度上是来自千百年来的人云亦云、以讹传讹，所以我在写作中力争做到言之有据，需要引用时，尽量核实并找到最原始的出处。但欲言之有据，又有推卸责任之嫌，实在两难。在此说明，我对所有引用文责自负，而对非引用文字更是文责自负，并在此罗列本书的主要结论。

第一，酒的起源很古老。

---

① 季羡林：《糖史（一）》，载《季羡林文集》第九卷，江西教育出版社，1998，自序第1页。
② 季羡林：《糖史（一）》，载《季羡林文集》第九卷，江西教育出版社，1998，第68—69页。
③ 荣新江：《学术训练与学术规范——中国古代史研究入门》，北京大学出版社，2011，第9页。
④ 季羡林：《糖史（一）》，载《季羡林文集》第九卷，江西教育出版社，1998，自序第4页。

丝绸之路上的葡萄酒

人对酒的嗜好很早就刻在了人的基因中，甚至可能远早于人与猿分道扬镳的时期。如果科学家发现的第一具可直立行走的类人猿化石露西距今大约是三百多万年的话，人类对酒精的嗜好可能远远超过了三百万年。人类发明制造陶器的历史不到两万年，新石器时代的开始大约在一万年前，而人类发明文字，可以将历史事件记录下来，只有区区五千年左右。那么在人类发明文字前的绝大部分时间（至少六万年前，因为人类使用语言并走出非洲大约距今六万年）[①]，都只能靠口耳相传传递历史信息，这些信息到最后落实成文字时，神话传说色彩浓郁。

　　人类对酒精的嗜好如此古老，酿酒可能是引致新石器革命的重要因素。

　　一种理论认为，人在定居下来、有了农业之后，粮食、果实有了富余才开始酿酒。定居从事农耕带来了翻天覆地的变化，被称为农业革命。但和其他革命持续几十年甚至几年不同，农业革命持续了数千年，定居农业并未较采集狩猎的生活方式取得摧枯拉朽的优势。一般认为，采集狩猎的人们生活得很凄惨，只有定居下来，成为农夫，才有空闲时间进行其他活动。而科学实验却表明，采集狩猎的人们却比农夫有更多的空闲。故而农业革命成了学界一大疑团。农业起源也和人类起源、文明起源一道成为考古学界的基本问题。本书认为，越是古人越崇拜神灵，把一切归于神灵，于是他们把最有神性、最贵重的东西奉献给神，他们又认为神灵住在人不可及的天上，因此具有挥发性的酒精饮料成为祭祀首选。对酒精饮料的需要促成了定居、植物驯化、种植、农业发展，酒精即使不是引发农业革命的唯一因素也是重要因素之一，至少不应被忽略，甚至倒因为果，认为先有农业，后有酿酒。（第一、二章）

　　第二，古老的葡萄酒见证了悠久的东西方交流。

　　东西方交流可能早在智人迁徙、踏遍地球时就开始了，留下的痕迹不胜枚举。同样古老的酒精饮料见证了这种交流。只不过这种交流如此悠久，可能远早于人类发明文字，甚至比陶器和其他人工器物的发明还要早。这种人造器物实际上和墓葬一起成了考古学窥探过去的工具，缺少了这样的工具，使得考古学面对历史更为悠久的事物往往束手无策。比如，早在张骞出使西域之前，司马相如就在咏叹上林苑种植的葡萄，这说明至少葡萄这一外来词早在张骞之前就传播到东方。

　　葡萄酒能够成为东西方交流的见证，是因为酿酒葡萄没有在中国乃至东亚野生，这种现象很可能和气候条件有关。正因为酿酒葡萄没有在中国野生，没有得到栽培，就缺少关注，所以中国谷物酿酒得以发展，也为复式发酵法的出现创造了空间和条件。

　　众所周知，水果酿酒比谷物酿酒需要更少的步骤（可直接发酵，不需先糖化），很多水果果皮上又自带酵母，更易发酵，古人自然会比谷物发酵更早观察到水果发酵的现象，更早开始模仿水果发酵。但谷物更容易存放，也更易侍弄，这使得谷物发酵得到的酒更便宜，用以奉神时不受季节限制。故而谷物发酵的方法一被人类掌握，就风靡整个区域，成为流行饮品。本书认为，西方采用谷物发酵时，葡萄发酵已建立了绝对优势，使得他们把谷物酿酒的糖化和酒化（发酵）两个步骤清晰分开，而中国可发酵水果没有建立优势，没有确立简单发酵的方式，也不致力于把糖化和酒化两个过程截然分开，从而发展出了中国独特的边糖化边酒化的复式发酵法——以曲发酵。对于这一点，有两种质疑声音，一种认为中国有丰富的野葡萄资源，怎么没有用来酿酒？另一种声音注意到中国有苹果、李子、梨等水果，都可以酿酒，为什么没有发展出具有优势的简单发酵技术？

　　对于第一种声音，本书的回答是，中国的确有丰富的野葡萄资源，占全世界葡萄属的一半以上，正如北美也有丰富的野葡萄资源，以致挪威人刚踏上北美土地时称其为文兰（Vinland）——葡萄生长的土地。美洲葡萄有很好的抗性，肆虐欧洲的葡萄根瘤蚜病最后就是利用美洲葡萄的根解决的，但这种葡

前　言

[①]刘夙：《万年的竞争：新著世界科学技术文化简史》，科学出版社，2017，第16—17页。

萄不适用于酿酒，酿出的酒像是笼罩了一层雾，不好喝。和酿酒葡萄（Vitis Vinifera）很不同，他们同属于葡萄属（Genus），但属于不同的种（Spieces）。中国典籍上称其为葛藟或蘡薁，但并不关注其用于酿酒。

对于第二种声音，本书的回答是，这些水果都没有取得环地中海地区葡萄所取得的优势，所以简单发酵方式并没有在中国确立地位。酒精饮料历史悠久，一旦确立以曲酿酒的方式就更习惯于这种独特的味道，而不会投入资源和精力开发水果酿酒了。至于最早为什么走上了以曲酿酒的复式发酵而不是简单发酵的道路，由于太过遥远我们并不确切知道，但我们知道中国没有生长酿酒葡萄且其他水果也没有确立优势，而这些都有利于发展谷物酿酒技术，复式发酵、简单发酵技术两条道路截然不同，只能越走越远。

中国没有生长和栽培酿酒葡萄，也没有钻研开发葡萄酿酒，这可以从文献记载中看出来。《神农本草经》和其后的多种典籍都说葡萄生长在山谷，这显然不是人工栽培的葡萄，人工栽培为何要选在崎岖不平的山谷，耗费大量资源用以平整土地又远离人类的聚居区？实际情况很可能是，"葡萄"这一名称很早已传入中原，被用来借指生长在山谷的、更古老的、称为葛藟或蘡薁的这类植物——野葡萄。李时珍以及明末的徐光启都引用一千多年前的说法，说葡萄或圆或长或绿或紫或有核或无核，只有寥寥数种。及至清代，《广群芳谱》也说葡萄只有十几二十种，且来自西域。对比之下，西方酿酒葡萄品种有万种之多，简西斯·罗宾逊（Jancis Robinson）只挑选一小部分介绍，也有1368种。酿酒葡萄品种之多来自人类的不断干预，他们不断地改良品种，取得更好的抗性、更宜酿酒的特性。中国千年来只有寥寥数种，只能说明缺少人工干预，缺少关注。除此之外，直至明朝，大科学家如李时珍虽然也说葡萄可无曲发酵，但他还不知道葡萄酒的酿法，以为还是用曲，"如常酿糯米饭法"。他虽然也提到不加曲酿造的"真葡萄酒"，却表现得非常矛盾。

按通常的说法，公元前2世纪张骞带回了葡萄，且不说这种说法是否正确，现在的证据说明，张骞还未回到中原时，至少葡萄这一名称就已传入中原。张骞之前至少二百年，酿酒葡萄藤就已传入西域，但张骞的"凿空"的确使汉武帝得以控制西域，厥功至伟。而直到至少八百年后，也许上千年，唐灭高昌，叶护可汗献上马乳蒲桃，唐太宗才习得酒法，自酿酒饮。劳费尔疑惑从取得葡萄到学会酒法为何要这么长时间？其实，时间长正说明了葡萄酿酒的阻力。

至于东亚为什么没有野生酿酒葡萄生长，因为太过遥远，没有人知道当时的气候和植物分布状况，故还没有确切答案。但这可能和青藏高原隆起造成的东亚地区和地中海气候截然不同的大陆性季风气候条件有关。这种气候条件的最大特点是雨热同季，冬天干旱，使得适于酿酒葡萄生长的北方地区葡萄不埋土就无法越冬，这对于酿酒葡萄来讲是致命伤。中国少数不需埋土的地区位于东部沿海地带或偏南地区，这些地区在雨热同季的气候条件下，葡萄成熟的季节往往下雨，要么只适于种植一些早熟的酿酒葡萄品种，要么水分高，适于鲜食不适于酿酒。（第三、第六章）

第三，破除关于葡萄酒的种种迷思。

最著名的迷思就是张骞带回了葡萄，这一迷思经从北魏《齐民要术》到明朝《本草纲目》的推波助澜，流毒甚广。很多历史学家认为，说张骞带回了大量植物是夸张，张骞只带回了葡萄和苜蓿。还有人认为葡萄不是张骞带回的，是其后的李广利带回的，而李广利并非汉使。也有历史学家指出张骞没有带回这些植物，但他们的论证仅仅围绕典籍展开。本书则说明，非但典籍没有提及张骞带了葡萄，张骞也从技术上不可能带回葡萄。

汉武帝公元前141年登基，派出张骞使节队伍最早也在公元前140年，有人论证张骞出发的时间不是公元前139年就是公元前138年，他先被匈奴抓获，在匈奴王庭居住了十余年。按十年计，他逃离匈奴王庭的时间最早也在公元前130年或公元前129年，其后他先向西逃到了大宛，又在大宛王派出的导译引导下通过中亚找到了大月氏。但此时大月氏已占据了兴都库什山麓的大夏（今阿富汗），不想找匈奴复仇了，张骞屡次劝说，"不得月氏要领"。他回程时为避开匈奴，翻越帕米尔高原，改走"南山羌"，但还是被匈奴抓获，在匈奴一年多，趁匈奴单于去世、匈奴内乱的机会才逃回汉朝，于公元前126年4月被封大夫。

帕米尔高原气候恶劣，常年大雪封山。按上面的行程，张骞可能于公元前129年的某个时间找到大月氏，而最晚于公元前128年的6月翻越帕米尔高原，届时当年的葡萄尚未成熟，张骞欲取其实，只能假定取的是前一年的葡萄籽，而当地人也保留了前一年的葡萄籽。事实上，在扩繁时，为了保持母本的性征，人们多用枝条扦插来进行无性繁殖，而不用种子。后者结果未知不可控，只在育种时采用。张骞如果因其葡萄酒好欲取其实，就很可能取的是枝条。这就更不可能，因为冬眠枝必须得第二年春天发芽前种下去才好存活，绿枝就更不易活。更何况张骞在翻越帕米尔高原时，前方一片黑暗，张骞不知道能不能回到汉朝、什么时候回到汉朝。事实上，他第二次被匈奴抓获也是偶然事件，不是他事先计划好的，他逃离匈奴更是偶然事件，也不是事先计划好的。他不知道他是否会被抓获、不知道是否会被杀死、不知道是否会逃脱，事实上，他是三年后才回到汉朝。这种情况下，他绝不可能"取其实"，"取其实"或不能成活或达不到他要的效果。（第四章）

另一种常见的迷思就是混淆了中国土生土长的野葡萄和引进的用于酿酒的欧亚种酿酒葡萄，混淆了今天的葡萄酒和新石器时代含有葡萄的混合发酵饮料。早期人类都饮用混合酒精饮料，这种混合饮料多是谷物、水果和蜂蜜的混合，很可能是为了启动发酵，因为水果、蜂蜜更容易发酵。这样一来，含有水果、蜂蜜的混合饮料和今天的果酒、蜜酒其实没有关系。

这种说法典型的代表，就是中国贾湖发现了人类最早含葡萄或山楂的混合酒精饮料，大约在距今7000—9000年的新石器时代早期，因此被认为是世界上最早的葡萄酒。这种说法的误区在于人们对葡萄酒的认识仅仅停留在它是当今世界上的一种酒精饮料，而我们并不知道新石器时代的混合饮料和现代的葡萄酒是否有相似之处、是否是其祖先，称其为最早的葡萄酒有误导。

同样地，将如今的葡萄酒划分为新旧两个世界，反映的是葡萄酒的两种风格。如今，这种风格的差别越来越模糊，新中有旧，旧中有新，这种二分法可能过于简单，已经不适于划分如今的葡萄酒世界。再将含葡萄混合饮料的源起地称为与新旧两个世界并列的古世界更加没有道理。（第四、六章）

第四，葡萄酒在中国的传播得益于在华外国人携带的习俗文化。

观之中国葡萄酒的历史，可以看到葡萄酒的发生发展和入华外国人密不可分。这些外国人先有活跃在丝绸之路上的粟特人（Sogdian），唐朝的世界主义胸怀又广为接受了各种胡人入华，传教士们抱着传播福音的理想入华，也带来了葡萄酒。侵华外国军队和在其后出现的租界中居住的外国人对葡萄酒的传播也起到巨大作用。

葡萄酒在元朝的兴盛和蒙古人建立了横跨欧亚的庞大帝国不无关系，芮传明即认为"历代游牧民族在葡萄与葡萄酒传入中国的过程中发挥了积极乃至关键性的作用"。[1]

2005年和2011年，西安隋墓出土了三件"醉拂菻"驼囊。汉文史料将继承希腊罗马文化的拜占庭帝国称为"拂菻"，而"醉拂菻"则表现了希腊神话中的酒神狄奥尼索斯喝得醉醺醺的形象。希腊神话人物的形象被用于驼囊装饰出土于西安隋墓，暗示着携带并传播这一形象的是经商的胡人。虽然中国工匠制作的酒神模板究竟来自中亚粟特还是拜占庭帝国还是个疑问，公元前4世纪古希腊亚历山大大帝进攻东方，到达中亚和北印度，势力影响非常深远，他不仅在征服途中建立了许多具有希腊文化特征的城市，而且把希腊文化带入了中亚和巴克特里亚地区。狄奥尼索斯酒神文化在中国的遗痕正位于陆上丝绸之路的重要支点上。[2]胡商既然携酒神文化东来，也很可能携酒东来。

---

[1] 芮传明：《葡萄与葡萄酒传入中国考》，《史林》1991年第3期。
[2] 葛承雍：《"醉拂菻"：希腊酒神在中国——西安隋墓出土驼囊外来神话造型艺术研究》，《文物》2018年第1期。

图0.1 图为纽约大都会艺术博物馆收藏的驼俑，背上驼囊刻有喝醉了的酒神形象，俑高27.9厘米，宽29.2厘米，制作于公元6世纪晚期到7世纪。葛承雍因该陶俑与西安隋墓出土的驼囊骆驼陶俑残片表现的骆驼及其驼囊上刻画的图像基本相似，认为该藏品也源自中国隋代[①]

背着酒囊卖酒的胡人形象很常见，这些名为"抱物胡俑""抱鱼人形尊""胡人尊形器""抱鸭壶坐俑""抱插花花瓶俑"等陶俑的原型，葛承雍认为主要是抱皮囊酒袋入华进献葡萄酒的胡人，或是抱鹅形酒囊的仕女，应该定名为"进献贡酒抱皮囊俑"，再现了"胡人岁献葡萄酒"的艺术形象。[②]

> 汉家海内承平久，万国戎王皆稽首。
> 天马常衔苜蓿花，胡人岁献葡萄酒。[③]

葡萄酒文化属性的一个代表就是马德拉葡萄酒。（第七章）

第五，作为商路和东西方交流主要通路的陆上丝绸之路不以长安、洛阳或其他中原城市为终点，海上丝绸之路的兴起也不以陆上丝路的衰退为前提。

东西方的交通在时间上不以汉武帝或张骞为始，在空间上也不以长安、洛阳为终。张骞的"凿空"毫无疑问意义重大，但这种"凿空"对于像葡萄酒这种古老的饮料和生活必需品来说，要逊色不少。智人起源于非洲的理论、童恩正的半月形地带理论都给予东西方交通之久远和可行的路线以可能解释。这方面的佐证最著名的莫过于三星堆出土的文物，更多的佐证包括以颜色表示方位的习俗、坎儿井和横跨欧亚的中国北方游牧王朝。而海上丝路的兴起得益于技术的进步，即不管陆上丝路是否有阻碍、是否衰退，都会兴起。（第五章）

第六，蒸馏器不一定用于蒸馏酒，蒸煮加热也不等于蒸馏。

关于蒸馏酒在中国的起源一直有各种说法，有学者把蒸馏酒的历史等同于蒸馏器的历史，或者把蒸煮加热和蒸馏相混淆。其实蒸馏器既可用于浓缩酒精，又可用于萃取花露、药材，因此蒸馏器的历史不能等同于蒸馏酒的历史。同时，欲要浓缩的物质如果存在于没有随着溶剂的挥发而逸出的溶解物当中，蒸煮加热也可达到目的；而如果意欲浓缩的物质随溶剂逸出，如酒精，就必须得有冷凝后再次取液的功能，如果只蒸煮加热，随着酒精的逸出，存留下来的液体就只能越来越淡，达不到浓缩酒精的目的。（第十四章）

---

①葛承雍：《"醉拂菻"：希腊酒神在中国——西安隋墓出土驼囊外来神话造型艺术研究》，《文物》2018年第1期。
②葛承雍：《"胡人岁献葡萄酒"的艺术考古与文物印证》，《故宫博物院院刊》2008年第6期。
③鲍防：《杂感》，载陈贻焮、郝世峰主编《全唐诗》第二册，文化艺术出版社，2001，第1097页。

探求酒精的历史，其中一个问题就是这种饮品如此古老，以至于记录历史的人把它看作是历史事件发生的背景，而不为此专门记录。这就造成了关于这种饮料的记载零散分散，史料少之又少。这少之又少的史料当中，又由于这种饮品的古老，远早于文字的发明，以至于早期的历史，因为口耳相传，而发生讹变，富有神话色彩。典型的例子就是中外关于酒的起源的传说。

探求中国葡萄酒的历史，另一个问题就是无法将葡萄酒和中国酒分开。中国酒为何会发展出独有的复式发酵法？为何在引入葡萄种植八百甚至一千年后，中国人才出现用葡萄酿酒的记载？[1]本书尝试给出一种解释：和西方将像葡萄酒一类的果实酒（只酒化部分）和啤酒一类的谷物酒（既需糖化又需酒化）清晰区分不同，中国因为没有葡萄生长，就没有清晰区分这两个过程的必要。这种解释未必正确，但也是一种可能。

---

①[美]劳费尔：《中国伊朗编》，林筠因译，商务印书馆，2015，第59页。

葡萄种植来自人类的久远记忆，种葡萄酿酒在人类发明文字记录重大事件时，已是习以为常、天经地义的人类活动，无需解释或无法解释。人工种植葡萄的历史，公认的起点在古代近东，即两河流域以及黑海和里海之间的高加索地区。差不多10 000年前，人类的农业文明首先在这一地区开始。人类对酒的嗜好应该和酒精的致幻作用分不开。在这种致幻作用下，人们会意识模糊，产生无法抗拒的快感和幻觉。这种对酒的嗜好在哺乳动物当中很普遍，在人类与黑猩猩分道扬镳之前就已存在，是受到了本性驱使。如果至少在距今300万年前，原始人类就已经和黑猩猩各奔东西的话，人类对酒的嗜好已经远远超过300万年。人类的出现远晚于葡萄和谷物的出现，说明人类或人类的祖先可能很早就偶然发现了酒精的秘密。

各个地区的糖分来源并没有像洲界这样截然清晰。这些糖分大多取自果汁、茎叶中的树汁或淀粉。环地中海地区北面、西面是欧洲南部和西班牙，南面以位于北非的埃及、突尼斯和位于亚洲的腓尼基最为著名，东面则是土耳其、叙利亚、黎巴嫩、以色列，从此一直向东从约旦、伊拉克、伊朗到阿富汗甚至翻过帕米尔高原直到塔克拉玛干大沙漠南北，这一广阔地带以生长着欧亚种酿酒葡萄著称。埃及虽然气候条件并不适合葡萄生长，但热爱葡萄酒的法老先是从地中海东岸进口葡萄酒，后来在尼罗河三角洲种植驯化的酿酒葡萄，形成自己的葡萄酒产业。葡萄酒和席卷非洲大陆的啤酒一起形成了葡萄酒和啤酒共处但两极分化的态势：葡萄酒成了上层阶级的专宠，而啤酒成了适合所有阶级的大众饮料。埃及位于非洲大陆的北端，紧靠地中海，受到欧洲、环地中海区域和非洲的影响。非洲大地有着丰富的植物资源，很多根茎叶果都可以做酒，这使得蜜酒并不唯一，啤酒成了流行饮品。在美洲，美洲人很早就在留意可能的糖分来源，玉米和可可树就是早期美洲人利用富糖果实之一例。

第一章 与天地并

大洪水

方舟停在阿拉腊山上。洪水退去，挪亚将所有活物放出方舟，它们从此在地上"多多滋生，大大兴旺"。①

上帝就这样重启了人类社会，挪亚成了当今世上所有人的祖先。大洪水过后，挪亚建了葡萄园还酿了酒，可以说是人类第一个酒农。这也说明了洪水肆虐之前，人类，包括挪亚，应该就有种葡萄酿酒的经验，挪亚的葡萄园是人类一切被毁灭后重新开始后所耕种的第一块土地，但肯定不是种植葡萄的开始。《圣经·旧约》记载了挪亚为了免于被大洪水毁灭而带入方舟的是有血肉有气息的活物：

> 他们和百兽，各从其类；一切牲畜，各从其类；爬在地上的昆虫，各从其类；一切禽鸟，各从其类，都进入方舟。凡有血肉、有气息的活物，都一对一对地到挪亚那里，进入方舟。
>
> ……凡在地上有血肉的动物，就是飞鸟、牲畜、走兽，和爬在地上的昆虫，以及所有的人，都死了；凡在旱地上、鼻孔有气息的生灵都死了；凡地上各类的活物，连人带牲畜、昆虫，以及空中的飞鸟，都从地上除灭了，只留下挪亚和那些与他同在方舟里的。②

丝绸之路上的葡萄酒

《圣经·旧约》没有说挪亚是否把葡萄枝条带上了方舟，或是在大洪水过后又找到了枝条进行扦插，或是通过播撒种子重建了葡萄园。有可能这卷书的作者并不认为植物和动物一样需要被方舟庇护，而在覆盖了整个地球甚至没过阿拉腊山头的洪水退去后葡萄树仍能不受影响。

《圣经·旧约》从《创世记》开始的前五篇，被称作"摩西五经"，据信成书于公元前6世纪犹太人的巴比伦之囚时期。犹太神话中挪亚在大洪水后重建一个葡萄园的故事至少发生在公元前2000年之前。③

公元前586年，新巴比伦王国国王尼布甲尼撒二世洗劫了耶路撒冷，毁灭了第一圣殿，并将犹太人掳掠到巴比伦。正是在巴比伦河边，也许正是在葡萄树旁，犹太人第一次将摩西五经的文本付诸文字。犹太人的始祖亚伯拉罕原住在两河流域的乌尔（Ur），后来经由两河流域通往地中海岸边形似弯弯新月的肥沃土地（称作新月沃土）来到迦南（Canaan），《圣经·旧约》讲述的大洪水的故事和两河流域的类似传说很接近，其取材或改编于两河流域的类似传说不无可能。④

在《圣经·旧约》之前，大洪水传说就在古代美索不达米亚广为流传。⑤人类历史上第一部长篇史诗《吉尔伽美什》讲到了乌塔纳皮什提（Utnapishtim）拯救人类于大洪水而得到永生的故事。这部史

---

①选自《圣经·旧约·创世记》8：17。
②选自《圣经·旧约·创世记》7：14、21—23。
③选自《圣经·旧约·创世记》11：10—26、《圣经·旧约·创世记》21：5、《圣经·旧约·创世记》25：26、《圣经·旧约·创世记》37：2、《圣经·旧约·出埃及记》12：40、《圣经·旧约·申命记》1：3、《圣经·旧约·申命记》8：2、《圣经·旧约·申命记》29：5、《圣经·旧约·撒母耳记》上。大洪水过后452年，改名为以色列的雅各出生，他的儿子约瑟被卖往埃及时至少已17岁，以色列人在埃及被奴役了430年，后在摩西的带领下，逃离埃及，在旷野中游荡了40年，之后打败了迦南人，取得流着奶与蜜的应许之地，又在扫罗王治下过了数十年，之后进入大卫王的时代。据说大卫王的故事发生在公元前1000年；以研究古酒知名的麦戈文（Patrick E. McGovern）则认为如果从字面解读《圣经·旧约》的时间叙事，挪亚的时期会比公元前2700年早很多，见Patrick E. McGovern, *Ancient Wine: The Search for the Origins of Viniculture* (New Jersey: Princeton University Press, 2003), p.18。
④选自《圣经·旧约·创世记》11：31、12：1—8。
⑤拱玉书对泥板上描绘的各种大洪水传说做了梳理，见《吉尔伽美什史诗》，拱玉书译注，商务印书馆，2021，第xviii—xxxii页；麦戈文描述了两河流域最早发现的公元前第二个千年早期对大洪水的叙述，并将《吉尔迦美什史诗》和《圣经》中对大洪水的描绘加以比较，见Patrick E. McGovern, *Ancient Wine: The Search for the Origins of Viniculture* (New Jersey: Princeton University Press, 2003), pp.17-19；休·约翰逊也勾勒了两河流域《吉尔迦美什史诗》中对大洪水的描绘，见[英]休·约翰逊：《葡萄酒的故事》，李旭大译，陕西师范大学出版社，2004，第26—28页。

诗的主人公、古代两河流域乌鲁克城邦的第五任国王吉尔伽美什（Gilgamesh）大约生活在公元前2900年—前2800年[①]，在寻找乌塔纳皮什提询问永生秘诀的路上，进入了一座果园：

> 到了第十二个时辰，他已走出黑暗来到太阳下面。
>
> 眼前是个花园，花园里光辉灿烂。
>
> 他一把这些神树见，立刻上前仔细看。
>
> 光玉髓树果实满，
>
> 葡萄一串串，百看都不厌。
>
> 青金石树枝叶茂，
>
> 硕果累累垂，入目心怡然。[②]

有人说这果园里的树藤结的果实是葡萄，只是有着红蓝宝石的色彩。[③]有人说这里的树都是神树，树上结的都是宝石，并非葡萄。[④]

无论何种解释，可以确定的是，在吉尔伽美什的英雄事迹为人们广为传唱的年代之前，至少在它已经成文可以被制成泥板的年代之前，葡萄就已被用来形容和解释其他事物。[⑤]上面所引的来自十二块泥板的标准版《吉尔伽美什》史诗，大约书写在公元前1300年前后。标准版《吉尔伽美什》又是公元前1800—前1600年古巴比伦版《吉尔伽美什》史诗的增强版，在这之前，吉尔伽美什的故事已经口头流传了几个世纪。[⑥]

早期人类聚居点大都靠近水源甚至傍水而居，水灾大概是古代人类必须面对的最普遍的自然灾害。第四纪冰川带来的地球气候变化和晚期冰期结束时海平面相应上升也可能是洪水泛滥的大背景。因此在全世界的人类文明中大都留有可能曾经发生过涉及全球的大洪水的重要痕迹。不过洪水肆虐的年代如此久远，人们当时还没有发明文字记录洪水滔天的景象，洪水，成了人类恐怖的远古记忆，口耳相传。现存的这类记录，包括中国古代大禹治水的传说，都是后人的追记，由于年代久远，这些追记笼罩着一层神话色彩，类似的记录并不能成为我们追溯某一事物久远起源的依据。

比如，有人根据《圣经》的记载推出上帝在距今6000多年前创造了世界，其他依据《圣经》的推测虽然各不相同，也都是几千年左右。[⑦]尽管有人认为阿拉伯商人苏莱曼是《中国印度见闻录》的作者，刘半农父女也曾以《苏莱曼东游记》为名译介过此书，但此书因首页脱落，后人并不能确定作者是谁，而且《中国印度见闻录》第一卷和第二卷可能是并不相关的两本书。如今人们公认此书写作于9世纪中

---

① 此处采用拱玉书的说法，见《吉尔伽美什史诗》，拱玉书译注，商务印书馆，2021，导论第i页；麦戈文称吉尔伽美什是乌鲁克城邦第一王朝的第5位国王，而乌鲁克城邦大约可定年在公元前2700年，见Patrick E. McGovern, *Ancient Wine: The Search for the Origins of Viniculture* (New Jersey: Princeton University Press, 2003), p.18。

② 《吉尔伽美什史诗》，拱玉书译注，商务印书馆，2021，第192页；休·约翰逊采用了另外一种翻译：树上结着红宝石/一串串的葡萄挂在上面，看上去如此可爱/天青石是他的枝条/上面长满了果实，令人垂涎欲滴……，见[英]休·约翰逊：《葡萄酒的故事》，李旭大译，陕西师范大学出版社，2005，第28页。

③ Patrick E. McGovern, *Ancient Wine: The Search for the Origins of Viniculture* (New Jersey: Princeton University Press, 2003), p.17.

④ 《吉尔伽美什史诗》，拱玉书译注，商务印书馆，2021，第196—197页，第171行注释。

⑤ 《吉尔伽美什史诗》，拱玉书译注，商务印书馆，2021，第197页，第189行注释："阿巴什姆"是一种宝石，楔文文献对这种宝石有描述，称其"像未成熟的葡萄"，或"像水渠中的水"。

⑥ 《吉尔伽美什史诗》，拱玉书译注，商务印书馆，2021，第i、xviii页。

⑦ 尽管基督教历史上不乏对创世时间和地球年龄的研究，但大多估计创世在公元前3000—前4000年之间的某一年，17世纪50年代的爱尔兰大主教詹姆斯·厄谢尔（James Ussher，1581—1656年）第一个对创世日期提出准确推测。1650年，厄谢尔在巨著《世界编年史》（*Annals of the World*，首版为拉丁文，英译本于1658年出版）中，汇集了当时可以搜集到的大量历史文献材料，算出创世第一天为公元前4004年10月23日（儒略历）。

图1.1 在古代书写是一门专门技艺，不管是埃及圣书字还是两河流域的楔形文字。专门的书吏具有崇高的社会地位，这尊书吏雕像定年于古埃及新王国第十八王朝时期，约公元前1391—前1353年，高12.5厘米，现藏于纽约大都会艺术博物馆

丝绸之路上的葡萄酒

叶至10世纪初，记录了阿拉伯商人在印度和中国的所见所闻。苏莱曼可能只是提供素材的众多阿拉伯商人之一。在该书的卷二中，作者讲了一个叫伊本·瓦哈卜（Ibn Wahab）的先知后代去长安觐见中国皇帝的故事（故事中没说是哪个皇帝，但可能是唐朝的皇帝），当皇帝问及按照伊斯兰教的信条，世界已有多大年纪时，他答道：

> 各人的看法不尽相同，有的说六千年，有的说没有这么久，也有主张比这更远久的。但无论哪种说法，相差都不大。[1]

晚明来华传教的耶稣会士还提到天主诞生地"如德亚"，其有6000年历史和绵延不绝的史书记载，并且是天主肇生人类之邦。[2]如此看来，创世神话对宇宙年龄的猜测都差不多，犹太教、其后的基督教和伊斯兰教都是亚伯拉罕宗教，信奉的都是同一个造物主，他们对宇宙年龄的认知如出一辙并不奇怪。被认为是世上最古老宗教的琐罗亚斯德教则认为未有宇宙之初即存在善恶二元，分别由善神阿胡拉·马兹达（Ahula Mazda）和恶神阿赫里曼（Ahriman）主宰。3000年过去了，阿赫里曼制造出形形色色的妖魔鬼怪，向善本原发出挑战。阿胡拉·马兹达提议双方进行为期9000年的斗争以决雌雄。第一个3000年，阿胡拉·马兹达创造了天空、江河、大地、植物、动物和人类，世界就此诞生。第二个3000年，阿赫里曼率领众妖魔侵入了光明世界，和善本原苦战。第三个3000年，阿胡拉·马兹达委派琐罗亚斯德（或译为查拉图斯特拉，Zarathustra）下凡，引导人们走向正途。我们正处于第三个3000年之中，接近尾声。[3]按此，宇宙年龄大概是9000—12 000年。

而现代宇宙理论估计宇宙年龄大约是139亿年，地球也有40多亿年的历史。这种巨大的反差并不一定说明《圣经》或其他宗教有多荒谬。人类历史早期，人们出于对自然现象的迷惑不解和敬畏，而求助于神灵，宗教进入了世俗领域。借助于科学的发展，人类对自然现象有了更深入的了解，宗教遂逐步让位于科学，退出了世俗领域，但在其他领域仍然起着巨大作用。

17世纪，伽利略坚持认为太阳并没有自东向西移动，地球在自转并围绕太阳公转，并非不动的中心。他在1632年发表了《关于托勒密和哥白尼两大世界体系的对话》，支持和发展了哥白尼的学说。伽利略开启了现代科学的正确道路，哥白尼的日心说推翻了自亚里士多德以来流行两千多年的地心说，但

---

①《中国印度见闻录》，穆根来、汶江、黄倬汉译，中华书局，1983，第106页。
②张国刚：《中西文化关系通史（全二册）》下，北京大学出版社，2019，第609页。
③张国刚：《中西文化关系通史（全二册）》上，北京大学出版社，2019，第315—322页。

当时对自然现象的理解还很原始，宗教在自然领域还有着很大的发言权。教廷认为伽利略所主张的学说与神圣的《圣经》相悖，宣布其为异端。直到3个世纪后，教皇保罗二世才承认伽利略是对的。[1]

与此类似，《圣经》对挪亚在大洪水后建立了人类第一个葡萄园不加解释的叙述，和《圣经》可能据以为本的两河流域的大洪水传说以及对葡萄的描述，都无法回答人类何时开始种植葡萄的问题，只能告诉我们，葡萄种植来自人类的久远记忆，种葡萄酿酒在人类发明文字记录重大事件时，已是习以为常、天经地义的人类活动，无需解释或无法解释。

地质年代

地质年代的分类，从粗到细依次为宙（eon）、代（era）、纪（period）、世（epoch）、期（age）、时（chron）。显生宙（Phanerozoic Eon）指"看得见生物的年代"。而人类的起源几乎与显生宙的新生代（Cenozoic Era）——第四纪（Quaternary Period）更新世（Pleistocene）同期。紧接着漫长的更新世的，是我们所处的全新世（Holocene）。

在此之前，大约2.5亿年前，地球的地质年代进入显生宙中生代（Mesozoic Era），那时各大陆还是一个整体。在漫长的中生代时期，各板块才相互分离，漂移到现在的位置。一般认为，在大陆尚未分离前，爬藤植物科开始分属，葡萄属的出现很可能在1.45亿—6600万年前的中生代白垩纪（Cretaceous Period），最迟不晚于3400万—2300万年前的第三纪［Tertiary Period，后又称为早第三纪或古近纪（Paleogene Period）］渐新世（Oligocene Epoch）。葡萄属大部分的种出现后又随大陆漂移到世界各地，为适应当地的地理条件和气候特征各自演化。[2]

陈习刚指出，中国是世界葡萄属植物的原始起源中心之一，野生葡萄种子的出土也印证了中国葡萄属植物的悠久历史。[3]

葡萄属植物在第三纪末曾广泛分布于北半球。2013年，吕庆峰在其博士论文中就指出这一事实：

> 最早的人类祖先出现于第三纪后期，而人类进化大部分是在第四纪。今天地球上所见葡萄树大概出现于第三纪的地质层。由此推测，葡萄树群生在地球上并结出葡萄果实的历史比人类历史还早一步。在人类出现以前，地球已经准备好了供养它的各种自然物质条件。[4]

单起源说认为欧亚种葡萄起源于一个中心，又向各地扩散；多起源说学者则据说找到了酿酒葡萄在多地都有起源的依据。两种假说都认为葡萄的出现非常早，是最古老的被子植物之一，都强调人类活动在葡萄驯化栽培中发挥的重要作用。[5]单起源说又称挪亚假说，类比当今世界上的所有人类都是挪亚的子孙。[6]

里海和黑海之间的外高加索地区、两河流域和近东地区是葡萄得以驯化栽培的单一或多个中心之

---

[1]关于罗马教廷为伽利略平反的时间，有1979年11月10日、1983年5月9日、1992年10月31日几种说法，但教皇都是保罗二世，距离伽利略受审已过了300多年。
[2]王军、段长青：《欧亚种葡萄（*Vitis vinifera* L.）的驯化及分类研究进展》，《中国农业科学》2010年第43卷第8期。
[3]陈习刚：《唐代葡萄酿酒术探析》，《河南教育学院学报（哲学社会科学版）》2001年第20卷第4期（总第78期）。
[4]吕庆峰：《近现代中国葡萄酒产业发展研究》，博士学位论文，西北农林科技大学，2013，第12页。
[5]王军、段长青：《欧亚种葡萄（*Vitis vinifera* L.）的驯化及分类研究进展》，《中国农业科学》2010年第43卷第8期。
[6]Patrick E. McGovern, *Ancient Wine: The Search for the Origins of Viniculture* (New Jersey: Princeton University Press, 2003), p.16.

第一章 与天地并

13

一。《栽培植物百科全书》的葡萄条目也称酿酒葡萄起源于土耳其西北、伊拉克北部、阿塞拜疆和格鲁吉亚，又从这里扩散到美索不达米亚、叙利亚、巴勒斯坦、埃及以及环地中海的其他地区。[①]

科学观点认为，当人类出现在地球表面时，葡萄属植物和其他植物已经在地球上蓬勃生长。葡萄属植物的产生，远早于人类的起源。[②]

人工栽培

挪亚方舟着陆的阿拉腊山位于今土耳其东部，海拔5200米，终年积雪，是从两河流域北望可见的最高屏障。俄国植物学家尼古拉·瓦维洛夫（Nikolai Vavilov，1887—1943年）被认为是第一个指出人类最早的葡萄酒文化发源于外高加索地区的人，这个区域包括现代格鲁吉亚、亚美尼亚和阿塞拜疆。[③]不过劳费尔（Berthold Laufer，1874—1934年）早在1919年就指出，坎多勒（Alphonse de Candolle，1806—1893年）在其名著《栽培植物的起源》中"从植物学的观点出发，认为高加索以南地带是葡萄树的'中心产地，或是最古老的产地'"[④]。

考古发现说明，人工驯化的葡萄沿着扎格罗斯山脉逐步向南传播。对考古遗址戈丁丘（Godin Tepe）附近的泽拉巴尔湖（Zerabar Lake）做的花粉钻探取样研究显示，公元前5000年，雄踞波斯湾东北方向的扎格罗斯山脉南部还没有葡萄。而到了公元前第四个千年后期，古代埃兰的古老国都苏萨（位于今伊朗胡齐斯坦省），已经成为葡萄酒从东边的高地运到美索不达米亚平原的重要市场和中转站。[⑤]

格鲁吉亚的考古发掘，把人类大量人工种植葡萄的证据定位到了公元前7000—前5000年。人工栽培葡萄区别于野生葡萄的最明显特征，在于前者主要是双性同株，而后者主要是双性异株。宾夕法尼亚大学的麦戈文（Patrick E. McGovern）以研究古代酒类的遗留而知名，他在格鲁吉亚找到了野生葡萄植株生长的一个具有代表性的环境：一个双性同株的野生葡萄树位于一个野生葡萄雌株和一个雄株之间，早期的葡萄种植者可能就是在这样的环境中观察并选择了双性同株的植株培育并种植。[⑥]但只有5%—7%的野生葡萄植株是双性同株，这似乎意味着进行人工扩繁的葡萄种植者必须有着非常敏锐的目光才能将其挑选出来。[⑦]

幸运的是，有一个更加直接的方法可以挑选出雌雄同株的植株加以人工种植。雄株不结果实，雌株得到雄株的授粉时才能结出果实，雌雄同株的葡萄树总能结出果实。可以想象，人们最早种葡萄时，首先在葡萄园里剔除了不结果的雄株，结果没有了雄株授粉，雌株也不结果了，最后只有雌雄同株的葡萄树才没有被拔除，得到人工栽培。[⑧]

①Christopher Cumo, *Encyclopedia of Cultivated Plants: from Acacia to Zinnia* (New York: ABC-CLIO, 2013), p.472.

②Patrick E. McGovern, *Ancient Wine: The Search for the Origins of Viniculture* (New Jersey: Princeton University Press, 2003), p.7.

③Patrick E. McGovern, *Ancient Wine: The Search for the Origins of Viniculture* (New Jersey: Princeton University Press, 2003), p.19.

④[美]劳费尔：《中国伊朗编》，林筠因译，商务印书馆，2015，第44页。

⑤Patrick E. McGovern, *Uncorking The Past: The Quest for Wine, Beer, and Other Alcoholic Beverages* (Oakland: University of California Press, 2009), p.111.

⑥Patrick E. McGovern, *Uncorking The Past: The Quest for Wine, Beer, and Other Alcoholic Beverages* (Oakland: University of California Press, 2009), p.83.

⑦Patrick E. McGovern, *Uncorking The Past: The Quest for Wine, Beer, and Other Alcoholic Beverages* (Oakland: University of California Press, 2009), p.84.

⑧[英]休·约翰逊：《葡萄酒的故事》，李旭大译，陕西师范大学出版社，2005，第23页；Jancis Robinson, Julia Harding and José Vouillamoz, *Wine Grapes: A Complete Guide to 1,368 Vine Varieties, Including Their Origins and Flavours* (New York: Ecco Press, 2012), p. xxii.

猿猴爱酒

西非几内亚博苏村（Bossou），1995—2012年的某一天，早上6点多。

森林边上长着一种棕榈树，枝叶细长，叫作酒椰树（Raffia palm）。这种树得名于它含糖量极高的树汁。村民将每棵树从树冠附近割开，渗出的汁液用一个小塑料桶接着。他们每天两次来这里采集汁液。高含糖量使得这些汁液从树上滴下来时就开始发酵，等到村民采集时，酒精度可能高达ABV3.1%—6.9%。

现在，村民将小塑料桶清空，又用树叶盖上。就这样干到8点左右，离开了树林。

等到村民消失在视野中时，森林里出来了一群不速之客。这是一群黑猩猩，它们的目标是这些小塑料桶。它们摘了一些树叶在嘴里揉成像海绵一样蓬松的一团，或做成勺子的形状，便于采集液体。然后爬到树上，将这团"海绵"浸在塑料桶里沾满汁液，再塞到嘴里，陶醉地舔食着。

从一棵树到另一棵树，这种甜汁为黑猩猩们提供了营养，但它们显然在享受着发酵的酒精。

酒足饭饱后，这群黑猩猩回到了森林，有几只很快进入了梦乡。

这一切都被隐藏的摄像机记录下来。来自世界各地的科学家通过17年的观察记录了黑猩猩的行为，于2015年发表了他们的研究报告。[1]

中国古籍中也有猩猩爱酒、猿猴造酒的说法：

> 黄山多猿猱，春夏采杂花果于石洼中，酝酿成酒，香气溢发，闻数百步。野樵深入者，或得偷饮之，不可多，多即减酒痕，觉之，众猱伺得人，必嘬死之。[2]

李日华笔下的猩猩喝酒着屐，憨态可掬，但最终还是逃不过人类的魔爪：

> 猩猩者好酒与屐，人有取之者，置二物以诱之。猩猩始见，必大骂曰："诱我也。"乃绝走远去，久而复来，稍稍相劝，俄顷俱醉，其足皆绊于屐，因遂获之。[3]

日本也有类似的名称，他们把最早的酒称为猴酒（Saru Zake）。[4]

这种故事虽然很难作为史料被采信，但猿猴采集了果实，剩余的散落或储存在岩石缝隙、树洞里，由于微生物侵入，发酵成酒，应该不奇怪。人类在还没有成为人类时可能也是这样发现水果成熟变成酒、花蜜变成酒，甚至谷物变成酒的。

①Kimberley J. Hockings, Nicola Bryson-Morrison, Susana Carvalho, Michiko Fujisawa, Tatyana Humle, William C. McGrew, Miho Nakamura, Gaku Ohashi, Yumi Yamanashi, Gen Yamakoshi and Tetsuro Matsuzawa, "Tools to tipple: ethanol ingestion by wild chimpanzees using leaf-sponges," *Royal Society Open Science*, no.2 (Jun. 2015); Rob DeSalle and Ian Tattersall, *A Natural History of Beer* (New Haven: Yale University Press, 2019), p.8.
②李日华：《蓬栊夜话》，载《紫桃轩杂缀（全二册）》，中央书店，1935，第143页。
③李肇：《唐国史补校注》，聂清风校注，中华书局，2021，第300页。
④Robert Dudley, *The Drunken Monkey: why we drink and abuse alcohol?* (Oakland: University of California Press, 2014), p.71.

图1.2　一只只有195天大的小黑猩猩Ngamba正和妈妈采食水果，可以看出它喜爱选择一些颜色鲜艳或黄或红的果实。图片由阿兰·胡勒拍摄

醉猴假说

伯克利加州大学罗伯特·达德利（Robert Dudley）提出的醉猴假说认为，当代人类对酒精不管是正面还是负面的反应，都部分遗传自我们的灵长类祖先。[1]这一假说认为人类对酒精的嗜好非常古老，写在了我们的基因中，而这种嗜好又和我们的祖先曾大量食用水果、酒精以得到他们赖以存活和繁衍后代所需要的糖分和卡路里有关。

植物果实尚未成熟时，呈青绿色，较硬，口感酸涩，果实成熟后，呈和绿色环境相区别的鲜艳颜色，较软，口感香甜。这样，植物既保护了未成熟的果实不被吃掉，又诱惑了以果实为食的鸟类和哺乳动物寻找到成熟的果实，这种行为有利于种子被这些鸟类和哺乳动物散播到相对遥远的地方，而这些以果实为食的动物则得到了更高的卡路里。[2]

物种之间的这种互利行为很常见，双方都在这种行为中获利，而他们的这种紧密关系也与日俱增。我们观赏的美丽花朵是为了满足一大批昆虫或脊椎动物的能量需求。[3]这种互利行为最著名的莫过于无花果和黄蜂之间的合作。按被子植物分类系统，无花果属于双子叶植物纲（*Dicotyledoneae*）或称木兰纲（*Magnoliopsida*）下的金缕梅亚纲（*Hamamelidae*），归为荨麻目（*Urticales*）桑科（*Moraceae*）榕属或无花果属（*Ficus carica* Linn.），约有1000种。黄蜂为无花果授粉，而无花果富含糖分的花蕊又

①Robert Dudley, *The Drunken Monkey: why we drink and abuse alcohol?* (Oakland: University of California Press, 2014), p.115.
②Robert Dudley, *The Drunken Monkey: why we drink and abuse alcohol?* (Oakland: University of California Press, 2014), pp.6-7, 12.
③Robert Dudley, *The Drunken Monkey: why we drink and abuse alcohol?* (Oakland: University of California Press, 2014), p.13.

滋养了新一代黄蜂。（无花果看似不开花即可结果，实际上我们食用的所谓"果实"是膨大的花托，它将花蕊包裹在其中，在外面看不到，故称隐头花序。）①

黑猩猩是当今世界上人类的近亲，和人类拥有共同的祖先，人类虽然杂食，黑猩猩食谱中却有85％是成熟水果。②人类和黑猩猩的共同祖先很可能是以采集果实为食的。确定几百万年前动物的食谱的确不容易，无论如何，我们都无法观察到几百万年前动物都吃些什么。好在通过不同生物数据的组合，我们可以大致确定一些动物的采食特征。比如，食肉动物、食草动物和食果动物的牙齿及磨损特征就大为不同，当地发现的化石也透露了一些当时生态环境和可能食物来源的信息，植物花粉痕迹也有不同。③

果实中提供能量最高的，是成熟果实中的糖分。成熟果实在引诱到鸟类和其他以其为食的哺乳动物之前，首先接触到的是将糖转化为酒精和二氧化碳的微生物——酵母。人类的灵长类老祖宗吃到的是已经开始发酵、含有不同含量酒精的果实。人类也许最早制造了酒，但他们却不一定是最早享受酒精饮料的生物。

果实中的糖类和酒精富含能量，但又具有季节性，食用这些糖类和酒精在资源匮乏和充斥着天敌的敌对环境中至关重要，我们的老祖宗一有机会就大吃特吃，甚至过量。多余的能量变成脂肪，日后还可利用。很多人认为，对卡路里的追求，是困扰人类的一类疾病的根本原因，或称营养过剩，如糖尿病、肥胖症、酒精依赖症。为什么一些人明明知道对身体不利，还抗拒不了甜食和酒精的诱惑？罪魁祸首是基因，是写在基因中的对卡路里的追求。④

距今大约八百万年前，人类和黑猩猩开始分道扬镳，此后渐行渐远。在此之前，灵长类动物已经经历了数千万年的演化，期间逐步分化、远离人类，成为现代人类或远或近的亲属。不同的人类学家对各物种分化的具体时间的估计或有不同，但大部分人类近亲多以果食为主，山地大猩猩例外，因为它们居住的高海拔地区中果肉饱满且粒大的水果几乎绝迹。⑤

水果富含糖分，水果成熟了，与水果相伴的酵母也开始工作，将糖转化为酒精，杀死那些在高酒精浓度环境下无法存活的细菌。哪里有成熟水果，哪里就有酵母菌，哪里就有发酵。今天鸟类和哺乳动物觅食的行为源于几百万年前就在植物果实中存在的微生物战争。发酵和对饮用酒精饮料的偏好十分古老。⑥

完全氧化一个葡萄糖分子可生成38个富含能量的三磷酸腺苷（ATP, Adenosine Triphosphate）分子，但缺氧环境下的发酵过程只能产生区区两个酒精分子。可见单个酒精分子蕴含了大量能量，饮用酒精饮料相当于摄入大量卡路里。ATP分子为活生物体提供最基本生物过程需要的能量，酵母为了生产酒精而杀死或赶跑竞争者花了很大代价。⑦

①Patrick E. McGovern, *Uncorking The Past: The Quest for Wine, Beer, and Other Alcoholic Beverages* (Oakland: University of California Press, 2009), pp.2-3；马炜梁主编《植物学》，高等教育出版社，2009，第241、256—265页。

②对黑猩猩的食谱构成也有不同的估计，但都是以鲜果为主。Robert Dudley, *The Drunken Monkey: why we drink and abuse alcohol?* (Oakland: University of California Press, 2014), pp.4, 61-62; Patrick E. McGovern, *Uncorking The Past: The Quest for Wine, Beer, and Other Alcoholic Beverages* (Oakland: University of California Press, 2009), p.8.

③Robert Dudley, *The Drunken Monkey: why we drink and abuse alcohol?* (Oakland: University of California Press, 2014), pp.59-60.

④Patrick E. McGovern, *Uncorking The Past: The Quest for Wine, Beer, and Other Alcoholic Beverages* (Oakland: University of California Press, 2009), p.10.

⑤Robert Dudley, *The Drunken Monkey: why we drink and abuse alcohol?* (Oakland: University of California Press, 2014), p.7.

⑥Robert Dudley, *The Drunken Monkey: why we drink and abuse alcohol?* (Oakland: University of California Press, 2014), pp.18-19.

⑦Robert Dudley, *The Drunken Monkey: why we drink and abuse alcohol?* (Oakland: University of California Press, 2014), p.22; Patrick E. McGovern, *Uncorking The Past: The Quest for Wine, Beer, and Other Alcoholic Beverages* (Oakland: University of California Press, 2009), p.5.

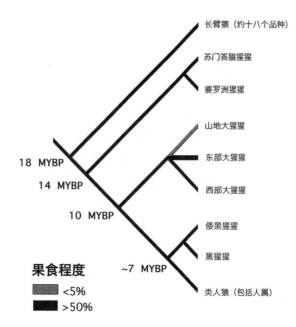

图1.3 灵长类动物演化历史简图，其中表现了不同的灵长类动物以水果为食的程度。除山地大猩猩外，其他灵长类动物无不以水果为主要食物来源。海拔2000米及以上的高原地带，可食用的水果来源稀少，是造成山地大猩猩特例的主要原因。图中MYBP代表距今百万年前，图片由达德利提供

酒精分子重量轻又极易挥发，与其他和果实成熟相伴而生的气味一起，使水果散发出独有的芬芳，传递给远方的潜在采食者这样的信息：这里的水果成熟了，可以食用了。[1]依赖成熟水果来获取较高卡路里的鸟类和其他哺乳动物则不会放过这样的机会，循味而去。演化理论认为，这样一来，对酒精有好感甚至趋之若鹜的动物，就比其他竞争者更容易获取维持自身生存所需的能量，并能更多地繁衍后代，从而更具优势，就像具有嗜酒基因的采食者将嗜酒和更利于族类生存之间建立了某种联系。简言之，人类对酒精的嗜好是铭刻在基因里的。

很多观察支持这一假说。

马来西亚常见的玻淡棕榈（Bertam Palm）一年四季开花，花蜜可以发酵成酒，酒精度可高达ABV3.8%，笔尾树鼩（Pen-tailed tree shrew）的祖先据信5500万年前出现在地球上，被认为是当今世界上所有灵长类动物的祖先。笔尾树鼩常年以发酵的花蜜为食，一次可达数小时，却丝毫不醉。[2]

大象也会受到发酵水果的吸引，甚至因为酒的诱惑跋涉数英里以找到成熟的果实。[3]

神秘的非洲草原上，生长着一种树，叫玛茹拉树（Marula），果实直径大约4厘米，成熟后大量掉在地上，有的开始发酵。人也常以这个果实为食或用它做酒，动物也常被果实强烈的芳香吸引，包括大象，因此又被称为"大象树""大象果"。达德利举出研究报告的实例说明大象因为食用了大量过熟的玛茹拉果实而喝醉的故事可能言过其实，但对大象及其他动物会受到这种果实的诱惑却未否认。[4]

1985年，大约有150头大象冲进了印度西孟加拉邦（West Bengal）的一处私酿作坊，吃掉了所有待

①Robert Dudley, *The Drunken Monkey: why we drink and abuse alcohol?* (Oakland: University of California Press, 2014), pp.6, 17.
②Patrick E. McGovern, *Uncorking The Past: The Quest for Wine, Beer, and Other Alcoholic Beverages* (Oakland: University of California Press, 2009), p.9; Robert Dudley, *The Drunken Monkey: why we drink and abuse alcohol?* (Oakland: University of California Press, 2014), pp.7, 37–38, 60; Rob DeSalle and Ian Tattersall, *A Natural History of Beer* (New Haven: Yale University Press, 2019), p.4.
③Patrick E. McGovern, *Ancient Wine: The Search for the Origins of Viniculture* (New Jersey: Princeton University Press, 2003), p.9; Patrick E. McGovern, *Uncorking The Past: The Quest for Wine, Beer, and Other Alcoholic Beverages* (Oakland: University of California Press, 2009), p.4.
④Robert Dudley, *The Drunken Monkey: why we drink and abuse alcohol?* (Oakland: University of California Press, 2014), pp.35–36.

发酵的甜浆，在村庄和田野上横冲直撞，踏死五人，撞倒七座混凝土建筑。在加利福尼亚州核桃溪附近，数千只知更鸟和雪松蜡翅鸟在三个星期内不断撞向汽车和窗户。解剖显示，这些死鸟食道里塞满了冬青和火棘的果实，而在正常情况下，矜持的雪松蜡翅鸟会将一粒果实在雄性和雌性之间传来递去，直到一方收下礼物。[①]

1990年，两只雪松蜡翅鸟在吃过山楂果实后从房顶跌落摔死，兽医发现，这些鸟的肝脏和嗉囊里的酒精含量比一般情况高出10—100倍，显示它们曾摄入过量酒精。2012年，来自英国坎布里亚郡的一份报告指出，在一些乌鸫和红翼歌鸫的尸体上发现了高含量的酒精，这些鸟疑似因摄入过量酒精而致命。看来，在冰雪消融的初春季节，一些以水果为食的鸟类更易因食用了发酵中的果实而酩酊大醉。[②]

一系列精心设计的实验表明，实验室常用的果蝇喜欢在酒精及其代谢副产品气味浓重的地方产卵，这些卵孵化以后，幼虫就以果实中的糖分和相伴的酒精为食。尽管在野外，果实中的酒精含量不会很高，但在实验室环境下，酒精含量可人为设置。将果蝇在酒精影响下的行为加以放大观察，研究的结果揭示出果蝇喝醉的分子机制和哺乳动物很像。[③]

昆虫学家利用昆虫嗜酒的习性在树根部位涂抹发酵饮品来捕获昆虫。这和查尔斯·达尔文（Charles Darwin，1809—1882年）的做法异曲同工：在夜晚的院子中放上一碗啤酒，第二天早上就会轻而易举地聚拢一整族酩酊大醉的非洲狒狒。[④]

1919年1月16日，内布拉斯卡州参议院以31对1票，通过了美国宪法第十八修正案。三分之二及以上个州同意的修宪要求得到了满足，第十八修正案正式写入美国宪法。1919年10月28日，美国众议院推翻威尔逊总统的否决，依据这一修正案通过了全国禁酒法案，又称为沃尔斯泰德法案（Volstead Act）。1933年12月5日，犹他州正式通过了联邦宪法第二十一修正案，其被写入美国宪法，同时第十八修正案被废除。第十八修正案成了美国宪法中第一个也是迄今为止唯一一个对宪法成功修改又被推翻的修正案。[⑤]

温斯顿·丘吉尔（Winston Churchill，1874—1965年）在禁酒期间到美国访问。他前一年在纽约遭遇了一场车祸，医生于1932年1月26日开出的证明中说，他正处于车祸恢复期，有必要使用酒精饮料且没有上限，特别是在就餐时。

这也许说明丘吉尔行使了某种特权，换了他人，是不是能得到这样一份证明从而名正言顺地买酒喝酒？但那时他已不再担任内阁大臣的职务，还退出了影子内阁，他所在的政党并未掌权，他也不太可能确认成为下任英国首相，距离特权似乎还很遥远。相比之下，禁酒法案甫一出台便千疮百孔，宗教、医疗用酒不禁，自用不禁。对此，罗伯特·达德利一语破的：

> 如果人类对酒精的嗜好深入骨髓，那么立法限制饮酒和唤醒人们意识到与饮酒相生的种种危害都没有用处。[⑥]

①Patrick E. McGovern, *Uncorking The Past: The Quest for Wine, Beer, and Other Alcoholic Beverages* (Oakland: University of California Press, 2009), p.4; Robert Dudley, *The Drunken Monkey: why we drink and abuse alcohol?* (Oakland: University of California Press, 2014), p.39.

②Robert Dudley, *The Drunken Monkey: why we drink and abuse alcohol?* (Oakland: University of California Press, 2014), p.35.

③Patrick E. McGovern, *Uncorking The Past: The Quest for Wine, Beer, and Other Alcoholic Beverages* (Oakland: University of California Press, 2009), pp.3-4; Robert Dudley, *The Drunken Monkey: why we drink and abuse alcohol?* (Oakland: University of California Press, 2014), pp.5-6, 39-43.

④Patrick E. McGovern, *Uncorking The Past: The Quest for Wine, Beer, and Other Alcoholic Beverages* (Oakland: University of California Press, 2009). p.3.

⑤Thomas Pinney, *A History of Wine in America: from prohibition to the present* (Oakland: University of California Press, 2005), pp.1-8.

⑥Robert Dudley, *The Drunken Monkey: why we drink and abuse alcohol?* (Oakland: University of California Press, 2014), p.131.

但是，并非所有人都承认醉猴假说。

有一些以果实为食的哺乳动物躲避酒精唯恐不及，和那些对酒精趋之若鹜者数量相当。如果当前某种动物以水果为食，其祖先也很可能以水果为食，如果以水果为食的祖先把对酒精的嗜好写在了基因中传递给后代，那么为什么后代会对酒精避而远之呢？

同样，酒精对人体各器官都有损害，微生物在稍高浓度的酒精中也无法存活，即使是酵母，在高于15%浓度的酒精环境中，也难以生存。酒精似乎是不利于族群延续的，从演化论的观点来看，这样的种群将其写入基因并发扬光大实在是匪夷所思。[1]达德利认为，真实世界中的动物时时刻刻面临着各种风险：饥饿、疾病、天敌等，动物的醉酒事件并非每日都在发生。[2]一种以水果为食的蝙蝠是蝙蝠中的巨无霸，翼展可达1.8米，它们可以为了寻找果实，一夜飞翔数百公里，带回果肉和种子。[3]但针对内吉夫（Negev）沙漠果食蝙蝠的一系列研究表明，这些蝙蝠实际上会避免食用1%以上浓度的酒精，尽管极少量的酒精会让它们趋之若鹜。[4]这和所谓毒物兴奋效应（Hormesis）有关，即一种物质完全不摄入或大量摄入都会对动物更有害，但少量摄入却有益。达德利针对这类问题的回答是——毒药也能治病。[5]

如果热带水果散发的芳香包含了伴随水果成熟而来的各种气味，也包括发酵及其衍生品的气味，是什么让酒精分子在众多的挥发性气味分子中脱颖而出呢？达德利对此的解释是，人类对酒精的特别偏好反映了既涉及自然又和营养有关的诸多因素，人们的饮品习惯既受基因的影响又受环境的影响。他从目前人类的行为，反推人类的老祖宗可能也有类似行为。他问道，过熟的果实中产生的酒精是否会刺激动物吃得更快、更多、更久呢？[6]

世界如此复杂，多种因素都起到作用，也包括醉猴假说。在未来也许醉猴假说应予修正，也许演化论思想应予修正，但人类对酒精的嗜好来自遥远的过去，大概是不错的。

人类对酒的嗜好应该和酒精的致幻作用分不开，在这种致幻作用下，人们会意识模糊，产生无法抗拒的快感和幻觉。这种对酒的嗜好在哺乳动物当中很普遍，在人类与黑猩猩分道扬镳之前就已存在，是受到了本性驱使，而非更高级的其他什么原因。

露西的子孙

1974年11月底[7]，埃塞俄比亚，哈达尔（Hadar）考古营地，位于亚的斯亚贝巴东北大约160公里处。

录音机反复播放着披头士乐队的歌曲《露西在天上戴着钻石》（*Lucy in the Sky with Diamonds*），科学家们彻夜未眠。就在这天上午，人类学家唐纳德·约翰逊（Donald Johanson）和他的研究生汤姆·格雷（Tom Gray）在这个考古现场发现了迄今为止最古老的直立行走、比较完整的女性原始人类骨

①Rob DeSalle and Ian Tattersall, *A Natural History of Beer* (New Haven: Yale University Press, 2019), pp.5-6.
②Robert Dudley, *The Drunken Monkey: why we drink and abuse alcohol?* (Oakland: University of California Press, 2014), p.38.
③Robert Dudley, *The Drunken Monkey: why we drink and abuse alcohol?* (Oakland: University of California Press, 2014), p.4.
④Robert Dudley, *The Drunken Monkey: why we drink and abuse alcohol?* (Oakland: University of California Press, 2014), p.37.
⑤Robert Dudley, *The Drunken Monkey: why we drink and abuse alcohol?* (Oakland: University of California Press, 2014), p.43.
⑥Robert Dudley, *The Drunken Monkey: why we drink and abuse alcohol?* (Oakland: University of California Press, 2014), pp.83-87.
⑦关于露西发现的时间，一般公认是1974年11月24日，包括《不列颠百科全书》的相关词条和其发现者的若干次访谈在内。但在其发现者的著作（*Lucy: The Beginnings of Humankind*）中却说是在1974年11月30日，可能是记忆有误。但他在书中又明确引用了当天的日记。此处模糊称为11月底。

丝绸之路上的葡萄酒

骼化石。这具来自同一个单体的40%的骨骼化石，属于南方古猿属（Australopithecus）的阿法南方古猿种（Autralopithecus afarensis）。[1]现在，她有了名字——露西，被称为人类的祖母，距今已有320万年。

演化论认为，人类具备人的特性——直立行走、制造工具、道德、语言和传播知识的能力，都不是一夜之间发生的，也不是单独某一项特性，使人不同于其他动物。[2]但是，如果以"直立行走"作为人类开始出现的标志的话，南方古猿无疑可称为最早的人科动物之一，以后才出现了人属（Genus Homo）。最早的人属动物可能是活动于230万—140万年前的东非能人（Homo Habilis），距今180万年前又出现了匠人（Homo Ergaster），很快演化出直立人（Homo Erectus），他们开始第一次大规模"走出非洲"，散布到了欧洲、东亚以至印度尼西亚。距今大约170万年前的元谋人、100万年前的公王岭蓝田人、65万年前的陈家窝蓝田人、50万年前的北京人（周口店）就属于这一人种。

一般认为，人类起源于非洲。几百万年里，人属中的几个不同人种同时生活在非洲，并且开始走出非洲。距今60万年前，从非洲直立人中演化出的海德堡人（Homo Heidelbergensis）第二次走出非洲，并在欧洲和中东地区进一步演化出尼安德特人（Homo Neanderthalensis）。智人（Homo Sapiens）曾于13万年前首次走出非洲，并在西亚地区停留了大约5万年，但是功亏一篑。他们于大约7万年前发展出语言后，于6万年前凭着这把利器再次尝试走出非洲。这次成功了，这是人类第三次大规模走出非洲。[3]是直立人还是后来的智人成为现代中国人的直系祖先还有不同的观点，科学家在现代人的基因中找到了大约1%—4%的尼安德特人基因和大约5%的丹尼索瓦人（Denisovans）基因，直立人也可能以这种方式保留下自己的基因。但一般认为现代人的直接祖先是智人，如果尼安德特人、丹尼索瓦人或直立人在基因里留下了一些痕迹，也不会很多，现代人更多的还是继承了智人的基因。

这批智人走出非洲后在地球表面蓬勃发展，没有敌手，灭绝了其他人种，独霸全球，[4]现在已有70多亿个体，现代的人属下只剩下智人这一种了。如果至少在距今300万年前，原始人类就已经和黑猩猩各奔东西的话，人类对酒的嗜好已经远远超过300万年。

严格来说，和现代人比起来，露西更像猿。但露西已经把直立行走作为常态，这和黑猩猩偶尔在树枝上站起来够取上方的果实，有本质的不同。在地质年代上，露西的时代正是第三纪和第四纪之交，地球又一次进入了严寒期，称作第四纪冰川期，表面多被厚厚的冰雪覆盖，温度也比现在低10摄氏度—15摄氏度，海平面比现在低，很多地方露出了大陆架，这给人类走出非洲创造了条件。

他们刚刚向北走出非洲，迎面就遇到了浩瀚的地中海。对他们而言，这是不可逾越的屏障。他们折而向东，进入西亚，取道西奈半岛进入亚洲，一说他们跨越了红海的曼德海峡，经过阿拉伯半岛，来到富饶的两河流域。在这里他们打败了原来住在这里的尼安德特人，然后继续向北扩散。

另一批智人继续向东扩散，来到了东亚，占据了原来居住在此的直立人的地盘。还有的智人在距今4.5万年时，以第四纪冰川晚期露出的大陆桥为跳板，来到了现在的大洋洲。另外一批智人，则追寻着野兽的足迹，经过白令海峡大陆桥，在大约1.6万至1.2万年前，席卷了美洲大陆。[5]

这幅人类迁徙图，虽未定论，但为现在大多数分子人类学家和遗传学家所接受，称作人类的"单地起源说"。由于精子在和卵子结合时，只有核染色体进入卵子，线粒体不进入，一个人体内的线粒体全

①Donald Johanson and Maitland Edey, *Lucy: The Beginnings of Humankind* (New York: Simon & Schuster Paperbacks, 1982), pp. 13–18.

②刘夙：《万年的竞争：新著世界科学技术文化简史》，科学出版社，2017，第9—10页。

③刘夙：《万年的竞争：新著世界科学技术文化简史》，科学出版社，2017，第14—17页。

④[以色列]尤瓦尔·赫拉利：《人类简史：从动物到上帝》，林俊宏译，中信出版社，2014，第18—19页。

⑤[以色列]尤瓦尔·赫拉利：《人类简史：从动物到上帝》，林俊宏译，中信出版社，2014，第64—70页。

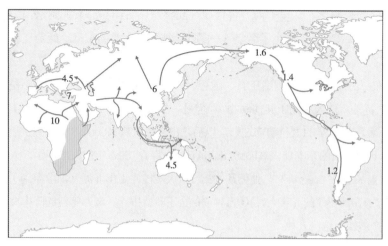

图1.4 智人迁徙路线示意图。专家对智人迁徙路线和年代的推测各有不同，这幅图由本书作者根据赫拉利《人类简史：从动物到上帝》第14页翻制，图中数字的单位皆是"万年前"

都来自母亲。20世纪90年代初，分子人类学家对人类线粒体DNA的抽样研究显示，现代人都是16万—20万年前一个女性的后代，她是所有现代人类的母系最近共同祖先，科学家称其为"线粒体夏娃"。类似地，人类历史上还存在一个Y染色体亚当，是现代所有男性的父系最近共同祖先，距推算生活在20万—34万年前。线粒体夏娃和Y染色体亚当的存在，实际推翻了此前曾在人类学界流行的"多地起源说"。①

按"单地起源说"，人类从非洲起源，再从非洲扩散到世界各地，首先到达了埃及和古代两河流域。人类最早发生农业革命的证据也在两河流域被发现。为何农业革命最早在两河流域发生，而不是尼罗河流域？这一问题还有不同的解释，也有专家认为文明首先出现于埃及。

智人凭什么能灭绝其他人种？有人认为语言是他们和其他人种的最大差别，也有人认为是用语言表达抽象事物的能力使智人一枝独秀，独占了食物链的顶端。②不论何种理论，这些喋喋不休的智人，会把酿酒的秘密传播得更远。在此之前，尼安德特人或直立人即使偶然发现了酿酒的秘密，也只能把这个秘密限制在这个部族的几十人范围以内。

单地起源说虽还面临质疑，但人类的出现，远晚于葡萄和谷物的出现这一事实，说明人类或人类的祖先可能很早就偶然发现了酒精的秘密。

寒冷的第四纪冰川期结束于距今1万—2万年前，地球开始日渐温暖，冰川融化，海平面上升。人类也开始进入新石器时代。

造酒神话

古人把事物的发明说成神话，或把很多代人的共同努力归功于一个人，对于其原因有不同的猜测。周嘉华认为古人"一方面表示对圣人、伟人的崇敬，另外他们或许还认为只有这样讲才能令人信服"。③袁翰青则认为这是统治者的要求：

由于这类传说曾经长期被视为可信的历史，所以许多古代事物的创造发明，往往归功于

---

①刘夙：《万年的竞争：新著世界科学技术文化简史》，科学出版社，2017，第21—22页。
②[以色列]尤瓦尔·赫拉利：《人类简史：从动物到上帝》，林俊宏译，中信出版社，2014，第23—39页。
③卢嘉锡主编，赵匡华、周嘉华：《中国科学技术史·化学卷》，科学出版社，1998，第520页。

三皇、五帝。[①]

　　这种把远古时代事物的创造发明归功于某一个个人的看法，乃是符合封建时代统治者的要求的。因此，长期以来，封建知识分子就会构想出一些传说，写在书里，使人们信以为真。[②]

最早的文字发现于公元前三千多年的两河流域，之后人类进入了信史时期，开始用文字记录下来发生的事。之前的数百万年之中，人们要么没有发展出语言，要么仅靠口耳相传记述。发生于人们还没有文字记载的遥远过去的事情，人们在追记时往往更倾向于记录成神话或者把很多代人的共同的努力归功于某一个神奇人物。之所以将其归功于某一个神奇人物而不是其他人，可能出于崇敬或想增强可信度，但这也是不得已而为之，记录神话传说的时候已经说不清楚很久以前发生的事了。典型的例子就有神农氏教民稼穑、有巢氏教人筑屋、仓颉造字，西方则有普罗米修斯盗火的传说。关于发明造酒，西方有古伊朗亚木西德（Jamshid）国王的传说，中国则有仪狄造酒、杜康润色。

亚木西德是古代伊朗的一个国王，也是琐罗亚斯德教的高级祭司。他很喜欢葡萄，又怕人偷吃，就在装葡萄的罐子上写上"毒药"。一名妃子深受头痛困扰，看到"毒药"两字，就想一了百了。没想到葡萄在罐子里受到重压破裂了，开始了发酵。妃子吃了后就沉沉睡去，醒来后头痛神奇地好了。她把这个经历告诉了国王，亚木西德就这样发明了酿酒。[③]

仪狄是大禹的女儿，一说是听命于帝女，负责造酒之人。传说，仪狄发明了酿酒，并把这神奇的液体献给大禹。大禹喝了觉得很美，但从此疏远了仪狄，并说，今后会有国家会因酒亡国。[④]

两个故事都把起源于遥远的过去以至于说不清楚怎么起源的事件归功于一个近乎完美的人。

中国的传说中，有时把酒的发明安在中华民族的始祖黄帝头上，有时，安在集中华民族所有美德于一身的大禹身上，并让大禹预见到后世的人会因酒失国。对于所谓杜康或少康造酒的传说，宋代高承说：

　　不知杜康何世人，而古今多言其始造酒也。一曰少康作秫酒。[⑤]

《说文解字》载，杜康即少康，是大禹之孙太康的后代，他身上发生了许多传奇的故事，而以"少康复国"的故事青史留名，但他为广大中国人所熟识却因造酒。传说中，杜康善酿，曹操流传于世的《短歌行》有"何以解忧？惟有杜康"之句，杜康被尊为"酒神""酒圣""中国酿酒始祖"。

麦戈文认为，中国造酒神话如果反映了一定史实的话，那么可能和曲有关。[⑥]但曲的引入也是一个不断尝试、试错的过程，可能绵延很长时间。将曲的引入看作是一个人的功劳，很难令人信服。

传说中，亚木西德是个统治全世界的国王，但是他所统治的王国却不可考。他除了发明了酒，还发明了铠甲和武器，用麻、丝和毛织布并染色，用砖盖房子，采矿得到稀有金属和珠宝，制造香水、药物，在水上扬帆远航等，都是重要且历史悠久的发明。这些发明可能要经若干代人的不倦追求才得以实现，但都算在了一个人头上。

人类将酒的发明归于一人，足见人类饮酒历史之源远流长。

①袁翰青：《中国化学史论文集》，生活·读书·新知三联书店，1956，第73页。
②袁翰青：《中国化学史论文集》，生活·读书·新知三联书店，1956，第75页。
③Patrick E. McGovern, *Ancient Wine: The Search for the Origins of Viniculture* (New Jersey: Princeton University Press, 2003), p.4; [英]休·约翰逊：《葡萄酒的故事》，李旭大译，陕西师范大学出版社，2005，第28页。
④刘向编《战国策（全二册）》卷二十三《魏策二》，缪文远、缪伟、罗永莲译注，中华书局，2012，第736页。
⑤高承：《事物纪原（外二种）》卷九，上海古籍出版社，1992，第466页。
⑥Patrick E. McGovern, *Uncorking The Past: The Quest for Wine, Beer, and Other Alcoholic Beverages* (Oakland: University of California Press, 2009), p.57.

原始印欧语

休·约翰逊注意到希腊酒神狄奥尼索斯（Dionysos）名字中恰巧有两个音节是希腊语中葡萄酒这个词——oinos，他称其为文字游戏。[1]不过，人类迁移到另一地居住时，通常携带着原有的语言和生活习惯，对语言及其演化的研究能够透露出人类迁移和扩散的蛛丝马迹。

1786年，威廉·琼斯爵士（Sir William Jones，1746—1794年）发现梵语和拉丁语、希腊语及其后分化出的欧洲各语言在语法和词汇上极为相似，很可能从一个共同的祖先演化而来，这个共同的演化原点就是原始印欧语（PIE，Proto-Indo-European languages）。

语言学家塔马兹·卡姆克列利泽（Thomas Gamkrelidze，1929—2021年）和维亚切斯拉夫·伊万诺夫（Vjačeslav Ivanov，1919—2017年）注意到，葡萄酒一词在多种语言中都相同或近似，如拉丁语的vinum，古爱尔兰语的fín，俄语的vino，早期希伯来语的yayin，赫梯语的*wijana，埃及语的*wnš都和原始印欧语的*woi-no或*wei-no相关（*表示推测的发音），可以据此研究说印欧语言的人们的迁移历史。他们推测，说原始印欧语的人群的原住地在里海和黑海之间的高加索山脉一侧，公元前5000年前开始从这一地区向欧洲和伊朗高原迁移，进入印度，东达天山南部的焉耆、库车。[2]

1997年，威廉·瑞恩（William Ryan）和沃尔特·皮特曼（Walter Pitman）等人提出了黑海的突然淹没假说[3]，同年，他们又出版了《挪亚的洪水》（*Noah's Flood*）一书，将"挪亚洪水假说"推向大

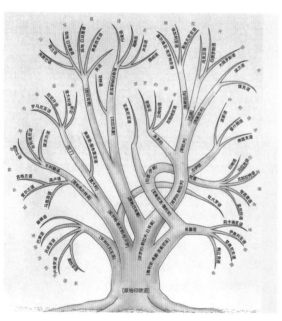

图1.5　原始印欧语演化史

①[英]休·约翰逊：《葡萄酒的故事》，李旭大译，陕西师范大学出版社，2005，第26页。

②Patrick E. McGovern, *Uncorking The Past: The Quest for Wine, Beer, and Other Alcoholic Beverages* (Oakland: University of California Press, 2009), p.127; Thomas V. Gamkrelidze and V. V. Ivanov, "The Early History of Indo-European Languages," *Scientific American*, no.3 (Mar. 1990): 110–116.

③William B. F. Ryan, Walter C. Pitman III, Candace O. Major, Kazimieras Shimkus, Vladamir Moskalenko, Glenn A. Jones, Petko Dimitrov, Naci Gorür, Mehmet Sakin, Hüseyin Yüce, "An abrupt drowning of the Black Sea shelf," *Marine Geology*, 138 (Apr. 1997): 119–126; William B. F. Ryan, Walter C. Pitman III, Candace O. Major, Kazimieras Shimkus, Vladamir Moskalenko, Glenn A. Jones, Petko Dimitrov, Naci Gorür, Mehmet Sakin, Hüseyin Yüce, "An Abrupt Drowning of the Black Sea Shelf at 7.5 KYR BP". Geo-Eco-Marina, no.2(1997): 115–125.

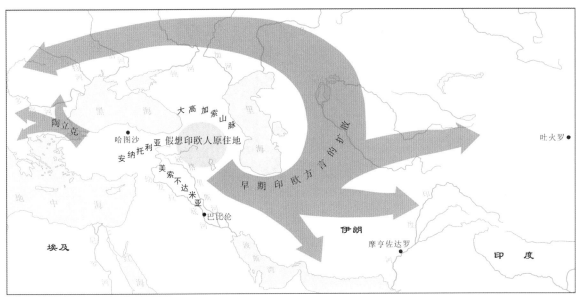

图1.6　早期印欧人和印欧方言的扩散示意图

众[1]，引发了激烈争论。他们认为，地中海的海水通过爱琴海经由达达尼尔（Dardanelles）海峡进入马尔马拉海（Marmara），又经由博斯普鲁斯（Bosporus）海峡进入黑海，在冰河时期，全球海平面较低，博斯普鲁斯海峡中的天然堤坝阻挡了海水进入黑海盆地，所以那时，黑海还是个淡水湖，湖面在现今的海平面下大约100米。距今8400年前（这是后来经过修正后的时间，提出挪亚洪水假说初期，二位地质学家认为黑海大洪水始于距今7200年前[2]），冰川融化，海平面上升，天然堤坝突然垮塌导致马尔马拉海水通过博斯普鲁斯海峡涌入黑海盆地，在几年内形成黑海。假说认为，这种快速的沧海桑田巨变是灾难性的，不仅促成了黑海湖畔居民的大迁徙并且造就了大洪水的传说。

　　　　他整个上身前倾，拼命向着陆地划着桨，他惊奇地看着竹筏正驶过一片森林的上方，树冠梢头奇怪地笼罩着一层红棕色的腐土，正从漆黑一片的水底升起，他和家人们已经几天盯着同样的景象，看不到希望。他很困惑。这不是他平常在湖面上看到的蓝天和山峰的倒影，也不是黄昏时安静的湖面上天际的两个月亮，一个正在缓缓升起，一个正在沉入水底。[3]

英国南安普敦海洋学中心的海洋学家、博士候选人马克·西德尔（Mark Siddall）用计算机建立了一万年前的黑海模型，用不同的参数模拟了这次大灾难。计算机模拟的结果和很多对黑海盆地地质特征的推测相吻合，一定程度上印证了瑞恩和皮特曼的灾难假说。不过，这个计算机模拟的黑海形成过

①William Ryan and Walter Pitman, *Noah's Flood: The New Scientific Discoveries About the Event That Changed History* (New York: Simon & Schuster, 1998).

②Valentina Yanko, "Controversy over Noah's Flood in the Black Sea: Geological and foraminiferal evidence from the shelf," in *The Black Sea Flood Question Changes in Coastline, Climate and Human Settlement*, ed. Valentina Yanko-Hombach, Allan S. Gilbert, Nicolae Panin, Pavel M. Dolukhanov (New York: Springer, 2007), pp.149–203.

③William Ryan and Walter Pitman, *Noah's Flood: The New Scientific Discoveries About the Event That Changed History* (New York: Simon & Schuster, 1998), p.13.

图1.7　现代的黑海、马尔马拉海和爱琴海（地中海）

程却说明这个淹没过程远非瑞恩设想的在三年内就得以发生这么快，西德尔假设马尔马拉海以大约每秒$6.2×10^{13}$立方米的速度将海水注入黑海盆地，尽管这已是尼亚加拉瀑布水量的20倍，但将黑海海面抬升至和海平面相同的高度，也需要将近34年。[1]不过，这点不一致并未困扰瑞恩，因为将水面抬升将近150米本身就是一个可观的事件。[2]

但很多反对者对水面抬升的高度提出了质疑。乌克兰海洋学家瓦伦蒂娜·V.杨格-洪巴赫（Valentina V. Yanko-Hombach）认为，在过去几万年间，黑海水面高度一直在变动中，低至现在的海平面下100米处，高达现在的海平面下20米。它曾和马尔马拉海相通，并且通过马内奇溢洪道（Manych Spillway）和里海相连，使里海水大量注入黑海盆地。距今10000年前及以后，黑海水面从未低于现在的海平面下40米和高于现在的海平面上20米，并在其间震荡，平均每100年提升3厘米，在距今7000年前最为显著，但绝非"挪亚洪水假说"估计的每年上升55米或每天上升15厘米，导致大迁徙的灾难性事件很可能并未发生。[3]

很多人对黑海淹没理论的关注是因为它支持了《圣经》关于大洪水的记录，但塔马兹·卡姆克列利泽和维亚切斯拉夫·伊万诺夫两位语言学家对从西欧到印度这一广大区域里关于葡萄酒一词发音相近的观察却不虚，他们对原始印欧语扩散的起点在高加索山脉、现在的黑海南岸的推测，得到了黑海大洪水假说和相关研究的支持，也和人工栽培葡萄最早种植于高加索地区的考古发现相一致。葡萄酒这个词如此古老，能够作为人类迁徙和原始印欧语扩散的痕迹，说明葡萄酒和其他酒精饮品的出现可能和人类的历史一样久远，远远早于文字的发明。

[1]M. Siddall, Lawrence J. Pratt, Karl R. Helfrich and Liviu Giosan, "Testing the physical oceanographic implications of the suggested sudden Black Sea infill 8400 years ago," *Paleoceanography & Paleoclimatology*, vol.19 (Mar. 2004).

[2]Quirin Schiermeier, "Noah's flood," *Nature*, vol.430 (Aug. 2004): 718–719.

[3]Valentina Yanko, "Controversy over Noah's Flood in the Black Sea: Geological and foraminiferal evidence from the shelf," in *The Black Sea Flood Question Changes in Coastline, Climate and Human Settlement*, ed. Valentina Yanko-Hombach, Allan S. Gilbert, Nicolae Panin, Pavel M. Dolukhanov (New York: Springer, 2007), pp.149–203.

丝绸之路上的葡萄酒

与天壤并

广袤的星际、特别在新星周围，弥漫着酒精——甲醇、乙醇、乙烯醇等多种化学物质的统称，呈云状。麦戈文描绘了地球诞生之初的一幅图景：

> 科学家们假想到，乙烯醇分子因有着化学上更活跃的双键，有可能附着在星际尘埃上。就像构建乙烯基塑料一样，一个乙烯醇分子与另一个耦合，逐渐构建出了更为复杂的有机化合物，成为生命的基础。这些尘埃，及附于其上的新的碳聚合物，跟着彗星遨游宇宙。高速奔行的彗星融化了前部的冰头，释放出这些尘埃，它们汇聚到一起，形成了一个行星。地球形成之初就是一团有机汤，原始生命诞生了。①

如果接受这样的叙事，我们的银河系和宇宙中应该充满了酒精，酒精成了生命的起源当不为怪。靠近银河系中心的一个星云，大概含有超过十万亿亿亿升100%的酒精。可是银河系里又有更多的水分子。综合起来，银河系的平均酒精度还不到0.01%。②

汉献帝建安十二年（207年），曹操欲禁酒，孔融上书反对，他在《难曹公禁酒书》中说"酒之为德久矣"。③这种说法语焉不详又令人难以反驳，很像为反禁酒而找的托词。曹操后来找借口杀了孔融可能也与此有关。

宋代的窦苹举出酒之肇始的三种理论：

> 世言酒之所自者，其说有三。其一曰仪狄始作酒，与禹同时。又曰尧舜千钟，则酒作于尧，非禹之世也。其二曰《神农本草》著酒之性味，《黄帝内经》亦言酒之致病，则非始于仪狄也。其三曰天有酒星，酒之作也，其与天地并矣。④

图1.8 孕育着新星的欧米伽星云位于人马座，距地球约5500光年。图片由NASA提供

---

①Patrick E. McGovern, *Uncorking The Past: The Quest for Wine, Beer, and Other Alcoholic Beverages* (Oakland: University of California Press, 2009), pp.1-2.

②Rob DeSalle and Ian Tattersall, *A Natural History of Beer* (New Haven: Yale University Press, 2019), p.4.

③俞绍初辑校：《建安七子集》，中华书局，2017，第19页。

④窦苹：《酒谱》，载朱肱等著《北山酒经（外十种）》，上海书店出版社，2016，第44页。

之后他又一一反驳，"予以谓是三者，皆不足以考据，而多其赘说也。"[1]不过，他最后也没有得出结论，只能说"智者作之"：

> 然则酒果谁始乎？余谓智者作之，天下后世循之而莫能废。圣人不绝人之所同好，用于郊庙享燕，以为礼之常，亦安知其始于谁乎？古者食饮必祭先，酒亦未尝言所祭者为谁，兹可见矣。《夏书》述大禹之戒歌辞，曰"酣酒嗜味"。《孟子》曰"禹恶旨酒，而好善言"。《夏书》所记当时之事曰：孟子所言，追道在昔之事。圣贤之书言可信者，无先于此。虽然，酒未必此始造也。[2]

窦苹反驳"酒与天地并"实际上在反驳依据"酒星"而推得结论，他认为很多事物古来从无到有，而天上的星星自古就有，因此质疑"推其验于某星"。[3]但是"酒与天地并"以及从"酒星"得到的"酒与天地并"的结论却深入人心，中国人把酒星当作酿酒的天神。李白有诗说："天若不爱酒，酒星不在天。地若不爱酒，地应无酒泉。天地既爱酒，爱酒不愧天。"[4]皮日休在《酒中十咏》的序中说："夫酒之所始名，天有星，地有泉，人有乡。"[5]又有"唯共陆夫子，醉与天壤并"[6]"吾爱李太白，身是酒星魂"[7]之句。此外，李贺有"龙头泻酒邀酒星"[8]、郑谷有"何事文星与酒星，一时钟在李先生"[9]、裴说有"杜甫李白与怀素，文星酒星草书星"[10]。

古人对天体知之甚少，认为其充满神秘感，把一类事物归因于天和归因于一个人一样，说明这类事物的起源很遥远，也很神秘。如果地球诞生之初天地间即充斥着酒精，如果人类对酒精的嗜好写在基因中，岂非"与天地并也"？

酒精历史久远且是自然发生的认识并不新鲜，例如晋代江统（？—310）做《酒诰》，对酒的发明始于一个人的传说不以为然，而认为酒始于自然发酵，历史悠远弥长，原文已佚，但其残句"酒之所兴，乃自上皇，或云仪狄，一曰杜康，有饭不尽，委余空桑，本出于此，不由奇方"传播甚广。

袁翰青指出"早在蒙昧时代……经过自然发酵的野果是会更吸引他们（指'原始人'）去采集的"。他认为：

> 当然，由于自然发酵而使野果含有酒精成分，这并不等于说那时的人类已会有意识地酿酒。从观察到自然发酵使人产生了喜爱含酒野果，再发展到有意识地酿野果发酵。这一过程虽然一定经过了相当长的岁月，却也是很自然的趋向。[11]

麦戈文指出酒大概产生于旧石器时代，这一假说的最大问题是不可证明。迄今为止没有发现任何旧石器时代的容器，木制、草编或皮质等容器已经分解并消失了。[12]仅有的以化学方法检测到这一时期发酵饮料的痕迹可能存在于石缝中。

① 窦苹：《酒谱》，载朱肱等著《北山酒经（外十种）》，上海书店出版社，2016，第44页。
② 窦苹：《酒谱》，载朱肱等著《北山酒经（外十种）》，上海书店出版社，2016，第45页。
③ 窦苹：《酒谱》，载朱肱等著《北山酒经（外十种）》，上海书店出版社，2016，第45页。
④ 李白：《月下独酌四首之二》，载《李太白全集（全三册）》卷之二十三，王琦注，中华书局，1977，第1063页。
⑤ 皮日休：《酒中十咏》，载陈贻焮、郝世峰主编《全唐诗》第四册，文化艺术出版社，2001，第452页。
⑥ 皮日休：《初夏即事寄鲁望》，载陈贻焮、郝世峰主编《全唐诗》第四册，文化艺术出版社，2001，第435页。
⑦ 皮日休：《李翰林》，载陈贻焮、郝世峰主编《全唐诗》第四册，文化艺术出版社，2001，第424页。
⑧ 李贺：《秦王饮酒》，载陈贻焮、郝世峰主编《全唐诗》第三册，文化艺术出版社，2001，第9页。
⑨ 郑谷：《读李白集》，载陈贻焮、郝世峰主编《全唐诗》第四册，文化艺术出版社，2001，第1049页。
⑩ 裴说：《怀素台歌》，载陈贻焮、郝世峰主编《全唐诗》第四册，文化艺术出版社，2001，第1453页。
⑪ 袁翰青：《中国化学史论文集》，生活·读书·新知三联书店，1956，第79页。
⑫ Patrick E. McGovern, *Uncorking The Past: The Quest for Wine, Beer, and Other Alcoholic Beverages* (Oakland: University of California Press, 2009), p.10.

丝绸之路上的葡萄酒

中国有据可见的文字历史早至晚商时期（公元前第二个千年末期），也有学者认为中国最早的文字在夏朝就已出现，只是还没有考古发现支持。即使这样，中国文字最早可能出现在公元前第三个千年晚期。《史记》中对商纣王"酒池肉林"的描述发生于商朝末期。[①]

这说明人类喝酒的历史非常久远，酿酒的历史也几乎和人类发明文字的历史一样悠久。袁翰青说道：

> 从化学的观点来看，只有碳水化合物能够经过发酵作用而成酒，在碳水化合物之中，能够直接被酵母菌起作用而生出酒精的有好几种糖，例如麦芽糖、葡萄糖和果糖等。[②]

周嘉华也指出：

> 在自然界中，凡是富含糖（葡萄糖、蔗糖、麦芽糖、乳糖等）的物质，例如水果、兽乳等，受到酵母菌的作用就会自然地生成乙醇。这是一种常见的自然现象。这类酒也可能是最原始的酒。[③]

范文来认为，虽然人类祖先的基因可能在1000万年前就适应了乙醇，但是随着科技的进步，人类摄入酒精的形式和含量都发生了很大变化——人类在约一万年前才开始自主发酵糖类。[④]他虽然没有说既然人类那么早就实现了基因的变化，为什么那么晚才自主发酵糖类，但有一点是确定的，世界上含糖物质和当地酒之间必定密不可分。

全球的酒精饮料

各个地区的糖分来源并没有像洲界这样截然清晰。这些糖分大多采取果汁、茎叶中的树汁或淀粉的形式。

环地中海地区北面、西面是欧洲南部和西班牙，南面以位于北非的埃及、突尼斯和位于亚洲的腓尼基最为著名，东面则是土耳其、叙利亚、黎巴嫩、以色列，一直向东从约旦、伊拉克、伊朗到阿富汗甚至翻过帕米尔高原直到塔克拉玛干大沙漠南北，这一广阔地带以生长着欧亚种酿酒葡萄著称。地中海东西两岸遥相呼应，多地起源说的支持者认为西班牙也是驯化葡萄的起源地，而土耳其东部的高加索山脉，不管是单起源说或多起源说，都认为是最早人工种植葡萄的起源地或多个起源地之一。人工种植的葡萄沿扎格罗斯山脊向南扩散，到了东起两河流域、西至地中海岸边的黎凡特南部地区的新月沃土地带，并最终从黎凡特南部来到了北非的埃及。这些驯化的葡萄又从高加索山脉向西向北扩散到了希腊、罗马、欧洲南部，包括今天的法国。无论是否沧海桑田的变迁所引发，说印欧语言的原始印欧人的大迁徙据信是这些传播的动力。上面这幅图景得到了对地中海沉船研究的支持，也和语言学研究得到的原始印欧人迁徙路线和年代的结果不谋而合。

大部分国土位于亚洲的土耳其也受到来自欧洲的影响，埃及和北非则是环地中海和非洲的某种混合。土耳其和埃及虽都位于地中海周边，啤酒和其他混合饮料也与葡萄酒和平共处。

大约公元前1200年，弗里吉亚人（Phrygian）跨过达达尼尔海峡和博斯普鲁斯海峡来到亚洲，填补

①司马迁：《史记（全九册）》卷三《殷本纪》，韩兆琦译注，中华书局，2010，第182页。
②袁翰青：《中国化学史论文集》，生活·读书·新知三联书店，1956，第78页。
③卢嘉锡主编，赵匡华、周嘉华：《中国科学技术史·化学卷》，科学出版社，1998，第522页。
④范文来：《我国古代烧酒（白酒）起源与技术演变》，《酿酒》2020年第47卷第4期。

了曾经强大一时的赫梯（Hittite）帝国崩塌后的真空，位于现土耳其首都附近的戈尔迪（Gordion）也成了弗里吉亚人的首都。在这里，亚历山大一剑砍断了没人能解开的绳结，称霸欧亚，在此四个世纪以前，弗里吉亚的米达斯国王带着他著名的金手指进了坟墓。凡他触摸过的物品都变成了金子，食物也不例外，拥有金手指的国王却最终饥渴而死。国王显然没有把用不尽的黄金带入坟墓，却留下了157件青铜器具，据说是国王葬礼宴会上用过的，有大缸、大罐、碗。考古学家分析了器具内壁的残留物，发现了啤酒、葡萄酒和蜂蜜的痕迹，认为当时可能把各种酒混起来喝。①

欧洲最古老的酒精饮料发现于苏格兰，这里，欧洲人多以蜂蜜制酒，也许这种制酒技术和文化由弗里吉亚人带到了土耳其，在米达斯坟墓中的混合酒精饮料中留下了影子。

从两河流域再往东，就进入了扎格罗斯山脉，翻过山脉就是伊朗高原，从这里直到阿富汗的瓦罕走廊，是一条繁忙的古代商路，叫作呼罗珊大道，是陆上丝绸之路翻越帕米尔高原后前往波斯湾或地中海的必经之路，这条道路自东向西先横跨伊朗高原又翻越扎格罗斯山脉，下降2000多米来到低地的两河流域。人工驯化的葡萄就是沿着扎格罗斯山脊一路南传。

呼罗珊大道人来人往，阅尽了人间沧桑。古波斯帝国的大流士一世在这条大道西端的悬崖上用三种文字（古埃兰文、古波斯文、阿卡德文）刻下了他东征西战的伟大功绩，这就是著名的贝希斯敦（Behistun）铭文，刻在当年进行决定性战斗的昆都鲁什战场高处。②这个铭文让人联想到现在高速公路两旁的广告牌，只是这条高速公路已经荒芜了，但是耸立在悬崖上的铭文在被发现后成了解读楔形文字的钥匙。

这条大道所穿越的伊朗高原上，在古波斯帝国之后，又有亚历山大和其将军之一塞琉古的希腊统治，其后又有和罗马帝国对抗不断的帕提亚帝国的统治。帕提亚帝国在中国史书中又称安息帝国，是张骞出使西域后给汉武帝报告称他虽未身至，但"传闻其旁大国五六"之一：

安息在大月氏西可数千里。其俗土著，耕田，田稻麦，蒲陶酒。③

又说及其身所至的大宛：

大宛在匈奴西南，在汉正西，去汉可万里。其俗土著，耕田，田稻麦，有蒲陶酒。④

葡萄酒的痕迹在翻过帕米尔高原位于大漠南北的中国西域，直到中国北方甚至东北亚都有发现，只是越来越稀少，渐渐地，当地的糖分多以谷物中淀粉的形式存在，而当地的酒也多来自稻谷。

在这一广阔地带的西端，扎格罗斯山脉里，海拔两千多米的戈丁丘（Godin Tepe）遗址正处在繁忙的商道上，周边野生葡萄郁郁葱葱，而在更西边的低地地区，气候炎热干燥，没有野生葡萄生长。尽管缺少直接证据，麦戈文认为，这个遗址的一个房间当时很有可能被用来现场制作低地地区所消费的葡萄酒，同时，麦戈文以为，在两河流域地区啤酒是更大众的酒精饮料，周边又既有葡萄生长又有大麦生长，这个遗址既生产葡萄酒又生产啤酒当不为怪，他们还在陶片中找到了啤酒的化学痕迹。⑤

我们可以勾勒这样一幅图景：在环地中海地区及广袤的欧亚大陆西南部，葡萄提供了大量糖分，饮

①Patrick E. McGovern, *Uncorking The Past: The Quest for Wine, Beer, and Other Alcoholic Beverages* (Oakland: University of California Press, 2009), p.134.
②[美]A.T.奥姆斯特德：《波斯帝国史》，李铁匠、顾国梅译，上海三联书店，2017，第147页。
③司马迁：《史记（全九册）》卷六十三《大宛列传》，韩兆琦译注，中华书局，2010，第7284页。
④司马迁：《史记（全九册）》卷六十三《大宛列传》，韩兆琦译注，中华书局，2010，第7277页。
⑤Patrick E. McGovern, *Uncorking The Past: The Quest for Wine, Beer, and Other Alcoholic Beverages* (Oakland: University of California Press, 2009), pp.61-66.

丝
绸
之
路
上
的
葡
萄
酒

用葡萄酒也成了当地习惯，不过这一地区，大麦种子中的淀粉，或者更东部地区贮藏在其他谷物（小米或稻米）中的淀粉也是糖分的重要来源，而在欧洲的寒冷地区，已不适于葡萄生长，蜂蜜成了糖分的主要来源。土耳其受到了欧洲的影响，大多是葡萄酒、蜂蜜酒和啤酒的混合饮料，向东越过帕米尔高原后水果酒渐渐为粮食酒所取代，两河流域和地中海东岸的一些地区，则是啤酒、葡萄酒并存，而越往南啤酒的份额越大，甚至到了埃及和北非，葡萄酒成了皇室专享，啤酒才是大众饮品。

位于开罗的德国考古研究所考古学家君特·德雷尔（Günter Dreyer）在阿拜多思（Abydos）王陵发现了一座古墓，墓主据信是蝎子王一世（King Scorpion I），他约公元前3150年在位，早于统一后的埃及第一王朝。蝎子王是否存在、是否统治了上下埃及或仅仅是开启了统一上下埃及之路，虽然还存在不同看法，但是这座大型古墓中有三间屋子堆满了700个装葡萄酒的尖底瓶，大约共有4500升，却是事实。古墓中的其他房间里也塞满了啤酒罐、面包模具、石质容器和装满衣服的杉木箱。

麦戈文和他的团队对这些酒罐的化学分析表明，这些酒曾添加过松脂和其他树脂，含有多种成分，又通过对酒罐和陶塞的器物形态、花纹进行了考察，并利用先进的科技手段对其产地、包装和运输路线做了推测，表明这些葡萄酒为进口货，产自南部黎凡特海滨地区和加沙附近，东至约旦谷及更东的约旦高地，南至死海，又在尼罗河三角洲更换了陶塞。[1]野生葡萄在埃及的气候条件下无法生长[2]，而开始将驯化的葡萄移栽到尼罗河三角洲还是200年之后的埃及早王朝的事，葡萄酒工业繁荣起来，至少要到埃及第三王朝以后（大约公元前2700年）。[3]

看来这批酒一定成本高昂。但这对于国王来说，并不成为问题。正如旧王朝时期一个金字塔铭文所说："（国王）应享受神灵果园里的无花果和葡萄酒。"[4]最早用于表示古埃及文字葡萄酒的限定符（两个连在一起的酒罐）就出现于第一王朝的第四位国王登（King Den）时期，指这位国王献给荷鲁斯神（Horus）的一处葡萄园或庄园。[5]

埃及法老很珍视葡萄酒，经常把葡萄园和葡萄酒献给神。公元前12世纪的埃及法老拉美西斯三世在古埃及最长的象形文字经济文献《哈里斯大纸草》（Great Harris Papyrus）中，宣称他把20 078罐葡萄酒进贡给拉蒙神，并把另外39 510罐葡萄酒在特殊的庆典中献给神祇，他还宣称他在全埃及种有多处献给神的葡萄园。[6]公元前1323年，年仅19岁的埃及法老图坦卡蒙去世，带入坟墓的许多财宝中，就有成罐的葡萄酒。双耳罐上有的有年份标记、制造商的标记、图坦卡蒙的印章，有的还标有可能是分级的标记。[7]可见这位年轻的法老多么珍视这些酒。埃及第四王朝（大约公元前2575—前2465年）第一位国王史奈弗汝（Snefru）的大臣梅金（Metjen）在其自传里提到，在他位于尼罗河三角洲地带一个大湖旁的

①Patrick E. McGovern, *Uncorking The Past: The Quest for Wine, Beer, and Other Alcoholic Beverages* (Oakland: University of California Press, 2009), pp.165-170.

②Patrick E. McGovern, *Ancient Wine: The Search for the Origins of Viniculture* (New Jersey: Princeton University Press, 2003), p.85; Patrick E. McGovern, *Uncorking The Past: The Quest for Wine, Beer, and Other Alcoholic Beverages* (Oakland: University of California Press, 2009), p.166.

③Patrick E. McGovern, *Ancient Wine: The Search for the Origins of Viniculture* (New Jersey: Princeton University Press, 2003), p.85; Patrick E. McGovern, *Uncorking The Past: The Quest for Wine, Beer, and Other Alcoholic Beverages* (Oakland: University of California Press, 2009), p.166.

④Patrick E. McGovern, *Ancient Wine: The Search for the Origins of Viniculture* (New Jersey: Princeton University Press, 2003), p.102.

⑤Patrick E. McGovern, *Ancient Wine: The Search for the Origins of Viniculture* (New Jersey: Princeton University Press, 2003), pp.86-87.

⑥Patrick E. McGovern, *Ancient Wine: The Search for the Origins of Viniculture* (New Jersey: Princeton University Press, 2003), p.146; [英]休·约翰逊：《葡萄酒的故事》，李旭大译，陕西师范大学出版社，2005，第39页。

⑦[英]休·约翰逊：《葡萄酒的故事》，李旭大译，陕西师范大学出版社，2005，第40页。

庄园里，有一处用围墙围起来的约数百平方米的葡萄园，种有无花果和其他树木。他用这些葡萄树的所产酿了很多葡萄酒。他把这个自传带入了位于萨卡拉的坟墓。[1]人们还将从采摘葡萄到制作葡萄酒的全过程，绘制在法老和一些达官贵人的墓葬里。

这些酒价值很高，起初只奉献给神灵，再后来国王在西天拜会了神灵之后饮用，再后来又扩散到上层阶级，直到最后人工种植的葡萄引进到埃及开始本地生产，降低了葡萄酒价格，这一饮料才扩散到民间。[2]葡萄酒从神灵、法老专享开始向民间扩散是发展趋势的必然，正如用制作木乃伊的方式以求永生原来是法老的专享，后来扩散到上层阶级，再后来只要花钱就能做一样[3]，但是葡萄酒高贵的地位并没有动摇，仍然是法老珍视的好东西。埃及法老把最好的东西敬献给神灵。

埃及虽然气候条件并不适合葡萄生长，但热爱葡萄酒的法老先是从地中海东岸进口葡萄酒，后来在尼罗河三角洲种植驯化的酿酒葡萄，形成自己的葡萄酒产业，葡萄酒和席卷非洲大陆的啤酒一起形成了葡萄酒和啤酒共处但两极分化的态势：葡萄酒成了上层阶级的专宠，而啤酒成了适合所有阶级的大众饮料。

公元前第三个千年，埃及古王朝时期。

傍晚，劳作了一天的人们三三两两走向不远处的宿舍，他们的背后是一座即将完工的金字塔，表面的石灰岩砌块打磨后呈白色，看上去十分耀眼。金字塔是埃及大地上最宏伟的建筑，直到20世纪初，最大的胡夫金字塔几千年来一直占据着世界上最高人工建筑的榜首。[4]

金字塔建造者的住处像个小城市[5]，收工的人们在这座"城市"的门口领到了今天一天劳作的工钱——

图1.9　这张照片摄于1858年，摄制者是弗朗西斯·弗里斯（Francis Frith，1822—1898年），显示了那时的大金字塔和狮身人面像。画幅为38.7×49.3厘米，现藏于纽约大都会艺术博物馆

[1]Patrick E. McGovern, *Ancient Wine: The Search for the Origins of Viniculture* (New Jersey: Princeton University Press, 2003), p.91.
[2]Patrick E. McGovern, *Ancient Wine: The Search for the Origins of Viniculture* (New Jersey: Princeton University Press, 2003), p.102; Patrick E. McGovern, *Uncorking The Past: The Quest for Wine, Beer, and Other Alcoholic Beverages* (Oakland: University of California Press, 2009), p.170.
[3]Patrick E. McGovern, *Ancient Wine: The Search for the Origins of Viniculture* (New Jersey: Princeton University Press, 2003), p.102.
[4]Andrew Robinson, "Archaeology: The wonder of the pyramids," *Nature*, vol.550 (Oct. 2017): 330-331; 学者在吉萨金字塔的塔顶，发现了残留的白色石灰石，吉萨金字塔周围还散落着零碎的白色石灰石块，所以学者推测——最早的金字塔周围覆盖着一层白色石灰石，是闪耀夺目的白色；Mark Lehner, *The Complete Pyramids: Solving the Ancient Mysteries* (London: Thames & Hudson, 1997), p.6.
[5]古希腊历史学家希罗多德曾于公元前5世纪造访埃及，留下了十万人在20年间被迫修造金字塔的记载（An Account of Egypt）。20世纪90年代，哈瓦斯在吉萨金字塔群附近发现了金字塔建设者墓葬，说明金字塔建设者并非被迫修建金字塔，反而感觉为国王修建坟墓有着无上荣光（见Zahi Hawass, "The Discovery of the Tombs of the Pyramid Builders at Giza," 1997, https://www.guardians.net/hawass/buildtomb.htm）。一说早在1888年英国考古学家弗林德斯·皮特里爵士（Sir Flinders Petrie, 1853—1942）考察辛努塞尔特二世（Senusret Ⅱ）金字塔时，发现一处围起来的居住地，成排的房屋和大量纸草、陶器、工具、衣服、儿童玩具等日常生活用品，已经指出了希罗多德的谬误。

丝绸之路上的葡萄酒

面包和啤酒。①这些啤酒可能是当天制作的，酒精度很低，黏稠得像粥一样，富含矿物质和维生素，又比生水卫生，成为补充水分的一大来源，是普通人每日不可或缺的食物和饮品。

埃及人从前王朝时期（公元前3000年之前）就开始建造金字塔，延续到公元前后。著名的吉萨金字塔群的三座金字塔都属于第四王朝的法老，其中最早的胡夫（Khufu）是第四王朝的第二位法老，公元前2551—前2528年在位。②在吉萨发现的金字塔建造者墓葬也定年于第四王朝时期，距今4600年。③

在这周围还发现了工人住房和大量的牛骨、羊骨，足够数千人每天享用，还发现了面包房。这里既做面包又酿啤酒，更确切地说，是一种由谷物制成的混合饮料。④遗址上还发现了居住在这里的人们留下的涂鸦，号称"胡夫的朋友们"或者"孟卡拉的醉鬼"。孟卡拉（Menkaure）是古埃及第四王朝时期的法老，大约公元前26世纪在位，修建了吉萨三大金字塔中的孟卡拉金字塔。

阿梅拉戈斯（George Armelagos，1936—2014年）教授的团队在490埃（Å）的黄绿荧光下观察采自350—550年的努比亚人骨样时，发现了四环素的痕迹。古代努比亚王国位于今天的苏丹，古埃及的南面。用阿梅拉戈斯教授的话说，这就好像解开木乃伊的绷带，发现古人戴着一副Ray-Ban太阳镜一样奇怪。在排除了现代物质的污染后，阿梅拉戈斯等人得到了结论：这些被四环素标记的骨样说明，这些人群摄取了大量富含天然四环素的物质。这些痕迹可能来自啤酒，酿造啤酒的谷物含有来自土壤的链霉菌。后续的研究表明，这些古代的骨样充盈着四环素，意味着他们已经摄入这种食品很长时间。⑤

埃及位于非洲大陆的北端，紧靠地中海，受到欧洲、环地中海区域和非洲的影响，饮用的酒有葡萄酒、啤酒、蜜酒和各种各样来自水果与谷物的酒。公元前3100年，统一了上下埃及的古埃及第一王朝的第一位法老美尼斯或纳尔迈（Menes or Narmer）选择了蜜蜂形象放在名字前，表明了蜜蜂已经相当普遍且高贵。但是麦戈文不清楚埃及的养蜂业是受到了黎凡特地区的影响还是受到了非洲大陆的影响而产生，还是埃及自己的发明。⑥

位于津巴布韦、可能早至大约公元前8000年的岩画，表现了一个有羽毛装饰的长发取蜜者正在用烟把一个蜂巢中的蜜蜂熏出来。⑦取蜜很危险，也使得蜜酒昂贵。

非洲大地有着丰富的植物资源，很多根茎叶果都可以做酒，这使得蜜酒并不唯一，啤酒成了流行饮品。温多夫（Fred Wendorf，1924—2015年）领导发掘的阿斯旺附近的瓦迪·库巴尼亚遗址（site of Wadi Kubbaniya）通过碳-14测年为公元前16 000年，这里出土的磨石中发现嵌有淀粉谷粒。据麦戈文推测，或许存在首先磨碎野生根块便于后续咀嚼再发酵的可能。⑧

在美洲，早期美洲人一直在留意可能的糖分来源，玉米和可可树是早期美洲人利用富糖果实之一

①Patrick E. McGovern, *Uncorking The Past: The Quest for Wine, Beer, and Other Alcoholic Beverages* (Oakland: University of California Press, 2009), p.244.

②Mark Lehner, *The Complete Pyramids: Solving the Ancient Mysteries* (London: Thames & Hudson, 1997), p.8.

③Zahi Hawass, "The Discovery of the Tombs of the Pyramid Builders at Giza," 1997, https://www.guardians.net/hawass/buildtomb.htm.

④Mark Lehner, "Excavations at Giza: 1988-1991: The Location and Importance of the Pyramid Settlement," *The Oriental Institute*, no.135 (1992): 1-9; Jonathan Shaw, "Who Built the Pyramids?," *Harvard Magazine* (2003).

⑤Max Nelson, *The Barbarian's beverage — A History of Beer in Ancient Europe* (London: Routledge, 2005), pp.151-154; Carol Clark, "Ancient brewmasters tapped drug secrets," 2010, https://www.emory.edu/EMORY_REPORT/stories/2010/09/07/beer.html; McNally (2010).

⑥Patrick E. McGovern, *Uncorking The Past: The Quest for Wine, Beer, and Other Alcoholic Beverages* (Oakland: University of California Press, 2009), p.239.

⑦Patrick E. McGovern, *Uncorking The Past: The Quest for Wine, Beer, and Other Alcoholic Beverages* (Oakland: University of California Press, 2009), pp.235-236.

⑧Patrick E. McGovern, *Uncorking The Past: The Quest for Wine, Beer, and Other Alcoholic Beverages* (Oakland: University of California Press, 2009), p.254.

例。麦戈文指出，如果早期美洲人来自东亚，他们可能在跨越白令陆桥之前就有了一些制酒经验，对酒精的关注可能引致了玉米的驯化和改良这一看似不可能的任务的实施。[①]和玉米类似，可可树的驯化动力也可能是用其富含糖分的果肉制酒。可可树是一种热带植物，一般生长在南北纬20°之间，不能耐受16摄氏度以下的气温。这种树的果肉包裹着果核，当果肉发酵后，暴露出来的果核经过晒干、碾磨制成巧克力。[②]

一种广泛分布于秘鲁的人称秘鲁辣椒树或假辣椒树（Schinus Molle）的植物，果实成熟后压弯了树枝，一片红色远看又很像辣椒，果实富含糖分，适合用于制酒，这是早期美洲人探索身边糖分资源的又一例。[③]其他的例子包括棕榈树的树汁和果实、仙人掌、野生菠萝、苹果、香蕉、接骨木莓、芦荟、野葡萄、甜土豆、木薯和蜂蜜等。富含糖分的果实很可能得到了首先探索。[④]

而中部亚利桑那的以东、以北地区，尽管有着丰富的野葡萄和玉米资源，却无论考古发掘和文献记载都没有酒的踪迹。麦戈文认为，很可能是当地盛产的烟草填补了酒精饮料的位置。烟草的烟气升腾到天空，被看作是"神的合适食物"，烟草中的尼古丁又有致幻作用。[⑤]另一种理论则说，如果美洲人来自西伯利亚，当地缺少富糖果实，当萨满巫师需要致幻剂时，他们转向食用毒蘑菇。因为这种蘑菇到处都有生长，一些野兽很可能已经摄入了致幻毒素，有些人转而喝这些野兽（比如鹿）排出的尿液来吸取"二手"毒素。但是，这种理论又只能得出结论：中南美洲盛行的酒精制造是后来的人们重新试验的结果。[⑥]

①Patrick E. McGovern, *Uncorking The Past: The Quest for Wine, Beer, and Other Alcoholic Beverages* (Oakland: University of California Press, 2009), p.205.

②Patrick E. McGovern, *Uncorking The Past: The Quest for Wine, Beer, and Other Alcoholic Beverages* (Oakland: University of California Press, 2009), p.210; Christopher Cumo, *Encyclopedia of Cultivated Plants: from Acacia to Zinnia* (New York: ABC-CLIO, 2013), p.175.

③Patrick E. McGovern, *Uncorking The Past: The Quest for Wine, Beer, and Other Alcoholic Beverages* (Oakland: University of California Press, 2009), pp.223-224.

④Patrick E. McGovern, *Uncorking The Past: The Quest for Wine, Beer, and Other Alcoholic Beverages* (Oakland: University of California Press, 2009), pp.226-227.

⑤Patrick E. McGovern, *Uncorking The Past: The Quest for Wine, Beer, and Other Alcoholic Beverages* (Oakland: University of California Press, 2009), p.228.

⑥Patrick E. McGovern, *Uncorking The Past: The Quest for Wine, Beer, and Other Alcoholic Beverages* (Oakland: University of California Press, 2009), pp.229-230.

采集狩猎的人们的确需要跟随食物东奔西走，但他们不用照看动植物，不用顾虑气候的变化影响果实的成熟，不用饲养动物，不用考虑动物如何过冬，不用考虑丰年和歉年影响收成，他们不用按时令播种，他们有更多的空闲时间。大概没有人不认为神灵在早期人类社会中起着举足轻重的作用。人类对神灵的依靠和祭拜几乎无处不在，给了放弃优哉游哉的采集狩猎生活转而从事艰苦的农业以充足的理由。酒精能挥发，有特殊的气味，这和烧祭肉类、燃烧烟草类似，都能上达古人深感神秘又够不到的天庭，成为与神沟通的渠道。酒精又有致幻作用，或能加强致幻剂的致幻作用，神志不清时易于出现幻觉，古人的解释是神灵显现了。酒精又很难得，在相当长的时期内，人们对发酵的原因不甚了了，归之于神迹。酒精和神灵有着密切关系，可以说，酒精就是神灵的化身。由于酒精在祭祀神灵中难以替代的作用，说酒精饮料导致了新石器革命或许并不过分。不过，新石器革命的发生如此遥远、过程如此漫长又如此复杂，神灵在其中发挥的作用可能并不唯一，酒精也可能只是众多原因之一，但发挥了一定甚至重要的作用却是可能的，不容忽视。人类一旦进入农耕社会，尽管生活更加艰辛，尽管多么不情愿，但他们从被动的食物采集者变成了食物生产者，群体内可支持的个体数量增加，群体规模变大，社会组织方式更加复杂，更多的人口又要求更高更新的农业技术，这种正面反馈使人们难以回到采集狩猎生活方式了，一旦走上了农业之路就无法回头。

公元前550年，居鲁士大帝建立的阿契美尼德王朝，曾将疆域拓展到西至埃及东达帕米尔高原脚下锡尔河畔的广袤土地，曾是阿契美尼德王朝国教的琐罗亚斯德教，被其信徒带到中国，称为祆教，因其信徒祭拜神灵的仪式少不了圣洁的火焰，又称作拜火教或火祆教。祆教信徒以表演幻术而知名。而对被选中去拜访神界的阿达维拉（Ardā Wīrāz）行程的记录却说明琐罗亚斯德教神秘的饮品豪麻和葡萄酒密切相关。

定居和农业

丹麦学者、曾任哥本哈根皇家古物博物馆馆长的C. J. 汤姆森（Christian Jrgensen Thomsen，1788—1865年）首次将石器（Stone）时代、青铜（Bronze）时代和铁器（Iron）时代三期分类用于古物陈列，遂成为考古界标准分期。石器时代后来又分为旧石器（Paleolithic）和新石器（Neolithic）两个时代。[1]一般认为，在利用石器工具之前，人类首先利用的是树枝等木器，所以如果用工具给人类的发展阶段分期的话，在石器时代之前，应该还有一个木器时代，只是木器没有保存下来。同样得到普遍认可的是，各个时代并非截然分开，在不同的时代之间，人类经历了漫长的过渡期。

旧石器时代的特征是石器工具，但那时的石器工具仅经过打制等粗糙加工，进入新石器时代，人类开始磨制石器，尽管制陶、定居、发展农业以及磨制石器之间并没有必然联系，人们还是将这些作为新石器时代的标志，不过学者很快发现有些地区出现了打磨石器和农业却没有出现陶器，于是另用前陶新石器时代（PPNA或PPNB，The Pre-Pottery Neolithic A or B）指代没有陶器的新石器时代。威斯特洛普（Hodder Westropp，1820—1885年）建议划分出中石器时代（Mesolithic），即距今10 000—15 000年的晚期旧石器时代。在欧洲，这一中石器时代的人们仍主要以采集或者渔猎的方式生活，还没有开始畜牧和农业，这应该是新旧石器时代之间的过渡时期。[2]

人类出现在地球上的几百万年中，至少在智人属出现在非洲，与后来成功走出非洲后的60 000多年中，大部分时间一直以采集狩猎的方式生活着。汉字的"菜"由表示草的"艹"与表示采集的"采"字组成，甲骨文"采"字是用手够树梢，暗示蔬菜原本采自野外。[3]但是到了距今一万年左右，进入了新石器时代之后，人类的发展突飞猛进，发生了一系列重大变化：开始定居，出现了精细打磨石器，出现了陶器，出现了农业畜牧业。这就是新石器革命，一般称为农业革命。赵志军认为，通常认为界定新石

图2.1　石器时代的早期制陶

①Graeme Barker, *The Agricultural Revolution in Prehistory: Why did Foragers become Farmers?* (Oxford: Oxford University Press, 2006), p.4.

②Graeme Barker, *The Agricultural Revolution in Prehistory: Why did Foragers become Farmers?* (Oxford: Oxford University Press, 2006), p.4.

③H. T. Huang, *Science and Civilisation in China: Volume 6, Biology and Biological Technology, Part 5, Fermentations and Food Science* (Cambridge: Cambridge University Press, 2000), p.32.

丝绸之路上的葡萄酒

器时代的三大要素——磨制石器、陶器制作和原始农业，其中，只有原始农业比较靠谱[①]，农业的发生大概是新石器时代最显著的特征。

称其为农业革命并不准确，虽然从事农耕而定居一处给人类与自然的关系带来了深远的影响，是人类进步史上的一次飞跃。农耕不仅使人能够定居一处，而且开始拥有土地、产生剩余，跨出了通向私有产权和资本主义的第一步。[②]但有的地方的气候、地理条件适合农耕，有些地方并不适合农耕生产，这些地方的人类没法定居一处，只能逐水草而居，四处奔波，从事畜牧。有证据表明这样的游牧比之定居农业出现得较晚。也有证据表明家畜饲养和定居同时出现，而且结伴出现，这在今天汉字中只有在屋盖下养猪（宝盖下的豕字）才能称为"家"得到了某种体现。有的考古学家认为是农业导致了定居，另一些学者则认为人类应该先定居而后才产生农业。单以农业来命名如此巨大而复杂的变化显然不合适，不过此处按习惯仍旧采用农业革命的称谓来指代新石器革命——一个也许更为准确的命名。

像威斯特洛普这样的维多利亚时代的史前史专家秉持进步论，认为世界上所有文明，都经历了基本相同的发展阶段，从野蛮到狩猎到游牧到农耕到国家出现，从简单到复杂、从野蛮到文明，类似于人类个体经过婴儿期、少年期、青年期到成年期，缺一不可。[③]他们笔下从事采集狩猎的人们生活在凄惨之中：

> 人类早期很野蛮，他满脑子都想的是如何满足基本需求……他以野果为食或生吞鱼类，与他的同伴或别的野蛮人争食动物尸体。他的生活就是无休止的战争状态，他为一切争斗，为食物、为女人……狩猎者是野人，他的食物是野味；他像老虎一样活着，靠非同寻常的矫捷、力量和意志捕获猎物，以此果腹和御寒……他可能无需盖房子、无需犁地、无需待在一处，因为他的猎物总是从他的喂毒箭头和刀下躲开，为了生存他紧紧跟随着野牛的行踪，他以所有生物为敌……野蛮人几乎没有超出面前他急需满足的物质欲望之外的欲望：当天的饥饿、当晚的寒冷、繁殖和照顾保护后代的本能，他只想今天、不顾明天，他不得不捕鱼和狩猎，否则会死……直到有一天他厌倦了依赖命运丢在他面前的果实和植物，他学会了饲养牲畜、学会了播种，他开始了定居并把生命投入农业之中。[④]

摩尔根（Lewis Henry Morgan, 1818—1881年）也认为人类发展阶段可划分为低级蒙昧社会、中级蒙昧社会、高级蒙昧社会、低级野蛮社会、中级野蛮社会、高级野蛮社会和文明社会各个阶段，并循序渐进：

> 关于人类早期状况的研究，倾向于得出下面的结论，即：人类是从发展阶段的底层开始迈步，通过经验知识的缓慢积累，才从蒙昧社会上升到文明社会的。[⑤]

> 如果我们沿着几种进步的路径上溯到人类的原始时代，又如果我们一方面将各种发明和发现，另一方面将各种制度，按照其各自出现的顺序向上逆推，我们就会看出：发明和发现总是一个累进发展的过程，而各种制度则是不断扩展的过程。前一类具有一种或多或少直接

①赵志军：《新石器时代植物考古与农业起源研究》，《中国农史》2020年第3期。
②Graeme Barker, *The Agricultural Revolution in Prehistory: Why did Foragers become Farmers?* (Oxford: Oxford University Press, 2006), pp.1, 8.
③Graeme Barker, *The Agricultural Revolution in Prehistory: Why did Foragers become Farmers?* (Oxford: Oxford University Press, 2006), p.5.
④Graeme Barker, *The Agricultural Revolution in Prehistory: Why did Foragers become Farmers?* (Oxford: Oxford University Press, 2006), pp.5-6, 8.
⑤[美]路易斯·亨利·摩尔根：《古代社会（全二册）》，杨东莼、马雍、马巨译，商务印书馆，1977，第3页。

连贯的关系；后一类则是从为数不多的原始思想幼苗中发展出来的。近代的种种制度实生根于野蛮阶段，而推其萌芽之始，则又在更早的蒙昧阶段。它们一脉相承，贯通各代，既有其逻辑上的前因后果，亦有其血统上的来龙去脉。①

早在300多年前，霍布斯（Thomas Hobbs，1588—1679年）就在其1651年出版的名著《利维坦》中指出，在国家出现之前的"自然状态"下，"任何两个人如果想取得同一东西而又不能同时享用时，彼此就会成为仇敌。他们的目的主要是自我保全，有时则只是为了自己的欢乐；在达到这一目的的过程中，彼此都力图摧毁或征服对方。"②这样，人人无时无刻不处于"每个人对每个人的战争状态"之中。他指出：

> 有三种造成争斗的主要原因存在。第一是竞争，第二是猜疑，第三是荣誉。③

他又进一步指出，前两种原因分别是为了求利和求安全，而"在第三种情形下，则是由于一些鸡毛蒜皮的小事，如一言一行、一点意见上的分歧，以及任何其他直接对他们本人的蔑视。或是间接对他们的亲友、民族、职业或名誉的蔑视"，"使人为了求名誉""而进行侵犯"。④

求名誉可能是争斗的原因，但并不必然引发争斗，霍布斯深知"每个人对每个人的战争"并不真实存在，他所定义的这种战争状态并"不在于实际的战斗，而在于整个没有和平保障的时期中人所共知的战斗意图"。⑤这种战斗意图赖于人人都可感受到的威胁和不安定，只有一个强人或君主能给予人们迫切需要的"和平保障"。

如果采集狩猎的"野蛮人"确如维多利亚时代的史前史家认为生活在凄惨之中，他们的生活便时刻充斥着"竞争"与"猜疑"，农耕相对于狩猎和游牧的最大优势在于，农夫的生活方式更加牢靠、更加容易，相比于不稳定、一直奔命于搜寻食物的采集狩猎生活方式有更多时间。⑥采集狩猎者之所以转向农耕是因为农耕能带来显而易见的诸多好处：更多的人口，促生了更复杂的社会组织和管理形式，可以满足灌溉农业对集中资源的需要，从而在对外战争中更具优势。

随着人类社会的愈加复杂和技术的发展，人类社会在总的趋势上一直在进步，大概是不错的，但这不一定是人有意识追求的结果。相反，虽然好处显而易见，但这些农耕文明的好处却并没有使农业经济取得摧枯拉朽般的优势，取代采集狩猎经济而快速扩张，这意味着人们进入农耕文明面临着巨大阻力。这种阻力可能来自人所无法改变的自然力量，也可能因为人类本性不愿定居和农耕，而进入农业社会的人是不得已而为之，且进去了就出不来。这种单向流动导致了定居和农业人口越来越多，但增长得很缓慢，并非一蹴而就。

里查德·李（Richard Lee）和杰克·哈兰（Jack Harlan，1917—1998年）的研究或许揭示了其中的道理。里查德对南部非洲卡拉哈里沙漠里的昆申人（The !Kung Bushmen of the Kalahari desert）生活进行研究，发现在地球上人类最不宜居的地方，人们一天仅需几个小时采集食物，从而有更多的闲暇时间。杰克则在土耳其仅用史前镰刀，在短短一个小时内，收获了一公斤野生单粒小麦。按这样的效率，

①[美]路易斯·亨利·摩尔根：《古代社会（全二册）》，杨东莼、马雍、马巨译，商务印书馆，1977，第4页。
②[英]霍布斯：《利维坦》，黎思复、黎廷弼译，杨昌裕校，商务印书馆，1985，第93页。
③[英]霍布斯：《利维坦》，黎思复、黎廷弼译，杨昌裕校，商务印书馆，1985，第94页。
④[英]霍布斯：《利维坦》，黎思复、黎廷弼译，杨昌裕校，商务印书馆，1985，第94页。
⑤[英]霍布斯：《利维坦》，黎思复、黎廷弼译，杨昌裕校，商务印书馆，1985，第94页。
⑥Graeme Barker, *The Agricultural Revolution in Prehistory: Why did Foragers become Farmers?* (Oxford: Oxford University Press, 2006), p.8.

丝绸之路上的葡萄酒

在这种植物成熟的三周内，一个采集狩猎家庭可以采集到他们一年所需的谷物。[①]

霍布斯理论的前提是资源匮乏，在一定的采集范围内，"两个人如果想取得同一东西而又不能同时享用"的情况有可能发生，但是否会因此成为仇敌则不一定。其中一个人有可能适当扩大采集范围从而避免纠纷。如果野生谷物如此丰裕并且容易采集，采集狩猎者的生活如此有规律又压力如此之低，何来竞争和猜疑？何来威胁和恐惧？

进步理论认为，采集狩猎的生活方式使人必须长距离奔袭，追逐猎物和采集植物成熟的果实，还不能保证获取充足的食物，而农业革命使人从食物采集者变成了食物生产者，可以不再奔波，就能获得充足的食物以应对人口增长，这是人类放弃了采集狩猎的生活方式而跨入农耕社会的主要原因。但这种理论难以解释为什么在第一个农夫出现后几千年，甚至在欧洲人的殖民浪潮席卷全球之时，居于非洲、亚洲、大洋洲及美洲的很多社群仍然顽固地生活在各式各样的采集狩猎方式下，如果食物生产对我们这个种群如此重要、优势如此明显，人们放弃采集狩猎转而采取农耕的生活方式为什么有如此巨大的差异？[②]阿梅拉戈斯和哈珀（Kristan N. Harper）也指出，有证据表明欧洲的许多狩猎采集者在新石器技术传入时曾抵制这些技术的扩散和使用。[③]

对于进步论，19世纪末出生于澳大利亚的考古学家V. G. 柴尔德（Vere Gordon Childe，1892—1957年）在其名著《人类创造了自身》中，描绘了将近100年前（20世纪30年代初期）弥漫于整个西方世界的怀疑空气：人类社会真的"进步"了吗？[④]

柴尔德观察到各地人类进入新石器时代的时间都不相同，甚至直到当代还有人类群体没有进入农业社会：

> 在澳大利亚中部和北美极地，旧石器时代一直延续到今天，至少参照前面所给的经济术语应该如此。新石器时代革命在埃及和美索不达米亚大约七千年以前就开始了。而它的影响首次见于不列颠或德国则在三千五百年之后，即公元前2500年。当不列颠进入新石器时代时，埃及和美索不达米亚的青铜时代已历千年。新石器时代在丹麦要到公元前1500年才结束。在新西兰，要到库克船长登陆才告结束。当英格兰即将发生工业革命的时候，新西兰的毛利人还在使用磨制石器，还在实践新石器时代的经济，而那时澳洲土著人的经济尚处在"旧石器时代"。[⑤]
>
> 他们和19世纪不列颠哥伦比亚的夸鸠人（Kwakiutl）相比仍像是无家的游民，后者尽管仍然是一种"旧石器时代"经济，却住在大型甚至装饰的木屋里，并聚集成永久性村落。他们的这种繁荣，对于低估采集食物作为维生可能性的人们是一种告诫。[⑥]

基于对新世界数据的归纳，麦克尼什（Richard MacNeish，1918—2001年）得出结论：从采集狩猎到农耕的变化持续了至少6000年，所谓新石器革命并非一夜之间发生的。[⑦]

①Graeme Barker, *The Agricultural Revolution in Prehistory: Why did Foragers become Farmers?* (Oxford: Oxford University Press, 2006), p.29.

②Graeme Barker, *The Agricultural Revolution in Prehistory: Why did Foragers become Farmers?* (Oxford: Oxford University Press, 2006), p.v.

③George J. Armelagos and Kristin N. Harper, "Genomics at the Origins of Agriculture, Part One," *Evolutionary Anthropology*, vol.14 (Apr. 2005): 68-77.

④[英]戈登·柴尔德：《人类创造了自身》，安家瑗、余敬东译，陈淳审校，上海三联书店，2012，第1页。

⑤[英]戈登·柴尔德：《人类创造了自身》，安家瑗、余敬东译，陈淳审校，上海三联书店，2012，第37页。

⑥[英]戈登·柴尔德：《人类创造了自身》，安家瑗、余敬东译，陈淳审校，上海三联书店，2012，第48页。

⑦Graeme Barker, *The Agricultural Revolution in Prehistory: Why did Foragers become Farmers?* (Oxford: Oxford University Press, 2006), pp. 23-24.

对今天采集狩猎社群分布的研究表明，这些社群都分布在农业文化没有或不愿扩散到的边远地带，表现出他们在农业文明面前节节败退的图景，但这一图景更说明了这些社群即使在农业经济面前节节败退，也不愿定居下来成为农夫的事实。

这不符合那种以人口增长为因，认为只有定居、驯化植物、发展技术、增加产量才能应对人口增长的理论。这种理论看似有理，实则有倒果为因之嫌。对此，巴克（Graeme Barker）提出了疑问，如果食物生产能给予我们这一物种如此多必不可少的竞争优势，为什么有人很早从采集狩猎过渡到农耕，有人却在西方世界已经进入了大航海时代的时候仍然在采集狩猎？[1]

采集狩猎的人们的确需要跟随食物东奔西走，但他们不用照看动植物，不用顾虑气候的变化对果实成熟的影响，不用饲养动物，不用考虑动物如何过冬，不用考虑丰年和歉年，他们不用按时令播种，他们有更多的空闲时间。里查德·李和杰克·哈兰的研究更让人们对此深信不疑。现代的史前史学家多数认为，采集狩猎的生活方式对于当时的人们来说有更多的时间、更舒适。

采集狩猎者也可能完全靠天吃饭，但有了上顿没下顿的凄惨图景，也可能是人类定居之后才有的景象，这是以定居的眼光看待采集狩猎生活的结果。正因为人类东奔西走没有定居，才只能维持一个较小的种群，食物是否充足并没有成为严重问题。而只有人类定居之后，人口才开始增加，喂饱种群才成为问题。

农业把人们牢牢拴在土地之上，面对气候变化、自然灾害和外来移民导致人口增长，采集狩猎的人们可以一走了之，换个地方，但农业却使人们动弹不得。现在农业技术已高度发达，喂饱人类可能已不在话下，但又出现了老龄化、食品安全、机器人取代人类承担了大量工作导致失业率上升等社会问题。科技进步造福了人类，也可能在为人类挖掘坟墓。

一百年前，柴尔德在描绘了弥漫于整个西方世界的怀疑空气"人类社会真的'进步'了吗？"之后指出，这样的提问本身是不科学的，没有标准答案，取决于研究者的反复无常、他当时的经济状况甚至他当时的健康状况等诸多因素。换句话说，不能以"我们进步了"作为既定出发点来研究人类的历史，科学的提问或许是"什么是进步？"[2]

农业起源

农业革命何以发生还缺少直接证据。事实上，人们大多数在试图回答农业何时发生、何地发生又是怎么扩散的（What, where and when），而鲜有人回答人类为什么放弃了采集狩猎生活方式成为农夫，农业又是怎么发生的（Why and how）？阿梅拉戈斯等人综述了基因研究的进展，认为这些进展加深了我们对于驯化动植物过程的理解，基因研究的数据有助于我们更完整地认识农业的起源，但确定农业的起源仍然是考古学最具挑战性的谜题。[3]触及农业起源的原因有这么几种理论[4]：

1. 进步论。维多利亚时期的人们往往将其归因为人类精神的独特性和他与生俱来的对进步的追求。

[1]Graeme Barker, *The Agricultural Revolution in Prehistory: Why did Foragers become Farmers?* (Oxford: Oxford University Press, 2006), p.v.

[2][英]戈登·柴尔德：《人类创造了自身》，安家瑗、余敬东译，陈淳审校，上海三联书店，2012，第2—3页。

[3]George J. Armelagos and Kristin N. Harper, "Genomics at the Origins of Agriculture, Part One," *Evolutionary Anthropology*, vol.14 (Apr. 2005): 68-77.

[4]Graeme Barker, *The Agricultural Revolution in Prehistory: Why did Foragers become Farmers?* (Oxford: Oxford University Press, 2006), pp.4-36.

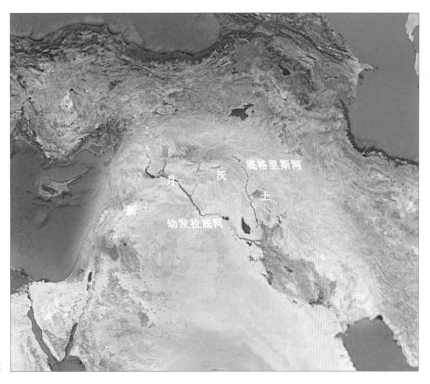

图2.2　山侧论示意

2. 外部压力说。最为著名的是柴尔德的绿洲假说。柴尔德认为欧洲冰川的融化和其带来的降雨带北移，加速了近东地区的沙漠化，使人口聚集在两河流域的一个个绿洲边上，从而促成了最早的农业在两河流域出现并扩散开来。柴尔德之后的考古学家虽然不满意柴尔德的"绿洲假说"，试图以更为广泛的环境变化来替代气候变化，不过他们所提出的诸多农业起源假说无不以更新世到全新世的气候变化——冰川融化、海平面上升及随之而来的沙漠化加重，作为起点，其中就包括了山侧论。布雷德伍德（Robert Braidwood，1907—2003年）指出，海平面上升和沙漠化加重的结果，是驱赶绵羊、山羊沿山侧往更高的海拔地带走，最终在山侧地带得到驯化。但"花粉分析"表明，全新世时期，比之于冰河时代晚期，这一地区更温暖更潮湿而不是更加沙漠化。这个发现直接否定了柴尔德的"绿洲假说"，但没有否定山侧论。同样地，人口压力说也以环境变化作为出发点。宾福德（Lewis Binford，1930—2011年）指出，在漫长的旧石器时代（以地质年代的更新世为主），一个地区的人口一直低于这个地区的可承载量。而最后一纪冰川融化、海平面上升一方面造成沿海地区的人类从采集转变为更多地靠捕鱼捕鸟为生，从而更为定居并引致人口增加，另一方面增加的人口和缩减的海滨面积又打破了这种平衡，促成人口向高地区域和人口密度较低的地区溢出，直接造成了这些地区人口的增加，最终促成了野生谷物和一些动物的驯化和农业的兴起。肯特·弗兰纳里（Kent Flannery）进一步发展了宾福德的理论，认为扩展食谱成了应对人口溢出的一个方法，并且资源丰富地区更能应对环境变化造成的人口压力，而得以维持原有的稳定生活形态，只有在临界地带，才会发生向新区域的移民，这些移民带来了原来区域的作物和生活习惯，而这些作物只能在可控条件下生长扩繁，农业就此诞生了。

3. 卡路里说。宾福德和弗兰纳里的路线很清晰：为应对更新世到全新世的环境变化，人类不再追求单位食物摄入的可口，这些食物可能不再可口但更易于获得；广谱食物使人们更为定居；定居带来人口增长；人口增长又迫使人们强化食谱。马克·科恩（Mark Cohen）指出，全新世的气候改善加速了人

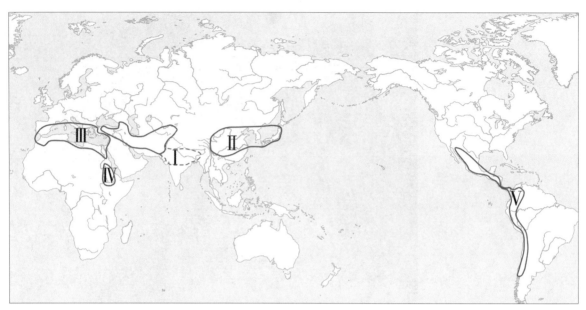

图2.3 瓦维洛夫认为最重要栽培作物在新旧世界的基本驯化中心，图中：I. 西南亚；II. 东南亚；III. 地中海地区；IV. 阿比西尼亚（埃塞俄比亚）和埃及；V. 南美和墨西哥的山地地区

口增长从而导致了全球食品危机，人们加强了某些食物的采集或产出，不是因为这些食物更可口，而是因为更高产、更易储存，单位空间能够产出更多卡路里。他因此认为，农业只在对卡路里的需求与其供给不平衡的地方发生。

4. 意识形态说。伊恩·霍德（Ian Hodder）指出，人并非都是追求经济利益和效率最大化的经济体。人们因为各种原因作出经济决定：需求、贪婪、机会、慈善、展示、地位、家庭、宗教等。现代采集狩猎者和农夫的行为并非简单地适应给定的环境和人口水平，而文化需求和观念在决策中的作用没有得到应有的体现。

俄国植物学家尼古拉·I. 瓦维洛夫（N. I. Vavilov，1887—1943年）在他出版于19世纪20年代的著作《种植植物起源研究》中指出，一个地区植物的基因分布越分散越有可能是种植植物的发源地。[1]但很多的后续研究和基因研究结果将瓦维洛夫的理论变得更加复杂，每一个地点都有其独特的演化路线。[2]毋宁说这个名单因此支离破碎，不如说这个理论面临着很大挑战。

弗兰纳里的研究表明，比之于一系列单独原因导致单独后果，复杂的相互作用更能解释人类作出的改变。宾福德的理论虽然还遗留诸多没有解决的问题，但真正具有生命力的是他关于多个因素的复杂共同作用的看法，这些因素包括环境变化、采集狩猎行为变化、居住状态变化，特别是人类更趋于定居以及更新世和全新世之交人口的增长等。宾福德和弗兰纳里都认为，人类要放弃采集狩猎生活方式转向农耕需要有充足的理由。正如弗兰纳里指出的那样："我怀疑这些人之所以选择农耕，是因为他们不得不这么做，而不是愿意这么做。"[3]

---

[1]Graeme Barker, *The Agricultural Revolution in Prehistory: Why did Foragers become Farmers?* (Oxford: Oxford University Press, 2006), p.18.

[2]George J. Armelagos and Kristin N. Harper, "Genomics at the Origins of Agriculture, Part One," *Evolutionary Anthropology*, vol.14 (Apr. 2005): 68—77.

[3]Graeme Barker, *The Agricultural Revolution in Prehistory: Why did Foragers become Farmers?* (Oxford: Oxford University Press, 2006), pp.27—29.

丝绸之路上的葡萄酒

1986年，芭芭拉·史塔克（Barbara Stark）将关于农业起源的诸多理论分成三类，即推（Push）理论、拉（Pull）理论和社会（Social）理论。推理论强调人们受到某种外部压力驱使进入农业社会，这种外力可能是环境改变或人口压力；而拉理论强调，当群体越来越依赖于特定作物或动物时，他们的适应和改变导致新的依赖性以及农业革命的发生。当在社会组织结构的视角下考察农业革命发生的原因时，就得到社会理论。①

布莱恩·海登（Brian Hayden）的理论可以归入社会理论，他认为宴飨是社会地位的标志，最初驯化的动植物主要是用于宴飨的当时的奢侈食品，正是对社会地位的追求导致了这些动植物的驯化和逐步平民化。他认为，文化变迁的动力并非技术或遗传的进步，而是生产成本的降低，只要能够减少生产成本，包括食品在内的奢侈品便有一种向普通物品转变的内在趋势。②

赵志军从生物进化论视角对农业起源问题进行了考察，他认为人类行为，包括开垦土地、播撒种子、田间管理和成熟收获等都会影响生物进化所选择的路径，但没有触及为什么人类会选择耕种的问题。③

甘博（Clive Gamble）认为重要的是人如何构建起自我意识，这是人之成为人的基础，从人类自我意识的物质基础角度，他认为农业并没有改变世界，并非像有些人想象的那么重要。④

阿梅拉戈斯等人提出了两个不同的问题：为什么智人会进入农耕时代以及为什么智人这么久才发现了"农业"。⑤里查森（P. J. Richerson）、博伊德（R. Boyd）和拜廷格（R. L. Bettinger）部分地回答了第二个问题，他们认为，因为气候，旧石器时代不可能产生农业，而在新石器时代，农业却不可避免。他们认为，在更新世甚至更新世晚期，正当采集狩猎的人们对环境有所理解，发展出一整套应对环境变化的方法时，却因冰川气候过于干燥，空气中的CO_2含量过低和频繁剧烈变化（经常是1000年的尺度），而无法维持农业。后来全新世气候转为相对稳定和渐变才催生了农业革命。⑥但他们没有说明气候因素对野生植物以及采集狩猎的影响。

怀念采集狩猎

先秦古籍《山海经》是中国最古老的一部地理书，一般认为，该书成文于战国至汉初，也有人说该书是大禹和助其治水的伯益所写。但更有可能的是，这部书基于人类多年来形成的神话传说和一直到汉初之前的不断增补而形成。可以理解，人类在漫长的采集狩猎过程中没有文字，历史记忆全靠口耳相传得以传递，在发明了文字后再追记下来时已经扭曲变了形，神话传说色彩浓郁。《山海经》所描述的种

---

①Graeme Barker, *The Agricultural Revolution in Prehistory: Why did Foragers become Farmers?* (Oxford: Oxford University Press, 2006), pp.36-38.

②[加]布莱恩·海登：《最早驯化的是奢侈食品吗？东南亚民族考古学的视角》，奚洋译，陈淳校，《南方文物》2019年第04期；George J. Armelagos and Kristin N. Harper, "Genomics at the Origins of Agriculture, Part One," *Evolutionary Anthropology*, vol.14 (Apr. 2005): 68-77; Graeme Barker, *The Agricultural Revolution in Prehistory: Why did Foragers become Farmers?* (Oxford: Oxford University Press, 2006), p.36.

③赵志军：《农业起源研究的生物进化论视角——以稻作农业起源为例》，《考古》2023年第2期。

④Clive Gamble, *Origins and Revolutions: Human Identity in Earliest Prehistory* (Cambridge: Cambridge University Press, 2007), p.6.

⑤George J. Armelagos and Kristin N. Harper, "Genomics at the Origins of Agriculture, Part One," *Evolutionary Anthropology*, vol.14 (Apr. 2005): 68-77.

⑥George J. Armelagos and Kristin N. Harper, "Genomics at the Origins of Agriculture, Part One," *Evolutionary Anthropology*, vol.14 (Apr. 2005): 68-77.

种荒诞不经，实际上可能告诉后人一些文字发明前的历史线索。

按其描述的地域和内容，《山经》和《海经》有一些是对采集狩猎生活方式的直接描述，也有明确提及农耕生活方式的，但有更多的篇幅表示此地"无草木"或"无木"或"无草"，还有相当的篇幅提到猛兽（提及熊、罴、虎、豹或说明"食人"）。

《山海经》描述了各地物产以及海外各国的轶事、风俗，这对旧石器时代随着食物东奔西走的采集狩猎者来说是非常有用的知识，人们可以据此避开猛兽出没的区域，或一个族群的成员中有年轻男性时才去这些区域，而一个地方如果标明"无草木"则可能不是采摘的好地方。

比如《大荒西经》中：

> 有西王母之山、璧山、海山。有沃民之国，沃民是处。沃之野，凤鸟之卵是食，甘露是饮。凡其所欲，其味尽存。爰有甘华、甘柤、白柳、视肉、三骓、璇瑰、瑶碧、白木、琅玕、白丹、青丹，多银、铁。鸾凤自歌，凤鸟自舞，爰有百兽，相群是处，是谓沃之野。[①]

可以看到，这里出产各类美玉及银、铁，作者对饮食的描绘反映了作者对"沃之野"的向往、歌颂及赞许——有吃有喝，植物繁多可供采摘，百兽群聚可供狩猎。《海外西经》也说：

> 此诸天之野，鸾鸟自歌，凤鸟自舞。凤皇卵，民食之；甘露，民饮之，所欲自从也。百兽相与群居。在四蛇北，其人两手操卵食之，两鸟居前导之。[②]

西方典籍中最著名的莫若《圣经·旧约》。这里对伊甸园的描述大概反映了人类对采集狩猎时期的远古记忆：

> 耶和华神在东方的伊甸立了个园子，把所造的人安置在那里。耶和华神使各样的树从地里长出来，可以悦人的耳目，其上的果子好做食物。[③]

耶和华驱逐亚当出伊甸园则是对亚当犯错误的惩罚：

> 又对亚当说：
> "你既听从妻子的话，
> 吃了我所吩咐你不可吃的那树上的果子，
> 地必为你的缘故受诅咒。
> 你必终身劳苦，才能从地里得吃的。
> 地必给你长出荆棘和蒺藜来，
> 你也要吃田间的菜蔬。
> 你必汗流满面才得糊口，
> 直到你归了土；因为你是从土而出的。
> 你本是尘土，仍要归于尘土。"[④]

---

①方韬译注：《山海经》，中华书局，2009，第二五一页。
②方韬译注：《山海经》，中华书局，2009，第一八八页。
③选自《圣经·旧约·创世记》2：8—9。
④选自《圣经·旧约·创世记》3：17—19。

又说：

> 耶和华神便打发他出伊甸园，耕种他所自出之土。[1]

这不仅表达了对采集狩猎生活方式的怀念，还明确表达了从事农耕、从土中刨食是一种受苦。

这种人类早期典籍中对采集狩猎生活的怀念和对早期农业社会艰辛生活的描述不独《圣经·旧约》专有，很多族群的传说中都有这种"告别美好时代"一类的故事。[2]有专家认为这种"退步主义"史观对过去进行了美化：

> 每当人类的生产方式、社会组织方式发生革命性变革时，由于新技术破坏了原本通过长期发展已经稳定下来的社会秩序，带来了众多的新问题，当这些问题一时不能解决、社会秩序一时不能恢复稳定时，就会出现这种美化、怀念过去的"退步主义"（regressive）传说和史观，而且一直流传到社会秩序恢复稳定之后。[3]

人们一般认为"革命"代表了"巨变"，农耕文明给人类带来了深远的影响，但这场革命延续了数千年之久，人们并没有表现出抛弃居无定所或半定居的采集狩猎生活方式转而进行农耕的动力或渴望，反而很不情愿。人类的早期典籍和传说对采集狩猎生活方式的怀念，也许得益于这种"退步主义"对过去的美化，也有可能因为采集狩猎生活本来就值得怀念。

人们为什么既怀念以前的采集狩猎生活，又甘心于受苦呢？人们对采集狩猎生活的美好回忆、对投身农耕而受苦的不情不愿却又不得不为之，令人不由得想起宾福德和弗兰纳里的判断，人类要放弃采集狩猎生活方式转向农耕需要有更充足的理由。

充足的理由

大概没有人不认为神灵在早期人类社会中起着举足轻重的作用。人类对神灵的依靠和祭拜几乎无处不在，这给了放弃闲适的采集狩猎生活转而从事艰苦的农业以充足的理由。由于酒精在祭祀神灵中难以替代的作用，说酒精饮料导致了新石器革命或许并不过分。不过，新石器革命的发生如此遥远，过程如此漫长又如此复杂，神灵在其中发挥的作用可能并不唯一，酒精也可能只是众多原因之一，但发挥了一定甚至重要的作用却是可能的，不容忽视。

杨友谊在研究明以前中西交流中的葡萄时，引用了前人的研究称：

> 埃及考古发现，"葡萄酒最早出现于第1、2王朝，但当时葡萄仅仅在王家和贵族领地上栽培，葡萄酒产量少，葡萄酒通常献祭供神，称为'神酒'，也是贵族阶级的贵重饮料，常在宴会上使用"。[4]

---

[1]选自《圣经·旧约·创世记》3：23。
[2]刘夙：《万年的竞争：新著世界科学技术文化简史》，科学出版社，2017，第28页。
[3]刘夙：《万年的竞争：新著世界科学技术文化简史》，科学出版社，2017，第30页。
[4]杨友谊：《明以前中西交流中的葡萄研究》，硕士学位论文，暨南大学，2006，第18页。

这种认为埃及最早栽培了葡萄的理论也很普遍，其依据之一即"这里地处干旱地带，终年雨量稀少，气候非常干燥，适合人类生活的地区只有尼罗河沿岸和下游三角洲。尼罗河水每年定期泛滥，使得狭长的河谷土地肥沃，灌溉便利，为谷物的生长，果木的栽培提供了十分优越的自然条件。"[①]但尼罗河水每年定期泛滥可能利于谷物的生长，却不利于葡萄这种多年生果木的栽培和管理。而"葡萄酒产量少"同时啤酒又大量用于支付工资，更不利于葡萄首先于埃及栽培的理论。但葡萄酒十分贵重，常常用来祭神，却符合人们通常把稀少不易得之物奉献神灵，以示虔诚的心理。

阿拉伯半岛的南部以盛产优质乳香而著名，这种香料的一个重要用途是祭拜神灵，收集乳香被认为是一种宗教义务，对古人来说，香料发散出的气味和焚香产生的烟气是与天庭中神灵沟通的一个重要通道，这和酒精的发散性很相似。[②]王政认为，"在原始宗教的演进步履中，'植物祭'远比用牲之祭'原始'得多"，祭祀中的"郁鬯"即一例，他指出：

> 在《诗经》反映的植物祭中，有些植物不是从"供神食用"的观念出发，而是以"香草诱神（或香气诱神）"为前提的。"郁金草"酿酒祭神就是最典型的事象。[③]

甘博指出，人类的自我意识涉及人与人之间、人与物、文化和自然景观之间复杂的相互作用。[④]但是超出原始人类认知范围的自然现象背后的主宰力量——神灵是否对人类自我意识的形成有一定作用呢？抑或人类产生了自我意识之后才认识到神灵的力量？无论如何，人类对神灵的依赖来之已久。

西班牙殖民者初到南美洲时，惊叹于当地人制作陶器的尺寸和质量，有些罐子可以容纳将近400升液体。西班牙人在向东进发时，遇到了大约4000—8000名亚马孙勇士，队伍中有音乐家随行，发出整齐划一的呼喊声。[⑤]古时，音乐家和巫师不分，这些在军队中的"音乐家"很可能就是"巫师"，在面对外来威胁时，人们更需要与本部族守护神沟通，以得到神灵的庇佑，这使得巫师随军出征更具可能。而陶罐中的液体很可能是某种酒精饮料，既用来"贿赂"神明，又让巫师更能够接近神灵，最后让全族共沾神气。

现在发现的人类最早的陶器不是某种形式的容器，而是一尊雕像。这尊在捷克共和国的下维斯特尼采（Dolni Vestoniče）遗址偶然发现的陶像定年于距今26 000年前，但也没有证据表明人们随后制造了陶制容器，之后最早的容器也在大约一万年以后。[⑥]

在德国施泰德（Stadel）发现的狮人雕像定年在大约距今32 000年，被认为是最早的艺术品之一。这一雕像没有什么使用功能，其狮头人身的形象也被认为人类那时已经可以想象一些不存在的事物。更为重要的是，人们已经有了宗教意识。现在看来没有任何功能的雕像可能在古代最为重要，它表达了人们对未知事物的敬畏和恐惧，这也是宗教和艺术的起源。[⑦]

这可能说明使用功能或某种形式的功用不是远古人类的首要考量或依据。

丝绸之路上的葡萄酒

①杨友谊：《明以前中西交流中的葡萄研究》，硕士学位论文，暨南大学，2006，第18页。
②[美]菲利普·希提：《阿拉伯通史（第十版）》上，马坚译，新世界出版社，2008，第30、41—44、47、49页。
③王政：《〈诗经〉与"植物祭"》，《兰州学刊》2010年第5期（总第200期）。
④Clive Gamble, *Origins and Revolutions: Human Identity in Earliest Prehistory* (Cambridge: Cambridge University Press, 2007), p.158.
⑤[美]林肯·佩恩：《海洋与文明》，陈建军、罗燚英译，天津人民出版社，2017，第24页。
⑥Patrick E. McGovern, *Ancient Wine: The Search for the Origins of Viniculture* (New Jersey: Princeton University Press, 2003), pp.9–10.
⑦[以色列]尤瓦尔·赫拉利：《人类简史：从动物到上帝》，林俊宏译，中信出版社，2014，第022页。

如果神灵是远古人类的首要考量，那么制造具有挥发性的酒精饮料可能是为了奉献给神灵。现在美洲得到广泛种植的玉米，基因研究表明其野生祖先是一种生长在山地的草，叫作大刍草（Teosinte）。这种原始玉米穗小（只有三厘米长）且包裹在坚硬的外壳中，每穗只有5—12颗玉米粒，几乎没有营养价值。很难想象人们当初为什么要驯化改良这么一种植物。但是这种植物之后的变化却很清晰：它牺牲了很多细秆留下了一个粗壮的玉米秆，玉米粒的数量和玉米穗的尺寸都增加了。约翰·史莫利（John Smalley）和迈克尔·布莱克（Michael Blake）认为，直接从玉米秆中超甜的甜汁发酵而得的玉米酒提供了驯化这种植物的动力。大刍草和玉米一样，秸秆的汁液中含有大量的糖分，这些糖分进入果粒中，成熟后就成了淀粉。如果在生长期就压榨秸秆就会得到大量可直接发酵的糖汁，而无需再从果粒中取得淀粉而后糖化分解为单糖，今天，这种酒精饮料广泛分布于美洲，现在仍从玉米汁液中制取酒精以制造生物燃料。[1]玉米非但快速扩散到了整个美洲，而且玉米啤酒（Chicha）也风靡了整个美洲大陆。[2]

面包 VS 啤酒

考古界很早就留意到难以给农业的发生以合理的解释，有的考古学家放弃了酿酒在农耕之后才发生的传统看法，转而认为酿酒先于农耕出现。这种观点经常被认为"很有趣"或缺少证据支撑。[3]布雷德伍德对从扎格罗斯山脉一直延伸到土耳其东部的桃乐丝山脉的山侧地带的大量探查表明，这一地区可能是大麦最早开始人工种植的温床。从其山侧论再进一步，布雷德伍德疑惑产自大麦的面包是否是推动新石器革命发生的背后力量？[4]

20世纪50年代初，布雷德伍德就绍尔（Jonathan D. Sauer，1918—2008年）的观点提出了问题并邀请一些考古学家评判。之前，美国麦迪逊威斯康星大学的绍尔提出可能是口渴而非饥饿促使人类进行小粒谷物的驯化。这场虚拟研讨会的结果：有人认为先有啤酒，有人认为先有面包，有人认为两者都不是发生农业革命的动力。布雷德伍德对此的总结标题在某种程度上显示了他的倾向性：人类是否曾经只靠啤酒生存？[5]

如果人类很早就注意到从糖变成酒精的现象，并把对酒精的喜好写入基因，如果酿酒果真早于农耕，就很难留下证据。考古发现表明，人类碾磨谷物的痕迹早至距今23 000年前，这只能说明人类在开始农业文明之前很久就开始采集和利用谷物了。[6]位于叙利亚的阿布·胡赖拉（Abu Hureyra）遗址有着人类最早驯化谷物的痕迹。距今大约11 500到11 000年前，人们已经在这里定居，不过仍然过着采集

①Patrick E. McGovern, *Uncorking The Past: The Quest for Wine, Beer, and Other Alcoholic Beverages* (Oakland: University of California Press, 2009), p.208.

②Patrick E. McGovern, *Uncorking The Past: The Quest for Wine, Beer, and Other Alcoholic Beverages* (Oakland: University of California Press, 2009), pp.205–206.

③李建华：《传统青铜酒具造型与装饰纹样的适合研究》，硕士学位论文，江南大学，2009，第8页。

④Patrick E. McGovern, *Uncorking The Past: The Quest for Wine, Beer, and Other Alcoholic Beverages* (Oakland: University of California Press, 2009), p.72.

⑤Robert J. Braidwood, Jonathan D. Sauer, Hans Helbaek, Paul C. Mangelsdorf, Hugh C. Cutler, Carleton S. Coon, Ralph Linton, Julian Steward and A. Leo Oppenheim, "Symposium: Did Man Once Live By Beer Alone?" *American Anthropologist*, vol.55, no.4 (Oct. 1953): 515–526; Patrick E. McGovern, *Uncorking The Past: The Quest for Wine, Beer, and Other Alcoholic Beverages* (Oakland: University of California Press, 2009), pp.71–73; Ian S. Hornsey, *A History of Beer and Brewing* (London: Royal Society of Chemistry, 2003), pp.92–96.

⑥Rob DeSalle and Ian Tattersall, *A Natural History of Beer* (New Haven: Yale University Press, 2019), p.16.

狩猎的生活。到了距今10 400年前，这里的人们已经用种植的谷物作为采集的补充。而到了距今9000年前，这里居民的食物结构变为以驯化动植物为主了。[1]

处理和利用谷物比陶器出现得早得多的判断又使鲍勃·德萨勒（Bob Desalle）和伊安·塔特撒尔（Ian Tattersall）怀疑面包是否先于啤酒出现在人类的饮食结构中。[2]考古发现最早的陶器痕迹可能在距今15 000年前的中国，而距今8200年前左右，最早的陶器才在古代近东发现。[3]陶器的发明似乎比人们发现发酵现象要晚，出现陶制容器可能并不是人类处理谷物的前提，而很可能是大规模处理谷物的前提，在陶器出现前，人们用以酿酒的树洞、石缝或距今11 600年前土耳其东部的哥贝克力（Göbekli Tepe）遗址可能用于野生谷物酿酒的大型、空凹石制容器[4]，都不容易保留下来或被发现，因此考古证据不多。地下挖出来的器物是考古的重要对象。发现更早的碾磨谷物的痕迹，并不足以说明先有面包、后有酿酒。

刘莉等人指出，中国最早开始了陶器制造，并把陶器制造和中国独特的谷物酿酒法联系起来，他们在新石器早期（大概距今10 000年前）的陶器里发现了谷物酿酒的痕迹，这标志着此时出现了功能性容器。[5]但不必然说明在陶器之前就没有酿酒。鲍勃·德萨勒和伊安·塔特撒尔之所以得出面包先于啤酒出现在人类的饮食结构中的结论，大概是因为他们认为没有陶器就没有啤酒。

2018年，斯坦福大学的刘莉团队在以色列海法附近的拉克菲洞穴（Raqefet）发现了酿酒痕迹，刘莉等人在这个洞穴中发现了用来捣碎谷物的石臼。[6]有人质疑他们在石臼中发现的处理大麦的痕迹也有可能是为了做面包而不是酿酒。这些容器内发现了小麦族、黍亚科、豆类等植物的淀粉粒，这一发现并不一定说明先民用这些谷物酿酒。而刘莉等人阐明该处淀粉粒的形态为酿酒行为所独有。[7]

面包和啤酒不仅原料相近，处理方式相近，而且酵母Saccharomyces cerevisiae能同样用于面包和啤酒，学者们有此疑问当属正常。啤酒也被称作液体面包。面包师先将适量酵母和面粉揉搓均匀成团，放入烤箱。酵母制造的二氧化碳在面团中产生气泡，面团开始膨胀。[8]和二氧化碳同时产生的酒精在高温下很快挥发，不过，在面包刚出炉时还残留一些酒精，酒精度低至0.04%，高达1.9%，这也使得刚烤出来的面包散发着一种独有的香气。[9]黄兴宗也认为麦芽的糖化能力为人所知，大概是源于烘烤面包时使用发芽谷物。[10]

事实上，这个研讨会的主题可能从一开始就偏离了方向，这是绍尔最初提出的问题造成的：是口渴还是饥饿促使人类进行小粒谷物的驯化？布雷德伍德也在总结绍尔的疑惑时说，在驯化谷物前，人类可能已有数千年采集野生谷物做食物的历史，那么什么才是驯化这些谷物的动力：面包还是啤酒？这把

---

[1]Rob DeSalle and Ian Tattersall, *A Natural History of Beer* (New Haven: Yale University Press, 2019), p.15.
[2]Rob DeSalle and Ian Tattersall, *A Natural History of Beer* (New Haven: Yale University Press, 2019), p.16.
[3]Rob DeSalle and Ian Tattersall, *A Natural History of Beer* (New Haven: Yale University Press, 2019), p.16.
[4]Rob DeSalle and Ian Tattersall, *A Natural History of Beer* (New Haven: Yale University Press, 2019), p.16.
[5]Li Liu, Jiajing Wang, Maureece J. Levin, Nasa Sinnott-Armstrong, Hao Zhao, Yanan Zhao, Jing Shao, Nan Di and Tian'en Zhang, "The origins of specialized pottery and diverse alcohol fermentation techniques in Early Neolithic China," *PNAS*, no.26(Jun. 2019): 2767-12774.
[6]Li Liu, Jiajing Wang, Danny Rosenberg, Hao Zhao, György Lengyel and Dani Nadel, "Fermented beverage and food storage in 13,000 y-old stone mortars at Raqefet Cave, Israel: Investigating Natufian ritual feasting," *Journal of Archaeological Science: Reports*, vol.21(Oct. 2018): 783-793.
[7]翟少冬：《面包还是啤酒？——从近东地区石臼的功能看科技手段在石器功能研究中的应用》，中国社会科学院考古研究所中国考古网，http://kaogu.cssn.cn/zwb/kgyd/kgsb/202007/t20200730_5163567.shtml。
[8]Rob DeSalle and Ian Tattersall, *A Natural History of Beer* (New Haven: Yale University Press, 2019), pp.9-10.
[9]Rob DeSalle and Ian Tattersall, *A Natural History of Beer* (New Haven: Yale University Press, 2019), p.10.
[10]黄兴宗：《中国酿酒科技发展史·序言》，载洪光住编著《中国酿酒科技发展史》，中国轻工业出版社，2011，第1页。

这些专家的关注点引向人类的食谱。布雷德伍德问道：是否谷物发酵后产生的饮料比做成面包更营养更美味？[1]麦戈文认为啤酒比面包对人类更有营养，含有更多的B族维生素和基础赖氨酸，啤酒又有4%—5%的酒精含量，大量饮用能影响人的思维又有医疗作用，这些都使啤酒脱颖而出。[2]

麦戈文同时注意到谷物要先糖化，将淀粉分解成单糖，而且要外加酵母才能启动发酵，利用自然界现成的糖分比如水果酿酒必早于谷物酿酒的出现。他因此认为，啤酒和面包都不是最先出现的，因为啤酒并不是最早的酒精饮料。[3]

纳吐夫的酒精

地中海东岸从土耳其到叙利亚、黎巴嫩、以色列直到死海岸边的狭长地带，有多处人类史前文化遗址，考古学家将其命名为纳吐夫文化（Natufian Culture）。旧石器时代晚期或中石器时代的纳吐夫人已经开始半定居，但仍过着采集狩猎的生活，没有发现陶器。有人因此将其列入前陶新石器时代A，也有人将其单独列为一个时代。尤瑟夫（Ofer Bar-Yosef）认为，距今15 000至14 500年前，纳吐夫文化的出现成为近东历史的一个主要转折点，对于"新石器时代革命"，如果不从纳吐夫文化中研究它的源头，我们就无法了解它。[4]在另一篇文章中，他指出"纳吐夫文化，即农业社会出现的门槛，在近东地区人类社会的演进中有着特殊地位"。[5]

刘莉等人发现石臼的洞穴遗迹经过校正，其年代在距今13 700—11 700年前之间，远早于文字发明

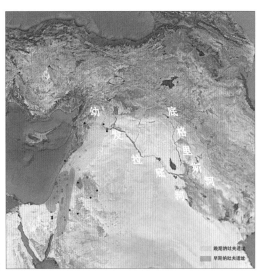

图2.4　纳吐夫文化区域和已发现的遗址

①Robert J. Braidwood, Jonathan D. Sauer, Hans Helbaek, Paul C. Mangelsdorf, Hugh C. Cutler, Carleton S. Coon, Ralph Linton, Julian Steward and A. Leo Oppenheim, "Symposium: Did Man Once Live By Beer Alone?" *American Anthropologist*, vol.55, no.4 (Oct. 1953): 515–526.

②Patrick E. McGovern, *Uncorking The Past: The Quest for Wine, Beer, and Other Alcoholic Beverages* (Oakland: University of California Press, 2009), p.72.

③Patrick E. McGovern, *Uncorking The Past: The Quest for Wine, Beer, and Other Alcoholic Beverages* (Oakland: University of California Press, 2009), pp.72–73.

④Ofer Bar-Yosef：《黎凡特的纳吐夫文化——农业起源的开端》，高雅云译，陈雪香校，《南方文物》2014年第1期。

⑤Ofer Bar-Yosef and F. Valla, "The Natufian Culture and the Origin of the Neolithic in the Levant," *Current Anthropology*, no.4(1990): 433–436.

的时间，比人类首次在高加索山脉开始人工种植葡萄早了4000年以上，比中东地区发现的最早人工种植谷物还早几千年，比在中国贾湖发现的酒精饮料早2000年以上，距离最早的新石器时代遗址还有将近一千年。而刘莉等人发现的酿酒痕迹是谷物酿酒。

拉克菲洞穴遗址出土了30处墓葬。用于酿酒的器具在墓葬区而非生活区出土，说明酒精制造和饮用并不是日常生活的一部分，而是和葬礼、祖先崇拜有关。刘莉认为，酿酒技术"得到发展是为了参加仪式的目的和满足精神的需要"，从而具有一种宗教含义。她进而认为，制造酒精并不必须是农业产品有所剩余的结果，而可能早于农业革命。①

丹尼·纳德尔（Dani Nadel）、丹尼·罗森博格（Danny Ronsenberg）和鲁文·耶舒伦（Reuven Yeshurun）研究了位于以色列内盖夫沙漠（central Negev Desert, Israel）的罗施金（Rosh Zin）遗址的石器遗存。罗施金遗址位于拉克菲洞穴以南大约250千米，海拔520米，属于晚期纳吐夫文化（矫正过的年代距今大15 700/15 000—11 500/11 000年）。他们的研究显示，这些器具"很可能与某种社会仪式甚至是宗教仪式有关，并非用于处理食物"。②

丝绸之路上的葡萄酒

中国的神灵

子不语怪力乱神并非因为中国人比西方人更了解大自然，不需要神灵，而因为怪力乱神不可捉摸、难掌握。中国人并不比全球其他地方的人更不重视神灵。《左传》载："国之大事，在祀与戎。"③祀，就是祭祀。

《诗经·商颂·烈祖》记载"既载清酤，赉我思成"。④就是说已经准备好了敬献的清洌美酒，请求先祖赐予我们福泽绵长。

中国人对祖先的荫庇至为重视，须选能够庇佑后代的风水宝地做墓地，又对祭祀祖先有烦琐的规定。虽然中国人采取一种敬鬼神而远之的务实主义，但对逝者和祖先的崇拜、认为祖先会庇佑后代的想法反映在《礼记》和《仪礼》对葬礼和祭祀的繁复仪式的详尽描述中。麦戈文对此有着详细的介绍，他计算出逝者的后代在葬礼上所饮用的酒精比现代葡萄酒的两瓶还多。⑤

《诗经·小雅·楚茨》描述了周王祭祀祖先的场景，一说祭祀的举办者是诸侯甚至卿大夫：

> 孝孙徂位，工祝致告：神具醉止，皇尸载起。
>
> …………
>
> 既醉既饱，小大稽首。神嗜饮食，使君寿考。⑥

①Melissa De Witte, "An ancient thirst for beer may have inspired agriculture," 2018, https://news.stanford.edu/2018/09/12/crafting-beer-lead-cereal-cultivation/.

②Dani Nadel, Danny Rosenberg and Reuven Yeshurun, "The Deep and the Shallow: The Role of Natufian Bedrock Features at Rosh Zin, Central Negev, Israel," *Bulletin of the American Schools of Oriental Research*, 355(Aug.2009): 1-29.

③《十三经注疏》整理委员会整理、李学勤主编：《十三经注疏·春秋左传正义（上、中、下）》卷第二十七，北京大学出版社，1999，第755页。

④《十三经注疏》整理委员会整理、李学勤主编：《十三经注疏·毛诗正义（上、中、下）》卷第二十·二十之三，北京大学出版社，1999，第1437页。

⑤Patrick E. McGovern, *Uncorking The Past: The Quest for Wine, Beer, and Other Alcoholic Beverages* (Oakland: University of California Press, 2009), p.41.

⑥《十三经注疏》整理委员会整理、李学勤主编：《十三经注疏·毛诗正义（上、中、下）》卷第二十·二十之三，北京大学出版社，1999，第821、823页。

其中"尸"即是后代扮演的祖先，白话大致是：

> 孝孙回到原来位置，司仪致辞向大家宣称：神灵都已喝得醉醺醺。神尸起身离开那神位……
>
> 大家都吃得酒足饭饱，叩头致谢有老老少少。神灵爱吃这美味佳肴，他们能让您长寿不老……①

《诗经》中多次提到祭祀祖先："为酒为醴，烝畀祖妣。"②

祭祀的目的很明确，就是祈求祖先保佑："以洽百礼，降福孔皆。"③"以享以祀，以介景福。"④

平定三监之乱后，周公杀了纣王之子武庚。武庚本来是留守殷都以续殷嗣的，杀武庚后，周公又"立微子于宋，以续殷后"，可见他对"续殷后"的重视⑤，尽管如此，周公还是捣毁了殷商王室的坟墓，只有断绝了殷商先祖对后代的庇佑，才能彻底断绝殷商遗民反周复商的可能。

学者对于青铜爵的用法一直有所分歧，一种意见认为爵是一种温酒器而不是饮酒器，另一批学者则认为爵的确是用来饮酒，但不是给人饮酒，而是给神灵的，其下三足可以用来给爵加温，更有助于酒气升腾，让神灵闻得到享受得到。后一种观点实际在表明，中国人很在乎神灵的感受。

贾湖遗址位于河南省，北面黄河，南面淮河，是淮河流域迄今所知年代最早的新石器文化遗存，这里发掘出了三期完整的聚落遗址和一个墓地遗址，发现了一些刻在龟甲或骨头上的符号，可能是中国最早的文字。尽管这些符号的含义还不为人知，但对其所出土的墓地和随葬品进行仔细探查后可以肯定，这些符号和某种仪式和宗教概念有关。⑥

一般认为，贾湖遗址墓葬之一的墓主人应是一位巫师。在其尸骨大腿骨旁边发现了两支用丹顶鹤翅骨做成的骨笛，通体油亮，可见演奏者长期使用和把玩，他可能就是借助笛声与神灵沟通的。在那个时代，有太多的自然现象人们无法解释更无法控制，只能求助于神灵，而巫师则是人与神灵沟通的桥梁。巫师的死亡和葬礼应该是整个部落的大事，有骨笛陪葬的墓主人在部落中地位不一般，可能是部落的巫师或部落首领。

图2.5 舞阳贾湖遗址墓葬区发现的一处墓葬（M282）。图中箭头所指可见，两支骨笛在靠近墓主人大腿处，这个墓主人被认为是一个萨满巫师。图片由张居中提供

---

①译文参照古诗文网：https://so.gushiwen.cn/shiwenv_a4af8b42b675.aspx。

②《十三经注疏》整理委员会整理、李学勤主编：《十三经注疏·毛诗正义（上、中、下）》卷第十九·十九之三，北京大学出版社，1999，第1325页。

③《十三经注疏》整理委员会整理、李学勤主编：《十三经注疏·毛诗正义（上、中、下）》卷第十九·十九之三，北京大学出版社，1999，第1325页。

④《十三经注疏》整理委员会整理、李学勤主编：《十三经注疏·毛诗正义（上、中、下）》卷第十九·十九之三，北京大学出版社，1999，第1333页。

⑤司马迁：《史记（全九册）》卷三《殷本纪》，韩兆琦译注，中华书局，2010，第190、193页。

⑥Patrick E. McGovern, *Uncorking The Past: The Quest for Wine, Beer, and Other Alcoholic Beverages* (Oakland: University of California Press, 2009), p.33.

图2.6　舞阳贾湖骨笛，新石器时代裴李岗文化，长23.1厘米，1987年河南舞阳县贾湖遗址出土，河南省文物考古研究院藏。贾湖遗址共出土近30支骨笛，除1支半成品出土于窖穴中，2支残器弃置地层中外，其余23支骨笛分别出土于16座墓葬中。其中7座墓葬每墓随葬2支骨笛，余9座墓葬则每墓随葬1支骨笛

丝
绸
之
路
上
的
葡
萄
酒

　　即使近至宋代，航海技术已相当发达，但对于何时起风、风向如何的预测还得等一千多年后当代卫星技术臻于成熟、计算机算力大幅增长之后。天气的变幻成了关系到海商财运兴衰乃至生死的大事，又无法控制或预测，海神和天妃遂具有无上权威。直属中央的市舶司的职责之一就是主持祈风祭海，把民间活动变为了一项国家制度。今天，广州南海神庙已成为著名的旅游景点，泉州九日山上还留有不少祈风石刻。①可见古人该有多么依赖神灵。

　　岳飞之孙岳珂在《桯史》中提到了侨居广州的阿拉伯人祈南风的情况：

　　　　岁四五月，舶将来，群獠入于塔，出于窦，喝嘶号呼，以祈南风。②

　　甘正猛在研究唐宋时期阿拉伯番商在广州的习俗时指出：

　　　　航海贸易为中世纪阿拉伯人重要的经济活动。在帆船时代，自然风力是航海的主要动力。阿拉伯人航海于印度洋上，依靠的是每年的南北季风，即信风。祈风的目的，在于求得神灵赐予风力，并保佑航海安全。③

　　崇拜上天也能从中国古代对天文学或占星学的态度看得出来。直到清代，天文学在中国社会生活中仍主要不是为农业生产服务，而是负有一种神圣使命，是帝王的通天手段，以证明其为天命政权，从而得到社会的普遍承认。天学和王权的密不可分也可以从遇到异常天象时皇帝要下发罪己诏看出端倪，因此统治者垄断天文学，禁止民间私习天文、擅改历法。④

　　张光直指出，早在商代，巫觋就和政治权力关系密切：

　　　　商代确有一种使商王与神灵相会的仪式，可能要通过某类中介人来实现。占卜活动也同样是为了让作为中介者的卜人与祖灵会面。⑤

　　把商代的巫觋与政治权力挂钩，并不意味着商代以前二者就不挂钩。只不过现在已知的中国最早的

①张国刚：《中西文化关系通史（全二册）》上，北京大学出版社，2019，第128页。
②岳珂：《桯史》卷十一《番禺海獠》，吴企明点校，中华书局，1981，第126页。
③甘正猛：《唐宋时代大食藩客礼俗考略》，载蔡鸿生主编《广州与海洋文明》，中山大学出版社，1997，第38页。
④张国刚：《中西文化关系通史（全二册）》下，北京大学出版社，2019，第612页。
⑤张光直：《第三章·巫觋与政治》，载《美术、神话与祭祀》，郭净译，生活·读书·新知三联书店，2013，第46页。

文字出现在晚商，而且甲骨文所记录的都为占卜内容。这种巫觋与政治权力的挂钩出现的时间可能远早于文字的发明。

《尚书》是中国最古老的文献汇编，但命运多舛，真伪难辨。一般认为，其著作年代一直延续到战国时期或更晚，更认为其中有不少伪作，20世纪20年代疑古风潮盛行，但疑古派大家顾颉刚所列的他认为今文《尚书》28篇中为数不多的真作中，就有作于西周初期的《酒诰》。[①]

周朝初年，周武王崩，成王即位，周公旦摄政，剿灭三监之乱。他在康叔即将前往封地殷民故土卫国时，写下诰书，告诫卫国的臣民要节制饮酒。这就是被称作中国最早禁酒令的《酒诰》。周公旦认为纣王因为喝酒无度，才导致朝纲混乱，诸侯举义，商朝灭亡，印证了太史公对商纣王靡乱生活的描述："大聚乐戏于沙丘，以酒为池，悬肉为林，使男女裸相逐其间，为长夜之饮。"[②]

周公告诫，"饮惟祀，德将无醉"。只有祭祀时才可以饮酒，而且不要喝醉。而他又说，发布禁酒令的原因，不是因为饮酒本身，而是饮酒导致上天降灾于殷。"弗惟德馨香祀登闻于天，诞惟民怨。庶群自酒，腥闻在上。故天降丧于殷，罔爱于殷，惟逸。天非虐，惟民自速辜。"而为了父母欢喜和孝敬老人、君王，可以饮酒甚至喝醉。"厥父母庆，自洗腆，致用酒""尔大克羞耇惟君，尔乃饮食醉饱"。[③]

《酒诰》反映了中国古人对酒的基本态度，以及对祭祀的重视，反映了饮酒和神灵（上天）的关系。饮酒和祭祀不可分，酒和祖先、神灵不可分。酒是个好东西，但多饮乱性，用于祭祀除外。殷商以尚鬼著称，凡事占卜，每日祭祀，经年不停。商人又以好饮酒著称。这是否暗示了祭祀与饮酒的关系？

周代的酒官

西周时期，殷鉴不远，周公认为酗酒惹恼了神灵，告诫人民既要节制饮酒，这从出土的殷商时期青铜器中有相当比例的酒器，而周代显著减少可以看得出来，且西周又没有完全禁止饮酒，祭祀时和宴请王室与老人时可以饮酒。但周代对饮酒的刑罚不可谓不重，《酒诰》中就说"群饮……予其杀""有斯明享，乃不用我教辞……同于杀"，就是说，聚众饮酒要杀，不听劝说的也要杀。

严禁酗酒和设立酒官管酒并不矛盾，西周时代专设酒官，且涉及酒的官员不止一名，《周礼》及其注疏在描述为祭祀和饮酒设立的官职时用了大量篇幅描述祭祀的要求和程序，可见对祭祀的重视和酒在其中的作用。周天子，是要求人民少饮酒，而不是要神灵少饮酒。

> 酒正，掌酒之政令，以式法授酒材。[④]
> 酒人，掌为五齐三酒。[⑤]

---

①在1923年6月1日给胡适的信中，顾颉刚写到："先生要我重提《尚书》的公案，提出《今文尚书》的不可信。这事我颇想做。前天把二十八篇分成三组，录下：第一组（十三篇），《盘庚》《大诰》《康诰》《酒诰》《梓材》《吕诰》《洛诰》《多士》《多方》《吕刑》《文侯之命》《费誓》《秦誓》，这一组，在思想上，在文字上，都可信为真。"见顾颉刚：《顾颉刚全集·顾颉刚书信集》卷一，中华书局，2011，第394页。

②司马迁：《史记（全九册）》卷三《殷本纪》，韩兆琦译注，中华书局，2010，第182页。

③《十三经注疏》整理委员会整理、李学勤主编：《十三经注疏·尚书正义》卷第十四《酒诰第十二》，北京大学出版社，1999，第372—383页。

④《十三经注疏》整理委员会整理、李学勤主编：《十三经注疏·周礼注疏（上、下）》卷第五《天官冢宰下》，北京大学出版社，1999，第117页。

⑤《十三经注疏》整理委员会整理、李学勤主编：《十三经注疏·周礼注疏（上、下）》卷第五《天官冢宰下》，北京大学出版社，1999，第127页。

浆人，掌共王之六饮，水、浆、醴、凉、医、酏，入于酒府。①

凌人掌冰正，岁十有二月，令斩冰，三其凌。……凡酒浆之酒醴，亦如之。②

郁人，掌裸器。凡祭祀、宾客之裸事，和郁鬯以实彝而陈之。③

鬯人，掌共秬鬯而饰之。④

司尊彝掌六尊、六彝之位，诏其酌，辨其用与其实。⑤

萍氏掌国之水禁。几酒，谨酒，禁川游者。⑥

司虣掌宪市之禁令，禁其斗嚣者，与其虣乱者，出入相陵犯者，以属游饮食于市者。若不可禁，则搏而戮之。⑦

凉是一种和了酒（醴）的冷粥，酏（yǐ）是一种可用以酿酒的薄粥。酒正负责发布关于酒的政令并按酒法给酒人提供曲蘖米谷各种材料，酒人用来做酒并伺候饮用，而浆人则在酒正查验后伺候周王饮用各种饮品，包括水和掺了水的酒。酒人、浆人都归酒正管辖。

凌人负责夏天供应冰块，也与酒有关。这实际上说明了那时酒的饮用方式。《楚辞》有云："瑶浆蜜勺，实羽觞些。挫糟冻饮，酎清凉些。"⑧

又说："清馨冻饮，不歠役只。"⑨

《诗经·七月》也说："二之日凿冰冲冲，三之日纳于凌阴。"⑩

凌阴即冰室。人们在冬季凿冰，存放起来，夏天使用。这种冰很可能是清凉之用，但佐以饮酒也是可能的。杨友谊将这种饮用方式称为"冰镇酒"，以有别于冬季酿造的酒和酿酒工艺，并认为这种饮用方式直到宋代都很流行，而冷饮葡萄酒的方法来自西域。⑪如果当时人们习惯于冻饮，那么爵下三足方便点火加热就不是为人饮用所设计，加热后酒精挥发，使气味上达天庭，似乎更为合理。

郁人负责祭祀、葬礼的陈设和器具，调和来宾用酒。鬯人则负责制作鬯这种祭祀专用酒。司尊彝则掌管酒具，确保正确的场合使用正确的容器装正确的酒。萍氏则负责所有有水的区域，如江河湖海，不可滥捕和野泳，也管暴饮和不需要时买酒。司虣则负责治安，面对聚众饮食者，可"搏而戮之"。

五齐，即泛齐、醴齐、盎齐、缇齐、沉齐，有人认为这是指五种不同的酒，有人认为这是指造酒的

①《十三经注疏》整理委员会整理、李学勤主编：《十三经注疏·周礼注疏（上、下）》卷第五《天官冢宰下》，北京大学出版社，1999，第129页。
②《十三经注疏》整理委员会整理、李学勤主编：《十三经注疏·周礼注疏（上、下）》卷第五《天官冢宰下》，北京大学出版社，1999，第130—131页。
③《十三经注疏》整理委员会整理、李学勤主编：《十三经注疏·周礼注疏（上、下）》卷第十九《春官宗伯》，北京大学出版社，1999，第508页。
④《十三经注疏》整理委员会整理、李学勤主编：《十三经注疏·周礼注疏（上、下）》卷第十九《春官宗伯》，北京大学出版社，1999，第511页。
⑤《十三经注疏》整理委员会整理、李学勤主编：《十三经注疏·周礼注疏（上、下）》卷第十九《春官宗伯》，北京大学出版社，1999，第516页。
⑥《十三经注疏》整理委员会整理、李学勤主编：《十三经注疏·周礼注疏（上、下）》卷第三十六《秋官司寇下》，北京大学出版社，1999，第974—975页。
⑦《十三经注疏》整理委员会整理、李学勤主编：《十三经注疏·周礼注疏（上、下）》卷第三十六《秋官司寇下》，北京大学出版社，1999，第379页。
⑧《招魂》，载林家骊译注《楚辞》，中华书局，2010，第219页。
⑨《大招》，载林家骊译注《楚辞》，中华书局，2010，第230页。
⑩《十三经注疏》整理委员会整理、李学勤主编：《十三经注疏·毛诗正义（上、中、下）》卷第八·八之一，北京大学出版社，1999，第506页。
⑪杨友谊：《明以前中西交流中的葡萄研究》，硕士学位论文，暨南大学，2006，第33—37页。

丝绸之路上的葡萄酒

五个过程。郑玄注说，泛齐是指渣滓浮在表面的酒，而醴齐、盎齐、缇齐都是渣滓与酒成为一体或渣滓悬浮于其中或溶于其中的酒，其中盎齐呈乳白色，缇齐呈红色甚至偏黑。沉齐则是渣滓沉于底的清酒。有学者认为醴是由发芽谷物糖化而得，和今天的啤酒、威士忌利用发芽大麦相似，做出的酒味薄而甜。贾公彦也在疏中说，醴齐比其他齐都甜而且酒味不同，所以也是六饮之一，归浆人掌管。

　　这些职位负责为周王与王后本人和周王与王后宴飨群臣宾客时提供饮料，有时周王或王后虽不参加，仍然赏赐宾客酒食。这些场合饮酒大都有量的限制，只有周王宴请老人时不限量，可一醉方休，这些都是酒正的职责。酒正的任务之一是辨五齐三酒，其中三酒是三种饮酒的场合[1]，祭祀即其中之一："一曰事酒，二曰昔酒，三曰清酒。"[2]

　　郑玄注解："事酒，有事而饮也；昔酒，无事而饮也；清酒，祭祀之酒。"[3]

　　所谓"清酒"是指经过滤清的酒，工序复杂，是最好最昂贵的酒。可见，古人把最好的用来祭祀神灵。《周礼》中规定的酒人的职责则有："祭祀则共奉之，以役世妇。"[4]

　　郑玄注认为世妇是执掌"女宫之宿戒及祭祀"的官员。[5]其中"共奉之"语焉不详，既可理解为与"世妇"共奉，也可理解为与"酒正"共奉，但都是指"酒人"参与祭祀，相当于今天的酿酒师奉酒或主厨出场上菜。

酒精的力量

　　琐罗亚斯德教曾经是古代伊朗世界的普遍信仰。公元前550年，居鲁士大帝建立的阿契美尼德王朝，曾将疆域拓展到西至埃及东达帕米尔高原脚下锡尔河畔的广袤土地，曾是阿契美尼德王朝国教的琐罗亚斯德教，被其信徒带到中国，称为祆教，因其信徒祭拜神灵的仪式少不了圣洁的火焰，又被称作拜火教或火祆教。祆教信徒以表演幻术而知名。斯坦因（M. A. Stein，1862—1943年）从敦煌藏经洞带走的《沙州伊州地志》残片现藏于大英博物馆（斯坦因编号S.367），其中伊州（今哈密）部分较完整，当说到伊州附近的火祆庙时：

　　　　……火祆庙中有素书，形像无数。有祆主翟槃陁者，高昌未破以前，槃陁因入朝至京，即下祆神，因以利刀刺腹，左右通过，出腹外，截弃其余，以发繫其本，手执刀两头，高下绞转，说国家所举百事，皆顺天心，神灵助，无不征验。神没之后，僵仆而倒，气息奄，七日即平复如旧。有司奏闻，制授游击将军。[6]

　　唐朝的张鷟在《朝野佥载》中讲述了一些荒诞离奇的故事，其中有两则提到了祆教：

---

①《十三经注疏》整理委员会整理、李学勤主编：《十三经注疏·周礼注疏（上、下）》卷第五《天官冢宰下》，北京大学出版社，1999，第118—127页。
②《十三经注疏》整理委员会整理、李学勤主编：《十三经注疏·周礼注疏（上、下）》卷第五《天官冢宰下》，北京大学出版社，1999，第120页。
③《十三经注疏》整理委员会整理、李学勤主编：《十三经注疏·周礼注疏（上、下）》卷第五《天官冢宰下》，北京大学出版社，1999，第120页。
④《十三经注疏》整理委员会整理、李学勤主编：《十三经注疏·周礼注疏（上、下）》卷第五《天官冢宰下》，北京大学出版社，1999，第127页。
⑤《十三经注疏》整理委员会整理、李学勤主编：《十三经注疏·周礼注疏（上、下）》卷第五《天官冢宰下》，北京大学出版社，1999，第127页。
⑥唐耕耦、陆宏基编：《敦煌社会经济文献真迹释录》第一辑，书目文献出版社，1986，第40—41页。

河南府立德坊及南市西坊皆有胡祆神庙。每岁商胡祈福，烹猪羊，琵琶鼓笛，酣歌醉舞。酹神之后，募一胡为祆主，看者施钱并与之。其祆主取一横刀，利同霜雪，吹毛不过，以刀刺腹，刃出于背，仍乱扰肠肚流血。食顷，喷水咒之，平复如故。此盖西域之幻法也。[1]

另一则则说：

凉州祆神祠，至祈祷日祆主以铁钉从额上钉之，直洞腋下，即出门，身轻若飞，须臾数百里。至西祆神前舞一曲即却，至旧祆所乃拔钉，无所损。卧十余日，平复如故。莫知其所以然也。[2]

这些故事看上去荒诞离奇、匪夷所思，很可能存在夸大其词等失真情况，但也说明祆教的某种致幻剂起了作用，一般人不可能做出来这些动作，表演这些魔术。《朝野金载》的第一则故事说到这些幻法是在"酣歌醉舞"之后才表演的，说明酒精可能起了作用。

这里所说的"致幻剂"可能就是一种用从植物中提取的物质做成的饮料，琐罗亚斯德教经典《阿维斯塔》（Avesta）称其为豪麻（Haoma），印度教经典《梨俱吠陀》（Rig Veda）称为苏麻（Soma）。语言学家指出，这两个名称实则同一，只是在读音上发生了变化。这种在同一种饮料上的关联，与其他种种更多的相似和关联，都指向一个结论：在久远的过去，两教拥有共同的祖先。

希腊裔苏联考古学家萨利安尼迪（V. I. Sarianidi）于1976年在现土库曼斯坦发现了辉煌的古代文明，称作巴克特里亚—马尔吉阿纳文明区（BMAC, Bactria - Margiana Archaeological Complex），定年在公元前2300—前1700年。萨利安尼迪相信，他发现了早期琐罗亚斯德教的拜火遗迹。

尽管萨利安尼迪的理论遭到了一些考古学家的质疑和反对，但他在遗址中不仅发现了刷得雪白的墙壁、残留有白色灰烬的基坑、散落各处的香炉和有着明显火熏痕迹的房间，还发现有的罐子里遗存有致幻植物的痕迹（但没有被重复检测证实）。这使得另一些学者坚信他的理论是正确的。[3]

考古学家和历史学家长久以来一直为豪麻（苏麻）的成分大伤脑筋，有大麻说、麻黄说、毒蘑菇说等，有可能豪麻（苏麻）不止一种成分，而是多种植物的混合物，而且在不同的地方有所不同，可能采用当地土生植物。多地发现有麻黄、大麻、罂粟花粉，还有麻的花、种子和梗。

阿达维拉

公元前323年，阿契美尼德王朝被来自马其顿的亚历山大军队所灭。

阿契美尼德王朝被亚历山大铁骑蹂躏和毁灭以后，琐罗亚斯德教的信徒们不知道哪里出了错。他们虔诚地沐浴净身再敬神，这种敬神方式是否正确？他们奉献给神灵的祷文，是都传达给了上帝，还是被魔鬼截留了？

于是他们在圣火旁召集了教中贤士，从中选出了最为虔诚的七人。这七人又从中选出了三人，最后只有一人当选，他叫阿达维拉（Ardā Wīrāz），将代表所有信徒去拜访神界，取得答案。

①张鷟：《朝野金载》卷三，赵守俨点校，中华书局，1979，第64—65页。
②张鷟：《朝野金载》卷三，赵守俨点校，中华书局，1979，第65页。
③Patrick E. McGovern, *Uncorking The Past: The Quest for Wine, Beer, and Other Alcoholic Beverages* (Oakland: University of California Press, 2009), pp.115-117.

这个故事记录在《阿达维拉之书》（*Ardā Wīrāz-nāmag*）中，该书据说成书于9—10世纪，但所讲的故事却以古波斯帝国覆灭于亚历山大的铁骑之下为背景。该书成书的时代，正是琐罗亚斯德教面对如日中天的伊斯兰教而日渐没落的时代，琐罗亚斯德教信徒正经历着信仰危机。

> 　　阿达维拉洗净了头和身体，换了一身新衣服，用甜香熏遍全身，又在床榻上铺了一张新的干净的毯子。他坐在新毯子上祷告，追忆亡灵，然后就着葡萄酒喝下了三杯致幻剂，分别代表着琐罗亚斯德教的三条中心信条：善思、善言、善行（good thoughts, good words, and good deeds），之后沉沉睡去。这一觉直睡了七天七夜，期间，他灵魂出窍，来到了彼岸的天堂和地狱。[①]

　　这里，葡萄酒之所以能够充当人与神界沟通的媒介，可能与酒精能够溶解植物碱有一定关系[②]，也可能与其较高的酒精含量有关。面对种类繁多的古代酒精饮料，麦戈文没有给各种不同的酒精饮料分别取名以示区别，而以wine（葡萄酒）一词代表酒精含量较高（9%—10%）的酒精饮料，以beer（啤酒）一词代表酒精含量没有那么高（4%—5%）的酒精饮料。[③]事实上，因为尽管酵母比大多数微生物耐受更高纯度的酒精环境，也难以在大于ABV15%的酒精环境下存活，在蒸馏酒发明前，葡萄酒可能是古人能取得的最高浓度的酒精。

　　阿达维拉将致幻剂就着葡萄酒饮用，可能揭示了豪麻的饮用方式和古老传统。葡萄酒对人类神经系统本来就有影响，和这些植物碱一起作用，可能极大地增强了致幻感受。[④]

　　酒精虽然没有毒品那么强烈的致幻作用，也能使人意识模糊。而早期人类普遍认为，只有意识模糊，才能进入与神沟通的境界。虽然《阿达维拉之书》成书较晚，但它描述的宗教仪式却很可能有着琐罗亚斯德教古老的影子。麦戈文认为，《阿达维拉之书》成书之时，伊斯兰和佛教的影响导致了这些地区严格的禁酒运动，书中饮用葡萄酒的这一细节，不太可能来源于成书当时的周围环境，而很可能反映了一种古老的传统，酒精在其中起到了不可忽视的作用。[⑤]

图2.7　纽约大都会艺术博物馆收藏的这枚有着亚历山大大帝肖像的金币，据信在亚历山大大帝死后几年内就在希腊皇家造币中心之一的安慕菲波利斯（Amphipolis）铸造出来，年代大约是公元前322（323）—前315年的希腊化时期，大小约18毫米

---

①选自《阿达维拉之书》第一部第二章（25—31）。

②Patrick E. McGovern, *Uncorking The Past: The Quest for Wine, Beer, and Other Alcoholic Beverages* (Oakland: University of California Press, 2009), p.119.

③Patrick E. McGovern, *Uncorking The Past: The Quest for Wine, Beer, and Other Alcoholic Beverages* (Oakland: University of California Press, 2009), p.39.

④Patrick E. McGovern, *Uncorking The Past: The Quest for Wine, Beer, and Other Alcoholic Beverages* (Oakland: University of California Press, 2009), p. 120.

⑤Patrick E. McGovern, *Uncorking The Past: The Quest for Wine, Beer, and Other Alcoholic Beverages* (Oakland: University of California Press, 2009), pp.118-119.

巴斯德

19世纪中叶，法国科学家路易·巴斯德（Louis Pasteur，1822—1895年）发现了微生物在将糖转化为酒精和腐烂变质过程中的作用和机制，这一划时代的发现所带来的医学上的无菌操作、巴氏灭菌法、酿酒中的微生物利用和卫生控制，一直到今天都发挥着巨大作用，这距离人类开始大规模酿酒至少已经有几千年历史，距离人类偶然发现发酵现象已有数万甚至数百万年。可以说，在人类历史上的大部分时间内，甚至比人类历史还要久远，人类对发酵的机制、如何启动发酵都不甚了了。

尼尔森（Max Nelson）指出：

> 19世纪期间，人们才发现在发酵过程中，酵母将糖转化为酒精和二氧化碳。古代人没有掌握有关四要素——酵母、糖分、酒精和二氧化碳的恰当知识。[1]

> 我们知道，古代欧洲饮料通常混有各种水果，或水果和蜂蜜，或水果和谷物，甚至水果、蜂蜜和谷物。[2]

> 水果常在野生酵母作用下自然发酵，这样得到的混合酒精饮料常为动物搜寻和享用。新石器时期以后，各地的前农业人类同样搜寻和享用发酵水果，并且采集这些野果露天放置，希望它们会呈现一些有趣的物理性质（即令人神情恍惚）。类似地，另一些人很可能独立发现了蜂蜜、水、奶如果久放会变性。很自然，大多数偶见发酵过程的人们很可能尝试复制这一过程（尽管不了解为什么）。[3]

> 与水果已经含有必须的糖分和水分，仅待和酵母接触不同，谷物中不溶于水的淀粉和多糖首先要借助酶的作用转化为可溶于水的单糖。[4]

谷物发酵要求额外的糖化步骤，这使得谷物发酵更复杂也更困难，而果实发酵或蜂蜜酒更有可能赢得古老的发酵竞赛，人们更容易观察到水果的发酵现象。但众多的考古证据却表明人类用谷物酿酒的痕迹和水果酿酒几乎一样久远甚至更早。这可能说明人类饮用酒精饮料的历史相当久远，而到陶器这样的人造器物大量涌现，酿酒痕迹得以留存摆上考古学家案头时，已是谷物和水果都用来酿酒的时代了。

至于尼尔森留意到的古代欧洲多混合饮品，对此更直接的解释大概是为了启动发酵。人类观察到，水果或稀释了的蜂蜜都比谷物易于发酵，在谷物中加入表皮带有酵母的果实或是稀释后的蜂蜜，或两者都加，就会大大提高启动发酵的可能。因此，世界上几乎所有早期人类的酒精饮料都将谷物和水果、蜂蜜混合发酵。有理由相信，早期人类在谷物中加入一些果实、蜂蜜，是为了更方便启动发酵，这就是啤酒的前身——麦戈文称其为grog，一种混合酒精饮品。麦戈文在研究美洲的酒精饮料时指出，早期美洲人靠重复使用发酵容器来保持酵母集群的延续，或加入富含糖分的水果以便更可靠地启动发酵。[5]而在人类分离出酵母之前，在谷物中添加一些水果帮助发酵，可能是常态。

尼尔森同时认为啤酒的系统性生产很可能在发明农业（公元前8000年）以后，甚至在发明陶器以后（公元前6000年）。[6]系统性生产啤酒可能有赖于陶器的发明，但人类用谷物酿酒早于陶器的发明，符

①Max Nelson, *The Barbarian's beverage — A History of Beer in Ancient Europe* (London: Routledge, 2005), p.1.
②Max Nelson, *The Barbarian's beverage — A History of Beer in Ancient Europe* (London: Routledge, 2005), p.2.
③Max Nelson, *The Barbarian's beverage — A History of Beer in Ancient Europe* (London: Routledge, 2005), p.9.
④Max Nelson, *The Barbarian's beverage — A History of Beer in Ancient Europe* (London: Routledge, 2005), p.9.
⑤Patrick E. McGovern, *Uncorking The Past: The Quest for Wine, Beer, and Other Alcoholic Beverages* (Oakland: University of California Press, 2009), p.209.
⑥Max Nelson, *The Barbarian's beverage — A History of Beer in Ancient Europe* (London: Routledge, 2005), p.10.

丝绸之路上的葡萄酒

合人类先采集谷物，再驯化种植谷物，然后才发明陶器来储藏谷物的逻辑顺序。

人类可能在至少300万年前就已经发现了发酵现象，尝到发酵后的水果别有滋味，但当他们有意识地试图获得酒精饮料时，却发现有时候能够启动发酵，有时候不能，难以控制。这种饮料无比珍贵，一般用来奉献给神。在多种文化中，酒神都在众神中有着高贵的地位，可能是原始人类将取得酒精饮料归于神灵所留下的痕迹。

贾思勰提到在制作各种曲和以之造酒之前，一个重要的环节就是诵读祝文：

> 祝曲文：东方青帝土公，青帝威神；南方赤帝土公，赤帝威神；西方白帝土公，白帝威神；北方黑帝土公，黑帝威神；中央黄帝土公，黄帝威神：某年月，某日，辰朝日，敬启五方五土之神：
>
> 主人某甲，谨以七月上辰：
>
> 造作麦曲，数千百饼；
>
> 阡陌纵横，以辨疆界，须
>
> 建立五王，各布封境。
>
> 酒脯之荐，以相祈请：
>
> 愿垂神力，勤鉴所愿：使
>
> 虫类绝踪，穴虫潜影。
>
> 衣色锦布，或蔚或炳。
>
> 杀热火燌，以烈以猛。
>
> 芳越薰椒，味超和鼎。
>
> 饮利君子，既醉既逞；
>
> 惠彼小人，亦恭亦静。
>
> 敬告再三，格言斯整。
>
> 神之听之，福应自冥。
>
> 人愿无违，希从毕永。
>
> 急急如律令！[①]

可见，贾思勰把"以烈以猛"的发酵过程归之于神灵。

虽然谷物比果实和蜂蜜更早被人们发现能够发酵，但酒精饮料更易于获得、更纯洁，也更昂贵。在用稀释后的蜂蜜或糖浆人工饲养蜜蜂之前，人们必须用火熏等手段和蜜蜂争夺食物，既危险又难得。多年生的果树也比一年生的谷物更难侍弄。水果果实的季节性成熟也使早期人类只在一年中很短的特定时段才能接触到较大量的酵母，这势必给人类带来很大的困扰。发酵有时能启动有时不能、有时快有时慢、有时充分有时不充分，得到的酒精饮料有时能久放有时不能久放、有时有许多怪味有时少点儿或没有。

很多人相信，一种冥冥之中不能为人所认识的力量决定着自然的运作，这种力量就来自神灵，而神灵则靠各种神迹彰显这种力量。直到公元前后，耶稣在传道时还是靠各种神迹展现其神性。耶稣的第一个神迹就是在一个婚宴上将水变为酒。[②]因为发酵至为难得，人们把顺利取得酒精饮料归于神灵的恩典，把神灵和酒精更加紧密地联系到了一起。他们膜拜神，祈祷神，博得神的欢心，希望神迹发生。

---

① 贾思勰：《齐民要术（全二册）》卷七《造神曲并酒第六十四》，石声汉译注，石定枢、谭光万补注，中华书局，2015，第796页。

② 选自《圣经·新约·约翰福音》2：1—11。

《圣经·旧约》中有多次提到了葡萄、葡萄树或者葡萄园。葡萄中并不含有人类存活所必需的碳水化合物，先民如此重视葡萄应该不是人们生存的需要，而是另有其他的原因。这在《圣经·旧约》出现之前就已为人类认识到，《圣经·旧约》中有多处将葡萄果和人类赖以生存的其他种子如大麦、小麦并列，将葡萄树与其他植物并列，将葡萄园和田地并列，说明他们已知其区别。《圣经·旧约》更有文字明确说出二者的不同：

有的说："我们典了田地、葡萄园、房屋，要得粮食充饥。"①
她想得田地就买来，用手所得之利，栽种葡萄园。②
农夫啊，你们要惭愧；修理葡萄园的啊，你们要哀号；因为大麦小麦与田间的庄稼都灭绝了。
葡萄树枯干，无花果树衰残，石榴树、棕树、苹果树，连田野一切的树木也都枯干。③

《圣经·旧约》中记载了一些神和葡萄园相关联的故事；

耶路撒冷的居民和犹太人哪，请你们现今在我与我的葡萄园中，断定是非。④
万军之耶和华的葡萄园，就是以色列家。⑤

《圣经·旧约》中讲过一个以色列王亚哈想买耶斯列人拿伯的葡萄园遭到拒绝的故事：

拿伯对亚哈说："我敬畏耶和华，万不敢将我先人留下的产业给你。"⑥

与此类似，《圣经·旧约》中也多次提及无花果、无花果树及无花果园。无花果也没有人类赖以生存的碳水化合物，但其因较高的含糖量可用来制作酒精饮料。据信是大约公元前3000年的埃及蝎子王坟墓中的酒罐里发现了切成片的无花果和完整的葡萄干，麦戈文认为这反映了酿酒师的决策，新鲜水果增强了甜香气息，也增加了启动和维持发酵必要的酵母。⑦

全球各地的人类都利用当地的糖分资源制作当地的酒精饮料，唯有北美地区特殊。这里尽管也有丰富的糖分资源，却没有当地土生的酒精饮料。对此的一种解释是，当地有着其他地区所没有的烟草资源，烟草燃烧释放出独特的气味并随烟气升腾到空中，人们借以与神灵沟通，所以没有必要再借助酒精。这从另一方面说明了酒精和神灵的密切关系。⑧

根据现在的考古发现，人类早期的酒精饮料很有可能是一种混杂了水果、蜂蜜和谷物的混合饮料，人类会人工种植一种不能给人带来碳水化合物并与人的生存没有任何关系的植物，一定有其原因。这个原因大概和神灵有关，和启动发酵有关。

①选自《圣经·旧约·尼希米记》5：3。
②选自《圣经·旧约·箴言》31：16。
③选自《圣经·旧约·约珥书》1：11—12。
④选自《圣经·旧约·以赛亚书》5：3。
⑤选自《圣经·旧约·以赛亚书》5：7。
⑥选自《圣经·旧约·列王纪上》21：3。
⑦Patrick E. McGovern, *Uncorking The Past: The Quest for Wine, Beer, and Other Alcoholic Beverages* (Oakland: University of California Press, 2009), p.166.
⑧Patrick E. McGovern, *Uncorking The Past: The Quest for Wine, Beer, and Other Alcoholic Beverages* (Oakland: University of California Press, 2009), p.228.

丝绸之路上的葡萄酒

酒精与革命

越是早期的人类，越依赖神灵，古今中外，莫不如此。人们很有可能为了敬神、讨好神，不惜放弃优哉游哉的采集狩猎生活方式转而农耕。

酒精能挥发，有特殊的气味，这和烧祭肉类、燃烧烟草起到类似的作用，都能上达古人深感神秘又够不到的天庭，是与神沟通的渠道。酒精又有致幻作用，或能加强致幻剂的致幻作用，神志不清时易于出现幻觉，古人的解释是神灵显现了。酒精又很难得，在相当长的时期内，人们对发酵的原因不甚了了，将其归之于神迹。酒精和神灵有着密切关系，而神灵见不到，可以说，酒精就是神灵的化身。

考古学家也曾疑惑人类为什么种植一种不能提供碳水化合物的作物，但是没有答案。一个基本事实是，人们赖以生存的条件第一是空气，第二是饮料，然后才是食物。人类在断奶后就发现水是一种天然饮品，但是酒精饮料则提供了一种洁净的替代品。相比于忍受饥饿，人更不能忍受口渴。[1]认识到这一基本事实又把人带入了考察人类需求的泥潭，这恐怕也是绍尔提出可能是口渴而非饥饿促使人类进行小粒谷物驯化的原因。

麦戈文罗列了两种互相对立的理论，一种认为人被迫关注那些高碳水含量的植物以生存，长久的试错使他们最终驯化了那些具有易于收获、营养价值高和其他特征的植物；另一种认为人从骨子里嗜酒，一直在探求周边富含糖分、能够发酵成酒的植物。[2]这两种理论的出发点都是满足人的生理需求，而人的精神需求、对神的需求在驯化植物时所起的作用恐怕不能忽视，至于这两种需求对驯化作物的贡献程度还未知。

人们对神灵的需要可能相当于对水的需要和对食物的需要，甚至更多。这两种不同的需要可能不可比，但是一种可能却无法排除：人为了祭拜神灵而不得不酿酒，因为酿酒而种植而定居而产生了农业。如果我们认为达德利的"醉猴假说"有一定道理；如果我们认可古人比现代人更不清楚自然的规律，更崇拜神灵，要把最好的东西奉献给神灵；如果我们认可发酵不容易；如果我们认可酒精和烤肉一样可以香飘万里、直达天庭，成为我们与神灵沟通的可能媒介；如果我们看到了很多人至今迟迟不肯进入农业社会的事实，酿酒引致了农业革命的可能性就无法排除。人们发现并模仿大自然酿酒这件事可能发生得非常早，远早于刘莉等人发现的酿酒痕迹，即纳吐夫文化时期。

中国学者中，包启安的观点具有代表性，他一方面认为"酒的起源和发展是在进入农业社会之后"，一方面又加上了限定条件，"人们只有掌握了种植谷物技术之后，才为酿酒创造了规模性生产的基础条件"。这种理论首先没有计入风靡全球的葡萄酒，而对为何加上"规模性"这一限定条件也没有说明。[3]《淮南子》的这句话大概是他的依据，也被很多人引用，作为先有农业后有酒的依据："清醯之美，始于耒耜。"[4]

耒耜是一种用于松土的农具，又是农具的总称，转而借指农耕，单论词义并没有特指谷物耕种。酒精饮料归根到底是一种农产品，无论是水果还是谷物酿酒，都"始于耒耜"。从其全文（"清醯之美，始于耒耜；黼黻之美，在于杼轴"，即"清香的美酒，是从耒耜耕田开始的；色彩鲜艳的服饰，开始于

①Ian S. Hornsey, *A History of Beer and Brewing* (London: Royal Society of Chemistry, 2003), p.1.
②Patrick E. McGovern, *Uncorking The Past: The Quest for Wine, Beer, and Other Alcoholic Beverages* (Oakland: University of California Press, 2009), p.205.
③包启安：《中国酒的起源（上）》，《中国酿造》2005年第2期（总第143期）。
④刘安：《淮南子（全二册）》第十七卷《说林训》，陈广忠译注，中华书局，2012，第1011—1012页。

织布机") 来看，作者（《淮南子》被认为是汉武帝的叔叔淮南王刘安撰写或组织撰写）借此比喻凡事都始于根本。尽管原文所称的耒耜可能就是用于谷物种植，但这种说法和现代人们常说的"葡萄酒是种出来的"类似，并没有"谷物酿酒以农业发展为前提"的含义。况且即使这一说法有此含义，《淮南子》的年代距离司马迁记录的"酒池肉林"的故事已有千年，距离刘莉等人发现的酿酒痕迹更有万年以上，把如此晚近的说法奉为圭臬本身即大可怀疑。

丝绸之路上的葡萄酒

人类在偶然发现酿酒秘密时，应该更容易发现水果能够用来酿酒。基于谷物和基于水果的酿酒过程有很大差别，前者必须先经过糖化才能发酵，后者可直接发酵。尽管谷物更易于存放，以其制酒，使得拜祭神灵可以不受季节的限制，但能否发酵仍有极大的不确定性，同时人们发现大部分水果和稀释后的蜂蜜更易于发酵。可以想见，在水果还没成熟的季节，人们只能等待环境中的酵母将糖化后的谷物变成酒精，或加入经过稀释的蜂蜜帮助发酵；待果实成熟，又可加入果实以助发酵。在古巴比伦王国时代，不仅普通老百姓已经能饮用啤酒，而且酒馆已经成为居民日常生活交际的中心、信息的集散地。可以理解，混合饮料是古老酒精饮料的常态。

中国人的技术路线是让发酵的酵母菌和糖化酶同时存在，这就是用曲，一种边糖化边发酵的复式发酵法。中国很多制曲和酿酒法以及技术工艺就是为了满足种种互相矛盾的目的的。中国人以远古时期有限甚至没有的微生物经验，不断观察、试错，花费了多少代人的汗水和聪明才智，才摸索出了一整套以曲制酒的工艺方法，这种让糖化和发酵两个过程同时进行又互不干扰的技术，反映了中国人老祖宗的超群智慧，也塑造了中国人喜饮曲酒的独特口味，但中国人的老祖宗没有把将糖化和发酵过程截然分开作为目标。很难想象，中国人会抛弃以曲制酒的探索转而追求把糖化和酒化两个过程清晰分开的技术路线。

中国之所以很少用含糖高的水果或树汁酿酒，可能和这种植物没有在中国野生有关，这进一步又和中国的气候条件有关。对于世界上什么样的区域适合种酿酒葡萄和酿葡萄酒，有多种说法，但都有简单化之嫌，纬度说或者其他学说如海滨说似乎都没什么说服力。造成中国不同于世界上绝大部分地区的独特酒文化的原因在于它的雨热同季和由此引发的埋土需求。

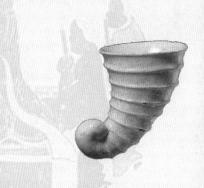

第二章 背道而驰

翻滚的糖浆

一株植物的种子，不仅携带着长成同类植物的遗传基因和最终会发育成各个器官的种胚，还携带着种胚刚开始生长所需的能量。种子以淀粉的形式储存这些能量，还给它穿上"铠甲"，保护能量不轻易流失。待到第一场春雨降临，潮湿的空气和适宜的温度告诉种子春天来了，它吸收水分，卸去"铠甲"，合成所需要的酶，将淀粉转化成单糖，为种胚生长供给能量，直到幼小的植株长出嫩叶，开始光合作用。[①]

大自然的这种精妙设计至今仍在被人类巧妙利用着。人们将种子淋上水，不断翻腾，哄骗它春天来了。待种子卸去"铠甲"，合成出酶，开始将淀粉转化成糖，准备发芽时，人们烘烤种子中止发芽并且碾碎，在糖化罐中混以热水，卸去了"铠甲"的种子在酶的帮助下将淀粉转化成酵母能利用的单糖。这些糖浆经过发酵，转化成酒精和二氧化碳，就成了谷物酿成的啤酒。这锅翻滚的糖浆，如果在酿造过程中加上啤酒花，以其苦味平衡甜味，就和我们今天喝的啤酒差不多了。古代没有啤酒花，但也会加入其他的苦味植物。到后来人类发明了蒸馏技术，可以得到更高酒精度的液体之后，再经过橡木桶陈化，就得到威士忌。

如果在用烘烤中止谷物发芽的过程中，用一种开采于苏格兰海边还未完全转化的煤——泥煤作燃料，低效率的燃烧产生很多烟却没有很高的温度，最后的产品中就有了浓烈的泥煤味。

把淀粉转化为单糖的过程被称作糖化，是谷物酿酒的必经过程。只有将淀粉转化为糖才能被酵母利用，将糖进一步转化为酒精和二氧化碳，又称酒精发酵或酒化。谷物发芽是糖化的一种方法，利用人类唾液中的酶糖化淀粉是另一种方法，而利用发霉谷物中的酶又是一种方法，其代表就是"曲"。至今，用谷物制作的啤酒和威士忌还在用发芽谷物作原料。而人们大概很早就利用人类的唾液进行糖化，正如现在人们注意到咀嚼白面馒头也会有甜味。

麦戈文认为，早在距今一万年前，旧石器时代的印第安人和早期美洲人就开始咀嚼芦苇秆和野生土豆，将淀粉分解为糖，直到今天，土豆还被制成琪嘉酒（Chicha，一个西班牙语词汇，指美洲的酒精饮料，不过经常等同于玉米啤酒）。咀嚼一种植物以增加甜味可能是人类制作可以发酵的糊浆的最早方法。[②]麦戈文也曾转述西班牙人对玉米啤酒制作的记录，15世纪时的印加帝国，妇女把玉米粉揉成团放入嘴中让唾液将淀粉分解成糖，再加热和稀释这种糊状浆，发酵两到三天，酒精度大约可达5％。[③]徐珂曾讲到台湾人"以口嚼生米为曲"：

> 台湾番人之制酒也，以口嚼生米为曲，和蒸饭调匀，置于缸，藏之密处五月，掬而尝之，口中喃喃作声，若有所祝者。[④]
>
> 顷刻酒者，台湾之澎湖人采树叶裹糯米少许，吐之盆，顷刻成酒。初饮，淡泊无味，少顷，酩酊而归，谓之顷刻酒。[⑤]

①马炜梁主编：《植物学》，高等教育出版社，2009，第101—107页；[日]古贺邦正：《威士忌的科学：制麦、糖化、发酵、蒸馏……创造熟陈风味的惊奇秘密》，黄姿玮译，晨星出版公司，2020，第66—80页；Tristan Stephenson, *The Curious Bartender: An Odyssey of Malt, Bourbon & Rye Whiskies* (London: Ryland Peters & Small, 2014), pp.52-60。

②Patrick E. McGovern, *Uncorking The Past: The Quest for Wine, Beer, and Other Alcoholic Beverages* (Oakland: University of California Press, 2009), pp.203, 206.

③Patrick E. McGovern, *Uncorking The Past: The Quest for Wine, Beer, and Other Alcoholic Beverages* (Oakland: University of California Press, 2009), pp.206-207.

④徐珂：《清稗类钞》第一三册，中华书局，1986，第六三二六页。

⑤徐珂：《清稗类钞》第一三册，中华书局，1986，第六三二六页。

杨友谊对东北的勿吉人和台湾少数民族曾经的嚼酒风俗进行了考察，虽然错误地以为"唾液酶可以发酵，可以充当酒曲"——唾液中只有糖化酶，没有酵母，但梳理了嚼酒风俗在传世文献中的记载。[①] 杨柳也梳理了台湾高山人的嚼酒风俗。[②]杨彦杰则认为高山人不仅口嚼制酒，还制作各种曲，甚至制作不用糖化的果子酒，但其酿法未详。[③]

李大和引用了人类学家凌纯声（1902—1981年）对台湾少数民族嚼酒制造过程的详细记录：

> 其法以粟二升，先在臼中舂去其壳，取出筛去壳皮，加水使湿，再放入臼舂碎，继续舂成粉块，取出放在一圆形或长方形的木盆中，将湿粉块用力揉成长方形粉块，以月桃叶（或芭蕉叶）一条条把长方形粉块，纵的绕包，再横包数道，包好后搁置两日，放入锅中煮3h—4h，煮熟后，取一酒畑及一木盆，以备嚼酒。先以锅内的沸水注入瓮内，同时加树叶一把，用以洗瓮，乃开始解包粉块的草叶。先解去第一块，在木盆中摊开，成为糍粑，再继续解第二块，乃摘取糍粑一小团，先咬一大口，开始咀嚼，嚼成糍浆吐入盆内糍粑中，同前再嚼一口。
>
> 规定咀嚼只能两次，嚼毕将嚼过之糍浆与盆中未嚼糍粑揉和，再将洗畑用的热水与树叶倒出，将揉和好的糍粑一块一块放入畑中，再加入冷水，将畑口扎好，置于室内。再过两日，以藜子加水少许，亦在臼中舂成粉末，倾入酒瓮，用木勺搅和，以芭蕉叶或其他阔叶树叶扎紧瓮口，扎好后，上盖以石板，操作完成。如在冬日置放室内灶下暖处，再过二日后即可取饮，上面清酒取出，下沉糟粕，用筛过滤而饮。[④]

记录中未言明是否加入酒曲，也许根本就未加曲。唾液只提供了糖化酶，而没有酵母，这种口嚼酒是以环境中的酵母天然发酵的。这大概产生了"唾液可以充当酒曲"这一误解吧。

凌纯声对太平洋区域的嚼酒文化进行了研究，认为这一区域的嚼酒文化起源于东北亚，横渡太平洋而东抵中南美洲，这类东亚—太平洋—美洲的文化接触现象甚多，嚼酒仅为其一例而已。他清晰地将世界之酒类划分为酿造酒类、蒸馏酒类和混成酒类，酿造酒类又分为单发酵酒类和复发酵酒类，且指出，酿造酒类的单发酵酒类由自然界之果汁、树液、蜂蜜、兽乳等自然发酵而成，由来甚古，猿猴亦知利用，中国早有猿酒、猴酒之名。与这些单发酵酒类相区别的是复发酵酒类，他认为：

> 中国古代利用唾液，蘖（谷芽），酏（坏饭细菌），曲（丝状菌类）四种复发酵所酿之酒，……此四者起源的先后层次，唾液最古，蘖次之，酏与曲又次之。[⑤]

但他所举四种方式均注重糖化而非发酵，朱肱即认为酏就是坏饭：

> 酏者，坏饭也。酏者，老也。饭老即坏，饭不坏则酒不甜。[⑥]

可见，酏法就是指饭发霉后的糖化作用，曲法则指人工培养糖化酶。

凌纯声又借用发酵化学专家魏喦寿和日本研究东亚的发酵化学家山崎百治的研究结论，指出谷物主要成分为淀粉，将其变化为酒得先将淀粉变为糖，自然不如已含糖分的果实及乳酪变化容易，果酒于旧

①杨友谊：《"嚼酒"民俗初探》，《黑龙江民族丛刊（双月刊）》2005年第3期。
②杨柳：《中国少数民族酒文化》，《酿酒》2011年第38卷第6期。
③杨彦杰：《台湾高山族的酿酒与饮酒文化》，《东南文化》1992年第02期。
④李大和：《台湾酒业考察》，《食品与发酵科技》2011年第47卷第2期（总第162期）。
⑤凌纯声：《中国酒之起源》，载《二十世纪中国民俗学经典·物质民俗卷》，社会科学文献出版社，2002，第94页。
⑥朱肱等：《北山酒经（外十种）》，任仁仁整理校点，上海书店出版社，2016，第15页。

石器时代已有之，谷酒始于新石器时代。[1]

水果的果肉里已经含有了大量糖分，这就省去了糖化的过程。有些水果还自带天然酵母，一旦水果充分成熟，果肉流出果皮就会自动启动发酵。而谷物没有自带酵母，用谷物酿造啤酒有赖于促进糖化的霉菌中有限的酵母，或其他外源酵母。人类在偶然发现酿酒秘密时，发现水果能够用来酿酒应该比发现谷物经糖化后能够发酵成酒的现象要早。

考古发现啤酒的酿造历史比葡萄酒要长，至少是同时开始。原因可能在于，虽然人类很早就偶然发现了酿酒的秘密，但那时文字还没有发明，待到人类发明了文字，面对的只能是被扭曲了的神话传说，与几百数十万年缓慢进化所形成的与生俱来无需解释或无法解释的习惯。人类试图对文字出现之前的历史有所认识，或称史前考古，则是建立在对新石器革命后才大量涌现的人造器物留下的痕迹进行研究的基础上。尽管人类更容易发现果实发酵并模仿，但那时陶器和其他人造器物还没有被发明或很罕见，水果发酵的痕迹很多已湮灭在历史的长河中了，像刘莉等人发现的石具则是很难得的凤毛麟角。等到酿酒的痕迹被后代的人类发现并成为考古学家研究的对象时，已经是果实和谷物共同用来酿酒的痕迹了。

考古发现啤酒的酿造历史比葡萄酒长的另一个原因可能是啤酒的成本比较低，所以更加普及。直到现在，侍弄一个葡萄园还是比侍弄麦田更复杂，投入更大。但是更加可能的是，水果成熟后更易于腐烂发酵，而谷物成熟后，更容易收集保管，需要时再拿出来酿酒，以谷物制酒，使得拜祭神灵可以不受季节的限制。我们看到的葡萄酒和啤酒的历史差不多长的实际原因已不得而知，可能以上原因都在发挥作用。

但发酵的不确定性更加强了神灵的神秘和力量。人类一旦进入农耕社会，尽管生活更加艰辛，尽管多么不情愿，但他们从被动的食物采集者变成了食物生产者，群体内可支持的个体数量增加，群体规模变大，形成了阶级，社会组织方式更加复杂，更多的人口又要求更高更新的农业技术，这种正面反馈使人们难以回到优哉游哉的采集狩猎生活方式了，人类一旦走上了农业之路就无法回头。

在糖化罐中加入热水以促进糖化始于何时恐未可考，但40摄氏度以上的温度同时会使得酵母难以存活（尽管酵母实际上会在一定温度范围内逐渐减少）。位于埃及阿比多思（Abydos）的一个遗址有两排架在火上加热的35只陶罐。麦戈文认为，这些陶罐是在制造啤酒的糖化过程中使用的，依据之一是这些陶罐的装置显然是以达到不温不火的温度为目的，适宜温度可以加快糖化的速度，又没有达到70摄氏度以上足以灭绝糖化酶的温度，再加上陶罐内残留有小麦和大麦谷粒。但对这些陶罐的分析都没有确认其存在大麦啤酒的标志物——氧化钙，或称啤酒石。麦戈文认为，葡萄和枣类果实的加入是为了带来初始酵母以启动发酵，葡萄和其他富含酵母的物质的加入是在陶罐冷却之后，这个陶罐既用作糖化罐也用作发酵罐。[2]

恩启都和汉谟拉比

《吉尔伽美什》史诗中，一直和畜群一起生长的野人恩启都要进城挑战乌鲁克国王吉尔伽美什时，人们在他面前放了面包和啤酒：

①凌纯声：《中国酒之起源》，载《二十世纪中国民俗学经典·物质民俗卷》，社会科学文献出版社，2002，第56—96页。
②Patrick E. McGovern, *Uncorking The Past: The Quest for Wine, Beer, and Other Alcoholic Beverages* (Oakland: University of California Press, 2009), pp.243, 246.

图3.1　这块两河流域的泥板很可能来自乌鲁克，定年大约为公元前3100—前2900年，其记录了有关麦芽和大麦的信息，尺寸为4.5×6.85×1.6厘米，现藏于纽约大都会艺术博物馆

　　冲着恩启都，妓女这样道：

　　　　"吃吧，恩启都，面包是人吃的食物，

　　　　喝吧，恩启都，啤酒是国之饮料。"①

　　公元前5000年，美索不达米亚发展出了世界上第一批城市，乌鲁克即便不是第一座城市，也是其中影响最大的一座，代表着文明、富裕和繁荣。《吉尔伽美什史诗》的作者认为面包和"啤酒"标志着文明社会，所以描述刚从大山里来到文明世界的恩启都，面对面包和"啤酒"不知所措。②

　　古巴比伦王国第六位国王汉谟拉比于公元前18世纪在位时，在著名的《汉谟拉比法典》中规定，酒馆老板如果发现阴谋者而没有将其抓获并移送法办，则酒馆老板将被处死，而如果侍奉神灵的女人开设酒店，或者进入酒店喝酒，则这个女人将被烧死。③

　　在古巴比伦王国时代，不仅普通老百姓已经能够饮酒，而且酒馆已经成为居民日常生活交际的中心、信息的集散地。

　　这一地区种植葡萄同样普遍。比《汉谟拉比法典》晚形成的《赫梯法典》第二表据说作于公元前15世纪前后，其中说道：

　　101.（假如任何）人盗窃（葡萄藤或）苹果或kapiuas，（或是偷盗了蒜），从前［盗窃一个葡萄藤应交付（？）玻鲁］舍克勒银子，一个苹果应交出一玻鲁舍克勒银子，［一个karpinas应交出一（？）玻鲁］舍克勒银子，一束（？）蒜应交出一玻鲁舍克勒银子，（并应在宫）廷（？）中受杖责，从前是这样，而现在，假如他是自由人，则应交［出六（？）玻鲁舍克勒银子］。假如是奴隶，则应交出三玻鲁舍克勒银子。

　　　　…………

　　105.（假如任何）人放火（……）而他的……，而火焰（？）烧及（葡萄）园，假如烧毁葡萄藤、苹果树，［石榴树（？），或梨］树（？），他应为每一株树（交）出六（？）玻鲁舍克勒银子，然后栽上树苗，而其房屋亦一起承担责任；而假如他是奴隶，则应交出六坡鲁舍克勒银子。

　　　　…………

　　①《吉尔伽美什史诗》，拱玉书译注，商务印书馆，2021，第40页。

　　②Rob DeSalle and Ian Tattersall, *A Natural History of Beer* (New Haven: Yale University Press, 2019), pp.14-15.

　　③选自《汉谟拉比法典》第一〇九、一一〇条。

107. 假如有人使绵羊进入邻人的葡萄园中，并破坏了它，则假如破坏的是成熟的葡萄园，他应为每一GAN交出十玻鲁舍克勒银子，假如破坏已经收获了的葡萄园，则应交出三玻鲁舍克勒银子。

108. 假如任何人从已耕种的葡萄园中，盗取藤（？），则假如盗取一百（株），他应交出（十）（？）玻鲁舍克勒银子，他自己的房屋亦一起承担责任，如果他从未耕种的葡萄园中盗取藤，则应交出三玻鲁舍克勒银子。

109. 假如任何人从沟渠处割取果实，则假如割取一百个果实，他应交出六玻鲁舍克勒银子。

…………

113. （假如任何）人割取（葡萄藤，则应本人取得）割取（了的葡萄藤），而把（好的葡萄）藤交给葡萄藤的主人（……）自己的（……）可以取（得……）。①

宁卡西

埃及博物馆网站上的有关文章说明了古埃及制作啤酒的步骤：制作大麦面团，放置面团待其开始发酵，稍烘烤，浸泡水中，用手将湿面包揉捏，过滤到一个带嘴罐子里，再将得到的糊状物倾倒入发酵罐中发酵。②这一描述并未清晰地说明糖化过程，先将略微发酵的面包揉捏泡水的过程大概是为了完成糖化，而开始发酵的面包的存在可能也给得到的糊状物带来了酵母菌，这有助于启动发酵，这一过程中可以确定的是没有加入外源的糖化酶和酵母菌。初步发酵需要的酵母菌大概来自环境，而将淀粉转化为糖所需的糖化酶也来自大麦自身和为了做成面粉将大麦碾碎和后来用水浸泡的过程。

敬献给苏美尔人的啤酒女神宁卡西（Ninkasi）的赞歌（*A Hyme To Ninkasi*）据说在公元前1800年形成文字，但很多学者认为在此之前，这首歌就曾被口头传唱，实际反映了一千多年即公元前第三个千年的酿酒方法，是古代众多酿酒配方之一种。这首歌用诗化的语言描述了一种啤酒的制造配方，但用词多比喻，比如：

> 你在烤箱中烘烤了酿酒面包（bappir），
> 掺杂在带壳谷物堆中，
> 宁卡西，你在烤箱中烘烤了酿酒面包，
> 掺杂在带壳谷物堆中。
> 你将摊在地上的麦芽洒上水，
> 贵族的狗也将权势者拉开，
> 宁卡西，你将摊在地上的麦芽洒上水，
> 贵族的狗也将权势者拉开。
> 你将麦芽浸泡在罐中的水里，
> 波涛汹涌，
> 宁卡西，你将麦芽浸泡在罐中的水里，

---

① 选自《赫梯法典》第6—32页。

② "Beer in Ancient Egypt," https://egypt-museum.com/beer-in-ancient-egypt/.

图3.2　男性啤酒制作者雕像，定年于古埃及老王国第五王朝时期，约公元前2649—前2100年，高43厘米，现藏于纽约大都会艺术博物馆

波涛汹涌。

……①

　　这首赞歌大概是酿酒师一边酿酒一边吟唱并传授给徒弟的，其中讲的酿酒过程和埃及博物馆的介绍文章非常相似，可能这篇文章介绍的酿酒过程就是参考了《宁卡西赞歌》。一般认为，这种啤酒有两种主要原料，一是发芽大麦，二是酿酒面包，文中的bappir就是指酿酒面包，主要功能是在发酵前带给麦芽浆发酵必需的酵母菌。可是学者对bappir究竟是什么、又是怎么进入流程的不甚了了。如果面包经过高温烘烤，酵母菌会死亡，起不到帮助启动发酵的作用。于是学者尝试以极低的温度（大约100华氏度，即37.8摄氏度）烘烤面包一个星期，这样可以让酵母菌存活，但温度太低了，几乎仅为伊拉克夏天的气温，与其说是烘烤，不如说是晾干。②

　　《宁卡西赞歌》接着唱道：

　　　　你用双手捧起甜浆，
　　　　用蜂蜜和葡萄酒酿造，
　　　　（你就是容器里的甜浆。）
　　　　宁卡西，（……）（你就是容器里的甜浆。）
　　　　过滤罐发出悦耳的声响，
　　　　你放上一个大收集罐更为适当，
　　　　宁卡西，过滤罐发出悦耳的声响，
　　　　你放上一个大收集罐更为适当。
　　　　当你从收集罐中倒出过滤后的啤酒，
　　　　（就像）底格里斯和幼发拉底河滚滚奔流，
　　　　宁卡西，当你从收集罐中倒出过滤后的啤酒，

①按米盖尔·希维尔（Miguel Civil）的《宁卡西赞歌》译文，取自Mark（2022）。
②Golus（2023）。

（就像）底格里斯和幼发拉底河滚滚奔流。[1]

值得注意的是，酿酒师在酿制啤酒时，混入了蜂蜜、枣、葡萄酒和水一同发酵。[2]

啤酒的发生

我们可以想象这样的场景：

至少在300多万年前，原始人类开始直立行走，在日后漫长的岁月中，他们靠采集狩猎生活，和猿类渐行渐远。他们在非洲时，随时都能采摘到野果，优哉游哉。而在走出非洲后，越往北方四季越发分明，很多食物只有在秋季才能采得到，而冬季很少有食物。

追逐野果的生活意味着每到冬季他们就会南迁，而且难免有青黄不接的时候。因此许多动物养成了储藏食物的习惯，如同啮齿类动物储藏橡果。我们不知道这些早期的人类是否迁徙而不储存食物，或者储存食物而不迁徙，或者兼而有之。考虑到食物的难以储存和人类智力的发达，在长达几百万年的采集狩猎实践中，人类或部分人类发展出两者兼顾的方法是迟早的事。

对人类来讲，储存食物一直是一个难题。不仅成熟水果和花蜜会很快发酵，不易储存，相对来讲更易储存的谷物，也面临着腐败变质和被其他动物偷食的风险。石毛直道对发酵和腐败有过论述，二者都是在微生物作用下分解有机物生成新物质的过程，但因为涉及文化认同，很难将二者截然分开。对臭豆腐、毛豆腐、臭鳜鱼或纳豆是不是腐败，恐怕不同文化背景的人有不同的答案。[3]那么，发酵是否起源于贮藏食物呢？

每到夏秋季节，瓜果谷物成熟，他们在南迁前把采集的谷物储藏起来，也许是在树洞中，也许是在岩缝里，等到春暖花开后回来，他们就靠这些存货等待新一年的瓜果成熟。

有一年，等他们回来时，春雨已经光顾过。谷物卸去了"铠甲"，开始发芽。他们赶紧中止发芽以便储存食物，但后来又来了一场更大的春雨，一个树洞或者是石缝里存了水，浸泡着谷物。发芽中止了，但已经释放出的淀粉酶，把卸去铠甲的谷物变成了一锅糖浆，环境中的酵母让这锅糖浆开始发酵。这批人失去了一些口粮，却发现沤烂了的谷物发酵后别有一番滋味。

这个场景虽然是想象，也基于一些可能难以证明的假设，却有理由相信其在人类漫长的采集狩猎时代里迟早会发生。采集狩猎的人类不可避免会遇到自然发酵的果实和花蜜。而在采集谷物的过程中，人类偶尔发现除了水果和花蜜，谷物也能发酵，当不为怪。

混合的力量

基于谷物和基于水果的酿酒过程有很大差别，前者必须先经过糖化才能发酵，后者可直接发酵。尽管谷物更易于存放，以其制酒，使得拜祭神灵可以不受季节的限制，但其能否发酵仍有极大的不确定性，人们发现大部分水果和稀释后的蜂蜜更易于发酵。可以想见，在水果还没成熟的季节，人们只能等

---

[1]按米盖尔·希维尔（Miguel Civil）的《宁卡西赞歌》译文，取自Mark（2022）。
[2]Mark（2022）。
[3][日]石毛直道：《发酵食品文化——以东亚为中心》，《楚雄师范学院学报》2014年第29卷第5期。

待环境中的酵母将谷物糖化后变成酒精，或加入经过稀释的蜂蜜帮助发酵；待果实成熟，又可加入果实以助发酵。

考古学家发现的人类早期酿酒遗存多是谷物和水果酿酒的某种混合。麦戈文等人在中国河南贾湖遗址出土的大约公元前7000—前5000年的陶器上发现的酿酒痕迹，原料既有稻米等谷物，又有野葡萄、山楂等水果。[1]1957年，考古学家在现土耳其挖掘出了据说是古代弗里吉亚国王米达斯的坟墓，米达斯以在神话传说中能点石成金最后却因饥渴而死出名，这座大约公元前700年的古墓没有出土大量的黄金，却出土了大量青铜酒具，据说是在国王葬礼宴会上用过的。考古学家分析了器具内壁的残留物，发现了啤酒、葡萄酒和蜂蜜的痕迹，麦戈文在复现这场宴会时发现难以回答的一个问题是：当时是把各种酒分开酿混起来喝，还是根本就是一起酿的？[2]水果不含淀粉但含有酵母能直接利用的糖分，葡萄皮上还含有天然酵母。蜂蜜也不含淀粉但是含有自然界最富集的糖分，稀释后能在高浓度糖浆环境中存活的酵母开始工作，即发酵。在人工酵母还未被分离生产的年代，在曲还未被发明的年代，启动发酵是一大问题。将水果、蜂蜜和谷物混合在一起发酵以启动发酵是一种可能。

这种混合直到当代仍在使用，当然，科技的发展已使人们对微生物在酿酒过程中的作用有所了解，工业酵母的使用已经很普遍，这时混合的目的应该不止于启动发酵，而是另有用处。青稞干酒是一种青稞酒，据说以海拔2700米藏区河谷特有的紫红青稞和欧洲葡萄精华液混合酿制而成。值得注意的是，这里所说的"葡萄精华液"只能是不带皮的葡萄汁，否则皮上的野生酵母在运输过程中就会导致葡萄开始发酵。加入这些葡萄汁能带给酒的，应该不是启动发酵的功能，而是增加了能转化为酒精度的糖分。这样的操作能够实现，可能和青稞中较低的淀粉含量有关，青稞中的淀粉含量大约为55%，而稻米中的淀粉含量可接近90%[3]，但最重要的可能在于市场推广，"酿酒工艺一脉传承自18世纪法国勃艮第葡萄园区圣维望教会的传教士，与藏区传统的酿酒秘方相融合"。[4]

应该说，这种增加糖分的功能只在发酵酒中能得以体现，因为在高酒精度的环境下连酵母也无法生存，一般在酒精度超过15%Vol时，发酵速度已放缓，而发酵酒的酒精度一般都会在20%Vol以下，继续增加糖分起不到期望的作用。而通过蒸馏技术浓缩得到的酒精度可以轻易超过70%Vol甚至达到纯酒精的要求，通过增加糖度来提高酒精度不仅没有必要，成本上也不划算。

相反方向

罗志腾把世界上的酿酒技术归为三大来源：一为古代埃及的麦芽啤酒生产，二为古代欧洲的葡萄酒酿造，三为中国古代发明的曲蘖酿酒以及发展至今的制曲酿酒技术。曲蘖酿酒技术的发明是中国古代人民的重要贡献之一。[5]

①Patrick E. McGovern, Juzhong Zhang, Jigen Tang, Zhiqing Zhang, Gretchen R. Hall, Robert A. Moreau, Alberto Nuñez, Eric D. Butrym, Michael P. Richards, Chen-shan Wang, Guangsheng Cheng, Zhijun Zhao and Changsui Wang, "Fermented Beverages of Pre- and Proto-Historic China," *PNAS*, vol. 101, no. 51(Dec. 2004): 17593-17598.
②Patrick E. McGovern, *Uncorking The Past: The Quest for Wine, Beer, and Other Alcoholic Beverages* (Oakland: University of California Press, 2009), pp.134; Patrick E. McGovern, *Ancient Wine: The Search for the Origins of Viniculture* (New Jersey: Princeton University Press, 2003), pp.279-298.
③杨智敏、孔德媛、杨晓云、袁金娥、刘新春、冯宗云：《青稞籽粒淀粉含量的差异》，《麦类作物学报》2013年第33卷第6期。
④杨柳：《中国少数民族酒文化》，《酿酒》2011年第38卷第6期。
⑤罗志腾：《我国古代的酿酒发酵》，《化学通报》1978年第5期；罗志腾：《古代中国对酿酒发酵化学的贡献》，《西北大学学报（自然科学版）》1979年第02期。

帕米尔高原以西有着丰富的制酒水果资源，把糖转化为酒精的发酵过程很早就得以确立，及至发现谷物也能制酒时，人们只需专注于谷物的糖化过程，又因为习惯于单纯发酵的味道，努力让糖化产生的味道不带入发酵过程，不"污染"发酵，这就导致糖化过程愈发和发酵过程截然分开。

而中国因为缺少可以直接酿酒的水果，就没有发展出不经糖化直接发酵的做法，也就没有把糖化和酒化两个过程截然分开的必要。相反，中国人让糖化酶和酵母菌同时存在，这就是用曲，一种边发酵边糖化的复式发酵法。千百年来，中国的方向是发展制曲技术和以曲酿酒技术，发展出大曲、小曲、红曲、麸曲、麦曲等，这与西方在用谷物酿酒时将糖化和酒化清晰分开的技术路线完全背道而驰。直到今天，人们认为一款好的中国酒应该香味复杂，而好的葡萄酒虽然有多种复杂的风味物质和香气，但人们仍在香味复杂和清晰、干净的要求之间寻求平衡。

贺娅辉等人对中国新石器时代晚期到青铜时代早期的代表遗址二里头的陶器残留物进行了研究，发现很多陶器用于酿酒、贮酒、饮酒，这些陶器成为后起青铜器的样板，酿酒痕迹以用曲为多，有的可能采用半固态发酵。[1]

中国典籍中最早提到酒曲的文献大概是《尚书》。商王武丁是盘庚之弟小乙的儿子，被称作中兴之主。《尚书》记载了他对宰相说的话：

> 若作酒醴，尔惟曲蘖。若作和羹，尔惟盐梅。[2]

意思是说你就像作酒醴需要的曲蘖、做汤需要的盐梅一样重要，表明在以上描述成文的时候，非但曲蘖用以作酒醴，盐梅用以作和羹，而且作酒醴必用曲蘖和作和羹必用盐梅已是常识。明代宋应星也在其《天工开物》中说："若作酒醴之资曲蘖也。"[3]又说："凡酿酒，必资曲药成信。"[4]

学者一直对什么是曲蘖看法不一，有的认为曲和蘖是不同的两种事物，曲作酒，而蘖作醴。曲含有丰富的微生物，既有糖化所需的各类霉菌，又有酒化所需的酵母菌。而蘖就是谷芽，主要是糖化所需的酶，内容物相对纯净，几乎没有酵母菌。酒化就只能依赖于环境中可能有的天然酵母，转化为酒精的能力较弱，所制的醴也只能是一种薄酒。有人认为曲蘖双声，实际指的是一种事物，曲蘖的分开是后来的事。还有人认为曲蘖之不同，主要是形态的不同，一为饼曲，一为散曲。

方心芳认为，曲蘖本为双声连用，指的都是曲。开始人们不能区别粮食发霉与发芽的现象，因其都有糖化发酵的功能，就将其混为一谈，统称曲蘖。后来，人们才能区别粮食发霉与发芽的不同，把发霉的粮食叫曲，发芽的粮食叫蘖，也分辨出两者的糖化发酵力有强弱之别，曲作酒，蘖造怡。他解释《楚辞》中的"吴醴白蘖"时，认为所谓"白蘖"是无霉菌繁殖的纯净谷芽。[5]但他却没有解释古人为何用两个字连用来指代一种东西，这和古人惜墨如金，往往用一个字表达一种事物、一种行为，只在翻译外来语中才用多个字的习惯相悖。

包启安则认为曲蘖本来就不同，但指的都是曲，差异在于原料不同。曲是麦类做的曲，这从繁体的曲字（"麹"）以麦作旁也看得出来。而蘖是用生大米粉制成的曲，之所以曲造酒而蘖制醴，并不必然

①贺娅辉、赵海涛、刘莉、许宏：《二里头贵族阶层酿酒与饮酒活动分析：来自陶器残留物的证据》，《中原文物》2022年第6期（总第228期）。
②《十三经注疏》整理委员会整理、李学勤主编《十三经注疏·尚书正义》卷第十《说命下第十四》，北京大学出版社，1999，第253页。
③宋应星：《天工开物译注》卷下《曲蘖第十七》，潘吉星译注，上海古籍出版社，2016，第312页。
④宋应星：《天工开物译注》卷下《曲蘖第十七》，潘吉星译注，上海古籍出版社，2016，第313页。
⑤方心芳：《对"我国古代的酿酒发酵"一文的商榷》，《化学通报》1979年第3期第94页。

说明曲和蘖的糖化发酵力有不同，只不过发酵时间不同而已。[1]《说文解字》说一宿而成之酒为醴，又说蘖为"牙米"。[2]前者明确说发酵时间短就成了醴，所以味薄，这在某种程度上支持了曲蘖为不同的曲的观点；后者则既可以理解成为蘖来源于米，又可以理解成蘖是发了芽的谷粒，段玉裁注"牙同芽。牙米者，生芽之米也"。包启安则认为如果蘖为谷芽，就不可能一两宿变成醴，他倾向于认为蘖是生大米粉制成的曲，其特点是糖化力强、发酵力弱，这是由于根霉的糖化酶系很强，酒化酶系虽有但很弱的缘故，所以在一两天内就能完成发酵的所有步骤。《现代汉语词典》也解释"蘖"为"酿酒的曲"，而将木字底的"蘖"解释为"树枝砍去后又长出来的新芽，泛指植物由茎的基部长出的分枝"。[3]

李时珍显然认为蘖米为发芽谷物：

> 时珍曰别录止云蘖米，不云粟作也。苏恭言凡谷皆可生者，是矣。有粟、黍、谷、麦、豆诸蘖，皆水浸胀，候生芽曝干去须。[4]

又分别列出粟稻麦所生之芽的异同：

> 粟蘖（一名）粟芽。［气味］苦，温，无毒。……
>
> 稻蘖（一名）谷芽。［气味］甘，温，无毒。……
>
> 穬麦蘖（一名）麦芽。［气味］咸，温，无毒。……[5]

如果蘖为一种以稻米为原料的曲，有别于北曲，那么在曲出现之前，中国有没有用谷芽酿酒呢？是否发芽的糖化过程比霉菌引发的糖化过程更早为人类所注意呢？刘莉等人对陕西米家崖遗址和陕西杨官寨遗址出土的尖底瓶、平底瓶和漏斗残留物的淀粉粒和植硅体的研究说明，这些器物很可能曾用于酿酒，所酿制的很可能是谷芽酒。这几处遗址均为仰韶文化遗址，其中杨官寨遗址中一些器物的碳-14测年结果为距今5300—5700年，米家崖遗址主体遗存的年代大约为距今4900—5300年。[6]刘莉等人对河南偃师灰嘴遗址的大房子及相关容器的类似研究表明，仰韶时期多个遗址地面经过特殊处理的大房子是宴饮集会的公共场所，灰嘴遗址的大房子及附近的灶，共存的陶瓮、陶缸共同构成宴饮活动所需的设施，包括酿造以黍、稻米、小麦族种子及山药等块根植物为主要原料的谷芽酒。[7]

包启安也认为，中国最早的酒是谷芽酒。他认为，半坡遗址发掘的115号灰坑用于谷物发芽，是新石器时代先民制备谷芽的物证，通过对仰韶文化遗址出土的小口尖底瓶加以考察，他认为其为酿酒器具，而非有人认为的水器，而对甲骨文、钟鼎文中酒字写法进行考察后，他更坚定了小口尖底瓶是酿酒器的判断。[8]

第三章　背道而驰

①包启安：《谈谈曲蘖》，《中国酿造》1993年第3期；包启安：《再谈曲蘖（上）》，《酿酒科技》2003年第5期（总第119期）；包启安：《再谈曲蘖（下）》，《酿酒科技》2003年第6期（总第120期）。
②许慎：《说文解字注》十四篇下《酉部》，段玉裁注，上海古籍出版社，1981，第七四七页；许慎：《说文解字注》七篇上《米部》，段玉裁注，上海古籍出版社，1981，第三一一页。
③中国社会科学院语言研究所词典编辑室编：《现代汉语词典（第5版）》，商务印书馆，2005，第1000页。
④李时珍：《李时珍医学全书·本草纲目》卷二十五《谷部四》，夏魁周校注，中国中医药出版社，1996，第686页。
⑤李时珍：《李时珍医学全书·本草纲目》卷二十五《谷部四》，夏魁周校注，中国中医药出版社，1996，第686—687页。
⑥王佳静、刘莉、Terry Ball、俞霖洁、李元青、邢福来：《揭示中国5000年前酿造谷芽酒的配方》，《考古与文物》2017年第6期；刘莉、王佳静、赵雅楠、杨利平：《仰韶文化的谷芽酒：解密杨官寨遗址的陶器功能》，《农业考古》2017年第6期。
⑦刘莉、王佳静、陈星灿、李永强、赵昊：《仰韶文化大房子与宴饮传统：河南偃师灰嘴遗址F1地面和陶器残留物分析》，《中原文物》2018年第1期（总第199期）。
⑧包启安：《史前文化时期的酿酒（一）酒的起源》，《酿酒科技》2005年第1期（总第127期）；包启安：《中国酒的起源（上）》，《中国酿造》2005年第2期（总第143期）。

复式发酵

　　1968年，满城西汉中山靖王刘胜夫妇墓出土了3件陶制大酒缸，出土当时缸壁仍有酒蒸发后留下的痕迹，缸底则残存着粉末状物质，是酒蒸发后的残渣。包启安从残渣量不大的现象着眼，认为缸中之酒是过滤后的清酒。多数缸的肩部有仍可辨认的朱书文字，分别为"黍上尊酒十五石""甘醴十五石""黍酒十一石""稻酒十一石""……十一石"等。这些出土文物可以说明：西汉已有黍酒、稻酒等品种。包启安认为，周朝已产生了为后世尊为"古六法"的"六必"酿酒秘诀，而"五齐"的记载标志着我国成功地进行了独特的复式发酵酿酒，其代表即为曲，中国人最终放弃了用麦芽为糖化剂的发酵方法，转而专心研究曲酒。[①]

　　周恒刚指出，中国的制曲术应在指南针、火药、造纸和印刷术之后成为第五大发明。[②]周嘉华指出，中国酒从口感到呈香和诸种西酒有很大差异，这样差异来自酿造技艺的不同，特别是中国传统酿造技艺最具特色的用曲。[③]陈习刚在探析唐代的葡萄酿酒术时指出，唐代除了继续采用最初传入内地的葡萄自然发酵酿酒法外，还继承发展了曲糵而来的传统酿酒术，他认为，"虽然曲具有糖化和酒化的双重作用——但对葡萄酒而言——曲的发酵作用应当强调。"[④]应该说，因为葡萄中不含淀粉，曲对葡萄酒不起任何糖化作用，而曲却以糖化为主，不含有或只含有少量酒化所需的酵母菌，靠摊凉堂或老窖多次投粮的方法实现酵母菌的增殖。将以曲酿酒技术应用于葡萄酒大概是为了具有独特的味道。

　　酒曲中丰富多样的微生物，来源于制作过程中的自然环境、微生物的加入以及人为加入的强化菌株，虽然人们对曲中微生物的研究还远非完善，因为这些菌况复杂，可以说每厂、每地、每季、每批都不尽相同，甚至存在很大的差异，但人们对各类微生物的作用还是略有所知：霉菌是主要的糖化菌，酵母菌主要将单糖转化为酒精，一部分非酿酒酵母又能生成酯类，是香气的一个来源，而各种特征香气的主要来源可能是细菌，细菌又是各种酸类物质的主要来源，人们虽然对放线菌的研究很不充分，但知道它们多存在于窖泥中，具有除臭和生香的作用。1979年第三届全国评酒会上正式确立了浓香、酱香、清香和米香等中国白酒的四大香型（也有说是再加上其他香型的五大香型），有研究显示其霉菌和酵母菌的构成相差不大，而细菌的构成有很大的不同，显示出细菌对香型形成具有巨大作用。[⑤]

　　酒曲的制作是一个微生物富集的过程。而某一微生物生长繁殖的环境又随温度、湿度甚至在曲房堆放的位置、制曲阶段的不同而变化，一旦一种微生物在生长繁殖上取得了某种优势，便会压制其他微生物的扩繁。一个适于有益菌生长的环境，也为有害细菌的滋生创造了条件，弄不好会导致酸败和酿酒失败。中国很多制曲和酿酒法以及技术工艺就是为了种种满足互相矛盾的目的，既可生成大量优质的有益菌，又能抑制有害菌滋生。

　　曲中只有有限的酵母菌，很多研究都说明曲中很少有酵母菌，而推崇高温制曲的酱香型白酒，曲中几乎没有酵母菌（一般40摄氏度以上酵母就难以存活，而高温制曲温度可达65摄氏度）。李仰松就认为，酒曲的形成来源于谷物淀粉质的糖化。[⑥]酒曲的突出功能是糖化而不是发酵。包启安认为中国人最

①包启安：《汉代的酿酒及其技术》，《中国酿造》1991年第2期。
②周恒刚：《大曲的特征》，《酿酒科技》1993年第2期。
③周嘉华：《曲糵发酵》，《广西民族大学学报（自然科学版）》2016年第22卷第2期。
④陈习刚：《唐代葡萄酿酒术探析》，《河南教育学院学报（哲学社会科学版）》2001年第20卷第4期（总第78期）。
⑤沈怡方主编：《白酒生产技术全书》，中国轻工业出版社，1998，第30页；梁敏华、赵文红、白卫东、余元善、卢楚强、陈从贵、费永涛：《白酒酒曲微生物菌群对其风味形成影响研究进展》，《中国酿造》2023年第42卷第5期（总第375期）。
⑥李仰松：《对我国酿酒起源的探讨》，《考古》1962年第1期。

图3.3 中国酒酿造用的酒坛

早发现酿酒的秘密是注意到谷物发芽能糖化，酵母菌则是"混入"的。[1]后来发明的"曲"也是侧重于各种有糖化作用的霉菌而不是酵母菌。[2]这才给了酱香型白酒以"高温制曲"的空间。刘莉等人认为中国古代利用富含淀粉植物酿酒的方法主要有三种方式，即谷芽、曲和口嚼。有些草曲和小曲"不用曲蘖"，是因为"植物茎叶上自然附着多种微生物，包括霉菌、酵母和细菌"，这"几种酿酒方法的区别主要在于糖化步骤不同。由于酵母存在于自然环境中，早期酿酒时可能是利用环境中的野生酵母，其中包括重复使用同一酿酒器，使存留在陶器器壁缝隙中的酵母得以保存，参与下一次的酿酒发酵"。[3]这表明曲中主要是糖化酶。

而酵母菌的增殖全靠拌曲后的操作，需要有氧环境，其主要工作——生成酒精又需要厌氧环境。以曲酿酒技术目标的自相矛盾和困难可见一斑。中国人以远古时期有限甚至没有的微生物经验，不断观察、试错，花费了多少代人的汗水和聪明才智，才摸索出了一整套以曲制酒的工艺方法，这种让糖化和发酵两个过程同时进行又互不干扰的技术，反映了中国人老祖宗的超群智慧，也塑造了中国人喜欢饮曲酒的独特口味，但中国人的老祖宗没有把将糖化和发酵过程截然分开作为目标。很难想象，中国人会抛弃以曲制酒的探索转而追求把糖化和酒化两个过程清晰分开的技术路线。一旦选择了一个技术路线，向一个方向出发，就不可能反过来走相反的路。这也是中国独有的复式发酵法得以发展成为主体酿酒法的原因。

包启安对中国古代促进酵母菌增殖的方法做了总结，有"浸曲法""酸浆法""煎浆法""加酸法""原淋饭酒母法""淋饭酒母法"和"速酿酒母法"，他认为，曲蘖的不同也反映了南北制曲和造酒之不同。[4]包启安认为，制作饼曲时如何加强酵母增殖、提高酵母的数量与质量成为核心，并举出了使用药草或药草浸渍液和使曲料疏松等以利酵母增殖的方法。[5]《齐民要术》所载曹操"九酝春酒法"中的"渍曲"也称浸曲，"不单纯是将饼曲破碎，加水浸之，达到浸出酶的作用，逐步发展到将曲中酵

---

①包启安：《史前文化时期的酿酒（一）——酒的起源》，《酿酒科技》2005年第1期（总第127期）；包启安：《史前文化时期的酿酒（二）——谷芽酒的酿造及演进》，《酿酒科技》2005年第7期（总第133期）。
②包启安：《史前文化时期的酿酒（三）——曲酒的诞生与酿酒技术进步》，《酿酒科技》2005年第10期（总第136期）。
③刘莉、王佳静、陈星灿、梁中合：《北辛文化小口双耳罐的酿酒功能研究》，《东南文化》2020年第5期（总第277期）。
④包启安：《我国发酵酒母生产的演进》，《中国酿造》1990年第5期；包启安：《我国酒母培养技术的变迁》，《酿酒科技》2002年第2期（总第110期）；包启安：《谈谈曲蘖》，《中国酿造》1993年第3期；包启安：《再谈曲蘖（上）》，《酿酒科技》2003年第5期（总第119期）；包启安：《再谈曲蘖（下）》，《酿酒科技》2003年第6期（总第120期）。
⑤《大招》，载林家骊译注《楚辞》，中华书局，2010，第230页；包启安：《再谈曲蘖（上）》，《酿酒科技》2003年第5期（总第119期）。

第三章　背道而驰

母进行扩大培养，使之成为所谓酒母培养的工艺。渍曲是我国最早的酒母培养法"。[1]

因为中国采取的技术路线将注意力和技术力量用于集糖化和发酵于一身的曲身上，天然就没有对糖化和发酵这两个不同的过程加以区分，更没有对影响这两个过程的真菌加以区分，比如贾思勰将当时（公元4—5世纪）应用的曲按照糖化发酵力进行了划分，即曲势较强的神曲和曲势较弱的笨曲，就是把糖化和发酵合在一起考虑。而他判断曲势强弱的标尺（需要多少曲才能消耗一石米）和对糖化发酵过程的观察（发"鱼眼汤"和沸腾翻滚的激烈程度），既有糖化酶的影响又有酿酒酵母的影响。贾思勰并不对此加以区分。[2]

尽管学者们对其原因没有一致的答案，但醴味薄大概是公认的事实，宋应星也说"厌醴味薄"以致"糵法亦亡"：

> 古来曲造酒、糵造醴，后世厌醴味薄，遂至失传，则糵法亦亡。[3]

包启安认为，《楚辞》中"吴醴白糵，和楚沥只"一句及注的意思是说，醴酿成后，再加入白糵继续发酵，可以得到更高的酒精度，这里的"白糵"和"糵"不一样，糵糖化力强、酒化力弱，而白糵糖化力强，酒化力也强[4]，但同样使用稻米作原料，同样用粉制成饼曲，同样使用生料，"白糵"与"糵"的酒化力为何天差地别？如果糵因发酵力弱难以仅凭延长发酵时间使味增厚，"厌醴味薄"有可能导致"糵法亦亡"，但"白糵"和"糵"之不同得以证明。

王萌对多次投饭有着明确的描述，认为"在酿造过程中，还是要根据曲势的强弱决定投饭的次数、投饭的多少"。[5]贾思勰的描述中，用各种曲制各种酒都要多次投饭：

> 第一酘，米三斗。停一宿，酘米五斗。又停再宿，酘米一石。又停三宿，酘米三斗。[6]
>
> 唯三过酘米毕。[7]
>
> 初下，用米一石；次酘，五斗；又四斗，又三斗。[8]
>
> 初下米五斗，米必令五六十遍淘之！第二酘七斗米，三酘八斗米。[9]
>
> 候米消，又酘八斗。消尽，又酘八斗。凡三酘，毕。[10]
>
> 一宿再宿，候米消，更酘六斗。第三酘，用米或七八斗；第四、第五、第六酘，用米多少，皆候曲势强弱加减之，亦无定法。[11]

①包启安：《汉代的酿酒及其技术》，《中国酿造》1991年第2期。

②罗志腾：《试论贾思勰的思想和他在酿酒发酵技术上的成就》，《西北大学学报(自然科学版)》 1976年第1期。

③宋应星：《天工开物译注》卷下《曲糵第十七》，潘吉星译注，上海古籍出版社，2016，第313页。

④《大招》，载林家骊译注《楚辞》，中华书局，2010，第230页；包启安：《再谈曲糵（上）》，《酿酒科技》2003年第5期（总第119期）。

⑤王萌：《北朝时期酿酒、饮酒及对社会的影响研究》，博士学位论文，吉林大学，2012，第34页。

⑥贾思勰：《齐民要术（全二册）》卷七《造神曲并酒第六十四》，石声汉译注，石定枝、谭光万补注，中华书局，2015，第801页。

⑦贾思勰：《齐民要术（全二册）》卷七《造神曲并酒第六十四》，石声汉译注，石定枝、谭光万补注，中华书局，2015，第802页。

⑧贾思勰：《齐民要术（全二册）》卷七《造神曲并酒第六十四》，石声汉译注，石定枝、谭光万补注，中华书局，2015，第807页。

⑨贾思勰：《齐民要术（全二册）》卷七《造神曲并酒第六十四》，石声汉译注，石定枝、谭光万补注，中华书局，2015，第810页。

⑩贾思勰：《齐民要术（全二册）》卷七《造神曲并酒第六十四》，石声汉译注，石定枝、谭光万补注，中华书局，2015，第812页。

⑪贾思勰：《齐民要术（全二册）》卷七《造神曲并酒第六十四》，石声汉译注，石定枝、谭光万补注，中华书局，2015，第819页。

丝绸之路上的葡萄酒

次酘八斗，次酘七斗，皆须候曲蘖强弱增减耳，亦无定数。[①]

冬酿，六七酘；春作，八九酘。[②]

贾思勰又说了多次投饭的理由：

以渐，待米消即酘，无令势不相及。

味足沸定为熟。气味虽正，沸未息者，曲势未尽，宜更酘之，不酘则酒味苦薄矣。[③]

这种多次投饭的方法成了标准操作，大概是为了酵母菌增殖。朱肱在《北山酒经》中说：

酒以投多为善，要在曲力相及。[④]

投多带来了酵母菌的逐步增殖，曲力逐步提高。

酱香

方心芳通过对茅台酒生产进行观察归纳，指出茅台酒酿造有两个重点：制曲和堆积。茅台酒曲是一种曾经很少见的细菌曲，高温下（曲坯入室第三天曲温就达到58摄氏度，以后在培曲过程中，曲温都在55摄氏度—65摄氏度之间）只有细菌能茂盛成长，霉菌几乎不生长。曲坯水分减少后，高温霉菌（45摄氏度以上）可能繁殖；而曲中已经几乎没有酵母菌（60摄氏度上下的高温曲中酵母菌类几乎都被杀死了）。茅台酒厂则通过将酒醅摊凉引入酵母菌类，这些酵母菌有的能把糖转化为酒精和二氧化碳，有的具有生香功能。堆积的结果说明在堆积期间有糖化、酒化和脂化过程发生。因摊晾堂地上的酵母菌类不多且很地域化，因此气温低的地方，难以培养出茅台型的酒醅。[⑤]

针对酵母菌在60摄氏度以上的高温中无法存活，需要外源酵母的问题，方心芳认为，虽然野生酵母普遍存在，不加酵母也能出酒，但优劣不齐，还是建议加酵母，又作了如下的说明：

只用麸曲，不加酒母，也可出酒，这是野生酵母混入的结果；不加酒母（酵母）酿酒，自古有之，所以《北山酒经》一书内说，北方人酿酒不加酵（酵母），发酵不好。可见南方自宋朝以来就是加酒母酿酒的。酵母菌普遍存在，但有多少优劣之分，为了保险，使发酵正常，还是有意地加入优良酵母菌为妥，不过加酵母菌的方式可以试验用简单的方法，例如做麸曲时在接种曲霉菌的同时加入酵母菌，或者甚至做种曲时加入酵母菌，这样曲霉菌与酵母菌同时培养，酵母菌虽不能生长旺盛，但麸曲中总有一些优良酵母菌的细胞，到了酒醅中，这些酵母菌即可大量繁殖，进行发酵。这种做法当然不如加人工酵母菌发快，但比不加酵母菌好。[⑥]

---

①贾思勰：《齐民要术（全二册）》卷七《造神曲并酒第六十四》，石声汉译注，石定枑、谭光万补注，中华书局，2015，第827页。

②贾思勰：《齐民要术（全二册）》卷七《造神曲并酒第六十四》，石声汉译注，石定枑、谭光万补注，中华书局，2015，第828页。

③贾思勰：《齐民要术（全二册）》卷七《造神曲并酒第六十四》，石声汉译注，石定枑、谭光万补注，中华书局，2015，第807页。

④朱肱等：《北山酒经（外十种）》，任仁仁整理校点，上海书店出版社，2016，第15页。

⑤方心芳：《祝〈酿酒〉成功——兼谈高温酒曲》，《酿酒》1982年第3期。

⑥贾守玉、方心芳：《一个值得回忆的问题》，《酿酒》1983年第4期。

熊子书详细讨论了酱香型白酒的制曲和酿酒工艺，指出，"高温制曲至关重要"，是"提高酱香型白酒风格质量的基础。"[①]他认为，高温多水条件很适合耐高温细菌的生长繁殖，特别是耐高温的嗜热芽孢杆菌。这些细菌在整个制曲过程中占绝对优势，尤其在制曲高温阶段，它们的代谢产物与酱香物质有密切关系。高温多水条件还有利于蛋白质的热分解和糖的裂解，这样可产生香气成分。第七天开始第一次翻曲时，品温可达62摄氏度以上，这一时期生长的微生物，细菌占绝对优势，霉菌受到抑制，酵母菌很少。以这种特殊工艺制曲，主要是为了增加曲香和酱香，使生产的酒具有独特的风格，糖化力一般很低。[②]

的确，后续的研究表明，高温制曲的主要作用是生香，高温大曲是酱香型白酒主体风味的重要来源，而各类细菌又是独特酱香的主要因素，但随着高温大曲制曲发酵过程的进行，微生物的变化规则大有不同，前期集中生长的是细菌，霉菌在中后期较多，酵母偶能检出。[③]通过高温制得的酒曲中既然少有酵母菌，摊晾工序就必不可少，但摊晾酒醅通过摊晾堂地面和环境所取得的酵母仍然有限，黄治国等人通过加大堆积中心的供氧量可以大幅提高中心的发酵温度，说明通风的重要性，也说明酵母菌量处于临界状态。[④]这样分批拌曲摊晾就成为必须，熊子书详细描述的酱香酒生产工艺，从摊晾到堆积到下窖发酵可达八轮，其中两次投新料，其余六轮只将酒醅反复蒸酒。[⑤]

时卫平认为多次发酵是为了增加淀粉利用率，因为传统茅台酒工艺是用原料的粉碎程度来调节疏松程度，[⑥]而非另外添加疏松物质。他在建议的新型酱香型白酒生产工艺中，采用了清蒸的谷壳作疏松剂，又在采用传统高温大曲的同时，采用了通过现代微生物育种培养的功能曲——白曲、酵母曲和细菌曲，糖化发酵力比高温曲要高得多。他保留了高温堆积这一独特工艺但减去了多轮次发酵。因此，与传统的酱香型酒生产相比，能显著地缩短发酵周期且出酒率高，又可以保证其酱香风味浓厚。[⑦]

减掉多次发酵工艺可以大幅减少所需时间，时卫平认为，之所以能够减掉多次发酵的过程，是因为物料已经充分疏松。但这样反复的摊晾、拌曲、堆积、发酵，一方面增强了酱香风味，另一方面也增加了本来高温制曲所欠缺的酵母菌，提高酵母菌量也可能是多次发酵的重要原因。

在方心芳认为的茅台酒酿造的两个重点——制曲和摊晾，各种制曲法关注的是发霉谷物产生的各种糖化酶，摊凉过程则关注酵母菌。在酱香型酒制作过程中应用了高温制曲工艺，又侧重于有生香作用的细菌的培养，使酵母菌在曲中几乎没有，只有靠摊晾和分次投放引入酵母菌和逐渐繁殖。

中国酒和曲

中国酒的翻译一直是个难题。按原料，中国酒从谷物制造而非葡萄，似乎翻译成beer（啤酒）更合适，而中国的酿造酒又能达到较高的酒精度（超过10%），这一点（酒精含量较高）又更像wine（葡萄

①熊子书：《酱香型白酒酿造》，中国轻工业出版社，1994，第14页。
②熊子书：《酱香型白酒酿造》，中国轻工业出版社，1994，第15—17页。
③刘茗铭、赵金松、边名鸿、冯方剑：《高温大曲中微生物的研究进展》，《酿酒》2021年第48卷第5期。
④黄治国、曾永仲、扶勇、周其、李利君、徐至选：《酱香型白酒轮次堆积发酵新工艺的研究》，《酿酒科技》2023年第1期（总第343期）。
⑤熊子书：《酱香型白酒酿造》，中国轻工业出版社，1994，第23—34页。
⑥熊子书：《酱香型白酒酿造》，中国轻工业出版社，1994，第24页。
⑦时为平：《新型酱香型白酒的生产》，《酿酒科技》2005年第8期（总第134期）。

酒），这似乎是一个两难的问题。从口味上中国的酿造酒和啤酒或葡萄酒相差都很大，中国的蒸馏酒也和威士忌、白兰地相差很大。黄兴宗也曾经面临着这样艰难的选择，他们最后选择了用传统的wine而不是beer来指代中国酒。这个选择基于三个因素：（1）从美食上说，东亚的酒和欧洲的wine最为接近；（2）在宗教和庆典这样的正式场合，酒在中国扮演着wine在西方的角色；（3）从美学上，酒带给中国人的感受和wine带给西方人的感受是一样的，无可替代。[①]

如果一定要选择wine或者beer来指代中国酒，黄兴宗们大概别无选择。但是用wine或beer来指代一个以截然不同的技术酿造出来从而口味差别很大的另一种酒精饮品本身就是不可能的任务。从这个意义上说，如果用wine或者beer来翻译中国酒，只能对其口味上的差异视而不见。

造成这种口味差异的原因是中国独一无二又影响了东亚文化圈的复式发酵法，就是以曲酿酒。曲又写成"麴""糵""麯"或"鞠"，以麦作旁大概是北方以麦制曲的方法扩散到全境后出现的写法，《说文解字》中写作䵴或鞠，解释为酒母，段玉裁注说"作曲或以米，或以麦，故其字或从米，或从麦"。[②]黄兴宗说没有英文词汇能准确地对应"曲"。[③]

方心芳注意到水果酿酒更容易、更早，而中国酒为何主要是粮食做的？他认为，中华民族的摇篮地为霉菌繁殖提供了合适的条件，麦子等粮食很容易发霉发芽。这种芽和霉就能使粮食中的淀粉糖化，再继续嬗变成天然的粮食酒。久而久之，人们会模仿使粮食发霉发芽再加水发酵成酒。[④]包启安也说，野果的浆汁极易变成酒，因为果浆中含有大量的葡萄糖，皮上常附有酵母，加上空气中的酵母，在温度适合的条件下，果浆就会发酵成酒。他认为，这种在大自然中天然生成的果酒完全是可能的，但其与人类根据其现象加以模拟生产果酒有本质上的区别，不能与酒的起源相提并论。他认为，人类进入农耕时代之后谷物才成为维持生活的主要食源，因而通常研讨酒的起源会侧重于谷物酿酒。[⑤]

中国发现的最早酿酒实物资料是1974年在河北藁城台西商代遗址的发掘中发现的商代中期的制酒作

图3.4　出土于河北藁城台西遗址一个大陶瓮中的酵母实物，共计8.5公斤，呈灰白色水锈状沉淀物。由于年代久远，酵母已死亡，仅存部分酵母残壳。这是世界上已发现最早的酒曲实物。图片由河北博物院提供

①H. T. Huang, *Science and Civilisation in China: Volume 6, Biology and Biological Technology, Part 5, Fermentations and Food Science* (Cambridge: Cambridge University Press, 2000), pp.149–150.
②许慎：《说文解字注》七篇上《米部》，段玉裁注，上海古籍出版社，1981，第三三二页。
③H. T. Huang, *Science and Civilisation in China: Volume 6, Biology and Biological Technology, Part 5, Fermentations and Food Science* (Cambridge: Cambridge University Press, 2000), p.154.
④方心芳：《我国古人是怎样利用微生物的？》，《科学大众》1962年第5期。
⑤包启安：《史前文化时期的酿酒（一）酒的起源》，《酿酒科技》2005年第1期（总第127期）。

坊，或为综合作坊。①根据遗址复原，这是一座构筑在夯土台基上由两室组成的一面坡顶建筑物，室内面积约36平方米，作坊内出土了可用以发酵或贮酒用的陶质瓮、大口罐、罍、尊、壶等盛器，其中一只大陶瓮内存有的灰白色锈状沉淀物经著名酿造学家方心芳先生鉴定，主要成分是已经死亡的酵母残壳。②

在附近的坑中找到了桃、李、枣的痕迹，有些罐中还残存有大麻籽和茉莉花籽，有分析认为这可能是某种水果酿酒的遗迹，或在酒中加入一些草药用以医疗或调味。这些水果痕迹更可能是为了启动发酵，这从其量比较少大概可以看得出来。③在这个作坊附近还发现了一个储藏坑，里面有大量已经炭化了的粟粒，这可能才是酿酒的主要原料。④

马永超等人从《诗经》入手，结合考古学、民族学材料，对两周时期的植物利用状况，从衣食住行几个角度进行了分析。他们举出用于酿酒的材料多为黍粟等谷物，果实用于酿酒的只有枣，且枣、稻合用。依据则是《诗经·豳风·七月》中所说的"八月剥枣，十月获稻，为此春酒，以介眉寿。"他们认为，冬天用枣、稻酿酒，至春天方可完成，故名"春酒"。同样依据《诗经》和考古发现，他们认为中国古人将桃、李、野葡萄多用作鲜食，并认为周代及其以前先民食用的葡萄可能为原产自中国的葡萄属果实，有别于在当今世界范围内广泛栽培的欧亚种葡萄。⑤中国应该确实有丰富的野葡萄资源，但提到野葡萄时多利用藤蔓植物的攀缘特性而非果实。野葡萄和枣、野酸枣、山楂等果实和谷物一起用于酿酒启动发酵是一种可能。

中国酒起源

关于中国酿酒起源问题，历来存在不同看法。方心芳说：

> 我们讨论的是中国酒的创始，而不是它的发展。在上古时期，一件事物的创始与其发展，可以经过一段很长的时间。特制酒器绝对不会与酒的创始同期出现！特别是认为在上古时期，有余粮才能发明酿酒，这不合乎微生物发酵规律。有余粮，可以促进酿酒事业的发展，而不是酿酒创始的必需条件。⑥

方心芳据此反对中国酿酒起源于龙山文化时期（距今大约4000年前）的观点，而认为中国酿酒起源比仰韶文化时期（距今大约7000—5000年前）要早，但他同样认为，虽然"有余粮"并非必要条件，

---

①唐云明：《藁城台西与安阳殷墟》，《殷都学刊》1986年3期；傅金泉：《中国古代酿酒遗址及出土古酒文化》，《酿酒科技》2004年第6期（总第126期）。
②傅金泉：《中国古代酿酒遗址及出土古酒文化》，《酿酒科技》2004年第6期（总第126期）；H. T. Huang, *Science and Civilisation in China: Volume 6, Biology and Biological Technology, Part 5, Fermentations and Food Science* (Cambridge: Cambridge University Press, 2000), p.151.
③唐云明：《藁城台西商代遗址》，《河北学刊》1984年第4期；H. T. Huang, *Science and Civilisation in China: Volume 6, Biology and Biological Technology, Part 5, Fermentations and Food Science* (Cambridge: Cambridge University Press, 2000), p.153.
④H. T. Huang, *Science and Civilisation in China: Volume 6, Biology and Biological Technology, Part 5, Fermentations and Food Science* (Cambridge: Cambridge University Press, 2000), p.153；傅金泉：《中国古代酿酒遗址及出土古酒文化》，《酿酒科技》2004年第6期（总第126期）。
⑤马永超、吴文婉、杨晓燕、靳桂云：《两周时期的植物利用——来自〈诗经〉与植物考古的证据》，《农业考古》2015年第6期。
⑥方心芳：《对"我国古代的酿酒发酵"一文的商榷》，《化学通报》1979年第3期。

但中国酿酒的起源仍在农业革命之后。[1]他认为，中国酒的创造应在中国农业的开始时代。[2]

杜景华曾探究过中国酒的历史，认为酒的历史可以追溯很远，但他又认为粮食与酒关系密切，既有食必有饮，创造了农耕的神农氏发明酒自然是极合理的，可惜还没有发现文字资料可作佐证。[3]

如果人类很早就注意到酒精饮料，那么早期人类的经验和观察当在文字发明之前，只能靠口耳相传而浓缩变形，富于神话色彩。杜景华认为这些神话色彩来自讲述者把美好愿望以神话手段加以夸张，这种认识的基础是，神话传说是由很少的人在短时间内编撰而成的，但这样的认识失之偏颇。杜景华对中国关于酒的神话传说进行了梳理，有很多传说都说到"酒美如肉"，有人能只饮酒不食五谷鱼肉，还有多个版本的"千日酒"（即喝醉千日不醒）传说。这种"酒当粮食"的特性令人不禁想到谷物酿酒[4]，《洛阳伽蓝记》为说明酒好，也说"经月不醒"：

河东人刘白堕善能酿酒。季夏六月，时暑赫晞，以罂贮酒，暴于日中，经一旬，其酒味不动。饮之香美，醉而经月不醒。京师朝贵多出郡登藩，远相饷馈，逾于千里，以其远至，号曰鹤觞，亦名骑驴酒。[5]

这可能说明中国人早在发明文字前很久就观察到谷物能够用以酿酒。

周嘉华认为有必要区分自然出现的酒和人工有意识酿的酒。他认为自然界中的富糖（葡萄糖、蔗糖、麦芽糖、乳糖等）物质，如水果、兽乳等，受到酵母菌的作用自然产生乙醇是一种常见的自然现象。[6]他同时认为：

以野果或畜奶酿酒，由于受自然环境和社会条件的限制，是不可能形成社会生产的。只有采用谷物酿酒才能可靠地为人们提供大量的酒。所以我们所理解的酿酒，应是人工利用含淀粉的谷类，将它们酿制成酒。更具体一点说，我们所讨论的酿酒起源主要指粮食酒的起源。[7]

从现在西方能生产和提供大量的葡萄酒来看，"只有采用谷物酿酒才能可靠地为人们提供大量的酒"的观点可能仅指中国的情况。

洪光住列举了酿酒技术发生的六项必要条件：（1）要有原料；（2）要有用于烧、煮、蒸的设备；（3）要有洁净水；（4）要有酒曲；（5）要有发酵设备；（6）要有起码的酿酒经验。[8]

显然，"要有起码的酿酒经验"这一条件说明在此之前酿酒技术已经发生了。而只有需要才会有必要发明出用于烧、煮、蒸乃至储存的设备，而不是先发明容器再发明容器要盛放的内容物。洁净水和曲也不是普遍的要求，只是中国酒的要求。可见以上六项不仅不是酿酒技术发生的条件，也不是大规模酿酒的条件，而是以曲蘖酿酒法大规模酿造中国酒的条件。

袁翰青也区分了天然成酒和人工有意识地酿酒，多位学者都指出造酒源于人类对自然现象的模仿，也指出水果酿酒的自然现象更简单、更直接也更容易被人类观察到。如果我们认为水果酿酒更易

①方心芳：《对"我国古代的酿酒发酵"一文的商榷》，《化学通报》1979年第3期。
②方心芳：《对"我国古代的酿酒发酵"一文的商榷》，《化学通报》1979年第3期。
③杜景华：《中国酒文化》，新华出版社，1993，第5页。
④杜景华：《中国酒文化》，新华出版社，1993，第13—17页。
⑤杨衒之：《洛阳伽蓝记》卷第四《城西·法云寺》，尚荣译注，中华书局，2012，第296页。
⑥卢嘉锡主编，赵匡华、周嘉华：《中国科学技术史·化学卷》，科学出版社，1998，第522页。
⑦卢嘉锡主编，赵匡华、周嘉华：《中国科学技术史·化学卷》，科学出版社，1998，第523页
⑧洪光住：《中国酿酒科技发展史》，中国轻工业出版社，2011，第8页。

发生，比起发现谷物酿酒的秘密，古人更容易发现水果酿酒的秘密，那么，为什么中国古人却没有模仿自然现象用水果造酒，反而采用以曲酿酒，发明出独特的复式发酵法？答案可能是，中国没有合适的水果。当然，中国的气候条件更适合霉菌的生长也不可忽视。但无论如何这都是一条和环地中海地区背道而驰的道路。

葡萄生长的气候条件

中国为什么没有野生葡萄？

《梁书》说：

> 其南界三千余里有顿逊国……又有酒树，似安石榴，采其花汁停瓮中，数日成酒。①

顿逊国位于今泰国，有专家认为文中的酒树就是椰子树。椰子树是热带植物，两宋之际的李纲（1083—1140年）曾被贬海南，他作的《椰子酒赋》说椰子做酒不用曲蘖：

> 不假曲蘖，作成芳美。……谢凉州之葡萄，笑渊明之秫米。②

马可·波罗在前来中国和返回故国意大利的海路上，到过西亚、中亚的阿拉伯国家和东南亚、南亚诸国，对这些国家酒的生产和饮用也有记述，这些地区除环地中海区域及北方中亚一带，其余地区可替代葡萄的植物很多，而游牧民族则无葡萄。

> 此地用香料酿海枣酒，甚佳。初饮此酒者，必暴泄，然再饮之，则颇有益，使人体胖。③

马可·波罗到中亚时始提到葡萄：

> 广有果实，民居不少，葡萄及其他贱价之物甚多。④

到了印度北部时，据考证即中国旅行家所称乌仗那国（Oddiyana），冯承钧在注中说：

> 亦有果实葡萄，酿葡萄作白色、红色、黑色之酒。⑤

而到蒙古高原则无葡萄：

> 其人无麦无酒，夏日猎取鸟兽甚伙，然冬日严寒则无所得。⑥

而西南诸国各岛也无葡萄：

> 居民以肉、乳、米为粮，有酒，用米及香料酿之，味甚佳。⑦

①姚思廉：《梁书（全三册）》卷五十四《列传第四十八·诸夷》，中华书局，1973，第787页。
②《椰子酒赋》，载曾枣庄、吴洪泽主编《宋代辞赋全编》七十七，四川大学出版社，2008，第2326页。
③［意］马可·波罗：《第三六章·又下坡至忽鲁模思城》，载《马可波罗行纪》，冯承钧译，上海书店出版社，2001，第58页。
④［意］马可·波罗：《第四五章·盐山》，载《马可波罗行纪》，冯承钧译，上海书店出版社，2001，第74页。
⑤［意］马可·波罗：《第四七章·帕筛州》，载《马可波罗行纪》，冯承钧译，上海书店出版社，2001，第79页。
⑥［意］马可·波罗：《第七○章·哈剌和林平原及鞑靼人之种种风习》，载《马可波罗行纪》，冯承钧译，上海书店出版社，2001，第159页。
⑦［意］马可·波罗：《第一二六章·交趾国州》，载《马可波罗行纪》，冯承钧译，上海书店出版社，2001，第311页。

丝绸之路上的葡萄酒

他说苏门答腊岛的酒是从树上取下来的：

> 然饮一种酒，请言取酒之法如下：
>
> 应知此地有一种树，土人欲取酒时，断一树枝，置一大钵于断枝下，一日一夜，枝浆流出，钵为之满。此酒味佳，有白色者，有朱色者。此树颇类小海枣树。土人断枝，仅限四枝，迨至诸枝不复出酒时，然后以水浇树根，及甫出嫩枝之处。土产椰子甚多，大如人首，鲜食甚佳，盖其味甜而肉白如乳也。肉内空处有浆，如同清鲜之水，然其味较美于酒及其他一切饮料。[1]
>
> （班卒儿）亦从树取酒，如前所述。[2]［据冯承钧考证，班卒儿在今巴东（Padang）、婆鲁师（Baros）两城间。］
>
> 食肉乳，而饮前述之树酒。[3]
>
> 犯罪者罚甚重，而禁饮酒，凡饮酒及航海者，不许为保证人，据说只有失望之人才作海行。[4]（冯承钧考证说"此处所言之酒，乃包括一切用发酵或蒸馏方法酿成之酒而言，不专指葡萄酒，且其地亦不知有葡萄酒也"。）
>
> 彼等不食肉，不饮酒，而持身正直。[5]
>
> 彼等除米外无他谷。用椰糖造酒，颇易醉人。[6]
>
> 彼等用海枣、米及若干好香料作酒，兼亦用糖。[7]
>
> 居民食肉、米、乳、鱼，无葡萄酒，然用糖、米、海枣酿酒，味甚佳。[8]

人们把一种棕榈树的树皮割破取汁，发酵制酒，这无疑是用树汁发酵。无论用树汁或果实，都无需糖化。而进入中国境内，却只有谷物酿酒，便少不了糖化的步骤。[9]

这种葡萄生长与否的划分可能与气候条件有关。中国之所以缺少用含糖高的水果或树汁酿酒，可能和这种植物没有在中国野生有关，这进一步又和中国的气候条件有关。文焕然指出：

> 植被对自然环境中的温度、降水、土壤成分等变化最为敏感，与其他要素联系也很密切，可以据此作为重现历史时期气候变迁的重要依据。[10]

中国最广泛流布的水果大概是柑橘，还有梅子、李子之类，以酸甜为特征，更有"望梅止渴"的传说，也许适合这类水果生长的气候土壤条件不一定会同样适合葡萄的生长。这在《楚辞》中可略知一二：

> 后皇嘉树，橘徕服兮，
> 受命不迁，生南国兮。[11]

---

① [意] 马可·波罗：《第一六五章·小爪哇岛》，载《马可波罗行纪》，冯承钧译，上海书店出版社，2001，第408页。
② [意] 马可·波罗：《第一六五章·小爪哇岛》，载《马可波罗行纪》，冯承钧译，上海书店出版社，2001，第409页。
③ [意] 马可·波罗：《第一六八章·锡兰岛》，载《马可波罗行纪》，冯承钧译，上海书店出版社，2001，第418页。
④ [意] 马可·波罗：《第一六九章·陆地名称大印度之马八儿大州》，载《马可波罗行纪》，冯承钧译，上海书店出版社，2001，第425页。
⑤ [意] 马可·波罗：《第一七二章·婆罗门所在之刺儿州》，载《马可波罗行纪》，冯承钧译，上海书店出版社，2001，第436页。
⑥ [意] 马可·波罗：《第一七四章·俱蓝国》，载《马可波罗行纪》，冯承钧译，上海书店出版社，2001，第442页。
⑦ [意] 马可·波罗：《第一八六章·僧祇拔儿岛》，载《马可波罗行纪》，冯承钧译，上海书店出版社，2001，第466页。
⑧ [意] 马可·波罗：《第一八九章·爱舍儿城》，载《马可波罗行纪》，冯承钧译，上海书店出版社，2001，第474页。
⑨ 李生春：《〈马可·波罗游记〉中的中国酒》，《酿酒》1990年第5期。
⑩ 文焕然：《历史时期中国气候变化》，山东科学技术出版社，2019，第132页。
⑪《九章·橘颂》，载林家骊译注《楚辞》，中华书局，2010，第154页。

可翻译成白话为：

> 后土皇天的美好橘树，它生来适应这片土地啊。禀承天地之命决不外迁，扎根生长在南方大地啊。[1]

《楚辞》里的这首诗把橘树和它生长的环境紧密地联系到了一起。

但这种根据现有植被特点倒推古代气候条件的方法并不能回答最初为何这种植物没有生长的问题，或是当初的气候条件本来允许这种品种的葡萄生长，但是由于其他的原因这种葡萄没有被用来酿酒。

学者玛扎海里（Aly Mazahéri，1914—1991年）在论述波斯马在中国受到苦难时说："气候同样也可能起了某种作用。在非常古老的时代，就由波斯人把油橄榄树、椰枣树和葡萄树等传入了中国，但它们在那里很快都退化了。"[2]

对于世界上什么样的区域适合种酿酒葡萄和酿葡萄酒，有多种说法，比较常见的有纬度说、海滨说等等，但都有简单化之嫌。约翰·格莱德斯通（John Gladstones）说，世界上主要葡萄种植区域在北纬32°—51°之间和南纬28°—42°之间，但在某些极端地区，如位于北纬52°的英格兰甚至爱尔兰、位于南纬46°的新西兰的奥塔哥（Otago）也有葡萄种植，而赤道附近某些地区也有种葡萄。[3]欧立维耶·博纳（Olivier Bernard）和迪厄里·杜萨（Thierry Dussard）也试图找到出色的葡萄酒和纬度的关系。在他们看来，陆地上北纬45°及周边区域（上下大约5°）仿佛有一种魔力，世界上出色的葡萄酒都出自这个区域。[4]但是这样看来世界上适合种葡萄的区域南北至少有2200公里之广，出好葡萄酒的区域南北也达1100公里。单单纬度适宜，并不能说明这一地区适合葡萄。纬度说似乎没什么说服力。

文焕然等人的研究说明在远古时代，中国的气候比现在湿润，这从河南省的简称为"豫"可看到一丝痕迹。但更湿润温暖的气候并没有使野生欧亚种葡萄在中国扎根。实际上，中国与世界上绝大部分地区的不同在于它雨热同季的气候，这种气候冬天干冷，导致大部分地区葡萄过冬需要埋土，这不仅造成了欧亚种葡萄种植需要人的干预，增加了成本，并且为了赶在土地上冻前完成埋土，有的葡萄园不得不粗糙修剪，甚至在葡萄还未成熟时就采收，将刚修剪不久的葡萄藤带伤入土，造成枝干病发病率高，大大减少了葡萄藤的寿命。

这种独特气候的塑造可能和青藏高原的隆起相关。6500万年前，印度板块以极高的速度与欧亚板块相撞，抬升了青藏高原，不仅形成了一个隔绝东西的天然屏障，也造就了中国自西向东三大阶梯渐次跌落的基本地貌景观：海拔最高的青藏高原为第一阶梯，海拔1000—2000米的内蒙古高原、黄土高原、云贵高原等为第二阶梯，大兴安岭、太行山、雪峰山以东大部分在海拔500米以下的地区为第三阶梯，还使得海洋的势力得以长驱直入，进入中华腹地。[5]

这样看来，单单气候潮湿也不能说明这一地区适合葡萄，海滨说也不具说服力。

有趣的是，中国人走的以曲酿酒的不同路线却并没有改变淀粉变成酒精所需的过程：要么是截然分开的糖化和发酵两步；要么是先小批量（曲）再大批量，也是两步。这种整体地看问题的方法，和西方那种强调分割、分析的方法有很大不同，至今仍然在很多方面反映出来。

①《九章·橘颂》，载林家骊译注《楚辞》，中华书局，2010，第155页。
②[法]阿里·玛扎海里：《丝绸之路——中国—波斯文化交流史》，耿昇译，新疆人民出版社，2006，第15页。
③Jancis Robinson, *The Oxford Companion To Wine* (New York: Oxford University Press, 2006), pp.393-394.
④Olivier Bernard and Thierry Dussard, *La magie du 45e parallèle* (Paris: Féret, 2014), p.13.
⑤星球研究所、中国青藏高原研究会：《这里是中国》，中信出版社，2019，第8—13页。

丝绸之路上的葡萄酒

《史记》或《汉书》都没有说张骞带回了葡萄，大概只因太史公说过"宛左右以蒲陶为酒，富人藏酒至万余石，久者数十岁不败"的话，又被班固写入《汉书》，后人便发散为张骞从大宛带回葡萄。但无论是《史记》的原始叙述，或是合理推测，称张骞或是李广利带回了葡萄都有问题。非但司马迁没有说过张骞带回了葡萄籽，张骞所到之处除大宛、大夏外都是游牧民族，取得葡萄种更无可能，而张骞提前在路过大宛时取得葡萄籽的假说又太过牵强。天子好马，汉使带回马的同时带回喂马的饲料合情合理，在带回苜蓿的同时带回葡萄种也有可能。但李广利是带兵征讨大宛的将军，并非汉使。所谓"汉使取其实来"应该发生在张骞之后，甚至李广利之后。《资治通鉴》关于张骞授勋的记载有助于我们理解张骞到达和离开大月氏的时间。张骞既没有取得葡萄种或枝条的动机，在技术上也无法实现。因此，张骞没有带回葡萄种或枝条。

　　早在张骞刚刚离开汉朝之时，司马相如就把葡萄写进了《上林赋》，这只能说明葡萄这名称在张骞出使时已流入中原，并不必然说明葡萄这种植物在那时已进入中国。但新疆洋海墓地的发现却明确指出在张骞之前至少200年，欧亚种葡萄这一植物就已经传入了帕米尔高原以东。把众多植物的引入都归功于张骞的始作俑者或许是王逸或延笃，后经西晋张华在《博物志》中引用，和南北朝贾思勰《齐民要术》的传播，流传甚广。

第四章

张骞与葡萄

持汉节不失

汉武帝元光六年（公元前129年），汉使张骞被匈奴扣留在王庭附近已超过十年，虽然在匈奴娶妻生子，却"持汉节不失"。（留骞十余岁，与妻，有子，然骞持汉节不失。①）这一年，他终于抓住机会，脱离了匈奴的羁绊。但是他没有逃向东方回到大汉，却继续向西，去完成他注定无法完成的使命——找到被匈奴一路驱赶到西方的大月氏部落，以联合大月氏夹击匈奴。

当时匈奴王庭所在的龙城在今蒙古高原，其东西两侧都是匈奴的天下，东南即汉境，匈奴最大的敌人正在虎视眈眈，这个方向正是匈奴严加防范之地。可以想见，张骞如果出王庭后东南行，就很可能正撞到匈奴的刀口上。我们今天已不可能知晓当初张骞所想，但正如他返程时，为了避免匈奴拦截，不走来时老路，而是"并南山，欲从羌中归"，不能排除他想避免和匈奴的大部队相遇而选择向西行的可能。

他翻越葱岭（帕米尔高原），来到大宛（今费尔干纳盆地），再在大宛派人陪同和翻译的引导下继续西行，到康居，又向南，找到了大月氏，但大月氏已经居大夏（巴克特里亚Bactria，今阿富汗）故地，土地肥沃，不想找匈奴报仇了。

张骞虽然没有达到原定目的，却开启了汉朝和西域各国的官方往来，司马迁称作"凿空"，把这个故事写入了历史。②

千百年来，无数文献都提到张骞出使西域带回了葡萄，唐代的段成式提到了南北朝时期庾信等人关于葡萄的一段对话，他借尉谨之口说：

> 此物实出于大宛，张骞所致。③

可见当时的文人已经认为张骞从大宛带回葡萄是常识。宋代的唐慎微也引用《图经》中的话说：

> 张骞使西域，得其种而还，种之，中国始有。④

徐光启也说：

> 张骞使大宛，取葡萄实，于离宫别馆旁尽种之。⑤

明朝的李时珍遍集前人所言，引用苏颂的说法称：

> 张骞使西域，得其种还，中国始有。⑥

上面的引文都差不多，可能来源都一致。其实《史记》或《汉书》都没有说张骞带回了葡萄，大概只因太史公说过"宛左右以蒲陶为酒，富人藏酒至万余石，久者数十岁不败"的话，这段话又被写入《汉书》⑦，后人便发散为张骞自大宛带回葡萄。这种认识直到现代还很普遍。如：

①司马迁：《史记（全九册）》卷六十三《大宛列传》，韩兆琦译注，中华书局，2010，第7271页。
②司马迁：《史记（全九册）》卷六十三《大宛列传》，韩兆琦译注，中华书局，2010，第7300页。
③段成式：《酉阳杂俎（全二册）》，张仲裁译注，中华书局，2017，第710页。
④唐慎微：《重修政和经史证类备用本草》卷二十三《果部上品》，人民卫生出版社，1957，第四六四页。
⑤徐光启：《农政全书校注》卷之三十《树艺》，石声汉校注，石定枌订补，中华书局，2020，第一〇三七页。
⑥李时珍：《李时珍医学全书·本草纲目》卷三十三《果部五》，夏魁周校注，中国中医药出版社，1996，第830页。
⑦司马迁：《史记（全九册）》卷六十三《大宛列传》，韩兆琦译注，中华书局，2010，第7312页；班固：《汉书（全十二册）》卷九十六上《西域传第六十六上》，中华书局，1962，第三八九四页。

丝绸之路上的葡萄酒

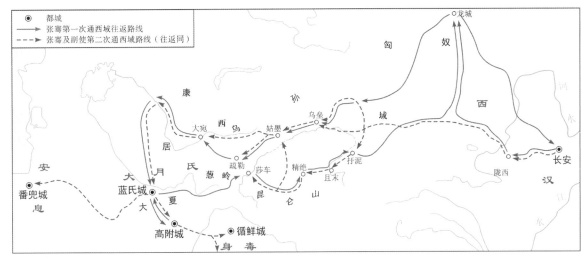

图4.1 《张骞出使西域路线示意图》，显示张骞或从天山以北的新北道经伊犁河谷来到大宛，而取道瓦罕走廊逾葱岭（帕米尔高原）到疏勒，返程未再次经过大宛。另一种说法是，张骞返程时二次经过大宛，而经天山以南到疏勒，再走南山归

直到西汉张骞出使西域，带回了优良葡萄品种，以后内地才大量种植并用以酿酒。[①]

李华等人把张骞带回葡萄作为基本事实：

张骞受汉武帝派遣出使，联合游牧民族月氏一起对抗匈奴人。尽管张骞没有成功，但他目睹了今乌兹别克斯坦的丝绸之路沿线玻璃制品、葡萄酒、葡萄等罗马产品，带回了极有价值的情报。葡萄种植技术自此引入到河西走廊（包括今天的甘肃省/宁夏回族自治区），在向北进入中国的北部和东北部之前，继续西进，到达西安。[②]

张国刚也认为：

张骞出使西域，自大宛、康居一带引进葡萄……[③]

祝慈寿说：

当时的葡萄，是由张骞从西域带回来种植的，这是流传已久的史实。[④]

国内很流行的有关葡萄栽培和葡萄酒工艺在葡萄酒业界有很大的影响力的教科书，也认为张骞引进了欧亚种葡萄：

我国的欧亚种葡萄（即在全世界广为种植的葡萄种）是在汉武帝建元年间，历史上著名的大探险家张骞出使西域时（公元前138年—前119年）从大宛带来的。大宛，古西域国名，在今中亚的塔什干地区，盛产葡萄、苜蓿，以汗血马著名。《史记·大宛列传》："宛左右以蒲陶为酒，富人藏酒至万余石，久者数十年不败。""汉使（指张骞）取其实来，于是天

---

①刘军、莫福山、吴雅芝：《中国古代的酒与饮酒》，商务印书馆，1995，第22页。

②Li Hua, Hua Wang, Huanmei Li, Steve Goodman, Paul van der Lee, Zhimin Xu, Alessio Fortunato and Ping Yang, "The worlds of wine: Old, new and ancient," *Wine Economics and Policy*, vol.7 (Dec. 2018): 178-182.

③张国刚：《中西文化关系通史（全二册）》上，北京大学出版社，2019，第210页。

④祝慈寿：《中国古代工业史》，学林出版社，1988，第266—267页。

第四章　张骞与葡萄

87

子始种苜蓿、蒲陶。"在引进葡萄的同时，还招来了酿酒艺人。据《太平御览》，汉武帝时期，"离宫别观傍尽种葡萄"，可见汉武帝对此事的重视，并且葡萄的种植和葡萄酒的酿造都达到了一定的规模。[1]

我国引入欧亚种葡萄（*Vitis vinifera*）始于汉武帝建元年间，汉武帝遣张骞出使西域（公元前138—前119年），从大宛（中亚的塔什干地区）将葡萄引入。引进葡萄的同时还招来了酿酒艺人，从事葡萄酒的生产。[2]

张骞出使西域，引进葡萄以及栽种葡萄的同时，还招来了酿酒艺人。据《太平御览》记载，汉武帝时期，"离宫别观傍尽种葡萄"，足以见证汉武帝对此事的重视，并且葡萄的种植和葡萄酒的酿造都达到了一定的规模。[3]

在国际上有广泛影响力的著作，如劳费尔的《中国伊朗编》就认为中国人最早知道葡萄树是由于张骞，而中国人是从大宛得到葡萄树的：

中国人在历史后期从一个伊朗国家大宛（唐译为拔汗那）得到葡萄树，那是早期中国人所完全不知道的植物。这可以使我们充分地强调说：各种各样的葡萄栽培在当时亚洲西部，包括伊朗在内，已经是普遍的现象了。[4]

中国人最初知道栽种的葡萄树（*Vitis vinifera*）和用葡萄所制的酒是由于公元前128年张骞将军出使月氏，他路经大宛和康国（粟特），并在大夏（巴克特里亚）住了一年。[5]

李约瑟《中国科学技术史》也说张骞从西域带回了葡萄。[6]罗斯·莫瑞·布朗（Rose Murray Brown MW）和丹尼斯·盖斯汀（Denis Gastin）在第三版《牛津葡萄酒伴侣》"中国"词条说：

似乎汉朝的张骞将军在公元前136和121年期间从今天乌兹别克斯坦的费尔干纳盆地带回来了葡萄籽并种植在新疆和陕西（西安）。[7]

这里他们除了把带回葡萄归之于张骞外，还认为：张骞出使西域带回葡萄是公元前139—前121年，即在张骞第二次出使西域（公元前119年）之前，显然这并非把相隔数年的张骞的两次出使西域合并讲述，大概是笔误，把张骞回到长安的公元前126年写成了前121年；张骞从费尔干纳盆地所在的大宛而非大月氏带回了葡萄，而实际上张骞是在寻找大月氏的路上经过了大宛；张骞在新疆种植葡萄。

麦戈文也在著作中说：

最早对中国葡萄酒的文字描述是张骞将军的记录，他在公元前二世纪后期到了西汉版图的西北缘，他报告说在丝绸之路之上（现代的新疆维吾尔自治区）和继续往前到了乌兹别克斯坦境内葡萄颇具传奇色彩的大夏和粟特地区，葡萄酒是最受欢迎的饮料。[8]

①李华：《葡萄栽培学》，中国农业出版社，2008，第6页。
②李华等：《葡萄酒工艺学》，科学出版社，2007，第3页。
③刘世松、练武、刘爽主编：《葡萄酒营养学》，中国轻工业出版社，2018，第1—2页。
④[美]劳费尔：《中国伊朗编》，林筠因译，商务印书馆，2015，第45页。
⑤[美]劳费尔：《中国伊朗编》，林筠因译，商务印书馆，2015，第45页。
⑥H. T. Huang, *Science and Civilisation in China: Volume 6, Biology and Biological Technology, Part 5, Fermentations and Food Science* (Cambridge: Cambridge University Press, 2000), p.240.
⑦Jancis Robinson, *The Oxford Companion To Wine* (New York: Oxford University Press, 2006), p.167.
⑧Patrick E. McGovern, *Ancient Wine: The Search for the Origins of Viniculture* (New Jersey: Princeton University Press, 2003), pp.1-3.

丝绸之路上的葡萄酒

图4.2 《张骞出使西域图》，敦煌莫高窟第323
窟北壁壁画。图片由敦煌研究院提供

然而，历史记录表明，中国人直到很久以后才种植和开发这种水果（指葡萄），那时，
张骞将军在公元前第二世纪末期作为皇帝的使者前往中亚并带回了经驯化的欧亚种葡萄（*Vitis
vinifera* ssp. vinifera）在首都长安（今西安）做葡萄酒。[①]

也有人说，是贰师将军李广利带回了葡萄。《汉书》在讲这段故事时说：

> 于是天子遣贰师将军李广利将兵前后十余万人伐宛，连四年。……宛王蝉封与汉约，岁
> 献天马二匹。汉使采蒲陶、目宿种归。[②]

没说李广利就是采葡萄的汉使。而李昉号称引《汉书》说：

> 李广利为贰师将军，破大宛，得蒲萄种归汉。[③]

杜佑也说：

> （李广利）而立宛贵人昧蔡为王，约岁献马二匹，遂采葡萄、苜蓿种而归。[④]

上述诸家明显将取种一事安在了李广利头上。但不论是《史记》的原始叙述，或是合理推测，称张
骞或是李广利带回了葡萄都有问题。

刘启振、王思明认为，中国与世界其他地区的物质文化交流起始得很早，但大规模地对外交往，并
大量引进域外农作物，主要还是肇始于西汉武帝时期。他们根据《史记》《汉书》《后汉书》《梁书》
《博物志》《齐民要术》《西京杂记》《拾遗录》《太平御览》《酉阳杂俎》《岭表异录》《唐会要》
《新五代史》和各种《本草》的记载认为，最先传入中国的农作物是葡萄和苜蓿，其他作物如石榴、胡
豆（豌豆、蚕豆）、胡麻（芝麻）、胡瓜（黄瓜）、胡蒜（大蒜）、胡桃（核桃）、胡荽（芫荽、香

---

①Patrick E. McGovern, *Uncorking The Past: The Quest for Wine, Beer, and Other Alcoholic Beverages* (Oakland: University of
California Press, 2009), p.39.
②班固：《汉书（全十二册）》卷九十六上《西域传第六十六上》，中华书局，1962，第三八九五页。
③李昉：《太平御览》第八卷，孙雍长、熊毓兰校点，河北教育出版社，1994，第786页。
④杜佑：《通典（全十二册）》，王文锦、王永兴、刘俊文、徐庭云、谢方点校，中华书局，2016，第五二一八页。

菜）、胡椒、胡萝卜、菠菜、棉花、西瓜等通过遣使朝贡、商旅贸易和政权征伐等途径经由丝绸之路随后而来。[1]

邱东如指出古籍记载为张骞所引入的植物达十余种，计有葡萄、苜蓿、胡桃、蚕豆、黄瓜、胡麻、石榴、红花、大蒜、芫荽、胡椒。尽管他认为这些植物，可能并非全为张骞所引，但可以确认是在西汉时引种过来的。[2]

也有人认为，把带回这些植物全部归之于张骞失之偏颇，张骞只带回了葡萄和苜蓿。如张国刚说："但实际可确认为张骞引进的仅葡萄和苜蓿。"[3]

劳费尔也指出：

> 现在的学术界中竟有这样一个散布很广的传说，说大半的植物在汉朝都已经适应中国的水土而成长了，而且把这事都归功于一个人，此人就是名将张骞。我的一个目的就是要打破这神话。其实张骞只携带两种植物回中国——苜蓿和葡萄树。[4]

如果认为丝绸之路是指东西方物质文化交通的网络，这些外来农作物经由丝绸之路而至理所当然，但若认为张骞带回了这些作物则缺少依据。李婵娜对张骞带回石榴一说做了考辨，认为石榴是由张骞之后的使者从安息国带回汉地的。[5]夏如兵、徐睴淇确凿无疑地认为石榴在汉代由西域传入中国内地。[6]孙启中等人对张骞并未带回苜蓿（或紫花苜蓿）已有论述。[7]李鑫鑫等人则对紫花苜蓿引入中国的若干理论作了梳理，他们认为，苜蓿引入中国的功绩不应该归于张骞，而应该归功于《史记》《汉书》记载中的"汉使"群体，时间大约在公元前113—前104年，即李广利领命攻破大宛之前，随大宛马一同引进。[8]

石声汉曾梳理过据说是张骞带回的植物，称"张骞引入植物，正史上无明文记载"：

> 张骞究竟从西域带回来多少种栽培植物？至今还没有在正史中找到可靠的明文记载。《史记》和《汉书》中的《张骞传》《大宛传》《匈奴传》《西域传》，乃至《西南夷传》，都只说到张骞两次出使和开辟道路的事迹，没有一个字提到他曾亲自带回任何栽培植物。[9]

殷晴指出，"至迟在战国时期吐鲁番地区已有这种日后名扬海内的特产出现"，而"以为葡萄籽种系张骞通西域时携回中原，实际上是个传之已久的误会"，依据也是史籍并未记录"这位采葡萄、苜蓿种子返回中原的使者姓名"。[10]

丝绸之路上的葡萄酒

①刘启振、王思明：《陆上丝绸之路传入中国的域外农作物》，《中国野生植物资源》2016年第35卷第6期。
②邱东如：《张骞引种的植物》，《植物杂志》1991年第4期。
③张国刚：《中西文化关系通史（全二册）》上，北京大学出版社，2019，第210页。
④[美]劳费尔：《中国伊朗编》，林筠因译，商务印书馆，2015，第7页。
⑤李婵娜：《张骞得安石国榴种入汉考辨》，《学理论》2010年第21期。
⑥夏如兵、徐睴淇：《中国石榴栽培历史考述》，《南京林业大学学报（人文社会科学版）》2014年第02期。
⑦孙启中、柳茜、那亚、李峰、陶雅：《我国汉代苜蓿引入者考》，《草业学报》2016年第25卷第1期；孙启中、柳茜、陶雅、徐丽君：《张骞与汉代苜蓿引入考述》，《草业学报》2016年第25卷第10期；孙启中、柳茜、陶雅、徐丽君：《汉代苜蓿传入我国的时间考述》，《草业学报》2016年第25卷第12期。
⑧李鑫鑫、王欣、何红中：《紫花苜蓿引种中国的若干历史问题论考》，《中国农史》2019年第06期。
⑨石声汉：《试论我国从西域引入的植物与张骞的关系》，载《石声汉农史论文集》，中华书局，2008，第131—159页。
⑩殷晴：《物种源流辨析——汉唐时期新疆园艺业的发展及有关问题》，《西域研究》2008年第1期。

太史公

太史公仅说"汉使取其实来"，并未说过此"汉使"即张骞。

张骞回到汉朝向汉武帝报告西域各国的情况时，提到大宛有葡萄酒和善马（"有蒲陶酒，多善马，马汗血"[1]），却并未提及"取其实"的事情。也许是因为这时《史记》只转载张骞向汉武帝报告的各国概况，所以没有说他取回葡萄的事，等到后来提到"离宫别观旁尽种葡萄苜蓿极望"时，才追述前面发生的事情。

太史公提到取回葡萄种的事，是在公元前114年张骞死后（"自博望侯骞死后"），和武帝太初元年（公元前104年）"拜李广利为贰师将军……，以往伐宛"的故事之前。[2]当中隔了乌孙派使者来汉朝献马、汉欲通西南夷不得、欲通大夏只有出酒泉一条道、汉朝使者竞相出使西域各国以致"使者相望于道"、汉兵破楼兰姑师、汉使想找到黄河源头、汉使在于阗采回玉石、外国使节随汉使回到汉朝叹服汉之广大、西域诸国仍受匈奴势力影响而为难汉使等很多事，把相隔甚远的两件事硬要扯到一块儿，有些牵强。从《史记》的叙述看来，"汉使取其实来"应该并不是追述前面发生的事，这里的"汉使"应该并非指张骞。

张骞死后，有两件事情太史公在《大宛列传》中进行了明确说明，一是大量汉使在张骞之后出使西域，二是从大宛取得汗血宝马："自博望侯开外国道以尊贵，其后从吏卒皆争上书言外国奇怪利害，求使。"[3]

汉武帝登基以后，西域的门户河西走廊（今甘肃）还是匈奴出没的地方，汉武帝对狭义的西域（今新疆）了解得不多，至于帕米尔高原以西的西域对他来说更是一片黑暗，与其说在招募使者，不如说在招募勇士。这次出使，不确定因素太多，谁也没有把握会有结果，不仅可能会身败名裂，弄不好还会性命不保。可以想见，不仅功成名就、已经身居一定职位的高官会爱惜羽毛，就是有望向上爬的年轻人，也不愿冒险。

这给侍从官张骞带来了机会[4]，他最终因为出使西域拜官封侯，让很多人眼热。张骞归来之后，人们争相上书朝廷要求出使，成为使臣不仅可能一举成名，还能有机会变卖官府给予各国的礼物，中饱私囊。一时间，"使者相望于道"。[5]但这些使者大都是"妄言无形之徒"，而西域各国距离匈奴近，惧怕匈奴的威胁和骚扰[6]，所以匈奴使节得到善待，而汉使不出钱就得不到食物和坐骑。[7]

公元前119年，张骞第二次出使西域，想联合乌孙抗击匈奴，也没有成功。乌孙位于天山以北，大

①司马迁：《史记（全九册）》卷六十三《大宛列传》，韩兆琦译注，中华书局，2010，第7277页。
②司马迁：《史记（全九册）》卷六十三《大宛列传》，韩兆琦译注，中华书局，2010，第7301、7312、7315页。
③司马迁：《史记（全九册）》卷六十三《大宛列传》，韩兆琦译注，中华书局，2010，第7301、7312、7304页。
④张骞此时担任"郎"官。《汉书·百官公卿表》："郎中令，……掌宫殿掖门户，……属官有大夫、郎、谒者……郎掌守门户，出充车骑，……皆无员，多至千人。"可见，郎为掌管宫殿车骑、没有下属的官，任此职的多达千人，不可谓大官。
⑤司马迁：《史记（全九册）》卷六十三《大宛列传》，韩兆琦译注，中华书局，2010，第7301页；班固：《汉书（全十二册）》卷九十六上《西域传第六十六上》，中华书局，1962，第三八七六页："初，武帝感张骞之言，甘心欲通大宛诸国，使者相望于道，一岁中多至十馀辈。"
⑥班固：《汉书（全十二册）》卷九十六上《西域传第六十六上》，中华书局，1962，第三八七七页曾转述楼兰王对汉武帝说的话："小国在大国间，不两属无以自安。"最靠近大汉的楼兰尚且如此，更何况远离汉境的西域诸国！《史记·大宛列传》记录了大宛王与谋士的对话："汉去我远，……是安能致大军乎？无奈我何。"（载司马迁：《史记（全九册）》卷六十三《大宛列传》，韩兆琦译注，中华书局，2010，第7314页。）
⑦司马迁：《史记（全九册）》卷六十三《大宛列传》，韩兆琦译注，中华书局，2010，第7305、7312页："其使皆贫人子，私县官赍物，欲贱市以私其利外国。外国亦厌汉使人人有言轻重，度汉兵远不能至，而禁其食物以苦汉使。""及至汉使，非出币帛不得食，不市畜不得骑用。"

宛之东，距离匈奴出没的地域更近，在今天伊犁一带。虽然与乌孙结盟的设想失败了，但乌孙使者进献的乌孙宝马，却深得汉武帝的喜爱，称之为"天马"。后来汉武帝又得到大宛的汗血宝马，比乌孙马还要好，就将乌孙马改名"西极"，称汗血宝马为"天马"：

> 初，天子发书《易》，云"神马当从西北来"。得乌孙马好，名曰"天马"。及得大宛汗血马，益壮，更名乌孙马曰"西极"，名大宛马曰"天马"云。[1]

有一个叫作车令的汉使，带着金马出使，想换回大宛的汗血宝马，却被拒绝，汉使一怒之下（或谎称）砸碎了金马，反招杀身之祸，这一事件引出了李广利远征贰师城以取善马的故事。[2]

《汉书》的叙述与《史记》很相近，又有所不同。[3]《史记》是在讲到李广利远征之前提到"汉使取其实来"，而班固在讲了李广利远征大宛的故事之后，才提到"汉使采蒲陶、目宿种归"，这可能是有些学者认为是李广利带回葡萄的原因。

那时汉使既多，争相以"外国奇怪利害"取悦天子，而葡萄酒又在大宛与宝马一样为"奇怪利害"。天子好马，汉使带回马的同时带回喂马的饲料合情合理，在带回苜蓿的同时带回葡萄种也有可能。

但李广利是带兵征讨大宛的将军，并非汉使。班固是在叙述了李广利远征大宛斩宛王毋寡、立大宛贵族昧蔡为宛王，以及提到一年多以后，大宛贵族杀昧蔡、立毋寡弟弟为王的故事后，才讲到大汉大宛之间使者不断，"汉使采蒲陶、目宿种归"。这不仅并不能说明李广利带回了葡萄，而且这里提到的"汉使"很可能指的是李广利之后往来于大宛和汉朝之间的汉使，而非张骞、李广利。[4]

班固在《汉书·张骞李广利传》里也没有提到张骞或李广利带回过葡萄，只是在《汉书·西域传》中讲到汉使取回葡萄。可以合理推测，所谓"汉使取其实来"应该发生在张骞之后，甚至李广利之后。而且"汉使"并非指张骞或李广利。

《资治通鉴》

驰骋在北方草原的匈奴，一直是中原的心腹大患。公元前200年，韩王信（并非忍受"胯下之辱"的韩信）叛逃匈奴，汉高祖刘邦亲率大军征伐，却被匈奴冒顿单于围困在白登山（今山西省大同市东北）七天七夜，靠贿赂单于新娶的阏氏（单于的妻妾）才捡回一命。[5]此后汉朝不得不用和亲政策安抚匈奴，以保一方平安，匈奴却仍屡屡侵扰边境。

汉高祖之后，汉朝历经文景之治，实力大增。汉武帝甫一登基，年轻气盛又急于建功立业，便要扫荡匈奴，清除北方大患，遂遣张骞出使，先联络大月氏，后又联络乌孙，欲夹击匈奴。但起初汉武帝对西域状况不清楚，张骞也不知此行结果，没有为汉武帝制定取得战马同时带回战马饲料种子的战略。他虽于公元前126年第一次出使归来后给汉武帝的报告中，明确讲到大宛"多善马"，但在后来出使乌孙时，

①司马迁：《史记（全九册）》卷六十三《大宛列传》，韩兆琦译注，中华书局，2010，第7301页。
②司马迁：《史记（全九册）》卷六十三《大宛列传》，韩兆琦译注，中华书局，2010，第7314—7315页。
③有学者认为，如今所见的《史记·大宛列传》，系后人因其残破用《汉书》中有关章节补全所得，因为二者高度相似，连缺损都一样，但到底是谁抄谁，未有定论。参见Étienne de la Vaissière, *Sogdian Traders: A History*, trans. James Ward (Leiden: Brill Academic Pub, 2005), p.25。
④班固：《汉书（全十二册）》卷九十六上《西域传第六十六上》，中华书局，1962，第三八九五页："遣子入侍，质于汉，汉因使使赂赐镇抚之。又发[使]十馀辈，抵宛西诸国求[奇]物，因风谕以[伐]宛之威。"
⑤司马光：《资治通鉴（全十二册）》卷十一《汉纪三·高帝七年》，胡三省音注，中华书局，2013，第308—310页。

丝绸之路上的葡萄酒

未将取得战马作为目标。另一种说法认为汉武帝之所以喜爱宛马是因为他好神仙之术，甚为迷信，如同秦始皇认为神仙住在东海仙岛上，汉武帝认为良驹会带他去往西方极乐世界。所以他喜爱西域宝马的原因，是为百年之后做打算，如果这种解释成立，则更和西击匈奴的战略没有关系。[1]

葡萄是一种多年生藤本植物，这使得对葡萄的管理大大不同于对一年生植物的管理，对于幼年小苗和对成年可以结果苗木的管理也有很大的不同。一年当中，对于葡萄的照料不可间断。[2] 一般来讲葡萄植株只有经过3—5年的生长才开始有可观的产量用以酿酒，再经过若干年才能达到满产，这就要求种植者就生活在附近。[3] 也就是说，葡萄种植把人牢牢地拴在一个地方，以种植葡萄为生的人只能是农业定居人口，而非游牧人口。用司马迁的话说就是，其俗"土著"，而非"行国"。

图4.3 开花的葡萄，葡萄的生长过程需要全程照顾

但是，一国统治者和被统治者的生活方式又可能不同，称一国为"行国"或"土著"可能仅对其统治者而言，而游牧人口统治下也有可能有农业人口，这在游牧农业交错杂居地带更为普遍，反之亦然。大月氏最后的落脚点正是这样的地带，这就造成了史籍记载的混乱，有的混淆了大宛西侧的康居和以康国（撒马尔罕，Samarkand）为代表的粟特各国，或将粟特各国和大月氏混为一谈。

也因为这一点，在理解司马迁所说"土著"或"行国"的含义时，不能仅仅依据其字面意义，但有理由相信司马迁在同一部书里或一部书的同一篇文章里采用的是同一个标准。司马迁在谈到张骞找到大月氏时，曾说大月氏"既臣大夏而居，地肥饶，少寇，志安乐"，而在叙述张骞向汉武帝汇报各国概况时，又说大夏"其俗土著"，大月氏"行国也"[4]，可见司马迁是按被统治者的生活方式来划分"土著"和"行国"的。也有学者因后世其他典籍中对西域诸国的介绍有"出马牛羊"之语，认为纯粹农耕文明地区土地用来农耕，草原面积较少，马牛羊等牲畜产量不会很大，如果一处出马牛羊且有名，则说明此处并非纯粹农耕文明。但大宛以汗血宝马出名，还因此引发了一场战争，同时司马迁又说"其俗土著，耕田，田稻麦"，可见，出产马牛羊和农业定居出葡萄酒并没有矛盾。不过，《史记》中记载为"其俗土著"的国家里可能大多数甚至绝大多数被统治者是农业定居人口，因此能够种植葡萄。但"出马牛羊"并不能成为一国为半农居半游牧社会的依据。

余太山在梳理正史对两汉南北朝时期西域诸国的农牧业、手工业和商业的记载时说：

《史记·大宛列传》首先将葱岭以西诸国按其经济形态大别为"土著"和"行国"两类，并在此基础上记载了这些国家的经济情况。

《史记·大宛列传》载：（大宛）"其俗土著，耕田，田稻麦。有蒲陶酒。"大宛虽是

①张骞已在给汉武帝的报告中说到大宛"多善马，马汗血"，而在介绍乌孙时只字未提到乌孙马，汉武帝也在后来先命名乌孙马为天马，见到大宛马后又命名大宛马为天马，改称乌孙马为西极，好像乌孙根本不知大宛"多善马"。这看似《史记》记载前后有矛盾，但司马迁是在叙述同时代的事，应该不会出错。合理的解释是，张骞的原始报告并没有把大宛产宝马作为重点。汉武帝直到乌孙献马，亲眼看见，才把战马作为重点，这才引发了后来一连串的事件。
②Glenn L. Creasy and Leroy L. Creasy, *Grapes* (London: CABI Publishing, 2009), pp.4, 29.
③Ronald S. Jackson, *Wine Science: Principles and Applications Third Edition* (New York: Academic Press, 2008), p.4.
④司马迁：《史记（全九册）》卷六十三《大宛列传》，韩兆琦译注，中华书局，2010，第7273、7282、7286页。

"土著"，但据同传，其国"多善马，马汗血，其先天马子也"。这说明该国是善马产地。这与大宛国的上层贵族原来是游牧部族似乎不无关系。

随着西域经营的展开，西汉对西域诸国经济情况的认识逐步加深，"行国""土著"这两个概念显然已不足以用来概括西域诸国的经济形态。[①]

其实，"不足以用来概括西域诸国的经济形态"的情况可能早已存在，因为一国之内赖以生存的经济形态可能多种多样，特别是统治阶级完全有可能与被统治者经济形态不一致。

根据司马迁所记，张骞所到的国家中只有大宛和大夏"其俗土著"，可以理解为其俗农居，假如张骞带回了葡萄，也只可能取自大夏或大宛。有学者认为张骞携回的葡萄种是取自大宛[②]，由于司马迁明确说张骞回程选择了另一条路，如果葡萄种取自大宛，只能假设张骞在公元前129年逃离匈奴，"西行数十日"到达大宛时，就留下了从大宛取的葡萄种；或假设张骞回程也途经大宛，计到达大宛两次。[③]

去程时张骞尚未到达大月氏，尚未为大月氏王所拒，但已知道大月氏的下落。眼看着联合大月氏合击匈奴这一艰巨任务就要完成，张骞转而"取其实"有点牵强。这样看来，张骞携回的葡萄籽很可能取自大夏或返程时取自大宛。

张骞几经劝说，但"不得月氏要领"，只能离开大月氏回国。广阔草原和天山以南的沙漠绿洲都有匈奴出没，来时张骞即在河西走廊被匈奴截获，带往位于天山以北的匈奴王庭。于是张骞回程选择了"南山羌"的路线，尽量绕开匈奴。从大月氏前往塔克拉玛干沙漠南缘的昆仑山（古称南山），要走兴都库什山北麓，翻越帕米尔高原。

大月氏在妫水即阿姆河之北，而大夏在妫水之南。张骞离开大月氏，欲翻越帕米尔高原返回汉朝，先往大夏应属正常。张骞可能是从大月氏回国途中，经过大夏时取得了葡萄种。但张骞在向汉武帝描述大夏时，只字未提当地种植葡萄。其他对西域各国的记载，也未提到大夏产葡萄。很难想象他没说大夏产葡萄，却从大夏取得葡萄种。张骞从大夏取得葡萄种的说法也存在问题。

关于汉武帝元朔三年（公元前126年）即张骞返回大汉那一年发生的事，《资治通鉴》如此记载：

冬，匈奴军臣单于死，其弟左谷蠡王伊稚斜自立为单于，攻破军臣单于太子于单，于单亡降汉。
…………

夏，四月，丙子，封匈奴太子于单为涉安侯，数月而卒。

初，匈奴降者言："月氏故居敦煌、祁连间，为强国，匈奴冒顿攻破之。老上单于杀月氏王，以其头为饮器。余众遁逃远去，怨匈奴，无与共击之。"上募能通使月氏者。汉中张骞以郎应募，出陇西，径匈奴中；单于得之，留骞十余岁。骞得间亡，乡月氏西走，数十日，至大宛。大宛闻汉之饶财，欲通不得，见骞，喜，为发导译抵康居，传致大月氏。大月氏太子为王，既击大夏，分其地而居之，地肥饶，少寇，殊无报胡之心。骞留岁余，竟不能得月氏要领，乃还；并南山，欲从羌中归，复为匈奴所得，留岁余。会伊稚斜逐于单，匈奴国内乱，骞与堂邑氏奴甘父逃归。上拜骞为太中大夫，甘父为奉使君。骞初行时百余人，去十三岁，唯二人得还。[④]

①余太山：《两汉魏晋南北朝正史"西域传"所见西域诸国的农牧业、手工业和商业》，载《两汉魏晋南北朝正史西域传研究（下册）》，商务印书馆，2013，第427、451页。
②Jancis Robinson, *The Oxford Companion To Wine* (New York: Oxford University Press, 2006), p.167.
③司马迁：《史记（全九册）》卷六十三《大宛列传》，韩兆琦译注，中华书局，2010，第7275页。
④司马光：《资治通鉴（全十二册）》卷十八《汉纪十·武帝元朔二年—三年》，胡三省音注，中华书局，2013，第502—503页。

丝绸之路上的葡萄酒

匈奴内斗是公元前126年年初的事。内斗失败一方太子于单降汉后，同年四月被汉封为涉安侯。同月，张骞回到汉朝，拜为太中大夫。而张骞得以逃脱，是因为元朔三年年初的"匈奴国内乱"。在逃脱前，张骞已经在匈奴"留岁余"，所以他在返程途中再次被匈奴截留的时间，应该是在前一年（公元前127年）年初之前。

张骞出使后，滞留匈奴十余年，于元光六年（公元前129年）终于脱身，经大宛找到大月氏，逗留一年多，于元朔元年（公元前128年）返程，但又被匈奴截获。

《资治通鉴》关于张骞授勋的记载有助于我们理解张骞到达和离开大月氏的下限。

帕米尔高原

张骞从大月氏回国要翻越平均海拔4500米以上的帕米尔高原，那里海拔2000—3000米的山谷地带年均气温为3摄氏度—6摄氏度，海拔3000—4000米的山坡地带年均气温为零下1.5摄氏度—零下4.2摄氏度，而海拔4000米以上年均气温不足零下6摄氏度。帕米尔高原1月平均温度零下15摄氏度，7月平均气温25摄氏度，年平均气温3.2摄氏度。王炳华曾于1972、1982年以塔什库尔干为基地，踏查过一些比较有名的山口，它们是进入一些中亚古国的天然孔道，都是地势较为平坦、易于翻越的山口，海拔也都在4000米以上。[1]

这里一年有10个月都是冬季[2]，斯坦因第二次来中国考察时，1906年4月27日从马拉甘山口出发，经过了海拔10 200英尺[3]的罗华雷山口，看见岩谷里塞满了崩雪，有些还是新近崩下来的，他不禁感叹，当地人向北出发不宜过早的劝说，并不是耸人听闻。[4]

公元4世纪末，高僧法显曾自东向西翻越葱岭前往印度求法，他如此描述帕米尔高原：

> 葱岭冬夏有雪，又有毒龙，若失其意，则吐毒风、雨雪、飞沙、砾石，遇此难者，万无一全。[5]

葱岭即为帕米尔高原，是中国人因其上野葱茂盛而起的名字。玄奘前往印度时经过的伊塞克湖，在帕米尔高原北部：

> 此则葱岭北原，水多东流矣。山谷积雪，春夏合冻，虽时消泮，寻复结冰。经途险阻，寒风惨烈，多暴龙，难凌犯。行人由此路者，不得赭衣持瓠大声叫唤，微有违犯，灾祸目睹。暴风奋发，飞沙雨石，遇者丧没，难以全生。[6]

他在回程翻越帕米尔高原，如此描述：

> 崖岭数百重，幽谷险峻，恒积冰雪，寒风劲烈。[7]

---

①王炳华：《丝路葱岭道初步调查》，《丝绸之路》2009年第6期（总第151期）；帕米尔高原气象数据取自陶锦：《中国帕米尔高原十字花科分类学研究》，硕士学位论文，石河子大学，2006。
②[英]斯坦因：《西域考古记》，向达译，商务印书馆，2013，第48页。
③1英尺=0.3048米。
④[英]斯坦因：《西域考古记》，向达译，商务印书馆，2013，第42—43页。
⑤法显：《佛国记注译》，郭鹏、江峰、蒙云注译，长春出版社，1995，第16页。
⑥玄奘、辩机：《大唐西域记校注》，季羡林等校注，中华书局，1985，第67页。
⑦玄奘、辩机：《大唐西域记校注》，季羡林等校注，中华书局，1985，第964页。

图4.4　塔吉克斯坦一侧的帕米尔高原地貌。图片由Makalu拍摄

玄奘进入葱岭后，在山谷中经过了多个在吐火罗故地上的国家，一路向东，对周遭环境的描述也越来越严峻：

> 东踰峻岭，越洞谷。[1]
>
> 踰山越川。[2]
>
> 气序寒烈。[3]
>
> 气序寒烈，人性刚猛。[4]
>
> 山岭连属，川田隘狭。[5]
>
> 从此东南，踰岭越谷，狭路危险。[6]
>
> 从此东北，登山入谷，沿途艰险。[7]
>
> 沙石流漫，寒风凄烈。[8]

之后继续向东，玄奘和吐火罗故地渐行渐远，有些国家和吐火罗语言不同但仍然在使用吐火罗文字，直到葱岭东岗：

---

[1]玄奘、辩机：《大唐西域记校注》，季羡林等校注，中华书局，1985，第967页。
[2]玄奘、辩机：《大唐西域记校注》，季羡林等校注，中华书局，1985，第969页。
[3]玄奘、辩机：《大唐西域记校注》，季羡林等校注，中华书局，1985，第969页。
[4]玄奘、辩机：《大唐西域记校注》，季羡林等校注，中华书局，1985，第971页。
[5]玄奘、辩机：《大唐西域记校注》，季羡林等校注，中华书局，1985，第972页。
[6]玄奘、辩机：《大唐西域记校注》，季羡林等校注，中华书局，1985，第973页。
[7]玄奘、辩机：《大唐西域记校注》，季羡林等校注，中华书局，1985，第974页。
[8]玄奘、辩机：《大唐西域记校注》，季羡林等校注，中华书局，1985，第974页。

山川连属，沙石遍野。①

山神暴恶，屡为灾害。②

寒风凄劲，春夏飞雪，昼夜飙风。③

自此川中（波谜罗川，指帕米尔）东南，登山履险，路无人里，唯多冰雪。④

山岭连属，川原隘狭。⑤

葱岭东冈，四山之中……冬夏积雪，风寒飘劲……时虽暑热，而多风雪。⑥

谿径险阻，风雪相继。⑦

蒙古西征之初，长春真人丘处机受到成吉思汗之邀，从山东海边来到兴都库什山麓，原定四月十四日为成吉思汗讲道，因为回纥山贼作乱，向蒙古人挑战，讲道时间改到了十月初。在此期间丘处机住在河中地区。他穿过帕米尔高原回到成吉思汗行在的时间大概和张骞回程翻越帕米尔高原的时间差不多。《长春真人西游记》大概能告诉我们帕米尔高原的情况。

丘处机在四月底从兴都库什山麓成吉思汗的营帐返回河中地区时作了一首诗，此时吹来的风已经很冷：

> 雪岭皑皑上倚天，晨光灿灿下临川。
> 仰观峭壁人横渡，俯视危崖柏倒悬。
> 五月严风吹面冷，三焦热病当时瘥。
> 我来演道空回首，更卜良辰待下元。⑧

丘处机在河中馆舍时正值六月，李志常回忆说：

> 当暑，雪山寒甚，烟云惨淡。⑨

河中地区产葡萄酒，《长春真人西游记》中说到四月中"麦熟"和六月中"乞瓜献之"，唯独没有说到葡萄⑩，可见葡萄还没有熟。事实上葡萄成熟的季节一般在中秋前后。

15世纪初的明永乐年间，外交家陈诚奉召出使西域，归来后呈有《西域行程记》等篇，对帕米尔高原也有如下描写：

> 予于永乐甲子春发酒泉郡，迨夏六月约行五六千里，道经别失八里之西南，即土尔番之边鄙也。度一山峡，积雪初消，人马难，伐木填道而过。出峡，复登一山，迥无树木，遍地多葱，栽种者，采之可食，但香味略淡，根本坚硬，料度此山必葱岭矣。⑪

这样看来，这里气候恶劣且进入冬季较早，翻越帕米尔高原的最佳月份当在8月前。从张骞返程时

①玄奘、辩机：《大唐西域记校注》，季羡林等校注，中华书局，1985，第976页。
②玄奘、辩机：《大唐西域记校注》，季羡林等校注，中华书局，1985，第980页。
③玄奘、辩机：《大唐西域记校注》，季羡林等校注，中华书局，1985，第981页。
④玄奘、辩机：《大唐西域记校注》，季羡林等校注，中华书局，1985，第983页。
⑤玄奘、辩机：《大唐西域记校注》，季羡林等校注，中华书局，1985，第983页。
⑥玄奘、辩机：《大唐西域记校注》，季羡林等校注，中华书局，1985，第989页。
⑦玄奘、辩机：《大唐西域记校注》，季羡林等校注，中华书局，1985，第990页.
⑧李志常：《长春真人西游记》，党宝海译注，河北人民出版社，2001，第71页。
⑨李志常：《长春真人西游记》，党宝海译注，河北人民出版社，2001，第76页。
⑩李志常：《长春真人西游记》，党宝海译注，河北人民出版社，2001，第75页。
⑪陈诚：《西域番国志》，载《西域行程记　西域番国志　咸宾录》，周连宽点校，中华书局，2000，第115页。

翻越帕米尔高原，在公元前127年初被匈奴又一次截获来看，他离开大月氏的时间不会在公元前128年秋季以后，否则不符合《史记》关于他离开长安后被匈奴扣留十几年、逃脱后先至大宛、在大宛护送下找到大月氏、又在大月氏逗留年余的叙述。

结合《资治通鉴》的叙述和帕米尔高原的实际情况，可见公元前128年6—7月，应是张骞可能行程的下限。汉武帝在公元前140年登基，从他张榜寻找使者到确定张骞又到张骞组织起一百多人的使团出发离开长安，需要一定时间，假定张骞在河西走廊被拿获十年即逃离匈奴王庭，公元前130年的某个时期就是张骞逃离匈奴王庭的上限。他经大宛找到大月氏的时间可能是公元前129年的某个时间，在大月氏逗留年余，几次劝说未果，只能离开大月氏返汉，途经大夏，在最适宜的季节翻越帕米尔高原，想走南道避开匈奴，不想又一次被匈奴拦截。这时大概是公元前128年秋、冬之际。张骞滞留匈奴年余，在公元前126年初，终于抓住了匈奴内讧的机会逃脱，于当年四月回到汉朝。[1]史籍和所有学者都公认张骞从出发到返回前后耗时13年，这样看来，他出发的时间可能为公元前139年。

如果这一行程正确，张骞出发时当年的葡萄还未成熟。张骞要在出发时在大夏"取其实"，还需要假设在那个时代当地的葡萄种植者有意保留也能够保留去年的种子，对此我们并无证据。

李华《葡萄栽培学》：

> 葡萄的繁殖包括有性繁殖（如播种繁殖、种子繁殖）和无性繁殖（如扦插、压条、嫁接）两种方式。

> 由于葡萄在正常状态下都是异花授粉，其种子多为自然杂种，不能保持其母株的特性，且群体的一致性很差，所以，种子繁殖一般只在选育新品种时采用，在葡萄苗木的繁殖过程中，一般都用无性繁殖。[2]

也许张骞并非"取其实"，而是剪取了葡萄枝条用于扦插。虽然这与司马迁的"取其实"的叙述不相符，但是司马迁所谓"取其实"，可能只是想要表达葡萄树进入中原这一事实，或者是一种臆断。当时的人们是否已经知道植物只要扦插而不用从种子开始种植就能成活（即上文中的无性繁殖），我们并不知晓，但如果人类已有数千年的人工栽培葡萄的经验，不难理解为了保持植株特性和葡萄园中的一致性，会采用无性繁殖。如果当地的葡萄园每年都扩繁，留取种子或上一年的冬眠枝提供给几个月后到达的张骞"取其实"不无可能，但可能性不高。麦戈文似乎不假思索地就默认张骞带回的是枝条（cuttings）。[3]

但即使这样，张骞启程回汉时，如果取的是正在成长中的绿枝，其中贮藏的养分极少，还要供给植株生长需要的养分[4]，不管是绿枝还是前一年冬天采集的冬眠枝，都面临着一系列贮藏风险：

> 一、在太干燥、通风过强的地方容易失水；二、在太湿润的地方易发霉，甚至腐烂；三、在温度过高的地方发芽提早。[5]

①有学者认为张骞出使，在月氏逗留年余，第二次滞留匈奴年余，共两年余。由此推算其从汉朝出发于公元前138年。汉武帝于公元前140年登基，从其张榜寻找使者到张骞揭榜到张骞一行出发需要一定的时间，张骞出发的时间在公元前139年已是上限。
②李华：《葡萄栽培学》，中国农业出版社，2008，第112页。
③Patrick E. McGovern, *Ancient Wine: The Search for the Origins of Viniculture* (New Jersey: Princeton University Press, 2003), pp.3, 208.
④李华：《葡萄栽培学》，中国农业出版社，2008，第114页。
⑤李华：《葡萄栽培学》，中国农业出版社，2008，第113页。

几种贮藏方式：沟藏、沙藏、埋土贮藏、流水贮藏、室内贮藏，条件都十分苛刻。[1]张骞离开大夏后，跋山涉水不说，且自身难保，对会发生什么事情、路上能有什么条件一无所知，事实上，他在归途中再次被匈奴俘获也不是事先就计划好的。即使按照最紧凑的时间安排，张骞于公元前139年出发，被匈奴扣留刚满十年即公元前130年逃离匈奴王庭，在公元前129年的某个时间找到大月氏，留取了当年的葡萄种子或葡萄枝条，好在公元前128年当年的葡萄还未成熟或枝条还未冬眠（避免绿枝）时带回汉朝，他也要面临着途中逗留三年才能种植的困难，更何况这三年完全预料不到。如果老单于没有死，匈奴没有内乱，张骞没有趁乱脱逃成功，张骞二次被扣留的时间很可能不止"年余"，而可能是又一个十年或者一辈子。

很难想象，这种情况下，他会选择带回枝条。最难以想象的是，经过三个春夏的枝条，还没有在温度升高时发芽，而是等待张骞在三年后的公元前126年回到汉朝时，才于扦插后发芽。以现在的技术手段成功率且不高，更何况是2000多年前的西汉时期用三年前的枝条进行扦插。

也许张骞返回时，并没有翻越帕米尔高原，而是二次来到大宛，先经过大宛来到天山北麓，再从北向南穿过山谷来到天山南麓。这样虽然在时间上允许张骞第二次来到大宛取得葡萄种子或采集到枝条，也可能张骞在前一年葡萄成熟之后，已经采集到硬枝（冬眠的枝条），但他在翻过天山后，又要折返西行绕过塔克拉玛干沙漠西端走南山，才能符合司马迁描述的张骞经"南山羌"归汉，而且《史记》并未提到张骞曾二次抵达大宛。

有可能张骞采集的是枝条而非种子；有可能他两次经过了大宛；有可能司马迁所称某国为"行国"是指大部分被统治者和统治者以游牧为生，并没有排除少部分人以种植葡萄为生的可能，从而让张骞有可能"取其实"。但同样面临着要到第三年甚至第四年或者更久连张骞自己也不知道什么时候才有机会种下去且成功率极低的问题。

也有可能，张骞先将苗木扦插生根成活，再装在小容器里带走，一株葡萄苗不占多少地方，他既游说大月氏不得要领，也有转而带给汉武帝"奇怪厉害"的动机，但他既带给皇帝，很可能要带备份，而且翻越帕米尔高原，要一切从简，这点重量虽然不大但不一定就可忽略，而且前路未知，张骞不知能否回到汉朝，他可能会考虑这种情况下有别人带回苗木，即使没人能够返回，敌对方也不会毁坏苗木，即使没人能够返回或敌对方毁坏了苗木，也无所谓，当他没带过吧。不过这样做的前提是，张骞很看重带回葡萄。那么，他给汉武帝的报告中不会不强调。实际上他没有强调带回葡萄。后人仅从司马迁说（应摘自张骞给汉武帝的报告）"宛左右以蒲陶为酒""汉使取其实来"得出张骞带回葡萄的结论，而司马迁从未说过此"汉使"就是张骞，如果张骞强调他带回了葡萄，和张骞几乎同期的司马迁也没道理这么模棱两可。继承司马迁衣钵的班固甚至在叙述李广利伐宛之后才说"汉使取其实来"，因此有人说是李广利带回了葡萄。可李广利是伐宛的将军，并非汉使，说李广利带回葡萄和史籍不合。[2]

非但历史文献没有说过张骞带回了葡萄种，张骞既没有取得葡萄种或枝条的动机，在技术上也难以实现。因此，张骞带回葡萄种或枝条的可能性微乎其微。

---

①李华：《葡萄栽培学》，中国农业出版社，2008，第113页。
②关于葡萄苗木扦插的技术问题得自与葡萄种植专家张慧的讨论结果。

司马相如

司马迁并没有说"汉使取其实来"中的"汉使"指张骞，有可能是指张骞之后的"汉使"。葡萄等植物并非一次性引入中国，经"汉使"多次引入是有可能的，太史公其言不谬。但别的植物暂且不论，葡萄则在张骞出使西域尚未归来时即出现在《上林赋》中：

> 于是乎卢橘夏孰，黄甘橙楱，枇杷橪柿，樗柰厚朴，樗枣杨梅，樱桃蒲陶，隐夫郁棣，
>
> 楉（楟）荔枝，罗乎后宫，列乎北园。[1]

"楉（楟）"又称"苔遷""答沓"，果名，似李，司马相如的《上林赋》被司马迁全文录入《史记·司马相如列传》中，据考证此赋作于汉武帝甫一登基之时，届时张骞尚未或刚刚踏上前往西域之路，远在张骞或其后的"汉使"回汉之前。也有人以张骞带回葡萄种为基础认为《上林赋》的写作年代晚于张骞回国。其实司马相如的故事多处有记载，从其到临邛后与卓文君私奔、文君当垆卖酒、司马相如因赋得到汉武帝赏识而作《上林赋》、因此任郎官、平定西南、开辟西南丝路，不一而足。而其作《上林赋》的年代并非单纯依靠其中对葡萄的描绘才能确定。

据劳费尔考证，"葡萄"一名为这一植物初引入中国时伊朗语的音译。[2]《上林赋》里出现这一名称只能说明葡萄这一名称在张骞出使时已流入中原，并不必然说明葡萄这种植物在那时已进入中国。但新疆洋海墓地的发现却明确指出在张骞之前至少200年，欧亚种葡萄这一植物就已经传入了帕米尔高原以东。那时，这一带还是小国林立，不在中原王朝的控制下，葡萄这种植物进入了吐鲁番盆地并不说明已输入了中原。这似乎说明张骞出使之前中国即已引入欧亚种葡萄，种在上林苑中并被司马相如赞颂，张骞并以此名称呼在他大宛一带观察到的用于酿酒的葡萄和葡萄酒。

洋海和西域中转站

新疆吐鲁番附近洋海古墓的发现不仅证实了在张骞之前至少200年，欧亚种葡萄即在吐鲁番一带种植，而且暗示了葡萄东传的路径，即经过了西域。

20世纪80年代，当地农民在吐鲁番附近挖坎儿井时发现了洋海墓地。继20世纪80年代末的抢救性发掘之后，2003年3—5月，新疆维吾尔自治区考古研究所与新疆吐鲁番市文物管理局组队进行了发掘。出土于这个墓地的葡萄藤实物与其他木棍一起盖在281号墓的墓口上，截面为扁圆形，长115厘米，宽2.3厘米，初定年代在公元前1000年到公元元年前后。[3]这段葡萄藤最后定年为公元前4—前3世纪，蒋洪恩等人从植物学的角度认定其为欧亚种。这一发现为2000多年前吐鲁番先民已与东西方文化密切交流的观点提供了坚实的证据。[4]

从《汉书》《魏书》到《隋书》和两《唐书》，提到西域地区种植葡萄的国家就有且末、高昌、焉耆、龟兹等国。考古也发现了很多涉及葡萄园的买卖契约。斯坦因20世纪初在新疆考察时也在南疆尼雅

①司马迁：《史记（全九册）》卷五十七《司马相如列传》，韩兆琦译注，中华书局，2010，第6925页。
②[美]劳费尔：《中国伊朗编》，林筠因译，商务印书馆，2015，第50—55页。
③新疆维吾尔自治区文物考古研究所、吐鲁番地区文物局：《新疆鄯善县洋海墓地的考古新收获》，《考古》2004年第5期。
④蒋洪恩：《我国早期葡萄栽培的实物证据：吐鲁番洋海墓地出土2300年前的葡萄藤》，载《新疆吐鲁番洋海先民的农业活动与植物利用》，科学出版社，2022，第118—122页。

丝
绸
之
路
上
的
葡
萄
酒

遗址发现了废弃的葡萄园遗址，其中的树木残枝还保持完好。

这都说明西域是葡萄东传的中转站，可如此想象：葡萄在外高加索山脉、黑海之滨得到人工种植后，随着说原始印欧语东支的人群迁徙到费尔干纳盆地，即"宛左右"，之后该植物及其名字翻越了帕米尔高原。或许其随着人们沿草原丝绸之路东迁，再南行到现在的阿富汗，又翻越了帕米尔高原，来到焉耆、龟兹一带，其语言被称为吐火罗语。[①]不管哪一拨人，都在西域种植了欧亚种葡萄。这一植物通过未知的渠道进入了中原，种到了上林苑中，被司马相如写入了《上林赋》。这一植物种植得很少也很珍贵，张骞用以指代"宛左右"用来酿酒的果实，其后的诸多"汉使"又多次将其带入中原。

仲高认为，酿酒葡萄是沿着丝绸之路这条商路东传的，并经过了西域，"葡萄种植业从其原种植地东渐，在中亚、在新疆地区迅速成为具有重要经济价值的栽培业，之后又逐渐传入中原地区"。[②]历代诗人都表现葡萄西来，陆游有多首诗提到"西国蒲萄酒"[③]，明代胡应麟也在多处说到"西风""西园""西域""醉葡萄"[④]，他在一首诗中写道：

> 邂逅相逢兴独豪，平原十日醉葡萄。
>
> 风前忽奏阳关曲，别泪千行堕宝刀。[⑤]

此诗中"葡萄"之前有一"醉"字，很可能是指葡萄酒或酿酒用葡萄，而地近阳关，在西域附近。明代周是修也在诗中描述饮用葡萄酒需用"金叵罗"这一外来器物。[⑥]

新疆种植葡萄的历史很长，葡萄酒也很普遍，19、20世纪之交在敦煌发现的《王昭君变文》中说：

图4.5 斯坦因在新疆南部的尼雅遗址拍摄的葡萄园遗迹

①王炳华：《"吐火罗"译称"大夏"辨析》，《西域研究》2015年第1期。

②仲高：《丝绸之路上的葡萄种植业》，《新疆大学学报（哲学社会科学版）》1999年第27卷第2期。

③陆游：《行牌头奴寨之间皆建炎末避贼所经也》，载《剑南诗稿校注（全八册）》卷十，钱仲联校注，上海古籍出版社，1985，第八三九页；陆游：《对酒戏咏》，载《剑南诗稿校注（全八册）》卷四十四，钱仲联校注，上海古籍出版社，1985，第二七二七页。

④胡应麟：《闻汪伯玉至自京口暂寓武林僧舍走笔代束并以奉期》，载《少室山房集》卷五十三，商务印书馆，2006，影印本，第十一叶（正）至第十一叶（背）；胡应麟：《寿李惟寅五秩初度八首》，载《少室山房集》卷五十八，商务印书馆，2006，影印本，第十九叶（背）至第二十一叶（正）；胡应麟：《奉东师相赵公二首》，载《少室山房集》卷五十三，商务印书馆，2006，影印本，第十七叶（正）至第十七叶（背）。

⑤胡应麟：《别苏别驾南归四首》，载《少室山房集》卷七十六，商务印书馆，2006，影印本，第六叶（正）。

⑥周是修：《述怀五十三首》，载《刍荛集》卷一，商务印书馆，2006，影印本，第一叶（正）至第五叶（正）。

"蒲桃未必胜春酒"。①

《下女夫词》叙述，在接待贵客时，奉上的是葡萄酒："酒是蒲桃酒"。②

栽培葡萄是中国引进的外来作物大概是学界共识。陈习刚对中国古代和葡萄相关的文物文书文献作了梳理，发现其大部分不是出自远古的新石器时代，就是出自新疆地区，要么和北方游牧民族或新疆地区有关，都说明了新疆的中转站作用。③葛承雍也论证了包括新疆、中亚在内的"西域是输往中原葡萄酒的原产地"这一观点。④王欣在研究古楼兰地区的园艺时指出，由于葡萄本身保存期有限，故一般以葡萄酒的形式出现在当时的各种经济生活之中，葡萄园的产量是以所能酿酒的多少来计算的，在葡萄园上的税收是通过葡萄酒的形式来征收的，葡萄酒还具有货币的某些功能，用以购买物品和作为礼物。⑤刘启振等人对汉唐时期西域的葡萄栽培和葡萄酒文化的研究表明"西域是汉唐时期东西方物质、文化交流的缓冲区和中转站"。⑥直到现在，新疆还有一种酷似葡萄酒的饮料，也是用葡萄汁经浓缩、发酵酿成，只是酒精度很低，名叫穆塞勒斯。这恐怕和当地有丰富的葡萄资源有关。⑦及至宋朝，虽然中原王朝偏安东部，但在西夏控制下的西部回鹘、高昌等地，人们"以蒲桃为酒"。⑧卫斯则说：

> 两汉至唐时期，我国西域栽培葡萄和用葡萄酿酒的地域范围曾涉及今阿富汗西北部、东南部；巴基斯坦东南部、北部及克什米尔一带；中亚的伊朗、阿姆河上游及费尔干纳盆地；乌兹别克撒马尔罕一带；印度南部及东北部；塔什干地区的汗阿巴德；马斯图吉和乞特拉尔；今新疆维吾尔自治区的且末、焉耆、龟兹、轮台、库车、沙雅、拜城、阿克苏、新和、和田、吐鲁番、温宿、哈密等县市，其战线之长、分布范围之广、栽培葡萄与用葡萄酿酒风气之盛，是前所未有的。至唐代，葡萄栽培和酿酒业已风靡西域，达到鼎盛。⑨

他在研究汉代精绝国（现新疆尼雅）的葡萄种植时指出，"精绝国政府对葡萄酿酒业的管理是十分严格的，国家设立专门征收税酒的酒局，以村或百户为单位向酒局上缴税酒，拖欠税酒是要受罚的，即支付酒利息的。国家酒局征收来的税酒，通过商运销售到周边国家。酒税的确是精绝国的一项主要财税来源。"⑩

葡萄在西域立足后，成了西域特产。陈跃在研究吐鲁番的农业时指出：

> 古往今来，葡萄就是该区最著名的特产，历来是向中原王朝进贡的主要品种，史籍中对此记载不绝。⑪

上面所述斯坦因发现葡萄园遗迹的尼雅遗址位于丝路南道，是汉晋时期精绝国故地。叶俊士指出：

---

①佚名：《王昭君变文》，载王重民、王庆菽、向达、周一良、启功、曾毅公编《敦煌变文集》卷一，人民文学出版社，1957，第一○○页。

②佚名：《下女夫词》，载王重民、王庆菽、向达、周一良、启功、曾毅公编《敦煌变文集》卷三，人民文学出版社，1957，第二七五页。

③陈习刚：《中国古代的葡萄种植与葡萄文化拾零》，《农业考古》2012年第4期。

④葛承雍："胡人岁献葡萄酒"的艺术考古与文物印证，《故宫博物院院刊》2008年第6期（总第140期）。

⑤王欣：《古代鄯善地区的农业与园艺业》，《中国历史地理论丛》1998年第3期。

⑥刘启振、张小玉、王思明：《汉唐西域葡萄栽培与葡萄酒文化》，《中国野生植物资源》2017年第36卷第4期。

⑦张诠："穆塞勒斯"趣谈，《新疆地方志》1992年第3期。

⑧朱瑞熙等：《辽宋西夏金社会生活史》，中国社会科学出版社，1998，第26页。

⑨卫斯：《唐代以前我国西域地区的葡萄栽培与酿酒业》，《农业考古》2017年第6期。

⑩卫斯：《从佉卢文简牍看精绝国的葡萄种植业——兼论精绝国葡萄园土地所有制与酒业管理之形式》，《新疆大学学报（哲学·人文社会科学版）》2006年第34卷第6期。

⑪陈跃：《汉晋南北朝时期吐鲁番地区的农业开发》，《陕西学前师范学院学报》2014年第30卷第5期。

这些都体现出，丝绸之路开通对于西域地区开发的有益影响。作为丝绸之路南道上的重要一环，精绝国不仅仅充当着驿站的角色，支持着东西文明的双向传递，而且自身在这过程中也收获了欧亚大陆先进的物质文明、精神文明成果，促进了自身经济、文化的进步。[①]

这里也是桃、杏等中国原生水果西传的中转站，那么西域地区所称的"桃"是指葡萄还是中国的水果桃呢？陈习刚在吐鲁番出土文书研究的基础上，认为"蒲陶""蒲桃""蒲萄"和"葡萄"互用，而"桃"在西域地区也是指葡萄，不过有一定地域性，在其他地方，及至唐朝，葡萄的称谓就已经比较正规了，"蒲萄""葡萄"的名称的使用在关内已占主要趋势。[②]刘永连则认为吐鲁番地区古代确有相当规模的桃树种植，从语言学、植物学、社会学以及认知规律等几个角度的考察都表明桃与葡萄在吐鲁番几乎没有混淆或混指的可能性。因此，吐鲁番出土文书中的"桃"字除了部分作为"蒲桃"或"浮桃"的简称而指葡萄外，某些的确应指从中原地区传播而来的桃和桃树。[③]陈习刚则认为吐鲁番文书中葡萄的书写形式有着时代特征，这些时代特征可以作为我们进一步判定那些不能确定时期或"桃"内涵的文书，但文书的"桃"指葡萄当大致不误。[④]但不论吐鲁番出土文献中的"桃"是葡萄的简称还是指来自中原的"桃"，两位学者都认为葡萄来自西方，经过吐鲁番再到中原。

"蒲桃"在中国的确指一种桃，拉丁文名称是 *Syzygium jambos Alston*，为桃金娘科常绿乔木。清朝的吴震方在《岭南杂记》中说蒲桃：

> 形如蜡丸，大如桃，高丈余，花开一簇如针，蕊长寸许，五月熟，色清黄，中虚有核如弹丸，摇之有声，肉松而甘。[⑤]

传教士卜弥格（Michel Boym，1612—1659年）在其《中国植物志》也说：

> 蒲桃树有两种，一种产于印度，它的果实呈红色或白色，另一种产于马六甲、澳门和中国的Hiam-xan岛，它的果实呈淡黄色，有玫瑰的香味。[⑥]

李亚等人在吐鲁番的几处考古遗址中发现了包括欧亚种葡萄在内的多种植物遗存，认为"丝绸之路的兴起，促进了东西方商贸和文化的交流，源自西方的小麦、大麦和葡萄与来自中原的黍、粟在吐鲁番汇集，促进了当地绿洲农业和园艺"。[⑦]

但司马相如的"蒲陶"这一名称用的是"陶"字不是"桃"字，应该不是指一种"桃"，而是音译的葡萄。他在《上林赋》中的描述只提到了名字及夏熟，没有更多的线索。如果司马相如用的是葡萄的音译词，《上林赋》说明葡萄这种植物，至少这一名称在汉武帝刚刚登基时就已进入了中原，尽管很可能只种在皇家园林中，非常稀有，但这和张骞没有关系，而西域则是葡萄传播进入中原的必经之路。

杨友谊还对新疆出土的佉卢文文书进行了一番梳理，这些文书不仅有大量对饮酒、酒账的记载，还记录了有不少地方葡萄种植业的情况。杨友谊认为，葡萄种植技术传入新疆的时间不迟于西汉，大约是

①叶俊士：《汉晋时期西域精绝国农业生产考述》，《农业考古》2020年第4期。
②陈习刚：《吐鲁番文书中葡萄名称问题辨析——兼论唐代葡萄的名称》，《农业考古》2004年第01期。
③刘永连：《吐鲁番文书"桃"与葡萄关系考辨》，《中国典籍与文化》2008年第1期（总第64期）。
④陈习刚：《再论吐鲁番文书中葡萄名称问题——与刘永连先生商榷》，《古今农业》2010年第2期。
⑤吴震方：《说铃之一》，载《岭南杂记》，中华书局，1985，第三八页。
⑥[波]卜弥格：《中国植物志》，载《卜弥格文集——中西文化交流与中医西传》，[波]爱德华·卡伊丹斯基波兰文翻译，张振辉、张西平译，华东师范大学出版社，2013，第312—313页。
⑦李亚、李肖、曹洪勇、李春长、蒋洪恩、李承森：《新疆吐鲁番考古遗址中出土的粮食作物及其农业发展》，《科学通报》2013年第58卷增刊I。

从葱岭以西的大宛、罽宾（克什米尔）等地东渐，首先在塔里木盆地及周围地区推广种植。学界普遍认同的传播轨迹是，葡萄植物从中亚向东传播到古代新疆地区，又辗转到中原。[①]

何红中、李鑫鑫研究了酿酒葡萄引种中国的若干历史问题，认为欧亚种葡萄经由"欧亚草原道"和"绿洲道"大约于公元前2世纪末传入中国新疆及中原。可能是印欧人群的东徙与随即引发的农业文化交流带来了文化动力，中亚与新疆绿洲农业的不断发展则提供了技术动力，而中亚与新疆东西走向的山水通道无疑又为其东传提供了便利的交通条件，认为欧亚种葡萄传入中国的时间证据应该在更辽远的新疆西部区找寻，而不限于新疆东部的吐鲁番盆地。[②]

陈习刚认为葡萄和葡萄酒于"公元前2000年前后可能经伊朗高原—中亚细亚传入克什米尔地区，公元前2000—前1000年前可能经伊朗高原—中亚两河流域（阿姆河和锡尔河）传入了中国新疆北疆区及部分东疆区"。[③]

如果当地人会讲一种印欧语言西支的语言（吐火罗语），中亚到新疆地区的迁徙可能很早就已发生，远早于公元前2世纪末，欧亚种葡萄也很可能很早就来到了西域。

始作俑者

西晋的博物学家张华（232—300年）在其志怪小说《博物志》中提到张骞：

> 张骞使西域还，乃得胡桃种。[④]

《博物志》记载异境奇物、琐闻杂事、神仙方术、地理知识、人物传说，包罗万象。一般认为，"胡桃"即葡萄，至今亦有方言称"核桃"为"葡萄"。贾思勰在《齐民要术》中的记载更为详细，他先在"种蒜"一节中引用王逸的说法：

> 张骞周流绝域，始得大蒜、葡（蒲）、苜（蓿）。[⑤]

注者说，葡（蒲）即葡萄，苜（蓿）即苜蓿，又在"葡萄"条下说：

> 汉武帝使张骞至大宛，取葡萄实，于离宫别馆旁尽种之。[⑥]

这大概是较早提到张骞带回葡萄的说法的文献。一般认为这种说法最早见于东汉著名文学家王逸的著作，张华的说法也本自王逸，王逸应为始作俑者，但王逸的著作多数已散失。王逸为东汉初年人，字叔师，所做《楚辞章句》是现存最完整的《楚辞》注本。除《楚辞章句》外，王逸留存于世的作品极其稀少，多为文学作品。其所作《正部论》主旨虽为劝学，却也记载了其他内容，是其作品汇编。[⑦]王逸在《荔支赋》中说，以皇上所在地为中心，东南西北四面八方都来进贡："西旅献昆山之蒲桃。"[⑧]表明葡

①杨友谊：《"嚼酒"民俗初探》，《黑龙江民族丛刊（双月刊）》2005年第3期。
②何红中、李鑫鑫：《欧亚种葡萄引种中国的若干历史问题探究》，《中国农史》2017年第5期。
③陈习刚：《葡萄、葡萄酒的起源及传入新疆的时代与路线》，《古今农业》2009年第1期。
④张华：《博物志校证》卷六《物名考》，范宁校证，中华书局，1980，第七六页。
⑤贾思勰：《齐民要术（全二册）》卷三《种蒜第十九》，石声汉译注，石定枎、谭光万补注，中华书局，2015，第298页。
⑥贾思勰：《齐民要术（全二册）》卷四《种桃柰第三十四》，石声汉译注，石定枎、谭光万补注，中华书局，2015，第439页。
⑦江瀚：《王逸著述考略》，《学术交流》2012年总第5期（第218期）。
⑧王逸：《荔支赋》，载费振刚、仇仲谦、刘南平校注《全汉赋校注（上、下册）》，广东教育出版社，2005，第八三二页。

丝绸之路上的葡萄酒

萄是西边的特产，而既为贡品，说明中原稀少。王逸又以"蒲桃"这一外来词指这个水果，说明至少东汉初年葡萄这一名称已进入中土。

石声汉认为：

> 开始将引入这些栽培植物之功归给张骞的，决不是与张骞时代相同的司马迁以及继承司马迁的班固，而是比班固（1世纪末）稍后的王逸（后汉顺帝时人，大约1世纪后半到2世纪初）及延笃（？—167）；即从后汉初叶起，西域植物之称为张骞引入的，才渐渐多起来。王逸、延笃最初根据什么材料作这样的叙述，无从知道；大概有很大的可能是得自传说。[①]

王逸或延笃是否即为始作俑者尚未可知，但其说显然并非考证结果，后经西晋张华在《博物志》中引用和南北朝贾思勰《齐民要术》的传播，流传甚广。

曾有多位学者指出张骞带回葡萄种的荒谬[②]，"欧亚种葡萄由张骞、李广利引种到中国内地的说法实际上是一种毫无根据的'附会'之说"。[③]但这些学者对张骞带回葡萄说的质疑，多从中国典籍的有关记载出发，而都没有论证张骞实际从技术上不可能带回葡萄。

2000多年来，把葡萄之中土冠以张骞之名，大概是因为张骞"凿空"名气太大。非但葡萄，据说张骞还带回了其他植物，以致"张骞得种于西域""汉使张骞始自大宛得种""汉使张骞带归中国"成为文献中常见的描述，后人加给张骞的负担实在太重。这可能是因为后人不明就里，以讹传讹千余年，也有可能后世作者虽然觉察到这一说法可能有问题，但不愿挑战先贤，故模棱两可。如唐朝的刘禹锡说"苜蓿、葡萄，因张骞而至也"，既可理解为张骞带回葡萄、苜蓿，又可理解为始自或由于张骞才得到葡萄、苜蓿，模棱两可又用词相近。

石声汉对如此张冠李戴，把众多来自域外的植物都说成由张骞带回的做法作了假设：

> 不妨这么推测：张骞虽然并没有真正带回什么栽培植物种子，但是他常常向大家谈到西域有某些良好动植物品种，是关中及内地他处所没有的——《史记》和《汉书》都记载过他曾向汉武帝作过这样宣传。此后，他又确实开辟了通往西方的道路，这一点，对以后大众向西边觅取优良品种准备了先决条件，应当是大家称颂他的重要原因。另外，《史记》与《汉书》都说过，后来以"汉使"名义出使西边各国的人，总是假借"博望侯"的威信，以取得种种方便。估计起来，所谓"张骞通西域"，也许几乎成了一个象征性的说法，将前汉与西方各地区的一切交往，都包括在内；栽培植物的引入，只是其中的一项，——可能是重要的一项。[④]

石声汉又认为，王逸或延笃都是"文苑"人物，顺应那个时代流行的喜谈掌故、神怪，好夸张的习气，是有可能的。[⑤]事实上，先民的迁徙和贸易很早就存在，葡萄也并非张骞以后才进入中国。

张骞之前的西域及以北的草原，是匈奴驰骋其间的辽阔土地，司马迁的所谓"凿空"，是指把汉朝和西域各国的官方往来拓展到帕米尔高原以西，将其写入了历史。但中西之间的民间来往从未断绝过。

①石声汉：《试论我国从西域引入的植物与张骞的关系》，载《石声汉农史论文集》，中华书局，2008，第151页。
②张宗子：《葡萄何时引进我国？》，《农业考古》1984年第02期。
③颜昭斐：《葡萄传入内地考》，《考试》2012年第8期；李次弟：《葡萄的中国缘——浅析葡萄与葡萄酒的传入》，《考试》2011年第51期。
④石声汉：《试论我国从西域引入的植物与张骞的关系》，载《石声汉农史论文集》，中华书局，2008，第151页。
⑤石声汉：《试论我国从西域引入的植物与张骞的关系》，载《石声汉农史论文集》，中华书局，2008，第152页。

张骞到达大宛，大宛王早已听说过大汉，才会喜出望外。[1]张骞在大夏见到蜀地产品，则说明中西交往的渠道不止一条。[2]

张骞之前，欧亚种葡萄就经由西域传播到内地，但是目前还没发现当时就用葡萄酿酒的证据。可能当时传入的葡萄稀少，只作为奇珍异果种植在皇家园林，且只作为鲜食。把葡萄和酿酒联系起来是后来的事。这个漫长的引种过程，经过了很多人、很多代，并不是某一人一次引入就一蹴而就了，张骞之后，"汉使取其实来"只不过是多次引种中的一次。[3]

丝绸之路上的葡萄酒

①司马迁：《史记（全九册）》卷六十三《大宛列传》，韩兆琦译注，中华书局，2010，第7273页："大宛闻汉之饶才，欲通不得，见骞，喜。"
②司马迁：《史记（全九册）》卷六十三《大宛列传》，韩兆琦译注，中华书局，2010，第7287页："骞曰：'臣在大夏时，见邛竹杖、蜀布。'"问及如何得到此物时，大夏国人答道此物来自身毒，即今印度。
③[美]劳费尔：《中国伊朗编》，林筠因译，商务印书馆，2015，第54页。

张骞所走道路，被称为丝路主干道。丝绸之路网络上的其他路线还包括草原道、青海道、西南道和海上丝绸之路，且并不以长安、洛阳为终点或起点，往东一直到达朝鲜、日本。目前学界有两种认知已成共识：一是妇好墓是一座商代墓葬；二是妇好墓中出土的玉器原料来自新疆。这说明，早在商代，中原和西域就存在沟通。汲冢出土的《穆天子传》则对穆天子西行一事有详细描述，而最受人关注的是穆天子与西王母的风流韵事。西王母之邦的具体地望有各不相同的研究结果，但多认为西王母之邦在今天的新疆地区及"宛左右"或更向西，西王母则很可能是当地部落的女首领。古代交通工具匮乏，即使是穆天子宴请当地部落首领，也很可能用的是当地之酒，而不是千里迢迢带来酒，为表示对当地首领的尊重，也有可能顺应客人的习惯。如果此说确实，则穆天子"觞西王母于瑶池之上"喝的很有可能是当地的葡萄酒。

玄奘在印度南行时曾遥望缅甸，从缅甸绕过青藏高原到印度南部应有一路，即西南丝路，张骞在阿富汗见到的邛竹杖、蜀布大概来源于此。这些商品体量轻小、价格昂贵，或每单位体量的利润率高，应用亦广泛，应为贩运经商物品的首选，麝香贩运即为一例。不管有没有战乱、分裂造成陆上丝路的衰退，海上丝路都会兴起，陆上丝路的衰落并非海上丝路兴起的原因。

第五章

丝绸之路

凿空之路

1877—1912年间，德国地质学家李希霍芬（Ferdinand Freiherr von Richthofen，1833—1905年）在数次中国探险后，出版了五卷本《中国》，在他逝世之后出版的几卷是由他的学生整理编辑的。在书中，他首次用丝绸之路这一名称（Seidenstraße）指代公元前128年—公元150年的欧亚交通道路，其后，另一位德国历史学家赫尔曼（Albert Herrmann，1886—1945年）在《中国和叙利亚之间的古代丝绸之路》（*Die Alten Seidenstrassen Zwischen China und Syrien*）一文中把丝路延伸到地中海西岸和小亚细亚，确定了丝绸之路的基本路径，丝绸之路由此成为东西方贸易路线的代名词。[①]由此衍生的概念也不断扩大，如草原丝绸之路、以茶马古道为标志的西南丝绸之路、瓷器丝绸之路、绿洲丝绸之路、香料丝绸之路和海上丝绸之路等。李希霍芬之所以用丝绸命名此路，是因为在此路上，丝绸不仅是最大宗商品，还充当了沿途各国均认可的通用货币，而且在这条道路上（实际上是道路网络）交易链条最长的是丝绸，处于价值链顶端的也是丝绸。丝绸是"一个重要的贸易符号，而且是有生命力的贸易符号"。[②]古希腊即称中国为"产丝之国"——赛里斯（Seres）。[③]张国刚对西方世界对中国的称呼作了一番梳理，认为西方总是将中国和丝绸的概念合二为一。[④]

张骞通西域虽然是有史记载的第一次中原王朝主动与外域沟通，但张骞出使葱岭以西，是为了寻找原游牧于祁连山一带、被匈奴驱赶至此的大月氏，以联合大月氏，共同对付匈奴，剪除匈奴右臂。张骞出使，肩负着政治使命，"凿空"之后，中原主政者的目光越过了祁连山脉，进入了西域，又越过帕米尔高原，达到了更西边的中亚、伊朗高原、地中海沿岸甚至罗马帝国，"凿空"实为中原政府与西域各国政府的官方沟通之始，而非东西方交流之始。在此之前，中原与西域、西亚乃至欧洲的文化、经济联系早已有之。[⑤]刘师培认为，早在张骞通西域前的西周初年东西交通即已开辟。[⑥]宿白认为较为可靠的中西文化交流，大约始于公元前2世纪。[⑦]傅梦孜认为，春秋战国时期，东西方之间已经沿着如今被称为丝绸之路的甬道开展丝绸贸易。更早的估计则明确在4000年前，中国的丝绸便传到了欧洲，丝绸之路也是亚非欧各国人民在长远历史进程中逐步探索出的多条交流之路。[⑧]

李崇新虽然认为，先秦时代中西已有交通，但他从有周一代长期地处西边的秦国以其强大的武力及地缘政治优势，也未曾越过黄河半步，其所筑长城最西端也止步于临洮而得出结论："先秦时代，由关西西去河西走廊的中西交通大道尚未开通，如果岑仲勉假设的穆天子西行路线成立，则在张骞之前，出关中、'河西走廊'以通西域的路线即已开通，其后张骞的'凿空'其实为步前人的后尘。"[⑨]

日本人羽田亨对古代西域人种进行了描述，他认为，西域人种混杂，但以雅利安人种，尤其是伊朗系人种，占据主要位置。[⑩]司马迁在《史记》中说：

①傅梦孜：《对古代丝绸之路源起、演变的再考察》，《太平洋学报》2017年第25卷第1期。
②傅梦孜：《对古代丝绸之路源起、演变的再考察》，《太平洋学报》2017年第25卷第1期；张国刚：《中西文化关系通史（全二册）》上，北京大学出版社，2019，第30页。
③张星烺：《上古时代中外交通》，载《中西交通史料汇篇》第一册，辅仁大学图书馆，1930，第26页。
④张国刚：《中西文化关系通史（全二册）》上，北京大学出版社，2019，第16—22页。
⑤[日]羽田亨：《西域文明史概论》，郑元芳译，商务印书馆，1934，第3页。
⑥李崇新：《〈穆天子传〉西行路线的研究》，《西北史地》1995年第2期。
⑦宿白：《考古发现与中西文化交流》，文物出版社，2012，第5页。
⑧傅梦孜：《对古代丝绸之路源起、演变的再考察》，《太平洋学报》2017年第25卷第1期。
⑨李崇新：《〈穆天子传〉西行路线的研究》，《西北史地》1995年第2期。
⑩[日]羽田亨：《西域文明史概论》，郑元芳译，商务印书馆，1934，第4—11页。

丝绸之路上的葡萄酒

自大宛以西至安息，国虽颇异言，然大同俗，相知言。其人皆深眼，多须髯，善市贾，争分铢。①

杜佑的《通典》和很多文献相似②，都说明人种的迁徙，连同这些人种所讲的语言，不论自西向东或自东向西哪个方向，古已有之。

在焉耆、龟兹一带发现的古老语言曾被叫作吐火罗语，这个名字可能是个错误，但这个语言来源于原始印欧语西支，与后来的拉丁语及其支系拥有共同的祖先，却是不争的事实，说明在语言发源的早期，就有现在欧洲的人类来到了帕米尔高原的另一侧。

从《史记》的描述中也可知一二。当张骞被匈奴扣押十年后首次逃脱，来到大宛时，司马迁写道：

大宛闻汉之饶财，欲通不得。③

既在张骞来到时，已闻"汉之饶财"，可见在此之前，已有了某种沟通。《竹书纪年》载：

（帝尧陶唐氏）十六年，渠搜氏来宾。④

有研究认为，渠搜国即汉之大宛国⑤，李崇新在转述丁谦认为的穆天子西行路线时则有渠搜或巨搜即焉耆之说，而据其转述，岑仲勉认为渠搜在今酒泉以西至鄯善一带⑥，余太山则认为渠搜无考。⑦但无论渠搜国的地望在哪里，都是西域化外之地，如果《竹书纪年》的记载无误，说明中国与化外之地的往来早已有之。

张骞千辛万苦找到大月氏后，大月氏已臣服大夏（今阿富汗），占据其地，因其土地富饶，又距汉地遥远，大月氏已没有报仇之心了。张骞没有达到政治目的。"骞从月氏至大夏，竟不能得月氏要领。"⑧

不过，他在向汉武帝报告见闻时说：

臣在大夏时，见邛竹杖、蜀布。⑨

一问，说是买自身毒（印度），明确说明在张骞之前，已有蜀物经印度到达阿富汗。张骞又游说汉武帝：

以骞度之，大夏去汉万二千里，居汉西南。今身毒国又居大夏东南数千里，有蜀物，此去蜀不远矣。今使大夏，从羌中，险，羌人恶之；少北，则为匈奴所得；从蜀宜径，又无寇。⑩

①司马迁：《史记（全九册）》卷六十三《大宛列传》，韩兆琦译注，中华书局，2010，第7312页。
②杜佑：《通典（全十二册）》，王文锦、王永兴、刘俊文、徐庭云、谢方点校，中华书局，2016，第五二一八页。
③司马迁：《史记（全九册）》卷六十三《大宛列传》，韩兆琦译注，中华书局，2010，第7273页。
④王国维：《古本竹书纪年辑校　今本竹书纪年疏证》，国家图书馆出版社，2021，第53页。
⑤李明伟：《"丝绸之路"概述》，《兰州商学院学报》1987年第1期；张星烺：《上古时代中外交通》，载《中西交通史料汇篇》第一册，辅仁大学图书馆，1930，第26页。
⑥李崇新：《〈穆天子传〉西行路线的研究》，《西北史地》1995年第2期。
⑦余太山：《〈穆天子传〉所见东西交通路线》，载上海社会科学院历史研究所《第二届传统中国研究国际学术讨论会论文集（一）》，2007，第192—206页。
⑧司马迁：《史记（全九册）》卷六十三《大宛列传》，韩兆琦译注，中华书局，2010，第7273页。
⑨司马迁：《史记（全九册）》卷六十三《大宛列传》，韩兆琦译注，中华书局，2010，第7287页。
⑩司马迁：《史记（全九册）》卷六十三《大宛列传》，韩兆琦译注，中华书局，2010，第7287页

为此，汉武帝特别用兵西南，欲打通前往印度的西南商道，但没有成功。

有学者考证到张骞"凿空"之前，匈奴人控制了西域，对西域的经济掠夺，包括商业利润的获得，可能会促使匈奴在西域的军事行政势力对商贸采取支持和鼓励的政策。被后人称为"丝绸之路"的东西通道已经发挥着促进文化沟通、文化交流融汇的作用。[①]

董莉莉梳理了张骞之前有关丝绸之路的典籍文献和考古发现资料，认为"张骞通西域之前，处于东、西两端的人们就开始了相互探索与交流。早期的通道有玉石之路、草原丝绸之路"。"然而，早期的中西交流具有零散性，这条断断续续的道路是不同地区、不同种族的人们相互交流的结果，并不是单纯为了中西交流而开辟的，也就不具规模性。但是，正是由于早期人们的相互交流，才让后世中原地区的人们对西方有了一定的了解，对汉朝开拓丝绸之路以及中西方的连接起到了一定的作用。"[②]

玉石之路

1976年，河南安阳，殷墟5号墓。这是由中国社会科学院考古研究所安阳工作队，在小屯村北殷墟宫殿区西侧发现和发掘的一座墓葬，此墓未经盗掘，保存完好，出土物品现存于中国社会科学院考古研究所。此墓出土有755件玉器，约占出土文物总数的40%（39.2%），分为礼器、仪仗、工具、生活用品、装饰品及杂器六类，考古研究所将其中300多件标本送去鉴定，初步结果表明这些标本基本均出自新疆。[③]

该墓随葬品极为丰富精美，因很多随葬器物上有"妇好"铭文，习称之为"妇好墓"。一般认为，"妇好墓"属商王武丁时期，墓主"妇好"通常被认为是商王武丁的法定配偶，她生前曾多次主持各种祭祀和占卜活动，并多次带兵打仗，为商王朝拓展疆土立下了汗马功劳，被称为中国历史上最早的女将军。也有学者认为"妇好"铭文只是对祭祀用品的标记，继而认为墓主人为当时享有崇高地位的巫觋。[④]

无论如何，两种认知已成共识：一是这是一座商代墓葬；二是这些玉器原料来自新疆。这说明，

图5.1　中国社会科学院考古研究所藏玉人，殷墟妇好墓出土

①王子今：《前张骞的丝绸之路与西域史的匈奴时代》，《甘肃社会科学》2015年第2期。
②董莉莉：《丝绸之路与汉王朝的兴盛》，博士学位论文，山东大学，2021，第28—30页。
③中国社会科学院考古研究所：《殷墟妇好墓》，文物出版社，1980，第114页。
④张素凤、卜师霞：《也谈"妇好墓"》，《中原文物》2009年第2期。

早在商代，中原和西域就存在沟通。"妇好墓"中同时出土有海螺、海贝，计有红螺二枚，分布于北至辽宁石城岛，南到广东南澳、汕尾一带的中国沿海；阿拉伯绶螺一枚，分布于中国台湾、中国南海（广东沿海、海南、西沙群岛及福建厦门东山岛）和日本、菲律宾、暹罗湾、安达曼群岛、锡兰、卡拉奇等地；货贝6880余枚，分布于中国的台湾和南海，另外还有阿曼湾、南非的阿果阿湾等地。[①]可见，商代贸易网络分布之广大。

荣新江也说：

> 在汉代以前，以今甘肃西部的敦煌、祁连为中心活动区域的月氏人（又称"月支""禺氏"），是当时西北地区最强盛的民族，甚至连蒙古高原的匈奴人也要向他们称臣纳贡。中原地区从商周以来一直受到于阗（今和田）地区美玉的恩赐，这些玉在汉文史籍中被叫作"禺氏边山之玉"，可以知道是通过月氏人之手，转输到中原地区，成为王公贵族华贵装饰不可或缺的材料。[②]

> 这些自张骞出使西域后形成的丝绸之路的基本干道，不论哪一条，都绕不开新疆。天山南北、塔里木盆地周边，构筑了丝绸之路的地理网络，也奠定了东西交往的基础。[③]

可见，东西方的交流并非自张骞始，但张骞"凿空"了丝绸之路的主干道，这一主干道和周边或南或北的道路网络，都经过了新疆。

穆天子

厚葬习俗直接催生了一个古老的行业：盗墓。

西晋年间（公元280年前后，具体年代或有争议），汲郡（今河南省卫辉市）有个叫不准的盗墓贼，盗掘了战国时期魏襄王的墓葬，掘出了一批竹简，其中就有春秋时期晋国史官和战国时期魏国史官所作的编年体史书，这就是《竹书纪年》。这些随墓主人埋入地下的史书，躲过了后来"非秦记皆烧之"的焚书浩劫，从另一个角度记录了商周及之前和春秋战国的故事，其未经秦火，和正史多有出入。可惜的是《竹书纪年》在宋时佚散，后又重新收集整理，史料价值大打折扣。和这些历史记录一起出土的，有一部讲述西周穆天子西行历程的《穆天子传》。

周朝的第五位君王周穆王姬满，又称周缪王，在位时间大约为公元前976—前922年，是周朝在位时间最长的君王。大约公元前10世纪，中国正在穆天子治下，而他最为后人津津乐道的则是西行的故事，如《竹书纪年》有载：

> （穆王）十七年，王西征昆仑丘，见西王母。其年，西王母来朝，宾于昭宫。[④]

周穆王西狩之事《史记》和《左传》都有记录：

---

①中国社会科学院考古研究所：《殷墟妇好墓》，文物出版社，1980，第220页。
②荣新江：《丝绸之路与东西文化交流》，北京大学出版社，2022，第004页。
③荣新江：《丝绸之路与东西文化交流》，北京大学出版社，2022，第005页
④王国维：《古本竹书纪年辑校　今本竹书纪年疏证》，国家图书馆出版社，2021，第一〇五页。

造父以善御幸于周缪王，周缪王得骥、温骊、骅骝、騄耳之驷，西巡狩，乐而忘归。①

昔穆王欲肆其心，周行天下，将皆必有车辙马迹焉。②

《列子》也载：

周穆王时，西极之国有化人来，……化人曰："吾与王神游也，形奚动哉？且曩之所居，奚异王之宫？曩之所游，奚异王之圃？王闲恒有，疑暂亡。变化之极，徐疾之间，可尽模哉？"王大悦。不恤国事，不乐臣妾，肆意远游。③

虽然《竹书纪年》《列子》记载较早，但原文已佚，后人辑录，最早也到了东晋。但是《史记》《左传》似所言不虚，汲冢出土的《穆天子传》则对穆天子西行一事有详细描述。

千百年来，考证《穆天子传》中行程和地名的研究汗牛充栋。大体上都说穆天子是以现在陕西为起讫，行程包括现今中国的西北。有说他的行程没出过甘肃的，也有说他曾到过非洲的埃及、欧洲的华沙的，还有人对他旅行的目的加以推测。关于《穆天子传》的真伪有多种说法，比如明代学者胡应麟在其《四部正伪》中说："《穆天子传》六卷，其文典则淳古，宛然三代范型，盖周穆史官所记。"④但有人认为《穆天子传》的内容很多不真实，夸大、想象的成分多，但也反映了当时西周对西北各方国部落的了解。《四库全书》就列《穆天子传》入小说类，四库全书馆编纂官员在《四库全书总目》中对将《穆天子传》列入小说类作了说明：

《穆天子传》旧皆入起居注类，徒以编年纪月，叙述西游之事，体近乎起居注耳，实则恍惚无征，又非《逸周书》之比。以为古书而存之可也，以为信史而录之，则史体杂，史例破矣。今退置于小说家，义求其当，无庸以变古为嫌也。⑤

余太山也指出，"一直有人将《穆天子传》视为小说家言"。⑥钱伯泉也认为"《穆天子传》所记的不过是上古小说家撰写的故事而已"，"一定出于战国时期的魏国文士之手"，但他对"几乎所有的人都把开辟'丝绸之路'的头等功记到了张骞的头上，好像在他'凿空'之前，中西交通和丝绸贸易就根本不存在一样"的认识嗤之以鼻，认为"传中的'穆王'实际上是一个战国时期中原商人的'模特儿'，他经商的对象是西方和北方的少数民族"，传中所记穆天子的经历如果"不是他亲身的经历，也必然得之于富有经验的旅行家或东来西往的商人之口"，"《穆天子传》这一部书，真实地反映了战国时期中西交通密切，丝绸贸易兴旺的景象"。⑦

最受人关注的是穆天子与西王母的风流韵事。西王母之邦是穆天子此行到达的最西端，他一路上都受到当地人献礼、宴请，到西王母之邦却主动送贵重礼品还宴请西王母，并承诺三年之后再来，对西王母大献殷勤：

①司马迁：《史记（全九册）》卷五《秦本纪第五》，韩兆琦译注，中华书局，2010，第341页。
②《十三经注疏》整理委员会整理、李学勤主编：《十三经注疏·春秋左传正义（上、中、下）》卷第四十五，北京大学出版社，1999，第1307页。
③杨伯峻：《列子集释》卷第三《周穆王篇》，中华书局，1979，第九〇至九四页。
④胡应麟：《四部正伪》卷下《穆天子传》，顾颉刚校点，1929，第五三页。
⑤永瑢等：《四库全书总目（全二册）》卷一四二《子部·小说家类三》，中华书局，1965，第一二〇五页。
⑥余太山：《〈穆天子传〉所见东西交通路线》，载上海社会科学院历史研究所《第二届传统中国研究国际学术讨论会论文集（一）》，2007。
⑦钱伯泉：《先秦时期的"丝绸之路"——〈穆天子传〉的研究》，《新疆社会科学》1982年第3期。

丝绸之路上的葡萄酒

吉日甲子，天子宾于西王母。乃执白圭玄璧以见西王母，好献锦组百纯，□组三百纯。西王母再拜受之。□乙丑，天子觞西王母于瑶池之上。西王母为天子谣曰："白云在天，山陵自出。道里悠远，山川间之。将子无死，尚能复来。"天子答之曰："予归东土，和治诸夏。万民平均，吾顾见汝。比及三年，将复而野。"[1]

西王母之邦的具体地望有各不相同的研究结果，李崇新总结了其前多位研究者（顾实、丁谦、刘师培、岑仲勉、卫聚贤、小川琢治、顾颉刚、常征）的研究，其中多人（顾实、丁谦、刘师培、岑仲勉、卫聚贤）将西王母之邦定于帕米尔高原以西，直到地中海东岸以西甚至罗马帝国以西或北至乌拉尔山一带，小部分（小川琢治、顾颉刚）认为西王母之邦位于敦煌以西的今新疆地区，只有一人（常征）认为西王母之邦在今张掖附近。[2]

余太山则认为西王母之邦的所在，随着中国对西方的了解多寡而有所不同，要之，都是已知世界最西端更往西的极西之地，如《史记》的条枝国和后来的大秦西。[3]

一些学者根据历史学家翦伯赞"西王母之邦实指塔里木盆地"的话认为西王母与穆天子宴饮的瑶池即在今天的塔里木盆地或帕米尔高原一带或帕米尔高原东边的慕士塔格（Muztagh），或者就是今天天山的天池。余太山认为穆天子是循阿尔泰山北麓西行，和西王母会晤后再沿着阿尔泰山南麓东归，西王母之邦在巴尔喀什湖以东的斋桑泊（Zaysan Lake）附近。[4]也有说西王母之邦即《圣经·旧约》提到过的位于阿拉伯半岛南端的士巴（Sheba）国。《圣经·旧约·列王纪》对士巴女王见所罗门（Solomon）王有过记录。[5]

这些研究多认为西王母之邦在今天的新疆地区及"宛左右"或更向西，西王母则很可能是当地部落的女首领。而古代交通工具匮乏，即使穆天子宴请当地部落首领，也很可能用的是当地之酒，而不是千里迢迢带来酒，以表示对当地首领的尊重，也有可能是为了顺应客人的习惯。《穆天子传》记载了他所到之处，各地部落首领赠以酒之类。[6]

如果此说确实，则穆天子"觞西王母于瑶池之上"喝的很有可能是当地的葡萄酒，穆天子西行之路是沿循古老的丝绸之路网络，开拓西域比张骞早了800年。不管《穆天子传》的真实成分有多少，这可能是中国历史上和葡萄酒有关联的最早记载。

钱伯泉注意到，穆天子西行路上经过的许多部落的酋长和首领向穆王贡献的大批土特产和穆王赏赐给他们的大批珍宝和财富"实际上就是商品买卖的贸易"，这些土特产中的很多酒"可能大部分是粮食做的，其中一定也有葡萄酒"。[7]

---

①郭璞注、王贻樑、陈建敏校释：《穆天子传汇校集释》卷三，中华书局，2019，第一四三页。
②李崇新：《〈穆天子传〉西行路线的研究》，《西北史地》1995年第2期。
③余太山：《〈穆天子传〉所见东西交通路线》，载上海社会科学院历史研究所《第二届传统中国研究国际学术讨论会论文集（一）》，2007。
④余太山：《〈穆天子传〉所见东西交通路线》，载上海社会科学院历史研究所《第二届传统中国研究国际学术讨论会论文集（一）》，2007。
⑤张国刚：《中西文化关系通史（全二册）》上，北京大学出版社，2019，第12页；《圣经·旧约·列王纪》上10：1—13。
⑥张国刚：《中西文化关系通史（全二册）》上，北京大学出版社，2019，第13页。
⑦钱伯泉：《先秦时期的"丝绸之路"——〈穆天子传〉的研究》，《新疆社会科学》1982年第3期。

丝绸之路绿洲道

张骞所走道路，翻越帕米尔高原取道费尔干纳（Fergana）盆地，被称为丝路主干道。若出敦煌后，沿西南方向出阳关到若羌，或西出玉门关到楼兰，再折而向南到若羌，沿塔里木盆地南缘踏着被昆仑山雪水灌溉的一串绿洲西至莎车，翻过帕米尔高原到兴都库什（Hindu Kushi）山脚下，则为丝路南线。从塔里木盆地北缘也可到达位于塔里木盆地西缘、帕米尔高原脚下的疏勒（今喀什附近），再翻越帕米尔高原，和南线汇合，是为北道。若从位于天山东端跨越天山南北麓的哈密，或经龟兹附近的天山山口来到天山北麓，再西行经伊犁到达碎叶（Tokmok，遗址在今托克马克城西大约8公里），经康居到大夏，则为北新路，或称北路，此为东汉末年至南北朝兴起的新路，原北路则称为中路。而从哈密一直向北至阿尔泰山脉转而向西，则汇入西至多瑙河畔东达大兴安岭的草原丝绸之路。①

《汉书》对西出敦煌途经塔克拉玛干沙漠南北的道路这样描述：

> 自玉门、阳关出西域有两道。从鄯善傍南山北，波河西行至莎车为南道；南道西逾葱岭则出大月氏、安息。自车师前王廷随北山，波河西行至疏勒，为北道；北道西逾葱岭则出大宛、康居、奄蔡焉。②

王炳华在实地勘察这条绿洲道时，看到不论走南线到莎车（今叶尔羌）还是走北线到疏勒，在翻越帕米尔高原前，都要先经过今天的塔什库尔干塔吉克自治县城：

> 在东帕米尔地区，塔什库尔干塔吉克自治县所在河谷是谷地最宽阔（宽达六七公里）、草场最广大（3万亩左右）、地势较低（海拔只3000多米）的地区。自此南抵达不达尔，北及塔合曼，沿塔什库尔干河谷，草场连片，适宜于牧业发展，也可以进行少量的农业经营，是帕米尔地区自然条件比较优越、人口比较集中的一处所在。③

位于河西走廊西口的敦煌则扼守着这些道路的咽喉要道。敦煌再往西，出了玉门关、阳关，就是今天的新疆地区，即古代狭义的西域。

东汉末年，战乱不断，直到形成三国鼎立的局面。待到一统天下，天下已改姓司马，北方游牧民族趁虚而入，短暂的西晋过后，汉人的统治退缩到江南，北方成了征杀的战场，中国进入了长达两百多年的南北分治时期，直到隋唐再度统一。

南北分治使得帕米尔高原以西诸国与南朝的往来受到莫大的阻碍，但北方各割据政权与西域各民族间有着固有联系，丝绸之路绿洲道再度繁荣。1997年，吐鲁番洋海1号墓出土一件文书，内容为某年号之九年、十年出人、出马送使的记录，显示当时虽然兵荒马乱，但连通东亚、北亚、中亚以及南亚的丝绸之路，却仍在使用且很繁忙，其中甚至包括南朝派往柔然的使节。④

到了8世纪后半段，安史之乱后，吐蕃趁虚而入，一度控制了河西走廊，切断了中原和敦煌及以西地区的交通，此后西夏的割据、建国和北宋的向东收缩虽然没有完全阻断中西陆路交通，却也产生了重大影响。"汉唐时期思想文化艺术受西域中亚'胡化'影响的历史基本一去不复返。即便是西夏的文化艺

①张国刚：《中西文化关系通史（全二册）》上，北京大学出版社，2019，第39—41页。
②班固：《汉书（全十二册）》卷九十六上《西域传第六十六上》，中华书局，1962，第三八七二页。
③王炳华：《丝路葱岭道初步调查》，《丝绸之路》2009年第6期（总第151期）。
④荣新江：《丝绸之路与东西文化交流》，北京大学出版社，2022，第005、042—058页。

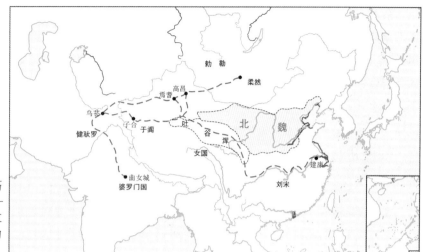

图5.2 吐鲁番出土《阚氏高昌永康九年、十年（474—475）送使出人、出马条记文书》所记的使节路线。图片由荣新江提供

术，除受汉文化、藏传佛教、党项自身文化制约外，西来的因素也是微乎其微"，"宋朝没有能力去控制通往中亚和欧洲的陆路，加上经济重心南移基本完成，宋对外的交通主要转向海上丝绸之路"。①

一些被吐蕃分隔在西域的唐人或亲唐之人借路控制漠北的回纥地区再南下抵达长安，先经过漠北草原，后来则穿过西夏领地或绕过西夏。

对于丝绸之路的理解，一般都包含几个方面：（1）丝绸之路是一个贸易网络；（2）丝绸之路由张骞始；（3）丝绸之路的起点（或终点）为长安或洛阳、开封。既然是贸易网络，那么张骞之前是否不存在东西方的贸易呢？这种贸易又为什么至长安、洛阳、开封而止呢？考古发现上也有先秦时期东西交流的痕迹。②这里所称"丝绸之路"取其最广意义，即从远东向西直到罗马帝国甚至非洲的整个商业网络，其东界不再到长安为止，时间上也不以张骞"凿空"为限。这样的"丝绸之路"显然不只限于丝绸之路主干道。李华瑞的研究表明，西夏割据对北宋对外关系的重大影响在于宋改变了主动向西出访的方向，而增加了向东的联系，这也说明丝绸之路不以长安或洛阳为终点。③

丝绸之路草原道

丝绸之路草原道及绿洲道都曾被驰骋其中的游牧民族所控制，游牧民族大月氏在被匈奴向西驱赶之前，就生存在河西走廊一带（"始月氏居敦煌、祁连间"④），这里也曾是匈奴的天下，直到汉军赢得了一系列战役，把匈奴赶到更北的草原地带，汉武帝才因此建立了陇西四郡，继而在某种程度上控制了西域和穿过其中的丝绸之路绿洲道。但是位于北部的草原道虽时而因战乱受阻，却一直控制在游牧民族手中。多数学者认为，丝路草原道即为最早的丝绸之路。

①李华瑞：《略论宋夏时期的中西陆路交通》，《中国史研究》2014年第2期。

②傅梦孜：《对古代丝绸之路源起、演变的再考察》，《太平洋学报》2017年第25卷第1期；李晓娟：《从楚国琉璃、丝绸看早期中西艺术交流》，《湖北美术学院学报》2009年第2期。

③李华瑞：《略论宋夏时期的中西陆路交通》，《中国史研究》2014年第2期。

④司马迁：《史记（全九册）》卷六十三《大宛列传》，韩兆琦译注，中华书局，2010，第7282页。

余太山即认为，由于欧亚草原游牧民族的活动，最早开辟的东西交通路线应该是横贯欧亚大陆的所谓草原丝绸之路。这条贸易之路迟至公元前7世纪末即已存在，其开辟要早于后来所谓的西域南北道。[①]他根据希罗多德在其《历史》一书中关于早期欧亚草原民族迁徙及其分布的记载，认为"上述诸族之所以进入希罗多德的视野，除了他们的迁徙活动外，无疑是因为它们处于当时欧亚草原的交通线上。事实上，将从极北居民到黑海以北的斯基泰诸族所处位置串联起来，也便构成了所谓'斯基泰贸易之路'，亦即最早的欧亚草原之路"。[②]

张国刚指出：

> "草原之路"通常是指始于中国北方，经蒙古高原逾阿尔泰山脉（Altai Mountains）和准噶尔盆地进入中亚北部哈萨克草原，再经里海北岸与黑海北岸到达多瑙河流域的通道。古代游牧民经常利用此通道迁徙往来，来自东欧的印欧语系族群斯基泰人在公元前2000年就是沿此通道由西而东并南下印度或东北行至阿尔泰地区。有关商代的文献记载从另一个方向表明了草原之路的存在。[③]

张国刚和荣新江都列举了草原丝绸之路上中西文化往来的考古证据[④]，张国刚指出：

> 在先秦时期，中国与西方世界之间肯定已经存在某些物质与文化之间的联系，斯基泰人活跃于北方草原之路的事实是此种联系得以发生的地理基础。[⑤]

10世纪末，当罗斯人成为从里海、黑海远跨至多瑙河流域的大片疆土上的主要势力后，他们繁盛的市场上来自东西方的货物应有尽有，这些货物很可能通过丝绸之路草原道贸易流通。[⑥]

杜晓勤对草原丝绸之路的历史有所考证：

> "草原丝绸之路"开辟时间最早，持续时间最长。早在公元前5世纪，希腊历史学家希罗多德所撰述的《历史》中，已有对这条欧亚草原通路的方位、经过的地区以及贸易活动的简要记载。据中外学者的考证，希罗多德笔下的这条联通欧亚的草原通道，西从多瑙河，东到巴尔喀什湖，中间经过第聂伯河、顿河、伏尔加河、乌拉尔河或乌拉尔山，再往东与蒙古草原相通。[⑦]

北魏在孝文帝拓跋宏将都城迁往洛阳之前曾长期以平城（今大同）为都。迁都之前，太武帝拓跋焘一面向东西两面开拓，一面防御北面柔然的虎视眈眈，一面又向南进攻南朝。向东攻灭北燕（436年）后，北魏与高句丽接壤。丝绸之路经由平城、辽西重镇龙城和辽东一直到朝鲜半岛和日本。[⑧]这条道路已离开草原偏南，但没有南到长安、洛阳。

①余太山：《〈穆天子传〉所见东西交通路线》，载上海社会科学院历史研究所《第二届传统中国研究国际学术讨论会论文集（一）》，2007。
②余太山：《希罗多德关于草原之路的记载》，载上海社会科学院历史研究所《第二届传统中国研究国际学术讨论会论文集（二）》，2007。
③张国刚：《中西文化关系通史（全二册）》上，北京大学出版社，2019，第24—25页。
④张国刚：《中西文化关系通史（全二册）》上，北京大学出版社，2019，第25—27页；荣新江：《丝绸之路与古代新疆》，载《丝绸之路与东西文化交流》，北京大学出版社，2022，第004页。
⑤张国刚：《中西文化关系通史（全二册）》上，北京大学出版社，2019，第10页。
⑥[英]彼得·弗兰科潘：《丝绸之路：一部全新的世界史》，邵旭东、孙芳译，徐文堪审校，浙江大学出版社，2016，第107页。
⑦杜晓勤：《"草原丝绸之路"兴盛的历史过程考述》，《西南民族大学学报（人文社会科学版）》2017年第12期。
⑧王银田：《丝绸之路与北魏平城》，《暨南学报（哲学社会科学版）》2014年第1期（总第180期）。

武玉环等人认为大辽一朝的数次征战保证了草原丝绸之路的畅通，商贸往来的遗迹从西域到蒙古高原直到今天的辽宁省境内都有发现，在契丹势力庇护下，草原丝绸之路得以长驱直入，达到最东侧的渤海国。[①] 及至女真势力崛起，辽朝衰落，耶律大石西征，建立了西辽王朝，最终打败塞尔柱帝国，势力范围从西域向西直到咸海南岸的花刺子模，利用的也是草原丝绸之路。

杜晓勤的综论也表明，旧石器时代的现蒙古草原就有与中亚、中原文化交流的迹象。最迟在公元前2000年，中国北方游牧地区与黑海沿岸之间已经存在着一定的文化交流；中国中原地区已经通过草原通道与欧洲的最东部发生了某种文化联系。[②]

丝绸之路青海道

南北朝时期，翻越帕米尔高原的商旅队伍为避免陷入战乱而改行青海道或许是个明智的选择。张骞当年选择"并南山，欲从羌中归"[③] 以免再次遇见匈奴大概就是想走青海道：沿塔里木盆地南缘再到达长安。这条路线穿过吐谷浑控制地区，又称羌中道，可能很早就已存在。经由这条路线到蜀地后，既可北上去长安或洛阳到北朝，又可沿长江至建康（今南京）到南朝。据考证，这也是波斯使团前往南朝的路线。[④]

荣新江指出：

> 南北朝时期，中国南北方处于对立状态，而北方的东部与西部也时分时合。在这样的形势下，南朝宋齐梁陈四朝与西域的交往，大都是沿长江向上到益州（成都），再北上龙涸（松潘），经青海湖畔的吐谷浑都城，西经柴达木盆地到敦煌，与丝路干道合；或更向西越过阿尔金山口，进入西域鄯善地区，与丝路南道合；这条道被称作"吐谷浑道"或"河南道"，今天人们也叫它作"青海道"。[⑤]

周勋初也认为：

> 南北朝时期，建立在江南的几个王朝与西域一直保持着联系，使者是由益州北上，通过吐谷浑而通向西域的。当时益州与鄯善间有一条与河西走廊并行的所谓"河南道"，即在祁连山之南，今青海境内，当时为吐谷浑的辖区。[⑥]

8世纪，大诗人李白的父亲携家带口从西域迁到四川。这时的唐朝，以羁縻州的形式，将天山北麓甚至再向北远达草原丝绸之路的商道纳入了唐朝的羽翼之下。学者大多认为李白一家是经过河西走廊一路向东到达长安，但李白一家最后的定居地却是四川绵州昌隆县。考虑到迁徙队伍中还有幼童，他们选择相对安全的河西走廊确有可能，有学者认为他们走了河西走廊的西山路，经过了吐谷浑领地入蜀。[⑦] 冯培红通过传世史籍、出土墓志、墓葬文物、石窟题记、敦煌文献及其他各种文物，对河西走廊西侧，

①武玉环、程嘉静：《辽代对草原丝绸之路的控制与经营》，《求索》2014年第7期。
②杜晓勤：《"草原丝绸之路"兴盛的历史过程考述》，《西南民族大学学报（人文社会科学版）》2017年第12期。
③司马迁：《史记（全九册）》卷六十三《大宛列传》，韩兆琦译注，中华书局，2010，第7275页。
④荣新江：《丝绸之路与东西文化交流》，北京大学出版社，2022，第063页。
⑤荣新江：《丝绸之路与东西文化交流》，北京大学出版社，2022，第005页。
⑥周勋初：《李白评传》，南京大学出版社，2005，第51页。
⑦周勋初：《李白评传》，南京大学出版社，2005，第48—51页。

狭义的陇右地区，包括今甘肃省东南部与青海省东北部的粟特人踪迹进行了梳理，认为陇右东去关中，西通河西、青海，南下蜀中，北达宁夏，是交通枢纽之地，也是粟特人流动经行的必由之所。由此看来，对粟特人及其聚落较熟悉的李白一家经此入蜀大有可能。[1]

1956年，青海省西宁市出土了一批萨珊银币，有76枚之多，其中4枚已残破。夏鼐对这批银币的研究显示，这批银币是在卑路斯在位时期（457—483年）特意窖藏而非偶然遗失的。夏鼐认为："由第四世纪末到第六世纪时尤其是第五世纪中（包括卑路斯在位的年代），西宁是在中西交通的孔道上的。这条比较稍南的交通路线，它的地位的重要在当时绝不下于河西走廊。"[2]

1995年，中日联合考古队在新疆尼雅遗址I号墓地8号墓出土了一件织有"五星出东方利中国"文字的织锦和其他织锦，时代为东汉末至魏晋时期。汉代的全国丝绸三大生产中心分别为：帝都长安，设有东西织室；齐鲁临海之地，设有三服官，专门为皇宫生产丝绸；四川成都，设有专门锦官。

这个墓中陪葬品丰富，考古工作者疑其为古代精绝国的王墓，对于这件织锦为什么会从其生产地来到墓中也有不同的解释，但这块织锦出土地——尼雅遗址正位于丝绸之路主干道南线，可直接经羌中道前往盛产丝绸的蜀地，这便引发无限遐想。有可能这块织锦正是产于蜀地，经羌中道来到精绝，不论其是以帕米尔高原之外的西亚为目的地，还是以精绝为终点。

慕容部鲜卑的慕容吐谷浑是其父慕容部首领慕容涉归的庶出长子，父死后嫡出次子慕容廆继位，其子慕容皝成为十六国时期前燕的开国君主。吐谷浑携民及牛马避走西迁，来到现在的青海，他的后代以吐谷浑为国号：

> 其地与益州邻，常通商贾。[3]

吐谷浑据有今天的青海之地，上面的描述说明了青海湖畔至南朝萧梁时已为通商道路。事实上，南北朝时由于南北对立，江南政权只有通过吐谷浑才能与西域及漠北柔然联系。隋时大儒何妥来自西域粟特，父亲何细胡入蜀经商：

> 何妥，字栖凤，西城人也。父细胡，通商入蜀，遂家郫县，事梁武陵王纪，主知金帛，因致巨富，号为西州大贾。[4]

粟特商人何细胡来蜀，走的很可能是青海道。

除何家外，荣新江还一一考察了经蜀地的粟特人，认为魏晋南北朝时期"中国南北处于分裂的局面"，"因此西域诸国与东晋、南朝的联系""主要是走'吐谷浑道'，又称'河南道''青海路'等"，"从西域经青海到蜀地，甚至再到长江下游地区这样一条西域通向中国南方的最为便捷的道路"，"不仅仅是外交使节、佛教僧侣（包括粟特僧人）所选取的道路，也是早期入蜀经商的粟特人所采用的商路"。[5]

研究丝绸之路青海道历史的崔永红讲述了隋炀帝在大业五年（609年）率百官、宫妃及各路大军数十万人经由青海道到今甘肃张掖，接见高昌、伊吾等二十七国君长的故事。这次西巡，将丝绸之路的管

①冯培红：《丝绸之路陇右段粟特人踪迹钩沉》，《浙江大学学报（人文社会科学版）》2016年第46卷第5期。
②夏鼐：《青海西宁出土的波斯萨珊朝银币》，《考古学报》1958年第01期。
③姚思廉：《梁书（全三册）》卷五十四《列传第四十八·诸夷》，中华书局，1973，第八一〇页。
④魏征、令狐德棻：《隋书（全六册）》卷七十五《列传第四十·儒林》，中华书局，1973，第一七〇九页。
⑤荣新江：《中古中国与粟特文明》，生活·读书·新知三联书店，2014，第45—49页。

辖权、经营权从吐谷浑和突厥手中收归大隋朝廷。[①]可见青海道之重要。

任乃宏将青海道之南段与穆天子的西行路线对上了，他认为穆天子走的是青海道，"将'西王母之邦'定位于南疆，应该是毫无问题的"。[②]

丝绸之路西南道

"蜀为四塞之地"[③]，从蜀地既可通达长安、洛阳、建康，又可翻越青藏高原，经西藏、尼泊尔到达印度，也可从此南下，经缅甸北部，绕过青藏高原到达印度，再从印度北上抵阿富汗。这些通过中国西南的道路又称西南丝绸之路。或许是由于这条盘桓于崇山峻岭的古道过于艰险，中原王朝无力派出使者，或把它辟为正式的官道，致使这条古道在历史的记忆中若隐若现，蒙上一层神秘面纱，鲜为世人所知。然而千百年来，活跃于民间的交往贸易却从未中断。[④]

玄奘在其著名的取经之行中对南亚次大陆做了一番考察，他曾来到迦摩缕波国。季羡林等注：

（一）迦摩缕波国：迦摩缕波，梵文Kamarupa音译，《旧唐书》《新唐书》中译为伽没路，《新唐书》又作箇没卢，在今印度阿萨姆（Assam）邦的西部。……该国极盛时不仅包括全部布拉玛普特拉河谷，还兼有孟加拉北部，西起及河，东至布拉玛普特拉河曲及印、缅边境的曼尼坡（Manipur）……

迦摩缕波也是印度境内最早和我国交往的地方。《史记·大宛列传》："昆明之属无君长……然闻其西可数千里，有乘象国，名曰滇越，而蜀贾奸出物者或至焉。"……

迦摩缕波国对我国十分友好，不仅优待过玄奘，对使者王玄策一行也十分优待，并与我国进行文化及物质交流。……[⑤]

玄奘由此继续南行到了东南境的三摩呾吒国，并向东南遥望缅甸：

从此东北大海滨山谷中，有室利差呾罗国……[⑥]

季羡林等注：

……此六国均为传闻之国。本书除大致方向之外，别无记载，因此诸家考证不一，较一致的意见如下：（1）室利差呾罗，梵文Sri-kasetra音译，《南海寄归内法传》译为室利察呾罗，即缅甸故都Thare Khettara，在今下缅甸伊洛瓦底江畔骠甸（Prome）附近。……[⑦]

斯维至认为西南夷的昆明人即大月氏与乌孙即斯基泰人（可能有突厥人），他们自商周以来，就与羌人融合。在张骞第一次出使西域归来后，汉武帝一方面继续派张骞再次出使，联络乌孙并与之"和

①崔永红：《丝绸之路青海道史》，青海人民出版社，2021，第006页。
②任乃宏：《"西王母之邦"与"丝绸之路青海道"》，《民族历史研究》2017年第2期（总第170期）。
③周勋初：《李白评传》，南京大学出版社，2005，第48页。
④王清华、徐冶：《西南丝绸之路考察记》，云南大学出版社，1996，序第1—2页。
⑤玄奘、辩机：《大唐西域记校注》，季羡林等校注，中华书局，1985，第794—795页。
⑥玄奘、辩机：《大唐西域记校注》，季羡林等校注，中华书局，1985，第803页。
⑦玄奘、辩机：《大唐西域记校注》，季羡林等校注，中华书局，1985，第804页。

亲"，另一方面决心"复事西南夷"，好似冥冥中有某种安排。[①]

童恩正的研究说明，在汉武帝之前中印之间就存在直接交通，尽管中缅之间存在不可逾越的高山峡谷和充满敌意的民族，但仍然有可能开辟一条商道。[②]

海上丝绸之路

至少在距今4000年前，从美索不达米亚到印度河河口的贸易路线就已开辟，人类至少在距今几万年前就已开始在水上活动。[③]

有人认为，在陆上丝绸之路因战乱逐渐荒芜之后，特别是两晋南北朝时期，南北直接往来因互相敌对断绝后，海上丝绸之路才逐渐兴起并取而代之，似乎陆上丝绸之路的衰落和海上丝绸之路的兴起之间有某种因果关系。

贸易商品通常为重量轻、价值高的物品大概是学者的共识，也是经商的基本常识：

> 根据利润最大化的原则，真正适合远程贸易的产品应该是体量轻小、应用面广，并且其出产地与消费区相距遥远从而显得"奇异""稀罕"和"昂贵"（从而为商人带来值得追求的利润率）的商品。[④]

体量轻小，价格昂贵，或每单位体量的利润率高，以及应用广泛，这些标准适用于任何商品，无论短途、远途。相距遥远只是导致价格昂贵的一个因素但不是必要因素，如果旅途中距离近一点的商品利润率高，商人们为什么不贩运呢？这个商品在消费地有没有替代品大概是个重要因素，如果缺乏替代品，商人就有定价权，哪怕不符合以上一项或多项原则，也可以靠提高价格来弥补，从而保证商人追求的利润。这种货品如果有替代品，那么商人就无法靠涨价来保证利润。

陆路和海路的不同主要是贩卖物品的体量不同。前者受限于单只骆驼的运载量和骆驼数，而后者受制于航海技术和海舶制造技术的进步。前者随着驼队大小的增加，管理协调的要求也将增高，提供给养的规模也将增大，驼队规模可能有上限，而技术进步的收益似乎没有上限，技术进步带来的可能是更大、更稳、载重量更高和更能应对多变气候条件的船只。驼队为提高这个上限采取的方式可能是贩卖可以自己行走的商品，如人口（奴隶）或牲畜。

尽管海上运输如果航船搁浅或翻覆将损失不小，但陆路需要穿行沙漠，翻山越岭，躲避战乱，风险也不小。而海路显然运输成本小得多，海路之所以没有更早兴起，原因可能是技术没有发展到这个阶段。也就是说，不管有没有战乱、分裂造成陆上丝路的衰退，海上丝路都会兴起，二者之间看不到因果关系，也许根本就没有因果关系，要么这关系不太显著。

穆罕默德的女儿法蒂玛和自称是她后代的法蒂玛派一直和伊斯兰世界的统治者不和，从四大哈里发到倭马亚王朝到后来的阿巴斯王朝。公元10世纪，法蒂玛派在埃及建立的法蒂玛王朝使君士坦丁堡成为主要受益者，东方贸易通道也随之改变，内陆通道开始向红海通道转移。拜占庭凭借天时地利，开始享

①斯维至：《张骞通西域与西南夷》，《人文杂志》1987年第05期。
②童恩正：《古代中国南方与印度交通的考古学研究》，《考古》1999年第4期。
③[美]林肯·佩恩：《海洋与文明》，陈建军、罗燚英译，天津人民出版社，2017，第1、9页。
④高荣盛：《香料与东西海上之路论稿》，载荣新江、党宝海主编《马可·波罗与10—14世纪的丝绸之路》，北京大学出版社，2019，第131页。

受到与法蒂玛王朝建立商业联系的成果。可见并非陆上通道的衰落促使海上通道的兴盛，而可能是恰恰相反，海上通道的兴盛导致了陆上通道的衰落。[1]

尽管林肯·佩恩在谈到南宋朝廷建都临安时忽略了南宋朝廷为据长江之天险抵御金兵而建都临安的事实，说"建都临安的决定反映了统治精英意识到海洋贸易对普通市民和朝廷的重要性所在"，在讲述印度洋上贸易空前繁荣时，虽没有提及技术进步，却用了大量篇幅描述海上航行技术的发展，而且认为印度洋上贸易的空前繁荣受"唐王朝的西部边境收缩""陆上丝绸之路中断""巴格达兴起"多种原因的影响。[2]

13世纪，横跨欧亚大陆的蒙古帝国兴起后，虽然西边的金帐汗国和中亚及以东的察合台、窝阔台汗国及成吉思汗幼子拖雷守护的蒙古本部之间，及后来和与忽必烈关系密切、占据伊朗的伊利汗国之间，摩擦不断，造成这一时期的草原之路并非如想象般畅通无阻，但陆上丝绸之路仍旧得到了复兴，且海上通道并未因此受影响。这和元朝继承了南宋的造船、航海以及商业组织的遗产有关，也可能说明了陆上通道的衰落并非海上通道兴盛的原因。[3]

汉时已有经海路与印度南部沟通的记载：

> 自日南障塞、徐闻、合浦船行可五月，有都元国；又船行四月，有邑卢没国；又船行可二十余日，有谌离国；步行可十余日，有夫甘都卢国。自夫甘都卢国船行可二月余，有黄支国，民俗略与珠崖相类。其州广大，户口多，多异物，自武帝以来皆献见。有译长，属黄门，与应募者俱入海市明珠、璧流离、奇石异物，赍黄金杂缯而往。[4]

张国刚指出黄支国位于印度南部[5]，并且认为"从文献记载和考古发现来看，至晚在两汉时期，中西方之间的海路交通已经出现"。他还研究了秦汉以后航海条件的发展。[6]

关于人类迁徙的假说要求人类很早就在某种程度上掌握了航海知识并付诸了实践。但在精确计时和观察天象等定位技术为人类掌握之前，人们只能沿海岸线航行，以肉眼观察得到的海岸线来确定方位。卢苇描述了发生在公元前2世纪的一次航海活动，"其航行的大致路线：航船从广东徐闻、合浦出发，沿着东南亚一些国家的海岸线西行，穿过马来半岛后进入孟加拉湾，最后登上今日南印度的康契普腊姆"。[7]张国刚描绘了两种宋代远洋船舶，其一甲板宽、船底平、吃水浅，载重量达4000—6000石，或500—800吨；另一种则是四层尖底船，底尖上阔、首尾高昂，两侧有护板，吃水深达4米。[8]两种船虽均以适合远洋运输著称，但显然前者更适合沿海岸航行，而后者适合远离海岸。

从红海、波斯湾或阿拉伯半岛南部的印度洋出发，经印度的东西海岸和斯里兰卡，穿过马六甲海峡，再沿着越南海岸北上到中国的南海，到达商贾云集的广州和泉州，航船很早就在这条路上来来往往。而这条海上丝绸之路备受青睐则是帆船成了航行的主力和人们对季风的理解逐渐加深后。有的研究将从广、泉二州北上经东海、黄海到宁波、山东直到朝鲜半岛和日本的路线叫作北方海上丝绸之路，以和南方海上丝绸之路相区分。

①[英]彼得·弗兰科潘：《丝绸之路：一部全新的世界史》，邵旭东、孙芳译，徐文堪审校，浙江大学出版社，2016，第109页；[美]林肯·佩恩：《海洋与文明》，陈建军、罗燚英译，天津人民出版社，2017，第321页。
②[美]林肯·佩恩：《海洋与文明》，陈建军、罗燚英译，天津人民出版社，2017，第304、354页。
③[美]林肯·佩恩：《海洋与文明》，陈建军、罗燚英译，天津人民出版社，2017，第356页。
④班固：《汉书（全十二册）》卷二十八下《地理志第八下》，中华书局，1962，第一六七一页。
⑤张国刚：《中西文化关系通史（全二册）》下，北京大学出版社，2019，第91、116页。
⑥张国刚：《中西文化关系通史（全二册）》下，北京大学出版社，2019，第106—115页。
⑦卢苇：《海上丝绸之路的出现和形成》，《海交史研究》1987年第1期。
⑧张国刚：《中西文化关系通史（全二册）》下，北京大学出版社，2019，第108页。

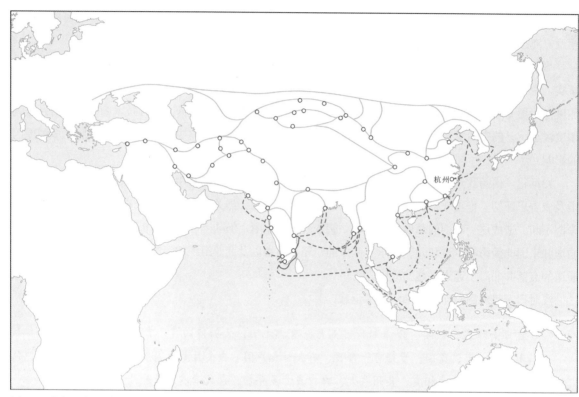

图5.3 这幅丝绸之路网络示意图描述了横跨欧亚的商业网络，包括了丝绸之路草原道、绿洲道、青海道和西南道等陆路和海路。长安或洛阳仅为这个贸易网络中的一环，并非起点或终点，而这个网络向东一直延伸到朝鲜半岛和日本

在汽轮机这类化石动力驱动的设备出现之前，海上航行除了依靠划桨这类人工动力，更多地依赖洋流（海流）和季风，后者是印度洋航行的特性。季风英文作trade wind，其由来并不是因为它们被贸易船队所利用，而是取自"trade"一词"稳定而有规律"的含义。这和中文中"季风"或"信风"含义相同。①

从东汉直到宋代，中国都有利用季风的记载，西方也有1世纪希腊水手利用季风的记录。东亚的海陆位置使该地区成为世界上典型的季风带，冬季主要是偏北风，利于使用风帆向南航行；夏季主要是偏南风，便于海船向北航行。②林肯·佩恩也引用13世纪中国官员的话说："冬季航行到南方，夏季航行到北方。"③

广州、泉州位于中国南部，从此沿海路出发，向西可达东南亚和印度，向东则可达山东、渤海乃至朝鲜和日本，这两条截然不同的路线可能是季风造成的，而不是因为商人在到达二州之后为了北上经陆路前往长安特意弃船登陆，而不再继续前行经北方海上丝绸之路前往朝鲜半岛和日本。

东晋时期高僧法显经陆路前往印度取经，但回程时却从海路搭商船先经马六甲海峡到苏门答腊再从苏门答腊回国，说明那时已有商人沿海上丝绸之路航行。法显本想从苏门答腊前往广州却偏航到了青州，这应该就是季风风向作祟。日本僧人记载的大唐鉴真和尚欲东渡却到了海南、广州，也可能是风向的原因。

①[美]林肯·佩恩：《海洋与文明》，陈建军、罗燚英译，天津人民出版社，2017，第16页。
②张国刚：《中西文化关系通史（全二册）》下，北京大学出版社，2019，第114页。
③[美]林肯·佩恩：《海洋与文明》，陈建军、罗燚英译，天津人民出版社，2017，第176页。

高荣盛同时也罗列了中世纪海上远途贸易的动力：丝绸、瓷器、香料、熏香、良种马以及各种精美物品，以及较普通的日常生活必需品——粮食、燃料、木材和食用油等。[①]可以看出，上列产品的多数符合体量小、价值高或能够自己行走的标准，抑或日常必需品，但陶瓷除外。陶瓷虽然因其高温烧制技术和土质要求的限制使其替代品寥寥，但沉重而易碎的陶瓷能够跻身这个行列完全得益于海上航行技术的发展。

　　高荣盛论述了香料成为海上丝绸之路"首要产品"的原因，王一丹则论证麝香是在丝绸之路上贩卖的商品之一。[②]公元4世纪初的粟特人古信札第二封也说到了麝香：

　　　　Wan-razmak为我运到敦煌的32（袋）麝香属于Takut，他可能送到你这里。[③]

　　阿拉伯商人记载的《中国印度见闻录》中也说到来自撒马尔罕的商人贩卖麝香。[④]

　　马可·波罗在其行纪中多次提到麝香。在述及克什米尔时，冯承钧在注中引用伯尔涅的话说：

　　　　此种商队运载麝香、中国木料、大黄等物而还。经过大土番时，亦运载本地出产之麝香、水晶及不少极细之羊毛。[⑤]

　　他在额里湫国（据考证为凉州，今甘肃武威）时，说：

　　　　此地有世界最良之麝香，请言其出产之法如下：……[⑥]

　　而述及阿黑八里（经考证为今之汉中）时说：

　　　　有不少兽类产生麝香。[⑦]

　　在述及土番时又说：

　　　　尚有不少兽类出产麝香，土语名曰古德里（Gouderi）。此种恶人畜犬甚多，犬大而丽，由是饶有麝香。[⑧]

　　在述及建都（据考证在今四川，汉名邛都，元名建昌时）也说：

　　　　境内有产麝之兽甚众，所以出产麝香甚多。[⑨]

　　可见麝香是丝绸之路上的常贩商品。反观葡萄酒，这种沉重的物品并不符合上述标准，各地又有替代品，从而在丝绸之路上罕有贩卖。《岭外代答》说及一舟以大著称，名叫木兰舟：

　　　　舟如巨室，帆若垂天之云，舵长数丈，一舟数百人，中积一年粮，豢豕酿酒其中。[⑩]

---

①高荣盛：《香料与东西海上之路论稿》，载荣新江、党宝海主编《马可·波罗与10—14世纪的丝绸之路》，北京大学出版社，2019，第131页。

②王一丹：《波斯、和田与中国的麝香》，《北京大学学报（哲学社会科学版）》1993年第2期。

③Étienne de la Vaissière, *Sogdian Traders: A History*, trans. James Ward (Leiden: Brill Academic Pub, 2005), p.45.

④《中国印度见闻录》，穆根来、汶江、黄倬汉译，中华书局，1983，第118页。

⑤[意]马可·波罗：《第四八章·客失迷儿州》，载《马可波罗行纪》，冯承钧译，上海书店出版社，2001。

⑥[意]马可·波罗：《第七一章·额里湫国》，载《马可波罗行纪》，冯承钧译，上海书店出版社，2001，第163页。

⑦[意]马可·波罗：《第一一二章·蛮子境内之阿黑八里大州》，载《马可波罗行纪》，冯承钧译，上海书店出版社，2001，第273页。

⑧[意]马可·波罗：《第一一四章·土番州》，载《马可波罗行纪》，冯承钧译，上海书店出版社，2001，第277页。

⑨[意]马可·波罗：《第一一六章·建都州》，载《马可波罗行纪》，冯承钧译，上海书店出版社，2001，第282页。

⑩周去非：《岭外代答》卷六，上海远东出版社，1996，第121页。

可见，酒是船员途中生活所需，而非贩卖的商品。但酒又有着顽固的文化属性，虽然中国的米酒是强有力的替代品，但来自中亚、西域甚至更西边地区的商旅并不接受中国的米酒，在中原聚居习惯于果酒的外来客使葡萄酒有了一定市场，但这个市场规模不够大使得葡萄酒很少进口、贩卖。土肥祐子对宋代舶货的研究表明，用来和中国商品进行交易的南海交易品、输入品共445种，其中绝大部分是植物，占了80%，还有少部分的动物（11%）和矿物（9%），没有葡萄酒。[①]

一般认为，丝绸之路始自张骞之"凿空"，东起长安，是沟通东西的古代商道。但"古代商道"又和"始自张骞"和"东起长安"两条相矛盾，既然是商道，就难以理解长安以东没有商业。不论是典籍记载和考古发现都说明张骞之前就有贸易，而贸易又延伸至长安之东。毋庸置疑，张骞"凿空"的确建立起了中国官方对丝绸之路的保护，而中国又是丝绸之路上最大的国家，长安又是中国人口集中的大都市，但这些都说明以丝绸之路来代表"古代商道"只能是对"古代商道"的狭义理解。

丝绸之路上的葡萄酒

---

① [日]土肥祐子：《试论宋代的舶货》，《国际社会科学杂志（中文版）》2014年第2期。

葛藟和蘡薁都是中国土生土长的爬藤植物科葡萄属的植物，也被称为山葡萄、野葡萄。葡萄这一名称和发音相近的一系列名称，看起来像是外来词的汉语音译。中文在起名时多用单字，而非双声叠韵。但李时珍认为葡萄之名本身就是中国本土名称，认为葡萄二字意为"人醄饮之，则酶然而醉"。问题是，这不是葡萄酒异于其他酒的地方。

酿酒葡萄品种众多和人工干预不无关系。人类对葡萄种植的干预，不论是初期的驯化、品种的选择、选址的决策和架式及其他技术手段的采取，都是为了提高产量、改善口感、增强抗性（抗旱、抗寒或抗病害、虫害），为了用葡萄制作的酒精饮料更便宜、更适应潮流、更宜饮。这种干预，直接促使了葡萄品种的繁多，但从结果上看，这种干预在中国并未发生。

生长在山谷里的植物，极有可能是野生，很难想象人类会选择在崎岖不平的山谷里种植作物，平整和土地处理需要花费大量人力、物力。有可能葡萄和名称早已传入中国，使得作者用葡萄之名称呼原生于中国的野葡萄。葡萄是外来植物本来当无异议，毋庸赘言。但中国的一些典籍关于葛藟（gé lěi）和蘡薁（yīng yù）的记载、关于周代官制的记载和一些像贾湖这样的考古发现，又带来了一丝混淆。

两河流域及古埃及也和古代中国一样，用装酒精饮料的容器形象代表酒精饮料。不能轻易排除的可能是，不同地域的人类对大自然有差不多的理解，不约而同地做出了相似的决定，可能酒精饮料相当古老，在世界各地发明文字时，酒精饮料已经相当普遍。如果发生过交流和影响，这种交流和影响可能是双向的，而且可能很早就已发生。

葡萄酒是一个地域性很强的农产品，葡萄酒界广泛使用"新世界"（New World）或"旧世界"（Old World）的划分，而将一些具有悠久葡萄酿酒传统的国家归于"新新世界"似乎不妥。贾湖遗址的一些陶罐的确曾经装有一种混合酒精饮料，而且是世界上迄今为止葡萄属植物最早用于酿酒的实例。但并没有证据表明这些饮料的酿造方法延续了下来。如果当初加入葡萄属植物和其他水果是为了启动发酵，那么这种酒更可能和现在的葡萄酒没什么联系。将中国列入对葡萄酒有着突出的历史贡献的古文明世界中，并与旨在区分当代商品葡萄酒不同风格的新旧世界划分相并列，实属牵强。

葡萄、蒲桃、蒲陶、蒲萄

葡萄在中文文献中有葡萄、蒲桃、蒲陶、蒲萄等多种写法，这些名称看起来像是外来词的汉语音译。汉语在命名时多用单字，而非双声叠韵。

劳费尔认为既然张骞在大宛见到葡萄，葡萄一词必然来自大宛语，是伊朗语budāwa或buδawa的音译，由词根buda加上词尾wa或awa组成，这个词根又和新波斯语的酒bāda和古波斯语的酒具βατιάκη有联系。这个音译也可能是波斯古经（Avesta）中表示浆果制的酒一词mαδαν的变体，但应该不是来自希腊词一串葡萄βότρvs。尽管有多位学者认为葡萄是希腊词一串葡萄βότρvs的音译，但劳费尔坦言没有一个人能真正证明这事。[①]且不说葡萄这一音译是否是张骞在大宛听说葡萄酒以后才出现，劳费尔认为葡萄一词来自伊朗语有其道理。持葡萄一词来自希腊词一串葡萄（βότρvs）观点的学者认为，葡萄在中亚的播种可能与马其顿王国对希腊的统治及影响有关。公元前4世纪末，来自马其顿王国的亚历山大大帝征服了波斯帝国，希腊人一直东征到中亚的锡尔河和印度河流域，此后统治中亚地区几个世纪之久。

亚历山大征服给中亚带来深厚的希腊化影响，包括希腊语。中国人称为大夏的地区即今阿富汗，位于葱岭（帕米尔高原）以西的兴都库什山区，这一地区曾名为巴克特里亚（Bactria），即源出希腊语。2017年，故宫博物院和阿富汗国家博物馆联合举办的"浴火重光——来自阿富汗国家博物馆的宝藏"展览展出了一件出土于阿富汗北部阿伊哈努姆（Ai Khanoum）遗址的碑座。阿伊哈努姆据说是由亚历山大大帝的士兵后裔所建，泛希腊文化遗迹处处可见。这个碑座定年于公元前3世纪初期，侧面有抄自希腊德尔斐神庙的希腊文箴言：

> 童年时，听话；
>
> 青年时，自律；
>
> 成年时，正义；
>
> 老年时，智慧；
>
> 死去时，安详。[②]

希腊语虽在希腊化时期的大夏地区广泛流行，可以说整个中亚和印度河谷都可以听到和看到希腊语，但劳费尔对葡萄一词来源于希腊语的说法并不认同，因为"葡萄在所有伊朗北部地区都是天然产生的，在伊朗葡萄的种植可以追溯到久远的古代，无疑要比在希腊栽种还要早"。这种水果后来才从西亚传到希腊、罗马。大宛，即费尔干纳盆地，位于中亚东部，与中国西域仅以山相隔。劳费尔认为，讲伊朗语的大宛人不可能用希腊语称呼一种他们早已种植的植物。他认为葡萄这个词来源于伊朗语而非希腊语。[③]

葡萄起源于高加索山脉，又向西传播到希腊、罗马，向东传播到中亚地区，再从中亚经过西域传到中原，葡萄一词来源于伊朗语并不奇怪。张国刚虽然也说这个词来源于希腊语[④]，但并未对此进一步说明。

朱起凤在1934年出版的《辞通》中说：

> 葡，末声之转，萄之为陶，此犹捞之为磨、蚔之为蛾。试以古音来求之，盖由豪而虞而

①[美]劳费尔：《中国伊朗编》，林筠因译，商务印书馆，2015，第50—51页。
②[英]彼得·弗兰科潘：《丝绸之路：一部全新的世界史》，邵旭东、孙芳译，徐文堪审校，浙江大学出版社，2016，第006页。
③[美]劳费尔：《中国伊朗编》，林筠因译，商务印书馆，2015，第51页。
④张国刚：《中西文化关系通史（全二册）》下，北京大学出版社，2019，第210页。

歌，为自然之音，纯乎天籁，非人力所能强。唐人诗云，羌笛吹杨柳，燕姬酌葡萄，是亦读葡字如末也。[1]

朱起凤是在"末陀"条下，解释《一切经音义》中的说法。释玄应在《一切经音义》中说：

> 末陀酒，谓葡桃酒。[2]
> 窄罗迷丽邪末陀，窄音苏没反，窄罗，米酒也。迷丽邪，谓根茎花叶杂酒也。末陀谓蒲陶酒也。[3]

赫迈莱夫斯基则认为，"末陀"一词中古汉语读作*muât-d'â，系借用梵语中意为"葡萄酒"的madhu，比"葡萄"一词晚得多，并非"葡萄"一词的来源。[4]劳费尔认为madhu与波斯古经里的maδa（中古波斯语mai，新波斯语mei），希腊语μεθν，拉丁文temetum都有关系，无疑是指葡萄酒。[5]

不论葡萄二字是何音所转，朱起凤都认为葡萄二字皆通蒲桃、蒲陶：

> 葡萄，段作蒲桃，或作蒲陶。[6]

并在"蒲桃"条下引魏文帝与群臣诏，明确说葡萄来自西国，相同的故事《太平御览》也有载：

> 南方有龙眼荔枝，宁比西国蒲陶石蜜乎？[7]

但李时珍认为葡萄之名本身就是中国本土名称，他认为：

> 葡萄，《汉书》作蒲桃。可以造酒。人醋饮之，则酶然而醉，故有是名。[8]

"醋"字的解释是"大饮"[9]，或意为"聚饮"，二者可能有关联，问题是，这不是葡萄酒异于其他酒的地方，凡酒如果"醋饮"，都会"酶然而醉"，为何单单葡萄酒因此得名？这种说法，颇有臆断之嫌。

李时珍对于葡萄命名的这种解释说明葡萄二字并非音译，转而说明葡萄这种植物本为中国土生，因而很有市场：

> 关于葡萄两个字的来历，李时珍在《本草纲目》中写道："葡萄，《汉书》作蒲桃，可造酒，人醋饮之，则酶然而醉，故有是名"。"醋"是聚饮的意思，"酶"是大醉的样子。按李时珍的说法，葡萄之所以称为葡萄，是因为这种水果酿成的酒，能使人饮后酶然而醉，借"醋"与"酶"两字，叫作葡萄。[10]

①朱起凤：《辞通》卷八，上海古籍出版社，1982，第718—719页。
②玄应：《玄应音义》卷第二十三，载《一切经音义三种校本合刊》，徐时仪校注，毕慧玉、耿铭、郎晶晶、王华权、徐长颖、许启峰助校，上海古籍出版社，2008，第472页。
③玄应：《玄应音义》卷第二十四，载《一切经音义三种校本合刊》，徐时仪校注，毕慧玉、耿铭、郎晶晶、王华权、徐长颖、许启峰助校，上海古籍出版社，2008，第494页。
④亚努士·赫迈莱夫斯基、高起凯：《以"葡萄"一词为例论古代汉语的借词问题》，《北京大学学报（人文科学）》1957年第01期。
⑤[美]劳费尔：《中国伊朗编》，林筠因译，商务印书馆，2015，第68—69页。
⑥朱起凤：《辞通》卷八，上海古籍出版社，1982，第718页。
⑦曹丕：《魏文帝集全译》，易健贤译注，贵州人民出版社，2009，第83页。
⑧李时珍：《李时珍医学全书·本草纲目》卷三十三《果部五》，夏魁周校注，中国中医药出版社，1996，第829页。
⑨许慎：《说文解字注》第十四篇下《酉部》，段玉裁注，上海古籍出版社，1981，第750页。
⑩李华等：《葡萄酒工艺学》，科学出版社，2007，第2—3页。

杨志玖注意到很多植物和果品是以其输出国命名的，《汉书·西域传》曾提到一个国度叫"扑（撲）挑"：

> 乌弋山离国……东与罽宾，北与扑挑，西与黎轩、条支接。[1]

他认为即《后汉书·西域传》中提及的"濮达"：

> （大月氏国）……侵安息，取高附地。又灭濮达、罽宾，悉有其国。[2]

沙畹（Emmanuel-Edouard Chavannes，1865—1918年）认为濮达是巴克特里亚（Bactria）或其京城巴克特拉（Bactra）的对音。杨志玖据此认为，葡萄一词来自巴克特里亚，又因为学界普遍认为葡萄来自大宛附近，他假设大宛从巴克特里亚输入了葡萄，同时以来源地命名了葡萄。赫迈莱夫斯基认为"扑（撲）挑"音转为"葡萄"的假说有些牵强，由"芙"字得音的一系列字都以辅音收尾，而由"甫"字得音的一系列字都以元音收尾，两者相差甚远。[3]

赫迈莱夫斯基同样认为，如果葡萄起源于伊朗城邦的话，作为伊朗城邦的大宛不可能用希腊语，也非常不可能用巴克特里亚这一希腊城邦的名字，来命名一种许多世代以来就被他们所熟悉和种植的果子，并认为葡萄一词是一种伊朗方言的音译。[4]

在张骞给汉武帝的报告里，虽然说大夏是他到过的唯一和大宛一样"其俗土著"的国家，人民已经定居，从事农业，但张骞从未提到大夏盛产葡萄或葡萄酒。这可能是反对杨志玖关于葡萄来自巴克特里亚观点的又一理由。

公元前128年，张骞脱离了匈奴的拘留继续西行去寻找大月氏时，到过大宛，大宛还给张骞派了翻译和导游。

葡萄一词是外来词大概少有人否认，而本土生的葛藟和蘡薁也是爬藤植物，长得像葡萄，因此产生了葡萄原生于中国说。有人认为周代葡萄即进入中原，其依据为《周礼》：

> 场人，掌国之场圃，而树之果蓏、珍异之物，以时敛而藏之。[5]

东汉郑玄注：

> 果，枣李之属。蓏，瓜瓞之属。珍异，蒲桃、枇杷之属。[6]

有学者由此推论，周代皇家园林中就有人工栽培的葡萄。但能称其为葡萄就能看出当时已经使用了这一外来音译的名称，说明"国之场圃"中种植的不是引进的葡萄，就是以外来名称称呼的本土葡萄，而能称其为"珍异"就说明可能不是中国本土生长的野葡萄。《葡萄酒工艺学》指出，我国最早对葡萄的文字记载见于《诗经》。其所引用的《周礼·地官司徒》也包括了郑玄注。[7]

郑玄的注文可以看成对"珍异"二字的举例说明，而不是考证。郑玄所处时代——东汉，葡萄已引

①班固：《汉书（全十二册）》卷九十六上《西域传第六十六上》，中华书局，1962，第三八八八页。
②范晔：《后汉书（全十二册）》卷八十八《西域传第七十八》，李贤等注，中华书局，1965，第二九二〇至二九二一页。
③亚努士·赫迈莱夫斯基、高名凯：《以"葡萄"一词为例论古代汉语的借词问题》，《北京大学学报（人文科学）》1957年第01期。
④亚努士·赫迈莱夫斯基、高名凯：《以"葡萄"一词为例论古代汉语的借词问题》，《北京大学学报（人文科学）》1957年第01期。
⑤《十三经注疏》整理委员会整理、李学勤主编《十三经注疏·周礼注疏（上、下）》卷第十六，北京大学出版社，1999，第424页。
⑥《十三经注疏》整理委员会整理、李学勤主编《十三经注疏·周礼注疏（上、下）》卷第十六，北京大学出版社，1999，第424页。
⑦李华等：《葡萄酒工艺学》，科学出版社，2007，第2页。

进中原，并且不能不说"珍异"，以此举例说明不是没有可能。但《周礼》原文并未具体指出场人管理的是葡萄。

这种说法可能是将包括葛藟和蘡薁在内的野葡萄冠以葡萄之名。也有学者认为蘡薁一词也是音译，是新波斯语angur的对音，劳费尔认为这种假说比较牵强，没有任何传说记载能证明蘡薁是伊朗语或外国语音译，蘡薁是指称中国本土的一种葡萄属植物，是中国的本土词。[①]劳费尔认为"蘡薁"也许是吴语的古词，但他认为关于这个植物最早的著述出现在唐朝苏恭和陈藏器的著作中，是在栽种的葡萄来到中国大约700年以后，才被中国的博物学家注意到，以此证明这两种植物彼此没有关系，就有武断之嫌了。[②]《诗经》就描述过蘡薁：

> 六月食郁及薁，七月亨葵及菽，八月剥枣。[③]

一般认为，这里的"薁"就是指"蘡薁"。

《栽培植物百科全书》指出中国在公元前2000年就有人工种植欧亚种葡萄*Vitis vinifera*，而在此之前就已种植本土品种。[④]可这种说法的依据并不明确。

欧亚种葡萄 *Vitis vinifera*

法国人惯以葡萄酒出品的区域、村庄、葡萄园或酒庄（如Burgundy，Pommard，Chanbertin or Château Haut-Brion）命名葡萄酒，故而法国酒爱好者们多知道勃艮第、波马赫、香伯丹或欧比昂，而对这些地区背后的欧亚种酿酒葡萄品种，如赤霞珠（Cabernat Sauvignon）和霞多丽（Chardonnay）所知不多。舒梅科（Frank Schoonmaker，1905—1976年）出于对法国葡萄酒的尊敬，于20世纪中叶鼓励加州的厂家放弃在酒标上借用法国人普遍采用的葡萄酒命名系统，改用以产出该酒的主要葡萄品种命名。[⑤]

欧亚种葡萄*Vitis vinifera*意为用以酿酒的葡萄，发源于外高加索地区，广泛种植于地中海沿岸，音译为汉语的"葡萄"。在上林苑种植、多用来酿酒的就是这种植物。在植物分类中，这只是爬藤植物科（Family Vitaceae）下葡萄属中65—70个不同的种之一[⑥]，约有10 000个不同品种的葡萄分属于半打葡萄属下的种，在*Vitis vinifera*种下有大约5000—10 000个品种，主要用于酿酒。[⑦]简西斯·罗宾逊（J. Robinson）在她的著作（*Wine Grapes*）中，按出版时（2012年）有关品种酿成酒的商业价值，只选取了1368种加以介绍。[⑧]

① [美]劳费尔：《中国伊朗编》，林筠因译，商务印书馆，2015，第53页
② [美]劳费尔：《中国伊朗编》，林筠因译，商务印书馆，2015，第54页。
③ 《十三经注疏》整理委员会整理、李学勤主编《十三经注疏·毛诗正义（上、中、下）》卷第八·八之一，北京大学出版社，1999，第503页。
④ Christopher Cumo, *Encyclopedia of Cultivated Plants: from Acacia to Zinnia* (New York: ABC-CLIO, 2013), p.473.
⑤ Jancis Robinson, Julia Harding and José Vouillamoz, *Wine Grapes: A Complete Guide to 1,368 Vine Varieties, Including Their Origins and Flavours* (New York: Ecco Press, 2012), p.XI.
⑥ Jancis Robinson, Julia Harding and José Vouillamoz, *Wine Grapes: A Complete Guide to 1,368 Vine Varieties, Including Their Origins and Flavours* (New York: Ecco Press, 2012), pp.XIII-XIV.
⑦ Jancis Robinson, Julia Harding and José Vouillamoz, *Wine Grapes: A Complete Guide to 1,368 Vine Varieties, Including Their Origins and Flavours* (New York: Ecco Press, 2012), p.VIII; Jancis Robinson, *The Oxford Companion To Wine* (New York: Oxford University Press, 2006), p.749.
⑧ Jancis Robinson, Julia Harding and José Vouillamoz, *Wine Grapes: A Complete Guide to 1,368 Vine Varieties, Including Their Origins and Flavours* (New York: Ecco Press, 2012), p.VIII.

图6.1 欧亚种葡萄——小芒森（Petit Manseng）。图片由J. Robinson提供

*Vitis vinifera*这一种下面又有人工驯化和野生两个亚种，即*Vitis vinifera* L. ssp.*vinifera*或称ssp.*sativa*，及*Vitis vinifera* L. ssp.*silvestris*，其区分有争议，因为他们的物理性状有重叠，而主要区分又极可能仅来自人工驯化而非自然进化。[①]

酿酒葡萄品种众多和人工干预不无关系。看似平静的葡萄园内实际硝烟弥漫，一直进行着一场看不见的战争，参与各方都在争取自己的基因得以延续。葡萄串开花授粉后形成果粒；果粒成熟后落在地上，连同其中的种子经常被飞鸟带走；种子发芽生长成来自父母基因又有所变异的植株；通常这一植株要生长三年产出下一代后，人们才能知道新一代果实是否具有新的性状，有时更好，有时则不是人们希望的结果。这种自然变异的结果通常又经过人工选择，人工干预从而发挥着重要作用。[②]

有一个广为流传的故事，讲述了西多会的修士品尝勃艮第的土壤来确定葡萄园的选择。[③]还有一个突出的例子是20世纪中叶，一场根瘤蚜灾难毁灭了欧洲大部分葡萄园，后来这场灾害又随着欧亚种葡萄进入美洲，席卷了美洲的葡萄园。直到现在，根瘤蚜病害仍然威胁着全球的葡萄产业。人们尝试过各种应对措施，但都离不开对葡萄园的人为干预。最后解决这一问题的方法，是用对此病害有抗体的美洲本地葡萄根和欧亚种酿酒葡萄嫁接，这也是靠人为干预。[④]休·约翰逊《葡萄酒的故事》一书讲述的基本都是人类干预葡萄园内战争的故事。

我们通常谈论的葡萄也包括鲜食葡萄，葡萄的鲜食用途排在酿酒和制干之后，位列第三。里查德·斯玛特（Richard Smart）在介绍鲜食葡萄（table grapes）时说，鲜食葡萄通常果粒大小比较一致，颜色鲜亮，果肉紧实，果核较少，果皮坚韧，便于储存运输，收获时含糖量通常在15—18° Brix（含糖量的百分浓度）之间，而酿酒葡萄收获时含糖量通常可达22° Brix。[⑤]有理由相信这种区别来自几千年来人类对葡萄性状的人工筛选。而在驯化之初，用于酿酒和鲜食的葡萄并没有像现在这么显著的区别，葡萄品种也没有像现在这样众多。

汉内克·威尔逊（Hanneke Wilson）在研究古代葡萄品种时，提到古希腊生物学家、逻辑学家、亚里士多德的学生和朋友、在亚里士多德离开雅典后一直主持其创立的吕克昂学园的提奥弗拉斯特（Theophrastus，约公元前372—前287年）说过：有多少种土壤就有多少种葡萄，古罗马诗人维吉尔（Publius Vergilius Maro，公元前70—前19年）也说有太多种葡萄了，没有人说得出数量，老普林尼（Gaius Plinius Secundus，23或24—79年）也宣称他在著作中只介绍最重要的葡萄品种，但提到的葡萄品种也有七个，其中两个品种又有七个亚种，库伦梅拉（Lucius Junius Moderatus Columella，公元

①Jancis Robinson, Julia Harding and José Vouillamoz, *Wine Grapes: A Complete Guide to 1,368 Vine Varieties, Including Their Origins and Flavours* (New York: Ecco Press, 2012), p.XIV.

②Jancis Robinson, Julia Harding and José Vouillamoz, *Wine Grapes: A Complete Guide to 1,368 Vine Varieties, Including Their Origins and Flavours* (New York: Ecco Press, 2012), p.XIV.

③[英]休·约翰逊：《葡萄酒的故事》，李旭大译，陕西师范大学出版社，2005，第93页。

④Jancis Robinson, Julia Harding and José Vouillamoz, *Wine Grapes: A Complete Guide to 1,368 Vine Varieties, Including Their Origins and Flavours* (New York: Ecco Press, 2012), p.XVII.

⑤Jancis Robinson, *The Oxford Companion To Wine* (New York: Oxford University Press, 2006), p.678.

丝绸之路上的葡萄酒

2世纪左右）基本同意老普林尼的观点，但不把给出一个长长的综合性清单作为目的，并引用维吉尔的话说这不可能。尽管汉内克并不认为古典作家所描述的不同品种真的是不同品种，也可能是同一品种在不同土壤、气候等条件下的不同表现，[1]但两千多年前古希腊、罗马的古典作家笔下描述的葡萄品种很多，这大概不错。

仅就赤霞珠（Cabernet Sauvignon）这一个品种来说，简西斯·罗宾逊就给出了22个别名，而她给出的这个品种在全世界父系或母系相同的品种就至少有26个，[2]而这一切仅仅发生于200多年里。[3]国内一家著名葡萄园内种植了赤霞珠品种的9个变体或称克隆（clones），尽管还没有用新品种命名，但其葡萄和做酒表现的不同也差异巨大。

人类对葡萄种植的干预，不论是初期的驯化、品种的选择、选址的决策和架式及其他技术手段的采取，都是为了提高产量、改善口感、增强抗性（抗旱、抗寒或抗病害、虫害），为了用葡萄制作的酒精饮料更便宜、更适应潮流、更宜饮。

这种干预，直接导致了品种很多，但从结果上看，这种干预在中国并未发生。

葛藟与蘡薁

直到16世纪，李时珍记载的葡萄也只通过外部形状和颜色区分为几种而已：

其圆者名草龙珠，长者名马乳葡萄，白者名水晶葡萄，黑者名紫葡萄。[4]

他整理了前人成果，自己又做了总结，都说葡萄只有几种，和西方葡萄的众多品种形成鲜明对比：

[颂曰]……，其实有紫白二色，有圆如珠者，有长似马乳者，有无核者，皆七月、八月熟，取汁可酿酒。……。[宗奭曰]段成式言：葡萄有黄、白、黑三种。……[时珍曰]葡萄……七八月熟，有紫、白二色。[5]

宋代的唐慎微在《证类本草》中引用了前人的观点说葡萄只有几种，后来又被李时珍采用。
徐光启刊布于明末的著作《农政全书》也引晋代《广志》的说法：

《广志》曰：有黄白黑三种。水晶葡萄，晕色带白，如着粉，形大而长，味甘。紫葡萄，黑色，有大小二种，酸甜二味。绿葡萄，出蜀中，熟时色绿。至若西番之绿葡萄，名兔睛，味胜糖蜜，无核，则异品也。琐琐葡萄，出西番，实小如胡椒。小儿常食，可免生痘。又云痘不快，食之即出。今中国亦有种者：一架中间生一二穗。云南者，大如枣，味尤长。波斯国所出，大如鸡卵，可生食，可酿酒。[6]

①Jancis Robinson, *The Oxford Companion To Wine* (New York: Oxford University Press, 2006), p.23.
②Jancis Robinson, Julia Harding and José Vouillamoz, *Wine Grapes: A Complete Guide to 1,368 Vine Varieties, Including Their Origins and Flavours* (New York: Ecco Press, 2012), pp.160–161.
③Jancis Robinson, *The Oxford Companion To Wine* (New York: Oxford University Press, 2006), pp.119–121；Charles Frankel, *Guide des Cépages et Terroirs* (Paris: Delachaux et Niestlé, 2013), p.56.
④李时珍：《李时珍医学全书·本草纲目》卷三十三《果部五》，夏魁周校注，中国中医药出版社，1996，第829页。
⑤李时珍：《李时珍医学全书·本草纲目》卷三十三《果部五》，夏魁周校注，中国中医药出版社，1996，第829—830页。
⑥徐光启：《农政全书校注》卷之三十《树艺》，石声汉校注，石定枎订补，中华书局，2020，第一〇三八页。

《广志》的说法有多种文献转引，直到明末，仍引晋代的说法，只能意味着在大约1500年中，人们对这一品种的认识变化不大。这也从上述引文中，人们仅根据这一果实的颜色、形状、大小将其分为寥寥数种得到印证。

清康熙年间《广群芳谱》记录的塞外西域的葡萄品种也只有十个，比西方的种类少得多：

> 今塞外有十种葡萄：伏地公领孙、哈密公领孙、哈密红葡萄、哈密绿葡萄、哈密白葡萄、哈密黑葡萄、哈密琐琐葡萄、马如葡萄、伏地黑葡萄、伏地玛瑙葡萄。[①]

《广群芳谱》说这些是塞外品种，非内地品种。即使这样，也与内地只有三四种显著不同。而西方品种在这几百年间增长了千倍，堪称奇迹。可资对比的是，丝织品毫无疑问是中国的本土产品，千百年来，中国在养蚕、缫丝、织布、印染、提花上的投入和钻研不可谓不多，相应地，丝织品由于质地、技术、纹路的不同名目繁多，有缯、绨、纨、缟、縠、绡、纱、缦、绮、罗、锦、绢、缣、绸、缎、绉、绒、绫、缥、纟、帛、纺等。[②]

中国古代把一种藤蔓植物叫作葛藟，"藟"字让人联想到果实累累成串的形象。《诗经》中有好几首诗都提到这种植物，展现的是缠缠绕绕、蔓延茂密的样子，如：

> 绵绵葛藟，在河之浒。终远兄弟，谓他人父。谓他人父，亦莫我顾！
> 绵绵葛藟，在河之涘。终远兄弟，谓他人母。谓他人母，亦莫我有！
> 绵绵葛藟，在河之漘。终远兄弟，谓他人昆。谓他人昆，亦莫我闻！[③]
> 莫莫葛藟，施于条枚。岂弟君子，求福不回。[④]
> 南有樛木，葛藟累之，乐只君子，福履绥之。
> 南有樛木，葛藟荒之，乐只君子，福履将之。
> 南有樛木，葛藟萦之，乐只君子，福履成之。[⑤]

《易经》中，困卦坎下兑上，显示困相。爻辞用"困于株木""困于酒食""困于石""困于金车"和"困于赤绂"来自下而上分别表示初六、九二、六三、九四、九五之爻象，而用葛藟和臲卼（niè wù）表示极阴：

> 上六：困于葛藟，于臲卼，曰动悔、有悔，征吉。[⑥]

这里利用了藤蔓植物的特性：缠绕得很紧，又没有树干支撑，呈现出动摇不定之貌（臲卼）。

刘向缅怀屈原所作的《九叹》被收于《楚辞》，其中提到葛藟：

① 清圣祖敕撰：《广群芳谱四册》卷五十七《果谱四》，商务印书馆，1935，第一三六四页。
② 张国刚：《中西文化关系通史（全二册）》上，北京大学出版社，2019，第157—161页。
③《十三经注疏》整理委员会整理、李学勤主编：《十三经注疏·毛诗正义（上、中、下）》卷第四·四之一，北京大学出版社，1999，第265—266页。
④《十三经注疏》整理委员会整理、李学勤主编：《十三经注疏·毛诗正义（上、中、下）》卷第十六·十六之三，北京大学出版社，1999，第1008页。
⑤《十三经注疏》整理委员会整理、李学勤主编：《十三经注疏·毛诗正义（上、中、下）》卷第一·一之二，北京大学出版社，1999，第41—42页。
⑥《十三经注疏》整理委员会整理、李学勤主编：《十三经注疏·周易正义》周易兼义下经卷第五《困》，北京大学出版社，1999，第197页。

丝绸之路上的葡萄酒

葛藟蒙于桂树兮，鸱鸮集于木兰。偓促谈于廊庙兮，律魁放乎山间。①

这里用恶草缠绕其他植物、恶鸟栖于高枝，比喻小人能在庙堂之上高谈阔论，而贤良却放逐山野的政治环境，利用的也是葛藟这一藤蔓植物蔓延攀附的特点。

三国时期的曹植也有诗作《种葛篇》流传后世，关注的是葛藟这一藤蔓植物的缠绕形象：

种葛南山下，葛藟自成阴。与君初婚时，结发恩义深。

欢爱在枕席，宿昔同衣衾。窃慕《棠棣》篇，好乐如瑟琴。

行年将晚暮，佳人怀异心。恩纪旷不接，我情遂抑沉。

出门当何顾，徘徊步北林。下有交颈兽，仰见双栖禽。

攀枝长叹息，泪下沾罗衿。良马知我悲，延颈对我吟。

昔为同池鱼，今为商与参。往古皆欢遇，我独困于今。

弃置委天命，悠悠安可任。②

《全唐诗》所辑录的几首提到葛藟的诗也是关注其藤蔓植物的形象：

紫藤萦葛藟，绿刺胃蔷薇。下钓看鱼跃，探巢畏鸟飞。③

葛藟附柔木，繁阴蔽曾原。风霜摧枝干，不复庇本根。④

平生未省梦熊黑，稚女如花坠晓枝。

条蔓纵横输葛藟，子孙蕃育羡蠡斯。

方同王衍钟情切，犹念商瞿有庆迟。

负尔五年恩爱泪，眼中惟有洞泉知。⑤

传说帝尧死后以"空木为椟，葛藟为缄"，成为汉武帝时杨王孙反对厚葬所举的先例，后来被刘向引为勤俭之例：

昔尧之葬者，空木为椟，葛藟为缄。⑥

《汉书》对此事的叙述几乎完全一样。颜师古注：

藟，葛蔓也，一曰，藟亦草名，葛之类也。缄，束也。⑦

这些提到葛藟的引文，关注的无一不是藤蔓植物的形态特征，而非果实。

不过，《诗经》中提到的另一种植物，则是以果实入诗：

六月食郁及薁，七月亨葵及菽。

①《九叹·忧苦》，载林家骊译注《楚辞》，中华书局，2010，第350页。
②王巍：《曹植集校注》，河北教育出版社，2013，第63—64页。
③杜审言：《都尉山亭》，载陈贻焮、郝世峰主编《全唐诗》第一册，文化艺术出版社，2001，第439页。
④李华：《杂诗六首》，载陈贻焮、郝世峰主编《全唐诗》第一册，文化艺术出版社，2001，第1180页。
⑤李群玉：《哭小女痴儿》，载陈贻焮、郝世峰主编《全唐诗》第四册，文化艺术出版社，2001，第103页。
⑥刘向：《说苑校证》卷第二十《反质》，向宗鲁校证，中华书局，1987，第五二八页。
⑦班固：《汉书（全十二册）》卷六十七《杨胡朱梅云传第三十七》，中华书局，1962，第二九〇九页。

八月剥枣，十月获稻。①

图6.2　野葡萄

蕧又名燕蕧、蘡蕧、婴蕧、婴奥、蘡舌，字形也类似果实累累成串，有文献认为葛藟即蘡蕧，都是葡萄。现代植物学将葛藟和蘡蕧分类为与*Vitis vinifera*同为葡萄属的爬藤植物科不同植物。

葛藟和蘡蕧都是中国土生土长的爬藤植物科葡萄属的植物，也称为山葡萄、野葡萄。《齐民要术》"蒲萄"条下说：

西域有蒲萄，蔓延实并似蘡。②

又在"蕧"条下说：

《说文》曰："蕧，樱也。"《广雅》曰："燕蕧，樱蕧也。"《诗义疏》曰："樱蕧，实大如龙眼，黑色，今'车鞅藤实'是。"③

中国的野葡萄品种资源丰富，占世界已知葡萄属种类的一半④，中国和北美有大量的本地野生葡萄品种，里查德·斯玛特说，野生葡萄树在美洲东部、东南美洲、亚洲和19世纪中期以前的欧洲分布很广。⑤有些野生品种，如美洲的*Vitis labrusca*、*Vitis rotundifolia*和中国的*Vitis amurensis*也能用来做酒，但少之又少，没听说中国人或北美人将这种水果开发成食物来源或加以驯化。公元1000年左右，挪威人雷夫·埃里克森（Leif Eriksson）和他的探险队发现文兰（Vinland）时一定惊叹于这里到处生长的野葡萄。尽管雷夫发现的是否是北美大陆还有争议，但茂盛的野葡萄和后来从欧洲引进的主要用于制酒的欧亚种葡萄形成了鲜明对比。⑥

陈尚武等人梳理了欧美杂交种酿酒葡萄的历史，他们指出：

野生的美洲种葡萄果实不能满足酿酒的需要，尽管移民从17世纪就一直努力尝试种植传统

①《十三经注疏》整理委员会整理、李学勤主编：《十三经注疏·毛诗正义（上、中、下）》卷第八·八之一，北京大学出版社，1999，第503页。
②贾思勰：《齐民要术（全二册）》卷四《种桃柰第三十四》，石声汉译注，石定枎、谭光万补注，中华书局，2015，第439页。
③贾思勰：《齐民要术（全二册）》卷十《蕧》，石声汉译注，石定枎、谭光万补注，中华书局，2015，第1248页。
④薛军主编：《中国酒政》，四川人民出版社，1992，第536页，当中称中国有葡萄属27种；赵志军、张居中：《贾湖遗址2001年度浮选结果分析报告》，《考古》2009年第8期，当中认为，中国占了落叶藤本植物葡萄属（Vitis）60余个种中近30个种，多数分布在长江以南地区；吕庆峰、张波：《先秦时期中国本土葡萄与葡萄酒历史积淀》，《西北农林科技大学学报（社会科学版）》2013年第13卷第3期，当中指出，中国各地的野葡萄种类多达40—50种，占世界野葡萄（2016）种类的一半以上；McGovern说中国有50多种葡萄，占全世界野葡萄品种一半以上，见Patrick E. McGovern, *Uncorking The Past: The Quest for Wine, Beer, and Other Alcoholic Beverages* (Oakland: University of California Press, 2009), p.39；王华、宁小刚、杨平、李华：《葡萄酒的古文明世界、旧世界与新世界》，《西北农林科技大学学报（社会科学版）》2016年第16卷第6期，当中指出，全世界葡萄属植物有80余种，原产于中国的就有42种1亚种12变种；蒋洪恩依据多重考古证据指出"欧亚大陆自然分布的葡萄属植物约为40种，中国就有37种之多"，认为"我国人民对葡萄属植物的认识有着悠久的历史"，见蒋洪恩：《我国早期葡萄栽培的实物证据：吐鲁番洋海墓地出土2300年前的葡萄藤》，载《新疆吐鲁番洋海先民的农业活动与植物利用》，科学出版社，2022，第121页；王军等人认为欧洲和西亚只有欧亚种葡萄，而在中国、美国各有30多个葡萄品种的原因可能在于美洲大陆和中国东部的山脉主要为南北走向，而欧洲和西亚主要为东西走向，使北美和中国东部的葡萄能随着冰川的进退南北迁移，而欧洲和西亚的葡萄只能向西迁移（见王军、段长青：《欧亚种葡萄（Vitis vinifera L.）的驯化及分类研究进展》，《中国农业科学》2010年第43卷第8期）。
⑤Jancis Robinson, *The Oxford Companion To Wine* (New York: Oxford University Press, 2006), p.767.
⑥Patrick E. McGovern, *Ancient Wine: The Search for the Origins of Viniculture* (New Jersey: Princeton University Press, 2003), p.1；Jancis Robinson, *The Oxford Companion To Wine* (New York: Oxford University Press, 2006), pp.767, 750.

丝
绸
之
路
上
的
葡
萄
酒

的欧洲种葡萄，但美国东部地区严重的葡萄病害、根瘤蚜和冬季的严寒使约200年的努力都归于失败。①

宋人唐慎微明确说山葡萄不是葡萄：

> [唐本注云]蘡薁与葡萄相似，然蘡薁是千岁藟。……蘡薁，山葡萄，并堪为酒。②

但明初朱元璋第五子朱橚组织编写的《救荒本草》"葡萄"条在继承前人之余对存疑处有所保留：

> 葡萄　生陇西、五原、敦煌山谷，及河东，旧云汉张骞使西域得其种，还而种之，中国始有，盖北果之最珍者，今处处有之。苗作藤蔓而极长大，盛者一二本，绵被山谷，叶类丝瓜叶，颇壮，面边多花叉，开花极细，而黄白色，其实有紫白二色，形之圆锐亦二种，又有无核者。味甘，性平，无毒。又有一种蘡薁，真相似，然蘡薁乃是千岁藟，但山人一概收而酿酒。
>
> 救饥　采葡萄为果食之，又熟时取汁以酿酒饮。③

一句"旧云"表达了作者对张骞带回葡萄的不确定，但作者又沿袭了这种植物生长在山谷、种类不多的描述。他明确说葡萄以汁酿酒，并说蘡薁不是葡萄，又在后条中单列野葡萄，明确指出野葡萄似葡萄但并非葡萄且也可以酿酒：

> 野葡萄　俗名烟黑。生荒野中，今处处有之。茎叶及实俱似家葡萄，但皆细小，实亦稀疏。味酸。
>
> 救饥　采葡萄颗紫熟者食之，亦中酿酒饮。④

但直到数百年后李时珍在广采各家《本草》之长编写《本草纲目》时，还不能明确酿酒部位，说明《救荒本草》的这种认识一直没有成为主流。

中国典籍中有时区分了葡萄和蘡薁，有时又将二者混为一谈，或语焉不详。李时珍《本草纲目》曾将"蘡薁"附在"葡萄"词条下，后来又分开，另立词条。⑤该书"蘡薁"条下集中了前人对葛藟和蘡薁并非葡萄的见解：

> [恭曰]蘡薁蔓生，苗、叶与葡萄相似而小，亦有茎大如碗者。冬月惟叶凋而藤不死。藤汁味甘，子味甘酸，即千岁藟也。[颂曰]蘡薁子生江东，实似葡萄，细而味酸，亦堪为酒。[时珍曰]蘡薁野生林墅间，亦可插植。蔓、叶、花、实，与葡萄无异，其实小而圆，色不甚紫也。诗云"六月食薁"即此。其茎吹之，气出有汁，如通草也。⑥

但他在"葡萄"词条下又多次引用他人提到的野葡萄，又在"蘡薁"条下引用"葡萄"。

李时珍在《本草纲目》"醋"条"集解"下引用了苏恭所言：

①陈尚武、李德美、罗国光、马会勤：《欧美杂交种酿酒葡萄的历史与展望》，《中外葡萄与葡萄酒》2005年第4期。
②唐慎微：《重修政和经史证类备用本草》卷二十三《果部上品》，蒙古定宗四年张存惠晦明轩刻本，第四六三页。
③朱橚：《救荒本草校释与研究》，王家葵等校注，中医古籍出版社，2007，第305页。
④朱橚：《救荒本草校释与研究》，王家葵等校注，中医古籍出版社，2007，第312—313页。
⑤李时珍：《李时珍医学全书·本草纲目》卷三十三《果部五》，夏魁周校注，中国中医药出版社，1996，第829—830页。
⑥李时珍：《李时珍医学全书·本草纲目》卷三十三《果部五》，夏魁周校注，中国中医药出版社，1996，第830页。

[恭曰]醋有数种，有米醋、麦醋、曲醋、糠醋、糟醋、饧醋、桃醋，葡萄、大枣、蘡薁等诸杂果醋。①

这说明唐代的苏恭已经区分蘡薁与葡萄，但种种证据表明，迟至明代，像李时珍、徐光启这样首屈一指的专家，对葡萄这种植物的了解仍然十分有限。很可能他们尽管区分了葛藟和蘡薁与葡萄的不同，但又很矛盾地用葡萄这一外来词指称了其他中国土生野葡萄。李时珍引用了陶弘景"用藤枝酿酒殊美"的说法，他同时也引用了对此的驳斥，称"葡萄取子汁酿酒。陶云用藤汁，谬矣"。这说明，直到明代，对葡萄用什么部位制酒还没有清晰明确的答案。

司马相如在《上林赋》中的描述又提到了"郁棣"，有一种说法"郁"即"薁"，司马相如在一句话中先后提到了"葡萄"和"蘡薁"，说明他不认为这是一种植物，只是关于"郁"字的解释还不是定论。

清康熙年间成书的《广群芳谱》清楚地说出野葡萄和葡萄的不同，作者在"葡萄"条下另附录"野葡萄"，其中说：

野葡萄，一名燕薁，一名蘡薁，一名婴舌，一名山葡萄，藤名木龙，蔓生，苗叶花实，与葡萄相似，但实小而圆，色不甚紫，亦堪为酒。②

说明在清中期，中国人对葡萄和野葡萄的区分已有了认识。

李时珍另有对葡萄酒的描述：

[时珍曰]葡萄酒有二样，酿成者味佳，有如烧酒法者有大毒。酿者，取汁同曲，如常酿糯米饭法。无汁，用干葡萄末亦可。……烧者，取葡萄数十斤，同大曲酿酢，取入甑蒸之，以器承其滴露，红色可爱。③

葡萄果肉富含糖分，而葡萄果皮上又有天然酵母可引发自然发酵。李时珍说"用干葡萄末亦可"指的很可能是利用皮上酵母来补充曲中酵母可能的不足，显然，发酵富含糖分的葡萄时，如果和糖化、发酵淀粉一样用曲（"如常酿糯米饭法"），效果会很不一样，他所说的可能并非葡萄酒，而是一种混合酒精饮料。虽然李时珍又说：

或云，葡萄久贮，亦自成酒，芳甘酷烈，此真葡萄酒也。④

李时珍认为这才是"真葡萄酒"大概是不错的，但他反而对怎么做"非真"葡萄酒有详细介绍，真是矛盾得可以。

早于李时珍时代，大约在元朝，元人就清楚地认识到"葡萄酒浆虽以酒为名，其实不用米曲"⑤，并对葡萄酒课以比谷物酿酒小得多的税率。李时珍仍然认为要用曲"如常酿糯米饭法"，很有可能是因为他对元代就有的葡萄酒"不用米曲"并不清楚，这可能和葡萄酿酒的方法并未得到扩散有关。

《神农本草经》或说成书于秦汉，或说成书于战国，假托为上古神农氏所作，实则是后世医家对

①李时珍：《李时珍医学全书·本草纲目》卷二十五《谷部》，夏魁周校注，中国中医药出版社，1996，第688—689页。
②清圣祖敕撰：《广群芳谱四册》卷五十七《果谱四》，商务印书馆，1935，第1374页。
③李时珍：《李时珍医学全书·本草纲目》卷二十五《谷部四》，夏魁周校注，中国中医药出版社，1996，第694页。
④李时珍：《李时珍医学全书·本草纲目》卷二十五《谷部四》，夏魁周校注，中国中医药出版社，1996，第694页。
⑤陈高华等点校：《元典章（二）》户部卷之八《典章二十二》，中华书局、天津古籍出版社，2011，第865页。

丝绸之路上的葡萄酒

前人经验的总结，是后世所有《本草》之祖，原书已佚，但多为后世文献所引用，现存文字均为后世人所辑录引用。《本草纲目》就引用《神农本草经》的说法，说葡萄生长在陇西以及敦煌的山谷中，各类《本草》引用《神农本草经》时都会说"生山谷"。

生长在山谷里的植物，极有可能是野生，很难想象人类会选择在崎岖不平的山谷里种植作物，平整和土地处理需要花费大量人力、物力，冬季埋土又需要人的大量照顾，如果说生长期的葡萄如不照顾只影响结果好坏，但冬季是否埋土则关乎生死。有可能那时葡萄和名称早已传入中国，使得作者用葡萄之名称呼原生于中国的野葡萄。

《酉阳杂俎》中关于贝丘之南葡萄谷的描述有可能是野葡萄：

> 贝丘之南，有蒲萄谷，谷中蒲萄，可就其所食之，或有取归者，即失道，世言王母蒲萄也。天宝中，沙门昙霄，因游诸岳，至此谷，得蒲萄食之。又见枯蔓堪为杖，大如指，五尺余，持还本寺植之，遂活。长高数仞，荫地幅员十丈，仰观若帷盖焉。其房实磊落，紫莹如坠，时人号为草龙珠帐焉。[1]

这个描写强调的是这种植物攀爬的特性，可以"长高数仞"，没有说此果实是否用来酿酒、味道如何，又长在山谷，很可能是没有得到人工种植的野葡萄。葛承雍据此认为"不同的葡萄树在盛唐天宝之前就已种植"略嫌武断。他又认为"估计适合酿酒的葡萄种类并不多"则有一定道理。[2]

今甘肃省天水市古称秦州，南朝郭仲产所著《秦州记》已散佚，但文字散见于多种古籍的引用。

> 《秦州记》曰，秦野多蒲萄。[3]

蒲萄长在远离城郭的郊野，很可能是野生，而非人工种植。秦州位于陇南，河西走廊又是西域到中原的要道，此处的葡萄是引进的欧亚种葡萄还是野葡萄并未可知。

李时珍对于此一外来物种也有疑虑：

> 《汉书》言张骞使西域还，始得此种，而《神农本草》已有葡萄，则汉前陇西旧有，但未入关耳。[4]

《神农本草经》一边用音译的"葡萄"这一名称，一边又说这种植物"生山谷"，这种自相矛盾既催生了"人酺饮之，则酶然而醉"这种说法，又说明如果后人对《神农本草经》的引用和辑录无误的话，葡萄这一名称进入中国应当早于张骞，也说明中国人千百年来对葡萄这种植物知之甚少。后世对葡萄一词音译来源的研究和葡萄很早就在今天的格鲁吉亚得到人工栽培的考古证据，愈发说明中国古人误把"生山谷"的中国原生野葡萄冠以了外来的葡萄之名。

明代史玄也注意到葡萄不能"遍植山谷"：

> 葡萄、石榴，皆人家篱落间物，但不能遍植山谷。[5]

明代陆容对"生山谷"说有所疑问：

---

①段成式：《酉阳杂俎》前集卷十八《广动植之三》，张仲裁译注，中华书局，2017，第712页。
②葛承雍：《"胡人岁献葡萄酒"的艺术考古与文物印证》，《故宫博物院院刊》2008年第6期（总第140期）。
③李昉：《太平御览》第八卷，孙雍长、熊毓兰校点，河北教育出版社，1994，第788页。
④李时珍：《李时珍医学全书·本草纲目》卷三十三《果部五》，夏魁周校注，中国中医药出版社，1996，第829页。
⑤史玄：《旧京遗事》，载史玄、夏仁虎、阙名著《旧京遗事　旧京琐记　燕京杂记》，北京古籍出版社，1986，第二二页。

盖京师种葡萄者，冬则盘屈其干而庇覆之，春则发其庇而引之架上，故云。然此盖或种于庭，或种于园，所种不多，故为之屈伸如此。若山西及甘凉等处深山大谷中，遍地皆是，谁复屈之伸之？[①]

到了明代，人们观察到葡萄若不埋土会死，每年冬天的"盘屈其干"和春天的"发其庇而引之架上"是必须的繁重体力劳动，陆容不禁问道，"若山西及甘凉等处深山大谷中，遍地皆是，谁复屈之伸之？"

葡萄是外来植物本来当无异议，毋庸赘言。但中国的一些典籍关于葛藟与蘡薁的记载、关于周代官制的记载和一些考古发现，又带来了一丝混淆。很多人认为，不论是栽培的还是野生的，葡萄属植物中绝大多数品种的果实都可食用或酿酒，让人觉得一些外来物种也都最早起源于中国、一些引进的物种也源于中国或者最早的葡萄酒出自中国。最易带来混淆的考古发现大概就是贾湖遗址的发现。

贾湖

距今7500—9000年前，在现在的河南省舞阳县北舞渡镇贾湖村附近，一个部落聚居在这里。他们已经开始种植水稻，但是他们的种植面积不大，恼人的是，很多稻粒一成熟就脱落了，留在穗上可以采收的只有一部分，可能人们刚定居下来不久，正在逐步改变采集、狩猎的习惯，或许因为单靠种植还不够生活，采集和狩猎仍必不可少。

水稻的稻粒与稻穗通过小穗连接，严格讲是通过小穗顶端的小穗轴相连，稻粒的底端叫基盘。野生水稻的稻粒一旦成熟就会脱落到地上，而经过筛选驯化的稻粒会在成熟后还留在稻穗上，方便人类来收割。对水稻基盘、小穗轴形态特征的研究是判别水稻是否被驯化的重要依据。多个新石器时代考古遗址发现的水稻稻粒的驯化特征比例从40%—70%不等，表明人类驯化水稻的历史并非一蹴而就，各地或有不同。在贾湖遗址考古发现的稻粒中，对可以鉴定的小穗轴形态的研究表明，将近80%左右的稻谷得到了驯化，说明贾湖的稻作农业已经发展了一段时间。但并不能说明贾湖人工种植的水稻已经取代了采集，张居中等人的研究表明稻作农业可能仅是贾湖先民的辅助性产业活动，野生植物资源应该是其植物性食物结构的主体，采集是获取植食资源的主要方式。[②]

遗址中出土了一些陶罐或残片，从内容物留下的痕迹上看，这些陶罐曾装有液体，一些陶器或陶片上还可以提取到残留物。麦戈文将其中16块陶片带到美国并召集了来自全球各地的科学家对其进行了化学分析，他们先用甲醇和氯仿提取被陶片吸收的物质，再用液相色谱-质谱（LC-MS）、碳和氮同位素以及红外光谱等多种方法进行分析，找到了这些陶罐内容物主要成分的化学标记物。[③]

分析发现酒石酸残留反复出现。如果分析物来自中东，可以确定该酒石酸来自葡萄制品如葡萄酒，因为在那里，酒石酸或酒石酸盐仅仅来自葡萄。而在中国，酒石酸可能来自葡萄、山楂、山茱萸、龙眼和天竺葵属植物的花和叶，制作中国酒或清酒的糖化过程也会产生少量的酒石酸，但能解释如此高

①陆容：《菽园杂记》卷五，载陆容、杨慎、龙遵叙著《菽园杂记 升庵外集 饮食绅言》，中国商业出版社，1989，第28页。
②张居中、程至杰、蓝万里、杨玉璋、罗武宏、姚凌、尹承龙：《河南舞阳贾湖遗址植物考古研究的新进展》，《考古》2018年第4期。
③Patrick E. McGovern, *Uncorking The Past: The Quest for Wine, Beer, and Other Alcoholic Beverages* (Oakland: University of California Press, 2009), pp.36–37.

图6.3 贾湖遗址的陶罐，大约制作于公元前7000—前6600年，编号分别为M252:1、M482:1和M253:1（由左至右），最高罐大约20厘米高。麦戈文及团队分析了遗址出土的一些陶片，结论显示，这样的陶罐装有来自稻米、蜂蜜和水果（山楂和/或葡萄）的混合酒精饮料。图片由张居中提供

浓度的酒石酸残留的，只有葡萄和山楂。[1]2001年，麦戈文研究报告首次发表后，赵志军等对贾湖遗址取样进行浮选分析，得到的炭化葡萄属种子有110粒之多，这在其他遗址的浮选结果中并不常见，说明葡萄属植物与贾湖人的日常生活关系比较密切。葡萄属的种子虽然难以做到种间区分，但比较容易辨认。[2]

麦戈文在介绍赵志军的成果时，说浮选结果取得了山楂和葡萄种子而没有其他种子，这使麦戈文更加确信了他的团队的研究结果，并相信山楂和葡萄这两种成分都存在，作用是增添味觉和启动发酵。[3]但在赵志军发表的报告中却找不到浮选结果中有山楂种子的说明，吕庆峰等人据此说浮选结果中没有山楂种子。也许麦戈文的结论来自赵志军等人浮选结果尚未正式发表时的印象，但葡萄属植物至少是麦戈文团队在贾湖遗址出土陶片上发现的酒石酸来源之一，就算不是唯一来源。

吕庆峰等人对几处中国新石器时代葡萄用于酿酒的证据进行了梳理，认为湖南道县玉蟾岩文化遗址出土的公元前8000年前的野葡萄种子和圆底罐型陶器，虽不能说明这些野葡萄已用于酿酒，但可证实葡萄已经成为这一时期先民的食材；麦戈文团队既然已在河南舞阳贾湖遗址的陶罐碎片中检测到葡萄或山楂的标记，而浮选结果又只有葡萄种子，说明葡萄属的植物曾用于酿酒，这是目前葡萄用于酿酒的中国最早，也是世界最早的考古证据；而公元前3000年左右的浙江省几处新石器时代晚期遗址和公元前2500—前2200年龙山文化两城镇遗址都出土了葡萄属植物的种子，说明在新石器时代晚期中国居民仍然在食用葡萄或用葡萄酿酒。吕庆峰等人认为贾湖遗址发现的葡萄很可能因其芳香甜蜜而被用以酿造某种含有葡萄的混合饮料。他们在结论中又发问，中国会是世界上最早酿造葡萄酒的地区吗？他们认为中国原生的葛藟与蘡薁不同于种植于皇家御苑的珍果葡萄，并暗示贾湖遗址参与酿造混合饮料的就是野葡萄。[4]

①Patrick E. McGovern, *Uncorking The Past: The Quest for Wine, Beer, and Other Alcoholic Beverages* (Oakland: University of California Press, 2009), pp.37-38.

②赵志军、张居中：《贾湖遗址2001年度浮选结果分析报告》，《考古》2009年第8期。

③Patrick E. McGovern, *Uncorking The Past: The Quest for Wine, Beer, and Other Alcoholic Beverages* (Oakland: University of California Press, 2009), pp.38, 43.

④吕庆峰、张波：《先秦时期中国本土葡萄与葡萄酒历史积淀》，《西北农林科技大学学报（社会科学版）》2013年第13卷第3期。

含有葡萄的混合饮料和葡萄酒差别巨大，把含有葡萄的混合饮料称为葡萄酒容易引起误解，而贾湖遗址之所以在酒精饮料原料中加入葡萄，既可能是因其芳香甜蜜，更可能是为了利用其皮上的天然酵母，毕竟那时的古人对发酵还不甚了解，如何启动发酵是他们面临的最大问题。

麦戈文不仅找到了酒石酸的标记物，还找到了蜂蜡残余——这种化合物几乎不可能完全去除，从而确定了蜂蜜的存在。通过仔细的化合物比对和采用碳、氮的同位素分析，麦戈文团队还确认了水稻成分。[①]

从麦戈文、赵志军团队对其成分分析的结论来看，酒精饮料的制作时间大约在秋季。此时，稻谷已经收获，从小穗轴研究结果看，这些稻粒还未脱离稻穗。那时应该还没有专用的脱粒设备，拍打地面似乎是最直接的方法，这样收集起来的稻粒就堆积在一旁。

野果都熟了，采集的野果分类堆积在另一边，特别是山楂和某种野葡萄，类似后来叫作葛藟或蘡薁的果实。刚收集的蜂蜜被加水稀释。

一些中国本土的野葡萄，如*Vitis amurensis*和*Vitis quinquangularis*，含有高达19%的单糖，又是酵母的天然宿主。糖分稀释到30%Brix的蜂蜜也能激活酵母。麦戈文认为，贾湖饮料如果有这些水果和蜂蜜的成分，在适宜的温度下几天内就可以自然启动发酵。[②]

单独的稻谷成分不能直接被酵母利用，得先经过糖化阶段，即将稻谷种子中的淀粉分解为单糖。一种方法是让稻谷发芽，另一种更可控的糖化方法则是利用人的唾液。这种口嚼制酒的传统一直延续到现在，在日本、中国台湾和一些少数民族地区还可以见到。[③]

可以想见，在所有成分凑齐之后，一群女人围着几个陶罐，将一把把稻米放到嘴里咀嚼，等嚼到出甜味时，把嚼成的糊糊吐到面前的罐子里。等罐子里的糊状物装得差不多了，她们再把稀释好的蜂蜜、碾碎的山楂和野葡萄加到罐里搅拌，然后等待环境中和果皮上自带的酵母发挥作用。

这些自然发酵的酒精饮料，在使用时，有可能从半地下棚屋中被抬出来。这时，可能是巫师的葬礼，或是需要感谢神灵保佑的丰收庆典。不远处空地中央已经架好篝火，准备烤肉。一只家猪已经捆好四蹄待宰杀献祭。通过对贾湖遗址出土的猪骨材料进行研究，罗云兵等认为贾湖遗址在公元前6500年已存在家猪驯养。[④]

发酵好的液体喷香扑鼻。巫师（如果是老巫师的葬礼，这个巫师就是新巫师）也会吹响骨笛，召唤神灵，献上这些珍贵的液体。在这种液体的作用下，这位巫师会做出他平时不可能做出的动作，跳出他平时不可能跳出的舞步，发出他平时不可能发出的声音。最后，整个部落都会饮用这种液体，在笛声中载歌载舞，将典礼推向高潮。

和陶器多孔隙不同，青铜器的器壁紧密，难以渗入曾装过的液体。杨益民等人在出土青铜器内的土壤中提取有机物，间接分析青铜器的内容物。他们在比贾湖晚很多的青铜器皿中发现了酒石酸残留[⑤]，说明到了西周初期，葡萄（很可能是野葡萄）也用来制酒，很可能是为了启动发酵。

①Patrick E. McGovern, *Uncorking The Past: The Quest for Wine, Beer, and Other Alcoholic Beverages* (Oakland: University of California Press, 2009), p.37.
②Patrick E. McGovern, *Uncorking The Past: The Quest for Wine, Beer, and Other Alcoholic Beverages* (Oakland: University of California Press, 2009), p.38.
③Patrick E. McGovern, *Uncorking The Past: The Quest for Wine, Beer, and Other Alcoholic Beverages* (Oakland: University of California Press, 2009), pp.38–39; H. T. Huang, *Science and Civilisation in China: Volume 6, Biology and Biological Technology, Part 5, Fermentations and Food Science* (Cambridge: Cambridge University Press, 2000), pp. 153–154.
④罗云兵等：《河南舞阳县贾湖遗址出土猪骨的再研究》，《考古》2008年第1期。
⑤杨益民、郭怡、马颖、王昌燧、谢尧亭：《出土青铜酒器残留物分析的尝试》，《南方文物》2008年第1期。

丝绸之路上的葡萄酒

贾湖的考古发现证实了新石器时代早期，中国先民们已经在酿酒中利用了葡萄属植物。正如彭卫曾经指出的："国外有学者以贾湖出土的葡萄籽为例证，将中国酿酒历史追溯到距今8000年以前，国内也有学者倾向于这个推测。"他认为："国内新石器时代遗址发现的野生葡萄，可能反映了华夏先民曾经以野生葡萄为食，却不能说当时人已经利用野生葡萄酿酒，毕竟某个物种由取食到酿酒之间的距离并不很近。"问题是，考古学家们在贾湖不仅发现了葡萄属植物种子，也发现了这种果实用于酿酒的痕迹。彭卫认为，"中国本土确有野生葡萄，但在葡萄酒传入之前未有以野生葡萄酿酒事。"至于为什么没有酿酒，彭卫认为是西域人阻断了酿酒技术传入内地，"西域人可能为垄断葡萄酒的高额利润将酿造技术秘而不宣，使得葡萄酒在汉代以及汉以后很长一段时期中都是一种珍物"。他认为："葡萄酒没有成为中国古代的主流酒类则是不争的事实。"①更有可能的是，酿酒葡萄没有在中国野生和得到驯化，而"葡萄酒没有成为中国古代的主流酒类"则是因为其与中国人以曲酿酒的口味不合受到排斥，而非酿酒技术受到了什么人的阻断。

这个部落的人已经会在龟甲上刻下符号，记录和表达意义。此后若干年，他们的后人将陶罐的形象用以指代这种神秘的液体，这就是现在的"酉"字，之后又加上表示液体的水字旁，成为酒字。直到多年后，这个聚居区被重新发现。

古老的文字

两河流域的楔形文字也用装有酒精饮料的罐子形象代表酒精饮料。楔形文字的罐子（dug）和啤酒（kaṣ）的符号只差几道刻痕，弗吉尼亚·巴德乐（Virginia Badler）在戈丁丘遗址（大约公元前3500—前3100年）的陶片上，也发现陶罐内部有刻痕。②麦戈文团队对残留在刻痕里的物质进行分析，结果显示含有不易溶于水的草酸盐，很可能是草酸钙（Calcium Oxalate）——啤酒石的主要成分，他们认为这个罐子里曾经装过啤酒。③麦戈文对此感到很惊讶，没有考古证据说明亚洲的东西两端早在新石器时代就有过直接接触，但中国表示酒的文字竟然和楔形文字中表示啤酒的字如此相像。古埃及的圣书体文字也用罐子作为指示酒精饮料的限定符——限定符是一种象形符号，限定前面的符号的含义。

麦戈文认为，尽管没有中国和近东地区在新石器时代直接接触的考古学证据，但那时已有跨越沙漠和高山的思想和文化交流，这种交流可能非常缓慢，一点一滴地发生，两地几乎同时制造出了类似的酒精饮料、类似的容器、类似的文字和类似的爱情诗歌，成了两地间思想和文化以及酿酒技术交流的例证。④

这种思想和文化、技术的交流虽然并不要求起终点的人们直接接触，但其中应该有人的接触，哪怕这种接触是间接的、接力式的，通过一程接着一程的人员流动才能实现。这种人的流动可能并非没有发生，而是可能发生得太过久远，没有留下可供后世学者考古研究的痕迹。

①彭卫：《汉代酒杂识》，《宜宾学院学报》2011年第11卷第3期。
②Patrick E. McGovern, *Uncorking The Past: The Quest for Wine, Beer, and Other Alcoholic Beverages* (Oakland: University of California Press, 2009), pp.61, 67.
③Rudolph H. Michel, Patrick E. McGovern and Virginia R. Badler, "Chemical evidence for ancient beer," *Nature*, vol.360 (Nov. 1992): 24; Rudolph H. Michel, Patrick E. McGovern and Virginia R. Badler, "The First Wine & Beer—Chemical Detection of Ancient Fermented Beverages," *Analytical Chemistry*, vol. 65 (Apr. 1993): 408A-413A.
④Patrick E. McGovern, *Uncorking The Past: The Quest for Wine, Beer, and Other Alcoholic Beverages* (Oakland: University of California Press, 2009), p.104.

有人认为中国文化西来，也有人认为东方文化西渐。恐怕不能轻易排除的可能是，不同地域的人类对大自然有差不多的理解，不约而同地做出了相似的决策。如果人类对酒精的嗜好写入了人的基因，一个地方的人类可能并不是从别的地方学到如何制作酒精饮料的，不是从别的地方学到如何制作陶器的，也不是从其他地方学到用盛装这种饮料的容器的形象来指代这种饮料的。如果发生过交流和影响，这种交流和影响可能并非单向发生，而且可能很早就已发生。

埃及圣书体中表示葡萄酒的限定符号是两只并排用绳索固定的尖底瓶，字典的解释是酒囊[1]。麦戈文认为公元前3150年左右蝎子王一世坟墓中的尖底瓶来自地中海沿岸，在尼罗河三角洲一带换过陶塞[2]，很可能在到达上埃及时，人们将装有葡萄酒的尖底瓶这样捆扎在一起，再驮到骆驼背上。蝎子王坟墓还出土了一些文字符号，一些学者因此将埃及文字发明的年代上推到蝎子王时代，比两河流域发明文字的年代还早。这说明，这个时代的埃及已经出现象形符号，成为文字的萌芽。这种限定符号的出现，可能是证明早期埃及葡萄酒来自进口的证据。

但詹嘉注意到，"酒"字最初写为的"酉"极像盛酒之器，多数甲骨文学者认为它本指酒器，后引申为"酒"，并由此认为"饮酒是先有器皿，后有酒液"。[3]但文字出现之初已经有酒且至为重要，故而会以装酒的器物形象指代"酒"，并不能得出"饮酒是先有器皿，后有酒液"的结论。

中文和合本《圣经》中，"博士"一词来自英文新国际版（New International Version，NIV）的"Magi"，或为智者（Wise Men）：

当希律王的时候，耶稣生在犹太的伯利恒。有几个博士从东方来到耶路撒冷，说："那生下来作犹太人之王的在哪里？我们在东方看见他的星，特来拜他。"[4]

宾夕法尼亚大学的梅维恒（Victor H. Mair）研究了古汉语中来自古波斯语的借词，他认为古汉语的"巫"字（*myag）和古波斯语表示琐罗亚斯德祭司的词麻吉（maguš）同源，后者又是现代英语中魔法（magic）和魔术师（magician）的来源。而麻吉就是来拜见诞生在伯利恒马厩里襁褓中耶稣的东方

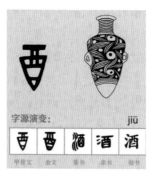

字源演变： jiǔ

| 甲骨文 | 金文 | 篆书 | 隶书 | 借字 |

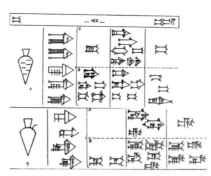

图6.4 汉字"酒"的演变，最早的字形（甲骨文）"酉"来自酒坛形象（左图）；两河流域的楔形文字从象形符号发展而来，最早的象形形象也来自装酒的容器（中图）（欧阳晓丽 供）。中图上表示意为啤酒的kaš一字的原始形象为酒罐，内有几道痕迹，没有这几道的是中图下表示容器的符号dug。右图显示埃及圣书体中酒罐的形象用作限定符时的含义：一种装液体的容器或容器所装的东西，啤酒或牛奶

①E. A. Wallis Budge, *An Egyptian Hieroglyphic Dictionary* (London: John Murray, 1920), p.cxliii.
②Patrick E. McGovern, *Uncorking The Past: The Quest for Wine, Beer, and Other Alcoholic Beverages* (Oakland: University of California Press, 2009), pp.166—170.
③詹嘉：《明代景德镇瓷质酒具与士人酒风》，载《第四届亚洲食学论坛（2014西安）论文集》，2014，第216—226页。
④选自《圣经·新约·马太福音》2：1—2。

三博士（Magi），麦戈文认为这三名智者很可能是琐罗亚斯德祭司，其所来之处不会比伊朗更东。[1]也有人认为所谓东方三博士是来自阿拉伯半岛北部的贝都因人[2]，这两种解释的不同在于对三博士所来自的东方有多东理解不同，但都说明，人的流动和交流可能很早就发生了。

世界最古老的酒

麦戈文一直在将目光投向中东地区，他此前确认含有酒石酸的酒罐出土于西亚（Godin Tepe）[3]，他通过化学分析发现大约公元前6000—前5000年前很可能用于发酵、陈年和侍用葡萄酒的容器出土于格鲁吉亚。[4]至少数万年前，当智人再次走出非洲时，他们首先到达的是地中海岸边。自然，麦戈文在寻找古代酒类遗存的证据时，也将关注的重点放在地中海。

麦戈文最终把人类造酒的考古证据定位到了贾湖遗址的年代，也就是距今9000—7500年前。世界上最古老的酒精饮料，发现于中国贾湖。麦戈文认为他们团队研究成果最大的惊喜是得知贾湖饮料中很有可能含有葡萄成分，这是葡萄这种植物在全球各地用于酿酒的最早事例。但旋即麦戈文又认为在中国发现世界上最早对葡萄的利用应在情理之中，因为50种以上的野葡萄出产于中国，占世界野葡萄资源的一半以上。麦戈文认为陶罐中发现的酒石酸来自山楂或野葡萄，而非今天遍布世界的欧亚种酿酒葡萄，而欧亚种用于酿酒的葡萄对中国来说纯粹是外来物种。

麦戈文提醒说贾湖遗址仅有5%被发掘出来，更多的惊喜可能还在后头。[5]他说，来自贾湖的混合饮料可能是迄今为止世界上已知最古老的酒精饮料，但中东及随其后，随时都会出现新的证据，颠覆现在的认知。他指的是土耳其东部，虽然化学分析的结果还未出来，但麦戈文认为，几乎与贾湖先民在黄河区域制造酒精饮料的同时，在土耳其东部的一些村庄，村民很可能正在制造葡萄酒。[6]

直到2024年，贾湖混合饮料仍被称作世界上最早的酒精饮料，颠覆性新证据并未出现。即使发现了更早的考古证据，贾湖混合酒精饮料也仍是世界最早的酒精饮料之一，仍是很早含有葡萄成分的酒精饮料，只是没有证据表明，那时的酒精饮料和现在的葡萄酒是一回事。显然，麦戈文也不认为二者相同或相近，或一种是另一种的直接祖先。他在复制这种人类古老的酒精饮料时，是与啤酒厂合作的，并把得到的饮料称为啤酒。[7]

---

[1]Patrick E. McGovern, *Uncorking The Past: The Quest for Wine, Beer, and Other Alcoholic Beverages* (Oakland: University of California Press, 2009), p.60; Victor H. Mair, "Old Sinitic *myag, Old Persian maguš, and English, 'Magician'," *Early China*, vol.15 (1990): 27-47.

[2][美]菲利普·希提：《阿拉伯通史（第十版）》上，马坚译，新世界出版社，2008，第39页。

[3]Patrick E. McGovern, *Uncorking The Past: The Quest for Wine, Beer, and Other Alcoholic Beverages* (Oakland: University of California Press, 2009), p.60; Patrick E. McGovern, Donald L. Glusker, Lawrence J. Exner, and Mary M. Voigt, "Neolithic resinated wine," *NATURE*, vol.381(Jun.1996): 480-481.

[4]Patrick E. McGovern, Mindia Jalabadze, Stephen Batiuk, Michael P. Callahan, Karen E. Smith, Gretchen R. Hall, Eliso Kvavadze, David Maghradze, Nana Rusishvili, Laurent Bouby, Osvaldo Failla, Gabriele Cola, Luigi Mariani, Elisabetta Boaretto, Roberto Bacilieri, Patrice This, Nathan Wales, and David Lordkipanidze, "Early Neolithic wine of Georgia in the South Caucasus," *PNAS*, vol.114 (Nov. 2017): E10309-E10318.

[5]Patrick E. McGovern, *Uncorking The Past: The Quest for Wine, Beer, and Other Alcoholic Beverages* (Oakland: University of California Press, 2009), p.39.

[6]Patrick E. McGovern, *Uncorking The Past: The Quest for Wine, Beer, and Other Alcoholic Beverages* (Oakland: University of California Press, 2009), p.103.

[7]Patrick E. McGovern, *Uncorking The Past: The Quest for Wine, Beer, and Other Alcoholic Beverages* (Oakland: University of California Press, 2009), p.43.

第六章　本土葡萄

在贾湖遗址发现了人类最早的酒类遗存，和使用葡萄作原料酿酒的痕迹，大概率是不错的，但说贾湖遗址发现了最早的葡萄酒则跨越太大。

Terroir，风土

Terroir是个法语词，通常译为风土。这个译名让人联想到土地。休·约翰逊（Hugh Johnson）在《世界葡萄酒地图》（第一版）的导论里说：

> 葡萄酒是唯一一种其价格取决于它所来何处的农业产品。
> 葡萄酒越好，它的来源就越清晰——直到最小的地块。[①]

休·约翰逊后来又更正说，其实他上面"农业"二字的限定是多余的。

世界葡萄与葡萄酒组织（OIV，l'Organisation Interationale de la Vigne et du Vin）对风土的定义说：

> 风土概念是指一个空间里可识别的物理和生物环境与葡萄种植实践之间的互动所形成的集合知识，赋予了这一地区原产地产品的独有特征。[②]

夏尔·弗兰凯勒（Charles Frankel）在说到风土的含义时说：

> 风土概念涉及区域气候、葡萄园小气候、地势（坡度，露出地面的土壤）、土壤质地和性质，还可以加上传统操作方法和酒农的专业知识。[③]

欧兹·克拉克（Oz Clarke）和玛格丽特·兰德（Margaret Rand）也说：

> 风土至今仍是一个难于理解的概念，但重要的是要能认识到风土不等于土壤。[④]

让-保罗·考夫曼（Jean-Paul Kauffmann）引用罗杰·迪翁（Roger Dion）对terroir的定义说：

> Terroir（风土）反映了人们花了巨大代价所赢得的战争，这场战争的对手是大自然面对他客人的无害意应对。[⑤]

考夫曼随后表达了他对这个定义的理解：人类的行为使自然更加智慧，自然是无法抗拒的，出色的葡萄酒只有在这种互动与调和中方得以存在。[⑥]

阿兰·嘉博诺（Alain Carbonneau）和让-路易·埃斯库蒂耶（Jean-Louis Escudier）则说得更详细：他们指出风土一词来自拉丁语territorium，有"领土"的含义，界定适用罗马法律的地区。这与

[①]Hugh Johnson and Jancis Robinson, *The World Atlas of Wine* (London: Mitchell Beazley, 2006), p.6.

[②]OIV, Résolution de l'Organisation Internationale de la Vigne et du Vin / Viti 333, 2010. Alain Carbonneau and Jean-Louis Escudier, *De l'œnologie à la viticulture* (Paris: Quae, 2017), p.47.

[③]Charles Frankel, *Guide des Cépages et Terroirs* (Paris: Delachaux et Niestlé, 2013), p.29.

[④]Oz Clarke and Margaret Rand, *Grapes & Wines: A Comprehensive Guide to Varieties and Flavours* (New York: Union Square & Co., 2010), p.14.

[⑤]Olivier Bernard and Thierry Dussard, *La magie du 45e parallèle* (Paris: Féret, 2014), p.9.

[⑥]Olivier Bernard and Thierry Dussard, *La magie du 45e parallèle* (Paris: Féret, 2014), p.9.

遵守INAO（l'Institut National des Appellation d'Origine）颁布的AOC（Appellations d'Origine Contrôlées）标准可类比。但人们容易犯的最大错误在于只考虑风土的自然因素，其中最重要的是土壤和气候，而忽视了人在这些自然条件下所做的关于葡萄品种、砧木、土壤的维护、田间管理和酿酒方面的决策。[1]

雅克·布鲁安和艾米丽·贝诺（Jacques Blouin & Émile Peynaud）认为葡萄种植中的terroir（风土）有几方面含义需要澄清：

——原始地理环境所造就的土壤特性（如梅多克的砾石，土壤的钙含量，粘土还是沙土，等等。）

——地形特性：高坡地、坡地、低坡地等。

——朝向和周边自然环境造就的特有气候条件：如梅多克之于吉宏德河口，或莱蒙湖畔的沃州葡萄园，或滴金酒庄附近的松林等等。

——人类用诸如灌溉、加土、选择砧木/品种和全年为照看葡萄园投入的心血改善自然。[2]

托马斯·J.莱斯和翠西·G.塞维隆（Thomas J.Rice & Tracy G.Cervellone）对风土的定义为：

Terrroir（风土）是一个葡萄园或一个地理区域的一组可测量的生态系统变量，在这个葡萄园中，一个有机物群体（酿酒葡萄、人类经理及有关的生物体）和地球的自然环境相互作用，生产出葡萄。[3]

汤姆·史蒂文森（Tom Stevenson）列出了构成风土的要素：位置、气候、年份、朝向和土壤。[4]

伊安·塔特萨勒等人认为风土复杂多维，使得这个世界上生产的每一种葡萄酒都和地域有关，且和其他葡萄酒有着显著不同，风土包括了当地的岩石、土壤、排水、坡度、朝向、微气候、纬度、海拔和微生物群。[5]

约翰·格兰斯通（John Glanstones）、里查德·斯玛特和科赫讷里（基斯）·范·鲁文（Cornelis Ven Leeuwen，又名Kees Ven Leeuwen）在《牛津葡萄酒伴侣》的terroir词条里认为，土壤、地形和气候（区域大气候、葡萄园中气候或葡萄植株小气候）及其之间的相互作用，整体构成了独一无二的风土，又说土壤和气候只能通过影响植株的供水和吸收阳光，间接地影响到葡萄藤、葡萄果实和葡萄酒的质量与风格。其实，重点是使几大要素之间相互适应，没有放之四海而皆准的标准（比如，产出好酒的葡萄园土壤就千差万别）。风土的独特性反映在这个葡萄园产出的葡萄酒年复一年地在某些方面呈现一致性，他们说：

这些要素的组合，整体给予了这个地块的独特性，这种独特性年复一年得以呈现，在某种程度上，不论田间管理方式和酿酒技术的变化。这个地块可以很小，也可以很大，但都有鲜明的葡萄酒风格，这种风格无法在其他地方完全复制。[6]

[1]Alain Carbonneau and Jean-Louis Escudier, *De l'œnologie à la viticulture* (Paris: Quae, 2017), pp.47-50.
[2]Jacques Blouin and Émile Peynaud, *Connaissance et travail du vin, 3e édition* (Paris: Dunod, 2001), p.10.
[3]Thomas J. Rice and Tracy G. Cervellone, *Paso Robles: An American Terroir* (Paso Robles: Private, 2007), p.3.
[4]Tom Stevenson, *The Sotheby's Wine Encyclopedia* (London: Dorling Kindersley Limited, 2005), p.14.
[5]Ian Tattersall and Rob DeSalle, *A Natural History of Wine* (New Haven: Yale University Press, 2015), p.134.
[6]Jancis Robinson, *The Oxford Companion To Wine* (New York: Oxford University Press, 2006), p.694.

尽管生长出来的葡萄可能每年不同，但一个地域的整体特征却年复一年一致地反映在葡萄酒中。这可能也是法国葡萄酒在酒标上标识地域而非品种的一个原因。最后，他们高呼："和而不同万岁！"[1]

元初王祯言及"风土"：

> 风行其上，各有方位。土性所宜，因随气化，所以远近彼此之间，风土各有别也。……由是观之，九州之内，田各有等，土各有差。山川阻隔，风气不同。凡物之种，各有所宜。故宜于冀、兖者，不可以青、徐论，宜于荆、扬者，不可以雍、豫拟。此圣人所谓"分地之利"者也。……大抵风土之说，总而言之，则方域之多，大有不同；详而言之，虽一州之城，亦有五土之分，似无多异。……随地所在，悉知风土所别，种艺所宜。[2]

可见，在王祯心目中，"风土"和气候、地形条件有关，均是人所无法改变的。对此，徐光启看法不同，他认为人的努力不可或缺：

> 殆无不可宜者，就令不宜，或是天时未合、人力未至耳。[3]

约翰逊说过其《世界葡萄酒地图》刊行了30年的基础是建立在风土（Terroir）的观点上，但是这样的观点一直受到挑战，特别是葡萄品种对葡萄酒风格的影响日益显著。[4]风土的概念一直在变动中，很可能这个词是为了市场运作的需要而被赋予了这些复杂的含义的，但这无疑是一个成功的市场运作。舒梅科在20世纪70年代给terroir一词下的定义大概反映了当时的人们对这个词的理解：

> Terroir即土壤，在法文中提及葡萄酒时具有很特别的含义，比如风土味（goût de terroir）。有些来自沉重土壤的葡萄酒有着很有个性、不会弄错但又不可描述的泥土味，有时这种味道不讨人喜欢、到处都有又持续长久。这就是风土味（goût de terroir），德文同Bodenton或者Boden-geschmack。优质葡萄酒少有这种味道。这种味道一经确认、很难忘却。[5]

可见，当时的terroir还是个贬义词，含义也比现在狭窄得多。对风土含义的理解虽然各有不同，但都离不开地域、土壤、气候还有文化和人的参与，都限定在一定的地域之中。对风土的崇尚更倾向于认为葡萄酒所表现的地域差异比品种差异更为显著。如果狭义地理解风土，气候条件无疑发挥了更大的作用，这也许是中国没有野生欧亚种酿酒葡萄的原因。在全球变暖这一气候变化的大背景下，一个地方的"风土"或在变化，今天的中国也制造出全世界为之侧目的葡萄酒，可能成本不菲，但千百万年来，由于没有野生欧亚种葡萄生长，也就没有驯化，从而造就了复式发酵法，培养了口味，这一系列后果不容抹杀。

① Jancis Robinson, *The Oxford Companion To Wine* (New York: Oxford University Press, 2006), p.695.
② 王祯：《王祯农书（上、下册）》农桑通诀集之一《地利篇第二》，孙显斌、攸兴超点校，湖南科学技术出版社，2014第〇五一至〇五七页。
③ 徐光启：《农政全书校注》卷之二《农本》，石声汉校注，石定枎订补，中华书局，2020，第五二页。
④ Hugh Johnson and Jancis Robinson, *The World Atlas of Wine* (London: Mitchell Beazley, 2006), p.6.
⑤ Frank Schoonmaker, *Encyclopedia of Wine* (London: A. & C. Black, 1977), p.331.

两个世界

葡萄酒来自葡萄，一般认为，葡萄酒的好坏、风格70%来自葡萄。葡萄这种农产品的地域性，直接导致了风土概念的诞生，也导致了葡萄酒风格的划分。格兰斯通等人又说：

风土的定义成为葡萄酒界新旧两个世界在哲学和商业上有所差异的核心。[①]

"新世界"（New World）一词和地理大发现有关，指克里斯朵夫·哥伦布（Christopher Columbus，约1451—1506年）发现的美洲新大陆，以区分于那时人们的已知世界。尽管哥伦布还一直以为他到达的是印度控制下的一部分，阿美利哥·维斯普奇（Amerigo Vespucci，1454—1512年）认为哥伦布发现的是一个新大陆，他称之为Mundus Novus，意为"新世界"（New World）。他的名字也被用来为新大陆命名（美洲America是Amerigo的阴性）。

如今在葡萄酒界广泛使用的"新世界"（New World）或"旧世界"（Old World）的说法，开创者是休·约翰逊。[②]但新旧世界的划分标准却各有不同。

有人认为所谓旧世界是指葡萄酒诞生地的国家，主要在欧洲和中东，包括法国、西班牙、意大利、德国、葡萄牙、奥地利、希腊、黎巴嫩、以色列、克罗地亚、格鲁吉亚、罗马尼亚、匈牙利和瑞士，而所谓新世界则是曾为殖民地的国家，如美国、新西兰、阿根廷、智利、澳大利亚和南非。持这种观点的人同时认为传统葡萄酒生产国历史悠久，当你品尝旧世界葡萄酒时，可以很确定地知道是用几百年前同样的方法酿出来的。而新世界的酿酒师是移民的后代，更具企业家精神，像他们的祖先在一个新地方寻找更好的生活一样，他们更勇于探索，尝试新的技术手段，不想被几百年之久的旧有模式和方法所束缚。[③]

也有人认为旧世界是位于欧洲、北非和中东地区的葡萄种植国家，如法国、意大利、西班牙、匈牙利、葡萄牙、德国、黎巴嫩、克罗地亚、以色列等，而新世界则是采用旧世界的葡萄酒制作方法酿酒的国家，即不位于欧洲、北非或中东地区的其他国家。[④]还有人认为，旧世界就是葡萄品种诞生的国家，包括位于欧洲和中东地区的一些国家，如法国、意大利、西班牙、德国、葡萄牙、奥地利、希腊、以色列、格鲁吉亚、匈牙利和黎巴嫩，而新世界则是进口葡萄品种的国家，酿酒历史开始较晚，如美国、澳大利亚、南非、智利、阿根廷、新西兰和日本。[⑤]《葡萄酒观察家》（*Wine Spectator*）则认为，简单地说，旧世界就是指欧洲，新世界就是欧洲以外的地区。[⑥]成立只有十年的葡萄酒愚话（Wine Folly）则认为，旧世界是指现代酿酒技术发源的地区，这些国家对外输出葡萄酒、葡萄、酿酒师和传统，如法国、意大利、葡萄牙、西班牙、德国和其他国家（匈牙利、克罗地亚和英格兰等等）；新世界则是那些向这些国家借鉴这种传统的国家，如北美、南美、澳大利亚、新西兰、南非和中国。[⑦]

简西斯·罗宾逊在《牛津葡萄酒伴侣》中对旧世界和新世界作了定义：

---

①Jancis Robinson, *The Oxford Companion To Wine* (New York: Oxford University Press, 2006), p.693.

②Hugh Johnson and Jancis Robinson, *The World Atlas of Wine* (London: Mitchell Beazley, 2006), p.6.

③ "Vinepair Stuff Wine 101: The Guide To Old World Wine Vs.New World Wines," https://vinepair.com/wine-101/guide-old-world-vs-new-world-wines.

④ "Old World vs. New World, Explained," https://vervewine.com/blogs/the-blog/old-world-vs-new-world-everything-you-need-to-know.

⑤ "New World vs Old World Wine," https://www.jebsenfinewines.com/blogs/wine-discovery/new-world-vs-old-world-wine.

⑥Vinny（2016）。

⑦Puckette。

"旧世界"就是欧洲和其他地中海盆地地区，如近东和北非。该词只用于和"新世界"相对，但对所谓"旧世界"的理解并不一致。在最一般的意义上，旧世界比之新世界在葡萄园和酒窖中更依赖传统而非科学，但随着两者间葡萄酒制造商的频繁交流，这一点正在改变。在旧世界的大部分地区，特别是法国、德国和意大利，注重风土至为重要。对典型的旧世界葡萄酒酿造者来说，地域比技术重要得多。[①]

《牛津葡萄酒伴侣》的"新世界"词条指出"新世界"的出现和欧洲殖民分不开，但指出新旧世界的很多不同正在逐渐消失，更多的旧世界国家采用了创新技术而更多的新世界国家愈发注重传统。[②]

法国对外贸易顾问委员会（CNCCEF）则认为近来大量生产葡萄酒的国家，包括中国、巴西、印度、东欧和北非，为新世界和旧世界之外的"新新世界"。对此，李华等人认为中国具有悠久的葡萄酿酒传统，应属于一个新的类别——"古文明世界"（Ancient World），希腊、格鲁吉亚也应在其列。[③]王华等人在《葡萄酒的古文明世界、旧世界与新世界》一文中也阐述了"以中国、格鲁吉亚等远东国家为代表的'古文明世界（Ancient World)'、以法国、西班牙等欧洲国家为代表的'旧世界'，和以美国、澳大利亚等原海上'霸主'殖民地国家为代表的'新世界'"的观点。[④]

丝绸之路上的葡萄酒

新新世界还是古文明世界

李华、王华所倡导的三个世界划分，即在新旧两个世界之外，另外划分出古文明世界，其英文没有"文明"二字，只叫作古世界（Ancient World），这一词语葡萄酒愚话和简西斯·罗宾逊都曾提到。葡萄酒愚话称所谓古世界是指欧亚种葡萄*Vitis vinifera*发源的东欧到西亚地区，并把土耳其、亚美尼亚、黎巴嫩、格鲁吉亚、以色列、伊朗、埃及、叙利亚、伊拉克、阿塞拜疆、约旦、塞浦路斯和希腊等国家列为古世界，称其为旧世界立于其上的肩膀。这些区域今天已成为葡萄酒新兴区域，其在复兴一些古代品种的同时，还借鉴古今的酿酒技术，既有和当代葡萄酒的关联，又在葡萄酒历史上写有浓重的一笔。葡萄酒愚话还将古世界和新旧两个世界绘制在同一张地图上，其并不仅仅在叙述历史，也考虑到这些地区在当今世界上所占的一席之地。值得注意的是它把中国列为新世界而非古世界，葡萄酒愚话认为：

> 尽管这些国家在现代语境下并不以葡萄酒见长，他们酿酒历史的重要性却不容抹杀。事实上，古世界葡萄酒实践的迷人之处在于，他们将现代酿酒技术和古代传统结合到了一起。[⑤]

简西斯·罗宾逊在《世界葡萄酒地图》中专门讲到"古世界"。[⑥]《牛津葡萄酒伴侣》中的"古世界"词条，也指向了古代亚美尼亚、小亚细亚、迦南、中国、埃及、希腊、印度、伊朗、美索不达米

①Jancis Robinson, *The Oxford Companion To Wine* (New York: Oxford University Press, 2006), p.493.
②Jancis Robinson, *The Oxford Companion To Wine* (New York: Oxford University Press, 2006), p.476.
③Li Hua, Hua Wang, Huanmei Li, Steve Goodman, Paul van der Lee, Zhimin Xu, Alessio Fortunato and Ping Yang, "The worlds of wine: Old, new and ancient," *Wine Economics and Policy*, vol.7 (Dec.2018): 178–182.
④王华、宁小刚、杨平、李华：《葡萄酒的古文明世界、旧世界与新世界》，《西北农林科技大学学报（社会科学版）》2016年第16卷第6期。
⑤Puckette.
⑥Hugh Johnson and Jancis Robinson, *The World Atlas of Wine* (London: Mitchell Beazley, 2006), pp.12–13.

亚、腓尼基、罗马和苏美尔等多个词条。显然，简西斯·罗宾逊是在葡萄酒历史的语境下提到古世界的，而未称其为和新旧世界并列的第三个世界。[①]

但是，无论葡萄酒愚话或简西斯·罗宾逊的古世界都和中国学者所提出的古文明世界不同。即使葡萄酒愚话将古世界在同一张地图上与当今的新旧世界并列，也是在指为欧亚种葡萄的发源地并复兴了古老葡萄品种的地区。而它将中国排除在古世界之外，显然不认为中国复兴了古老的欧亚种酿酒葡萄，欧亚种葡萄对中国来说完全是外来物种。中国学者也认为中国是葡萄属的发源地之一，而欧亚种葡萄是完全外来的、"引进"的。[②]

将葡萄酒分成新旧两个世界还是加上古世界后三个世界的分法，针对的都是我们习以为常的葡萄酒。当今世界上所酿酒99％的葡萄酒都是用的欧亚种葡萄Vitis vinifera，[③]所以欧亚种葡萄又称为酿酒葡萄。可见，这种区分的适用范围仅限于葡萄酒，相当狭窄，比如，这样的分法就无法涵盖中国黄酒和日本清酒这样的谷物酿造酒，无法涵盖中国白酒或威士忌这样的谷物蒸馏酒，也无法涵盖市场上没有的历史上的酒。约翰逊当初用新旧世界划分葡萄酒的两种风格，并没有要求这个名字承担起区分历史的重任，但这个名字太好了，许多人力求扩大使用范围。比如，一些国家复兴了一些古老的品种，又借鉴了古今酿酒技术，这种复兴或借鉴也说不清其所复兴的品种有多大程度上是新石器时代的品种，又使用了多少新石器时代的酿酒方法，也不知道古代的技术是否更胜一筹。但使其和现在在市场上销售的葡萄酒挂上钩，才给了葡萄酒愚话以划分出古世界的理由。正如简西斯·罗宾逊所称，法老葡萄酒"太过遥远，毫无意义"。[④]法老葡萄酒难以和现在的葡萄酒挂上钩。

古老的"葡萄酒"确实"毫无意义"，但不是因为"太过遥远"，而是因为没有证据表明，这些酒或酿造方式持续地进化到现在，从而和今天的葡萄酒世界有所关联，可以被认为是现代葡萄酒的祖先。

同样"毫无意义"的是在距今9000—7000年前的贾湖遗址发现的葡萄酿酒痕迹，这一痕迹的发现并非毫无意义而是具有非凡的意义，但无法将其与人们现在所知道的葡萄酒发生关联，甚至无法认为前者是后者的祖先，也无法确认其是某种葡萄酒。麦戈文团队用科学方法检出了陶罐中的酒石酸或酒石酸盐残留，这种残留无法断言中国贾湖是孕育了现代葡萄酒的"古世界"。如果贾湖遗址检出的酒石酸或酒石酸盐被证明来自欧亚种葡萄，历史将被改写。

下面这段文字可能代表了这种认识的典型：

> 而中美科学家对距今约9000—7000年的河南舞阳县的贾湖遗址的研究结果，却使世界葡萄酒的人工酿造历史推前了3000年。……这不仅说明人类至少在9000年前就开始酿造葡萄酒了，而且也说明在世界上最早酿造葡萄酒的可能是中国人。[⑤]

①Jancis Robinson, *The Oxford Companion To Wine* (New York: Oxford University Press, 2006), p.23.

②Li Hua, Hua Wang, Huanmei Li, Steve Goodman, Paul van der Lee, Zhimin Xu, Alessio Fortunato and Ping Yang, "The worlds of wine: Old, new and ancient," *Wine Economics and Policy*, vol.7 (Dec.2018): 178–182; 王华、宁小刚、杨平、李华：《葡萄酒的古文明世界、旧世界与新世界》，《西北农林科技大学学报（社会科学版）》2016年第16卷第6期，第150—153页；吕庆峰、张波：《先秦时期中国本土葡萄与葡萄酒历史积淀》，《西北农林科技大学学报（社会科学版）》2013年第13卷第3期，第157—162页；王军等人指出"中国葡萄资源丰富，但欧亚种葡萄栽培历史较短，中国欧亚种葡萄的栽培史很大程度上就是一部引种史"（见王军、段长青：《欧亚种葡萄（*Vitis vinifera* L.）的驯化及分类研究进展》，《中国农业科学》2010年第43卷第8期）。

③Patrick E. McGovern, *Uncorking The Past: The Quest for Wine, Beer, and Other Alcoholic Beverages* (Oakland: University of California Press, 2009), p.82; Patrick E. McGovern, *Ancient Wine: The Search for the Origins of Viniculture* (New Jersey: Princeton University Press, 2003), p.1.

④Hugh Johnson and Jancis Robinson, *The World Atlas of Wine* (London: Mitchell Beazley, 2006), p.12.

⑤李华等：《葡萄酒工艺学》，科学出版社，2007，第1页。

贾湖遗址的一些陶罐的确曾经装有一种混合酒精饮料，是世界上迄今为止葡萄属植物最早用于酿酒的实例，是人类已知最早的酒精饮料，而且含有葡萄。但并没有证据表明这些饮料的酿造方法延续了下来。如果当初加入葡萄属植物和其他水果是为了启动发酵，这种可能性很大，那么这种酒更可能和现在的葡萄酒没什么联系。

不仅在欧亚大陆，科学检验揭示出全球最初的酒精饮料都是一种混合饮料，其既有谷物残留又有酒石酸、酒石酸盐和蜂蜡的痕迹，这是文化使然，即古人就是喜欢将不同的饮料混合起来饮用，还是他们受到某种自然因素的约束，我们并不知道，但后者似乎更有可能。试想，水果因为果皮上携带有天然酵母，发酵现象更易于被古人甚至古猿注意到，同时易被注意到的还有蜂蜜、畜奶的天然发酵现象。而谷物酿酒来自种子中的淀粉，因多了糖化过程，且自身不携带酵母菌，其发酵现象更不易于观察到。尽管谷物更便宜、更不受季节限制，但古人看到的只是水果、蜂蜜易于发酵而谷物更难启动发酵。他们加入易于发酵的水果、稀释后的蜂蜜可能只为了启动发酵。

学者们都指出谷物酿酒因多了糖化程序，而比水果酿酒更不易被古人注意到。吕庆峰等人指出"粮食用曲发酵做酒程序比较复杂，技术也比较不容易掌握一些"，但又说"我们的先人发现这样伟大的'曲蘖'技术后，对此日益求精而随之开始忽略曾经的果酒酿造术"，并举出中国的先人尝试用水果酿酒的实例。但他们没有说明这些先人为什么"忽略曾经的果酒酿造术"，他们提出问题却没有回答：

> 中国在公元前7000年前，葡萄就加入了酿酒原料的行列，这诞生初期的中国的酒显示出和西亚出土的酒相同的成分。为什么到后来西亚的酒沿着西亚→埃及→希腊→罗马→欧洲的路线发展下去，形成了如今发达的葡萄酒文化，而中国后来却进入了米酒——白酒的发展方向？后来的中国人为什么没有把葡萄酒酿造技术进一步发扬光大，而是选择了曲蘖发酵并蒸馏技术呢？这确是一个值得深入研究的有关物产、气候、文化及饮食结构等的大问题。[①]

这种加入水果的酿酒技术没有在中国继续发展，而"曲蘖发酵"技术得到了选择并发扬光大。法国对外贸易顾问委员会将中国列入"新新世界"反映了它认同中国是采用欧亚种酿酒葡萄酿造葡萄酒的后起之秀的观点。王华等人也指出：

> 我们的研究认为，可以将欧亚种葡萄的引进作为中国葡萄酒产业的起点。……但葡萄和葡萄酒产业的再次崛起却是近30年的事情。[②]

简西斯·罗宾逊认为中国有自己的本土葡萄属品种，中国现代种植欧亚种葡萄的传统虽然比较短，但在很短的时间内，在葡萄园种植面积和葡萄酒生产两方面，其都成了全球葡萄酒界的新生力量。[③]

《葡萄酒愚话》也认为，虽然中国的发酵历史和文化很长，但仍然是葡萄酒世界舞台上的后来者。作者把中国归于"新世界"而非新的分类"古世界"，认为"新世界"倾向于先模仿而后创造，中国更多地采用了"法国模式"。[④]

因此将对葡萄酒有着突出历史贡献的古世界或古文明世界与旨在区分当代商品葡萄酒不同风格的新旧世界划分相并列，实感牵强。

①吕庆峰、张波：《先秦时期中国本土葡萄与葡萄酒历史积淀》，《西北农林科技大学学报（社会科学版）》2013年第13卷第3期，第157—162页。
②王华、宁小刚、杨平、李华：《葡萄酒的古文明世界、旧世界与新世界》，《西北农林科技大学学报（社会科学版）》2016年第16卷第6期。
③Jancis Robinson, *The Oxford Companion To Wine* (New York: Oxford University Press, 2006), p.167.
④Puckette.

丝绸之路上的葡萄酒

两个世界概念是否过时

新旧世界的划分不仅给人以旧世界就是葡萄酒诞生地的错觉，还割裂了葡萄酒的历史。正如葡萄酒愚话的作者所说："因此越来越多的爱好者将这一区域称为葡萄酒'古世界'"，以彰显葡萄酒酿制并非从旧世界发源。[①]

不管对"新世界"和"旧世界"的理解有多么不同，几乎所有人都认为它们代表了差异非常明显的两种风格。"旧世界"葡萄酒更倾向于表达出更轻盈的酒体、更低的酒精度、更高的酸度和更细腻的果香，表现出更丰富的草本植物和矿物特性。"新世界"葡萄酒倾向于表达出更饱满的酒体、更高的酒精度、更低的酸度和充沛的果香，矿物特性更少。

不过休·约翰逊在2005年就指出："时代已经改变。许多'旧世界'葡萄酒已经变'新'，而'新世界'葡萄酒正在变'旧'。"[②]葡萄酒愚话也指出："在全球化时代，把葡萄酒分为'旧世界'和'新世界'显得愚蠢，我们只是为了听懂别人在说些什么，才理解这两个词的含义。"[③]

这可能和气候变暖有关。随着全球气温升高，新旧世界的葡萄产区都越来越热，今天，由于气温升高、葡萄成熟度提高，旧世界葡萄酒达到ABV14%以上酒精度并不罕见。同时，因为消费者对旧世界风格酒的倾向性正是潮流，旧世界风格成了一些新世界酿酒师的目标，高海拔葡萄园的选择势必带来高酸度，并不罕见的是一些新世界葡萄酒倾向于没有那么高的酒精度而且表现出更清爽的酸度。[④]

《葡萄酒观察家》指出，也许几十年前新旧世界的区分还是有益的，现在这显得过时了。新方法和气候变化，使不断变化的葡萄酒世界更加表现出多样性，不能简单用两分法划分。[⑤]

正如简西斯·罗宾逊指出的，"旧世界"和"新世界"的区分正在逐渐消失。著名葡萄酒教育机构英国葡萄酒烈酒教育基金会（WSET）也在不断更新的教材《理解风格和质量》中将"欧盟的静止葡萄酒"和"新世界的静止葡萄酒"两章合并为"世界的静止葡萄酒"一章。[⑥]

格兰斯通等人关于风土的定义是新旧世界差异的核心的观点可以成为划分葡萄酒风格的出发点。一种流行的观点似乎认为风土是旧世界的专利，新世界的种植者和酿酒师好像对风土缺少兴趣甚至嗤之以鼻。但事实表明，新旧世界同样重视风土及风土对葡萄酒质量与风格的影响，只是旧世界更倾向于把这种影响视为老天给定的，难以复制或者改变。他们认为风土概念最基本的一点是所有构成要素均需自然，不能受到管理的显著影响。当然，这种认识无法抹杀人的作用，如果风土给定只能被动接受，那么人的干预和作用从何体现呢？

相比之下，新世界国家更倾向于认为"人定胜天"，科学具有无穷的力量，可以改变一切。突出的例子是对酒窖卫生的重视和一些措施的使用，如不锈钢发酵罐、清洗和无死角下水系统以及用于酒窖温控的人工设施。在葡萄园里，土壤勘查、灌溉越来越普遍。这些措施得益于对现代科技的应用，以及对旧世界古老经验智慧的妥协。

---

①Madeline Puckette, "The Real Differences Between New World and Old World Wine," https://winefolly.com/deep-dive/new-world-vs-old-world-wine/.

②Hugh Johnson and Jancis Robinson, *The World Atlas of Wine* (London: Mitchell Beazley, 2006), p.6.

③Madeline Puckette, "The Real Differences Between New World and Old World Wine," https://winefolly.com/deep-dive/new-world-vs-old-world-wine/.

④ "Old World vs. New World, Explained," https://vervewine.com/blogs/the-blog/old-world-vs-new-world-everything-you-need-to-know.

⑤Vinny（2016）。

⑥Wine & Spirit Education Trust, *Understanding wines: Explaining style and quality* (Hitchin: Wayment Print & Publishing Solutions Ltd., 2016).

可见，新旧世界的区分不在于认为有没有风土、风土对葡萄酒的质量和风格有没有影响，而在于认为风土可不可以改变，以及在多大程度上可以改变。在葡萄园和酿酒技术方面的现代改进，的确有助于消除异味，使产出的葡萄酒更干净，更能表达葡萄品种的内秉特质，而这些葡萄品种是适应了当地区域风土条件的选择。但这些技术也抹杀了原来归因于风土的葡萄酒质量和风格的差别，使得原来地域性的葡萄酒越来越全球化。

比如，中国不仅模仿了法国风格，也学习了"新世界"的技术，还面对其独有的环境问题（比如"埋土"）提出了解决方案。"旧世界"和"新世界"所代表的两个风格还会存在，但只是全球化视角下新涌现出各种风格，用"旧世界"和"新世界"来区分现代葡萄酒可能已经过时。

新旧世界两极的划分可能已经过时，这一名称又可能有误导，但它的核心，对待风土的态度，还有一定价值。

中央集权的政府能集中更多的优势资源，也就更有钱，在稳定和开拓边疆方面能起更大的作用。但葡萄酒的悠久历史造就了在习俗或文化上不易改变的惰性，这使得张骞的"凿空"作用不那么显著，葡萄酒在中国的出现与传播和文化的惰性少不了干系，也和来华定居的外国人有很大关联。正如前往美洲的欧洲移民将他们故土的植物带到了美洲一样，葡萄酒也随着喝酒的人们扩散到美洲和东亚。这种东来西往在三星堆得到了展示。三星堆的地理位置决定了它可能受到了来自东西两个方向的影响。半月形地带理论说明了这种交往的一个可能通道。中国东面南面临海，西面是高山沙漠，北面是草原森林，这样封闭的地理环境保障了中国文化较少受到外来文化的渗透，但不是没有，葡萄酒就是这样渗透的例子之一。葡萄酒是由来华定居的外国人带来的，来华定居的外国人各种各样，有商人、各教僧侣、使节、质子、留学生和逃离原国的国君，不一而足，而以商人为多。

东来西往的人们传播着习俗和文化，这种交流有的受到了朝廷的助力，有的没有，民间的交往源远流长，在华夏大地上特别是边缘地区留下了烙印，到唐朝达到了顶峰。其时，在华居住的外国人带来了文化习俗，其中也包括葡萄酒。但不论其前的长期分裂、当中的统一盛世、其后的再度分裂还是势力横跨欧亚大陆的蒙古帝国的建立，不仅都没有阻挡这种交流的步伐，还在某种程度上促进了交流。

第七章　东来西往

张骞之前

早在张骞之前，东西交通的通路即已存在，这已是历史和考古界的共识。

张骞在大夏市场上见到来自身毒的蜀布和邛竹杖，新疆一带居住着欧洲人种，焉耆和龟兹一带的人们讲着一种和西部欧洲拉丁语及其子孙语言极为相似的语言，怀疑是原始印欧语的西支，新疆洋海墓地发现早在张骞前至少200年的欧亚种葡萄古藤，在张骞尚未返回汉朝前就被司马相如写进《上林赋》而大加赞颂的植物以"蒲陶"为名，这些都说明东西方的交流在张骞之前就有，可能发生得很早。王炳华指出：

> 《前汉书》称帕米尔为葱岭，就是汉代或更早以前已存在过穿行帕米尔高原的最好证明。①

张国刚则说：

> 在汉武帝有意识地发展政府间往来之前，中国与中亚及南亚的民间贸易和文化交流早就有一定规模。②

> 高加索人种至中国西部地区活动的历史至少可以追溯到公元前2000年以前。……先秦时期的黄河流域就与葱岭以西地区有较密切的联系，而遥远的古希腊也具有对远东地区的模糊认识。……中西方文化交流在丝绸还未成为主要贸易商品之前的远古时期就已存在。③

王巍也指出：

> 丝绸之路历史悠久，中西文化交流源远流长。汉代张骞通西域，并非丝绸之路的开始，而是开启了古代东方与西方交流的新时代。即由零星的、断续的、小规模的民间交流转变为大规模的、持续的、官民结合的交流，对于促进丝绸之路沿线国家和地区的政治、经济、文化的发展发挥了极为重要的作用。④

所谓"凿空"，仅能就中国和西方各国的官方关系言之，若民间往来，商贾贸易，则不仅早于张骞时代，而且也不限于这条干线。西方学者华生（W.Watson）既认为"中国神话是把青藏高原，尤其昆仑山脉看作世界的西边极限"，又从"考古证据"出发认为，古代中国"与西亚之物质接触，要早得许多"，新石器时代就已存在这种关系了。⑤李明伟也认为"张骞通西域虽然是有史记载的第一次，但是我国中原与西域，乃至西亚、欧洲的文化、经济联系却并非由此始，而是有着悠久、古老的历史"。⑥

但张骞"凿空"的作用巨大，也是共识。学界并不否认张骞之前丝绸之路的存在或认为其不重要，但认为丝绸之路的"正式开通"始自张骞，"凿空"的意义在于，自张骞始，中原王朝正式与西域国家建立了官方的往来关系。这样的理解在下面这段话中得到了典型体现：

> 正是从汉武帝派遣张骞出使西域开始，中国的王朝通过丝绸之路的交通，与西域国家建

---

① 王炳华：《丝路葱岭道初步调查》，《丝绸之路》2009年第6期（总第151期）。
② 张国刚：《中西文化关系通史（全二册）》上，北京大学出版社，2019，第21页。
③ 张国刚：《丝绸之路与中西文化交流》，《西域研究》2010年第01期。
④ 王巍：《汉代以前的丝绸之路——考古所见欧亚大陆早期文化交流》，《中国社会科学报》2016年第004版专版。
⑤ 日知：《张骞凿空前的丝绸之路——论中西早期文明的早期关系》，《传统文化与现代化》1994年第6期。
⑥ 李明伟：《"丝绸之路"概述》，《兰州商学院学报》1987年第1期。

丝
绸
之
路
上
的
葡
萄
酒

立了官方的往来关系，把西域纳入王朝的管辖疆域或势力范围。并且从这个时代开始，这条交通大道才正式进入到中国官方的视野，此后的历代王朝都认识到丝绸之路对于国家经济贸易、国家安全和国际地位的重要性，把经营丝绸之路作为一项重要的国家战略，派出管理机构和行政官员，如汉建立都护府、唐建立北庭、派遣驻军、建立驿站，甚至不惜发动战争，来保障丝绸之路的畅通。也正是从这个时代开始，丝绸之路确实比以前更繁荣了、更发达了、更通畅了，国家之间的往来更频繁了，商贸交流更加丰富，文化交流也更加深入了。正是从这个时代开始，人们对于丝绸之路的关注，对于丝绸之路的记载，都进入官方和私家的史籍中，并且是史不绝书。

所以，历史学界都把汉武帝派遣张骞的西域之行作为丝绸之路正式开辟的历史起点。①

官方的作用

为什么官方的正式交流作用如此显著？这和中国很早就进入了中央集权，建立了无限政府不无关系。

秦始皇首开中央集权模式。中央集权的政府能集中更多的优势资源，也就能更有钱，在稳定和开拓边疆方面能起更大的作用。两汉时期，中央政府总体来讲对丝路交通十分重视。②

西汉昭帝始元六年（公元前81年），汉武帝归天后没几年，汉武帝的理财高手御史大夫桑弘羊就与60位贤良文学之士开展了一场论战。30年后，桓宽在当年文献记录的基础上辑录《盐铁论》，其中，御史大夫桑弘羊坦言，官办盐铁是为贴补打击匈奴的用度：

> 大夫曰："匈奴背叛不臣，数为暴于边鄙，备之则劳中国之士，不备则侵盗不止。先帝哀边人之久患，苦为虏所系获也，故修障塞、饬烽燧，屯戍以备之。边用度不足，故兴盐铁，设酒榷，置均输，蓄货长财，以佐助边费。今议者欲罢之，内空府库之藏，外乏执备之用，使备塞乘城之士饥寒于边，将何以澹之？罢之，不便也。"③

张国刚对两汉政府对西域的经营有过清晰的论述：

> 两汉政府对丝绸之路的开拓与经营都不遗余力，这不仅仅是因为商业原因，也不仅仅是为了炫耀国威，更与此时期两汉政府抵御匈奴入侵这一政治兼军事目的密切相关。④

李明伟论述：

> 在丝绸之路上，河西走廊和西域为咽喉之地。诸多游牧部落为了控制丝绸之路，经常入寇掳掠。而汉唐历代中国政府为保证丝绸之路的畅通也付出了巨大的代价。⑤

①武斌：《张骞与丝绸之路》，《侨园》2019年第04期。
②张国刚：《中西文化关系通史（全二册）》上，北京大学出版社，2019，第39页。
③桓宽：《盐铁论》卷一《本议第一》，陈桐生译注，中华书局，2015，第4页。
④张国刚：《中西文化关系通史（全二册）》，北京大学出版社，2019，第31页。
⑤李明伟：《"丝绸之路"概述》，《兰州商学院学报》1987年第1期。

西汉时，罗布泊畔的楼兰位于玉门关外，塔克拉玛干沙漠以东，南行可至若羌，北行可抵吐鲁番，是通往丝绸之路南北两道的重镇。但此地也是匈奴常出没之地，故楼兰首鼠两端，常常对汉朝和匈奴两厢讨好，生怕怠慢了一方，但也有必须表明立场的时候，这时楼兰只好选择就匈奴而远汉，因为匈奴近而汉远，甚至窜通匈奴攻劫汉使。为此，汉武帝派大军剿灭楼兰。①

更为人所知的是李广利远征大宛的故事，起因则是大宛王以为汉地遥远，汉兵无法前来，使得汉武帝的使者既丢了性命又没有取得汗血宝马。李广利先是带领数万士卒万里迢迢而来，但是战败了。汉武帝不许他退回敦煌以东，而是补充兵源再战，这次才报了仇。不过，这次胜利是折损巨大的惨胜，由此取得的三千余匹战马，其中仅有几十匹善马，代价不菲。②

武周时期中央政府在西域的驻兵又是一个例子。长寿元年（692年），唐军大破吐蕃，克复龟兹等四镇：

> 自此复于龟兹置安西都护府，用汉兵三万人以镇之。既征发内地精兵，远逾沙碛，并资遣衣粮等，甚为百姓所苦。言事者多请弃之，则天竟不许。③

朝廷要派兵跨过沙漠驻守，还要出钱供应粮草、衣物，"甚为百姓所苦"，但仍然不肯放弃。往来于丝绸之路上的粟特商人有前往焉耆被强盗所杀的经历，他们选择突厥人庇护有其原因，但不论选择谁的庇护都是为了确保沙漠商队的贸易安全。④

庆昭蓉等人对隋唐典籍中"税粮"一语的研究表明，"就实际运用方式而言，'税粮'的首要用途，是供给四镇镇守军人粮，以补屯课、田子、和籴、交籴等收入之不足，尤其是河西路断，转运停顿后，向本地百姓税取粮食尤为必要。"⑤

一个强大的政府对开拓边疆、维护贸易通道的作用体现在，一维护贸易通路的安全通畅，二介入贸易获利，三取得贸易税收。位于丝绸之路要冲之上的高昌王国商税收入相当可观，其在丝绸之路上的关键地位直接引发了唐朝在贞观十四年（640年）剿灭高昌。高昌立国与丝路关系密切，荣新江称"丝路通，则高昌盛，丝路绝，则高昌亡。"⑥

唐太宗贞观六年（632年），高昌国西面的焉耆，不满于与唐贸易要途经高昌被扒一层皮，竟想另开一路，绕开高昌，与唐直接贸易，引起高昌大动干戈：

> 太宗贞观六年，其王龙突骑支始遣使来朝。自隋乱，碛路闭，故西域朝贡皆道高昌。突骑支请开大碛道以便行人，帝许之。高昌怒，大掠其边。⑦

税收收入是政府运行、行使职能的强大支撑。汉武帝驱逐匈奴、开拓西域不仅花掉了文、景两朝的积蓄，甚至缺钱到不得不在全国进行盐铁专卖。南宋只保有小半壁江山，政府收入更有赖于贸易特别是海上贸易，史载，宋高宗赵构曾两次发布命令，鼓励市舶贸易，还下诏对招诱外商有成绩者给予官爵奖励。⑧

①司马迁：《史记（全九册）》卷六十三《大宛列传》，韩兆琦译注，中华书局，2010，第7305页。
②司马迁：《史记（全九册）》卷六十三《大宛列传》，韩兆琦译注，中华书局，2010，第7314—7323页。
③刘昫等：《旧唐书（第六册）》卷一百九十八《西戎传·龟兹》，中华书局，1975，第4563页。
④[日]石见清裕：《浅谈粟特人的东方迁徙》，《唐史论丛》2016年第23辑。
⑤庆昭蓉、荣新江：《唐代碛西"税粮"制度钩沉》，《西域研究》2022年第2期。
⑥荣新江：《丝绸之路与东西文化交流》，北京大学出版社，2022，第010页。
⑦欧阳修、宋祁等：《新唐书》卷二百二十一上《列传第一百四十六·西域上》，中华书局，1975，第六二二九页。
⑧张国刚：《中西文化关系通史（全二册）》上，北京大学出版社，2019，第129—130页。

丝绸之路上的葡萄酒

林肯·佩恩认为草原大帝国的统治者忽必烈鼓励海上贸易发展是考虑到巨大收益的结果。[①]

张国刚在研究中国海运史时也关注到政府态度的作用：

> 在古代中国，航海技术进步并不必然导致海上对外贸易繁荣，而政府态度对海上贸易发展的影响却总是立竿见影。从贸易政策发展的历史演进看，历代政府对海上贸易的控制逐步加强。汉唐时期，海路交通作为陆路交通的补充而逐渐发展，主要受制于航运条件，作为民间通道存在。由于对外贸易的重心是陆路贸易，政府的经营重心在于陆路，对于海上贸易奉行宽松开明政策，优待和鼓励外商，未见颁布过贸易禁令。宋代虽积极鼓励海上贸易，但力图通过系统严密的市舶条法将海上贸易控制在政府手中，最大限度地获取市舶利益。元朝政府为了垄断贸易利润，甚至通过官本船贸易制度将民间贸易也纳入官方贸易渠道。明清则是大力压制海上贸易的发展，即连郑和航海的壮举背后也演绎着对民间海上贸易的遏制。[②]

而直到一千多年后的1215年，英格兰绰号为"失地王""软剑王"的约翰国王在法国战场上节节败退，无钱再战，欲再行征税引发28位贵族的围剿，最后被迫签订城下之盟，王权受到了极大的制约。可想而知，在王权尚且难以自保的情况下，即使"凿空"，又能起到多少的作用？

文化的惰性

皇权的强大在文化交流上作用凸显，所谓"文化"已被用烂，称之为十分强大甚至顽固的习俗更有道理，这种习俗不容易改变，强大皇权为改变习俗尽管带来血雨腥风，也加快了文化交流的进程。中国历史上两次有名的向其他民族学习的事例，都是由皇帝或称霸一方的诸侯主导的。其一就是赵武灵王（公元前325—前299年在位）向北方游牧民族学"胡服骑射"的故事[③]，其二就是北魏孝文帝拓跋宏（471—499年在位）全面汉化的故事。

这种文化的交流有的有统治者的推动，但有些可能远在文字发明之前即已发生。比如，中国人常说"左青龙右白虎，前朱雀后玄武"，以青白朱黑几种颜色代表方位。《史记·匈奴列传》中描述匈奴骑兵将刘邦围在白登时："其西方尽白马，东方尽青駹马，北方尽乌骊马，南方尽骍马。"[④]

是匈奴骑兵也可归类为中华文明固有之四方、四色、四季、四兽的组合观念，还是司马迁的修辞手法，现在无法定论。但杉山正明提醒注意，红海位于南方故称"红水"，黑海位于北方故称"黑水"的"传说"[⑤]，另外还有，位于俄罗斯以西的国家被称作白俄罗斯。这种"巧合"也许在传递着某种信息，并非匈奴人受到中华文化因素的影响，也有可能这种影响来自另一方向，也有可能以特定颜色表示方位的习俗在东西方、游牧民和农耕民有着共同的起源。

另一东西方古老交流的可能例子是新疆的坎儿井。中国在汉代就有"井渠法"的记载，内地龙首渠开凿时：

> 于是为发卒万人穿渠，自征引洛水至商颜下。岸善崩，乃凿井，深者四十余丈。往往为

① [美]林肯·佩恩：《海洋与文明》，陈建军、罗燚英译，天津人民出版社，2017，第359页。
② 张国刚：《中西文化关系通史（全二册）》下，北京大学出版社，2019，第124页。
③ 张国刚：《中西文化关系通史（全二册）》下，北京大学出版社，2019，第214—215页。
④ 司马迁：《史记（全九册）》列传第五十《匈奴列传》，韩兆琦译注，中华书局，2010，第6560—6561页。
⑤ [日]杉山正明：《游牧民的世界史》，黄美蓉译，北京时代华文书局，2020，第101页。

井，井下相通行水。水隤以绝商颜，冬至山领十余里间。井渠之生自此始。①

尽管目前新疆还没有发现汉代井渠法的直接证据，张志刚认为这种方法可能也在当时传入西域，他并注意到，在汉代发明井渠法大约同一时期，中亚和西亚也出现了许多类似的地下水渠，学术界对于波斯和印度地区的地下渠道同新疆坎儿井之间的关系产生了争论，但他认为，新疆的坎儿井应当是西汉井渠法影响下的产物，西亚的地下水渠技术有可能独立产生，但不能排除曾受到西汉井渠法的启发和影响。②杉山正明认为对此仍有再详加调查思考的必要。③如果我们不局限在文化只能单向扩散的假定，像新疆的坎儿井这样古老的技术既有可能受到了来自东西两个方向的影响，又有可能相同的地理气候环境能催生类似的技术而不一定受到外来文化的影响。

这种交流中，统治者的官方作用在两种情况下不会那么明显，第一种就是这种交流如此久远，远远早于权力的出现，第二种是其所交流的物品已成为生活必需品。这两种交流下，官方来往开通前后的差别没那么显著，甚至觉察不到。葡萄酒就是这种情况，酒精的悠久历史有可能追溯到旧石器时代甚至人类出现之前，而如此漫长的历史又造就了酒精饮料在习俗或文化上的惰性，几乎成了必需品，不易改变，这时尽管张骞出使西域客观上"起到了开拓长期被匈奴阻塞之东西陆路交通的作用，沟通了东西方的经济与文化往来，也建立起中原与西北边疆各地区的友好联系，开辟出中国与西方各国直接交流的新纪元"④，从而历史意义重大，但对于葡萄酒来讲，官方的作用就不那么显著了。

葡萄酒在中国的出现和传播与文化的惰性少不了干系。泼胡乞寒风俗可能是文化习俗的一个例子。新、旧《唐书》均有记载：

> 十一月鼓舞乞寒，以水交泼为乐。⑤
> 至十一月，鼓舞乞寒，以水相泼，盛为戏乐。⑥

关于这种风俗起源的一种说法是，波斯萨珊王朝卑路斯一世（459—483年）在位期间大旱无雨，卑路斯一世亲自祈祷，最终神祇接受了他的祈祷，天降甘露免除了灾难，快乐的人们用水相泼。以后每逢此日，人们都以水相泼为乐，渐成习俗，一般在农历十一、十二月举行。也就是说这一活动与原始印欧人祈雨的宗教活动有关。而其进入中国，也借由南北两道：北道从中亚到西域到长安，其中又添加了佛教元素；南道则经印度、缅甸、云南西双版纳而成为今日的泼水节。泼水节是否源起泼胡乞寒戏尚待考证，但这一习俗在长安、洛阳两京盛行有史籍记录：

> 大象元年……集百官及宫人内外命妇，大列妓乐，又纵胡人乞寒，用水浇沃为戏乐。⑦
> 武后末年，为泼寒胡戏，中宗尝乘楼从观。至是，因四夷来朝，复为之。⑧
> 神龙元年……十一月……乙丑，御洛城南门楼观泼寒胡戏。⑨
> 景龙三年……十二月……乙酉，令诸司长官向醴泉坊看泼胡王乞寒戏。⑩

①班固：《汉书（全十二册）》卷二十九《沟洫志第九》，中华书局，1962，第一六八一页。
②张国刚：《中西文化关系通史（全二册）》下，北京大学出版社，2019，第200页。
③[日]杉山正明：《游牧民的世界史》，黄美蓉译，北京时代华文书局，2020，第047页。
④张国刚：《中西文化关系通史（全二册）》下，北京大学出版社，2019，第33页。
⑤欧阳修、宋祁等：《新唐书》卷二百二十一下《列传第一百四十六下·西域下·康》，中华书局，1975，第六二四四页。
⑥刘昫等：《旧唐书（第六册）》卷一百九十八《列传第一百四十八·西戎·康国》，中华书局，1975，第4568页。
⑦令狐德棻等：《周书》卷七《帝纪第七·宣帝》，中华书局，2022，第一三〇页。
⑧欧阳修、宋祁等：《新唐书》卷一百二十五《列传第五十·张说传》，中华书局，1975，第四〇六页。
⑨刘昫等：《旧唐书（第一册）》卷七《本纪第七·中宗李显》，中华书局，1975，第112页。
⑩刘昫等：《旧唐书（第一册）》卷七《本纪第七·中宗李显》，中华书局，1975，第118页。

丝绸之路上的葡萄酒

北朝周大象元年、唐中宗神龙元年和景龙三年分别是578年、704年和708年，唐中宗李显不仅亲登城楼看泼寒胡戏的表演，还派人前往醴泉坊观看，可见表演有多么盛大好看，中宗有多么重视，而这一切的基础是有很多的胡人。

但是玄宗甫一登基就下令禁行泼寒胡戏，后人对其中原因从文化、政治多方面都有分析，一种说法是流行于两京的乞寒胡戏是来自中亚的胡人定居两京时直接带来的，而非经西域间接进入中原的，也就没有经过佛教的改造，从而和儒家文化及唐玄宗的个人喜好格格不入，所以遭禁。这也说明了文化习俗之顽固。

马德拉

能够反映葡萄酒文化属性的例子也许是马德拉酒。

17—18世纪，一支船队正在横穿大西洋，即将在美洲靠岸。船队来自靠近北非西岸大西洋上的马德拉（Madeira）群岛，船上满载着一桶桶葡萄酒。克里斯托弗·哥伦布曾来到马德拉群岛的圣港岛（Porto Santo）谈判购买蔗糖，他后来娶了圣港岛第一任总督巴托罗梅·佩雷斯特雷罗（Bartolomeu Perestrelo）的女儿为妻，在这里居住期间，他研究了岳父的航海日志和地图，坚信向西航行会到达印度。[1]1789年，乔治·华盛顿即将宣誓就任新生的美利坚合众国的首任总统，来宾将和十几年前在《独立宣言》上郑重签名的大陆会议代表一样，将酒杯斟满马德拉葡萄酒。

老普里尼在差不多1800年前曾说过那些经受住海面上惊涛骇浪洗礼的酒，往往更老、更香，这句话在1800年后应验了。[2]马德拉的气候条件本不适合葡萄的生长，又位于海岛上，躲不开海上的暴晒和颠簸，但正是这样的环境赋予了它独特的个性。海上的船员成了马德拉酒的重要消费者或为一例。据说库克船长在1768年第一次环球航行时就装船了十吨葡萄酒。[3]事实上，正是人们为了减少旅途颠簸对葡萄酒的损害造就了马德拉葡萄酒。这些酒加入了来自葡萄的蒸馏酒白兰地。高酒精度终止了发酵，残留量高的糖使酒更有甜味，高酒精度也确保了酒的稳定，能经受住一路的颠簸和暴晒，而这颠簸和暴晒也使高酒精的刺激更加温和。

马德拉葡萄酒在美洲贸易中能够脱颖而出，得益于很多因素：英法战争导致英国人的波尔多克拉瑞（Claret）红葡萄酒供应锐减，迫使英国人转向葡萄牙；马德拉人为迎合英国人口味所做的改变，等等。但其根本在于习俗的惰性，英国人离不开酒精，继承英国人传统的美国人也离不开酒精饮料，而且不管英国还是美国本地葡萄都不适合酿酒，美国人继承了英国人的传统从马德拉进口葡萄酒，马德拉岛的独特地理位置无疑也起了很大作用。

马德拉群岛距离北非摩洛哥海岸大约700千米，位于地中海的出口——直布罗陀海峡稍向南，向西穿过大西洋，可以到达巴西、加勒比海、美国东海岸甚至加拿大，向南可到达非洲的各港口，是连接葡萄牙、西班牙、英国、法国和其他欧洲及地中海各个港口和美洲的枢纽，是前往新大陆的必经之地。横穿大西洋的船只在这里补充上充足的淡水和食物，装上黑奴和马德拉葡萄酒。

①Liddell A. Madeira, *The Mid-Atlantic Wine* (New York: Oxford University Press, 2014), p.9.
②[英]休·约翰逊：《葡萄酒的故事》，李旭大译，陕西师范大学出版社，2005，第86页；老普利尼的描述系参考John Bostock, M.D., F.R.S.和H.T. Riley, Esq., B.A., Ed.的英译本（*The Natural History*）第14卷第22章《十二种性质惊人的葡萄酒》（https://www.perseus.tufts.edu/hopper/text?doc=Perseus%3Atext%3A1999.02.0137%3Abook%3D14%3Achapter%3D22）译出。
③Liddell A. Madeira, *The Mid-Atlantic Wine* (New York: Oxford University Press, 2014), p.48.

1418年，著名的航海家亨利王子麾下的几名葡萄牙人若昂·贡萨尔维斯·扎尔科（João Gonçalves Zarco）、巴托罗梅·佩雷斯特雷罗（Bartolomeu Perestrelo）和特里斯唐·瓦斯·特谢拉（Tristão Vaz Teixeira）意外发现了群岛中的圣港岛，两年后的1420年，扎尔科和特谢拉发现地平线上有一处厚密得好像云层的阴影，为探究竟，他们发现了36公里之外的马德拉群岛中最大的马德拉岛。[①]

不过马德拉群岛出现在好几个14世纪的地图中，说明很早之前这个群岛就已经被发现。[②]官方记录显示，1425年之后，葡萄牙开始向马德拉群岛殖民。最初的"发现者"事实上瓜分了马德拉群岛有人居住的两个大岛，开始向权贵和富豪们出租土地。

北美洲虽然有着丰富的糖分资源，但利用玉米酿酒还是后来的事，北美土著并没有酿酒的传统，成为全球的一个例外。麦戈文对此的解释是，北美大陆盛产的烟草燃烧后麻痹神经的作用、升腾的烟气和香气，取代了酒精，成为与神沟通的中介。这样一来，马德拉葡萄酒得以进入北美就纯粹赖于文化的力量，或称习俗的力量。[③]

这种力量是巨大的，薛爱华指出，正如前往美洲的欧洲移民也将他们故土的石竹、樱草、郁金香留在了美洲一样，留居在唐朝境内的外国人肯定会有这种感受——没有他们深深眷恋的故土植物，大唐简直就无法生活下去。[④]葡萄酒也随着喝酒的人们扩散到美洲和东亚。

文化的力量使殖民者去到哪儿就把他们喝的酒带到哪儿，不仅有马德拉酒在欧洲和美洲受到追捧为例，欧亚种酿酒葡萄被从欧洲带到北美洲、秘鲁和智利，荷兰人又把欧亚种酿酒葡萄带到南非（1616年），英国人在前往澳大利亚（1788年）的第一个舰队上装载了葡萄藤，又将葡萄酒带到了新西兰。[⑤]

三星堆

三星堆出土的文物可能是东西方交流的又一例子。

1929年2月，成都北面大约40公里的广汉，燕道诚父子想在自家门口不远的地方挖一个水坑，在田里灌水前安一个水车，不想却挖出玉器。

这个遗址后经几次发掘起名叫三星堆遗址。其后的发掘以1986年挖出的祭祀区第一、二号坑（K1、K2）出土颇丰最为知名。2021年3月，三星堆经由中国中央电视台直播对祭祀区的发掘过程而传播甚广。这里出土的青铜人像怪诞的造型一直是大众的关注热点，一个问题经久不散：三星堆是中华文明还是域外文明，抑或外星文明？

三星堆文化受到中原文化特别是长江流域文化影响的痕迹比比皆是。三星堆出土的多个青铜尊从器型到纹饰和中原出土青铜器几乎完全一样，玉琮首见于浙江良渚文化，而三星堆出土的玉琮尽管烧过，但受良渚文化或其他后继文化的影响仍很明显。

大型纵目人面具则显然不是给人佩戴的。

周失纪纲，蜀先称王。有蜀侯蚕丛，其目纵，始称王。死作石棺石椁，国人从之，故俗

①Liddell A. Madeira, *The Mid-Atlantic Wine* (New York: Oxford University Press, 2014), p.5.
②Liddell A. Madeira, *The Mid-Atlantic Wine* (New York: Oxford University Press, 2014), p.5.
③Patrick E. McGovern, *Uncorking The Past: The Quest for Wine, Beer, and Other Alcoholic Beverages* (Oakland: University of California Press, 2009), p.228.
④[美]薛爱华：《撒马尔罕的金桃——唐代舶来品研究》，吴玉贵译，社会科学文献出版社，2016，第307页。
⑤Glenn L. Creasy and Leroy L. Creasy, *Grapes* (London: CABI Publishing, 2009), p.2.

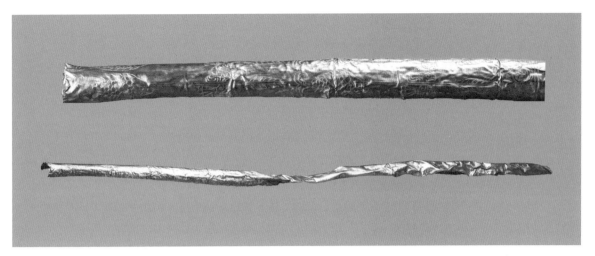

图7.1 三星堆一号祭祀坑出土的金杖，长143厘米，直径2.3厘米，重463克（含少许炭化物）。图片由四川省文物考古研究院提供

以石棺椁为纵目人冢也。[①]

先王死后成神，古三星堆人制作大型面具以祭奠纵目人不无可能。

但来自中原的文化影响却难以解释三星堆出土的大量金制品，中原文化崇尚玉器，倒是西方文化中涉及大量的金制品。易华指出，"玉崇拜在东方至少可以追溯到距今8000年的兴隆洼文化，是东方文化的象征；金崇拜在西方亦可追溯到近7000年前，是西方文化的标志"。[②]塞萨洛尼基位于希腊北部，塞萨洛尼基考古博物馆就用金制葡萄藤做博物馆的标志，正如该馆的文章所说，"古代，马其顿因其丰富金属资源而著名，很早就创造出了璀璨的艺术作品"。[③]

1901年，斯坦因在发现古葡萄园的尼雅遗址中，还发现了向达译为"复版木牍"的文书。这种木牍由贴合严实的两块木板组成，上面一块木板外面有深深的凹槽，方便用绳索把两块木板紧紧地缠绕在一起。缠好后再用封泥固定，封泥上衿有封印，木板外边写着收件人的姓名地址。这样一来，不打开封印

图7.2 希腊塞萨洛尼基博物馆的标志及其收藏的金制品

---

①常璩：《华阳国志》，汪启明、赵静译注，江苏人民出版社，2021，第92页。
②易华：《金玉之路与欧亚世界体系之形成》，《社会科学战线》2016年第4期。
③塞萨洛尼基考古博物馆。

或剪断绳索就不能看到两块木板里边的字。有趣的是，斯坦因发现内部的文字是佉卢文，一种印度古文字，而许多封印上表现了希腊神话里的神和人物。[1]这说明帕米尔高原两侧很早就有文化的交流。

童恩正的半月形地带理论或许有所启迪。青藏高原的东北和西南分别是青海的祁连山脉、宁夏的贺兰山脉、内蒙古的阴山山脉直至辽宁、吉林境内的大兴安岭，以及四川西部和云南西北部的横断山脉，童恩正认为，这个东起大兴安岭南段，沿长城一路向西，然后转向西南，沿青藏高原东侧南下，直到云南西北部的半月形地带环抱着中原大地，他从出土器物的类型风格、建筑遗迹、葬具、葬俗几个方面，探讨了这个区域内古文化之间的相似性。童恩正并不认为这种相似性可以简单归结为民族直接迁徙或交往的结果，但文化的传播只有在传播的一方和接受的一方存在共同的需要和共同的物质环境时才能发生。这个区域的生态环境很相似，在太阳辐射、气温、降水量、湿润程度、植物生长期、动植物资源等方面具有相当的一致性，这种相似性是这一半月形地带得以形成的因素。这一区域向西南方向，纬度降低了海拔却越来越高，升高的海拔与降低的纬度相抵消，造成：（1）太阳年辐射量大致相似；（2）年平均温度相当接近；（3）植物生长期均相近；（4）降水量也相差不大；（5）由于太阳辐射总量及降水量的相近，就决定了这一地区湿润程度的相近；（6）这一地区主要位于森林和荒漠的过渡地带，同属于草原和高山灌丛、草甸地区。[2]

早在1935年，地理学家胡焕庸即已提出从中国东北到西南的一条近似45°角的中国人口密度分布线，后来称作胡焕庸线。这条线的东南虽然仅占中国国土面积的不到45%，却养活了中国96%的人口。这种中国东南部地稀人稠、西北地区地广人稀的格局近一百年来没有改变。胡焕庸认为这和中国西北高、东南低的地形不无关系。比较半月形地带和胡焕庸线以及400毫米等降水量线，可以看到这些线完全重合。半月形地带理论形成了人口和文化迁移的通道，为东北和西南某些文化要素的相似性给予了某种解释，而胡焕庸线揭示出了线两侧的巨大反差。

对于黄金的喜好，在蒙古高原也屡有发现，对此，逯静有过梳理："少数民族统治者对金银器有着特别的嗜好，例如辽代的契丹、金代的女真等少数民族统治者所使用的金银器就占据了我国古代金银器

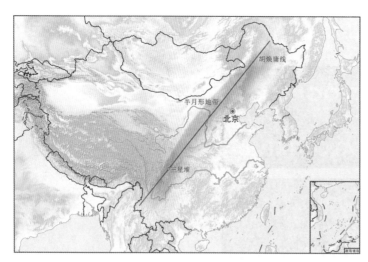

图7.3　胡焕庸线、半月形地带及中国地形示意图

---

[1]Valerie Hansen, "Religious life in a silk road community: Niya during the third and fourth centuries," *Religion and Chinese society*, vol.1(2004): 286-287; [英]斯坦因：《西域考古记》，向达译，商务印书馆，2013，第77—94页。
[2]文物出版社编辑部：《文物与考古论集》，载童恩正《试论我国从东北至西南的边地半月形文化传播带》，文物出版社，1986，第17—43页。

丝绸之路上的葡萄酒

的相当比重。而元代蒙古族统治者使用金银特别是金银酒具的风气更是有过之而无不及。"①值得注意的是，女真也是契丹一部，上述举例的各民族是横跨蒙古高原东西的游牧民族。

三星堆的地理位置决定了它可能受到来自东西两个方向的影响。东来的影响很可能顺着长江流域水道到达蜀地，而西来的影响究竟走了哪条路线我们虽然不知道，可能通过草原丝绸之路长驱直入，经由蒙古高原和我国的东北，再顺着半月形地带南下到达蜀地，或翻过帕米尔高原，经由陆上丝绸之路主干道的绿洲道抵达蜀地，或经青海道来到蜀地，或经由茶马古道甚至是缅甸来到蜀地，但无论如何，三星堆的独特性很可能是东西两个方向的影响和当地习俗文化共同塑造的结果。

中国东面南面临海，西面是高山沙漠，北面是草原森林，这样封闭的地理环境虽保障了中国文化少受外来文化的渗透，但不是没有，葡萄酒就是其中之一。

崇山峻岭阻挡不了十万年前智人前进的脚步，阻挡不了原始印欧人种和语言扩散的脚步，也阻挡不了欧亚种葡萄东进的脚步。虽然受到气候条件的限制，欧亚种葡萄不适于在东亚生长，但是东来的使者、商人和僧侣还是携带着他们的习惯、习俗和文化来到了东亚。

公元10世纪，在俄罗斯繁盛的市场上可以买到"黄金、丝绸、葡萄酒、各种希腊水果、白银、匈牙利及波希米亚的马匹，还有俄罗斯人的毛皮、白蜡、蜂蜜和奴隶。"②显而易见，这些物品来自东西两个方向，东西方因素沿着丝绸之路东来西往，双向流动着。

胡瓶舞马

一辈一辈传递下来的习俗不容易改变，饮用葡萄酒也是其一。如果上一辈没有饮用葡萄酒的习惯，下一辈饮用葡萄酒的可能性也不大。葡萄酒在中国虽然饮用数量少，却不是没有，饮用、鉴赏葡萄酒的原因虽可能各种各样，但都和入华且聚居的外族人埋下的种子不无关系。

中国人用"胡"字泛指中国以外的西人西物。活跃在丝绸之路上，一度垄断了丝路主干道绿洲道贸易的中亚胡人的足迹遍布欧亚大陆。他们向东翻过帕米尔高原来到西域，又经河西走廊到达长安。作为丝绸之路上的大都市，繁华的长安、洛阳人口众多，万方云集，自然是这些胡人经商的主要目的地。但他们经商所及并不以长安、洛阳为终点，他们一路东行，足迹一直到了今天的朝鲜、日本和俄罗斯境内。在长安、洛阳这样的大城市，他们或担任宫廷侍卫，或从事歌姬、琴师、舞蹈这样的娱乐业，或当垆卖酒。

中国北方遗留下来的胡人遗迹很多，张国刚指出：

> 5—8世纪的中国上层阶级流行使用金银器，这应是受到中亚、西亚的影响。以往将它们统称为波斯金银器，但随着研究逐步深入，目前学术界将它们分为三个系统，即粟特系统、萨珊系统和罗马—拜占庭系统。③

不论何种系统，这些金银器都可能经由粟特人带到中国，甚至是粟特人在中亚制作的，而且肯定是东西方交流的实例。

来到中国的不止粟特人，林梅村利用中亚古代语言的研究成果，结合汉文史籍，揭示欧洲与中国有

①逯静：《蒙古族酒具技术浅析》，硕士学位论文，内蒙古大学，2009。
②[英]彼得·弗兰科潘：《丝绸之路：一部全新的世界史》，邵旭东、孙芳译，徐文堪审校，浙江大学出版社，2016，第107页。
③张国刚：《中西文化关系通史（全二册）》下，北京大学出版社，2019，第220页。

史可据的首次直接交往在公元100年来华的一队冒充使者的罗马商团。①1988年秋，甘肃靖远县北滩乡本山村的一户农民在建房挖地基时发现了一件有胡语铭文的鎏金银盘，经鉴定，其属于东罗马时代，上有酒神狄奥尼索斯的浮雕。靖远县地处甘肃省中部的黄河东岸，这一带是"丝绸之路"进入河西走廊的北道要隘，说明罗马文化元素经丝绸之路来到了中原。麦克劳林（Raoul McLaughlin）研究了从罗马帝国到汉朝借由"丝绸之路"的长距离贸易。②而王三三的研究则说明，早在前张骞时代，中国就和帕提亚（安息）有交往，"至张骞西使和汉通帕提亚后，陆路贸易渐兴，汉代中国与希腊化亚洲的交往渐趋频仍。文献资料也直接表明，在汉代中国与帕提亚相互交往的历史过程中，希腊化世界的相关信息或随汉使的东返，或随帕提亚使节的来访被陆续带入中国。帕提亚时期希腊化文化因素的入华，是丝路初兴阶段内陆欧亚文化发展的重要篇章。在汉帝国与罗马帝国构成的两极贸易体系中，帕提亚借其地缘优势，扮演了极其重要的历史角色"。③希腊文化向地中海地区以东的中亚腹地流动被认为是公元前2世纪至公元2世纪的400年间，发生在丝绸之路上意义深远的文化交流事件之一。④

张星烺曾研究欧化东渐的历史，归纳出东渐的媒介为："（一）由欧洲商贾、游客、专使及军队之东来。（二）由宗教家之东来。（三）由中国留学生之传来。"⑤具体到葡萄酒上，这一饮料的东传，大概离不开侨居中国的外国人，先有丝绸之路上从事贸易的胡人，后有传教士。

北周武帝天和四年（569年），北周大将李贤在原籍今宁夏固原下葬，他的后人又将早其20年前去世的原配夫人吴辉二次下葬，与李贤合葬一墓，"合双魂而同穴"。罗丰在详细考察李贤夫妇合葬墓出土的鎏金银壶后，认为该银壶虽属萨珊金属器系统，却为巴克特里亚（大夏，今阿富汗）制造。⑥亚历山德拉·卡皮诺等人也认为1983年在宁夏固原李贤墓出土的几件工艺品都是从西方而来，认为器形"似乎更接近萨珊波斯、印度或中亚类型"。他们认为这些器物与其正位于丝绸之路干道上不无关系。⑦

丝绸之路上的葡萄酒

图7.4　宁夏固原李贤夫妇墓出土的鎏金银壶通高37.5厘米，最大腹颈12.8厘米，重1.5千克。鸭嘴细颈，上腹细长，下腹圆鼓，高圈足座，单把，壶把上铸一深目高鼻带盔形帽人头像。鎏金银壶是波斯王朝的酒具，萨珊时代在中亚的巴克特利亚地区制造，是萨珊工匠模拟希腊图像的产物。形制完全沿用萨珊王朝金银器风格，但壶把上的人头形象与萨珊波斯人形象有别，属中亚巴克特利亚人。图片由宁夏固原博物馆提供

①林梅村：《公元100年罗马商团的中国之行》，《中国社会科学》1991年第4期。
②Raoul McLaughlin, "Introduction: The Ancient World Economy," in *The Roman Empire and the Silk Routes: The Ancient World Economy and the Empires of Parthia, Central Asia and Han China* (Barnsley: Pen and Sword History, 2016).
③王三三：《帕提亚与希腊化文化的东渐》，《世界历史》2018年第5期。
④胡宇蒙：《丝绸之路沿线文化交流研究（公元前2世纪—公元2世纪）》，硕士学位论文，陕西师范大学，2018。
⑤张星烺：《欧化东渐史》，商务印书馆，2015，第2页。
⑥罗丰：《北周李贤墓出土的中亚风格鎏金银瓶——以巴克特里亚金属制品为中心》，《考古学报》2000年第3期。
⑦[美]亚历山德拉·卡皮诺、琼·M.詹姆斯：《也谈李贤墓鎏金银壶》，苏银梅译，《固原师专学报》1999年第20卷第5期（总第71期）。

罗丰又对胡瓶进入中国的历史作了考察，说：

> 这里所称"胡瓶"的"胡"字却实指西域，包括今中亚和西亚地区，甚至远及欧洲。总之，在当时中国人的概念中，这是一种从西方传来的瓶。……
>
> 十六国以后，东西方奢侈品贸易逐渐加大，中亚、西亚的金银器作为这种贸易活动的主要代表，愈来愈多地见于汉文史籍，而且成为战争掠夺的对象。①

罗丰认为，《洛阳伽蓝记》所载的元琛的故事，有助于解释北周大将军李贤墓中鎏金银瓶等诸多西域物品的来源。河间王元琛任秦州刺史（今甘肃天水）时：

> 琛在秦州，多无政绩，遣使向西域求名马，远至波斯。……
>
> 琛常会宗室，陈诸宝器。金瓶银瓮百余口，瓯、榼、盘、盒称是。自余酒器，有水晶钵、玛瑙琉璃碗、赤玉卮数十枚。作工奇妙，中土所无，皆从西域而来。②

李贤夫妇墓中陪葬品不仅有鎏金胡壶，还有中亚风格的玻璃碗、铁刀和金戒指，东西方交流痕迹明显。

现藏于陕西历史博物馆的何家村遗宝，学者认为埋藏于8世纪中叶到9世纪初。这批宝藏有1000余件文物，其中金银器就有270件，其中尚未计入众多的中外钱币、银铤、银饼、银板等。③李贤夫妇合葬墓虽经严重盗扰，但仍出土各种质地随葬品300余件，255件陶俑中，有38件胡俑，另有金银器10件。④这些都说明无论是宁夏固原或西安何家村，出土文物都受到较深的西化影响。何家村出土的鎏金舞马衔杯纹银壶上的舞马浮雕，既描绘了舞马正要向唐玄宗拜寿的鲜明时代图景，其形制又说明蒙古高原的游牧民族与中原有着深入的交流，而蒙古高原又与中亚、西亚乃至欧洲交往紧密。

鲜卑慕容部曾游牧于东北一带，西晋末年，部落首领慕容涉归的庶出长子慕容吐谷浑为给嫡出次子慕容廆让位，携其所部辗转西迁到现在的青海一带，建立了吐谷浑政权，后来慕容廆的儿子慕容皝成了前燕的开国君主，曾在西晋灭亡后的十六国时期在中国北方一领风骚。

到了隋唐时代中国再度统一，吐谷浑成为寥寥无几的敌对势力，终于在大唐初年成为唐朝附属国，唐太宗还将弘化公主嫁给吐谷浑的末代君王慕容诺曷钵，这时，吐谷浑南边的吐蕃崛起，吐谷浑终为其所灭。弘化公主的儿子慕容智成了唐人，武周期间封爵为大周云麾将军守左玉钤卫大将军员外置喜王，

图7.5　1970年在陕西西安南郊何家村出土的何家村遗宝中有两件鸳鸯莲瓣纹金碗，一件高5.5厘米、口径13.7厘米、足径6.8厘米、重392克，另一件高5.6厘米、口径13.5厘米、足径6.8厘米、重391克，两碗造型、纹饰均相同。纯金质，捶揲制作，造型饱满庄重。侈口，弧腹，圈底，喇叭形圈足。器壁捶作出上下两层向外凸鼓的莲花瓣纹，每层十片，上下轮廓相合。每一个莲瓣单元里都錾刻有装饰图案，上层主题是动物纹，有鸳鸯、野鸭、鹦鹉、狐狸等。下层是单一的忍冬花装饰图案。莲瓣上空白处装饰飞禽和云纹。现存于陕西历史博物馆

①罗丰：《北周李贤墓出土的中亚风格鎏金银瓶——以巴克特里亚金属制品为中心》，《考古学报》2000年第3期。
②杨衒之：《洛阳伽蓝记》卷第四《城西·寿丘里》，尚荣译注，中华书局，2012，第307—309页。
③陕西省博物馆革委会写作小组、陕西省文管会革委会写作小组：《西安南郊何家村发现唐代窖藏文物》，《文物》1972年第1期。
④宁夏回族自治区博物馆、宁夏固原博物馆：《宁夏固原北周李贤夫妇墓发掘简报》，《文物》1985年第11期。

图7.6 甘肃武威慕容智墓出土的银制器具和胡瓶。
图片由甘肃省文物考古研究所提供

于武则天天授二年（691年）病逝。

2019年，考古工作者对甘肃省武威市天祝藏族自治县境内发现的一座墓葬进行抢救性发掘时确认该墓为慕容智墓，该项成就被评为2021年度全国十大考古新发现。墓中出土了和李贤夫妇合葬墓相同器型的胡瓶和金银器皿，反映出此地同样受到中亚影响。[1]更为难得的是，胡瓶中还残留有204克液体，考古工作者联合中国科学院大学，采用气质联用、液质联用等分析检测手段，对胡瓶盛装液体进行鉴定，结果显示，液体中含有酒石酸、乙酸和一些醇、酯，以及其他诸多风味物质。这样可以初步判定，这种液体为酒类遗存。根据液体中酒石酸含量较高，同时含有葡萄酒的其他特有标记物等特征，判定液体应当为葡萄酒遗存，根据液体呈现"高酒石酸、无丁香酸"特征，可以推测为白葡萄酒遗存。

这也表明早在初唐时期，葡萄酒就和胡瓶一起进入了唐朝宫廷。

来华定居的外国人各种各样，有商人、各教僧侣、使节、质子、留学生和逃离原国的国君，不一而足，而以商人为多。张国刚搜集了中外典籍中对西方商人的描述，他们一站一站地短途经商，且每一站都设立聚居点，并且深入到中原内地。"西方商队为利之所趋，即使在战乱年代也打着'奉献''朝贡'的旗号而坚持奔波于丝路。……南北朝时期，长江流域也借河南道与西域建立商贸联系。""河南道"即经过青海湖周边的丝绸之路青海道，因位于黄河以南而得名。[2]

在华胡人

商人不大可能远离家乡长途贩运，不是因为思乡之情，而是因为长途贩运风险更大。一站站接力式的短途贩运必然使其在沿途建立一个个聚居点。史上最引人注目的胡人是来自中亚的粟特人。在西方，君士坦丁堡发现了他们担任当时的草原霸主突厥人的书记、翻译员甚至代表突厥人出使拜占庭帝国的记录；在东方，安禄山起兵反唐的始点在今北京东北方向的营州，粟特人构成了安禄山麾下番兵番将的重要组成部分，事实上安禄山就有一半的粟特血统（另一半来自突厥）。

①甘肃省文物考古研究所、武威市文物考古研究所、天祝藏族自治县博物馆：《甘肃武威市唐代吐谷浑王族墓葬群》，《考古》2022年第10期。
②张国刚：《中西文化关系通史（全二册）》上，北京大学出版社，2019，第48页。

他们在沿途重要城市都建立了聚居区，由粟特人自治，领袖称为萨保。

粟特人在华聚居也带来了宗教信仰。长安城中就有五处祆祠[1]，洛阳会节坊、立德坊和南市西坊等处也有祆祠，敦煌、武威、张掖、太原、恒州、定州、营州等地也都发现有祆教活动。[2]可见入华粟特人之多。冯培红指出，"目前的资料显示，河西与长安是粟特人的主要居住区域"[3]，毕波也指出，"入唐以后，长安成为粟特商人集中的地方，也是粟特来华臣、质子及随突厥投降的部落首领、子弟定居之地，加上前来传播佛教、景教、摩尼教的僧徒信士，长安成为粟特胡人在华最重要的聚集地之一"。不过毕波认为，来华胡人早在隋代甚至更早即已来到长安，"隋取代北周，迁都大兴城（即长安城）后，这些胡人也应随同其他长安居民迁入新都，此外，随着隋与西域地区的沟通交流的增多，也有一些胡人不断前来长安"[4]：

> 作为隋、唐王朝的都城，长安东西两街都聚集了不少胡人，其中尤以西市周边区域为多。长安城内以西市为中心的街西胡人聚居区主要是唐前期随着胡人的纷纷进入而逐渐扩大的，而以东市为中心的街东胡人聚居区则主要和长安官人住宅由西向东的转移有关，这两个聚居区的存在的标志或者说凝聚胡人集中居住的核心就是处于其中的祆祠。[5]

安史之乱后，一些在华粟特人尽力抹去粟特痕迹，以免受安、史两人牵连。几乎一夜之间，粟特人消失殆尽。

但唐朝的国际化风格仍没有改变，粟特人也没有真正从肉体上消失。定居长安的大批商胡中是否有粟特人虽然不知，但《太平广记》中讲了一个魏生的故事，故事发生在安史之乱平定后，一次，魏生受邀作陪一个一年一度的贾胡宝会，他想起接避居岭南的妻子回长安时偶然拾到的一个石片还不知何物，就带去了，结果众胡见后大惊，纷纷要求魏生出卖，要多少钱给多少。魏生一狠心，出价百万，自以为天价。众贾胡却生气了，说你怎么能如此辱没国宝，加价到千万才止。

关于笔记小说是否有历史价值的问题一直争论不休，小说固然为编造故事，但其背景却可能反映了一些真实情况：

> 胡客法，每年一度与乡人大会，各阅宝物，宝物多者，戴帽居于坐上，其余以次分列……三十余胡皆起，扶生于座首，礼拜各足。[6]

能参加宝会的都不是一般的胡人：

> 食讫，诸胡出宝。上坐者出明珠四，其大逾径寸。余胡皆起，稽首礼拜。其次以下所出者，或三或二，悉是宝。[7]

故事中的魏生也曾"家财累万"。[8]与会胡人竟有三十多人，可见在华胡人之多。

石田干之助整理了唐五代小说或随笔中的类似情节[9]，发现相同的形式屡屡出现：

①长安醴泉坊就有祆寺，《长安志》卷十《唐西京记》对长安各坊有描写，见宋敏求撰《长安志》。
②张国刚：《中西文化关系通史（全二册）》下，北京大学出版社，2019，第328页。
③冯培红：《丝绸之路陇右段粟特人踪迹钩沉》，《浙江大学学报（人文社会科学版）》2016年第46卷第5期。
④毕波：《隋代大兴城的西域胡人及其聚居区的形成》，《西域研究》2011年第2期。
⑤毕波：《隋唐长安坊市胡人考析》，《丝绸之路》2010年第24期（总第193期）。
⑥李昉等编：《太平广记》卷第四百三《魏生》，中华书局，1961，第三二五二页。
⑦李昉等编：《太平广记》卷第四百三《魏生》，中华书局，1961，第三二五二页。
⑧李昉等编：《太平广记》卷第四百三《魏生》，中华书局，1961，第三二五二页。
⑨[日]石田干之助：《长安之春》，钱婉约译，清华大学出版社，2015，第133—162页。

即，某人因某个机会获得了某件宝物。而此物在一般人初次看来定是毫无价值的，因此时人并不知道它是宝物。随后，来到中国的西域商人偶然目睹此物，便异常珍重地以高价买下。[①]

这些故事虽然细微之处有所差别，但故事梗概都差不多。石田氏虽无法解答这些故事在俗文学方面的价值，但他注意到：

不论胡人的出现与否，这都不是西域系的故事，而是典型的在中国发生的故事。西域人的登场恰好反映了他们在唐代中国各地从事贸易往来的活动。[②]

自然的推论就是，这些胡人人多财壮且聚居，胡人也成了有钱识宝且稀有的代名词。随着贸易货物来到中国的还有他们的生活习俗，或称文化，其中也包括葡萄酒。

白居易的《琵琶行》家喻户晓，传唱千年。据陈寅恪考证，此琵琶女"既居名酒之产区，复具琵琶之绝艺，其即所谓'酒家胡'者耶"，陈氏推断，她很可能是胡人。[③]

张国刚对居华胡人所带入的习俗，包括胡服、胡食、胡饮、胡乐、胡舞和胡戏风靡大唐有过描述，这既说明唐代对外来事物的包容，也说明唐代在华胡人数量之多和其旧有习俗之顽固，胡饮如葡萄酒、三勒浆、龙膏酒即为其例。[④]

三勒浆的原料三勒指庵摩勒、毗梨勒、诃梨勒，这三种植物或植物的果实原产古印度，中国很早就有出产并已药用，但将三者共用并做酒的方法应该是从波斯传来的："又有三勒浆，类酒，法出波斯。三勒者，谓庵摩勒、毗梨勒、诃梨勒。"[⑤]

唐代韩鄂完整记载了三勒浆的制法：

造三勒浆：诃梨勒、毗梨勒、庵摩勒，已上并和核用，各三大两。捣如麻豆大，不用细。以白蜜一斗、新汲水二斗，熟调，投干净五斗瓮中，即下三勒末，搅和匀。数重纸密封。三四日开，更搅。以干净帛拭去汗。候发定，即止。但密封。

此月一日合，满三十日即成。味至甘美，饮之醉人，消食、下气。须是八月合即成，非此月不佳矣。[⑥]

上法中没有用曲，与中国酒制法不同。李时珍抄录宋代《开宝本草》的"陀得花"条说"胡人采此花以酿酒，呼为三勒浆"，但列在"草"卷。[⑦]比较李时珍笔下的"葡萄酒"，在"谷"卷中专立为与"酒"并列的单独一项，并说有酿造和蒸馏两种葡萄酒，且都用曲。[⑧]陈明认为陀得花实为三果的辅助成分。[⑨]乔天则认为把陀得花和三勒浆联系起来是误解。[⑩]这可能说明了"三勒"不仅果实系西来，连酒法也非土生。韩鄂同在同书同卷"八月"项下不仅描述了三勒浆的酿法，也列了另外两种酒的酿法，其都用了曲：

①[日]石田干之助：《长安之春》，钱婉约译，清华大学出版社，2015，第133页。
②[日]石田干之助：《长安之春》，钱婉约译，清华大学出版社，2015，第161页。
③陈寅恪：《元白诗笺证稿》，载《陈寅恪集》，生活·读书·新知三联书店，2001，第五八页。
④张国刚：《中西文化关系通史（全二册）》下，北京大学出版社，2019，第246—262页。
⑤李肇：《唐国史补校注》，聂清风校注，中华书局，2021，第285页。
⑥韩鄂：《四时纂要校释》，缪启愉校释，农业出版社，1981，第195页。
⑦李时珍：《李时珍医学全书·本草纲目》卷二十一《草部》，夏魁周校注，中国中医药出版社，1996，第637—638页。
⑧李时珍：《李时珍医学全书·本草纲目》卷二十五《谷部》，夏魁周校注，中国中医药出版社，1996，第694页。
⑨陈明：《"法出波斯"："三勒浆"源流考》，《历史研究》2012年第1期。
⑩乔天：《唐代三勒浆杂考》，《唐史论丛》2017年第25辑。

丝绸之路上的葡萄酒

干酒法，干酒治百病方，糯米五斗，炊好曲七斤半……

地黄酒，地黄酒速效变白方，肥地黄切一大斗捣碎，糯米五升，烂炊曲一大升……①

比较唐人对比葡萄酒更加贵重稀少的龙膏酒的描述可能也能说明问题。唐笔记小说《杜阳杂编》记载了唐宪宗（李纯，805—820年在位）的一则逸事，宪宗好神仙，见有异人，密召入宫，设席款待，拿出秘不示人的好酒：

上知其异人，遂令密召入宫，处九华之室，设紫芨之席，饮龙膏之酒。紫芨席色紫而类芨叶，光软香净，冬温夏凉。龙膏酒，黑如纯漆，饮之令人神爽，此木乌弋山离国所献。②

其中"木"字有疑，此前并未提过"木"，《四库全书》载"本"字，有可能是正确的。乌弋山离国即亚历山大到处所建的亚历山大里亚，为印度北部的小国。此事不见正史，作者也可能只是小说家言，有所夸张，但他以龙膏酒来自西域故而极其珍贵当不为错。

李时珍把以曲酿酒的方式用于葡萄，可能他并不清楚葡萄酿酒不需要曲，但也可能是因为中国人对曲味比较习惯，所以凡酿酒必加曲。和三勒浆、龙膏酒的原料不同，葡萄已在国内种植，所以用葡萄做酒也加曲。而三勒浆、龙膏酒很可能只能进口，故而其酿酒法也是西式的，未使用曲因此稀少且昂贵。三勒浆、龙膏酒的存在说明酿有此需求，这种需求可能来自在唐居住的西人。

李金明研究了唐代中国与阿拉伯的海上贸易，指出中晚唐以后，贸易的重点逐步从陆路转向海路。③晚唐，大批外国人入华居住，其中就包括广州、泉州、扬州的大批阿拉伯人。岳珂提到了广州海獠，海獠又称舶獠，统称自海上来华的外国人："番禺有海獠杂居。"④

杂居广州的就有来自越南的阿拉伯商人蒲寿庚（1205—1290年）的先祖，他后来在福建泉州任提调市舶，元灭南宋时降元，官至正二品。北宋政府贸易关税中广州即占十之九，可见广州在对外贸易中的地位。⑤海路往往迂回遥远、耗时较长，又要等候顺风，海路来华的商人往往在华居住，有短期有长期，有的和中国人杂居，有的居有定处，叫作藩坊。⑥

唐末定稿的《中国印度见闻录》讲述了黄巢打入广州时，屠杀了十二万广州藩商，这个数据或有夸张，但能说明寓居在华的洋人之多。安史之乱后吐蕃一度控制了河西走廊，丝路绿洲道因此断绝，西域唐人欲通长安或洛阳只能取道回纥或经丝路青海道，有的西方商人选择海路到广州。这本书里，阿布·赛义德·哈桑讲到一个来自撒马尔罕的商人，在比较中原和西藏麝香之异同时，说中原人把麝香取出晒干后贩运，经历海路辗转难免受潮，而西藏人将麝香保留在腺囊里，得以完好无损。另一个故事讲到一个来自呼罗珊的商人因受到宦官盘剥赴京告御状，皇帝对宦官说："你简直该当死罪。你教我落到去召见一个（吝啬的）商人的地步。他从我国（西部）边境的呼罗珊，到阿拉伯，然后从那里经过印度各国，来到中国。"看来，当时从海路辗转来华似已是常识，胡商聚居广州的景象大概是当时的真实境况。⑦

安史之乱后，唐将田神功大掠扬州，杀商胡数千："寻为邓景山所引，至扬州，大掠百姓商人资产，郡内比屋发掘略遍，商胡波斯被杀者数千人。"⑧彼时，扬州为通商巨镇，商贾云集，也少不了胡商。

①韩鄂：《四时纂要校释》，缪启愉校释，农业出版社，1981，第196页。
②苏鹗：《杜阳杂编》，中华书局，1985，第十三页。
③李金明：《唐代中国与阿拉伯的海上贸易》，《南洋问题研究》1996年第1期。
④岳珂：《桯史》卷十一《番禺海獠》，吴企明点校，中华书局，1981，第125页。
⑤[日]桑原骘藏：《蒲寿庚考》，陈裕菁译，中华书局，1929，第四页。
⑥[日]桑原骘藏：《蒲寿庚考》，陈裕菁译，中华书局，1929，第五十四页。
⑦《中国印度见闻录》，穆根来、汶江、黄倬汉译，中华书局，1983，第116—117、119页。
⑧刘昫等：《旧唐书》卷一百二十四《列传第七十四·田神功》，中华书局，1975，第2954页。

图7.7 《大秦景教流行中国碑》于唐建中二年（781年）立于长安大秦寺。波斯传教士景净撰文，吕秀岩书并题额。螭首龟趺。碑身高193厘米，宽96厘米。楷书32行，汉字1780个。现藏于西安碑林博物馆

萨珊波斯的末代王子卑路斯在他父亲、萨珊波斯的末代国王伊嗣侯三世死后又领导波斯遗民抗击阿拉伯统治几十年，于唐高宗调露元年（679年）客死大唐，他死后，唐朝又立其子泥涅师（Narses, Naes）为波斯王，最后泥涅师也在唐朝逝世。唐高宗仪凤二年（677年），卑路斯奏请在长安醴泉坊设立波斯胡寺获准，这个胡寺后来又迁到布政坊。① 有学者认为萨珊波斯以琐罗亚斯德教为国教，卑路斯也应为信徒，但其和琐罗亚斯德教传入粟特地区与当地其他宗教和萨满仪式相融合后又传入中国的粟特人所信袄教有所不同。醴泉坊、布政坊已有袄祠，新设的波斯胡寺与之比邻而居，说明其与已经来华的粟特袄教并不一样。荣新江即认为该寺为景教寺庙，而非通常以为的袄教寺庙。② 所谓波斯胡寺也许是萨珊波斯奉为国教的琐罗亚斯德教寺庙，也许是基督教寺庙，但都说明跟随卑路斯逃到长安的波斯人不少。

醴泉坊南紧邻胡人扎堆的西市，醴泉坊东就是布政坊，布政坊东紧邻皇城，布政坊中有袄祠，这个袄祠又是萨保府所在地，萨保既是朝廷命官，又是粟特人的自治首领，还是他们的宗教领袖。宋代的宋敏求在《长安志》中这样讲述醴泉坊、布政坊：

> 醴泉坊：……街南之东，旧波斯胡寺。（仪凤二年，波斯王卑路斯奏请于此置波斯寺。景龙中，幸臣宗楚客筑此寺地入其宅，遂移寺于布政坊之西南隅袄祠之西。）③
>
> 布政坊：……西南隅，胡袄祠。（武德四年立，西域胡袄神也。祠内有萨保府官，主祠袄神。亦以胡祝充其职。）④

寓居唐朝的胡人之多可从著名的《大秦景教流行中国碑》中看出端倪。该碑初立于唐朝，及至将近一千年后的明天启年间（一说天启三年1623年，一说天启五年1625年）在西安西郊（一说周至县）偶然出土。碑中除述及景教教义及其在中国传教的历史外，还列有参与立碑的景教徒众姓名。荣新江认为，其时长安的景教徒主要是波斯人，他还在碑侧用汉文和叙利亚文双语所列的僧侣名单中，发现了当时在大唐朝廷为官的李素的名字。李素夫妇墓及墓志于1980年被发现。⑤

东来西往的人们传播着习俗和文化，民间的交往源远流长，在华夏大地上特别是边缘地区留下了烙印，到唐朝达到了顶峰。其时，在华居住的外国人带来了文化习俗，其中也包括葡萄酒。公元8世纪上半叶的大唐盛世虽在中国历史上留下了对文化融合包容的浓墨重彩的一笔，却只是昙花一现。但中华大地很快就又陷入了纷争频仍的状态，直到两宋时期满足于半壁江山甚至偏安一隅，中国的北方和西部成了契丹人、西夏人和女真人的天下。但不论其前的长期分裂、当中的统一盛世、其后的再度分裂还是势力横跨欧亚大陆的蒙古帝国的建立，不仅都没有阻挡这种交流的步伐，还在某种程度上促进了交流。

①宋敏求：《长安志》，辛德勇、郎洁点校，三秦出版社，2013，第三二九、三三六页。
②荣新江：《一个入仕唐朝的波斯景教家族》，载《中古中国与外来文明》，生活·读书·新知三联书店，2001，第244—245页。
③宋敏求：《长安志》，辛德勇、郎洁点校，三秦出版社，2013，第三三七页。
④宋敏求：《长安志》，辛德勇、郎洁点校，三秦出版社，2013，第三二九、三三〇页。
⑤荣新江：《中古中国与外来文明》，生活·读书·新知三联书店，2001，第255—256页。

丝绸之路上的葡萄酒

酿酒葡萄和葡萄酒在中国的传播和在华外国人的聚居不无关系，其中在历史上最先登场的，大概是中亚的粟特人。如果从周边四个方向看这片肥沃的土地，中亚既是中心又是边陲。这里是游牧文明和农耕文明的交界处。公元前6世纪，这里是居鲁士大帝建立的幅员辽阔的古波斯帝国的最东端，居鲁士本人就在与北方游牧民塞种人的战斗中战死。公元前4世纪，不可一世的亚历山大大帝也是到此结束了所向披靡的东征。称霸一时的匈奴人也经此由草原西遁，来自草原的嚈哒人在此与萨珊王朝对峙，却为后起之秀突厥所灭。而先后雄霸两河流域的塞琉古王朝、帕提亚王朝（安息）、萨珊王朝和昙花一现的突厥，都曾占有此地。公元8世纪，一百年间横扫欧亚非大陆的阿拉伯帝国，也只是在帕米尔高原以北的怛罗斯河与唐朝军队打了一场遭遇战，最终止步于帕米尔高原。

帕米尔高原以北的费尔干纳盆地乃至粟特人的故乡中亚地区盛产葡萄酒在《史记》中有明确记载，长于贸易的粟特人行走在古老的丝绸之路上，远离故乡，来到中原内地形成聚居区。他们可能在中国已经居住繁衍了几代人，在很多方面吸收了中原文化，可能也喝中国酒，但来自西方的葡萄酒仍然具有一定价值。

孟佗一斗得凉州的典故很得诗人的青睐，孟佗所进献给张让的葡萄酒很可能是来自西域的进口产品，故而弥足珍贵，一斛酒可用以取得凉州刺史的职位。南北分裂和战乱似乎并没有阻止葡萄和葡萄酒的种植和传播，而这种传播又是经西域到北方再到中原。

罗贯中在《三国演义》中说，"话说天下大势，分久必合，合久必分。"描述了中国在东汉末年分崩离析的局势。但是不论分分合合，东西方的贸易往来未曾断绝。在这个贸易往来中出尽风头的是来自中亚的粟特人。

文明的十字路口

这里称作索格迪亚纳（Sogdiana），文明的十字路口。

由此往西，跨越伊朗高原，可见幼发拉底和底格里斯两条大河逶迤向南，汇合后流入波斯湾，新月沃地则从扎格罗斯山脚下向西北到土耳其东部的山区，再向西南到地中海东岸划了一轮弯月。这轮弯月东边一弯由两河滋养，西边一弯则傍着地中海东岸一路向南，到了著名的黎凡特地区。

由此往南，是中国古代称做大夏的巴克特里亚（Bactria，现阿富汗北部），从这里再向南去，越过兴都库什山脉可抵达印度河畔。

由此往北，是哈萨克大草原，游牧民的天下，东连阿尔泰山脉和蒙古高原，西经里海和黑海北岸直达多瑙河流域，进入罗马帝国势力范围。

而由此往东，则是天山尽头的费尔干纳（Fergana）盆地，中国古称大宛。帕米尔高原从南方和东方包围着费尔干纳盆地，形成一道天然的屏障，这条屏障的东侧就是塔里木盆地。昆仑山脉和阿尔金山脉从南方，天山山脉和阿尔泰山脉从北方，将其环抱。山上融化的雪水，滋养了山脚下的一串绿洲，连接着位于葱岭（帕米尔高原）山口的疏勒（今喀什）直到盆地东口的要塞敦煌之间的漫漫长路。中间则是一望无际的塔克拉玛干大沙漠。而再往东，穿过河西走廊，便到了中原地带。

这里是从地中海到太平洋，横穿欧亚大陆的重要通路。虽有多条路线贯穿东西南北，但都不像这片沃土这样豁然开阔。阿姆河（妫河）、锡尔河（药杀水）发源于帕米尔高原和天山北麓，汇入咸海。[①]两条大河和两河之间的泽拉夫善河共同浇灌了这片原野。

公元前129年，汉使张骞就是经由大宛（费尔干纳盆地）在这里找到了大月氏。贞观二年（628年），玄奘则翻越天山，经由西北方向的碎叶，在当时中亚的霸主西突厥统叶护可汗的保护下西行，也是通过这里前往印度。

这里是名副其实的世界的十字路口，文明的十字路口。

如果以这里为中心画一个十字。其一竖则从草原文明画到印度文明，其一横则西至世界文明的发源地两河流域和地中海区域的希腊罗马文明，东达璀璨的东方文明。

如果从这四个方向看这片肥沃的土地，这里就既是中心又是边陲。这里是游牧文明和农耕文明的交界处。公元前6世纪，这里是居鲁士大帝建立的幅员辽阔的古波斯帝国的最东端，居鲁士本人就在此与北方游牧民塞种人的战斗中战死。公元前4世纪，不可一世的亚历山大大帝也是到此结束了所向披靡的东征。称霸一时的匈奴人也经此由草原西遁，来自草原的嚈哒人在此与萨珊王朝对峙，却为后起之秀突厥所灭。而先后雄霸两河流域的塞琉古王朝、帕提亚王朝（安息）、萨珊王朝和昙花一现的突厥，都曾占有此地。8世纪，一百年间横扫欧亚非大陆的阿拉伯帝国，也只是在帕米尔高原以北的怛罗斯河与唐朝军队打了一场遭遇战，最终止步于帕米尔高原。

---

①阿姆河，古称乌浒水，《史记·大宛列传》《汉书·西域传》称妫水，非现山西、河北和北京延庆境内同名河流。锡尔河，古称药杀水。两条河流在今土库曼斯坦、乌兹别克斯坦、塔吉克斯坦和哈萨克斯坦境内。

丝绸之路上的葡萄酒

图8.1 彩陶骆驼上的音乐家，高58.4厘米，出土于西安西郊鲜于庭诲墓。鲜于庭诲是唐玄宗时大将，葬于公元723年，这尊彩陶俑为随葬品。考古学家从其相貌和衣帽上判断这些音乐家为粟特人，这和粟特人到唐朝多从事音乐工作相符。鲜于庭诲本人虽非粟特人，但其祖上守卫北方边关，熟悉西域胡人。现藏于中国国家博物馆

居住在这片绿洲的粟特人建立了若干城邦国家，称作康、安、史、石、曹、米等国，其中最著名的城邦有撒马尔罕（Samarkand，康国）等。通常粟特或"索格特"（Sughd）之名只指撒马尔罕附近地区——撒马尔罕索格特（Smarkandian Sughd），但有时也指索格迪亚纳语流行的整个区域。这些城邦从未统一到一个强大的中心以下，也从未固定地从属于任何一个邻近的帝国，但作为商人、传教士和雇佣兵，他们每个人都可以渗透到很远的地方，政治上的孤立并未带来文化上的孤独。[①]

粟特商人由此出发，一步步进入中原后，就以国为姓，自称为姓康、安、史、石、曹、米等。有记录说他们原为居住在祁连山以北昭武城的"昭武九姓"：

> 康国……先居张掖祁连山北昭武城，为突厥所破，西逾葱岭，遂有其地，枝庶皆以昭武为姓氏，不忘本也。[②]

不过历史学家多数认为，粟特人和"昭武九姓"是否有关联还未知，且应该区分来自索格迪亚纳地区来华经商的人与粟特人，与其称这些人为"九姓粟特"，不如称其为"九姓胡"。[③]

粟特人

中国的古代典籍没有区分"昭武九姓"、康国、康居国和粟特人。《旧唐书》在提到康国（Samarkand）人时说他们从小就被训练得嘴比蜜甜，适于经商：

> 生子必以石蜜纳口中，明胶置掌内，欲其成长口常甘言，掌持钱如胶之粘物，俗习胡

---

①[俄]李特文斯基主编：《中亚文明史第3卷：文明的交会：公元250年至750年》，马小鹤译，中国对外翻译出版公司，2003，第195页。

②刘昫等：《旧唐书（第六册）》卷一百九十八《列传第一百四十八·西戎·康国》，中华书局，1975，第4567页。

③许序雅：《粟特、粟特人与九姓胡考辨》，《西域研究》2007年第2期。

书。善商贾，争分铢之利。……利之所在，无所不到。[①]

粟特人建立的城邦位于丝绸之路要冲，他们从帕米尔高原以西，翻越帕米尔高原，进入西域，又经敦煌、河西走廊进入中原，大部分止步于汉唐的中国首都长安或洛阳，小部分一路向东到达东北地区、朝鲜、日本或折而向北到达俄罗斯，沿途建立了一个个聚居区。

粟特人不仅以善于经商著称，因经常来往于丝绸之路上，还以通晓多国语言而知名。突厥兴起后，曾在白匈奴人统治下的粟特人又在突厥人统治下，于公元568年代表突厥人出使波斯和拜占庭。以粟特商人为主的使团虽然以开拓丝绸贸易为目的，却是正式的使团。他们的语言优势也是能代表突厥出使的因素之一[②]；有粟特血统的安禄山曾在市场上充任牙郎（翻译，姚汝能称其"解九蕃语，为诸蕃互市牙郎"[③]，而《旧唐书》称其"解六蕃语，为互市牙郎"[④]）。到底粟特人是由于有出色的语言能力才经商，还是因为外出经商须与各族人等打交道才提升了语言能力，尚不得而知。

荣新江对粟特人聚落的研究表明粟特人在丝绸之路贸易上发挥着重要作用，自治聚落也自然形成[⑤]：

> 粟特商人在丝绸之路上的一些便于贸易和居住的地点留居下来，建立自己的殖民聚落，一部分人留下来，另一部分人继续东行，去开拓新的经商地点，建立新的聚落。久而久之，这些粟特聚落由少到多，由弱变强，少者几十人，多者达数百人。在中原农耕地区，被称为聚落；在草原游牧地区，则形成自己的部落。因为粟特商队在行进中也吸纳许多其他的中亚民族，如吐火罗人、西域（塔克拉玛干周边绿洲王国）人、突厥人等，因此不论是粟特商队还是粟特聚落中，都有多少不等的粟特系统之外的西方或北方的部众，可能更符合一些地方的聚落实际的种族构成情况。[⑥]

商人在自己熟悉的地方附近贸易风险更小、成本更低，几乎没有理由长途贩运，他们更倾向于沿途建立聚居区，从而利于短途倒手。粟特人成了丝绸之路上的主要民族。荣新江认为，从北朝到隋唐，陆上丝绸之路的贸易几乎被粟特人垄断。[⑦]这在出土文物上得到了印证，吐鲁番出土的高昌国时期《高昌内藏奏得称价钱帐》反映了在高昌地区进行贵金属、香料等贸易的双方基本都是粟特人。就是说，买方接手了卖方手中的货物，继续兴贩。[⑧]

荣新江对粟特人的入华聚居与迁徙的研究结果如图8.2所示，图中可见，粟特人聚居地以北方为主，荣新江也把他的研究冠以"西域粟特移民聚落"这样的标题，他在对流寓南方粟特人的研究中说"相对于北方丝绸之路沿线粟特人活动的研究成果来说，有关南方粟特人的研究要少得多，可以说是寥寥无几。"[⑨]这恐怕和粟特人居住的河中地区在北方、中国早期经济北方更为兴盛不无关系，也和安史之乱（755—763年）后，粟特人耻于与安禄山为伍而销声匿迹有关。粟特人的迁徙路径依托长江、运河、河西走廊和塔克拉玛干沙漠南北道、草原丝绸之路这样的天然路径，和丝绸之路高度吻合。粟特人的商人本性使其不以长安、洛阳为终点，迁徙路线远至海滨和东北。

① 刘昫等：《旧唐书（第六册）》卷一百九十八《列传第一百四十八·西戎·康国》，中华书局，1975，第4567—4568页。
② 王政林：《粟特商团事件原因探析》，《河西学院学报》2012年第28卷第6期。
③ 姚汝能：《安禄山事迹》，曾贻芬校点，上海古籍出版社，1983，第一页。
④ 刘昫等：《旧唐书（第六册）》卷二百上《列传第一百五十上·安禄山》，中华书局，1975，第4617页。
⑤ 荣新江：《中古中国与粟特文明》，生活·读书·新知三联书店，2014，第5页。
⑥ 荣新江：《中古中国与粟特文明》，生活·读书·新知三联书店，2014，第2—3页。
⑦ 荣新江：《中古中国与粟特文明》，生活·读书·新知三联书店，2014，第6页。
⑧ 荣新江：《中古中国与粟特文明》，生活·读书·新知三联书店，2014，第5页。
⑨ 荣新江：《中古中国与粟特文明》，生活·读书·新知三联书店，2014，第42页。

丝
绸
之
路
上
的
葡
萄
酒

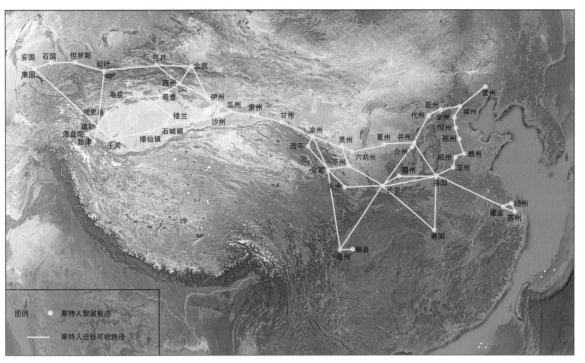

图8.2　粟特移民迁徙线路示意图。图片由荣新江提供

粟特商队的领袖自然成了粟特人自治聚落的统治者，也是政教大首领，这就是从北朝到隋唐时期，中国官僚体制中的一级职官——萨保，或称萨宝、萨甫。吉田丰研究考证萨保的粟特语原文为 s'rtp'w。[1]粟特人由此东行，位于塔里木盆地周边的绿洲城邦也因商队而热闹起来，人口也随之增长。[2]

现藏大英博物馆的《沙洲伊州地志》抄本中讲到康艳典建葡萄城的事情：

> 葡萄城。南去石城镇四里，康艳典所筑，种葡萄于此城中，因号葡萄城。[3]

石城镇位于鄯善，《新唐书》有：

> 又一路自沙州寿昌县西十里至阳关故城，又西至蒲昌海南岸千里。自蒲昌海南岸，西经七屯城，汉伊修城也。又西八十里至石城镇，汉楼兰国也，亦名鄯善，在蒲昌海南三百里，康艳典为镇使以通西域者。又西二百里至新城，亦谓之弩支城，艳典所筑。[4]

上面的文字，为贞元年间（785—805年）宰相贾耽所撰《皇华四达记》的片段，而《皇华四达记》依据的应当是唐朝中央政府保存的文书档案。

康艳典为康国大首领，来自帕米尔高原以西的粟特地区，带领胡人商队聚居于此（"胡人随之因成聚落"）。张国刚关于"绿洲地带出现许多王城之外的新城镇"[5]的说法不谬。张国刚认为康艳典所建

①荣新江：《中古中国与粟特文明》，生活·读书·新知三联书店，2014，第3页。
②张国刚：《中西文化关系通史（全二册）》下，北京大学出版社，2019，第48页。
③唐耕耦、陆宏基编《敦煌社会经济文献真迹释录》第一辑，书目文献出版社，1986，第39页。
④欧阳修、宋祁等：《新唐书》卷四十三下《志第三十三下·地理七下》，中华书局，1975，第一一五一页。
⑤张国刚：《中西文化关系通史（全二册）》下，北京大学出版社，2019，第49页。

之"葡萄城"至少存在到公元691年，文献中有明确的证据表明唐代吐鲁番与葡萄的关系。[1]唐前期石城镇就是康居人主要居住区，到吐蕃时有康姓人任都督之职，及至归义军时期有都知兵马使康通信、瓜州刺史康使君、都僧统康贤照、都僧统康维宥，康氏势力盛极一时。[2]

陈习刚基于唐长孺、柳洪亮、荣新江、池田温、沙知、吴方思、陈国灿、小田义久等人对大谷、斯坦因文书和吐鲁番出土文书的整理研究和其他文献资料，对吐鲁番出土文书中涉及葡萄酒等葡萄加工制品的文书进行了梳理，发现涉及酒的文书来自39个墓，共93件。这些文书可能和粮食酒有关，但是有些明确说明是葡萄酒，只是没有直接说这些酒来自粟特人。[3]

粟特古信札

西晋末年，战乱频仍。不久前的"永嘉之变"导致了西晋、东晋的交替，就在西晋怀帝永嘉五年（311年），匈奴贵族刘渊之子刘聪率领汉赵大军攻入了洛阳，皇宫被焚，晋怀帝司马炽在逃往长安途中被抓获，太子司马诠被杀，皇帝的侄子司马邺在长安准备即位，西晋贵族司马睿在建康（今江苏省南京市）正蠢蠢欲动，准备建立东晋。

在北方，西北动乱不已，五凉政权你方唱罢我登场，苻氏、慕容氏将各领风骚若干年。日后统一北朝、建立北魏、称霸北方的拓跋氏此时正在与柔然周旋。

位于河西走廊西端的敦煌扼守着前往西域的战略要地，出敦煌往西就是玉门关，往西南则是阳关。玉门关、阳关是万里长城最西边的关隘，出关就是茫茫沙漠和点点绿洲。出玉门关向正西方向可到罗布泊畔的楼兰古城，再往西就是茫茫的塔克拉玛干沙漠。

公元前129年，张骞在被匈奴扣留十年后继续西行前往寻找大月氏，经由费尔干纳盆地到达康居，找到大月氏。他的所谓"凿空"并不是无中生有，在张骞之前，东西方就有了各种形式的交通。

这条路上的粟特商队因贸易需要所以能到达很大的范围，建立了一个覆盖面较广的网络，这个网络得到了充分的利用，或为政治需要，或用以信件传递。二者较为明显的区别在于，为政治需要往往是点对点的长途旅行，由专业的政治家、外交家完成，只是利用了商业通道而已，这种长途旅行不是特殊情况一般不是商队的任务，他们也乐得不承担这种政治任务，因为配合点对点的长途旅行，会损失了不少贸易的机会。信件传递则不同，这是商队利用网络完成的额外职责，商队无需改变其短途贸易、从一站到下一站的性质，又能以接力的方式将货物和信件传递到很远的地方。

粟特商业贸易起始于何时还有不同的理论，魏义天（Étienne de la Vaissière）依据粟特人对中国的称呼Cynstn（意为"秦之土地"），认为在亚历山大征服时期（公元前4世纪末）粟特人还没有与帕米尔高原以东的中国人接触[4]，因为秦朝直到一百多年后才出现。但"秦"却不一定来自秦朝，也可能来自之前的秦国，能够代表中国的不仅有位于西边边陲的秦，还有北方的晋。

无论如何，到了公元4世纪，粟特人已经在中原经商。眼下，就有一个粟特商队从敦煌出发，前往玉门关。驼队不仅满载着货物，也携带着信件，有的信件远至撒马尔罕（今乌兹别克斯坦境内）。

在他们前往玉门关的路上，可以看到右手边的边墙外边，疏勒河正在滚滚向西，汇入罗布泊（盐

① 张国刚：《中西文化关系通史（全二册）》下，北京大学出版社，2019，第335页。
② 郑炳林：《晚唐五代敦煌酿酒业研究》，《敦煌归义军史专题研究三编》2005年。
③ 陈习刚：《吐鲁番文书所见葡萄加工制品考辨》，《唐史论丛》2010年第0期。
④ Étienne de la Vaissière, *Sogdian Traders: A History*, trans. James Ward (Leiden: Brill Academic Pub, 2005), p.23.

泽）。远远地，他们看见玉门关就在前方。

现在正值战火之中，守关兵丁查验得比平常更加仔细，片纸都不能出关，他们携带的信件也被扣留，之后被丢弃到边墙下的垃圾坑里。一说是他们遇上了某种灾害天象，比如沙尘暴，这个商队在躲避沙尘时，将一卷信札遗落到了边墙边上。

关于这些信件为何被遗弃，还有不同的说法①，我们只知道时间流逝了1600年，这卷从未启封的信札时而露出地面，时而被流沙掩埋，沙漠地带的干燥有助于古信札的保存。1907年，斯坦因听说有一位王姓道士在敦煌发现了藏经洞，当他来到敦煌时，恰逢王道士外出化缘不在，他便一边在周边考察一边等王道士，偶然发现了这卷信札。

这卷古信札共有八封信，其中五封保存相对完好，而较长的第二封信从内地发到撒马尔罕，考古学家和语言学家通过这封信的内容将这卷信札定年到了312—313年。②

其中第四封信提到了葡萄酒。在本文写作过程中，辛威廉（Nicholas Sims-Williams）对这封信最新的研究和翻译还没出版，不过张湛据其研究成果和最新的翻译给出了中文版，全文录在下面：

【背面】
致尊贵的老爷尤德·拉兹马克之子内乌·阿乌雅尔特　仆人尼亚兹肯寄
【正面】
仆人尼亚兹肯像（敬拜）众神那样屈膝向尊贵的老爷尤德·拉兹马克之子内乌·阿乌雅尔特致以一千次祝福与敬礼。

老爷，从您那来的金子中，纳纳克的金子卖了800文（铜钱）。马那瓦伊赤克欠我325文铜钱。您在给我的信中（写道）："你应该给我买tryh。"我读了信。您应该告诉我您想让我买哪种tryh。我把所有东西带到各处，但没人出价让您卖。如果您给我送了葡萄酒，这儿根本找

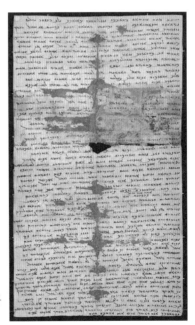

图8.3　粟特古信札第二封，高43厘米，宽24.8厘米，正是这封信里的信息将其写作年代定年于公元312或313年。现藏于大英图书馆

①荣新江：《中古中国与粟特文明》，生活·读书·新知三联书店，2014，第5页。
②Étienne de la Vaissière, *Sogdian Traders: A History*, trans. James Ward (Leiden: Brill Academic Pub, 2005), pp.45–46.

不到杯子！关于您的健康，不要……希望老爷您没有忧愁。阿乌亚曼·万达克之子帕赫什应该记着铜钱的事。如果没有，您应该提醒他。

　　此信作于十月十五日。①

　　此中，"葡萄酒"一词英文译作wine，粟特文原文转写作mδw，粟特文也是不写出元音的文字，这个词加上元音后很可能是maδw，字典译成英文为wine。②近现代一些翻译家用这个西方人比较熟悉的词指代中国酒③，麦戈文也用wine指代具有较高酒精度的酒精饮料，而和这种酒精饮料是否来自酿酒葡萄无关。不知这里所称的"wine"是否也是这样？④从下文"这儿根本找不到杯子"的描述可以看出，这里mδw指代的应为当地较为稀少、当地人较为不熟悉的葡萄酒，而非中国酒，以至于都找不到合适的饮器。

　　弗拉基米尔·A.利未诗齐（Vladimir A.Livšic）曾给出这封信的英文翻译，其和辛威廉的翻译基本一致，但是在涉及葡萄酒时有所不同：

　　……并且迄今为止（？）[在这里]不可能搞到葡萄酒，以使你能卖[它]。但我很可能[给你]寄些葡萄酒去。这儿找不到杯子。……⑤

　　很明显，这里的"葡萄酒"产自写信人所在的地方，欲贸易到收信人处，我们虽然不知道这封信具体的起讫点，但这封信的发现处和同一个邮包里其他信的内容都说明这个邮包是由东往西，如果利未诗齐的翻译正确，而且这封信和这个邮包里的其他信件一样也是自东向西，这就暗示着第四封邮件中的"葡萄酒"产自东方，运往西方。当然，一个邮包由东往西并不能一定说明邮包里每一封信都是由东往西。比如，有没有可能这封信寄自敦煌以西但玉门关以东的某个地方去楼兰，但没有从这个地方直接到楼兰的邮路，只能到敦煌绕个路？

　　这个假设成立的条件，要么是邮件起讫地之间很少有直接交通，这或者是因为楼兰不够繁华，或者是因为邮件的起点不够繁华，要么是邮件的起讫点之间贸易量很少，使得楼兰和邮件起点之间不值得单辟一条商路/邮路，只能到敦煌绕路。

　　楼兰一直是繁华都市。楼兰古国东起古阳关附近，西至尼雅古城，南至阿尔金山，北至哈密。孔雀河、塔里木河自西向东流入塔里木盆地地势最低的罗布泊，源自阿尔金山的车尔臣河自南而来，源自祁连山的疏勒河自东向西，也汇入这里。楼兰古国就位于罗布泊岸边。曾几何时，罗布泊湖面广阔，是一个超级大湖，比现在中国最大的湖泊青海湖还要大一倍有余。⑥《汉书》曾描绘其盛况：

　　蒲昌海，一名盐泽者也，去玉门、阳关三百余里，广袤三百里，其水亭居，冬夏不增减。⑦

　　罗布泊及周边区域被水滋润，河网纵横，河网密布，不仅仅是一个湖。这一地区的森林覆盖率曾经

①翻译来自与张湛的私人通信。

②来自与张湛的私人通信。

③H. T. Huang, *Science and Civilisation in China: Volume 6, Biology and Biological Technology, Part 5, Fermentations and Food Science* (Cambridge: Cambridge University Press, 2000), pp.149-150.

④Patrick E. McGovern, *Uncorking The Past: The Quest for Wine, Beer, and Other Alcoholic Beverages* (Oakland: University of California Press, 2009), p.39.

⑤Vladimir A. Livšic, "The Sogdian Ancient Letters (II, VI, V)," in *Symbola Caelestis* (New Jersey: Gorgias Press, 2009), pp.344-352.

⑥星球研究所、中国青藏高原研究会：《这里是中国》，中信出版社，2019，第192页。

⑦班固：《汉书（全十二册）》，中华书局，1962，第三八七一页。

高达40%，接近现今中国森林覆盖率的两倍。[1]

汉朝设西域都护，治乌垒，辖楼兰。据考证，乌垒国大致地望在今轮台县附近，而当时楼兰与乌垒间的交通，成为汉朝在西域设立的最高军政机构西域都护安全存在的生命线。

曹魏（220—266年）在楼兰城设置西域长史，统辖西域。西晋（266—316年）和其后的前凉（317—376年）又于楼兰城设西域长史机构。魏晋时期，来往于东西方的客商，大多都要经过楼兰。楼兰作为统管西域的重镇，不可谓不繁华，其与治下各地之间的交通不可能不通畅。

那么，是否邮件的起点不够繁华呢？打开西域地图，很难找到一处不能直接前往楼兰，需从敦煌中转的地点。唯一可能不与楼兰直接来往贸易需从敦煌中转的重镇是位于敦煌西北的伊吾（今哈密）。伊吾在西汉时期叫伊吾卢，唐称伊州，元称哈密力，明以后称哈密。伊吾地处中国的西北边陲，时常位于边塞之外，有时由外族管辖。这和唐初玄奘西行时的局势类似，当时玄奘到伊吾一路为了躲避官兵，未敢走更为通畅安全的烽隧关卡，而是经由莫贺延碛（"长八百余里，古曰沙河，上无飞鸟，下无走兽，复无水草"[2]）昼伏夜出，又打翻了珍贵的水袋，后来识途老马帮助他找到了泉水，玄奘历经艰难险阻才走出荒漠。

位于天山山脉东端的伊吾横跨天山南北，沿天山南麓西行可达吐鲁番，吐鲁番正南方向即楼兰，而向北再向西行就可前往今天的乌鲁木齐，而如果一直向北，又可到达经由阿尔泰山脚的草原丝绸之路。伊吾可谓位于交通要道，唯独向南至敦煌、楼兰的路线不甚明晰。伊吾、敦煌、楼兰几成三足鼎立之势，很难想象从伊吾到楼兰需绕道敦煌。现在从哈密到罗布泊有铁路和省道（S238、S235），这些道路是否构建在伊吾至楼兰的古道之上虽未得知，但说明从伊吾到楼兰是可能的。

据说玄奘出玉门关后向北渡过疏勒河，一说玄奘在敦煌和瓜州（今甘肃省酒泉市瓜州县）间出境，再沿烽隧边关到达伊吾，走的据说是从瓜州到伊吾的古伊吾道，瓜州在敦煌以东的疏勒河畔，距离敦煌和玉门关差不多远。在公元4世纪的南北对峙时期，许多商旅为躲避战乱，前往西域，伊吾敦煌间贸易量见长，伊吾道繁忙。

《沙州伊州地志》残卷在讲述伊州历史时这样说道：

> 伊州（下）。公廨七百卅千，户一千七百廿九，乡七。
>
> 右古昆吾国、西戎之地，周穆王伐西戎，昆吾献赤刀是也。后语讹，转为伊吾郡。汉书西域传云，周衰，戎狄错居，泾渭之北，伊吾之地，又为匈奴所得。汉武帝伐匈奴收其地。其后复弃。至后汉永平年，北征匈奴，取伊吾庐地，置田禾都尉，西域复通。以后，伊吾三失三得。顺帝置伊吾司马一人，魏晋无闻郡县，隋大业六年于城东买地置伊吾郡。隋乱，复没于胡。贞观四年，首领石万年率七城来降。我唐始置伊州。宝应中陷吐蕃，大中四年张议潮收复，因沙洲册户居之。羌龙杂处，约一千三百人。[3]

贞观四年是公元630年，玄奘公元629年离开长安，从其到哈密被高昌王麹文泰派人接去高昌国讲法来看，玄奘到达时伊吾应当在唐境以外。粟特古信札时期伊吾所属未知，但其处在边境上，是兵家你争我夺之地似乎不错。

余太山在研究东汉和西域的关系时，曾重点论及伊吾，伊吾曾是东汉和北匈奴反复争夺的地区，几经易手：

①星球研究所、中国青藏高原研究会：《这里是中国》，中信出版社，2019，第192页。
②慧立、彦悰：《大慈恩寺三藏法师传》卷第一，孙毓棠、谢方点注，中华书局，1983，第16页。
③唐耕耦、陆宏基编：《敦煌社会经济文献真迹释录》第一辑，书目文献出版社，1986，第四〇页。

该地是当时东西交通枢纽之一，即赴西域可自玉门关西北向抵伊吾后西走。……击伊吾并非完全出诸对匈奴作战的考虑，而是为了进一步经营西域。[1]

可见伊吾很重要，但却是针对西域。余太山勾勒的路线是从玉门关前往伊吾，再西行前往西域，这样就绕过了楼兰。尽管这样的可能不能排除：古信札邮包中有一封信件来自伊吾或附近，该地在魏境内，而信中说明了葡萄酒是从写信人所在的地方贩卖到玉门关以西。相较之下，辛威廉的最新解读指出葡萄酒为自西向东馈赠，也许更符合实际情况。

魏义天指出：

> ……第四和第五封古信札对分析甘肃的东西方交流有所启迪：金银来自西方，而胡椒、银器、葡萄酒、稻米（？）和白铅粉（？）运往西方……[2]

这里，葡萄酒贸易很明确是自东向西的，不知魏义天做出此一结论的依据，但其时，辛威廉还未给出新版翻译，不清楚他在此前的翻译中是怎么描述葡萄酒贸易的走向的。

丝绸之路上的葡萄酒

一斗得凉州

凉州现在是甘肃省武威市下辖的一个区，又可指武威甚至整个河西走廊，古称姑臧。汉武帝在河西走廊赶走匈奴，西扩疆域，建立的武威、张掖、酒泉、敦煌四郡，治凉州、甘州、肃州、沙州，甘肃二字即来源于甘、肃二州。因占据了中原和西域的几乎唯一通道河西走廊的咽喉，凉州地位十分重要，唐朝时，城市规模仅次于当时的都城长安。[3]玄奘在初唐前往印度取经途中，也在凉州逗留讲学：

> 凉州为河西都会，襟带西蕃、葱右诸国，商侣往来，无有停绝。[4]

这反映了西北贸易对于中原王朝的重要，也反映了凉州对于西北贸易的重要，难怪粟特人要在凉州聚居。孟佗一斗得凉州的典故很得诗人的青睐：

> 为君博一斗，往取凉州牧。[5]
>
> 自言酒中趣，一斗胜凉州。[6]
>
> 将军百战竟不侯，伯郎一斗得凉州。[7]
>
> 有酒不换西凉州，无酒不典鹔鹴裘。[8]

---

①余太山：《东汉与西域关系述考》，《西北民族研究》1993年第2期（总第13期）。
②Étienne de la Vaissière, *Sogdian Traders: A History*, trans. James Ward (Leiden: Brill Academic Pub, 2005), p.52.
③张国才、柴多茂：《汉唐时期丝路重镇凉州与中亚古国粟特交流研究》，《发展》2020年第2期。
④慧立、彦悰：《大慈恩寺三藏法师传》卷第一，孙毓棠、谢方点注，中华书局，1983，第11页。
⑤刘禹锡：《刘禹锡集》，《刘禹锡集》整理组点校、卞孝萱校订，中华书局，1990，第三五四页。
⑥苏轼：《和刘长安题薛周逸老亭周善饮酒未七十而致仕》，载张志烈、马德富、周裕锴主编《苏轼全集校注·诗集》卷四，河北人民出版社，2010，第二七九页。
⑦苏轼：《次韵秦观秀才见赠秦与孙莘老李公择甚熟将入京应举》，载张志烈、马德富、周裕锴主编《苏轼全集校注·诗集》卷十六，河北人民出版社，2010，第一七二六页。
⑧陆游：《与青城道人饮酒作》，载《剑南诗稿校注（全八册）》卷七，钱仲联校注，上海古籍出版社，1985，第五九八页。

骏马不用换美妾，名酒不用博凉州。①

美人传酒清夜阑，欲歌未歌愁远山。
蒲萄一斗元无价，换得凉州也是闲。②

偶得名樽当痛饮，凉州那得直蒲萄。③

君不见蒲萄一斗换得西凉州，不如将军告身供一醉。④

一语为君评石室，三杯便可博凉州。⑤

凉州博酒不胜痴，银汉乘槎领得归。
玉骨瘦来无一把，向来马乳太轻肥。⑥

纵教典却鹔鹴裘，不将一斗博凉州。⑦

看君妙句倾琼液，凉州不复夸葡萄。⑧

马蹄车轮送客去，两京游客还未稀。
谁因一斗蒲萄酒，便得梁州刺史归。⑨

凉州葡萄甘且美。⑩

客愁万斛可消遣，一斗凉州换未平。⑪

与说凉州乐事深，便应分手莫沈吟。
调将碟躞名西极，种就葡萄胜上林。⑫

最后这首诗不仅说到凉州，还提到据说和张骞有关联的宝马西极，以及司马相如的《上林赋》。

以此典故入诗的例子还有很多，不胜枚举。孟佗为凉州一富户，又名孟他，东汉灵帝在位时（168—189年），十常侍之首张让家门口前来拜会的人络绎不绝，通常有数百辆车，造成交通堵塞。孟佗因仕途不如意来找张让，他散尽所有家资用来贿赂张让家守门的家奴，然后在张让家门口堵得水泄不通时才到。张让的家奴看到孟佗来了，当街便拜，又合力把孟佗的车子抬入张府。众人皆惊，以为孟佗和张让的关系不一般，纷纷拿出珍宝贿赂孟佗，孟佗再用以贿赂张让，其中就有一斛（或称一斗）葡萄

①陆游：《山中夜归戏作短歌》，载《剑南诗稿校注（全八册）》卷十五，钱仲联校注，上海古籍出版社，1985，第一二一六页。
②陆游：《感旧绝句》，载《剑南诗稿校注（全八册）》卷十二，钱仲联校注，上海古籍出版社，1985，第九五九至九六一页。
③陆游：《六日云重有雪意独酌》，载《剑南诗稿校注（全八册）》卷五十，钱仲联校注，上海古籍出版社，1985，第二九八四页。
④陆游：《凌云醉归作》，载《剑南诗稿校注（全八册）》卷四，钱仲联校注，上海古籍出版社，1985，第三一四页。
⑤范成大：《范成大集校笺（全五册）》，吴企明校笺，上海古籍出版社，2022，第509页。
⑥杨万里：《蒲萄干》，载北京大学古文献研究所编《全宋诗》第四十二册·卷二二八五，北京大学出版社，1998，第二六二一三页。
⑦周权：《蒲萄酒》，载《此山诗集》卷四，商务印书馆，2006，影印本，第十叶（正）至第十叶（背）。
⑧陈泰：《仝张秋海饮酒黄家楼和周卓翁韵》，载《所安遗集》，商务印书馆，2006，影印本，第二十九叶（正）至第三十叶（背）。
⑨马祖常：《和王左司柳枝词十首》，载《石田先生文集》卷五，李叔毅点校，中州古籍出版社，1991，第114页。
⑩贡师泰：《题杨元初理问送行诗卷》，载《玩斋集》卷二，吉林出版集团有限责任公司，2005，第42—43页。
⑪王翰：《葡萄酒》，载《梁园寓稿》卷九，商务印书馆，2006，影印本，第十叶（背）。
⑫王世贞：《送助甫使君赴河西》，载《弇州山人四部稿》卷四十三，商务印书馆，2006，影印本，第十二叶（正）。

酒。张让很高兴，孟佗于是得到了凉州刺史这个职位。

这个故事先记载在汉代刘歧撰《三辅决录》中，后来被收入裴注《三国志》中，不过他是在讲述魏明帝太和元年（227年）孟达反叛时，提到孟达父亲孟佗的故事，裴松之在注中录入《三辅决录》的记述。[1]此事被范晔收入《后汉书》，并引用《三辅决录》：

> 扶风人孟佗，资产饶赡，与奴朋结，倾谒馈问，无所遗爱。奴咸德之，问佗曰："君何所欲？力能办也。"曰："吾望汝曹为我一拜耳。"时宾客求谒让者，车恒数百千两，佗时诣让，后至，不得进，监奴乃率诸仓头迎拜于路，遂共举车入门。宾客咸惊，谓佗善于让，皆争以珍玩赂之。佗分以遗让，让大喜，遂以佗为凉州刺史。（《三辅决录》注曰："佗字伯郎，以蒲陶酒一斗遗让，让即拜佗为凉州刺史。"）[2]

孟佗取得凉州刺史这一职位不一定只有葡萄酒的功劳，也和其他宾客贿赂的珍玩不无关系，后代诗人以此为典是因之奇特和简单化的处理方式。但即使葡萄酒和其他珍玩一起帮助孟佗取得凉州，葡萄酒能用以贿赂张让也足见其珍贵。故事中没有说这一斗葡萄酒是产于本地还是贩于境外，凉州位于丝绸之路要道，粟特文古信札说明，一个半世纪之后，活跃在丝绸之路上的粟特人仍将葡萄酒作为馈赠礼品，而聚居于中原的粟特人仍苦于找不到合适的酒杯。这说明葡萄酒虽因粟特人的聚居而引入，但并未成为普遍饮品，孟佗所进献给张让的葡萄酒很可能是来自西域的进口商品，故而更加珍贵，一斛酒可取得凉州刺史的职位。葛承雍认为此时"西域葡萄酒的酿制方法至多输入至河西走廊，但葡萄酒作为珍品继续依靠域外贡入京师"。他认为西域是输往中原的葡萄酒的原产地，在库车哈拉敦遗址地下还发现拥有8个盛酒缸的"酒库"，在品治肯特还曾发现一套7—8世纪的完整酿造葡萄酒设备。[3]

杨友谊认为，孟佗用以贿赂张让的葡萄酒"应该是西域所产的葡萄酒，千里迢迢运抵中原，必然身价百倍"，但同时又认为"丝绸之路葡萄种植业的兴起与发展，必然带来葡萄酿酒业的出现并形成规模"。如果中原酿制葡萄酒的产业已"形成规模"，势必带来葡萄酒价格的下降，西域葡萄酒如果仍然价格高企，必有仿冒者，中原葡萄酒的品质也许远远不及西域葡萄酒，故而价格低廉，但这更给了仿冒的空间和动力，正如杨友谊引用司马迁的话"天下熙熙，皆为利来，天下攘攘，皆为利往"，认为"西域优良品质的葡萄酒""一直影响着中原葡萄酒的酿制发展进程"，并举出诗作和文献记载予以支持。[4]至于中原商人能否仿造，能否获利，还缺乏针对性的研究。但葡萄酒因此存在疑窦，用来送礼恐怕不是好选择。可见中原葡萄酿酒业并未形成规模或规模不够大。

珍果

魏晋时期的文学家、书法家钟会和他外甥荀勖各写了一篇《蒲桃赋》咏唱葡萄：

> 余植蒲桃于堂前，嘉而赋之，命荀勖并作。[5]
> 魏钟会《蒲萄赋》曰，美乾道之广覆兮，佳阳泽之至淳，览遐方之殊伟兮，无斯果之独

①陈寿：《三国志》魏书《明帝纪》，裴松之注，中华书局，2011，第78页。
②范晔：《后汉书（全十二册）》卷七十八《宦者列传第六十八》，李贤等注，中华书局，1965，第二五三四页。
③葛承雍："胡人岁献葡萄酒"的艺术考古与文物印证，《故宫博物院院刊》2008年第6期（总第140期）。
④杨友谊：《明以前中西交流中的葡萄研究》，硕士学位论文，暨南大学，2006，第27—31页。
⑤李昉：《太平御览（第八卷）》卷七百九十二《果部九》，孙雍长、熊毓兰校点，河北教育出版社，1994，第788页。

珍，讬灵根于玄圃，植昆山之高垠。绿叶蓊郁，暧若重阴翳义和。秀房陆离，混若紫英乘素波。仰承甘液之灵露，下歆丰润于醴泉。总众和之淑美，体至气于自然。珍味允备，与物无俦，清浊外畅，甘旨内道。滋泽膏润，入口散流。[1]

晋荀勖《蒲萄赋》曰，灵运宣流，休祥允淑，懿彼秋方，乾元是畜。有蒲萄之珍伟奇（句有衍文），应淳和而延育。[2]

同样流传甚广的魏文帝曹丕喜食葡萄的故事也说明了葡萄的珍贵。曹丕贵为天子，所食之果自然珍贵，他自己也认为葡萄为果之珍品：

魏文帝诏群臣曰：中国珍果甚多，且复为说蒲萄。当其朱夏涉秋，尚有余暑，醉酒宿醒，掩露而食。甘而不饴，脆而不酸，冷而不寒。味长汁多，除烦解饴。又酿以为酒，甘于曲蘖，善醉而易醒。道之固已流涎咽唾，况亲食之耶？他方之果，宁有匹者？[3]

值得注意的是，外来的植物"葡萄"这时已被曹丕称作"中国珍果"。张国刚敏锐地注意到了这一点，并认识到中华大地上生长着不同种的野葡萄，不过中国人并未栽培它。不过他并没有深究为什么中国人没有栽培野葡萄。[4]

有学者认为曹丕的这段话说明了"东汉末年时中原地区已开始自酿葡萄酒"，"不过，由于当时葡萄的栽培尚不普遍，以这种名贵的水果酿制的酒，数量当然极少，只是皇室和极少数富贵人家享用的珍品"。[5]曹魏的辖地包括北方地区以及西域，魏文帝喝到最为稀少昂贵的酒当不为奇。

公元547年，时东魏孝静帝武定五年，抚军司马杨衒之重游洛阳，后作《洛阳伽蓝记》，记叙佛寺胜景，重现历史辉煌。他这样记叙城西白马寺的葡萄园：

浮图前柰林蒲萄异于余处，枝叶繁衍，子实甚大。柰林实重七斤，蒲萄实伟于枣，味并殊美，冠于中京。帝至熟时，常诣取之。或复赐宫人，宫人得之，转饷亲戚，以为奇味。得者不敢辄食，乃历数家。[6]

这葡萄显然鲜食，且植于多处，只有白马寺浮屠前的最异，贵重得很。当时白马寺可能仍盛产葡萄。

晚唐人士段成式在其百科全书式的《酉阳杂俎》中讲的故事却不限于晚唐，比如他在"蒲萄"条下转述的庾信等人与魏使尉谨的一段对话就发生于南北朝时期：

谨曰"……在汉西京，似亦不少。杜陵田五十亩，中有蒲萄百树。"[7]

魏、蜀、吴三家归晋后西晋有过短暂的统一，之后的东晋则退据江南，北方成了各路胡人汉人混战的战场，西域曾几次易手，但西域喜饮葡萄酒的风俗好像并未改变。崔鸿在《十六国春秋》中有过记录：

①欧阳询：《艺文类聚》卷八十七《果部下》，汪绍楹校，上海古籍出版社，1965，第一四九五页。
②欧阳询：《艺文类聚》卷八十七《果部下》，汪绍楹校，上海古籍出版社，1965，第一四九五页。
③李昉：《太平御览（第八卷）》卷七百九十二《果部九》，孙雍长、熊毓兰校点，河北教育出版社，1994，第786页。
④张国刚：《中西文化关系通史（全二册）》下，北京大学出版社，2019，第210页。
⑤余华青、张廷皓：《汉代酿酒业探讨》，《历史研究》1980年第5期。
⑥杨衒之：《洛阳伽蓝记》，尚荣译注，中华书局，2012，第278页。
⑦段成式：《酉阳杂俎》前集卷十八《广动植之三》，张仲裁译注，中华书局，2017，第710页。

张斌，字洪茂，敦煌人，作《葡萄酒赋》，文致甚美。[1]

吕光为前秦大将，后来自立为王，在甘肃武威建立了后凉政权，势力范围曾覆盖整个西域。《晋书》记录了他征服龟兹的过程和龟兹习俗：

又进军攻龟兹城……光入其城，大飨将士，赋诗言志。见其宫室壮丽，命参军京兆段业著《龟兹宫赋》以讥之。胡人奢侈，厚于养生，家有蒲桃酒，或至千斛，经十年不败。[2]

《十六国春秋》也讲了同一个故事，文字与此大致相同，或《十六国春秋》在散佚后重新辑录时参照了《晋书》，或《晋书》文字参照了《十六国春秋》。[3]但西域人喜好葡萄酒应是确实的。一个敦煌人专为葡萄酒作赋且"文致甚美"大概也说明了问题。

西域种植葡萄很普遍，这从Hansen的研究也能看得出来，他在研究丝绸之路上的宗教生活时，说到一个案件涉及一个僧侣的儿子卖掉了葡萄园，另一个案件中，一个僧侣向一个人借了葡萄酒却没有归还。[4]

南北朝时期，北魏太武帝太平真君（440—451年）末年，正是南朝刘宋文帝元嘉年间（424—453年），拓跋焘挥军南下围攻彭城（今徐州市），刘义隆派其弟江夏王、太尉刘义恭前往彭城，和他的儿子安北将军、徐州刺史、武陵王刘骏共同拒敌。太武帝麾下的李孝伯与刘骏的长史张畅在城下有一段精彩对话，之后李孝伯说："诏以貂裘赐太尉，骆驼、骡、马赐安北，蒲萄酒及诸食味当相与同进。"[5]

《北史》讲了同样的故事却省略了赠予葡萄酒一节，但《宋书》从另一个方向讲述了相同的故事："虏使云：'貂裘与太尉，骆驼、骡与安北，蒲陶酒杂饮，叔侄共尝。'"[6]

葡萄酒作为液体很沉重，相同重量相当于好多件貂裘，很难想象大军南征时会出于赠送礼品的考虑带着很重的葡萄酒，大军携带葡萄酒有可能是为了统帅自己享用，也有可能是葡萄这种果品已在北方种植，葡萄酒这种饮料已在本地制作。这时距粟特古信札的年代已有大约140年，那时当地还找不到合适的饮器，而现在则被太武帝带着南征了。

拓跋焘此次南征之后不到百年，北魏又分裂为东魏、西魏，之后又被权臣分别建国为北齐、北周，又在北周大臣杨坚手中再度统一，东魏大将李元忠又以葡萄馈赠后来追封为北齐皇帝的高澄。

《北齐书》说到李元忠曾送给高澄一盘葡萄，高澄则回赠绢百匹，可见葡萄之珍贵：

曾贡世宗葡萄一盘。世宗报以百练缣，遗其书曰："仪同位亚台铉，识怀贞素，出藩入侍，备经要重。而犹家无担石，室若悬磬，岂轻财重义，奉时爱己故也。久相嘉尚，嗟咏无极，恒思标赏，有意无由。忽辱葡萄，良深佩戴，聊用绢百匹，以酬清德也。"其见重如此。[7]

东魏权臣高澄在其父高欢去世后掌控东魏政权，其弟高洋建立北齐后，追封他为皇帝，谥号文襄，庙号世宗。他在回赠李世忠时还附有一短信说忽然收到送来的葡萄，深受感动，聊以绢帛百匹，报答清德。百匹绢帛并不等同于一盘葡萄的价值，也有高澄欲报答李世忠"清德"的含义，但是可以设想送给

①崔鸿：《二十五别史·十六国春秋辑补》前凉录九《张斌》，齐鲁书社，2000，第532页。
②房玄龄：《晋书（全十册）》卷一百二十二《吕光传》，中华书局，1974，第三〇五五页。
③崔鸿：《二十五别史·十六国春秋辑补》后凉录一《吕光》，齐鲁书社，2000，第566页。
④Valerie Hansen, "Religious life in a silk road community: Niya during the third and fourth centuries," *Religion and Chinese society*, vol.1(2004): 295.
⑤魏收：《魏书（全八册）》卷五十三《李孝伯传》，中华书局，1974，第一一六九页。
⑥沈约：《宋书（全八册）》卷五十九《张畅传》，中华书局，1974，第一六〇一页。
⑦李百药：《北齐书（全二册）》卷二十二《李元忠传》，中华书局，1972，第三一五页。

权臣的应该是珍贵的东西。《北史》也讲到同一件事：

> 曾贡文襄王蒲桃一盘。[1]

西汉时，上林苑内还建有葡萄宫，接待外国客人。西汉哀帝元寿二年（公元前1年），匈奴单于曾居住在这里，这时距离司马相如描述种在上林苑中的"蒲陶"已过百多年，但并不能排除司马相如所咏"蒲陶"就种在园中的可能：

> 元寿二年，单于来朝，上以太岁厌胜所在，舍之上林苑蒲陶宫。[2]

我们不知道这座宫殿又用了多少年，但是唐初的日本人阿倍仲麻吕（晁衡）刚到长安时就住在葡萄宫里，后来又有很多诗作以此为典。

史载晋时仍有园林叫作"蒲萄园"，有的园林还种有葡萄：

> 晋宫阁名曰，洛阳宫有琼圃园、灵芝园、石祠园，邺有鸣鹄园、蒲萄园、华林园。[3]
> 晋宫阁名曰，华林园蒲萄百七十八株。[4]

南朝梁武帝天监年间（502—519年），武帝信任蜀闾等四公，很多王公大夫都不认识高昌国的贡品，而四公中的杰公却能指出高昌国所献贡物存在的问题，使者承认这一年遭遇风灾，蒲桃、刺蜜没有成熟、产量不够，只能将涝林、无半的葡萄相掺，还混杂了高宁酒，又因王命紧迫，酒来不及到八风谷冷冻，的确不是贡献葡萄酒的时机。杰公向梁武帝解释道：

> 蒲桃，涝林者，皮薄味美；无半者，皮厚味苦。酒是八风谷冻成者，终年不坏。今臭其气酸，涝林酒滑而色浅，故云然。[5]

陈习刚认为，运抵八风谷进行处理类似于现代的冷冻处理，但其效能又多于现代的冷冻处理，没有经过处理的酒保存时间不长，容易酸败。[6]

杨友谊称此为一种酿酒工艺。[7]

南北分裂和战乱似乎并没有阻止葡萄和葡萄酒的传播和种植，而这种传播路径是经西域而北方而中原。荣新江依据文献记载和考古所见酒器，指出粟特人在西域已广泛种植葡萄且喜爱葡萄酒，他们喝的酒应该是自己酿制的葡萄酒。[8]

---

①李延寿：《北史（全十册）》卷三十三《李灵传》，中华书局，1974，第一二〇四页。
②班固：《汉书（全十二册）》卷九十四下《匈奴传下》，中华书局，1962，第三八一七页。
③欧阳询：《艺文类聚》卷六十五《产业部上》，汪绍楹校，上海古籍出版社，1965，第一一六〇页。
④欧阳询：《艺文类聚》卷八十七《果部下》，汪绍楹校，上海古籍出版社，1965，第一四九四、一四九五页。
⑤李昉等编：《太平广记》卷八十一《梁四公》，中华书局，1961，第五一九页。
⑥陈习刚：《中国冻酒考》，《许昌学院学报》2003年第22卷第1期。
⑦杨友谊：《明以前中西交流中的葡萄研究》，硕士学位论文，暨南大学，2006。
⑧荣新江：《中古中国与粟特文明》，生活·读书·新知三联书店，2014，第383页。

大唐盛世以世界主义而知名，东都洛阳和西都长安的酒肆当垆者有许多胡人。杜甫在《饮中八仙歌》中描绘的天子之船可能停在曲江池畔，也可能停在兴庆宫内的兴庆池畔，侍从可能就是在这些酒肆里找到烂醉如泥的李白。西市胡商汇集，周边胡姬酒肆"胡气"很浓，招徕客人的是胡姬，客人中也多有胡客，所使用的酒具也是胡制（金器），供应胡人习饮的葡萄酒。

中国人很早就已经引入了欧亚种葡萄，距离唐朝习得酿酒之术时已有八百年甚至千年以上，两者相差这么久可能说明用葡萄酿酒的阻力之大。这种阻力来自用曲酿酒的口味习惯，而根本原因在于葡萄这种外来物种在中国本不生长也就没有得到驯化。中国很早就发展出了一套以曲酿酒的方法而且根深蒂固，这一技术和葡萄酿酒术背道而驰，南辕北辙。

唐代富有是因其幅员的辽阔和兼收并蓄的世界主义胸怀，但只限于唐前期。唐中后期以后，以安史之乱（755—763年）为转折点，吐蕃入侵割断了唐王朝与西域的联系，藩镇割据又使唐王朝的势力范围大幅收缩，直接导致了宋王朝的偏居一隅。而宋朝的富有系因其疆域窄小，和唐前期完全不同。但说及"盛世"，往往唐宋连称。北宋时期，最有名的酿酒人大概就是苏轼了。有趣的是，苏轼酿制的任何酒都用了曲。

第九章

盛世气象

李白

李白（701—762年）出生于武周长安元年（701年），他活跃于唐玄宗开元、天宝年间（713—756年），恰逢大唐盛世。李白的出生地有争议，其中一种说法是李白出生于碎叶（今吉尔吉斯斯坦的托克马克附近），神龙年间（705—707年）5岁时随父回到四川，但对于李白是否有些异域血统或者就是完全的异域人意见不一。多年以后，李白任翰林待诏时，解读了一封满朝都不认识的蕃书，并替玄宗草拟了回复。对于这封信究竟来自哪个"藩国"还有不同解释，一说这封蕃书来自月氏，这被视为李白母亲来自外域、李白长大于双语环境的一个佐证。[①]李白也在一首诗中提到用月氏文写信：

> 鲁缟如玉霜，笔题月氏书。[②]

李白的父亲李客被认为是个富甲一方的商人[③]，李白因此有资本周游大半个中国，一掷千金（"不逾一年，散金三十余万"[④]），但学者大多对李白父亲从事的买卖语焉不详。李家烈认为，李客从西域到四川的前期经营的都是丝绸贸易。[⑤]哈金则在《通天之路：李白传》里指出了李客在西域从事的营生：

> 李白父亲生意做得成功，主要经营谷物、面料、葡萄酒、干货、生活器具及纸张。[⑥]

千百年来，学界对李白父亲在西域所贩商品少有论及，哈金所说贩卖葡萄酒也似孤论，但哈金必有所本。近400年前的粟特文古信札反映出粟特人已在中原聚居，葡萄酒亦有需求。李白出生的碎叶原在西突厥辖下，后来先归唐朝安西大都护府后归北庭大都护府管辖，李家从李白的上几代人开始就一直生活在唐朝境内[⑦]，这实际上为同在唐朝境内的粟特人聚居点提供葡萄酒提供了便利，李白父亲在碎叶时所贩商品中有葡萄酒当不为怪。

碎叶在《大唐西域记》中又称作素叶，玄奘（600—664年）在描述素叶及其附近的呾逻私（同怛罗斯）城时说：

> （素叶水城：）城周六七里，诸国商胡杂居也。土宜糜、麦、蒲萄。[⑧]
>
> （呾逻私城：）城周八九里，诸国商胡杂居也。土宜气序，大同素叶。[⑨]

唐天宝十载（751年），唐将高仙芝在怛罗斯城和阿拉伯军队的遭遇战中战败，被俘唐军中有一位叫杜环的杜佑族人，他后来游历了阿拉伯国家，将经历写成《经行记》。这本书后来佚失了，部分内容因杜佑在《通典》中引用而保存了下来：

①关于李白解蕃书一事，李阳冰《草堂集序》和范传正《唐左拾遗翰林学士李公新墓碑并序》等皆有"潜草诏诰"或"草答蕃书"之语[见张福有、王松林：《破解千古"蕃书"之谜》，《松辽学刊（人文社会科学版）》2001年第5期]，"蕃书"的来源有吐蕃（安旗：《李白传》，人民文学出版社，2019）、渤海[张福有、王松林：《破解千古"蕃书"之谜》，《松辽学刊（人文社会科学版）》2001年第5期]或月氏国（哈金：《通天之路：李白传》，汤秋妍译，北京十月文艺出版社，2020，第192页）等多种说法。
②李白：《寄远十二首》，载《李太白全集（全三册）》卷之二十五，王琦注，中华书局，1977，第一一七一页。
③郭沫若：《李白与杜甫》，北京联合出版公司，2023，第15页；周勋初：《李白评传》，南京大学出版社，2005，第77页。
④李白：《上安州裴长史书》，载《李太白全集（全三册）》卷之二十六，王琦注，中华书局，1977，第一二四五页。
⑤李家烈：《李白的经济来源考辨》，《四川师范学院学报（哲学社会科学版）》1998年第6期
⑥[美]哈金：《通天之路：李白传》，汤秋妍译，北京十月文艺出版社，2020，第005页。
⑦周勋初：《李白评传》，南京大学出版社，2005，第44页。
⑧玄奘、辩机：《大唐西域记校注》，季羡林等校注，中华书局，1985，第71页。
⑨玄奘、辩机：《大唐西域记校注》，季羡林等校注，中华书局，1985，第77页。

> 碎叶国……又有碎叶城……宜大麦、小麦、稻禾、豌豆、毕豆，饮蒲萄酒、糜酒、醋乳。①

碎叶在"宛左右"，产葡萄酒，这里可能有不少商人做葡萄酒生意。

碎叶在《大唐西域记》中又属窣利地区：

> 自素叶水城至羯霜那国，地名窣利，人亦谓焉。文字语言，即随称矣。②

季羡林等注：

> 按：窣利，《后汉书·西域传》作粟弋，《南海寄归内法传》《大唐西域求法高僧传·玄照传》作速利，《梵语千字文》作孙邻，《梵语杂名》胡条夹注作苏哩。此名均即《北史》卷九七《西域传》中之粟特（Soghdiana）……粟特或窣利通常用以指阿姆河和锡尔河之间的昭武九姓国而言，大概始自穆斯林时期……穆斯林时期的窣利之范围远比古代的狭窄。③

在玄奘的年代，粟特地区已经向北扩大。张广达指出："从种种迹象判断，粟特人的东来是沿着怛罗斯河（Talas）、楚河（Chu）流域推进的。7世纪20年代末到30年代，唐高僧玄奘赴印求法，归来记述所历诸国情况时，不仅把乌浒水和药杀水之间的昭武九姓诸国称之为窣利（粟特），而且把从羯霜那延伸到碎叶城（Sūyāb）的地区也名之为窣利，这正是因为他看到碎叶城以西的楚河流域、怛罗斯河流域分布着一连串的粟特移民城镇，因而把这一地区纳入了窣利（粟特）的缘故。"④

荣新江认为，怛罗斯和碎叶必然有大量的粟特胡人经停。⑤这里既有大量善于经商的粟特人、这些粟特人又惯于饮用葡萄酒，还在内地聚居，这为李白的父亲在此经商而且所经营商品中有葡萄酒，又增添了一分可能。蔡鸿生认为，窣利地区别有特色的九姓胡饮食文化中，葡萄酒为一大特产。⑥

天宝元年（742年），李白应唐明皇之召第二次来到长安，入职翰林待诏，离皇帝近了一步，但是没有实职，他的唯一任务就是时刻准备好听从皇帝的召唤。从长安城的主城门之一、东边的春明门进入长安，右手边就是著名的兴庆宫，这座宫殿曾是李隆基任藩王时的宅邸，他登基后屡次扩建，不仅独占了一整坊，还占了周边几坊。兴庆宫紧邻长安的东城墙，开元二十年（732年），李隆基在东城墙增筑了一道夹城，使得兴庆宫可以直接与位于长安东北的大明宫和位于长安东南的曲江池相通，曲江池宽阔的水面可供皇亲泛舟，紧邻的芙蓉园又成了专供皇帝游玩的禁苑。

兴庆宫西南方向的斜对面就是东市，东市西侧就是以接待达官贵人著称、风月场所扎堆的平康坊，再往西就是翰林院。李白对这一带应该比较熟悉，他在送别朋友东去离开长安时，就选择了青绮门下的酒肆，石田干之助认为，青绮门就是长安城的东大门春明门。⑦薛爱华说"沿着长安城东面的城墙，由'春明门'往南的一个住宅区里有许多酒馆"⑧：

---

① 杜佑：《通典（全十二册）》，王文锦、王永兴、刘俊文、徐庭云、谢方点校，中华书局，2016，第五二六一页。
② 玄奘、辩机：《大唐西域记校注》，季羡林等校注，中华书局，1985，第72页。
③ 玄奘、辩机：《大唐西域记校注》，季羡林等校注，中华书局，1985，第73—74页。
④ 张广达：《唐代六胡州等地的昭武九姓》，《北京大学学报（哲学社会科学版）》1986年第2期。
⑤ 荣新江：《中古中国与粟特文明》，生活·读书·新知三联书店，2014，第5—7页。
⑥ 蔡鸿生：《唐代九姓胡与突厥文化》，中华书局，1998，第31页。
⑦ [日]石田干之助：《长安之春》，钱婉约译，清华大学出版社，2015，第026页。
⑧ [美]薛爱华：《撒马尔罕的金桃——唐代舶来品研究》，吴玉贵译，社会科学文献出版社，2016，第077页。

何处可为别？长安青绮门。

胡姬招素手，延客醉金樽。①

大唐盛世以世界主义胸怀而知名，东都洛阳和西都长安的酒肆当垆者有许多胡人。胡拥军列出了有名有姓、胡人出身的盛唐诗人18人。在有些中原诗人和胡人、胡姬、胡雏、酒家胡的交往中，也有李白的身影。②

杜甫在《饮中八仙歌》中描绘的天子之船可能停在曲江池畔，也可能停在兴庆宫内的兴庆池畔，侍从可能就是在这些酒肆里找到烂醉如泥的李白：

李白一斗诗百篇，长安市上酒家眠，天子呼来不上船，自称臣是酒中仙。③

李白在诗中多次提到胡姬，如：

五陵年少金市东，银鞍白马度春风。

落花踏尽游何处，笑入胡姬酒肆中。④

"金市"即较东市更为热闹的"西市"，位于与东市相对的朱雀大街另一边，这里胡商汇集，周边胡姬也更多。胡姬酒肆"胡气"很浓，招徕客人的是胡姬，客人中也多有胡客，所使用的酒具也是胡制，这里供应胡人习惯的葡萄酒也极有可能。

李白二次在长安期间也似乎一直在醉。某一天，李白应唐玄宗所召来到兴庆宫湖畔的沉香亭，为玄宗赏花填词，他又烂醉如泥。《李太白全集》在《清平调三首》前引用《太真外传》写下了这个故事。玄宗将几株罕见的芍药品种移植到兴庆宫，并和玉环（其时应还未封贵妃）前来赏花。宫廷乐工李龟年正要开唱，宫廷舞队正要起舞助兴：

……上曰："赏名花，对妃子，焉用旧乐词为？"遂命龟年持金花笺，宣赐翰林学士李白，立进《清平乐》词三章。承旨犹若宿醒，因援笔赋之。龟年捧词进，上命梨园弟子略约词调，抚丝竹，遂促龟年以歌之。太真妃持颇梨七宝杯，酌西凉州蒲桃酒，笑领歌辞，意甚厚。上因调玉笛以倚曲。每曲徧将换，则迟其声以媚之，妃饮罢，敛绣巾再拜。上自是顾李翰林尤异于诸学士。……⑤

颇梨即玻璃，当时也是新奇之物。李白在半醉半醒之间写下的三篇乐府，既赞美了杨玉环的美貌，又似赞花，成为千古绝唱：

云想衣裳花想容，春风拂槛露华浓。若非群玉山头见，会向瑶台月下逢。

一枝红艳露凝香，云雨巫山枉断肠。借问汉宫谁得似，可怜飞燕倚新妆。

名花倾国两相欢，常得君王带笑看。解得春风无限恨，沈香亭北倚阑干。⑥

①李白：《送裴十八图南归嵩山二首》，载《李太白全集（全三册）》卷之十七，王琦注，中华书局，1977，第八〇七页。
②胡拥军：《盛唐诗歌中的"胡风"》，硕士学位论文，暨南大学，2009。
③杜甫：《饮中八仙歌》，载陈贻焮、郝世峰主编《全唐诗》第二册，文化艺术出版社，2001，第11页。
④李白：《少年行二首》，载《李太白全集（全三册）》卷之六，王琦注，中华书局，1977，第三四二页。
⑤李白：《清平调词三首》，载《李太白全集（全三册）》卷之五，王琦注，中华书局，1977，第三〇四页。
⑥李白：《清平调词三首》，载《李太白全集（全三册）》卷之五，王琦注，中华书局，1977，第三〇四至三〇五页。

丝绸之路上的葡萄酒

这个故事见于李濬《松窗杂录》的记载[1]，也见于宋代乐史撰小说《杨太真外传》。注中故事对玉环斟葡萄酒的描写生动，也说明凉州葡萄酒在唐朝的知名。

李肇如此描述李白：

> 李白在翰林多沉饮。玄宗令撰乐辞，醉不可待，以水沃之，白稍能动，索笔一挥十数章，文不加点。[2]

李白好酒，但他喝的是什么酒却并没有特别指明。他喝的可能既有由谷物酿造的酒也有由葡萄这类水果酿造的酒，他既留有"此江若变作春酒，垒曲便筑糟丘台"的诗句，好似用曲作酒，又有"蒲萄酒，金叵罗，吴姬十五细马驮"的吟唱，不过，李白对葡萄酒的喜爱似乎比同时代的文人、诗人更显著，这大概和李白出身西域有关，也和胡人胡酒都在作为国际化大都市的长安聚集有关，李白在长安时，作为翰林待诏，能够经常出入皇宫，能接触到最贵重的酒精饮料。明代著名史学家王世贞曾作五言《拟古》70首，多依据他们留下的诗文对历史上一些名人骚客作了一番品评，其中就有一些耳熟能详的名字，如李白、杜甫、白居易、岑参、王勃、王之涣、高适、孔融、曹丕，等等。其中，提到钟情于胡姬的，除了曾随军西域的岑参、以塞外诗见长并在京为官的高适外，就是曾两度在京生活的李白了，而在诗中提到葡萄的只有李白。[3]

早李白大约一个世纪的隋末唐初诗人王绩曾作诗《过酒家》：

> 竹叶连糟翠，蒲萄带曲红。相逢不令尽，别后为谁空。
> 有客须教饮，无钱可别沽。来时长道贳，惭愧酒家胡。[4]

我们不知道是此处酿酒的胡人不知道葡萄酿酒不用曲，还是为了迎合消费者的口味有意用曲酿酒，还是王绩自己想当然地以为无曲不成酒，但可以确定开酒家的是胡人，他们的酒是红色的。

河东葡萄

杨玉环所斟葡萄酒究竟是产自当地还是来自域外并不清楚，况且不惜成本的皇宫消费并不能说明什么问题，但是产自凉州以东的河东道（大约今山西省）的葡萄酒在唐朝时已很知名。李肇列举的名酒就有河东葡萄酒：

> 酒则有，郢州之富水，乌程之若下，荥阳之土窟春，富平之石冻春，剑南之烧春，河东之乾和蒲萄，岭南之灵溪，博罗、宜城之九酝，浔阳之湓水，京城之西市腔，虾蟆陵郎官清、阿婆清。[5]

其中，"乾和葡萄"是指一种酒还是"乾和"和"葡萄"两种酒还未有定论。陈寅恪曾推测《西

---

①周勋初：《李白评传》，南京大学出版社，2005，第106页。
②李肇：《唐国史补校注》，聂清风校注，中华书局，2021，第12页。
③王世贞：《五言古体七十首》，载《弇州山人四部稿》卷九，商务印书馆，2006，影印本，第一叶（正）至第三十叶（背）。
④王绩：《过酒家五首》，载陈贻焮、郝世峰主编《全唐诗》第一册，文化艺术出版社，2001，第205页。
⑤李肇：《唐国史补校注》，聂清风校注，中华书局，2021，第285页。

厢记》主角之一崔莺莺的原型应为中亚粟特移民的"酒家胡"女子，原名可能是曹九九。[①]葛承雍认为崔莺莺原型是中亚胡姬的理由之一就是，"乾和"是突厥语"qaran"的音译，原意为"盛酒皮囊"或"装酒的皮袋子"，从语源上说，"乾和"葡萄酒肯定是操突厥语的胡人的叫法，这说明唐代当地已经有胡人葡萄酒作坊。显然，葛承雍和转述者张庆捷都认为"乾和"是修饰"葡萄"的，而非另一种酒。[②]但葡萄酒为当时名酒则无疑问。

葛承雍又指出，太原曾是胡人聚居的城市，辖区内有"攘胡""西胡"县府，又举出《新唐书·张嘉贞传》中"突厥九姓新内属，杂处太原北"[③]之句和白居易"燕姬酌葡萄"的诗句及注为例，说明太原曾出产葡萄酒。他同时又认为"当时葡萄酒仍是西域中亚占据主流，即使中原内地酒肆胡人就地酿造葡萄酒，也可能规模小、产量低、味道涩"，并以此质疑法国学者童丕（Éric Trombert）的结论："粟特人通常所带的商品是马、皮毛和其他易于携带的贵重物品，而不是葡萄酒。这个时代确实不再需要从如此遥远的地方运酒来：凉州已能生产上乘的葡萄酒。"[④]

这看似自相矛盾，实际不然。如果认为中原之所以会有葡萄酒，不论是种植葡萄、酿造葡萄酒还是消费都离不开聚居内地的胡人，而中国人更习惯于以曲酿酒，这个问题便迎刃而解。太原之所以生产葡萄酒，和胡人曾聚居有很大关系。中原制葡萄酒可能少且贵，却不一定不好。葡萄酒虽然仍以西域中亚所产占据主流，但不是单纯因为"凉州已能生产上乘的葡萄酒"而多中原葡萄酒，而是因为葡萄酒的确不易于携带。

张志刚描述过开成二年（837年），唐文宗曾下令禁止太原进贡葡萄酒。此后又有忽必烈罢太原等两路酿进蒲萄酒，明太祖第一次得到太原进贡的葡萄酒后便决定禁止。（《明史》载："明初，上贡简省。郡县贡香米、人参、葡萄酒，太祖以为劳民，却之。"[⑤]此处虽未说太祖"却之"的葡萄酒来自山西，另外的文献却明确说来自山西。[⑥]）张志刚认为，山西很早便开始种植葡萄，在唐初就已经很繁荣，葡萄酒已成为山西土产，而且与粟特人的关系相当明确。[⑦]

伯希和所获的敦煌文书《诸道山河地名要略残卷》（编号P.2511）中有："北都太原府……物产：……蒲萄……"[⑧]

《新唐书》也说蒲萄酒为太原贡品：

> 太原府太原郡，本并州，开元十一年为府。土贡：铜镜、铁镜、马鞍、梨、蒲萄酒及煎玉粉屑、龙骨、柏实人、黄石钑、甘草、人参、矾石、礜石。[⑨]

刘禹锡曾作诗酬谢太原友人寄葡萄：

> 珍果出西域，移根到北方。
>
> 昔年随汉使，今日寄梁王。

①陈寅恪：《元白诗笺证稿》，载《陈寅恪集》，生活·读书·新知三联书店，2001，第110—120页。
②张庆捷：《胡商 胡腾舞与入华中亚人——解读虞弘墓》，北岳文艺出版社，2010，第039页；葛承雍：《"胡人岁献葡萄酒"的艺术考古与文物印证》，《故宫博物院院刊》2008年第6期（总第140期）。
③欧阳修、宋祁等：《新唐书》卷一百二十七《列传第五十二·张嘉贞》，中华书局，1975，第四四二页。
④葛承雍：《"胡人岁献葡萄酒"的艺术考古与文物印证》，《故宫博物院院刊》2008年第6期（总第140期）。
⑤张廷玉等：《明史（全二十八册）》卷八十二《志第五十八·食货六》，中华书局，1974，第一九八九页。
⑥马琼：《汉文典籍中的"葡萄酒"漫议》，《留住祖先餐桌的记忆：2011杭州·亚洲食学论坛论文集》2011年。
⑦张国刚：《中西文化关系通史（全二册）》下，北京大学出版社，2019，第335—336页。
⑧唐耕耦、陆宏基编《敦煌社会经济文献真迹释录》第一辑，书目文献出版社，1986，第69—70页。
⑨欧阳修、宋祁等：《新唐书》卷三十九《地理三》，中华书局，1975，第一〇〇三页。

上相芳缄至，行台绮席张。

鱼鳞含宿润，马乳带残霜。①

白居易用饮用葡萄酒描写从羌地塞外到燕赵大地，而且斟酒的是"燕姬"，却在讲晋国和并州（太原），白居易还在"燕姬酌蒲萄"一句后注释"蒲萄酒出太原"。

晋国封疆阔，并州士马豪。

……

羌管吹杨柳，燕姬酌蒲萄。②

刘禹锡更加知名的另一首诗《葡萄歌》中详细刻画了葡萄的种植过程，还说到一个山西人如何对他种出葡萄惊讶不已。

野田生葡萄，缠绕一枝高，移来碧墀下，张王日日高。

分歧浩繁缛，脩蔓蟠诘曲，扬翘向庭柯，意思如有属。

为之立长檠，布濩当轩绿，米液溉其根，理疏看渗漉。

䌤萉组绶结，悬实珠玑纍，马乳带轻霜，龙鳞曜初旭。

有客汾阴至，临堂瞪双目，自言我晋人，种此如种玉。

酿之成美酒，令人饮不足，为君持一斗，往取凉州牧。③

北宋苏轼被贬谪时门可罗雀，只有太原张县令每年派人专门送来葡萄。马可·波罗也说太原府周边大量种植葡萄。这可能和太原地处北方，适合葡萄生长有关，也和太原正位于粟特胡人经商东行的要道上不无关系。荣新江对粟特移民迁徙路线的研究表明，并州是一个重要节点，不独并州，其他以葡萄酒闻名的区域，如西州、凉州、长安等，都在粟特人经商、迁徙、聚居的路径之上。苏东坡曾说过，"引南海之玻黎酌凉州之蒲萄"，才能"聚物之夭美，以养吾之老饕"。④

张读讲过一个名叫邓珪的人留宿在太原西郊童子寺时的故事。他在房中接待来客时，看见窗外有一只手，黄且瘦，便用丝带系牢，第二天邓珪和客人在寺北百余步找到一株葡萄，叶如人手，枝条上系有丝带，便叫人连根掘起焚烧，"怪遂绝矣"。这个故事本是志怪小说，不足为据，但太原附近有葡萄生长，当是事实。⑤

太原路后改为冀宁路，辖境相当今山西省中阳、孝义、昔阳以北，黄河以东，河曲、宁武、繁峙以南及太行山以西的广大地区。叶子奇在《草木子》中说到每年冀宁路都造葡萄酒：

每岁于冀宁等路造葡萄酒。八月至大行山中。⑥

第九章 盛世气象

---

①刘禹锡：《和令狐相公谢太原李侍中寄蒲桃》，载陈贻焮、郝世峰主编《全唐诗》第二册，文化艺术出版社，2001，第1644页。

②白居易：《寄献北都留守裴令公》，载陈贻焮、郝世峰主编《全唐诗》第三册，文化艺术出版社，2001，第621页。

③刘禹锡：《葡萄歌》，载陈贻焮、郝世峰主编《全唐诗》第二册，文化艺术出版社，2001，第1530页。

④苏轼：《老饕赋》，载张志烈、马德富、周裕锴主编《苏轼全集校注·文集》卷一，河北人民出版社，2010，第七八至七九页。

⑤上海古籍出版社：《历代笔记小说大观：唐五代笔记小说大观（全二册）》，丁如明、李宗为、李学颖等校点，上海古籍出版社，2000，第1024页。

⑥叶子奇：《草木子》卷之三下，中华书局，1959，第六八页。

葡萄纹

可能在7世纪之前就有受过粟特人影响的胡人将葡萄栽培技术传到山西。可以想见，葡萄酒并非粟特人专门为中原送来的，而是携带着习惯和文化东来的必然结果。山西以西的凉州也位于粟特人的必经之路上，是粟特人聚居的大城市，且盛唐时凉州葡萄酒就很有名，之前又有"一斗博凉州"的故事，史籍记载的种植葡萄轶事多在山西一带。随着粟特人的东进，他们的一些巫术习俗逐渐与中国民间信仰水乳交融[①]，主要流行于唐初的瑞兽葡萄镜就是这种融合的反映。瑞兽纹样在中国原有传统，而葡萄纹样的融合大概反映了葡萄的珍贵和葡萄形象的特殊含义。

葡萄纹也非唐时才出现。淳于衍是西汉宣帝时的宫廷女医，应权臣霍光之妻霍显所请害死了即将分娩的许皇后，霍夫人送给淳于衍二十四匹绣有葡萄纹的锦缎和二十五匹散花绫，以及其他布匹、铜钱、黄金、宅邸和奴婢。绫出自巨鹿陈家，六十天才能织好一匹，每匹价值万钱，葡萄锦也必定同样贵重。这则故事见于晋代葛洪利用汉晋以来流传的野史编集而成又假托刘歆以自重的《西京杂记》中[②]：

> 霍光妻遗淳于衍蒲桃锦二十四匹、散花绫二十五匹，绫出钜鹿陈宝光家，宝光妻传其法。霍显召入其第，使作之。机用一百二十镊，六十日成一匹，匹直万钱。又与走珠一琲、绿绫百端，钱百万，黄金百两，为起第宅，奴婢不可胜数。[③]

《西京杂记》记叙了西汉杂史，既有历史也有西汉的许多遗闻轶事，历代多指为伪书，但关于南越王献宝诸事，却可开阔思路，有裨研史：

> 尉佗献高祖鲛鱼、荔枝，高祖报以蒲桃锦四匹。[④]

尉佗即南越王赵佗。[⑤]赵佗献宝，汉高祖以葡萄锦回赠，足见珍贵。写实的葡萄纹样的出现说明这

图9.1 瑞兽葡萄纹铜镜及局部。直径21厘米，1956年出土于河南陕县唐墓，现存于中国国家博物馆。瑞兽为高浮雕，偏外近中处有一高竖的圈档将镜背分为内外两区，边缘亦高竖缘。内区有各种姿势的瑞兽在葡萄蔓枝间绕伏兽钮奔驰。外区葡萄蔓枝、飞禽、走兽、蜂蝶相间。边缘饰一周花瓣纹。柔长的枝条、舒展的花叶、丰硕的果实、生动的瑞兽与纷飞的禽鸟蜂蝶构成一幅富有生机的图案。现藏于中国国家博物馆

①张国刚：《中西文化关系通史（全二册）》下，北京大学出版社，2019，第335—336页。
②葛洪：《西京杂记全译》，成林、程章灿译注，贵州人民出版社，1993，前言第9页。
③葛洪：《西京杂记全译》，成林、程章灿译注，贵州人民出版社，1993，第20—21页。
④葛洪：《西京杂记全译》，成林、程章灿译注，贵州人民出版社，1993，第105页。
⑤葛洪：《西京杂记全译》，成林、程章灿译注，贵州人民出版社，1993，第105页。

丝绸之路上的葡萄酒

图9.2　山普拉古墓出土的葡萄纹毛布全貌和局部以及复原重绘图

些植物和果实曾经很普遍，后来纹样来到没有这种植物的地方，这些纹样便变得贵重。

新疆洛浦县地处塔克拉玛干沙漠南缘、昆仑山北麓，属和田地区。山普拉墓地位于洛浦县西南14千米处，1981和1992年两次因其南部水渠决口引发的洪水而现于世间，期间的多次抢救性发掘清理出大量纺织品和其他器物，出土的葡萄纹毛布经树轮校正过的碳-12测定，年代在公元前1世纪左右，曾被认为是中国葡萄栽培的证据。但蒋洪恩指出，葡萄图案固然有可能系当地居民设计，和当地生长葡萄这种果实有关，但更可能是通过文化交流从其他地区学习而得，仅凭形似的图案就认为当地存在葡萄栽培显然证据不足，山普拉墓地出土的葡萄图案对追溯我国早期葡萄栽培并无重大意义。[1]

唐代的李端曾有"葡萄长带一边垂"的诗句，这里的"葡萄长带"中的"葡萄"显然不是指实际的葡萄果实，而是指饰有葡萄纹样的腰带：

> 胡腾身是凉州儿，肌肤如玉鼻如锥。
> 桐布轻衫前后卷，葡萄长带一边垂。[2]

李端诗中，系有"葡萄长带"的是"肌肤如玉鼻如锥"的胡人。这些纹样的出现，和顺着丝绸之路经商又带来文化习俗的来华胡商不无关系。粟特人即这些胡商的代表，他们建立了贸易网络和一个个聚居区。

围屏石榻与葡萄酿酒

粟特人在华居住最显著的特征就是石棺床或石屋一类葬具。粟特人的丧葬习俗是不用棺材，而是将尸体置于石床之上。这种石床或三面有石屏风，称为围屏石榻，或在屏风之上又装有屋顶，前设门，屏风变为四壁，称为石屋、石堂或石室。这种石棺床或石椁在中国发现多处，有的散落海外。这种屏风或四壁上的浮雕反映了墓主人在世时的生活习俗和当时发生的大事。

1982年6月，甘肃天水上水工程指挥部在市区石马坪施工时发现一座古墓葬，出土的围屏石榻可能

---

①蒋洪恩：《我国早期葡萄栽培的实物证据：吐鲁番洋海墓地出土2300年前的葡萄藤》，载《新疆吐鲁番洋海先民的农业活动与植物利用》，科学出版社，2022，第114页。

②李端：《胡腾儿》，载陈贻焮、郝世峰主编《全唐诗》第二册，文化艺术出版社，2001，第910页。

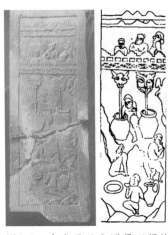

图9.3 出土于天水围屏石榻的其中一块石屏风及其线描图。现藏于天水市博物馆

表现了葡萄酒之于粟特人社区的重要性。这个石棺床三面共有十一块屏风围合，其中左面第三块屏风（原编号9号）被认为表现的是酿酒场面：

> 屏风9，高87厘米、宽33厘米。石床左侧第三合。画面以酿造劳动场面为主体，中部有两个兽头，口中流淌美酒。兽头下两个大瓮正在盛接。两瓮中间一人左手执一瓶，俯首观看瓮中酒是否接满，准备用瓶继续盛接。下端一人双膝跪坐，身边放一瓶瓮之器，左手捧碗酣饮。另一人双手抱一大瓶，一边走一边将嘴接在瓶口上品尝。又一人坐在石头边歇息。上首三人坐在台上，右侧一人头发卷曲披肩齐，突眼高鼻，大腹便便，仰靠坐在台上。中间一束发人仍为高鼻深目。左边一人微矮，似为贵族阶级在察看酒坊作业。[1]

天水博物馆认为该墓葬的上限为隋代，下限在初唐，也有学者认为此墓下限为隋代，姜伯勤同意倪润安将其断代为隋代的结论，并结合出土敦煌文书中"朝夕酒如绳"的诗句（伯希和编号P.3870《敦煌廿咏》，现藏法国国家图书馆，其中有"更看霓祭处，朝夕酒如绳"之句）认为该酿酒场面应该是以酒祓祭的图像，他把琐罗亚斯德教惯用的豪麻称作豪摩酒，既用来祭神，也供拜神者饮用。[2]豪麻有致幻作用，《阿达维拉之书》也说明这种饮料极有可能是就着酒精饮品一同饮用的，但判定其就是一种酒还缺少直接证据。

蔡鸿生曾指出1979年发掘的粟特人酒坊的平面酒槽和屏风中所描绘的场景完全不同。荣新江也认为这屏风和"朝夕酒如绳"的诗句都是在描述祭祀祈雨的场景——祓祠是唐朝时期祈雨的场所。他还引用池田温的话说"《廿咏》当中所歌咏的""在祈雨时还要倾倒酒液"，是在"模拟降雨的情形"（《廿咏》即指《敦煌廿咏》），认为祓祠的祈雨活动是唐朝礼仪和民间祓神信仰的结合。池田氏虽然说"向神祇供奉酒品也是中国式的礼仪"，但未说原因。[3]以酒侍神大概很普遍，不一定是某一特定民族的礼仪。

1999年7月，山西省太原市晋源区王郭村的村民在修整村南边的一条土路时，发现一座古墓，经清理证实是隋代虞弘夫妇合葬墓。从出土的墓志可以看出，男墓主姓虞名弘，字莫潘，鱼国尉绝鳞城人，曾奉蠕蠕（柔然）国王之命，出使波斯、吐谷浑和安息、月氏等国故地，后出使北齐，随后便在北齐、北周和隋为官，在北周曾一度"检校萨保府"。鱼国究竟是哪个国家，学界尚莫衷一是，但这个国家很可能属于中亚的游牧民族。[4]虞弘又曾任三州"检校萨保府"，受中央政府委派管理河东地区胡人聚落，大概和他可以和粟特人任职的"萨保"顺畅沟通不无关系，又因为虞弘墓葬的图像具有比较明显的波斯风，学者一般将虞弘墓纳入粟特墓葬一类。[5]和围屏石榻不同的是，虞弘墓的石棺床有顶，是个石屋，而这个石屋壁的一块石雕也和"酒如绳"屏风相似，被认为是"酿酒图"：

> 第二块椁壁图案位于椁内东壁南部，高96厘米、宽58厘米，画面上部占三分之二强，呈竖长方形；下部为三分之一弱，呈横长方形。

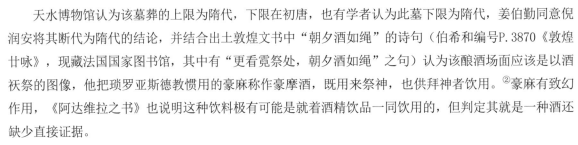

①天水市博物馆：《天水市发现隋唐屏风石棺床墓》，《考古》1992年第1期。
②姜伯勤：《天水隋石屏风墓胡人"酒如绳"祓祭画像石图像研究》，《敦煌研究》2003年第1期（总第77期）。
③荣新江：《中古中国与粟特文明》，生活·读书·新知三联书店，2014，第263页。
④山西省考古研究所、太原市考古研究所、太原市晋源区文物旅游局：《太原隋代虞弘墓清理简报》，《文物》2001年第1期。
⑤荣新江：《中古中国与粟特文明》，生活·读书·新知三联书店，2014，第297页。

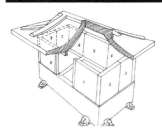

图9.4　出土于太原虞弘墓石屋的一块石壁板上的雕刻，曾被认为是踩葡萄酿酒图。现藏于山西博物院

在上部大图案中，最下方是忍冬藤蔓和花卉，上是一精雕细刻的六角台座，上有勾栏，栏内从左至右并列三人，手臂相接，蹲腿屈膝，作舞蹈状。三人均为男性，体态肥胖，深目高鼻，短发披肩。

在台座下右侧有二人，男性，一左一右，左边一人多半身掩在台座后，右边人双手在胸前抱一敞口圈足大坛。

大图案下还有一个小图案，雕绘一雄狮与神马搏斗图。[①]

称其为"酿酒图"是因为台上看似舞蹈的三人实际在踩葡萄，"酒如绳"浮雕中台上三人虽未表现腿部，也可能是在踩葡萄。台下数人很可能是在尝酒，怀抱的可能是酒坛，正在装瓶的很可能是酒，而正在酣饮之物更应该是酒。

如果台上之人正在踩葡萄，兽口中流出的是酒，那么台下之人酣饮的、装瓶的、怀抱的也都可能是酒，但台上台下之酒不可能是一回事。发酵是微生物起作用的过程，需要一定的时间，少则数天，多则一至数月，快慢受环境温度影响，不可能一边踩踏，一边酿酒，一边酒已酿好抱走或流出，"酒如绳"。更何况如果踩葡萄以流出汁液，应该是在汁液不能随意流淌的容器内进行，而不应在饰以勾栏的平台上。虞弘墓出土石雕上描绘的场景，台上三人作跳舞状，表现的正是酣饮后快乐的情景，而非酿酒场景，而台下人怀抱酒坛也更可能是即将去送酒的场面，和天水"酒如绳"石屏风所表现的都是以酒祭神场景。虞弘墓中的跳舞者、抱酒者是神还是人，从头光大概能看出来（虞弘墓中浮雕所表现的人物多有头光，包括墓主人和侍者，虽然从头光大概很难断定就是神，但可以看出都地位尊贵。墓主人死后服侍的人也是神则彰显死者的地位尊贵）。

葡萄制酒与鲜食

劳费尔很奇怪中国人为什么这么晚才学到用葡萄制酒术：

奇怪的是中国人既于汉朝就从一个伊朗国家获得了葡萄，而且也见到一般伊朗人喝酒的

①山西省考古研究所、太原市考古研究所、太原市晋源区文物旅游局：《太原隋代虞弘墓清理简报》，《文物》2001年第1期。

习惯，却迟至唐朝才从西域的一个突厥族学得制酒术。[1]

史书记载，唐破高昌（640年）以后才懂得用葡萄制酒。647年，西突厥的叶护进贡给太宗皇帝一种特殊的葡萄，串长二尺，色紫，名唤马乳：

> （太宗贞观二十一年）三月，帝以远夷各贡方物，珍果咸至，及草木杂物，有异于常者，诏皆使详录焉。叶护献马乳蒲桃一房，长二尺余，子亦稍大，其色紫。……前代或有贡献，人皆不识。及破高昌，收马乳蒲桃实于苑中种之，并得其酒法，帝自损益，造酒成。凡有八色，芳辛酷烈，味兼醍盎。既颁赐群臣，京师始识其味。[2]

在此之前，也有鲜食甚至酿酒葡萄的记载，但只为帝王享用且弥足珍贵。中国人很早就已经引入了欧亚种葡萄，距离到唐朝才习得酿酒之术，时间差了已有八百年甚至千年以上，两者相差这么久可能是因为葡萄弥足珍贵，也可能是因为战乱有所断代，但更可能的是说明了用葡萄酿酒的阻力之大。这种阻力来自用曲酿酒的口味习惯，而根本在于葡萄这种外来物种在中国本不生长也就没有得到驯化。中国很早就发展出了一套以曲酿酒的方法而且根深蒂固，这一技术和葡萄酿酒术背道而驰，南辕北辙。葛承雍指出：

> 从高昌传来的葡萄酒酿造法，可能与以前的酿酒法不同……与中原内地稻米酿酒不同。但自"贞观酿酒"后，未见唐官方正式酿制葡萄酒的记载，也没有葡萄酒长久封存置放的史料。可能当时仅有少数人略知门径，酿出的酒质量也不会太好。如果师徒传授不甚紧密，极容易使葡萄酒酿法失传。[3]

师徒传授不甚紧密的原因，可能是口味有差异而少有人喝，少有人买。这也造成葡萄这种植物和果实在引入中国后以鲜食闻名。

南朝陈宣帝的第十七个儿子陈叔达（572—635年）是陈朝最后一个皇帝陈后主之弟，历仕陈、隋、唐，官至唐朝宰相。一次，唐高祖宴请群臣，席上有葡萄。陈叔达拿着葡萄，却没有去吃，唐高祖便问原因。陈叔达道："我母亲患有口干病，想吃葡萄却吃不到，我想拿回家给母亲吃。"唐高祖流泪道："你还有母亲可以送食物呀！"

> 尝赐食于御前，得蒲萄，执而不食。高祖问其故，对曰："臣母患口干，求之不能致，欲归以遗母。"高祖喟然流涕曰："卿有母可遗乎！"[4]

唐王朝皇宫设有葡萄园，夏天天子在葡萄园里设宴款待宰相和学士：

> 凡天子飨会游豫，唯宰相及学士得从。春幸梨园，并渭水祓除，则赐细柳圈辟疠；夏宴蒲萄园，赐朱樱；秋登慈恩浮图，献菊花酒称寿；冬幸新丰，历白鹿观，上骊山，赐浴汤池，给香粉兰泽，从行给翔麟马，品官黄衣各一。帝有所感即赋诗，学士皆属和。[5]

---

①[美]劳费尔：《中国伊朗编》，林筠因译，商务印书馆，2015，第59页。
②王钦若等：《册府元龟（校订本）》卷第九百七十《外臣部十五·朝贡第三》，周勋初等校订，凤凰出版社，2006，第11231页。
③葛承雍：《"胡人岁献葡萄酒"的艺术考古与文物印证》，《故宫博物院院刊》2008年第6期（总第140期）。
④葛承雍：《"胡人岁献葡萄酒"的艺术考古与文物印证》，《故宫博物院院刊》2008年第6期（总第140期）。
⑤欧阳修、宋祁等：《新唐书》卷二百二《列传第一百二十七·文艺中》，中华书局，1975，第五七四八页。

玄奘

　　玄奘去印度学习佛法，629年离开长安。其时北方战乱频仍，国门封闭，玄奘只能"偷渡"国境去他国，又经过无人区，可谓九死一生。但高昌国王一次给了他几十年的吃喝用度并给玄奘可能经过其地的二十几位统治者写了信，请求照顾：

> 为法师度四沙弥以充给侍。制法服三十具。以西土多寒，又造面衣、手衣、靴、袜等各数事。黄金一百两，银钱三万，绫及绢等五百匹，充法师往还二十年所用之资给。马三十匹，手力二十五人。遣殿中侍御史欢信送至叶护可汗衙。又作二十四封书，通屈支等二十四国。每一封书附大绫一匹为信。又以绫绢五百匹、果味两车献叶护可汗，并书称："法师者是奴弟，欲求法于婆罗门国，愿可汗怜师如怜奴，仍请敕以西诸国给邬落马递送出境。"①

　　玄奘不仅从此衣食无忧，也喝了不少葡萄酒。到龟兹一整日都接受各寺敬献葡萄酒：

图9.5　玄奘像，画像尺寸（不计装裱）：123.8厘米高，74.3厘米宽。现藏于纽约大都会艺术博物馆

> 坐已，复行华。行华已，行蒲桃浆。于初一寺受华、受浆已，次受余寺亦尔，如是展转日晏方讫，僧徒始散。②

　　到碎叶时，西突厥叶护可汗又设宴款待：

> 命陈酒设乐，可汗共诸臣使人饮，别索蒲桃浆奉法师。……别营净食进法师，具有饼饭、酥乳、石蜜、刺蜜、蒲桃等。食讫，更行蒲桃浆，仍请说法。③

　　此处"葡萄浆"或是指葡萄汁而不是葡萄酒，但要"别索"给尊贵的客人，可见其贵重。

盛世葡萄

　　陈习刚在研究隋唐时期葡萄文化时说：

> 隋唐时期，葡萄文化空前繁荣，东西传播频繁，影响深远。葡萄语言进一步丰富，葡萄纹饰范围继续扩展，葡萄和葡萄酒作为文学家诗赋等创作的题材显著增加，记载葡萄和葡萄酒的史志、文书档案丰富，葡萄文化的宗教、信仰色彩浓厚，葡萄文化在日常生活、典章制度中多有体现。④

　　应该说，这种大发展和隋唐源于北朝、唐代的国际主义胸怀不无关系。陈习刚研究了唐朝的葡萄种植区

---

①慧立、彦悰：《大慈恩寺三藏法师传》卷第一，孙毓棠、谢方点注，中华书局，1983，第21页。
②慧立、彦悰：《大慈恩寺三藏法师传》卷第二，孙毓棠、谢方点注，中华书局，1983，第25页。
③慧立、彦悰：《大慈恩寺三藏法师传》卷第二，孙毓棠、谢方点注，中华书局，1983，第28页。
④陈习刚：《隋唐时期的葡萄文化》，《中华文化论坛》2007年第1期。

域，他发现，唐代，尤其是中唐，葡萄种植分布区域得到了极大扩展，栽培于全国十道中的九道，分布于西域、关内、河南、河东、河北、山南、陇右、淮南、江南，还有吐蕃、南诏等广大地区，展示出葡萄种植的广泛性，只有岭南道未见葡萄种植的记载，不过西域所占篇幅最长。这里所称的西域是指帕米尔高原以西的广义西域，在这里葡萄得到了广泛的种植，而在帕米尔高原以东，他的研究主要基于吐鲁番出土文书。

虽然陈习刚表明，在天山以南塔里木绿洲及临近地区，唐焉耆、龟兹、疏勒、于阗四都督府，姑墨州、硕南州（朱俱波）等地普遍种植葡萄[1]，但我们从《新唐书》和《沙州伊州地志》的有关记载得知，康国大首领康艳典带着粟特人在原楼兰国南迁新置的鄯善一带建葡萄城的事发生在唐初贞观年间，显然是在西域地区[2]，似不应算作关内葡萄种植。

在述及"唐关内葡萄种植"时，陈习刚引用了杜甫写秦州的诗句"一县蒲萄熟，秋山苜蓿多"[3]。葡萄这种外来物种进入中国的路线，在这里反映得很清晰：首先是集中种植在帕米尔高原以西的中亚地区，翻越帕米尔高原后进入了新疆——狭义的西域，入关后又主要在北方种植（陈习刚"关内葡萄种植"研究的绝大部分都在论述北方的葡萄种植，涉及南方的只有寥寥数语）。

值得注意的是，陈习刚还引用了"蒲陶生陇西、五原、敦煌山谷"的说法，如果一种植物生长在山谷，那很可能并非人工种植，而是野生的。这样的记载不像在描述人工种植葡萄，但可说明包括中国的野葡萄在内的葡萄属植物可以在中国北方茂盛生长。

唐宋

时人常将唐宋连称，大概因其都很富有。但唐代富有是因其幅员的辽阔和兼收并蓄的世界主义胸怀，并只限于唐前期。唐中后期以后，以安史之乱（755—763年）为转折点，吐蕃入侵割断了唐王朝与西域的联系，藩镇割据又使唐王朝的势力范围大幅收缩，直接引致了宋王朝的偏安一隅。而宋朝虽然经济发达，但其疆域窄小，和唐前期完全不同。有宋一代王朝被北方游牧民族不断侵蚀，疆域不断缩小成为其一大特征，文化传承上又不合适将正统归于其同时或其后的辽、金、元，故还是将唐宋连称。

宋末元初人周密（1232—约1298年）在其笔记小说《癸辛杂识》中讲述鬼故事时述及一个梨自动发酵成酒的故事，在此之前，他只知道葡萄可以酿酒，且不杂以他物，却不知梨也能自发酿酒。作者将这则故事和鬼故事并列，说明作者觉得此事和鬼故事一样奇幻而不可捉摸：

> 有所谓山梨者，味极佳，意颇惜之，漫用大瓮储数百枚，以缶盖而泥其口，意欲久藏，旋而食之，久则忘之。及半岁后，因于园中，忽闻酒气熏人，疑守舍者酿熟，因索之，则无有也。因启观所藏梨，则化而为水，清冷可爱，湛然甘美，真佳酿也，饮之辄醉。回回国葡萄酒止用葡萄酿之，初不杂以他物。始知梨可酿，前所未闻也。[4]

北宋时期，最有名的酿酒人大概就是苏轼了。苏东坡仕途坎坷，多次遭贬。他在不得意时只有来自

①陈习刚：《唐代葡萄种植分布》，《湖北大学学报（哲学社会科学版）》2001年第28卷第1期。
②唐耕耦、陆宏基编：《敦煌社会经济文献真迹释录》第一辑，书目文献出版社，1986，第三九页；欧阳修、宋祁等：《新唐书》卷四十三下《地理七下》，中华书局，1975，第一一五一页。
③杜甫：《寓目》，载陈贻焮、郝世峰主编《全唐诗》第二册，文化艺术出版社，2001，第195页。
④周密：《癸辛杂识》续集上《梨酒》，吴启明点校，中华书局，1988，第一三〇页。

太原的老友想着他："冷官门户日萧条，亲旧音书半寂寥。惟有太原张县令，年年专遣送蒲桃。"[1]张县令来自太原，那里广种葡萄并酿酒，他专门派人送来葡萄大概也是因为苏轼好自己酿酒，只可惜苏轼对葡萄如何酿酒知之甚少。

周嘉华对苏轼的酿酒行为在其诗词上的反映作了一番梳理。除酿造以谷物为原料的米酒外，苏轼还酿造或饮用过以蜂蜜做原料的蜜酒、以水果为原料的黄柑酒、浸渍而得的药酒（桂酒）、煮汁酿制的药酒（天门冬酒）和色味接近于蜜酒的真一酒（苏轼名）。[2]有趣的是，苏轼酿制的任何酒都用了曲。比如，他在酿蜜酒时曾作诗说：

> 真珠为浆玉为醴，六月田夫汗流沘。
> 不如春瓮自生香，蜂为耕耘花作米。
> 一日小沸鱼吐沫，二日眩转清光活，
> 三日开瓮香满城，快泻银瓶不须拔。
> 百钱一斗浓无声，甘露微浊醍醐清，
> 君不见南园采花蜂似雨，天教酿酒醉先生。
> 先生年来穷到骨，向人乞米何曾得，
> 世间万事真悠悠，蜜蜂大胜监河侯。[3]

苏东坡用蜂蜜做蜜酒，诗中却出现了"田夫"，并曾"乞米"，也许他乞米不得又想到米来之不易，故以蜂蜜代之，所以在诗中并未说明如何用曲，但后世流传有苏东坡蜜酒的具体酿法：

> 东坡性喜饮，而饮亦不多。在黄州，尝以蜜为酿，又作蜜酒歌，人罕传其法。
> 每蜜用四斤炼熟，入熟汤，相搅成一斗，入好面曲二两，南方白酒饼子米曲一两半，捣细，生绢袋盛，都置于一器中，密封之。大暑中，冷下。稍凉，温下。天冷，即热下。一二日即沸，又数日沸定，酒即清可饮。初全带蜜味，澄之半月，浑是佳酌。方沸时，又炼蜜半斤，冷投之，尤妙。
> 予尝试为之，味甜如醇醪。善饮之人，恐非其好也。[4]

李时珍也说到蜜酒制法：

> 蜜酒，〔孙真人曰〕治风疹风癣。用沙蜜一斤，糯饭一升，面曲五两，熟水五升，同人瓶内，封七日成酒。寻常以蜜入酒代之，亦良。[5]

直到现代，有人用蜂蜜酿制过类似黄酒的酒，大致的工序是：

> 将1公斤蜂蜜放入清洁的坛中，冲入2—2.5公斤的开水，搅拌至蜂蜜完全溶解，待蜜水温度降至24—26摄氏度时，将麦曲和白酒药各50—100克研成细粉，在不断搅拌下加入，然后用

①苏轼：《谢张太原送蒲桃》，载张志烈、马德富、周裕锴主编：《苏轼全集校注·诗集》卷四七，河北人民出版社，2010，第五四七五页。
②周嘉华：《苏轼笔下的几种酒及其酿酒技术》，《自然科学史研究》1988年第7卷第1期。
③苏轼：《蜜酒歌并叙》，载张志烈、马德富、周裕锴主编：《苏轼全集校注·诗集》卷二一，河北人民出版社，2010，第二三五〇页。
④张邦基：《墨庄漫录》卷五《东坡酿蜜酒法》，载张邦基、范公偁、张知甫著《墨庄漫录　过庭录　可书》，孔凡礼点校，中华书局，2002，第一五五至一五六页。
⑤李时珍：《李时珍医学全书·本草纲目》卷二十五《谷部四》，夏魁周校注，中国中医药出版社，1996，第692页。

木板或厚纸盖好坛口，使发酵的醪液温度保持在27—30摄氏度，夏季一周，春秋2—3周，冬季一个多月，即完成发酵，再将坛口封好，放在15—20摄氏度的室内，经过2—3个月后的发酵，酒即成。清液可直接饮用，混酒需过滤，贮藏或瓶装均须加热灭菌和密封。①

苏东坡在酿制真一酒时，选择了颗粒饱满的稻麦，似乎也加入了蜂蜜：

> 拨雪披云得乳泓，蜜蜂又欲醉先生。
> 稻垂麦仰阴阳足，器洁泉新表里清。
> 晓日看颜红有晕，春风入髓散无声。
> 人间真一东坡老，与作青州从事名。②

不过该诗引中又说："米、麦、水，三一而已。此东坡先生真一酒也。"③又作文《真一酒法》说：

> 只用白面、糯米、清水三物，谓之真一法酒。酿之成玉色，有自然香味，绝似王太驸马家碧玉香也。奇绝！奇绝！白面乃上等面，如常法起酵，作蒸饼，蒸熟后，以竹篾穿挂风道中，两月后可用。④

朱肱也指出：

> 真一曲（此东坡法也）。上等白面一斗，以生姜五两研取汁，酒拌揉和。依常法起酵作蒸饼，切作片子，挂透风处，一月轻干可用。⑤

酒曲的主要功能是把淀粉转化为单糖，即糖化，单糖再变为酒精。蜂蜜含有60%—80%的单糖而不含淀粉⑥，而这些方法都用了曲，这些曲中的糖化酶要么不起作用，要么只对加入的面或饭起作用。蜂蜜中已有酵母，而稀释后的蜂蜜能活化酵母，开始酒化⑦，虽然曲中含有的酵母可能会促进这一过程，但曲的主要作用大概在于加入了某些味道。真一酒中虽然加入了蜜却并不以蜜为主，这与所谓蜜酒虽然"以蜜为酿"却要"乞米"相似，在东坡心目中，恐怕无曲香不成酒。

中国古籍中多有菊花酒的记载，而关于此酒的做法，《西京杂记》中说：

> 菊花舒时，并采茎叶，杂黍米酿之，至来年九月九日始属，就饮焉，故谓之菊花酒。⑧

制作过程要"杂黍米酿"。黍米中的淀粉须先糖化，故而要曲，而菊花中不含淀粉，黄柑和其他水

①周嘉华：《苏轼笔下的几种酒及其酿酒技术》，《自然科学史研究》1988年第7卷第1期。
②苏轼：《真一酒并引》，载张志烈、马德富、周裕锴主编《苏轼全集校注·诗集》卷三九，河北人民出版社，2010，第四五七八页。
③苏轼：《真一酒并引》，载张志烈、马德富、周裕锴主编《苏轼全集校注·诗集》卷三九，河北人民出版社，2010，第四五七八页。
④苏轼：《真一酒法》，载张志烈、马德富、周裕锴主编《苏轼全集校注·文集》卷七三，河北人民出版社，2010，第八四五〇至八四五一页。
⑤朱肱等：《北山酒经（外十种）》卷中，任仁仁整理校点，上海书店出版社，2016，第23页。
⑥Patrick E. McGovern, *Uncorking The Past: The Quest for Wine, Beer, and Other Alcoholic Beverages* (Oakland: University of California Press, 2009), p.16.
⑦Patrick E. McGovern, *Uncorking The Past: The Quest for Wine, Beer, and Other Alcoholic Beverages* (Oakland: University of California Press, 2009), p.234.
⑧葛洪：《西京杂记全译》，成林、程章灿译注，贵州人民出版社，1993，第106页。

丝绸之路上的葡萄酒

果也不含淀粉，但是苏东坡并没有自酿，而是和朋友品尝了朋友用家传方法酿制的酒：

> 二年洞庭秋，香雾长噀手。今年洞庭春，玉色疑非酒。
>
> 贤王文字饮，醉笔蛟龙走。既醉念君醒，远饷为我寿。
>
> 瓶开香浮座，盏凸光照牖。方倾安仁醴，莫遗公远嗅。
>
> 要当立名字，未用问升斗。应呼钓诗钩，亦号扫愁帚。
>
> 君知葡萄恶，正是嫫姆黝。须君艳海杯，浇我谈天口。[1]

　　诗中，苏东坡对这种酒大加称赞，认为它比当时的葡萄酒还好喝。一般来讲，黄柑比葡萄含糖量低，多酚含量也不如葡萄丰富。如果当时酿造葡萄酒也用曲，就会有一些曲带入的味道，现在的观点就会认为这酒"不干净"。而如果用家传方法以黄柑制酒，就可能没有这种味道。这是不是"葡萄恶"的原因呢？苏轼又怀疑这是不是酒，"玉色疑非酒"，可能这种黄柑酒的酿法和苏东坡其他酒的酿法不太一样。我们不知道苏东坡时代的具体情况，但从他酿酒必加曲来看，与直到李时珍时代仍然认为酿制葡萄酒要"取汁同曲，如常酿糯米饭法"[2]来看，苏东坡如果酿造葡萄酒可能也会加曲。

①苏轼：《洞庭春色并引》，载张志烈、马德富、周裕锴主编《苏轼全集校注·诗集》卷三四，河北人民出版社，2010，第三八八五页。

②李时珍：《李时珍医学全书·本草纲目》卷二十五《谷部四》，夏魁周校注，中国中医药出版社，1996，第694页。

营州地区汉人和一些少数民族交错杂居，自古以来既是中原王朝经略和控制东北的前沿，又是东北诸土著民族南下逐鹿中原的主要通道，历来为兵家必争之地。这里已经位于唐帝国的东部，再向东曾是高句丽的势力范围，南达平壤，而高句丽势力以北为靺鞨部落联盟所控制。安禄山这位粟特和突厥的混血儿深受当时的皇帝唐明皇赏识，领范阳、平卢和河东三镇节度使，同时兼任四府经略使和柳城太守。柳城位于今辽宁省朝阳市，是营州治下重镇。柳城的粟特聚落成员应当是幽州军事集团的主力，也就是安禄山叛乱所依靠的主要军事力量。安禄山在兵变前蓄谋已久，特别是对北方少数民族。安禄山讨好粟特商队的意图昭然若揭。

很多学者认为丝绸之路网络以长安和洛阳为东部的终点，尽管长安和洛阳是这一网络东部最大最繁华的都市，大部分贸易应当确实以长安、洛阳为终点，但为利而往的商胡却不会止步于此。这从日本的甲州葡萄和韩国考古发现的粟特人痕迹能够看得出来。

当时，北宋只占据中原地区的半壁江山，后来又退缩到了长江以南。北部则是游牧民族的天下，西部则有吐蕃诸部的东进，控制了河西走廊。现在的宁夏南部本就位于陆上丝绸之路路线上，高平镇（或称原州，今宁夏固原）更是丝绸之路上的重镇，从晚唐到宋的分裂时期，党项西夏又成了契丹、蒙古、女真、西域各国、吐蕃和宋之间的缓冲，各路商旅一度常借道党项之地南下到长安，陆上丝绸之路不时控制在党项人手上。

第十章 安史乱后及长安以东

胡腾胡旋

8世纪中叶，位于现在北京东北方向的营州（今辽宁省朝阳市附近）。

刚刚到达的粟特商队，正在依惯例拜访这里最有权势的地头蛇——平卢节度使安禄山。大厅内灯火辉煌，两侧布置了酒席，正北面只有一几，客人坐在两翼，前面的空地被从三面环绕着。客人们坐定后，一肥硕之人挺着大肚子由人搀扶着走了出来，在正座就座。

酒席布置虽为想象，但安禄山体态肥胖有多种文献记录。如《旧唐书·安禄山传》载：

> 晚年益肥壮，腹垂过膝，重三百三十斤，每行以肩膊左右抬挽其身，方能移步。至玄宗前，作《胡旋舞》，疾如风焉。[1]

姚汝能也记述道：

> 晚年益肥，腹垂过膝，自秤得三百五十斤。每朝见，玄宗戏之曰："朕适见卿腹几垂至地。"[2]

那时的三百多斤相当于现在的四百多斤。

营州地区汉人和一些少数民族交错杂居，自古以来既是中原王朝经略和控制东北的前沿，又是东北诸土著民族南下逐鹿中原的主要通道，历来为兵家必争之地。[3]这里已经位于唐帝国的东端，再向东曾是高句丽的势力范围，南达平壤，而高句丽势力以北为靺鞨部落联盟所控制。程功对隋唐时期营州地域文化的研究表明，隋唐时期这里生活着大批来自西域的粟特人，并与商业贸易有着密切关系，营州出土的骑骆驼俑表现了西域胡商不远万里用骆驼驮着货物来此经商的社会景象。[4]唐高宗于总章元年（668年）灭高句丽后，又平定了一度依附于唐朝的靺鞨部落的反叛［武周万岁通天元年至神功元年（公元696—697年）］，迫使乞四比羽和乞乞仲像兄弟俩率领的靺鞨部众从营州东奔，后在乞乞仲象之子大祚荣领导下于7世纪末成立靺鞨国，又更名为渤海国，尽占原高句丽控制的区域，直到10世纪为契丹所灭。[5]

和其他地区相比，营州地区民族成份更为复杂。当时，营州是一个各民族的汇聚地，其中既有经商的粟特人，又有事农的高句丽人以及以渔猎采集为主的靺鞨人，还有主要从事游牧的奚、契丹和突厥等族人，各民族人口都很多。[6]

这里又是古代中西文化交流比较频繁的地区之一，有关中西文化交流的文物不断在这一地区出土，张松柏对1975年敖汉旗李家营子唐代墓葬中出土的一批属于波斯萨珊朝的金银器进行的研究表明，墓主人很可能是来自营州的波斯或粟特移民，并且在墓地不远处形成了一个固定的商品集散地。[7]

现在属于内蒙古赤峰市的敖汉旗位于赤峰市东面，东南距营州约百里，这里在唐代曾是契丹活动的中心区域，也是契丹、奚、室韦多个民族的杂居区，新中国成立后曾在不同时期分别隶属于热河省、内蒙古自治区、辽宁省管辖。这里又是通往东北的交通要道，见诸文献记载的共有五条干道，即被贾耽列

①刘昫等：《旧唐书（第六册）》卷二百上《列传第一百五十上·安禄山》，中华书局，1975，第4618页。
②姚汝能：《安禄山事迹》，曾贻芬校点，上海古籍出版社，1983，第七七页。
③魏国忠、朱国忱、郝庆云：《渤海国史》，中国社会科学出版社，2006，第7页。
④程功：《隋唐时期营州地域文化研究》，硕士学位论文，大连大学，2014。
⑤魏国忠、朱国忱、郝庆云：《渤海国史》，中国社会科学出版社，2006，第1—69、548页。
⑥张春海：《唐代平卢军南下后的种族与文化问题》，《史学月刊》2006年第10期。
⑦张松柏：《敖汉旗李家营子金银器与唐代营州西域移民》，《北方文物》1993年第1期（总第33期）。

丝绸之路上的葡萄酒

为诸道之首的"营州入安东道"、安史之乱前渤海去长安的主干道"营州至渤海上京龙泉府朝贡道"、"营州至契丹牙帐道"、"营州至奚牙帐道"和"营州至室韦牙帐道"。丝绸之路也在唐代经草原、内地分成三路汇集到营州再延伸到东北各地。北路亦称为草原丝绸之路,自中亚始沿天山北麓东循,经怛罗斯、碎叶、安北都护府,南下内蒙古高原至营州。中路始于甘肃境内的凉州,向东至灵州循黄河经丰州、云州、妫州,翻越七老图山脉,沿阴凉河西南行至老哈河转而南行至营州。南路发端于长安,东北行经华北平原至幽州,自幽州东北行翻越燕山山脉至营州。波斯、粟特商人大体上沿着上述路线来到营州从事商贸活动,从而使营州成为东北境内西域移民最多的地区。①

此前东汉末年称霸辽东的是公孙家族,世袭了辽东太守的职位。最后一任辽东太守公孙渊自立为燕王,终被司马懿打败,高句丽趁虚而入,称霸东北亚数百年,隋朝的灭亡与其相关,唐朝初年亦对其念念不忘。

不过,安禄山关注的还是西边的唐朝,他已经请唐明皇下旨封赏提拔了几十位藩将("请以藩将三十二人以代汉将"②)。安史乱军具有突厥、契丹、奚、回纥、仆固、同罗、室韦、鲜卑、靺鞨、九蕃胡、居住在回纥的昭武九姓粟特、柳城胡以及归属于渤海的高丽残部、扶余、新罗等民族成分,③其中又以奚、契丹为主。也有学者认为叛军中起关键作用的主要是汉族人。④但荣新江仔细研究了安史军中粟特出身的战将,认为安禄山的军事主力是藩兵藩将,其主要将领有相当一批出身于昭武九姓的粟特人,是安史叛乱的主要军事支柱。⑤安禄山这位粟特和突厥的混血儿深受当时的皇帝唐明皇赏识,领范阳、平卢和河东三镇节度使,同时兼任四府经略使和柳城太守。柳城位于今辽宁省朝阳市,是营州治下重镇,一说柳城又称龙城,是营州州治所在,安禄山即柳城人。

在接待远来商队的宴会上,宾主喝的应该是葡萄酒,即使是久居中国的胡人,其惯喝之酒也极可能是域外来的葡萄酒而非中国酒,这在4世纪的粟特古信札中有所体现。

酒过三巡,安禄山走下主桌,手执酒杯,腰系绣有葡萄花纹的腰带,踏上了空地当中的一幅圆毯。伴随着打击乐,他把手中的酒杯掷向空中,而后翩翩起舞。他舞姿轻盈,时而腾跃、时而旋转,时而刚劲、时而轻柔。一曲临近终了,他旋转得越来越快,腰间的葡萄花纹腰带随风舞起,足下的圆毯虽然并不比双足大多少,安禄山却没有离开半步,全然不像个胖子,令人叹为观止。

我们并不知道安禄山的腰带是否装饰有葡萄纹图案,前引李端诗作对跳舞胡人的穿戴有过描述。

足踏小圆毯舞蹈的形象在敦煌壁画中也有体现,而更直接的证据来自围屏石榻反映墓主人生前生活的浮雕中。虞弘曾仕北周、北齐和隋朝,被认为是来华定居粟特人的代表,1999年发掘的太原隋代虞弘墓出土的浮雕上就有足踏小圆毯舞蹈的胡人形象。

李端的诗中说到舞者业已喝醉,另一位唐代诗人刘言史则在《王中丞宅夜观舞胡腾》中言及舞者抛却葡萄酒杯,暗示之前是喝着葡萄酒的:

> 石国胡儿人见少,蹲舞尊前急如鸟。
>
> 织成蕃帽虚顶尖,细氎胡衫双袖小。

---

①张松柏:《敖汉旗李家营子金银器与唐代营州西域移民》,《北方文物》1993年第1期(总第33期)。
②姚汝能:《安禄山事迹》,曾贻芬校点,上海古籍出版社,1983,第九一页。
③崔明德:《试论安史乱军的民族构成及其民族关系》,《中国边疆史地研究》2001年第10卷第3期。
④崔明德:《试论安史乱军的民族构成及其民族关系》,《中国边疆史地研究》2001年第10卷第3期。
⑤荣新江:《中古中国与粟特文明》,生活·读书·新知三联书店,2014,第266—291页。

图10.1　太原虞弘墓椁壁后壁正中浮雕之五局部

手中抛下蒲萄盏，西顾忽思乡路远。[1]

随着大厅之内响起阵阵叫好声，宴会进入了高潮。

元稹在《胡旋女》一诗中，暗示安史之乱的罪魁正是安禄山用以迷惑唐明皇的胡旋舞：

> 天宝欲末胡欲乱，胡人献女能胡旋。
> 旋得明王不觉迷，妖胡奄到长生殿。[2]

大概皇上永远也不会犯错，叛军又不能比皇帝还强，把安禄山送到皇帝身边的只能是能迷惑人的胡旋舞。白居易同题诗：

> 胡旋女，出康居，徒劳东来万里余。
> 中原自有胡旋者，斗妙争能尔不如。
> 天宝季年时欲变，臣妾人人学圜转。
> 中有太真外禄山，二人最道能胡旋。
> 梨花园中册作妃，金鸡障下养为儿。
> 禄山胡旋迷君眼，兵过黄河疑未反。
> 贵妃胡旋惑君心，死弃马嵬念更深。
> 从兹地轴天维转，五十年来制不禁。
> 胡旋女，莫空舞，数唱此歌悟明主。[3]

粟特胡人以善于胡旋、胡腾舞蹈知名，诗中舞者不是来自西域就是昭武九姓或是粟特人扎堆的凉州。岑参也在诗中描述过胡旋，并明确说这种舞蹈来自胡人：

> 美人舞如莲花旋，世人有眼应未见。
> 高堂满地红氍毹，试舞一曲天下无。
> 此曲胡人传入汉，诸客见之惊且叹。[4]

胡旋和胡腾大概是两种舞蹈，前者以不停地旋转知名，后者以腾跳见长。刘硕在研究隋唐时期的胡乐人时对这两种舞蹈有过描述：

> 胡腾舞，以男性舞者为主。在跳舞时，舞者的头上戴着色彩缤纷的胡帽，舞姿腾踏有力，步履坚定，在花纹小毯子上起舞，飒爽遒劲。男性舞人的身材魁梧、矫健，干练的舞蹈风格一点儿也不亚于女性舞蹈家。……胡旋舞多由身材轻盈的女舞者担当，舞姿动作的显著特点为迅速地连续不断地旋转，双脚周旋于一块小圆形毯子上，应和着节奏鲜明、欢快敏捷的伴奏音乐，音乐与舞蹈相映成辉，使得舞姿更加迷人炫目。[5]

① 刘言史：《王中丞宅夜观舞胡腾》，载陈贻焮、郝世峰主编《全唐诗》第三册，文化艺术出版社，2001，第732页。
② 元稹：《胡旋女》，载陈贻焮、郝世峰主编《全唐诗》第三册，文化艺术出版社，2001，第201页。
③ 白居易：《胡旋女》，载陈贻焮、郝世峰主编《全唐诗》第三册，文化艺术出版社，2001，第266页。
④ 岑参：《田史君美人如莲花舞北旋歌》，载陈贻焮、郝世峰主编《全唐诗》第一册，文化艺术出版社，2001，第1625页。
⑤ 刘硕：《隋唐时期的胡乐人研究》，博士学位论文，上海音乐学院，2019。

丝绸之路上的葡萄酒

1985年夏，宁夏考古工作者在盐池县苏步井乡窨子梁上发掘了一处唐代墓地，墓志显示，这是一处中亚昭武九姓之一何国人后裔的家族墓地，时间是盛唐武则天时期，公元700年前后。在所有出土文物中最值得关注的是6号墓中出土的两扇石门，石门之上有细线阳刻减地胡舞图。罗丰对这对石门及胡旋舞在中国的传播有过研究。[1]值得注意的一是，舞者为男性，说明胡旋舞并非女性的专利；二是舞者足下也有小圆毯。

　　安禄山究竟长于哪种舞蹈还不得而知，毕竟舞动庞大的身躯本身就不可思议，上面描述的安禄山在粟特商队面前所跳的舞蹈也是两者的某种混合，虽然胡腾或胡旋舞不一定仅仅来自一个区域，很可能在粟特地区的其他国家也有[2]，安禄山讨好粟特商队的意图却昭然若揭。

　　安禄山在兵变前曾蓄谋已久，特别是对北方少数民族，对此，姚汝能有过描述：

> 禄山专制河朔以来，七年余，蕴蓄奸谋，潜行恩惠，东至靺鞨，北及匈奴。其中契丹委任尤重，一国之柄，十得二三，行军用兵皆在掌握。[3]

　　荣新江认为，柳城的粟特聚落成员应当是幽州军事集团的主力，也就是安禄山叛乱所依靠的主要军事力量。"安禄山自称为'光明之神'的化身，并亲自主持粟特聚落中群胡的祆教祭祀活动，使自己成为胡族百姓的宗教领袖。"[4]不难理解，安禄山对商队尤为重视，姚汝能记述：

> 每商至，则禄山胡服坐重床，烧香列珍宝，令百胡侍左右，群胡罗拜于下，邀福于天。禄山盛陈牲牢，诸巫击鼓、歌舞，至暮而散。[5]

　　要讨好粟特商队，葡萄酒可说是必然之选。不论这些行走在丝绸之路上并垄断了贸易的是粟特人还是波斯人，抑或其他胡人，这些商队并没有止步于长安、洛阳，而是继续东行，在营州聚集，并继续前行至俄罗斯、日本和韩国。韩国庆州的挂陵也留有被认为是仿造粟特人的石像。[6]挂陵（Kwaerung）被推测为8世纪末元圣王的陵墓，是统一新罗时代王陵中唯一完整的古墓，陵前的武将为西域胡人模样。

　　安史之乱后，粟特人名誉扫地，一些在华粟特人不愿再说祖上来自中亚，而改为中原籍贯，或改变姓氏，或谎称为回纥等其他在华受到优待的民族，尽力抹去粟特痕迹，以免受安史牵连。几乎一夜之间，粟特人消失殆尽。

黑貂之路与玻璃之路

　　丝绸之路主干道，或东西方交通的主要路线，分为丝绸之路绿洲道和青海—四川—长安的青海道，后者在吐蕃占领河西走廊致使敦煌及以西孤悬、唐帝国西部断绝了与长安的直接联系时得到了广泛采用，前者则是在翻越帕米尔高原之后，途经天山北部和塔里木盆地南北的北、中、南三道，或称新北

①罗丰：《北周李贤墓出土的中亚风格鎏金银瓶——以巴克特里亚金属制品为中心》，《考古学报》2000年第3期。
②张庆捷：《胡商　胡腾舞与入华中亚人——解读虞弘墓》，北岳文艺出版社，2010，第153页。
③姚汝能：《安禄山事迹》，曾贻芬校点，上海古籍出版社，1983，第九六页。
④荣新江：《中古中国与粟特文明》，生活·读书·新知三联书店，2014，第266—291页。
⑤姚汝能：《安禄山事迹》，曾贻芬校点，上海古籍出版社，1983，第八三页。
⑥[日]石见清裕：《浅谈粟特人的东方迁徙》，《唐史论丛》2016年第23辑。

道、北道及南道。在此之前，已有从四川盆地翻越喜马拉雅山脉或绕过喜马拉雅山脉南侧经由缅甸北部来到印度，再向北到达大夏（今阿富汗）的所谓西南丝路。而经由漠北草原直达古罗马地域的道路自古便存在，随着蒙古人顺着这条"高速公路"驰骋在欧亚大陆上，这条东西方交流的大道时而畅通无阻时而磕磕碰碰。

很多学者认为这些道路都以长安和洛阳为东部的终点，这样一来，与其称其为东西交通，毋宁称为中西交通。尽管长安和洛阳是这一网络东部最大最繁华的都市，大部分贸易以长安、洛阳为终点应该不会错，但为利而往的商胡却不会止步于此。安禄山在营州招待商户似可为证。

经由朝鲜半岛南部连通日本九州地方的交通路线，历来被认为是古代大陆文化传往日本的"大动脉"，一些学者将其冠以"北方海上丝绸之路"之名，徐福东渡的故事可能就发生在这条路线上。俄罗斯学者基于对貂皮贸易的研究以及考古发现，对连结靺鞨、女真等东北亚古代民族与中亚的道路极为重视，并名之为"黑貂之路"，这是一条经由北亚（包括南西伯利亚和蒙古高原），有别于传统的丝绸之路而更偏北的一条路线，实际就是将草原丝绸之路一直延伸至东北亚。王小甫则认为，古代东北亚与世界文化联系的途径形成了一个网络，这一网络的基础和主干是以中原为中心向外辐射的交通体系，三燕之地的诸多考古发现为其东传朝鲜、日本提供了令人信服的考古学实物见证，日本学者将其称为"玻璃之路"。[1]

6世纪中叶，柔然控制了蒙古高原。冯立君对西魏大统十二年（546年）高句丽阳原王遣使西魏的历史记载做了探究，发现此次使节绕过东魏所行路线，是先北上穿过辽东到达柔然，再西折经柔然地面到达西魏。[2]使节所行路线应该是既有路线，且很可能是贸易路线，可见俄罗斯学者关于"黑貂之路"的假想有一定依据。

俄罗斯学者认为"黑貂之路"真实存在，粟特人在其上经商并沿路定居，这一假说除了得到考古发现的支持外，还得到语言学的支持。位于今黑龙江省哈尔滨市依兰县城西北部的五国城遗址，据说就是粟特人所建，"五国"在粟特语中称Panjikent，即中亚的"片吉肯特"（或译为"彭吉肯特""品治肯特"），"五国城"就是将粟特语直接翻译为汉语，当时，粟特人将东北亚中一个很大的粟特村落命以此名，可能是为了怀念遥远的故乡，而且这被称为五国部的民族，其语言、服饰、居所、农耕等与居住在其南的女真民族存在差异，在各个方面皆属于完全不同的民族文化圈。中国东北有一片沼泽非常多的地方称为"室韦"，在塔吉克语中是"沼泽""沼泽地区"的意思，后来居住在那里的蒙古语言圈的民族也称其地为室韦。室韦这个地名的出现，可能意味着粟特人在中国的北魏时代来到了黑龙江流域。Э.В.沙弗库诺夫认为"黑貂之路"应该起始于粟特人在黑龙江流域定居下来的公元500年左右[3]。

王小甫认为，粟特人居住和考古发现都不假，但他们是否来自俄罗斯学者所称的"黑貂之路"则未必。[4]许多学者认为，连接东北亚和中国中原地区、日本及直达中亚的数条道路的确都存在。崔向东就将连接东北与中原的辽西走廊，连接东北与蒙古乃至中亚、西亚的北方草原丝绸之路，连接中国东北与俄罗斯远东、库页岛及日本北海道的"海西东水陆城站路"，连接东北与朝鲜半岛的古营州道，连接中国环渤海地区、朝鲜半岛和日本的海上丝绸之路，连接亚洲和北美洲的东北亚洲际陆桥与冰上走廊等汇集到一起，统称为"东北亚走廊与丝绸之路"。[5]

①王小甫：《"黑貂之路"质疑——古代东北亚与世界文化联系之我见》，《历史研究》2001年第3期。
②冯立君：《高句丽与柔然的交通与联系——以大统十二年阳原王遣使之记载为中心》，《社会科学战线》2016年第8期。
③[俄]Э.В.沙弗库诺夫等：《渤海国及其俄罗斯远东部落》，宋玉彬译，东北师范大学出版社，1997，第20—24页。
④王小甫：《"黑貂之路"质疑——古代东北亚与世界文化联系之我见》，《历史研究》2001年第3期。
⑤崔向东：《东北亚走廊与丝绸之路研究论纲》，《广西民族大学学报（哲学社会科学版）》2017年第39卷第5期。

一般来说，经由中原的道路经过的城镇更多，人口也更密集，似乎更符合商人的利益，但是经由草原高速公路长驱直入，能使东北亚所产的貂皮这种贵重商品更快地送达中亚及以西，路上更少波折，我们无法轻易断定貂皮的路线。但是不论走哪条路线，朝鲜半岛和日本都已经和中亚有了联系。韩国庆州的挂陵留有被认为是以粟特人为原型的石像，是粟特人曾在朝鲜半岛聚居的例证。[1]

20世纪60年代，在现在的乌兹别克斯坦撒马尔罕附近，考古学家发掘出了阿弗拉西阿卜（Afrasiab）遗址，其中的一间屋子被称为"大使厅"，四壁都绘有壁画。其西壁有两个戴鸟羽冠的人，就被认为来自高句丽。

从中亚经由中原前往高句丽，可以不用经停长安、洛阳。史载，唐灭东突厥之后，曾置东突厥降户十余万人于河曲六州（丰、胜、灵、夏、朔、代州），又于唐高宗调露元年（679年）在灵、夏二州之间设鲁州、丽州、含州、塞州、依州、契州，称六胡州。此为一说。[2]张广达认为，六胡州的出现早于679年。[3]

但不论六胡州起于何时或建制于何时，不论安菩墓志文《唐故陆胡州大首领安君墓志》题中的"唐故陆胡州大首领"一职是唐朝授予或自称，我们都可以认为，到了7世纪初，长安以北一带已有粟特人聚居。这从唐玄宗开元九到十年（722—723年）康待宾反叛及被镇压的历史记载中得到了支持，史载的首领，如康待宾、白慕容、何黑奴、石神奴、康铁头、康愿子等，均为中亚粟特人胡人姓氏，而未见一个首领为突厥人姓氏。为何安置突厥降户的六胡州却是粟特人聚居地，周伟洲有详细说明。[4]

孙炜冉和苗威认为以贸易见长的粟特人是渤海和日本贸易活动的中坚力量，渤海在"安史之乱"中始终恪守中立的深层次原因在于渤海内部存在着一个粟特人集团。[5]与日本人的来往并非自渤海国始。日本把古代通过海路而来日本居住的外国人称为"渡来人"，在渤海国之前存在七百多年的高句丽就有民众赴日的记录，李宗勋和王建航考证了高句丽和日本的最初交往时间，认为当不晚于东汉光武帝时期。[6]而关于高句丽人使用货币的考古发现和从高句丽都城（先在位于今天辽宁省桓仁五女山城的纥升骨城，又迁至今天位于吉林省集安市的国内城，再迁至平壤）向北通往扶余、向西通往龙城的多条道路，都暗示了高句丽的商品贸易网络。高句丽建国前，同南方中原、北方扶余各民族之间相互沟通的南北通路已经打通。[7]这些贸易路线上是否有粟特人的身影尚未可知。

在安史之乱前一百多年，营州就已有很多粟特人，以致营州粟特人的头面人物能够扣押总管，"举州叛"：

图10.2 撒马尔罕阿弗拉西阿卜（Afrasiab）遗址大使厅西壁壁画局部线描图，图所呈现的时间是7世纪中期。壁画高3.4米，宽11.52米，完整壁画现藏于阿弗拉西阿卜博物馆。一般认为，画面右侧两位戴鸟羽冠者来自高句丽

①[日]石见清裕：《浅谈粟特人的东方迁徙》，《唐史论丛》2016年第23辑。
②周伟洲：《唐代六胡州与"康待宾之乱"》，《民族研究》1988年第3期。
③张广达：《唐代六胡州等地的昭武九姓》，《北京大学学报（哲学社会科学版）》1986年第2期。
④周伟洲：《唐代六胡州与"康待宾之乱"》，《民族研究》1988年第3期。
⑤孙炜冉、苗威：《粟特人在渤海国的政治影响力探析》，《中国边疆史地研究》2014年第24卷第3期。
⑥李宗勋、王建航：《高句丽人"渡来"日本过程考察》，《东疆学刊》2018年第35卷第2期。
⑦孙玉良、孙文范主编：《简明高句丽史》，吉林人民出版社，2008，第196—206页。

武德四年……六月……庚子，营州人石世则执总管晋文衍，举州叛，奉靺鞨突地稽
为主。[①]

武德四年即621年。王小甫认为粟特商胡入居东北最早可能与石赵的兴亡有关，直到唐初，营州石氏还有很大势力。[②]而石姓为粟特一大姓，这是否暗示着粟特人在营州聚居呢？

7世纪末，乞乞仲象、大祚荣父子和乞乞四羽带领靺鞨部众从营州东奔，后来大祚荣建立了渤海国，粟特人也参与其中，使得渤海境内也有粟特人定居。李健虽未就粟特人参与了靺鞨东奔与渤海建国给出进一步证据，但论述了渤海国内有粟特人居住，并认为粟特人推动了渤海贸易的发展[③]，况且粟特人很有可能参与了东奔。Э.Б.沙弗库诺夫等人基于考古学证据也认为索格狄亚那人（粟特人）是渤海多民族国家的一员，在渤海文化中有其固有的文化因素。[④]渤海国的第二位君主大祚荣之子大武艺在位期间（8世纪初），渤海国加强了与日本的外交联络，从而与日本的贸易更加畅通。[⑤]沙弗库诺夫等人注意到，马球这种竞技起源于伊朗，并传到了日本。沙弗库诺夫等人认为渤海国对于周邻国家和民族文化的影响由此可见一斑。这种影响的又一个证据是日本学习渤海的音乐，这和唐朝学习龟兹的音乐、胡人在长安多从事音乐舞蹈业相似。[⑥]当然，渤海国人善歌舞的习俗可能来自粟特人，也可能来自之前高句丽人就能歌善舞。[⑦]这种影响可能来自唐朝，但是伊朗竞技和西方的音乐又是怎样传到唐朝的呢？无论是经由中亚的商胡带入，还是经过唐朝传递，以粟特人为代表的商胡都在其中功不可没。日本的研究者多将奈良和丝绸之路联系起来确有其道理。[⑧]

郑炳林根据出土文书对晚唐五代敦煌酿酒饮酒的研究说明，唐、五代从事私营酿造酒的，除了粟特人外就是敦煌大族。敦煌位于西域经河西走廊到中原的要道上，粟特人经营酒店沽酒大概不奇怪，这些文书中记录粟几斗几石、米几石、麦几斗几石、麦酒、粟酒、给付本粟、纳粟的甚多，说明谷物酿酒市场需求旺盛，也有可能是作者有意择录谷物酒的文书。但研究者论及酒之种类时，又特别指出葡萄酒，看来并非研究者的偏见造成谷物酒较多而葡萄酒较少。可以想见，来自中亚的粟特人和当地胡人惯于饮用葡萄酒，所以酒店有售，但官府用酒和汉人用酒毕竟是多数，酒店经营者尽管自己更习惯葡萄酒，仍以经营谷物酒为主。这也符合粟特人的经商本性。

当地也有胡人消费，这可以从酒店也经营"胡酒"看出来。文书中所见"胡酒"多以"诃黎勒"限定。研究者认为，这种酒不是以诃黎勒为原料酿造的，就是用诃黎勒泡制的药酒，同时"胡酒"显然是用粟特人掌握的一种特殊酿酒方法酿造的。[⑨]

①司马光：《资治通鉴（全十二册）》卷第一百八十九《唐纪五》，胡三省音注，中华书局，2013，第4967页。
②王小甫：《"黑貂之路"质疑——古代东北亚与世界文化联系之我见》，《历史研究》2001年第3期。
③李健：《渤海国商业贸易研究》，硕士学位论文，黑龙江省社会科学院，2013。
④[俄]Э.Б.沙弗库诺夫等：《渤海国及其俄罗斯远东部落》，宋玉彬译，东北师范大学出版社，1997，第201—202、226—227页。
⑤柏松：《渤海国对外关系研究》，博士学位论文，东北师范大学，2016。
⑥[俄]Э.Б.沙弗库诺夫等：《渤海国及其俄罗斯远东部落》，宋玉彬译，东北师范大学出版社，1997，第200—201页。
⑦孙玉良、孙文范主编：《简明高句丽史》，吉林人民出版社，2008，第210—213页。
⑧Selçuk Esenbel, *Japan on the Silk Road: Encounters and Perspectives of Politics and Culture in Eurasia* (Leiden: Brill Academic Pub, 2017), p.15.
⑨郑炳林：《晚唐五代敦煌酿酒业研究》，《敦煌归义军史专题研究三编》2005年。

富士山下

东京附近，富士山下，有一个日本知名的葡萄酒产区，山梨（Yamanashi）县，这里生长着甲州（Koshu）葡萄。简西斯·罗宾逊这样描述甲州葡萄：

> 甲州葡萄被认为是日本原生，从17世纪便已知名。但甲州是欧亚种，这个种从未在日本自然生长过，因此要么引进自欧亚大陆，要么由两种欧亚种酿酒葡萄杂交而得。有一个传说，1186年，甲州葡萄在本州岛中部山梨县的胜沼（Katsunuma）町发现，被认为是此前据说由佛教僧侣从中国引进的龙眼（Ryugan）葡萄的后代，但学者认为甲州葡萄在基因上更接近一种没有商业种植的日本白葡萄品种甲州-三尺（Koshu-Sanjaku）。但甲州的DNA序列与任何已知品种都不同，甲州葡萄的来源还未知。[①]

Ryugan是一种来源未知的日本葡萄，有学者认为它来自中国，但和中国名为"龙眼"的葡萄完全不同。[②]传说认为，甲州葡萄是在8世纪由佛教僧侣从中国引入，种植在山梨县胜沼町。甲州和其他葡萄有可能是僧侣从中国带到日本的，也有可能是胡商引入。

后来，葡萄酒在日本的兴起可能和外来者有关，这次是传教士。16世纪中叶，耶稣会士圣沙勿略（St.François Xavier，1506—1552年）在日本传教时，曾将葡萄酒作为礼物送给日本南部九州岛的军阀。[③]沙勿略是耶稣会创始人之一，最早来东方传教的传教士之一。在日本，他开始认识到日本的文化深受中国的影响，但当时，外国传教士要进入严格海禁的中国非常困难，沙勿略于1552年病逝于中国的大门口——台山上川岛。

张静等人归纳了日本葡萄酒的产地，他们认为，经营规模不大、年产量不高的中、小葡萄酒厂家都有一大特色，就是都在精心酿造颇有自己风格的品牌葡萄酒，山梨县是日本葡萄与葡萄酒的发祥地，其中心为胜沼町及甲府市的邻近地区，是日本高质量葡萄酒产区，产量占日本国产葡萄酒的大半。传说8世纪初，僧人行基带到胜沼町的葡萄是日本甲州葡萄的始祖，是从中国传去的。日本葡萄已有1200余年的栽培历史。[④]

孤悬海外的日本列岛濒临浩瀚的太平洋，受到来自西方的朝鲜半岛乃至中国大陆的影响甚多，其中就包括酿酒。朝鲜半岛位于中国大陆和日本列岛之间，其文化也在很大程度上受到中国大陆的影响。加之欧亚大陆东端和中国大陆相似，也不适合葡萄生长，可以想见，那里的人们所喝的酒也以谷物酒为主。

传说，百济（位于今朝鲜半岛南部）人须须许里（日语音译为"曾保利"或"曾曾保利"）将以曲酿酒的方法引入日本，时间一说是3世纪末，一说为4世纪初。[⑤]营间诚之助则说日本以曲制酒的最早记载在8世纪，此前，日本人制酒以口嚼为主。他认为，人类最原始的酒，可能就是简单的一种糖质原料酒，比如果子酒、糖蜜酒、蜂蜜酒等，而用谷类、块根类等淀粉质原料造酒，必须用适当的方法水解淀粉，使之分解为酿酒酵母能发酵的葡萄糖、麦芽糖等。但营间诚之助认为酒要先用以供神，供神之酒

① Jancis Robinson, Julia Harding and José Vouillamoz, *Wine Grapes: A Complete Guide to 1,368 Vine Varieties, Including Their Origins and Flavours* (New York: Ecco Press, 2012), p.511.

② Jancis Robinson, Julia Harding and José Vouillamoz, *Wine Grapes: A Complete Guide to 1,368 Vine Varieties, Including Their Origins and Flavours* (New York: Ecco Press, 2012), p.933.

③ Jancis Robinson, *The Oxford Companion To Wine* (New York: Oxford University Press, 2006), p.373.

④ 张静、涂正顺、张学文、谭皓：《日本葡萄酒产地》，《中外葡萄与葡萄酒》2004年第6期。

⑤ 王明星、王东福：《朝鲜古代文化之东传（下）》，《通化师范学院学报》2000年第3期。

必须用最珍贵的原料——即作为主食的粮食来酿造，所以在以粳稻为主食的日本，有以粳米为原料的清酒。①这种假说却无法解释为何以发芽大麦为原料制成的面包为主食的环地中海地区以葡萄酒为贵，却以同样以发芽大麦为原料的啤酒为贱。

秋山裕一等则指出，距今2000年左右，稻作技术传到了日本列岛上与亚洲大陆有交流的出云国，同时出现了以大米为原料的清酒原型。而在大约1500年前的大和时代，从朝鲜半岛渡往日本的各种技术人才开始以曲制酒，并在距今1200年前以文字形式记录了下来。②

日本的制酒也在中国史料中留有痕迹。郭靓对中日酿酒传说作了对比，认为日本开始酿酒一定在开始稻作之后，中国文献早在3世纪就记录了日本人用酒，但关于该酒的原料和制法却没有记载，日本文献记载的八盐折之酒的故事大概是日本最早的酒类传说。③

在日本长野县诹访郡富士见町新道的绳文中期竖穴住居遗迹中，研究人员发现了装有葡萄种子的有孔锷付土器，只是这些种子不是用以酿酒的欧亚种，而是同属葡萄属的山葡萄。这可能说明公元前3000—前2000年左右的绳文人已经饮用山葡萄酒了，不过更有可能的是，加入山葡萄是为了启动发酵。④不论口嚼（利用唾液）还是用曲（利用谷物霉变）的目的都是将淀粉糖化，都赖于野生酵母，而野生葡萄的果皮上附着有酵母。

秋山裕一等也说，曲的作用与唾液相同，曲中虽然也有酵母，但还是有专门的酒母师确保清酒酵母大量繁殖，取得绝对优势。现今清酒投料法的基本型为分段投料法或称三段挂法，菅间诚之助认为这种方法大概是由唐传入的。而秋山裕一等认为，这种分次投料的方法是为了不使酒母的酸被一次稀释，又说，"若一次将许多米投入的话，在所需酵母增殖前，恐怕其他有害的杂菌也会繁殖。由此，分三段大量投料以使酵母安全地增殖"。多段投料可能是为了不稀释能达到防腐效果的酸，恐怕也有利于酵母慢慢增殖。⑤

朝鲜半岛

如果日本与中国的交往是通过朝鲜半岛进行的，如果朝鲜半岛的技术人员对于制酒方法进入日本列岛至关重要，如果粟特人是中国、俄罗斯、渤海国、高句丽与日本之间的贸易的中坚力量，如果统一新罗时期半岛南部已有粟特人聚居的痕迹，为什么和日本相比，朝鲜半岛少有葡萄酒的痕迹？王坤认为，在日本与中国关系的建立与发展上，朝鲜半岛是重要因素。⑥

明弘治年间，董越出使朝鲜时著有《朝鲜赋》，对朝鲜的山川地理、民风民俗、土特物产以及明朝的外交礼仪等作了描述。他对酒描述道：

> 酒则酝酿以秫，虽从事之出青州者，殆未能与之优劣；色香溢罋，而督邮之出平原者，

①[日]菅间诚之助：《日本酿造技术的发展与中国的关系》，《四川食品与发酵》1994年第4期。
②[日]秋山裕一：《日本清酒入门（一）》，周立平译，《酿酒科技》2001年第5期（总第107期）。
③郭靓：《中日酒文化起源之对比》，《潍坊学院学报》2019年第19卷第5期。
④[日]菅间诚之助：《日本酿造技术的发展与中国的关系》，《四川食品与发酵》1994年第4期。
⑤[日]秋山裕一：《日本清酒入门（一）》，周立平译，《酿酒科技》2001年第5期（总第107期）；[日]菅间诚之助：《日本酿造技术的发展与中国的关系》，《四川食品与发酵》1994年第4期；[日]秋山裕一：《日本清酒入门（三）》，周立平译，《酿酒科技》2002年第1期（总第109期）。
⑥王坤：《隋倭通交中的朝鲜半岛因素》，《西安电子科技大学学报（社会科学版）》2014年第24卷第6期。

远不敢望其藩篱。[①]

显然所饮之酒为谷物酒。

20世纪初的韩国诗人李陆史（原名李源禄，1904—1944年）曾数次受反日事件牵连被捕。他根据狱中服刑时的囚号"264"的谐音给自己起了"李陆史"（韩语发音相同）这一笔名。他的诗作《青葡萄》被认为充满了隐喻：

> 我家乡的七月
>
> 青葡萄成熟的时节
>
> 这村庄里结出了一串串传说
>
> 远方的天空为了入梦一粒粒嵌入
>
> 假如天空下蔚蓝色的大海敞开胸怀
>
> 有白帆船随波飘然而至
>
> 我盼望的客人就要拖着疲惫的身子
>
> 身着青袍而来
>
> 若能迎着他采食这葡萄
>
> 哪怕浸透双手也好
>
> 孩子啊在餐桌的银托盘上
>
> 摆上白色的夏布手巾吧[②]

诗中的隐喻一直是研究者争论的焦点，但毋庸置疑，葡萄应在韩国得到了广泛种植，只是以鲜食为主，没发现用来酿酒的记录。

丹尼斯·盖斯汀（Denis Gastin）说过："严格来讲，没有日本原生的欧亚种葡萄，但有一些只在日本生长演化的欧亚种葡萄。"尽管如此，简希斯·罗宾逊虽然指出甲州葡萄的来源尚未明晰，也列出甲州为在日本生长的欧亚种葡萄，但她却没有列出一个韩国的代表品种。丹尼斯·盖斯汀也说朝鲜半岛"以进口葡萄为主"，[③]这大概和诸学者几乎没有半岛北部的资讯有关系，也可能和朝鲜半岛更靠近中国，受中国谷物酿酒传统影响更大有关。

大麦的传播痕迹也许能给我们一些启迪：现有证据表明，大麦在公元前8000年在中东地区被驯化，早在公元前第五个千年的俾路支斯坦（Balochistan，约在今天的巴基斯坦西部和伊朗高原）就发现有人工驯化大麦的踪迹，到了公元前第三个千年又在中亚的考古遗址被发现，而在公元前第二个千年，偶有大麦痕迹在今天山东省及周边的若干龙山文化遗址里被发现（麦戈文团队对山东省两城镇龙山文化遗址出土陶罐的分析就发现了大麦的痕迹[④]），及至公元前1000年左右，人工种植大麦已经漂洋过海在朝鲜和日本出现。[⑤]这种考古发现结果暗示着在远东地区，大麦是外来植物，且自西向东传播。

如果葡萄这种植物并非原生，就有可能沿着大麦的传播路线一路传播到朝鲜、日本。

---

① 胡佩佩：《董越〈朝鲜赋〉整理与研究》，硕士学位论文，延边大学，2017。
② 金鹤哲：《隐藏于中国典故中的殖民地抗日号角——韩国诗人李陆史作品中的隐喻研究》，《外国文学评论》2015年第2期。
③ Jancis Robinson, *The Oxford Companion To Wine* (New York: Oxford University Press, 2006), p.373, 382.
④ Patrick E. McGovern, *Uncorking The Past: The Quest for Wine, Beer, and Other Alcoholic Beverages* (Oakland: University of California Press, 2009), p.56.
⑤ Patrick E. McGovern, *Uncorking The Past: The Quest for Wine, Beer, and Other Alcoholic Beverages* (Oakland: University of California Press, 2009), p.56.

西夏和江南

陈习刚在研究五代辽宋西夏金时期的葡萄和葡萄酒时发现，这一时期，葡萄种植分布和葡萄酒产地在前代的基础上都有所扩展，尽管北方，特别是西域，再到往东的河西、河东地区，仍是葡萄种植和酿造的重要产地，葡萄酒是北方酒类中的重要品种，但这种拓展在江南地区表现得更为明显。[1]这可能意味着鲜食葡萄种植的增长更为显著，也可能是增长的葡萄种植区域在酿制葡萄酒时多加曲。正如陈习刚注意到：

> 葡萄汁加曲酿造，葡萄和谷物加曲混酿等葡萄酒传统酿造方法和葡萄自然发酵酿酒术都得到应用。[2]

当时，北宋只占据中原地区的半壁江山，后来又退缩到了长江以南。北部则是游牧民族的天下，西部则有吐蕃诸部的东进，控制了河西走廊，"无疑为丝路上的东西交往增加了难度"。[3]活跃在我国西北地区的古代少数民族党项族，最早"出现在魏、周之际，最终消失于明代中叶，有将近千年的历史痕迹"[4]，现在的宁夏南部位于陆上丝绸之路路线上[5]，高平镇（或称原州，今宁夏固原）更是丝绸之路上的重镇，从晚唐到宋的分裂时期，党项西夏又成了契丹、蒙古、女真、西域各国、吐蕃和宋之间的缓冲，一度各路商旅常借道党项之地南下到长安，陆上丝绸之路不时控制在党项人手上。[6]因东西交通路线不在版图疆域之内，北宋不能实施有效的行政管理和武力保障，但北宋对这条路线的经营属于北宋国防经略辽朝和西夏的战略之一。[7]党项人正处在游牧、农耕的交错地带，这使得半农半牧的经济形态在此地得以凸显，宋夏沿边的土地得到大规模开垦，出现了定居的趋势。[8]

党项人虽在宋时"出现了定居的趋势"，但在唐时并未农耕。《旧唐书》这样描述"党项羌"：

> 畜牦牛、马、驴、羊，以供其食。不知稼穑，土无五谷。气候多风寒，五月草始生，八月霜雪降。求大麦于他界，醖以为酒。[9]

党项人以游牧为生，以乳制酒应更普遍[10]，他们虽不种大麦，但为了酿酒，还要向别处"求大麦"，可见其时他们正处于从游牧到农耕的过渡期，这和他们正位于游牧、农耕的交错地带不无关系。戴羽在研究西夏酒务时注意到，"党项人建国后"，其"酒曲法也多仿唐宋之制，实行官榷制度。"[11]

到了宋朝：

> （元昊）每举兵，必率部长与猎，有获，则下马环坐饮，割鲜而食，各问所见，择取其长。[12]

①陈习刚：《五代辽宋西夏金时期的葡萄和葡萄酒》，《南通师范学院学报（哲学社会科学版）》2004年第20卷第2期。
②陈习刚：《五代辽宋西夏金时期的葡萄和葡萄酒》，《南通师范学院学报（哲学社会科学版）》2004年第20卷第2期。
③魏淑霞：《7—14世纪党项西夏与吐蕃关系述论》，《西夏研究》2020年第3期。
④汤开建：《党项民俗述略》，《西北民族研究》1986年第0期。
⑤陈育宁：《丝绸之路的文化交流对宁夏地区的影响》，《宁夏社会科学》1995年第4期（总第71期）。
⑥魏淑霞：《7—14世纪党项西夏与吐蕃关系述论》，《西夏研究》2020年第3期。
⑦李华瑞：《北宋东西陆路交通之经营》，《求索》2016年第2期。
⑧杨蕤：《北宋初期党项内附初探》，《民族研究》2005年第4期。
⑨刘昫等：《旧唐书（第六册）》卷一百九十八《列传第一百四十八·西戎·党项羌》，中华书局，1975，第4550页。
⑩汤开建：《党项民俗述略》，《西北民族研究》1986年第0期。
⑪戴羽：《比较法视野下的西夏酒曲法》，《西夏研究》2014年第2期。
⑫许嘉璐主编：《二十四史全译　宋史（全十六册）》卷四百八十五《列传第二百四十四·外国一·夏国上》，汉语大词典出版社，2004，第10 378页。

丝绸之路上的葡萄酒

此处，史籍并未说李元昊一行人"环坐饮"的是奶酒还是谷物酿的酒，汤开建据此及其他史料认为"西夏饮酒已成习俗"。①这些史料记载和饮酒早已成习俗并不相矛盾，党项人成了中原地区和北方游牧土地文化交流的中介。

粟特人虽然在安史之乱后一蹶不振，但并没有消失。刘全波等人在研究甘州回鹘朝贡中原王朝的史实时注意到，甘州回鹘朝贡北宋王朝的使团里有大量的粟特人，很多充当正使、副使的重要角色，他们认为，粟特人特别是安姓粟特人"在甘州回鹘政权中发挥着不可替代的作用"。②这些"为利而往"的粟特人应该不会止步于长安、洛阳或者汴梁，他们很可能一直向东，到了朝鲜半岛、俄罗斯远东地区和日本，更何况营州曾是安禄山的大本营和粟特人的聚居地。

西夏位于辽宋之间，其地位随着辽宋关系的变化而变化，也有向契丹朝贡的记录：

西夏国贡进物件

细马二十匹　麤马二百匹　驼一百头　锦绮三百匹　织成锦被褥五合　苁蓉、甜石、井盐各一千斤　沙狐皮一千张　兔鹘五只　犬子十只

本国不论年岁，惟以八节贡献。

契丹回赐除羊外，余并与新罗国同，惟玉带改为金带，劳赐人使亦同。③

史金波认为这里的新罗"应指已统一朝鲜半岛的高丽"，并认为"这种进贡与回赐实际上是辽朝与西夏、高丽同时进行的一种变相的双向贸易"。④很可能以经商见长的粟特人也参与了这种贸易。这是丝绸之路这条商道并不以长安、洛阳为终点，而是一直延续到朝鲜半岛的又一证。只不过这种延续并未经过和高丽的联系受阻于辽的中原地区，值得注意的是每次契丹回赐的物品都有酒果子：

契丹每次回赐物件

犀玉腰带二条　细衣二袭　金涂鞍辔马二匹　素鞍辔马五匹　散马二十匹　弓箭器仗二副　细锦绮罗绫二百匹　衣着绢一千匹　羊二百口　酒果子不定数
……

契丹赐奉使物件

金涂银带二条　衣二袭　锦绮三十匹　色绢一百匹　鞍辔马二匹　散马五匹　弓箭器一副　酒果不定数⑤

而包括高昌、龟兹在内的诸小国进贡的物品却不含酒：

玉　珠　犀　乳香　琥珀　玛瑙器　宾铁兵器　斜合黑皮　褐黑丝　门得丝　怕里呵　硇砂　褐里丝⑥

这可能说明葡萄制酒在契丹国并不罕见，或契丹人更看重谷物酿酒。无论何种解释，辽国如果有葡萄酒很可能并非来自西域。

①汤开建：《党项民俗述略》，《西北民族研究》1986年第0期。
②刘全波、王政良：《甘州回鹘朝贡中原王朝史实考略》，《西夏研究》2017年第2期。
③叶隆礼：《契丹国志》卷之二十一《外国贡进礼物》，贾敬颜、林荣贵点校，中华书局，2014，第二三〇页。
④史金波：《西夏、高丽与宋辽金关系比较刍议》，《史学集刊》2018年第3期。
⑤叶隆礼：《契丹国志》卷之二十一《外国贡进礼物》，贾敬颜、林荣贵点校，中华书局，2014，第二二九页。
⑥叶隆礼：《契丹国志》卷之二十一《外国贡进礼物》，贾敬颜、林荣贵点校，中华书局，2014，第二三〇页。

宋元

安史之乱以后，中国又陷入动乱，及至宋朝，疆域已大幅收缩，北方的广袤土地先是契丹人、女真人，后是蒙古人的天下。这一时期，中原地区和西域业已隔绝，但是正如杨富学指出的："宋元时期，吐鲁番一带葡萄园经济非常发达，葡萄成为蒙古统治者和各级地方官吏榨取人民的主要对象之一。"[①]这恐怕也是洪武初年，朱元璋一上台就停止太原进贡葡萄酒的原因之一。

陈习刚对多种转写、汉译和注释的《奥斯迷失卖葡萄园契》《奥斯迷失等人卖土地契（一）》和《奥斯迷失等人卖土地契（二）》进行了对比和校释，认为这三件文书属于13至14世纪，具体来说，均是蒙元时代的。蒙古于1206年建国，世祖至元元年（1264年）改国号为元，但元朝时期为世祖至元十六年（1279年）至惠宗至正二十八年（1368年）。这三件文书的主角奥斯迷失·托合利里的弟弟拔萨·托合利里曾把葡萄园、土地、水、房产全部留下，离开家乡吐鲁番地区，先后到唐古忒、库车等地做生意去了，而且最终客死他乡。唐古特一作唐古忒，是元时蒙古人对党项人及其所建的西夏政权的称呼，大致在西夏国范围，"从拔萨·托合利里做生意线路来说，应该包括吐鲁番地区以东的广大地区，远至原西夏国所属的今宁夏地区；西则至今库车一带，都是在丝路贯通的地区"。这些文书说明了葡萄园在吐鲁番经济中的地位，同时也反映出古代吐鲁番是丝路贸易中的一个重镇。[②]

丝绸之路上的葡萄酒

---

①杨富学：《回鹘文文献与高昌回鹘经济史的构建》，《史学史研究》2007年第4期（总第128期）。
②陈习刚：《几件吐鲁番回鹘文买卖文书及相关文书的探讨》，《吐鲁番学研究》2018年第1期。

雄踞北方、与北宋对峙的辽国，所用酒器显然与中原不同，被称为鸡腿瓶，是上下收小的容器。这和西方常见的小口尖底瓶很类似，在文字诞生前，尖底瓶这种酒器就已经流行于地中海一带。但单从小口尖底瓶的特征并不能得出这种瓶后来又演化成鸡腿瓶的结论，因为小口尖底可能针对的是易挥发和有沉淀这些所盛液体的共性，而基于相同的出发点，完全有可能各自独立地演化出类似的器皿，不能轻易得出一个受到另一个影响的结论，但是相关器皿的借鉴痕迹增加了这种影响的可能性。辽墓壁画里多表现了长颈瓶和多瓣碗这些很有异域风格的器皿，有时和鸡腿瓶同时使用，这是否表示鸡腿瓶和这些器皿一起受到西方的影响？辽国的酒具、器物也有受到中原影响的痕迹，如果说酒具、器物的造型暗示了某种交流和影响的话，这种交流像是在中原和草原之间双向流动。

中国的北方是游牧民族控制的天下，突厥人、契丹人、女真人和后来的蒙古人，莫不如此。草原上的游牧民以饲养牲畜为生，畜奶自然成为了做酒的原料。蒙古人后来建立起了横跨欧亚大陆的庞大帝国，葡萄酒和马奶酒一道被列为祭祀用酒。而当地亦有农业。柏朗嘉宾和鲁布鲁克都观察到蒙古帝国内也有农耕区域，这些区域有种植葡萄的可能。蒙古人占领中原后按照汉人的习俗以谷物酿酒，但仍以葡萄酒为重，甚至动用驿站体系运输葡萄酒。

陪同丘处机西行谒见成吉思汗的弟子李志常在丘处机死后编纂出版了《长春真人西游记》，记述了这段不平凡的旅程。马可·波罗在中国生活长达17年，深受元世祖忽必烈的喜爱，还被忽必烈派往全国各地并出使南洋。他每到一地，对当地的饮酒风俗很感兴趣。这在记录中也有表现。

偏安一隅

统一大帝国的形象到唐朝已臻高峰，到了唐后期，也就是安史之乱（755—763年）以后，藩镇割据，四分五裂，及至赵匡胤再次统一，也只偏安东侧一隅，北有契丹，西有西夏、吐蕃，北宋还将国都也向东迁到了开封，北方是契丹人的天下。到女真人兴起，宋代更是退缩到了长江以南，中原帝国和西域的陆上联系要么通过长江上溯到四川盆地再穿过青海来到帕米尔高原脚下，要么以称雄于蒙古高原的回纥人为中介，绕过吐蕃占据的河西走廊，而此时科技的进步使得海上的对外交往愈发重要。

后来蒙古兴起，建立了横跨东西的草原帝国，东西方的陆路交通短暂复苏。樊保良指出：

> 成吉思汗统一蒙古诸部并建立了蒙古汗国以后，蒙古统治集团凭借着强大的武装力量和优越的军事组织，不断发动大规模的向外扩张，在几乎整个13世纪中，蒙古军队的足迹遍及亚、欧两洲的广大地区。由于蒙古铁骑冲破了亚、欧各国的封建疆界，在三次西征的基础上建立起地跨亚、欧的蒙古四大汗国，在此辽阔领域内又以"驿站"系统将其各地连接起来，从而使东、西陆上交通畅通无阻。[①]

但蒙元帝国继承了南宋对海上交通的控制。一个草原帝国为何会这么重视对海洋的控制，这也许和缺少其他出口的南宋不得不着重经营和完善海港城市不无关系，也和忽必烈在几代纷争后不得不承认蒙古帝国分裂的现实，着力经营中原有关，但这恐怕也是科技发展、海洋贸易愈发重要的大势所趋。成吉思汗去世以后蒙古帝国已经分裂，忽必烈虽然在与阿里不哥的争斗中胜出，成为整个蒙古的大汗，但他将经营重点放在了中原和东面。马可·波罗也在其《游记》中将北京（大都）一带叫作契丹省，而将以杭州为首的原南宋地区叫作"蛮子省"。

契丹与中西交通

辽帝国一朝，先与南边的北宋对峙，待与北宋建立"澶渊之盟"握手言和后，又面对东边女真人和北方蒙古人的崛起，但是从契丹帝国到蒙古帝国，维护草原丝绸之路的畅通都是重要目标，正如魏志江指出的，"840年，回鹘帝国在黠戛斯的攻击下败亡，部族离散，漠北蒙古高原再次成为权力真空地带"。"随着辽帝国的崛起，其先后通过三次大规模的对漠北蒙古高原的军事征伐、设立城池、屯田移民等方式展开对漠北蒙古的经略，从而控制了草原丝绸之路的交通线，保障了从漠北蒙古到西域乃至欧洲的草原丝绸之路的畅通"。[②]

草原丝绸之路的畅通，使得来自欧洲的影响得以长驱直入。

雄踞北方、与北宋对峙的辽国，所用酒器显然与中原不同，不是中原习见的缸、罐，而是被称为鸡腿瓶的一种上下收小的容器，这种器物器形细长、小底或尖底、小口，显然若自行站立会重心不稳。学者对于其用途有多种猜想，有的认为它适合于经常迁徙的游牧生活，用来储存和运输液体；有的认为这种器物可以用来通过搅拌或震荡来分离乳汁中的脂肪；还有的认为是用来酿酒，但不是用搅拌或震荡的

① 樊保良：《蒙元时期丝绸之路简论》，《兰州大学学报（社会科学版）》1990年第18卷第4期。
② 魏志江：《论辽帝国对漠北蒙古的经略及其对草原丝绸之路的影响》，《社会科学辑刊》2017年第3期（总第230期）。

丝绸之路上的葡萄酒

方式。①1991年在内蒙古敖汉旗南塔子乡兴太村下湾子1号墓出土的壁画就是代表。内蒙古敖汉旗新州博物馆馆藏的几件彩陶塑和敖汉旗及其他地区考古发现的唐及辽代的金银器、瓷器、墓葬壁画等有关西域及含西方文化因素的文物资料，从侧面反映了10世纪前后东西方文化频繁的交流与互动，进一步证实了辽代契丹民族在草原丝绸之路经济往来、文化交流中的重要角色和价值。②

这幅壁画（图11.1）清晰展示了这个重心不稳器物的放置方式——置于酒架上。类似的壁画在辽金元和同期的宋墓中多有出土，有的将瓶置于酒架上，有的可能插入地中（图11.2）。

这样表现鸡腿瓶以架承放或插入地中的墓室壁画还有多幅，有的同时绘制了极具西方风格的长颈瓶。③

鸡腿瓶不仅出现在辽金及元代的墓葬壁画中，在几乎同期的宋代乃至后面的朝代都有出现。这种器物在中原又称酒经、经瓶、梅瓶，其名称来源可能和这种瓶体型修长且小口有关，梅瓶这一名称和它带来的美好想象可能到清末民初才出现，但子仁认为至迟在清代康熙朝晚期就已有"梅瓶"这一器物的称谓，在此之前梅瓶已有多年的历史，子仁认为梅瓶小口、短颈、长身的特定形制，适合盛贮挥发性液体，可能用于盛酒或香水，其形式端倪可以追溯到史前仰韶文化的小口尖底瓶，而滥觞于隋唐，流行于两宋，发展于明清。④

陈景虹虽然认为梅瓶口小、颈部短细，便于加盖密封，可避免酒液挥发，"以梅瓶贮酒，确实极为合宜"，也认为梅瓶造型与辽代鸡腿瓶之间应确有渊源，二者形制、功用相似，可能存在借鉴或模仿，

图11.1　1991年出土于内蒙古敖汉旗南塔子乡兴太村下湾子1号墓的壁画之一，该辽代壁画高75厘米、宽65厘米，位于墓室西壁。画中一位侍女刚从酒瓶架上取出一个带盖儿鸡腿瓶捧在手里，从画中另一侍女端着的酒盏和桌上的酒具猜测，这个瓶中装着酒。图片由敖汉博物馆（敖汉旗文物保护中心）提供

图11.2　1991年出土于内蒙古敖汉旗南塔子乡兴太村下湾子5号墓的壁画之一，该辽代壁画高95厘米、宽75厘米，位于墓室东壁。画中一位侍从肩扛一个带盖儿酒瓶，画面下方桌下放有另一个带盖儿酒瓶。图片由敖汉博物馆（敖汉旗文物保护中心）提供

①李彬彬：《辽金时期鸡腿瓶研究》，硕士学位论文，辽宁师范大学，2020。
②杨妹：《敖汉旗新州博物馆馆藏胡人彩陶塑》，《草原文物》2022年1期。
③徐光冀主编：《中国出土壁画全集》，科学出版社，2012，第164—165、173、141、191页；徐光冀主编：《中国出土壁画全集》，科学出版社，2012，第146、151、178、185、189、207页；徐光冀主编：《中国出土壁画全集》，科学出版社，2012，第170页；徐光冀主编：《中国出土壁画全集》，科学出版社，2012，第184、186页；徐光冀主编：《中国出土壁画全集》，科学出版社，2012，第469页；徐光冀主编：《中国出土壁画全集》，科学出版社，2012，第76、98页。
④子仁：《中国梅瓶史小说》，《大匠之门——2018年北京画院论文合集》2018年。

但辽代鸡腿瓶并非现代梅瓶造型之雏形，二者在器物谱系里应为别类。主流的"北方起源说"认为梅瓶源于辽代，前身为契丹人所独创的鸡腿瓶，用于储水或储酒之用。也有学者称在唐墓中已见其形象，故而支持梅瓶起源于唐代的观点，而认为鸡腿瓶只是梅瓶演化进程中的一个重要环节。陈景虹认为，宋代南北窑系的梅瓶或有不同的起源，北方窑系吸收了辽代鸡腿瓶的设计元素，南方窑系则直接参照了唐代器型。①

梅瓶曾称为经瓶或其他名字，有一种观点称其和经筵有关，因为皇上经常要请人来讲经，讲经过后每每设宴款待讲师，所用之酒便装在这种瓷瓶中，故而叫经瓶。另有一种观点认为经线细长故而称经瓶以喻器形。邢鹏则认为，经瓶中的"经"表示吊、悬挂之意，并特指将绳子系于器物的颈部。所谓经瓶即"用绳套提携而使用之瓶"。②日本学者也依据其独特的形态，把它叫作长壶。③

正如子仁指出的，某种新器物多为以往曾经存在的多种因素重组的结果，即新器物未必全新，④某种新器物的源起也并不是无中生有，一蹴而就，而往往有着漫长的变化过程。宋代梅瓶的前身可能源于鸡腿瓶，也可能源于隋唐，但如果源于鸡腿瓶，鸡腿瓶又是从哪里来的？如果是源于隋唐，那么在隋唐之前又是来自哪里？

长颈瓶既被称为胡瓶就代表着其和胡人有关，最典型的胡人是来自中亚的粟特人。尽管安史之乱之后，在华粟特人为与粟特突厥的混血儿安禄山撇清关系，几乎一夜之间杳无踪迹，但他们来华历史久远，唐朝及之前的几个朝代都为粟特人聚居区设置了"萨保"一职，由粟特人自治。

安伽曾任北周的同州（今陕西大荔）萨保⑤，其墓中出土的浮雕就表现有西式酒器，如门额上表现祆教祭师在火坛边举行仪式时，一左一右两个供桌上就摆着小口酒壶；西侧面最北一幅在表现萨保到山林中的虎皮圆帐里访问突厥首领的情景，萨保和突厥首领在虎皮帐篷内宴饮时，帐篷外的随从也拿着长颈瓶；后屏正中居东的一幅浮雕上部刻画萨保在野外欢迎披发的突厥首领，下部是上面两人在一个用连珠纹装饰的房子里对坐，好像正在立盟约，中立者衣着华丽，手捧一小口尖底瓶；后屏最西边一幅，萨保与突厥首领坐在粟特式帐中，帐外正在乐舞，地上放着细颈瓶，一个侍从也捧着细颈瓶，另一侍从怀抱一小口小底罐，罐腹较粗，更像坛子；东侧正中的大型宴饮图中，榻前有乐舞，乐队周围摆放的都是酒器，其中就有长颈瓶；后屏东侧一幅浮雕表现萨保与突厥首领宴饮时，帐篷外也放着一只长颈瓶，一

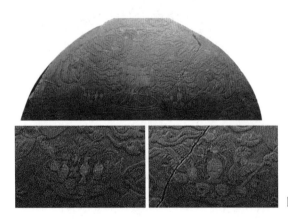

图11.3　安伽墓门额，供桌上摆着细颈瓶

①陈景虹：《宋代梅瓶形制定型考》，《陶瓷研究》2018年第33卷第128期；石红：《我国古代梅瓶初探》，《文物世界》2006年第5期。
②邢鹏：《四系瓶、经瓶与梅瓶——"经瓶"名称由来之我见》，《文物天地》2018年第10期。
③[日]长谷川道隆：《辽、金、元代的长壶》，杨晶译，《北方文物》1997年第2期（总第50期）。
④子仁：《中国梅瓶史小说》，《大匠之门——2018年北京画院论文合集》2018年。
⑤陕西省考古研究所：《西安北郊北周安伽墓发掘简报》，《考古与文物》2000年第6期。

图11.4 安伽墓围屏。上排，西侧屏风最北面及细节；下排，后侧居中东侧屏风及细节

图11.5 安伽墓围屏。上排，后侧最西屏风及细节；下排，东侧中间屏风及细节

图11.6 安伽墓围屏。上排，后屏东侧居中屏风及细节；下排，后屏居中西侧屏风及细节

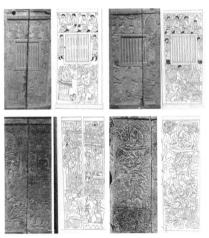

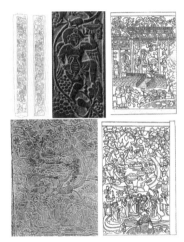

图11.7 史君墓石堂浮雕。上排，南壁第1幅原图及线描图，南壁第5幅原图及线描图；下排，西壁第2幅原图及线描图，北壁第5幅原图及线描图

图11.8 史君墓浮雕。上排，墓门门框线描图及局部，石堂北壁第2幅的线描图；下排，石堂北壁第4幅原图及线描图

图11.9 太原虞弘墓石椁浮雕。上排，椁座前壁浮雕，椁壁浮雕之七局部；中排，椁座前壁浮雕，椁壁浮雕之五局部；下排，椁座右壁浮雕，男侍从俑

个侍从手上好像也捧着一个尖底瓶；后屏居中偏西描绘一男一女在中式庭院中宴饮，后方一名侍从怀抱一个尖底瓶，榻前也放着一个疑似带把瓶。[①]（图11.3、11.4、11.5、11.6）

　　2003年在西安发现的北周凉州萨保史君墓墓门右门框中一个飞天手中，石堂南壁第1、5幅，西壁第2幅，北壁第2、4、5幅浮雕上，也表现有胡瓶和小口尖底瓶[②]，其中后壁第4幅下部的毯子上并排跽坐着5位女子，手持各种饮器，其中就有多瓣碗。（图11.7、图11.8）

①荣新江：《中古中国与粟特文明》，生活·读书·新知三联书店，2014，第324—332页；陕西省考古研究所：《西安北周安伽墓》，文物出版社，2003，图版。
②西安市文物保护考古所：《西安北周凉州萨保史君墓发掘简报》，《文物》2005年第3期；西安市文物保护考古研究院、杨军凯：《北周史君墓》，文物出版社，2014，第11页及插图、图版。

1999年7月，在太原附近发现的虞弘墓发现不少小口尖底瓶形象。虞弘曾"检校萨保府"，被视为承继了粟特人传统。[①]图中胡瓶或用于装饰或搂抱在胸前，但都是小口小底。[②]（图11.9）

　　有理由相信，居华粟特人墓葬中表现的这些粟特和突厥人使用的酒器都来自中原以外，反映了他们的日常生活习俗。马沙克展示了一些粟特地区的考古发现，在金属器皿上外来影响明显。这些影响既有西来的也有东往的，都可以从粟特地区处于中介地位这一点上进行解释。[③]史密森博物馆的展品中也有中亚粟特人使用的酒具。这些辽墓壁画里多表现了长颈瓶和多瓣碗这些很有异域风格的器皿，有时和鸡腿瓶同时使用，是否表示鸡腿瓶和这些器皿一起受到西方的影响？

　　有些墓室壁画虽然没有表示鸡腿瓶，但单独表现了多个场合下的长颈瓶。[④]

　　如果说酒具、器物的造型暗示了某种交流和影响的话，这种交流像是在中原和草原之间双向流动的。玉壶春瓶一般认为是中原器具的典型代表，这种瓶撇口、细颈、圆腹、圈足，关于它的起源争议颇多，有学者认为这种瓶的样式最早出现在东汉，但多数学者都认为其造型定型于北宋时期[⑤]，特别是宋瓷窑系中北方流派制造十分普遍，成为中原瓷器的代表。玉壶春瓶和其他中原器物也出现于辽代墓葬壁画中。[⑥]

　　这种与中原的交流从辽代设有曲院也能看得出来，既然专设官府管理，可见谷物酿酒已经达到了一定规模，而谷物酿酒大概是和中原交流的产物。[⑦]其中的辽上京就在现在的内蒙古巴林左旗林东镇附近。

图11.10　2008年出土于山西省汾阳市东龙观村金代家族墓地5号墓（金明昌六年，1195年），壁画高约148厘米，宽约70厘米，原址保存。画中桌子上放一高颈瓶

①荣新江：《中古中国与粟特文明》，生活·读书·新知三联书店，2014，第296—298页。
②太原市文物考古研究所：《隋代虞弘墓》，文物出版社，2005，图版第15、21、26、33、34、53。
③[俄]李特文斯基主编：《中亚文明史第3卷：文明的交会：公元250年至750年》，马小鹤译，中国对外翻译出版公司，2003，第209—212页。
④徐光冀主编：《中国出土壁画全集》，科学出版社，2012，第100、175、184、200—201页；徐光冀主编：《中国出土壁画全集》，科学出版社，2012，第136、142、190页；徐光冀主编：《中国出土壁画全集》，科学出版社，2012，第137、152、154页；徐光冀主编：《中国出土壁画全集》，科学出版社，2012，第189页；徐光冀主编：《中国出土壁画全集》，科学出版社，2012，第240页；徐光冀主编：《中国出土壁画全集》，科学出版社，2012，第95页。
⑤陈昌全：《玉壶春瓶考》，《文物鉴定与鉴赏》2010年第11期。
⑥徐光冀主编：《中国出土壁画全集》，科学出版社，2012，第21、103、209页；徐光冀主编：《中国出土壁画全集》，科学出版社，2012，第150、200、214页；徐光冀主编：《中国出土壁画全集》，科学出版社，2012，第107、135、229页；徐光冀主编：《中国出土壁画全集》，科学出版社，2012，第190页；徐光冀主编：《中国出土壁画全集》，科学出版社，2012，第208—209页；徐光冀主编《中国出土壁画全集》，科学出版社，2012，第457页；徐光冀主编：《中国出土壁画全集》，科学出版社，2012，第8页。
⑦脱脱等：《辽史（全五册）》卷三十七《志第七·地理志一》，中华书局，2016，第四九九页。

尖底瓶

仰韶文化尖底瓶或平底瓶的突出共性都是小口，刘莉等人对仰韶文化尖底瓶、平底瓶和中国陶器进行了研究，提出这些器物用于储存液体，而小口可防止液体洒出并有利于密封，能将液体储存较长时间，那么何种液体需要密封并储存较长时间呢？答案指向了酒。[①]刘莉等人认为小口尖底瓶有三个形制特点适于酵母进行发酵。首先，酵母需要在厌氧的环境中才将糖转化为酒精和二氧化碳，小口利于封口，形成厌氧环境。其次，小口尖底瓶底部呈锥状，有利于酿酒产生的渣滓的集中和沉淀。再次，由于酵母发酵时释放二氧化碳并产生热量，醪液中会出现上下的自然对流，最终使发酵容器内的液体温度达到均匀，有利于保证酒的质量。[②]

石红也认为小口是为了避免盛装的水或酒溅出，减少酒的挥发并方便携运。[③]专家在研究辽金元时期的出土墓葬壁画时，有时称其为"进酒图""奉酒图"，有时又称为"进茶图""奉茶图"，其明显差别在于盛装器具的不同，特别是有没有表现鸡腿瓶。[④]看来鸡腿瓶用来酿酒、贮酒、饮酒大概是共识。

如果尖底瓶很早就出现于仰韶文化的遗址，而且刘莉等人又通过这些陶器中残存物的淀粉粒、植硅体分析说明这些陶器曾用来酿酒、贮酒、饮酒[⑤]，那么这种器物从仰韶文化时期慢慢发展到隋唐，并进一步传播到契丹是有可能的。但是从出土壁画和实物的数量来看，宋代特别是宋代北部流行的梅瓶很可能源自辽朝，而不是相反。如果这样的话，这种器物发端于新石器时代，滥觞于隋唐，从隋唐传播到北方的契丹，再从契丹传到中原的宋朝，这个路线显得迂回。契丹和后来的西辽、女真都位于北方，横贯东西，后来的蒙古帝国又横跨欧亚大陆。鸡腿瓶受到通过草原丝绸之路直接来源于西方的影响似乎更直接。也有可能，辽代的鸡腿瓶是从新石器时代晚期仰韶文化的尖底瓶直接发展而来，而非至隋唐时期才受到中原影响，至少我们无法轻易得出契丹鸡腿瓶"肯定是受到中原地区此类造型器物的影响，并且由工匠按照契丹民族游牧生活的实际需要加以改造而产生的新器型"这一结论。[⑥]

西方人对尖底或小底小口瓶大概不陌生。大约公元前3100年的蝎子王一世（Scorpion I）的坟墓就出土了几百只酒瓶，同样的小口、尖底，专家认为这些尖底瓶进口于地中海沿岸。[⑦]这说明在文字诞生前，尖底瓶这种酒器在地中海一带就已经很普遍。

公元前1400年，古埃及新王朝时期，贵族克纳曼（Kenamun）的墓里有一幅壁画表现了迦南船只进港，其中一条船上画着数只尖底瓶，船长在燃香敬神时面前就有一只，可能他用的酒就是来自这只尖

---

① 刘莉：《早期陶器、煮粥、酿酒与社会复杂化的发展》，《中原文物》2017年第2期（总第194期）。

② 刘莉、王佳静、刘慧芳：《半坡和姜寨出土仰韶文化早期尖底瓶的酿酒功能》，《考古与文物》2021年第2期。

③ 石红：《我国古代梅瓶初探》，《文物世界》2006年第5期。

④ 徐光冀主编：《中国出土壁画全集》，科学出版社，2012。

⑤ 刘莉、李永强、侯建星：《渑池丁村遗址仰韶文化的曲酒和谷芽酒》，《中原文物》2021年第5期（总第221期）；刘莉、王佳静、邱楠：《从平底瓶到尖底瓶——黄河中游新石器时期酿酒器的演化和酿酒方法的传承》，《中原文物》2020年第3期（总第213期）；刘莉、王佳静、刘慧芳：《半坡和姜寨出土仰韶文化早期尖底瓶的酿酒功能》，《考古与文物》2021年第2期；刘莉、王佳静、赵昊、邵晶、邱楠、冯索菲：《陕西蓝田新街遗址仰韶文化晚期陶器残留物分析：酿造古芽酒的新证据》，《农业考古》2018年第1期；刘莉、王佳静、赵雅楠、杨利平：《仰韶文化的谷芽酒：解密杨官寨遗址的陶器功能》，《农业考古》2017年第6期。

⑥ 石红：《我国古代梅瓶初探》，《文物世界》2006年第5期。

⑦ Patrick E. McGovern, *Uncorking The Past: The Quest for Wine, Beer, and Other Alcoholic Beverages* (Oakland: University of California Press, 2009), pp.166-170.

图11.11　出土于埃及克纳曼（Kenamun）墓的壁画描绘了几条迦南船只进港

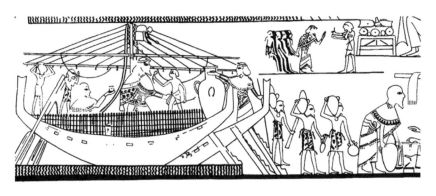

图11.12　同样出土于埃及克纳曼（Kenamun）墓的这幅壁画也描绘了几条迦南船只进港

底瓶。[1]这个墓里的其他壁画还反映了运输这些酒瓶的过程和方法。有人拎着双耳搬运酒罐；有的扛在肩上，而扶着双耳。[2]

　　这显得双耳有点多余。如果双耳只起到扶瓶的作用，运输者完全可以扶着瓶身，不需要有双耳。在宋辽金元的壁画中，很多鸡腿瓶或抱于身前或用手捧或者干脆横着扛在肩上。尖底酒罐也表现在埃及壁画里，这反映尖底瓶在埃及得到了普遍使用，有的埃及人用网兜抬着尖底瓶走而不是用双耳提。[3]

　　79年8月24日，意大利南部的维苏威（Vesusvius）火山喷发，埋没了山脚下的庞贝古城，随之尘封千年的有很多装酒的容器。在庞贝古城的废墟上，仍然可辨出有大约200个"酒吧"。在公共浴池旁不到80码的一条街上就有8家，其中一家酒馆柜台后的架子上摆着12个已经开塞的双耳酒罐，可能已经空了，老板正等着挑夫顺着窄小而拥挤的街道来送酒，把装满酒的长颈酒瓶摆到架子上，把空罐拿走。[4]庞贝古城的西侧，紧挨着庞贝古城的奥普隆蒂斯（Oplontis）是罗马时代庞贝的郊区，归庞贝管辖。这里临海，发现了保存完好的别墅和壁画。其中编号B的别墅曾被认为是一处私人别墅，后来的研究认为这是一处由房屋和仓库组成的街区，其中一处大房子确定是用于葡萄酒、橄榄油贸易的仓库。这里发现了超过700个箱子和至少1341个尖底瓶，大都颠倒着斜靠在墙上，一个个摆着，很可能用于本地农产品

①Patrick E. McGovern, *Uncorking The Past: The Quest for Wine, Beer, and Other Alcoholic Beverages* (Oakland: University of California Press, 2009), p.173.

②Philipp W. Stockhammer, "Performing the Practice Turn in Archaeology," *Transcultural Studies* (Jul. 2012): 7–42.

③Patrick E. McGovern, *Ancient Wine: The Search for the Origins of Viniculture* (New Jersey: Princeton University Press, 2003), p.133；[英]休·约翰逊：《葡萄酒的故事》，李旭大译，陕西师范大学出版社，2005，第37页。

④[英]休·约翰逊：《葡萄酒的故事》，李旭大译，陕西师范大学出版社，2005，第77—78页。

丝绸之路上的葡萄酒

和葡萄酒贸易。[①]这说明，直到1世纪，这种双耳酒罐还广泛用于葡萄酒贸易。

尖底瓶的尖底形状在公元前2000年就已出现，成了古代地中海上的常见风景。用于运输和存储的这种瓶和更小但平底方便置于桌上（容积10升左右或更小）的相似瓶型共用一个名字（Amphoras），但用于运输或存储的这种瓶更为普遍，非常适于装液体或者可以倒进倒出的粉末状固体，多用来装葡萄酒。当必须竖直放置时，往往置于泥地或沙地上，或者陶瓷、木制或柳编的架子上，以保持平衡。[②]这和一些墓室壁画反映的场景很像。葛承雍认为"安法拉（Amphora）罐和来通角杯""都是希腊生活用品"，"安法拉罐用来装酒或芳香油，显然不是东方使用的容器"。[③]

大约两个半世纪后，关于葡萄酒海运方面的文物越来越少，原来那时已经逐渐用上了更为坚固和轻便的木桶。沃克（Henry H. Work）指出，早在公元前第一个千年，北欧的凯尔特部落已经开始使用木桶作为大批量储藏和运输液体和其他用品的容器，尽管古罗马人在公元前2到3世纪最早记录了木桶的使用，到公元元年前后，木桶已普遍被罗马人用于贸易中[④]，但庞贝古城及周边地区的考古发现却说明陶质尖底瓶在公元元年前后仍是主流，木桶的使用和流行起来还是后面的事。

公元3世纪中国刚刚进入南北分裂时期，距离隋朝再度统一大约还有250年，距离辽朝立国还有大约500年。考虑到西方从使用双耳酒罐转为使用木桶的变化是逐渐发生的，双耳酒罐的向东传播也应缓慢发生并在辽朝立国前就传播到了中国北方，那时的中国北方人已开始使用鸡腿瓶是很有可能的，但我们仍然无法断定辽鸡腿瓶受到了西方双耳罐影响。

辽代鸡腿瓶与西方双耳罐瓶明显不同的地方是没有双耳，这是一种进步，还是说明二者根本就是独立起源，没有任何关联？这尚且不得而知。但这种器物最重要的特征——小口和小底或尖底却相同。刘莉指出，小口或长颈可能和盛装挥发性液体有关，而小底或尖底则可能和便于收集发酵过程产生的渣滓

图11.13　这件陶制尖底瓶定年于公元前3世纪的希腊化时代，属于希腊文化，高38.8厘米。现藏于纽约大都会艺术博物馆

图11.14　这件小口尖底瓶现藏于西安半坡博物馆，西安历史博物馆藏有一件几乎与此完全一样的器物

---

①庞贝古城遗址网。

②Carolyn G. Koehler, "Wine Amphoras in Ancient Greek Trade," in *The Origins and Ancient History of Wine*, by Patrick E. McGovern, Stuart J. Fleming, and Solomon H. Katz (London: Routledge, 1996), pp.333–348.

③葛承雍：《"醉拂菻"：希腊酒神在中国——西安隋墓出土驼囊外来神话造型艺术研究》，《文物》2018年第1期，第58—69页。

④Henry H. Work, *Wood, Whiskey and Wine: A History of Barrels* (London: Reaktion Books, 2014), pp.1–48.

有关，尖底瓶是用于酿酒。[1]

单从小口尖底瓶并不能得出这种瓶西来后又演化成鸡腿瓶的结论，因为小口尖底可能针对的是易挥发液体和有沉淀这些共性，而基于相同的出发点，完全有可能各自独立地演化出类似的器皿，不能轻易得出一个受到另一个影响的结论，但是相关器皿的借鉴痕迹增加了这种影响的可能性。

陕西省出土过仰韶文化时期的小口尖底瓶，这些器皿有的有双耳。曾经有人认为此罐用于汲水，用绳索拴在双耳之上，当罐内空洞时自动倒伏，而装满水又会立起来。有人做了汲水实验，发现此罐并非如想象那样用于汲水。[2]这种罐有可能是用来酿酒的。

但这种器皿如果用来酿酒就不会用于藏酒和饮用前侍酒，辽墓壁画中表现的鸡腿瓶多用于藏酒和饮用前侍酒，这种情况下，酿酒应该另有其他容器。原因在于，酿酒并非短期内就可完成，而是一个随着酒精度的逐渐增加和温度的降低，发酵逐渐放缓直至停滞的过程，但如果其中的酵母没有及时分离，天气转暖后又能重新启动发酵，将糖转化成酒精和二氧化碳气体，这就使得这个容器不是酒塞被顶起就是变成一个不定时炸弹（会爆炸但不知何时爆炸）。传统的香槟制法就是利用了这一摆脱不掉的二次发酵特性。

尖底瓶也有可能在储酒的过程中使用，葡萄酒在贮藏过程中会有酒石酸盐结晶析出，尖底有助于倒酒时滤除这些结晶，现代葡萄酒厂在装瓶前往往通过冷冻和过滤处理去除这些结晶，使葡萄酒卖相更好。

也有可能罐子密封不严，产生的气体可以及时泄漏出去，故而没有那么危险。且不说壁画中的鸡腿瓶是被仔细密封过的，泄露速度是否比气体产生的速度快还大有疑点，继续发酵会使罐中的酒质发生变化，而这种变化又不可预测，单这一点就使得壁画中表现的饮用前才开启鸡腿瓶的场景不大可能是在酿酒。有可能，尖底瓶最早是用于酿酒，后期用于储酒运酒的尖底瓶是由此演变而来，而与谷物发酵或酿制葡萄酒无关。很有可能，仰韶时期的尖底瓶用于酿酒，但这种酒不宜久存，在发酵期间就开始饮用，酒精度也就不是很高，饮用方式可能是使用可以穿过浮渣的吸管。这从早期用于指代"酒"的酒罐形象有着尖底或可看得出来。不管这一瓶形是通过隋唐对契丹人有所影响，还是从仰韶时期开始就影响到北方民族，与其向中原的传播并行，抑或西方的尖底瓶通过草原丝路直接对北方游牧民族产生了影响，和影响仰韶时期人类的路线并行，到了辽代，辽墓壁画中的鸡腿瓶都只能用于储酒而非酿酒。

东西方文化通过中亚地区和蒙古高原所进行的交流不仅仅体现在鸡腿瓶或小口尖底瓶上。韩建业的研究揭示出马家窑文化半山期锯齿纹的主要源头应在中亚地区。锯齿纹可分为多种类型，但都是由连续三角元素组成的纹饰，流行于马家窑文化半山期（公元前2500—前2200年）。韩建业认为，20世纪20年代安特生（J. G. Andersson）发现仰韶文化后，与土库曼斯坦南部的安诺（Anau）等遗址比较后提出仰韶文化西来说，后来随着考古发现和研究的进展，学界揭示出彩陶文化在中国自东向西渐次拓展的图景，仰韶文化西来说的错误得到纠正，但不能因此而否定中国和中亚彩陶文化之间实际可能存在的交流，而且这种文化交流还可能追溯到公元前3000年以前。[3]

李新伟也认为：

> 随着中国考古学之发展，中国本土彩陶文化演变脉络日渐清晰，彩陶文化西来说已经站不住脚，但相隔万里的库库特尼–特里波利文化与中国彩陶确实存在惊人的相似性，其中原因非常值得探索。[4]

①刘莉：《早期陶器、煮粥、酿酒与社会复杂化的发展》，《中原文物》2017年第2期（总第194期）。
②刘莉：《早期陶器、煮粥、酿酒与社会复杂化的发展》，《中原文物》2017年第2期（总第194期）。
③韩建业：《马家窑文化半山期锯齿纹彩陶溯源》，《考古与文物》2018年第2期。
④李新伟：《库库特尼—特里波利文化彩陶与中国史前彩陶的相似性》，《中原文物》2019年第5期（总第209期）。

丝绸之路上的葡萄酒

图11.15　出土于内蒙古乌兰察布市布盟察右前旗巴音塔拉镇土城子村的这个鸡腿瓶高43厘米，沿肩写有"葡萄酒瓶"四字

他接着对库库特尼-特里波利（Cucuteni-Tripolye）文化及中亚纳马兹加文化彩陶与中国彩陶之间的相似性做了考察。小口尖底瓶与鸡腿瓶的相似性是否为早期东西文化交流的又一例证呢？

鸡腿瓶不仅在墓葬壁画中大量出现，也有很多实物出土。大同地区的辽金墓葬出土了各类酒具，其中有不少鸡腿瓶和与鸡腿瓶形制基本相同的梅瓶，既有长颈瓶、多瓣碗（葵口碗或花口碗）等西式酒具，也有玉壶春瓶这样的中式酒具。[1]内蒙古乌兰察布市布盟察右前旗巴音塔拉镇土城子村出土的鸡腿瓶沿肩写有"葡萄酒瓶"四字，给了鸡腿瓶曾用来盛装葡萄酒以实物证据。[2]这是否说明契丹人饮用了大量的葡萄酒呢？这个瓶不能说明鸡腿瓶就是用来盛装葡萄酒的？恰恰相反，尽管有些鸡腿瓶用来盛装葡萄酒，但装葡萄酒可能只是个特例，因为少才需特别指出。中国北方流行的鸡腿瓶很有可能来自西方，也有可能和仰韶文化时期的小口尖底瓶有关联，甚至可能通过草原丝绸之路和西方常见的尖底瓶、长颈瓶有直接联系。

女真

位于契丹东部一隅的女真部落继契丹而崛起，迫使宋朝退缩到长江以南，最后为元所灭。在此以前辽国就有与饮用葡萄酒相关的文献记载和出土文物。1993年，在河北宣化下八里辽墓发掘过程中，张文藻墓（M7）出土了一细颈大肚瓷瓶，以石灰封口，出土时封闭完好，打开后发现内装棕红色液体。经河北省文物研究所和同济大学的科研人员取样分析，初步认定红色液体为葡萄制品，并极有可能是葡萄酒。[3]同一墓中还出土了葡萄果实及种子，鉴定者认为应属欧亚种。[4]

金人元好问曾作过《蒲桃酒赋》，在序中讲了一件奇事：邓州刘光甫对他说，他们那里有很多葡萄，但没有人知道酿酒法。他曾经与友人摘果，和米一起蒸，虽然酿出了酒，但不是味儿。有一个邻居

---

①刘贵斌：《大同地区辽金墓葬出土酒具类型分析》，《文物天地》2020年第9期。

②邢鹏：《四系瓶、经瓶与梅瓶——"经瓶"名称由来之我见》，《文物天地》2018年第10期。

③李月丛、宋朝杰：《宣化辽墓出土红色液体的初步分析》，载河北省文物研究所《宣化辽墓——1974～1993年考古发掘报告》，文物出版社，2001，第341—346页。

④刘长江、李月丛：《宣化辽墓出土植物遗存的鉴定》，载河北省文物研究所《宣化辽墓——1974～1993年考古发掘报告》，文物出版社，2001，第347—351页。

去山中躲避寇贼，回来时发现原来贮藏在空瓮之上竹篓里的葡萄枝蒂都干了，但是葡萄汁流到了瓮里，他闻到了酒气，一尝，都是好酒。原来放久了已经腐败的葡萄自动变成了酒。

蒲桃酒赋（并序）

刘邓州光甫为予言："吾安邑多蒲桃，而人不知有酿酒法。少日，尝与故人许仲详摘其实，并米炊之。酿虽成，而古人所谓'甘而不饴，冷而不寒'者，固已失之矣！贞祐中，邻里一民家避寇自山中归，见竹器所贮蒲桃在空盎上者，枝蒂已干，而汁流盎中，薰然有酒气。饮之，良酒也！盖久而腐败，自然成酒耳。不传之秘，一朝而发之。文士多有所述。今以属子，子宁有意乎？"予曰："世无此酒久矣！予亦尝见还自西域者云'大石人绞蒲桃浆封而埋之，未几成酒，愈久者愈佳。有藏至千斛者'，其说正与此合。物无大小，显晦自有时，决非偶然者。夫得之数百年之后，而证数万里之远，是可赋也。"于是乎赋之。其辞曰：

西域开，汉节回。得蒲桃之奇种，与天马兮俱来。枝蔓千年，郁其无涯。敛清秋以春煦，发至美乎胚胎。意天以美酿而饱予，出遗法于湮埋。索罔象之玄珠，荐清明于玉杯。露初零而未结，云已薄而成裁。把幽气之薰然，释烦悁于中怀。觉松津之孤峭，羞桂醑之尘埃。我观《酒经》，必曲糵之中媒。水泉资香洁之助，秫稻取精良之材。效众技之毕前，敢一物之不偕？艰难而出美好，徒鸩毒之贻哀。繄工倕之物化，与梓庆之心斋。既以天而合天，故无柽乎灵台。吾然后知圭璋玉毁，青黄木灾。音哀而鼓钟，味薄而盐梅。惟掸残天下之圣法，可以复婴儿之未孩。安得纯白之士，而与之同此味哉。[1]

金宣宗兴定四年（1220年），金朝派遣礼部侍郎吾古孙仲端出使蒙古，一年而返，后口述《北使记》一篇，由刘祁记录成文。在该文中他将耶律大石西征曾借道经过的西州回鹘和横跨蒙古高原的游牧民族以及帕米尔高原以西的诸多民族都称为回纥。孙氏提及回纥"酿蒲萄为酒"[2]，说明酿葡萄酒已成北国、西域的一大风俗。

葡萄酒还专供于宫廷用于接待使臣。南宋使臣徐霆就曾在漠北喝到西域所产的葡萄酒：

又两次金帐中送葡萄酒，盛以玻璃瓶，一瓶可得十余小盏，其色如南方柿漆，味甚甜，闻多饮亦醉，但无缘多饮耳，回回国贡来。[3]

那时，玻璃还是稀有之物，葡萄酒盛以玻璃瓶，足见珍贵。即使在漠北，作为使臣的徐霆也"无缘多饮"。

但是马背之上的人们可能以奶酒为主，当初狩猎的人们之所以转为放牧，取得能用以做酒的畜奶是一大动力。

①元好问：《蒲桃酒赋》，载姚奠中主编《元好问全集》卷第一《古赋》，三晋出版社，2015，第二至三页。
②上海古籍出版社编《宋元笔记小说大观（六）》《归潜志》卷十三《北使记》，上海古籍出版社，2001，第6033—6034页。
③余太山主编：《黑鞑事略校注》，许全胜校注，兰州大学出版社，2014，第146页。

奶酒

中国的北方是游牧民族控制的天下，从匈奴人、突厥人、契丹人、女真人到后来的蒙古人，莫不如此。草原上的游牧民以饲养牲畜为生，畜奶自然成为做酒的原料。

雄踞北方的柔然曾西至中亚，成为了东西方交通的桥梁。[①]《北史》讲到柔然王阿那瓌（guī）心有反意，扣留了前来劳军的北魏宗室元孚，每日供应一升奶酪、一块肉：

> 阿那瓌众号三十万，阴有异意，遂拘留孚。载以辒车，日给酪一升、肉一段。[②]

北魏宗室元禧谋逆被捉，有守卫给了他一升多奶酒，他一饮而尽：

> 时热甚，禧渴闷垂死，敕断水浆。侍中崔光令左右送酪浆升余。禧一饮而尽。[③]

北魏名臣崔浩曾反对因连年粮荒而把当时的都城平城（今山西大同）向南迁，他的理由就是春草生时，用畜奶、奶酒杂以蔬菜水果，一定能挺到秋收：

> 至春草生，乳酪将出，兼有菜果，足接来秋。若得中熟，事则济矣。[④]

代州（今蔚县）人朱长生曾代表北魏出使高车，被高车王阿伏至罗断食，随从均求情：

> 阿伏至罗大怒，绝其饮食。从者三十人皆求阿伏至罗，乃给以肉酪。[⑤]

地豆干国在今兴安岭以东，大约在今乌珠穆沁旗境内，从北魏延兴二年（472年）八月，遣使"朝贡"北魏后，贡使不绝。《北史》中说：

> 多牛、羊，出名马，皮为衣服，无五谷，唯食肉酪。[⑥]

本辽东鲜卑一部的吐谷浑是鲜卑慕容部先王的庶长子，为不给嫡次子继承王位留有障碍，远走青海。《北史》如此描述吐谷浑部落：

> 逐水草，庐帐而居，以肉酪为粮。[⑦]

曾在游牧之地叱咤风云的突厥人：

> 其俗被发左衽，穹庐毡帐，随逐水草迁徙，以畜牧射猎为事，食肉饮酪，身衣裘褐。[⑧]
> 男子好樗蒲，女子踏鞠，饮马酪取醉，歌呼相对。[⑨]

或言"樗蒲""踏鞠"都是一种游戏，但"饮马酪取醉"则很明确。

①谭其骧：《中国历史地图集》，中国地图出版社，1982，第3—4页。
②李延寿：《北史（全十册）》卷十六《列传第四·太武五王》，中华书局，1974，第六一三页。
③李延寿：《北史（全十册）》卷十九《列传第七·献文六王》，中华书局，1974，第六九一页。
④李延寿：《北史（全十册）》卷二十一《列传第九·崔宏》，中华书局，1974，第七七三页。
⑤李延寿：《北史（全十册）》卷八十五《列传第七十三·节义》，中华书局，1974，第二八四五页。
⑥李延寿：《北史（全十册）》卷九十四《列传第八十二·地豆干》，中华书局，1974，第三一三一页。
⑦李延寿：《北史（全十册）》卷九十六《列传第八十四·吐谷浑》，中华书局，1974，第三一七九页。
⑧李延寿：《北史（全十册）》卷九十九《列传第八十七·突厥》，中华书局，1974，第三二八七页。
⑨李延寿：《北史（全十册）》卷九十九《列传第八十七·突厥》，中华书局，1974，第三二八九页。

《辽史》记载：

> 契丹旧俗……马逐水草，人仰湩酪。①

畜奶成了游牧民族的习见食品，这也反映在西人游记中。1245年，柏朗嘉宾（Jean de Plan Carpin，1182—1252年）受教皇英诺森四世（Innocent IV）的派遣，从里昂启程出访蒙古。

> 他们用从畜群和母马身上初次挤下来的奶供奉这些偶像。②
>
> 届时还要用他的幕帐之一陪葬，使死者端坐幕帐中央，在他面前摆一张桌子，一大盆肉和一杯马奶。③
>
> 如果他们有的话，就大量饮用马奶；同样也喝绵羊奶、牛奶、山羊奶，甚至骆驼奶。他们没有果酒，也没有啤酒或蜜酒，除非是由其他地区向他们运送或者是向他们送礼。④
>
> 但在夏季，由于他们拥有充足的马奶，所以很少吃肉，除非别人赠送或猎到几种禽兽。⑤
>
> 首领们就这样几乎一直恭候到中午，于是他们便开始喝马奶，喝得是那样多，一直到晚上为止，看起来简直叫人眼馋。他们传我们进去，请喝啤酒，因为已经没有马奶分给我们了。⑥

丝绸之路上的葡萄酒

柏朗嘉宾一行参加了贵由汗的选举和登基大典。他们在外面恭候时，得到了啤酒供应，说明那时蒙古人也许已经用谷物酿酒或者从其他地方运来啤酒，但只有在"没有马奶"时才饮用啤酒。

就在柏朗嘉宾一行出访蒙古出发后不到十年，1253年，一位来自鲁布鲁克的威廉（William of Rubruk），又称鲁布鲁克或鲁不鲁乞（Guillaume de Rubruquis，约1215—1270年）带着法王路易九世（Louis IX）的信件踏上了蒙古之旅。尽管他矢口否认是法王的使者，但一般都认为他肩负着路易九世的秘密使命。他在后来写成的行纪中，对蒙古风俗的观察和描述细致入微。蒙古的果酒是外来的，鲁布鲁克带去的礼物是个例证。他在从君士坦丁堡出发时，听从了商人的劝告，带了葡萄酒。而蒙古人还是习惯于马奶，下文中忽迷思（突厥语kïmïz）即马奶酒：

> 按商人的劝告，我从君士坦丁堡随身携带了果品、麝香葡萄酒和精美的饼干，送给头一批（鞑靼）的长官，好让我旅途方便些，因为在他们看来，空着手去是不礼貌的。⑦
>
> 在冬天，他们用米、粟、麦和蜜酿造上等饮料，它清澈如果酒，而果酒是从遥远的地方运到他们那里。在夏天他们只酿制忽迷思。在屋舍内的门前，总找得着忽迷思。⑧
>
> 然而，在夏天，只要有忽迷思，即马奶子，他们就不在乎其他食物。⑨

---

①脱脱等：《辽史（全五册）》卷五十九《志第二十八·食货志上》，中华书局，2016，第一〇二五页。
②［意大利］柏朗嘉宾：《柏朗嘉宾蒙古行纪》，载《柏朗嘉宾蒙古行纪　鲁布鲁克东行纪》，耿昇、何高济译，中华书局，1985，第32页。
③［意大利］柏朗嘉宾：《柏朗嘉宾蒙古行纪》，载《柏朗嘉宾蒙古行纪　鲁布鲁克东行纪》，耿昇、何高济译，中华书局，1985，第36页。
④［意大利］柏朗嘉宾：《柏朗嘉宾蒙古行纪》，载《柏朗嘉宾蒙古行纪　鲁布鲁克东行纪》，耿昇、何高济译，中华书局，1985，第42页。
⑤［意大利］柏朗嘉宾：《柏朗嘉宾蒙古行纪》，载《柏朗嘉宾蒙古行纪　鲁布鲁克东行纪》，耿昇、何高济译，中华书局，1985，第42页。
⑥［意大利］柏朗嘉宾：《柏朗嘉宾蒙古行纪》，载《柏朗嘉宾蒙古行纪　鲁布鲁克东行纪》，耿昇、何高济译，中华书局，1985，第97页。
⑦［法］鲁布鲁克：《鲁布鲁克东行纪》，载《柏朗嘉宾蒙古行纪　鲁布鲁克东行纪》，耿昇、何高济译，中华书局，1985，第208页。
⑧［法］鲁布鲁克：《鲁布鲁克东行纪》，载《柏朗嘉宾蒙古行纪　鲁布鲁克东行纪》，耿昇、何高济译，中华书局，1985，第212页。
⑨［法］鲁布鲁克：《鲁布鲁克东行纪》，载《柏朗嘉宾蒙古行纪　鲁布鲁克东行纪》，耿昇、何高济译，中华书局，1985，第213页。

男人生产弓箭，制作马镫、马衔及马鞍，他们修房造车（的框架）。他们照看马匹，挤马奶，搅拌忽迷思即马奶子，并且制作盛它的皮囊。①

那天晚上给我们带路的人给我们忽迷思喝，一尝到它，我害怕得汗流浃背，因为我从未喝过它。不过，我觉得它确实可口。②

柏朗嘉宾和鲁布鲁克的描述都说明马奶和马奶酒对蒙古人之重要。这种重要性应该不是人特意赋予的，而是从必要和必需中自然形成的。高等级的忽迷思应当非常珍贵，没有忽迷思时，各种奶都可以为代替。

第二天他对我们说他不敢贸然接受洗礼，那样做他就不能喝忽迷思了。因为这一带的基督徒说，真正的基督徒不喝它，但若没有这种饮料，在这沙漠里就不能生存。③

同时他们还给我们一头羊供食用，几皮囊的牛奶，但只有很少一点忽迷思，因为它被他们视为珍品。④

我们跟他们一起喝忽迷思，并且给他们一篮子饼干，他们则给我们八个人一只羊作全程食用，我不知道有多少皮囊的牛奶。⑤

马奶酒不仅是蒙古人习以为常的饮料，也是皇亲贵戚喜爱的饮料。鲁布鲁克一行曾受到拔都的接待：

（拔都的）帐殿入门处，放着一条板凳，摆着忽迷思和饰有宝石的金银大酒杯。⑥

接着他让我们坐下，把他的奶给我们喝，而他们认为，若能在他的屋里跟他一起喝忽迷思，那是极大的光荣。⑦

鲁布鲁克专章详细描述了忽迷思的制作方法。⑧马可·波罗也描述蒙古人习饮之酒为乳酒：

鞑靼人饮马乳，其色类白葡萄酒，而其味佳，其名曰忽迷思（Koumiss）。⑨

冯承钧在注中说：

忽迷思可以久存，相传其性滋补，且谓其能治瘵疾，其味不尽为人所喜。卢不鲁克曾言其味刺舌，与新酿之葡萄酒无异，饮之者似饮杏仁浆，有时使人醉，尤能使人多便弱。

鞑靼人亦制哈剌忽迷思（kara koumiss），质言之，黑色马湩。此种马乳不凝结，盖凡牲畜未妊孕者，其乳不凝结。而黑色马湩即取未孕之牝马制之，搅乳使重物下沉，如葡萄酒滓之沉下。所余之纯乳，其色类白葡萄酒，饮者待其清饮之，其味甚佳，而性亦滋补。⑩

徐霆代表南宋出使蒙古时的描述和鲁不鲁乞的说法一致：

尝见其日中沸马奶矣，亦尝问之，初无拘于日与夜。沸之之法，先令驹子啜教乳路来，

---

①[法]鲁布鲁克：《鲁布鲁克东行纪》，载《柏朗嘉宾蒙古行纪 鲁布鲁克东行纪》，耿昇、何高济译，中华书局，1985，第218页。
②[法]鲁布鲁克：《鲁布鲁克东行纪》，载《柏朗嘉宾蒙古行纪 鲁布鲁克东行纪》，耿昇、何高济译，中华书局，1985，第222页。
③[法]鲁布鲁克：《鲁布鲁克东行纪》，载《柏朗嘉宾蒙古行纪 鲁布鲁克东行纪》，耿昇、何高济译，中华书局，1985，第225页。
④[法]鲁布鲁克：《鲁布鲁克东行纪》，载《柏朗嘉宾蒙古行纪 鲁布鲁克东行纪》，耿昇、何高济译，中华书局，1985，第225页。
⑤[法]鲁布鲁克：《鲁布鲁克东行纪》，载《柏朗嘉宾蒙古行纪 鲁布鲁克东行纪》，耿昇、何高济译，中华书局，1985，第226页。
⑥[法]鲁布鲁克：《鲁布鲁克东行纪》，载《柏朗嘉宾蒙古行纪 鲁布鲁克东行纪》，耿昇、何高济译，中华书局，1985，第240页。
⑦[法]鲁布鲁克：《鲁布鲁克东行纪》，载《柏朗嘉宾蒙古行纪 鲁布鲁克东行纪》，耿昇、何高济译，中华书局，1985，第240—241页。
⑧[法]鲁布鲁克：《鲁布鲁克东行纪》，载《柏朗嘉宾蒙古行纪 鲁布鲁克东行纪》，耿昇、何高济译，中华书局，1985，第214页。
⑨[意]马可·波罗：《第六九章·鞑靼人之神道》，载《马可波罗行纪》，冯承钧译，上海书店出版社，2001，第153页。
⑩[意]马可·波罗：《第六九章·鞑靼人之神道》，载《马可波罗行纪》，冯承钧译，上海书店出版社，2001，第156页。

却赶了驹子，人自用手沸，下皮桶中，却又倾入皮袋撞之，寻常人只数宿便饮。初到金帐，鞑主饮以马奶，色清而味甜，与寻常色白而浊、味酸而膻者大不同，名曰黑马奶。盖清则似黑，问之，则云此实撞之七八日，撞多则愈清，清则气不膻。[①]

成吉思汗西征路上，在兴都库什山麓召见了长春真人丘处机，他在前往寻找成吉思汗时，经过蒙古领地，他的弟子李志常如此记录他们的所见：

> 其俗牧且猎，衣以韦毳，食以肉、酪。[②]
> 南岸车帐千百，日以醍醐、湩酪为供。[③]

党宝海在注中说，"醍醐"即为"从酥酪中提制出的油"，"湩酪"则为"奶酪"。[④]成吉思汗行军打仗时也有人准备奶酪，他还邀请丘处机食用："既见，赐湩酪。"[⑤]

马奶酒对于蒙古人如此重要，将其用于祭祀当不为怪。韩百诗（Louis Hambis，1906—1978年）描述了《蒙古秘史》记载的成吉思汗的一次祈祷：

> 一般祭祀，说，向日，将系腰挂在顶上，将帽子挂在手上，椎胸，跪了九跪，将马奶子酒奠了。[⑥]

如果马奶酒用于祭祀是因为其普遍，葡萄酒用于祭祀则因为其稀有和贵重。蒙古人后来建立起了横跨欧亚大陆的庞大帝国，葡萄酒和马奶酒一道被列为祭祀用酒：

> 太官丞注马湩于爵，以授侍中，侍中跪进皇帝。执爵，亦三祭之。（注：今有蒲萄酒与尚酝马湩各祭一爵，为三爵。）[⑦]
> 凡大祭祀，尤贵马湩。[⑧]
> 博士议曰："三献之礼，实依古制。若割肉，奠葡萄酒、马湩，别撰乐章，是又成一献也。"[⑨]
> 天鹅、野马、塔剌不花（其状如獾）、野鸡、鸽、黄羊、胡寨儿（其状如鸠）、湩乳、葡萄酒，以国礼割奠，皆列室用之。[⑩]
> 祀日丑前五刻，太常卿、光禄卿、太庙令率其属设烛于神位，遂同三献官、司徒、大礼使等每室一人，分设御香酒醴，以金玉爵斝，酌马湩、葡萄尚酝酒奠于神案。[⑪]
> 九日祭马湩……太庙令取案上先设金玉爵斝马湩，蒲萄尚酝酒，以次授献官，献官皆祭于沙池。[⑫]

①余太山主编：《黑鞑事略校注》，许全胜校注，兰州大学出版社，2014，第145—146页。
②李志常：《长春真人西游记》，党宝海译注，河北人民出版社，2001，第32页。
③李志常：《长春真人西游记》，党宝海译注，河北人民出版社，2001，第35页。
④李志常：《长春真人西游记》，党宝海译注，河北人民出版社，2001，第36页。
⑤李志常：《长春真人西游记》，党宝海译注，河北人民出版社，2001，第82页。
⑥[意大利]柏朗嘉宾：《柏朗嘉宾蒙古行纪》，载《柏朗嘉宾蒙古行纪 鲁布鲁克东行纪》，耿昇、何高济译，中华书局，1985，第120页。
⑦宋濂：《元史（全十五册）》卷七十三《志第二十四·祭祀二》，中华书局，1976，第一八一一页。
⑧宋濂：《元史（全十五册）》卷七十四《志第二十五·祭祀三》，中华书局，1976，第一八四一页。
⑨宋濂：《元史（全十五册）》卷七十四《志第二十五·祭祀三》，中华书局，1976，第一八四二页。
⑩宋濂：《元史（全十五册）》卷七十四《志第二十五·祭祀三》，中华书局，1976，第一八四五页。
⑪宋濂：《元史（全十五册）》卷七十五《志第二十六·祭祀四》，中华书局，1976，第一八六九页。
⑫宋濂：《元史（全十五册）》卷七十五《志第二十六·祭祀四》，中华书局，1976，第一八七二页。

丝绸之路上的葡萄酒

蒙古人

鲁布鲁克一行在蒙哥汗的哈拉和林宫殿见到了献给蒙哥汗的礼物——一株能流出酒的"大树"：

> 树内有四根管子，通到它的顶端，向下弯曲，每根上还有金蛇，蛇尾缠绕树身。一根管子流出酒，另一根流出哈剌忽迷思，即澄清的马奶，另一根流出布勒，一种用蜜作成的饮料，还有一根流出米酒，叫做特拉辛纳的。[①]

这棵"大树"流出的有"变酸发酵"的哈剌忽迷思和米酒，虽然"布勒"被称为"一种用蜜作成的饮料"，鲁布鲁克也把它叫作一种酒：

> 他问我们要喝什么，酒或者特拉辛纳，即米酒，或者哈剌忽迷思，即澄清的马奶，或者布勒，即蜂蜜酒。在冬天他们饮用这四种酒。[②]

那么第一根管子流出的"酒"又是什么呢？鲁布鲁克多次表示忽迷思并不是酒，而且以单独的"酒"指代"葡萄酒"：

> 诸圣节后第八天我们进入一个叫做金察特的撒剌逊的城市，它的长官出城迎接我们的向导，携带着蜂蜜酒和酒杯。……我在那里见到葡萄，并且两次喝到酒。[③]
> 接着送上饮料，米酒和红酒，像拉罗歇尔的酒，以及忽迷思。[④]
> 我在拜住的屋里，他请我饮酒。他自己喝忽迷思，如他给我的话，我倒愿意喝他。尽管酒是新酿，味道是甜的，忽迷思却更能使一个饥渴的人满意。[⑤]

马可·波罗曾经描写阿拉伯世界的一个宫殿：

> 中有世界之一切果物，又有世人从来未见之壮丽宫殿，以金为饰，镶嵌百物，有管流通酒、乳、蜜、水。[⑥]

马可·波罗和鲁布鲁克几乎同期，很难说是否一个看过另一个的叙述，也有可能二人都用自动流出酒液的管子来描述繁华景象，马可·波罗又用美女歌舞描绘这个花园的天堂景象，而鲁布鲁克则更详细、具体。如果"大树"的第一个管子流出的是葡萄酒，是外邦运来还是本地种植？下面的引文说明在蒙古帝国境内，除了有珍贵的葡萄酒，还有葡萄干。我们同样不清楚这是外邦运来还是本地种植。

> 但是，在他旁边，就在祭坛下面，有一口箱子，里面装着杏仁、葡萄干、梅干及其他果品。[⑦]

如果葡萄干是当地农产品，因为葡萄需要全年侍弄，这就意味着当地亦有农业。柏朗嘉宾和鲁布

①[法]鲁布鲁克：《鲁布鲁克东行纪》，载《柏朗嘉宾蒙古行纪 鲁布鲁克东行纪》，耿昇、何高济译，中华书局，1985，第284页。
②[法]鲁布鲁克：《鲁布鲁克东行纪》，载《柏朗嘉宾蒙古行纪 鲁布鲁克东行纪》，耿昇、何高济译，中华书局，1985，第264页。
③[法]鲁布鲁克：《鲁布鲁克东行纪》，载《柏朗嘉宾蒙古行纪 鲁布鲁克东行纪》，耿昇、何高济译，中华书局，1985，第246页。
④[法]鲁布鲁克：《鲁布鲁克东行纪》，载《柏朗嘉宾蒙古行纪 鲁布鲁克东行纪》，耿昇、何高济译，中华书局，1985，第272页。
⑤[法]鲁布鲁克：《鲁布鲁克东行纪》，载《柏朗嘉宾蒙古行纪 鲁布鲁克东行纪》，耿昇、何高济译，中华书局，1985，第319页。
⑥[意]马可·波罗：《第四〇章·山老》，载《马可波罗行纪》，冯承钧译，上海书店出版社，2001，第067页。
⑦[法]鲁布鲁克：《鲁布鲁克东行纪》，载《柏朗嘉宾蒙古行纪 鲁布鲁克东行纪》，耿昇、何高济译，中华书局，1985，第283页。

鲁克都观察到蒙古帝国内也有农耕区域，这些区域有种植葡萄的可能。成书于宋神宗年间的《突厥语大词典》中有表示某种曲、酿、酒、量酒和其他液体的器具、失去酒劲的麦酒、盛马奶酒的皮囊、掺入蜂蜜以酿制饮料的植物、有马奶酒囊的人、有马奶酒、用小麦掺水酿造的与米酒相似的饮料的词[1]；以及表示有关磨面，黍，农民，田地，整地，播种，耕作，作物收割后留在地里的"茬"，粮田或粮仓，耕地，有粮食的房子，麦子，大麦，小麦，倒出的麦子，与大麦相似的一种植物——冰草，带糠的小麦，碾过的谷子，麦穗上的芒，用小麦、面粉、大麦面等混合做成的一种食物，用小麦、黄米和大麦之类的东西制作的饮料，储存作物的"窖"，种粮食，烤麦穗，炒熟的麦粒，锄草的词和句子[2]；表示葡萄、葡萄串、晾干葡萄、葡萄干、生葡萄、结葡萄、榨葡萄、葡萄园中做支架用的木杆、搭葡萄架的嫩柳条、为搭葡萄架而准备的木头、加葡萄干或鲜葡萄做成的一种食品的词[3]，表示葡萄发酵了、葡萄酒在坛子里发酵发出的声音、葡萄汁做的醋、葡萄醋、他帮我摘了葡萄的词和句子[4]。这并不一定表示这些作物都为驯化的土生植物或引进作物，但已在游牧区域的南部特别是西域区域种植。

邓浩的研究表明回鹘于840年西迁到现在的新疆地区后开始由游动的畜牧业向定居的农业过渡。[5] 清末民初的徐珂则给本来自中原的用多次投饭之法酿的酒冠以蒙古名：

> 三投酒者，即蒙古之波儿打拉酥也。初投者，谓之阿尔古。再投者，谓之廓尔占。三投者，谓之波儿打拉酥。其法以羊胎和高粱造之。[6]

这都说明蒙古帝国不仅横跨欧亚大陆，还纵含了游牧和农居区域。

有趣的是，突厥语表示长颈瓶的词很像阿拉伯语，只不过"b"变成了"v"，暗示着长颈瓶可能是西来器皿。[7]

陈杰林对元代的制酒业作了综合评述，他将元代制酒的品种分为马奶酒、果实酒和粮食酒三类，游牧为生的蒙古人喜爱马奶酒，以汉族为主的广大农业区主要饮用各种粮食酒，而葡萄酒是果实酒中最重要的品种，广泛用于宴请、赏赐[8]。葡萄酒用以进贡的记录有很多：

> （至治）三年……诸王怯伯遣使贡蒲萄酒。[9]（1322）

> 泰定元年……高昌王伊都护呼帖木儿补化遣使进蒲萄酒。[10]（1323）

> （泰定）四年……诸王脱别帖木儿、哈尔蛮等献玉及蒲萄酒，赐钞六千锭。[11]（1326）

①麻赫穆德·喀什葛里：《突厥语大词典》第一卷，校仲彝等译，民族出版社，2002，第57、225、360、383、486、500、501、522页；麻赫穆德·喀什葛里：《突厥语大词典》第二卷，校仲彝等译，民族出版社，2002，第274页；麻赫穆德·喀什葛里：《突厥语大词典》第三卷，校仲彝等译，民族出版社，2002，第119、431页。

②麻赫穆德·喀什葛里：《突厥语大词典》第一卷，校仲彝等译，民族出版社，2002，第58、61、69、82、94、101、133、135、150、151、157、163、182、202、209、214—215、220、226、230、242、289—290、317、322、323、339、386、424、458、519、524、525、533页；麻赫穆德·喀什葛里：《突厥语大词典》第二卷，校仲彝等译，民族出版社，2002，第207页；麻赫穆德·喀什葛里：《突厥语大词典》第三卷，校仲彝等译，民族出版社，2002，第225、235、237、408页。

③麻赫穆德·喀什葛里：《突厥语大词典》第一卷，校仲彝等译，民族出版社，2002，第81、162、172、199、315、431、450、451、496、517、527、531页；麻赫穆德·喀什葛里：《突厥语大词典》第二卷，校仲彝等译，民族出版社，2002，第102页。

④麻赫穆德·喀什葛里：《突厥语大词典》第一卷，校仲彝等译，民族出版社，2002，第69、82、195、352、444、453、537页。

⑤邓浩：《〈突厥语词典〉与回鹘的农业经济》，《敦煌研究》1995年第4期。

⑥徐珂：《清稗类钞》第一三册，中华书局，1986，第6325页。

⑦麻赫穆德·喀什葛里：《突厥语大词典》第一卷，校仲彝等译，民族出版社，2002，第107页。

⑧陈杰林：《元代制酒业与酒业政策述评》，《池州师专学报》2004年第18卷第1期。

⑨宋濂：《元史（全十五册）》卷二十八《本纪第二十八·英宗二》，中华书局，1976，第六二九页。

⑩宋濂：《元史（全十五册）》卷二十九《本纪第二十九·泰定帝一》，中华书局，1976，第六四四页。

⑪宋濂：《元史（全十五册）》卷三十《本纪第三十·泰定帝二》，中华书局，1976，第六八三页。

至顺元年……三月……木八剌沙来贡蒲萄酒，赐钞币有差。①（1328）

至顺元年……三月……西番哈剌火州来贡蒲萄酒。②（1328）

至顺元年……三月……诸王哈尔蛮遣使来贡蒲萄酒。③（1328）

（至顺）二年春正月……诸王哈尔蛮遣使来贡蒲萄酒。④（1329）

（至顺）二年……秋七月……诸王搠思吉亦儿甘卜、哈尔蛮，驸马完者帖木儿遣使来献蒲萄酒。⑤（1329）

（至顺）二年……十二月……西域诸王秃列帖木儿遣使献西马及蒲萄酒。⑥（1329）

（至顺）三年春……二月……甲辰，诸王答儿马失里、哈尔蛮各遣使来贡蒲萄酒、西马、金鸦鹘。⑦（1330）

至正……七年……冬十月……戊戌，西蕃盗起，凡二百余所，陷哈剌火州，劫供御蒲萄酒，杀使臣。⑧（1346）

各地进贡葡萄酒多来自哈剌火州（今吐鲁番一带）。元初，忽必烈曾下旨停止平阳路和太原路进贡葡萄酒：

（中统）二年……六月……敕平阳路安邑县蒲萄酒自今毋贡。⑨

（元贞）二年……三月……罢太原、平阳路酿进蒲萄酒，其蒲萄园民恃为业者，皆还之。⑩

既停贡，说明在此之前有贡。至于为什么停贡，是酒不够好还是当权者要表现出减轻民众负担的姿态，我们不得而知。忽思慧显然认为吐鲁番酒最好：

葡萄酒，益气、调中、耐饥、强志，酒有数等，有西番者，有哈剌火者，有平阳、太原者，其味都不及哈剌火者，田地酒最佳。⑪

平阳、太原两路分属今山西南部及北部。山西太原一带在元朝就种葡萄酿酒并作为土产上贡，也和马可·波罗的描述相符。蒙元时代，葡萄酒不仅用于祭祀还用以赏赐：

帅师攻安丰、庐、寿等州，俘生口万余来献，赐蒲萄酒二壶。⑫

德臣微疾，帝劳之曰："汝疾皆为我家。"饮以葡萄酒，解玉带赐之，曰："饮我酒，服我带，疾其有瘳乎！"德臣泣谢。⑬

①宋濂：《元史（全十五册）》卷三十四《本纪第三十四·文宗三》，中华书局，1976，第七五四页。
②宋濂：《元史（全十五册）》卷三十四《本纪第三十四·文宗三》，中华书局，1976，第七五五页。
③宋濂：《元史（全十五册）》卷三十四《本纪第三十四·文宗三》，中华书局，1976，第七五五页。
④宋濂：《元史（全十五册）》卷三十五《本纪第三十五·文宗四》，中华书局，1976，第七七四页。
⑤宋濂：《元史（全十五册）》卷三十五《本纪第三十五·文宗四》，中华书局，1976，第七八八页。
⑥宋濂：《元史（全十五册）》卷三十五《本纪第三十五·文宗四》，中华书局，1976，第七九四页。
⑦宋濂：《元史（全十五册）》卷三十六《本纪第三十六·文宗五》，中华书局，1976，第八〇〇至八〇一页。
⑧宋濂：《元史（全十五册）》卷四十一《本纪第四十一·顺帝四》，中华书局，1976，第八七九页。
⑨宋濂：《元史（全十五册）》卷四《本纪第四·世祖一》，中华书局，1976，第七一页。
⑩宋濂：《元史（全十五册）》卷十九《本纪第十九·成宗二》，中华书局，1976，第四〇二至四〇三页。
⑪忽思慧：《饮膳正要》，中国书店，2021，第二二〇页。
⑫宋濂：《元史（全十五册）》卷一百三十五《列传第二十二·塔出》，中华书局，1976，第三二七三页。
⑬宋濂：《元史（全十五册）》卷一百五十五《列传第四十二·汪世显》，中华书局，1976，第三六五二页。

天泽至郢州遇疾，还襄阳，帝遣侍臣赐以葡萄酒。①

经入辞，赐蒲萄酒。②

世祖曰："闻卿不饮，然能为朕强饮乎？"因赐蒲萄酒一钟，曰："此极醉人，恐汝不胜。"即令三近侍扶掖使出。③

宪宗悦，赐蒲萄酒。④

为蒙元建立立下汗马功劳的汪德臣深受蒙哥的器重，德臣偶有小恙，蒙哥便嘘寒问暖，大加赏赐：

德臣微疾，帝劳之曰："汝疾皆为我家。"饮以葡萄酒，解玉带赐之，曰："饮我酒，服我带，疾其有瘳乎！"德臣泣谢。⑤

元初大将高兴屡获赏赐，如：

（大德）四年，遣使赐海东白鹘、蒲萄酒、良药。⑥

标点者将葡萄酒和良药并列，如果葡萄酒和良药之间用了逗号，表示海东白鹘和葡萄酒都是良药，显示葡萄酒具有药性；若以顿号标点，将葡萄酒和"良药"并列，则其赏赐的葡萄酒不一定为良药，但与良药一同赏赐是否暗示了葡萄酒的某种功用呢？

葡萄酒不但用于祭祀和赏赐，还是权贵者畅饮之饮料：

于是拔都亦悟。后大会，饮以马乳及蒲萄酒。⑦

诏先奉葡萄酒及锦绮还报两宫。⑧

中原和驿站

西方人一直搞不清楚"契丹"与"中国"的关系，而以"契丹"指称"中国"，直到现在在俄语及其他斯拉夫语中表示"中国"的词仍为"契丹"的译音，如国泰航空仍以契丹（Cathay）为名。在鲁布鲁克的记录中显然在用"契丹"指"中国"：

契丹临海。⑨

他们使用毛刷写字，像画师用毛刷绘画，他们把几个字母写成一个字形，构成一个完整的词。⑩

鲁布鲁克曾遇到了一个"契丹"教士，在问及衣服的颜色时与之攀谈起来：

①宋濂：《元史（全十五册）》卷一百五十五《列传第四十二·史天泽》，中华书局，1976，第三六六二页。
②宋濂：《元史（全十五册）》卷一百五十七《列传第四十四·郝经》，中华书局，1976，第三七〇八页。
③宋濂：《元史（全十五册）》卷一百六十《列传第四十七·李谦》，中华书局，1976，第三七六七页。
④宋濂：《元史（全十五册）》卷一百六十二《列传第四十九·李忽蓝吉》，中华书局，1976，第三七九二页。
⑤宋濂：《元史（全十五册）》卷一百五十五《汪世显》，中华书局，1976，第三六五二页。
⑥宋濂：《元史（全十五册）》卷一百六十二《高兴》，中华书局，1976，第三八〇六页。
⑦宋濂：《元史（全十五册）》卷一百二十一《列传第八·速不台》，中华书局，1976，第三九七八页。
⑧宋濂：《元史（全十五册）》卷一百三十六《列传第二十三·阿沙不花》，中华书局，1976，第三二九八页。
⑨[法]鲁布鲁克：《鲁布鲁克东行纪》，载《柏朗嘉宾蒙古行纪 鲁布鲁克东行纪》，耿昇、何高济译，中华书局，1985，第280页。
⑩[法]鲁布鲁克：《鲁布鲁克东行纪》，载《柏朗嘉宾蒙古行纪 鲁布鲁克东行纪》，耿昇、何高济译，中华书局，1985，第280页。

丝绸之路上的葡萄酒

猎人带着能使人沉醉的蜜酒前去。他们在岩石上挖掘出酒杯形状的洞穴，把这种蜜酒放进去。（因为契丹没有葡萄酒，尽管他们已经开始种植葡萄，他们仍制造米酒。）①

鲁布鲁克认为中国没有葡萄酒，但已经开始种植葡萄。

蒙古人占领中原后按照汉人的习俗以谷物酿酒，但仍以葡萄酒为重，甚至动用驿站体系运输葡萄酒。蒙古人建立了四通八达的驿路和一整套制度，使得加急文书得以快速传递。骑马或单峰驼的信使在将要到达下一驿站时吹响号角，让接续的信使做好准备，步行的信使腰缠一带，挂满铃铛，在接近驿站时把铃铛摇得大声作响，提醒驿站中精神饱满的接续者作好准备。这样，人歇而情报不停，皇帝能在一天内得知三十天旅程外的新闻。出生于意大利的僧侣鄂多立克大约从1322年到1328年在中国旅行，对驿站的运作有详细的描写。②

马可·波罗也对驿站之便捷印象颇深：

> 如从汗八里首途，经行其所取之道时，行二十五哩③，使臣即见有一驿，其名曰站（Iamb），一如吾人所称供给马匹之驿传也。每驿有一大而富丽之邸，使臣居宿于此，其房舍满布极富丽之卧榻，上陈绸被，凡使臣需要之物皆备。④

这套邮政系统也被王公大臣等一众权贵用来运送葡萄酒。葡萄酒十分沉重，需要众多运输人员，这令沿途驿站负担不胜其重。为此，元武宗至大四年（1311年）宣徽院奏准，驿站铺马不得运送葡萄酒：

> 哈剌火拙根底葡萄酒，这几年交站般运，有为军情勾当的上头立下的站有交运呵，不申交骆驼每般运。又火拙根底西番地面里做官的，每民户每献到蒲萄酒，交自己气力的他每识者，休教铺马里来。⑤

就是说，驿站是为军事需要设立的，不应用来运酒。元仁宗延祐元年（1314年），中书省奏：

> 又奏哈儿班答也先不花等使臣进送葡萄酒来者实频。驿传劳费，乞谕典酒之官。今后如何较量供送，与都护府官议奏裁处，奉圣旨准。⑥

同年，中书省又和兵部议定，一些由蒙古军人管辖的驿站，除军情急务和悬挂金银圆牌的可以使用，其他出使人员包括运送葡萄酒这些非紧要物质的，均由汉站搬运，再接递运赴大都：

> 其余一切出使人员，俱合兀鲁思两道，汉站递送。及葡萄酒，依在前年，分令骆驼般运至汉站接递赴都，诚为便益。⑦

但是又有超重致死驼马之事，于是规定：

> 若有御赐之物，则从驿传。每驮不过一百斤。其余馈赆之货，不得以官力行。⑧

①[法]鲁布鲁克：《鲁布鲁克东行纪》，载《柏朗嘉宾蒙古行纪　鲁布鲁克东行纪》，耿昇、何高济译，中华书局，1985，第279—280页。
②[亚美尼亚]乞拉可思·刚扎克赛、[意大利]鄂多立克、[波斯]火者·盖耶速丁：《海屯行纪　鄂多立克东游录　沙哈鲁遣使中国记》，何高济译，中华书局，1981，第77—78页。
③英里的旧称，1英里=1.609千米。
④[意]马可·波罗：《第九十七章·从汗八里遣赴各地之使臣铺卒》，载《马可波罗行纪》，冯承钧译，上海书店出版社，2001，第246页。
⑤《永乐大典》卷一九四二五《驿站》，中华书局，1986，第七二八五至七二八六页。
⑥《永乐大典》卷一九四二一《站赤六》，中华书局，1986，第七二三一页。
⑦《永乐大典》卷一九四二一《站赤六》，中华书局，1986，第七二三二页。
⑧《永乐大典》卷一九四二一《站赤六》，中华书局，1986，第七二三二页。

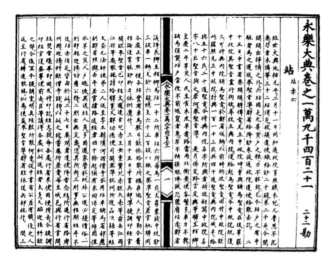

图11.16 《永乐大典》书影，明永乐年间由明成祖朱棣先后命解缙、姚广孝等主持编纂的类书，初名《文献大成》，后明成祖亲自撰写序言并赐名《永乐大典》。《永乐大典》正本尚未确定是否存于永陵，但大典副本却大多毁于火灾和战乱，现今仅存800余卷散落于世界各地

长春真人

　　1219年，成吉思汗已年近花甲，自觉老之将至，在西征途中派出使者召见他听说已经300多岁的丘处机。丘处机，1148年生于山东栖霞，师从建立全真教的王重阳，又在三位师哥马钰、谭处端、王处一相继离世后，成为全真教教主。13世纪初，山东是金、南宋、蒙古和山东地方军阀的交战之地，在成吉思汗的使者最终在黄海之滨找到丘处机之时，丘处机已经先后拒绝了金和南宋的邀请。他最终接受了成吉思汗的诏请，行程万余里，于1221年在今阿富汗境内兴都库什山西北坡的八鲁湾行宫谒见了成吉思汗，并于1224年回到燕京，居住在太极宫（今北京白云观），1227年去世，享年80岁。陪同丘处机西行谒见成吉思汗的弟子李志常（字浩然，号真常子，道号通玄大师，1193—1256年）在丘处机死后编纂出版了《长春真人西游记》，记述了这段不平凡的旅程。①

　　丘处机西行的路线是先北上经北京、出居庸关后经张家口进入蒙古高原，向西翻越阿尔泰山后折向南到天山，再西行经伊犁、怛罗斯到达中亚，最后南行至兴都库什山麓。李志常首次提及葡萄酒，是在天山东侧，现在的吐鲁番附近：

　　　　回纥郊迎，至小城北，酋长设蒲萄酒及名果、大饼、浑葱。裂波斯布，人一尺。乃言："此阴山前三百里和州也。"其地大热，蒲萄至伙。②

　　　　泊于城西葡萄园之上阁，时回纥王部族供蒲萄酒，供以异花、杂果、名香。③

　　和州又名火州、哈剌火州、哈剌和卓等，为高昌国、高昌回鹘王国的首都，遗址在今吐鲁番城东南约六十里。④从吐鲁番以西，当地居民都喝葡萄酒：

　　　　重九日至回纥昌八剌城。其王畏午儿与镇海有旧，率众部族及回纥僧皆远迎。既入，斋于台上。泊其夫人劝蒲萄酒。⑤

①李志常：《长春真人西游记》，党宝海译注，河北人民出版社，2001，第3—6页。
②李志常：《长春真人西游记》，党宝海译注，河北人民出版社，2001，第46—47页。
③李志常：《长春真人西游记》，党宝海译注，河北人民出版社，2001，第47页。
④李志常：《长春真人西游记》，党宝海译注，河北人民出版社，2001，第48页。
⑤李志常：《长春真人西游记》，党宝海译注，河北人民出版社，2001，第50页。

昌八刺又作昌八里、彰八里等，在今新疆昌吉境内。①过了伊犁河，李志常如此描述快到怛罗斯城和西辽曾做都城的虎斯斡耳朵，即今吉尔吉斯斯坦的伏龙芝②：

> 平地颇多，以农桑为务，酿蒲萄为酒。③

从此经过昭武各国，即河中地区泽拉夫善河流域，葡萄和葡萄酒更为普遍：

> 回纥头目远迎，饭于城南献葡萄酒。④
> 公见师饮少，请以蒲萄百斤作新酿。师曰："何必酒耶？但如其数得之待宾客足矣。"
> 其蒲萄经冬不坏。⑤
> 二月二日春分，杏花已落。司天台判李公辈请师游郭西，宣使洎诸官载蒲萄酒以从。⑥

即使成吉思汗北归，也屡次赐给丘处机葡萄酒，各级官员为丘处机东返送行，也多送葡萄酒：

> 二十七日，车驾北回，在路屡赐蒲桃酒、瓜菜食。⑦
> 答剌汗以下皆携蒲桃酒、珍果相送数十里。⑧

丘处机当初身在河中地区，因冬季无法进山去见成吉思汗而在河中地区逗留时，留下一首诗，可能他在河中地区喝过不少葡萄酒：

> 二月经行十月终，西临回纥大城墉。
> 塔高不见十三级，山厚已过千万重。
> 秋日在郊犹放象，夏云无语不从龙。
> 嘉蔬麦饭蒲桃酒，饱食安眠养素慵。⑨

马可·波罗

　　来到中国最知名的西方旅行家大概就是马可·波罗了。尽管杨志玖于1941年在《永乐大典》上找到的证据被认为是马可·波罗来过中国的铁证，但还是有人质疑马可·波罗来过中国的真实性。⑩马可·波罗在中国生活长达17年，深受元世祖忽必烈的喜爱，还被忽必烈派往全国各地并出使南洋。他每到一地，对当地的饮酒风俗很感兴趣。

---

① 李志常：《长春真人西游记》，党宝海译注，河北人民出版社，2001，第51页。
② 李志常：《长春真人西游记》，党宝海译注，河北人民出版社，2001，第56页。
③ 李志常：《长春真人西游记》，党宝海译注，河北人民出版社，2001，第55页。
④ 李志常：《长春真人西游记》，党宝海译注，河北人民出版社，2001，第59页。
⑤ 李志常：《长春真人西游记》，党宝海译注，河北人民出版社，2001，第60页。
⑥ 李志常：《长春真人西游记》，党宝海译注，河北人民出版社，2001，第65页。
⑦ 李志常：《长春真人西游记》，党宝海译注，河北人民出版社，2001，第82页。
⑧ 李志常：《长春真人西游记》，党宝海译注，河北人民出版社，2001，第87页。
⑨ 李志常：《长春真人西游记》，党宝海译注，河北人民出版社，2001，第60页。
⑩ 1941年，杨志玖在残存的《永乐大典》一本记录元代释站的官书（书名《站赤》）中发现了一段材料，讲的是元廷派遣三使臣往波斯阿鲁浑大王处的事。这三位使臣的名字在《马可·波罗行记》中也有记载，他们是阿鲁浑派来的，马可·波罗就是陪伴他们三人护送蒙古公主阔阔真前往波斯，从而离开中国的。见杨志玖：《马可波罗离开中国在1291年的根据是什么？》，《历史教学》1983年第02期，第6页。

图11.17 马可·波罗像

马可·波罗如此描述太原府外种植葡萄的景象：

> 其地种植不少最美之葡萄园，酿葡萄酒甚饶。契丹全境只有此地出产葡萄酒，亦种桑养蚕，产丝甚多。①

马可·波罗的描述并非完全遵循他的旅行路线和顺序，还可能夹杂着道听途说的故事。比如他讲述从大都到杭州的旅行时，却提到中国西南建都（今四川西昌）的一种风俗，即家中女人与外来客人发生关系并非坏事：

> 设其见一外人觅求顿止之所，皆愿延之来家。外人至止以后，家主人命其家人善为款待，完全随客意所欲；嘱毕即离家而去，远避至其田野，待客去始归。客居其家有时亘三四日，与其妻女姊妹或其他所爱之妇女交。客未去时，悬其帽或其他可见之标识于门，俾家主人知客在室未去。家主人见此标识，即不敢入家，此种风俗全州流行。②

丝绸之路上的葡萄酒

而他在述及哈密时，描述了几乎完全相同的风俗：

> 设有一外人寄宿其家，主人甚喜，即命其妻厚为款待，自己避往他所，至外人去后始归。外人寄宿者，即有主人妻作伴，居留久暂惟意所欲，主人不以为耻，反以为荣。妇女类皆美丽，全州之中皆使其夫作龟，此事非伪也。③

相距甚远的两地有相同或类似的风俗不无可能，冯承钧也在注中说哈密虽不在波罗等人赴契丹之通道上，马可却似曾亲至其地，此种风俗全球多地都有，可能为了改良其种族。④马可·波罗这两项描述其一或二者都是道听途说的可能性并非没有。但他在描述土番（今作吐蕃）州风俗时讲了一个类似的故事，不同在于土番州鼓励少女在婚前与多名男子交媾，而婚后则只与身夫君一人：

> 此地之人无有取室女为妻者，据称女子未经破身而习与男子共寝者，毫无足重。凡行人经过者，老妇携其室女献之外来行人，行人取之惟意所欲，事后还女于老妇，盖其俗不许女子共行人他适也。所以行人经过一堡一村或一其他居宅者，可见献女二三十人，脱行人顿止于土人之家，尚有女来献。凡与某女共寝之人，必须以一环或一小物赠之，俾其婚时可以示人，证明其已与数男子共寝。凡室女在婚前皆应为此，必须获有此种赠物二十余事。其得赠物最多者，证其尤为人所喜爱，将被视为最优良之女子，尤易嫁人。然一旦结婚以后，伉俪之情甚笃，遂视污及他人妻之事为大侮辱。⑤

不过他关于太原附近种植葡萄的话应该是不错的，既和唐代关于河东葡萄酒的记载相符，也与几代皇帝罢太原进贡葡萄酒的故事相合，还和几乎同时的鲁不鲁乞对中原种植葡萄的观察一致。

李生春从马可·波罗的记述中，梳理出元代的三个酒产区：以北京为代表的中国北部，以杭州为代

①[意]马可·波罗：《第一〇六章·太原府国》，载《马可波罗行纪》，冯承钧译，上海书店出版社，2001，第264页。
②[意]马可·波罗：《第一一六章·建都州》，载《马可波罗行纪》，冯承钧译，上海书店出版社，2001，第282页。
③[意]马可·波罗：《第五八章·哈密州》，载《马可波罗行纪》，冯承钧译，上海书店出版社，2001，第119页。
④[意]马可·波罗：《第五八章·哈密州》，载《马可波罗行纪》，冯承钧译，上海书店出版社，2001，第119—120页。
⑤[意]马可·波罗：《第一一四章·土番州》，载《马可波罗行纪》，冯承钧译，上海书店出版社，2001，第276—277页。

表的中国南部，以及以云南、贵州为代表的中国西南部。这些地区的共同点是都为谷物酿酒，不用葡萄[1]：

> 彼等（契丹人）酿造米酒，置不少好香料于其中。[2]
> 然此地（杭州）不产葡萄，亦无葡萄酒，由他国输入干葡萄及葡萄酒，但土人习饮米酒，不喜饮葡萄酒。[3]
> （建都州）其他无葡萄酒，然有一种小麦稻米、香料所酿之酒，其味甚佳。[4]
> （秃落蛮州）居民以肉、乳、米为粮，用米及最好香料酿酒饮之。[5]［据冯承钧考证，秃落蛮州似应在今曲靖、马龙、霑益一带。］
> （金齿州）饮一种酒，用米及香料酿造，味甚佳。[6]

冯承钧在注中说，金齿为唐以来当地民族之通称，其地延至永昌以南，东起澜沧江，西南抵于缅甸，13世纪末年蒙古屡次用兵之所。[7]李生春认为这里出现的"香料"实际就是酒曲。[8]

马可·波罗还把一整章起名为《契丹人所饮之酒》，用来描写北京周围的酒。要点在于北京周围的契丹人只喝米酒，不喝葡萄酒。[9]

元末熊梦祥详细描写了元大都从建置沿革到人物物产的方方面面，尽管原书已佚，但北京图书馆从多种古籍中辑录成册，其中，就有葡萄酒的制作和那个时代的人对葡萄酒的认识：

> 葡萄酒，出火州穷边极陲之地。醖之时，取葡萄带青者。其醖也，在三五间砖石甃砌干净地上，作甃甃缺嵌入地中，欲其低凹以聚，其甕可容数石者。然后取青葡萄，不以数计，堆积如山，铺开，用人以足揉践之使平，却以大木压之，覆以羊皮并毡毯之类，欲其重厚，别无曲药。压后出闭其门，十日半月后窥见原压低下，此其验也。方入室，众力（拼）下毡木，搬开而观，则酒已盈甕矣。乃取清者入别甕贮之，此谓头酒。复以足跧平葡萄滓，仍如其法盖，复闭户而去。又数日，如前法取酒。窖之如此者有三次，故有头酒、二酒、三酒之类。直似其消尽，却以其滓逐旋澄之清为度。上等酒，一二杯可醉人数日。复有取此酒烧作哈剌吉，尤毒人。[10]

尚衍斌等人认为：

> 早在汉晋时期西域地区已开始种植葡萄和酿造葡萄酒。……而在中原地区尽管葡萄种植和酿葡萄酒的技术有了很大发展，但并没有得到普及。只是到了元代，由于结束了我国历史上长期分裂割据的局面，实现了国家的统一，加之中西交通路线进一步畅通，才使得大量的西域人，尤其是擅长葡萄种植和葡萄酒酿制的畏吾儿人入居内地，传播了栽培和酿制技术。[11]

①李生春：《〈马可·波罗游记〉中的中国酒》，《酿酒》1990年第5期。
②［意］马可·波罗：《第一〇〇章·契丹人所饮之酒》，载《马可波罗行纪》，冯承钧译，上海书店出版社，2001，第254页。
③［意］马可·波罗：《第一五一章·补述行在》，载《马可波罗行纪》，冯承钧译，上海书店出版社，2001，第359页。
④［意］马可·波罗：《第一一六章·建都州》，载《马可波罗行纪》，冯承钧译，上海书店出版社，2001，第282页。
⑤［意］马可·波罗：《第一二八章·秃落蛮州》，载《马可波罗行纪》，冯承钧译，上海书店出版社，2001，第314页。
⑥［意］马可·波罗：《第一一九章·金齿州》，载《马可波罗行纪》，冯承钧译，上海书店出版社，2001，第295页。
⑦［意］马可·波罗：《第一一九章·金齿州》，载《马可波罗行纪》，冯承钧译，上海书店出版社，2001，第297页。
⑧李生春：《〈马可·波罗游记〉中的中国酒》，《酿酒》1990年第5期。
⑨［意］马可·波罗：《第一〇〇章·契丹人所饮之酒》，载《马可波罗行纪》，冯承钧译，上海书店出版社，2001，第254页。
⑩熊梦祥：《析津志辑佚》，北京古籍出版社，1983，第二三九页。
⑪尚衍斌、桂栖鹏：《元代西域葡萄和葡萄酒的生产及其输入内地述论》，《农业考古》1996年第3期。

而蒙古人后来征服的以汉族为主的地区还是以粮食酒为主①，这反映了文化习俗的力量。但横跨欧亚大陆东西交通路线的畅通，对葡萄酒的推广起了重要作用。

陈习刚研究了元代的葡萄加工技术，其中葡萄酒有自然发酵酿酒法、加曲发酵酿酒法和葡萄蒸馏酒技术等多种酿造技术，他认为这是"一种传统酿酒法"，"这还算不上真正的葡萄酒，只是一种带有葡萄酒味的谷物酒"，又同时认为"葡萄加曲酿造和干葡萄酿造葡萄酒法，实际上一定程度上反映出葡萄酒酿造方法的进步"。可以看到，他所举出的加曲酿造技术，仅限于中原地区，具体来讲，仅限于李时珍和朱肱的相关记载，而自然发酵和葡萄蒸馏术则多见于西域和大都这些北方地区。②合理的推测是加曲酿酒法是蒙古在占领汉族区域后，为了适应以曲酿酒的独特口味而发展的。

比马可·波罗晚的摩洛哥穆斯林学者、旅行家伊本·白图泰（ibn Baṭūṭah，1304—1377年）声称曾经从海路旅行到中国，到过广州、泉州、杭州和大都（北京），但他的描述有些荒诞不经，长久以来，有学者认为他的很多叙述并非亲身经历，有道听途说之嫌，还有人说他根本没到过中国。他写道：

> 中国出产大量煎糖，其质量较之埃及蔗糖实有过之而无不及。还有葡萄和梨，我原以为大马士革的欧斯曼梨是举世无双的惟一好梨，但看到中国梨后才改变了这种想法。中国出产的珍贵西瓜，很像花剌子模、伊斯法罕的西瓜。我国出产的水果，中国不但应有尽有，而且还更加香甜。小麦在中国也很多，是我所见到的最好品种。③

这段叙述有可能有真有假，关于葡萄的描述可能是他在西亚的见闻，可以注意到文中葡萄仅用来鲜食没有用来酿酒，如果他的确到过中国而不是全部瞎编，他若见到饮用葡萄酒应该会写出来，可见饮用葡萄酒不甚普遍。

①陈杰林：《论元代制酒业与酒业政策特点》，《淮北煤炭师范学院学报（哲学社会科学版）》2003年第24卷第2期。
②陈习刚：《元代的葡萄加工与葡萄酒酿造技术的进步》，《吐鲁番学研究》2021年第2期。
③[摩洛哥]伊本·白图泰：《伊本·白图泰游记》，马金鹏译，宁夏人民出版社，2000，第539—540页。

丝
绸
之
路
上
的
葡
萄
酒

传教士入华传教大概始于16世纪或更早，但直到利玛窦之后才有大批传教士来华。这一时期饮用葡萄酒的主流人群是西方来华的传教士，他们或者因为习惯自己饮用，或者为了满足教会仪式的需要。康熙皇帝的推崇是葡萄酒受到追捧的主要原因，随着皇帝对葡萄酒的喜爱，这种饮品就显得愈发贵重。当年的法国传教士并没有对比优劣之后才栽种葡萄，他们种葡萄酿酒只是为了给天主教仪式提供必不可少的葡萄酒，因此尽可能用中国的本土葡萄和欧亚种酿酒葡萄杂交，玫瑰蜜这一葡萄品种就是他们的选择。据说云南茨中教堂葡萄园里种植的玫瑰蜜葡萄1884年就从法国引进了。

利玛窦在北京度过了最辉煌的十年，于1610年在北京逝世。北京曾为大明王朝的都城，在城西阜成门外有一处叫做"滕公栅栏"的地方，现在在中共北京市委党校（北京行政学院）院内，这里是万历皇帝赐给利玛窦的墓地，后来成了传教士墓地。早期葡萄园之选址是否评估了种植条件尚未可知，但要靠近产品的市场可能是商业决策的出发点。从清末到民国，继张裕之后的葡萄酒厂多设立于北京、青岛和东北与此种考虑不无关系。

第十二章　明清和传教士

利玛窦

传教士入华传教大概始于16世纪，直到利玛窦（Matteo Ricci，1552—1610年）之后才有大批传教士来华。明末意大利籍耶稣会士罗明坚（Michele Ruggieri，1543—1607年）和利玛窦来华时，按照范礼安（Valihnano Alexander，1539—1606年）关于进入中国的天主教神父"应该学习中国话及中文"的要求学习了汉语，利玛窦后来蓄发留须，改着丝袍方巾，以儒士面目传道，一方面将欧洲关于天文、数学、地理及宗教等知识传入中国，争取中国士大夫的认可和支持；另一方面又在欧洲范围内传播关于中国的地理、历史与文化等讯息，以取得欧洲统治者和学者对其传教事业的广泛支持。徐光启皈依天主并和利玛窦成为好友即为成功的一例。利玛窦后来又得到了万历皇帝的宠幸，受邀入宫。[①]之后的欧洲传教士教派或有不同，但有清一代，天主教或禁或弛，利玛窦路线都或多或少得到了实践。[②]

利玛窦在中国传教和居住二十多年，直到病逝于北京，他的足迹从澳门、肇庆到韶州、南昌和南京，又从南京到北京，对中国的物产和饮食甚感兴趣。他说：

> 世界上没有别的地方在单独一个国家的范围内可以发现有这么多品种的动植物。……我甚至愿意冒昧说，实际上凡在欧洲生长的一切都照样可以在中国找到。否则的话，所缺的东西也有大量其他为欧洲人闻所未闻的各种各样的产品来代替。[③]

但如果一个人常饮某一种酒，他对另一种酒的评价可能较低。利玛窦就说葡萄酒比中国的粮食酒好喝：

> 他们的酒不如我们欧洲的产品，虽然他们认为情形相反。葡萄不大常见，即使有，质量也不很好。因此他们不是用葡萄酿酒，而是用大米或别的粮食种子发酵来制酒，这就说明为什么到处都在大量用粮。这种米酒很合他们的口味。[④]

和利玛窦几乎同期稍早的西班牙人拉达（Martin de Rada，1533—1578年）很怀疑中国人是否知道怎么用葡萄酿酒：

> 他们的主食是煮的大米，甚至用大米酿酒。可以跟很好的葡萄酒媲美，以致会被误认为是葡萄酒。[⑤]
>
> 水果有黑白葡萄，但我们没有见葡萄酿的酒，我不信他们知道怎样用它酿酒。[⑥]

拉达没有说"可以跟很好的葡萄酒媲美"的是品相，还是味道，或者用途，但他应该知道葡萄可以自行发酵，也知道不用加入曲，和拉达几乎同期的李时珍描述的葡萄酿酒方法却是用曲，拉达的怀疑有一定可能。但李时珍和当时的中国人可能只是习惯了曲的味道，不一定不知道怎样用葡萄酿酒。李时珍虽然用葡萄酿酒时加曲，但同时又说不用曲自然发酵的葡萄酒是真葡萄酒。

晚于利玛窦来华的葡萄牙人曾德昭（Alvaro Semedo，1586—1658年）却说山西、陕西出产大量的

---

①林华、余三乐、钟志勇、高智瑜：《历史遗痕：利玛窦及明清西方传教士墓地》，中国人民大学出版社，1994，第5、7页。

②康志杰：《利玛窦论》，《湖北大学学报（哲学社会科学版）》1994年第2期；吴倩华：《16—18世纪入华耶稣会士中国地理研究考述》，博士学位论文，暨南大学，2013。

③利玛窦、金尼阁：《第三章》，载《利玛窦中国札记》第一卷，何高济、王遵仲、李申译、何兆武校，中华书局，1983，第10页。

④利玛窦、金尼阁：《第三章》，载《利玛窦中国札记》第一卷，何高济、王遵仲、李申译、何兆武校，中华书局，1983，第12页。

⑤[英]C. R. 博克舍：《十六世纪中国南部行纪》，何高济译，中华书局，1990，第204页。

⑥[英]C. R. 博克舍：《十六世纪中国南部行纪》，何高济译，中华书局，1990，第206页。

丝
绸
之
路
上
的
葡
萄
酒

葡萄干，至少在山西本地用葡萄酿酒：

> 葡萄非常稀少，只长在棚架上及封闭的种植园中，例外的是陕西省，那里生产很多，大量制成果干。他们不用葡萄酿酒，而用大麦。[1]

> （山西）盛产葡萄，供应全国葡萄干，而且至少在本省用来酿酒。我们在那里有个驻地，成功地生产酒，所以我们不仅作弥撒时使用，还大量送给邻近的驻地。[2]

在华居住了十余年的意大利人马国贤（Matteo Ripa，1692—1745年）曾长期陪在康熙皇帝身边，他在回忆录中对葡萄和酒有过细致描述：

> 葡萄非常好吃，但是他们只是用吃。以前他们曾经用来制酒，在古书中可以看到有"葡萄酒"（Ppoo-tow-tsien）等字眼，就是用葡萄制作的果酒。但是现在他们用一种稻米来制酒。为了制酒，他们把稻米捣碎，压实成饼状，以便于带到很远的地方出售。享用的时候，就把米饼打碎，放入容器，加入热水，使其发酵。这样制作饮料相对于优质葡萄酒来说，可能是错误的。发酵的过程中，他们随心所欲地添加一些香料，来使酒味变得甜或者酸。需要的话，还可以加入颜色，黄色、淡色或深色。这样利用稻谷的结果，就使得制酒时漫不经心。但是，欧洲人是用葡萄酒来做弥撒的。因为葡萄汁是水状的，或者还有其他原因，在夏天的暑热中，这酒就会发酵，变酸。这就是为什么有些传教士把酒弄坏掉了。[3]

传教士

这一时期饮用葡萄酒的主流人群是西方来华的传教士，他们或者因为习惯使然自己饮用或者为了满足教会仪式的需要而使用葡萄酒。康熙皇帝的推崇是葡萄酒受到追捧的主要原因，随着皇帝对葡萄酒的喜爱，这种饮品就显得愈发贵重。外国显贵和一些官僚因为皇帝的喜爱从而进献和搜罗、上贡葡萄酒也成为风气。葡萄酒后来又成为达官贵人才能够享用的奇珍异宝。

康熙三十二年（1693年），传教士用带来的金鸡纳霜治好了康熙的疟疾[4]，20年后，康熙在把这种神药送给罹患疟疾的曹寅时，随药附上了服用方法：用"酒调服"。[5]康熙虽然没有说用什么酒，而且从他送药没送酒来看，他建议曹寅用以"调服"的是中国酒，或者只要是酒就行，用什么酒无所谓。但是，如果金鸡纳霜来自西洋，随药而来的服药方式、康熙当初用以调服的方式很可能是用西洋人普遍使用的、传教士习惯的葡萄酒。

康熙四十七年（1708年），皇上最喜爱的十八阿哥胤祄病重，治疗不见好转且日益恶化，加上太子胤礽"不法祖德，不遵朕训，惟肆恶虐众，暴戾淫乱"被废[6]，这样的萧墙之祸，令康熙皇帝极度痛心、忧郁，引发了严重的心悸症。康熙皇帝事后回忆当时的病情时说"去年（康熙四十七年九月）不幸事出多端，朕深怀愧愤，惟日渐郁结，以致心神耗损、形容憔悴，势难必愈"。朝廷各位大臣对皇

---

①[葡]曾德昭：《第一章·中国总述》，载《大中国志》，何高济译、李申校，上海古籍出版社，1998，第7页。
②[葡]曾德昭：《第三章·北方诸省》，载《大中国志》，何高济译、李申校，上海古籍出版社，1998，第23页。
③[意大利]马国贤：《清廷十三年——马国贤在华回忆录》，李天纲译，上海古籍出版社，2013，第045页。
④冯尔康：《康熙帝多方使用西士及其原因试析》，《安徽史学》2014年第5期，第13—36页；杨艳丽：《明清之际西洋医学在华传播》，硕士学位论文，暨南大学，2007；冯文说康熙用金鸡纳霜治病是康熙三十三年的事，可康熙自述三十二年患病，一月已愈。
⑤中国第一历史档案馆：《康熙朝汉文朱批奏折汇编》第四册，档案出版社，1985，第326页。
⑥《清实录》第六册《圣祖实录（三）》，中华书局，1985，第三三四一三三七页。

84 *Lettres édifiantes*

LETTRE

Du Pere d'Entrecolles, Miſſionnaire de la Compagnie de Jeſus, au Pere Procureur Général des Miſſions des Indes & de la Chine.

A Jao-tcheou, ce 17 Juillet 1707.

MON RÉVÉREND PERE,

La Paix de Notre Seigneur.

Je profite de quelques momens de loiſir, & du départ d'un vaiſſeau qui retourne en Europe, pour apprendre à votre Révérence un événement des plus ſinguliers qu'on ait peut-être vu à la Chine.

L'Empereur qui n'étoit pas encore conſolé de la mort du jeune Prince, fils de cette fameuſe Chinoiſe qu'il aime paſſionnément, vient de finir ſon voyage de Tartarie par un coup d'autorité, dont les ſuites ne lui ont pas été moins ſenſibles. On avoit trouvé moyen de lui rendre ſuſpeƈte la fidélité du Prince héritier, & les ſoupçons dont on avoit prévenu ſon eſprit, parurent ſi bien

图12.1 《耶稣会士书简集》书影，取自《耶稣会士书简集》原文

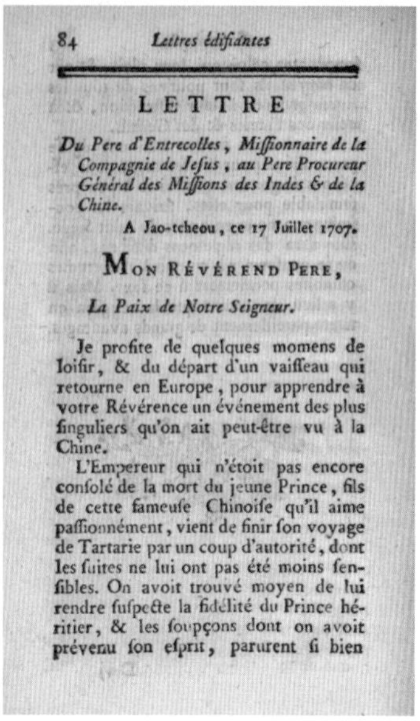

帝的龙体违和也“别无良法”[①]，只好请来曾给康熙治过病的罗德先（Bernard Bodes）神父，他用产自加那利（Canarie）群岛的葡萄酒治好了康熙的心悸症。罗德先也因进药有功荣任内廷御医。

耶稣会的会宪及章程规定，分散在罗马以外地区的耶稣会成员应定期以书信的形式向耶稣会汇报传教情况，对书信写作规范及其传输程序也有明确规定。[②]传教士殷弘绪神父在写给印度和中国传教区总巡阅使的信里说：

然而，皇帝病情日沉，健康日衰，中国大夫束手无策，于是只得向欧洲人求助。他们听说罗德先教友精通药理，便认为他或许能缓解皇帝病情。这位教友果然身手不凡且颇有经验。

…………

上帝成竹在胸，为了基督教的利益，它可能于我们处境困难之际安排了这个使皇帝更喜欢我们的机会，因此降福于罗德先教友为他治病的药物。他配制了胭脂红酒让皇帝服用，首先止住了最令他心神不安的严重的心悸症；随之又建议他服用产自加那利（Canarie）群岛的葡萄酒。为供弥撒之需，每年都有人从马尼拉给传教士寄这种酒，后者便留心提供给皇帝。不多久，皇帝恢复了体力，如今十分健康。他要让臣民相信这一点，因此犹如帝国惯例一般再次下到市井之间，而且不要百姓回避（在他统治时期这已是第二次），此种惯例使皇帝陛下赢得了近乎宗教般的尊敬。

值此机会，皇帝打算通过一份正式文书表达他对传教士的看法。他在其中以下述词语赞扬了他们的品行及对他本人的依恋，他说：“朕用于宫内之欧洲人，尔等向来尽心尽力为朕效力，至今无任何可责备之处。纵然中国人心存疑虑，然朕细察尔等一切行为，未见有丝毫越轨之举，朕确信尔等之正直及善意，故公开表示，应予以相信和信赖。”他随之谈了他的健康是如何在欧洲人照料下得以恢复的事。皇帝在一份公开文书中讲的这些话不是给人以他可能会归信基督的一线希望吗？或许我在吹嘘一种空幻的希望，不过我认为听听被如此看好的人们的想法也是情理中事。这位君主所说的应当相信和信赖我们的话已经促使他多名臣子皈依了基督教。

在皇帝这份文书颁布以前，巴多明神父告诉我，（宫廷）曾密令广东及江西总督验收欧洲人带给他们的供皇帝使用的酒和其他物品，并立即送往宫廷——只要所送物品上有欧洲人封印即可；这一细节是特意关照的。它是皇帝信任我们的又一证据。我尊敬的神父，如果我十分看重这些微小的成功，请别感到惊讶。因为我们远涉重洋来到这里，只是为让一个不知道耶稣基督的伟大民族了解它，这也是我们一切工作的唯一目的；因此，我们关注可以促进这一伟大计划的最微小的事。[③]

信中所说的出自康熙的一番有关正直及善意的话可能存在传教士在给上司汇报工作时夸大的成分，但是罗德先建议康熙经常饮用加那利群岛的葡萄酒、康熙皇帝也喜爱葡萄酒倒是不错。上面信中所述

①杨艳丽：《明清之际西洋医学在华传播》，硕士学位论文，暨南大学，2007。

②吴倩华：《16—18世纪入华耶稣会士中国地理研究考述》，博士学位论文，暨南大学，2013。

③[法]杜赫德：《殷弘绪神父致印、中传教区总巡阅使的信》，载《耶稣会士中国书简集：中国回忆录》第二卷，郑德弟、吕一民、沈坚译，大象出版社，2005，第036—038页。

"密令"大概来自康熙四十八年（1709年）正月二十八日康熙通过赵昌给广东总督所传的圣旨，两广总督赵弘灿在康熙四十八年三月二十六日给康熙的奏折中说收到了圣旨：

> 以后凡本处西洋人所进皇上上用物件并启奏的书字，即速著妥当家人雇包程骡子，星夜驰送来，不可误了时刻。①

此中"西洋人所进皇上上用物件"包括了西洋葡萄酒，但没有提到信中所说的"只要所送物品上有欧洲人封印即可"这句最能体现皇帝对传教士信任的话，尽管实际操作中，各地方官员可能让欧洲人自己包装封固献给皇上的物品以示自己不敢也没有启封，如两广总督赵弘灿就向康熙强调他命令洋人献给皇上的物品"臣检收原箱，俱系封固，不敢启视。特差家人曾复元雇包程骡脚装献"，江西巡抚郎廷极也奏"俱系西洋人各自装匣封固记认"②，但这和皇上指示"只要所送物品上有欧洲人封印即可"完全不同，如果有欧洲人封印的进口物品是不是也不需检视呢？这话很可能是传教士所加。

此谕令一下，密诏变明诏，各省地方官员极力搜罗西洋葡萄酒。两广总督赵弘灿在接到上谕后，立即派人前往西洋人聚居的澳门地区，向澳门西洋理事官唛黎哆等及省城各天主堂西洋人传旨：

> 今据省城西洋人穆德我等交到酒壹箱、洋烟壹箱；又据西洋人毕登庸交到酒壹箱；又据西洋人景明亮交到酒壹箱、药壹瓶、字共叁封。③

同天，江西巡抚郎廷极进献物品，清单里面就有洋酒：

> 今据江西属各府所住西洋人各进皇上物件一，建昌府天主堂马若瑟进格尔默斯一瓶、洋酒四瓶；一，临江府天主堂傅圣泽进洋酒八瓶；一，抚州府天主堂沙守信进洋酒六瓶；一，九江府天主堂冯秉正进洋酒六瓶；一，赣州府天主堂毕安进洋酒二瓶、德利亚尔噶一盒；一，南昌府天主堂穆泰来进洋酒二瓶。俱系西洋人各自装匣封固记认。④

四月"外西洋臣聂若望交臣进上葡萄酒"。⑤
四月二十七日两广总督赵弘灿进洋酒：

> 兹肆月贰拾陆日据香山协守备朱映奎具禀，送到西洋人郭天宠所进葡萄酒壹箱，据称计玖瓶，又与北京天主堂书壹封。臣不便启视，谨将原箱原书遵旨专差家人柴逢智包程恭进。⑥

康熙四十九年（1710年）闰七月十四日，铎罗（Charles Thomas Maillard de Tournon, 1668—1710年，曾于1705年作为教皇特使拜见过康熙）得知皇上喜饮葡萄酒，特地托人采办从西洋寄来。两广总督赵弘灿不敢怠慢，进折说：

> 臣等接到住澳西洋人沙国安等信壹封，内开多乐闻皇上利用真葡萄酒，特托人采觅寄来，今多乐虽辞世，不敢隐……加纳列国葡萄酒壹箱，柒拾小瓶；伯尔西亚国葡萄酒贰箱，共贰拾大圆瓶；波尔图噶国葡萄酒贰箱，共贰拾肆方瓶。⑦

---

①中国第一历史档案馆：《康熙朝汉文朱批奏折汇编》第二册，档案出版社，1985，第380页。
②中国第一历史档案馆：《康熙朝汉文朱批奏折汇编》第二册，档案出版社，1985，第381、386页。
③中国第一历史档案馆：《康熙朝汉文朱批奏折汇编》第二册，档案出版社，1985，第381页。
④中国第一历史档案馆：《康熙朝汉文朱批奏折汇编》第二册，档案出版社，1985，第386页。
⑤中国第一历史档案馆：《康熙朝汉文朱批奏折汇编》第二册，档案出版社，1985，第410页。
⑥中国第一历史档案馆：《康熙朝汉文朱批奏折汇编》第二册，档案出版社，1985，第440页。
⑦中国第一历史档案馆：《康熙朝汉文朱批奏折汇编》第三册，档案出版社，1985，第5页。

上文中，多乐即铎罗。十月初三日，西洋人戈维理有西洋嘉纳理亚国酒二箱送进京。直到1711年，即康熙五十年，在众多的西洋物品中，康熙皇帝仍对西药葡萄酒格外垂青："嗣后倘得西洋葡萄酒、绘画颜料送来，其余俱停。"①

和康熙喜爱西洋葡萄酒不同，乾隆却对葡萄酒不感兴趣，也不喝蒸馏酒。曾主持圆明园中西式宫殿的设计，"应皇帝陛下之诏负责水法建设"的传教士蒋友仁（P. Benoist Michel, 1715—1774年）根据自己近距离的观察，描绘了乾隆的日常饮食：

> 他从来不喝可使人极度兴奋的葡萄酒或其他甜烧酒。不过近几年来，他在大夫建议下饮用一种已酿制多年的老陈酒，或更确切地说是一种啤酒。正如中国所有的酒一样，这种酒他是烫热后喝的：中午一杯，傍晚一杯。②

18世纪末到19世纪初，侨居北京的法国籍传教士已有不少，他们不时把中国见闻发往法国，这就是后来在法国出版的《北京传教士中国杂纂》。《中国杂纂》尽管也收有大量的传教士通信，但这些通信的收信人不再是达官贵人或宗教人士，而是语言学、历史学、化学、物理学、天文学等各个领域的欧洲学者，通信对象决定了通信内容的严肃性和学术性。因此，这部丛书显示了法国耶稣会士从传教士向学者的转型，也为后来法国汉学界对中国的研究提供了学术导向和研究范式。③在这本书里，传教士对北京周边种植葡萄至为关注，这大概和他们习惯于饮用葡萄酒和葡萄酒在天主教仪式上十分重要不无关系。

传教士说河北省怀来县的葡萄粒大。劳费尔推测，"怀来县"可能是河北正定府"获鹿县"之误④，不知他为何得出这样的结论。获鹿县曾改名为鹿泉市，即现在的石家庄市鹿泉区，位于河北省省会石家庄市西，距离北京大约300千米，并非以种植葡萄闻名。怀来县紧邻北京市延庆区，境内的官厅水库是北京的第二水源区，可以说和北京是零距离，距离天安门广场大约80千米。怀来县隶属河北省张家口市，有"葡萄之乡"的美誉，涌现了一批知名的优质葡萄酒庄，也以盛产鲜食葡萄而知名。《中国杂纂》中多次出现Hoai-lai-hien的说法，不像是笔误。

图12.2 《中国杂纂》书影。左图显示该书出版于1779年，尽管巴黎议会在1762年就下令解散耶稣会并没收其财产，法王路易十五也于1764年底宣布禁止耶稣会在法国的活动，耶稣会在1773年才被教皇正式被取缔，消息传到中国已是1774年，但是北京的法国教团拒绝将耶稣会教产移交给政府，直到1779年初，法国国王和大臣们并没有放弃在华法国传教团，在给北京的法国传教团最后一任团长晁俊秀的信里措辞严厉："国王不仅是传教团事业的保护人，而且是传教区的创始人，其财产的唯一一主人，他可以通过管理者的节俭，信徒的虔诚，抑或其他方式来增加财产。到目前为止，您还是财产管理人。耶稣会被取缔后，国王像对待在俗教士一样，任命您为管理者。"直到1782年底，遣使会才同意接管耶稣会名下的法国传教团，1784年下半年，遣使会派遣的新会长才到北京。因此，写作《杂纂》的还是耶稣会法国传教团的传教士。⑤图片取自《北京传教士中国杂纂》原文

---

① 各地官员及外国使节进献葡萄酒事见杨艳丽：《明清之际西洋医学在华传播》，硕士学位论文，暨南大学，2007。

② [法]杜赫德：《蒋友仁神父的第三封信》，载《耶稣会士中国书简集：中国回忆录》第六卷，郑德弟、吕一民、沈坚译，大象出版社，2005，第060页。

③ 卢梦雅：《早期法国来华耶稣会士对中国民俗的辑录和研究》，《民俗研究》2014年第3期（总第115期）。

④ [美]劳费尔：《中国伊朗编》，林筠因译，商务印书馆，2015，第57页注3。

⑤ 吕颖：《从传教士的来往书信看耶稣会被取缔后的北京法国传教团》，《清史研究》2016年第2期。

丝绸之路上的葡萄酒

《中国杂纂》说Hoai-lai-hien葡萄有李子那么大，并说可能是气候条件使然，也可能和书上所说的将葡萄树和枣树嫁接有关，但葡萄粒的大小和气候固然有关，也和品种有关，或者说主要和品种有关。那时的怀来葡萄主要用于鲜食大概不错。《中国杂纂》也说Hoai-lai-hien葡萄成熟得不太早，四、五、六月的葡萄就不好吃。[①]

《中国杂纂》在另一处也说到Hoai-lai的葡萄用以供应首都：

> 因此，给予Hoai-lai的豁免在这个地区保持并增加了在最有成效的种植，并确保每年首都有大量美丽的葡萄供应，这些葡萄可以随便保存到夏天。[②]

这都说明Hoai-lai-hien并非笔误，应该就是指怀来县。而且这个县距离北京很近，有为北京供应葡萄的任务，但是夏天时葡萄尚未成熟，得用去年的葡萄。怪不得他们对葡萄的储藏方式这么感兴趣。[③]

传教士们对康熙的好学和敏锐观察力大加赞赏，然后又大段引用了康熙的观察和描绘，说及葡萄时，康熙说：

> 葡萄从西方传入中国。曾经只有几个品种，现在我从哈密王国及其邻国带来了三个新品种。第一种红色或绿色，像母马马乳一样长。第二种有非常令人愉悦的香味，但并不大。第三个最小，但最香，并不比豌豆大。这三种葡萄在南部省份都退化了，失去了香味，但在北方抵抗力很好。人们会将葡萄藤种植在干燥多石的土壤中。我宁愿为我的臣民采购一种新的水果或谷物，也不愿建造一百座瓷窑。[④]

关于品种的多少，我们并不知道康熙的描述是否正确。康熙描述的新品种很像已经有的马乳葡萄、琐琐葡萄。但是康熙的观察的确十分细致，比如，他观察到葡萄在南方失去了香味，大概是因为南方比较潮湿，现在的理论认为水大了葡萄汁液就被稀释，相对来讲香味就少了。对香味要求更高的是用于酿酒的葡萄，现在中国大部分优质的葡萄酒产区都集中在北方，和康熙的观察一致。再比如，康熙就观察到葡萄生长的土壤比较贫瘠，这和现代的种植理论相同。

洋酒

有清一代，达官贵人对葡萄酒的喜爱体现在《红楼梦》中。小说在第六十回《茉莉粉替去蔷薇硝玫瑰露引来茯苓膏》中说：

> 芳官拿了一个五寸来高的小玻璃瓶来，迎亮照看，里面有小半瓶胭脂一般的汁子，还当是宝玉吃的西洋葡萄酒。母女两个忙说："快拿旋子汤滚水，你且坐下。"芳官笑道："就剩了这些，连瓶子都给你们罢。"

①Amiot Joseph Marie, *Mémoires concernant l'histoire, les sciences, les arts, les moeurs, les usages, etc. des Chinois* (Paris: Chez Nyon, 1784), p.498.

②Amiot Joseph Marie, *Mémoires concernant l'histoire, les sciences, les arts, les moeurs, les usages, etc. des Chinois* (Paris: Chez Nyon, 1784), pp.249—250.

③[美]劳费尔：《中国伊朗编》，林筠因译，商务印书馆，2015，第56—57页。

④Amiot Joseph Marie, *Mémoires concernant l'histoire, les sciences, les arts, les moeurs, les usages, etc. des Chinois* (Paris: Chez Nyon, 1784), pp.471-472.

五儿听说，方知是玫瑰露，忙接了，谢了又谢。^①

五儿起初把芳官拿来的瓶子里剩了小半瓶的液体当成是西洋葡萄酒。可见贾家府上存有葡萄酒，给贾宝玉饮用，剩下的还要保存，足见珍贵。曹雪芹逝于18世纪后半叶，但他描写的故事应该取材于他祖父曹寅在康熙年间任江南织造家境显赫时，可见那时的达官贵人饮用葡萄酒以附庸风雅。

有清一代，洋酒（不仅葡萄酒这样的酿造酒，还包括白兰地、威士忌这样的蒸馏酒，时名为惠司格）随传教士、外交官和外国商人来到中国，并在上层社会流行。慈禧太后的某些洋酒也来自外国使节，在这些洋酒面前，慈禧太后闹了不少笑话：

> 有次，外国使臣曾把"三鞭酒"奉献给她，她命令后宫太监启瓶，但无人懂得开，后经几番辛苦才弄开由铁丝紧箍的软木塞，砰的一声巨响把木塞飞弹升空，酒液带着汽体冲出十尺之外，慈禧见状惊喜交集，转而对太监发脾气，骂他们无能，数人处以每人几十大板，打得屁股开花。之后，太监们认真研究如何对付这鬼子酒。他们也颇聪明，知道软木塞飞弹而出是因瓶内的气体作怪，于是先在软木塞上钻个小孔，让气体先跑掉，然后再拔出瓶塞，安全无恙。^②

"三鞭"即香槟的音译，故事未经考证。1903年，美国女画师卡尔·凯瑟琳为了给慈禧画像，曾长住宫中，她在回忆录中说她在宫中得到不少西式关怀，好像慈禧太后并非对西式饮食一无所知。有一次，凯瑟琳恰巧遇到宫外有新葡萄酒进呈，不喝酒的慈禧太后也略微尝了点味道。^③宫中能吃到喝到各种新奇之物大概不稀奇，但那时洋酒确实稀有。刊刻于清光绪二十九年（1903年）的小说《官场现形记》第七回《宴洋官中丞娴礼节 办机器司马比匪人》中，抚院拜访洋总督，那总督拿出几种洋酒、洋点心敬客。其后抚院意欲回请总督，传令州官办理，州官费尽心思才开列了一张菜单、五六样酒，有：勃兰地、魏司格、红酒、巴德、香槟，外带甜水、咸水。^④在这本小说的第五十三回《洋务能员但求形式 外交老手别具肺肠》中，作者又借制台之口说：

> 吃顿大菜，你晓得要几个钱？还要什么香槟酒、啤酒去配他。还有些酒的名字，我亦说不上来。贫民小户可吃得起吗？……
> 我请洋人吃饭也请过不止一次了，哪回不是好几千块钱！你晓得！^⑤

这在徐珂的记述中也有反映：

> 嘉庆某岁之冬至前二日，仁和胡书农学士敬设席宴客，钱塘汪小米中翰远孙亦与焉，饮鬼子酒。翌日，严沤盟以二瓶饷小米，小米赋诗四十韵为谢。鬼子酒为舶来品，当为白兰地、惠司格、口里酥之类。当时识西文者少，呼西人为鬼子，因强名之曰鬼子酒也。^⑥

嘉庆皇帝1796年到1820年在位，此时洋酒已上中国宴席。

清末民初，世人已熟知葡萄酒来之于外及其制法和中国的以曲酿酒法不同：

> 葡萄酒为葡萄汁所制，外国输入甚多，有数种。不去皮者色赤，为赤葡萄酒，能除肠

①曹雪芹、高鹗：《红楼梦》，商务印书馆，2016，第504页。
②董业生：《话说"鬼子酒"》，《酿酒科技》1988年第03期。
③张宽：《慈禧与美国女画家》，春风文艺出版社，1993，第147—148页。
④李宝嘉：《官场现形记》，浙江文艺出版社，2021，第079—080页。
⑤李宝嘉：《官场现形记》，浙江文艺出版社，2021，第385页。
⑥徐珂：《清稗类钞》第一三册，中华书局，1986，第六二〇页。

丝绸之路上的葡萄酒

中障害。去皮者色白微黄，为白葡萄酒，能助肠之运动。别有一种葡萄，产西班牙，糖分极多，其酒无色透明，谓之甜葡萄酒，最宜病人，能令精神速复。烟台之张裕酿酒公司能仿造之。其实汉、唐时已有葡萄酒，亦来自西域。唐破高昌，收马乳葡萄，实于苑中，种之，并得其酿酒之术也。[1]

洋酒的稀少、贵重反映了中外酿酒方法的差异，也反映了中国这些特定酿酒原料的稀少。

最先接触到洋酒的应该是工作中接触洋人的官员，可以想见这些官员也是因为洋人习饮葡萄酒才开始效仿。徐珂讲了一个李鸿章"饮世界第一古酒"的故事：李鸿章接受了德国海军大臣的邀请，应于某日拜访在大沽口外二十余里的德舰。那天暴风巨雨，李鸿章仍然乘一个小舢板登上德舰。德国海军大臣钦佩李中堂，开了一瓶葡萄酒并亲自斟酒，还把剩下的酒送给李鸿章带走。

> 文忠虽起谢，颇异德帅以残酒相饷。归署，译其文，始知此酒酿于西历十五世纪，已阅四百余岁，值英金二百镑，约我国银币二千余圆，为世界第一古酒，宜德帅之作缟纻也。[2]

李鸿章起初还诧异喝剩的酒还能送人，回去一查，才知此酒价格不菲。

同治五年（1866年），洋务派人物恭亲王奕䜣派遣斌椿率团以观光名义赴欧考察，年仅19岁的张德彝随团出访，他几乎按日记录了全程观感。在从马赛到里昂的路上，张德彝注意到葡萄园："有山冈，长七十余里，盛植葡萄，高皆二尺许，每株每岁只结实四五枚，色红味酸。"[3]住进巴黎的旅馆，这一干人等自带厨师，可喝的酒却是当地的香槟或啤酒等："酒名'三鞭''比耳''波兜''之因'等，其色或黄或红，或紫或白，味或苦或甘，或酸或辣不等。"[4]

在伦敦，张德彝在海关收税验货处，见到成桶的葡萄酒：

> 十二日庚子，阴。早，至其海关收税验货处，见河岸三面装货高楼，……后入酒窖，上下皆以石累地，铺锯屑。酒共一百二十余万桶，桶形如鼓，入者秉烛，形如鸦片烟具。[5]

到了瑞典境内，又喝香槟、雪莉酒："司宫官请饮'三鞭''舍利'等酒，佐以樱桃、地椹。"[6]及拜见瑞典国王时，又喝香槟："游回，王劝饮'三鞭'酒。"[7]

在德国，又到酒吧大喝啤酒：

> 回店后，闻本店庖丁邀斌大人之长随等五人，往酒肆饮"比耳酒"。其色黄，味极苦，酌以大杯，容半斤许，有酒无肴，各饮三杯。旋出，庖丁忽遇其友，与之言故，其友大悦，复约另至一肆畅饮。将出，又遇其友之友，亦约至别肆痛饮。如是者六次，众皆大醉而归。[8]

这里，张德彝不仅介绍了不同的洋酒，还介绍了西人的饮酒习俗：啤酒用大杯、不就菜、一晚连喝几场等。

洋酒不仅进入了中国宫廷和上层社会，不仅被外交官和与外国人打交道的官员介绍给普通中国人，入侵中国的士兵也是将洋酒带入中国并传播给普通百姓的重要力量。

①徐珂：《清稗类钞》第一三册，中华书局，1986，第六三二五页。
②徐珂：《清稗类钞》第一三册，中华书局，1986，第六三五一至六三五二页。
③张德彝：《航海述奇》，钟叔河校点，湖南人民出版社，1981，第38页。
④张德彝：《航海述奇》，钟叔河校点，湖南人民出版社，1981，第45页。
⑤张德彝：《航海述奇》，钟叔河校点，湖南人民出版社，1981，第69页。
⑥张德彝：《航海述奇》，钟叔河校点，湖南人民出版社，1981，第98页。
⑦张德彝：《航海述奇》，钟叔河校点，湖南人民出版社，1981，第101页。
⑧张德彝：《航海述奇》，钟叔河校点，湖南人民出版社，1981，第121页。

康熙四十六年（1707年），京西北始建一片园林，经过康熙、雍正、乾隆、嘉庆、道光、咸丰六朝历时150余年的不断倾心经营与扩建，这座占地5280亩的大型皇家宫苑由圆明、长春、绮春三园组成，建筑面积20余万平方米，统称圆明园。圆明园中还建有西式园林景区——占地100多亩的西洋楼。那是法国传教士王致诚、蒋友仁，以及意大利建筑师、宫廷画师郎世宁等人按照意大利文艺复兴时期欧洲建筑风格设计建造的。咸丰十年（1860年）十月，英法联军焚毁了圆明园。

一个叫罗伯特·约翰·麦吉的英国人是英国远征军的一员，他们在北上的路上，遇到了一些村民：

> 部分当地人立刻充满好奇，他们尝了我们的雪利酒，但是更喜欢A君的长颈瓶里装的白兰地，尤其是一位独眼老头，如果让他尽情地喝，他准能喝个醉。①

英军在登陆时带了雪莉酒和啤酒，还有人专门为军队补充酒水：

> 我们都接到命令，要求带定量的"三天熟食"，我的口粮包括一些火腿三明治、一瓶雪利酒和一个灌满水的壶。②

> 那天我们损失了一组人员，包括第四十四团的一位军士、皇家东方肯特团的一位士兵，还有八到十位香港苦力。他们给前线运送一些军需物资，其中包括朗姆酒。他们是否还给自己带了些烈酒或者用小桶接了些酒出来喝，我不能说，但是士兵都喝醉迷路了，不幸遇到一支清军部队，除了一位苦力设法逃脱，其他人稍作抵抗后都成了俘虏。③

一队英军还在清军眼皮子底下挖壕沟，这时，一个士兵随身携带的啤酒打开了：

> "是什么东西在响？""是噪音，先生，是我瓶子里的啤酒突然自己冒出来，没办法，我只能喝几口，就这样，先生。"④

他们随时都有酒喝，还一大早就喝酒：

> 如果我的文章有幸让你读到，当你听说我们这些粗俗的士兵"一大早"就喝雪利或兑水的白兰地，你可不要感到惊讶。茶，正常的早餐饮品，茶，我再重复说一遍，尽管是在中国，我们却找不到，所以，为了让自己尽兴，我们不得已喝了些酒劲大的饮料。⑤

> 一个可怜的家伙受伤不是很严重，坐在大炮台的一门炮上，格兰特将军就在旁边，他一边吃着将军手里的三明治，一边喝着他手里的葡萄酒和水。⑥

> 虽然食品柜空空如也，但是酒窖并没干涸，因此当第二份同样的佳肴端上来时，第一份早已和酒一起被吞进了肚子。⑦

> 此外对于爱好香槟或喜欢生啤的，他都一一满足。⑧

> 我们停留了很长时间，显然接下来就要吃早餐了。早餐有冷肉、饼干和啤酒。⑨

---

① [英]麦吉：《我们如何进入北京——1860年在中国战役的记述》，叶红卫、江先发译，中西书局，2011，第44页。
② [英]麦吉：《我们如何进入北京——1860年在中国战役的记述》，叶红卫、江先发译，中西书局，2011，第49页。
③ [英]麦吉：《我们如何进入北京——1860年在中国战役的记述》，叶红卫、江先发译，中西书局，2011，第68页。
④ [英]麦吉：《我们如何进入北京——1860年在中国战役的记述》，叶红卫、江先发译，中西书局，2011，第74页。
⑤ [英]麦吉：《我们如何进入北京——1860年在中国战役的记述》，叶红卫、江先发译，中西书局，2011，第79页。
⑥ [英]麦吉：《我们如何进入北京——1860年在中国战役的记述》，叶红卫、江先发译，中西书局，2011，第88页。
⑦ [英]麦吉：《我们如何进入北京——1860年在中国战役的记述》，叶红卫、江先发译，中西书局，2011，第92页。
⑧ [英]麦吉：《我们如何进入北京——1860年在中国战役的记述》，叶红卫、江先发译，中西书局，2011，第97页。
⑨ [英]麦吉：《我们如何进入北京——1860年在中国战役的记述》，叶红卫、江先发译，中西书局，2011，第129页。

丝绸之路上的葡萄酒

茨中

侨居中国的外国人需要葡萄酒，要么自用，要么仪式需要——天主教的仪式里少不了葡萄酒。正如美洲的传教士利用北美本土葡萄酿酒的努力一样，来到中国的传教士也尝试着自己种葡萄，只是美洲或中国的野葡萄都不适于酿酒。这些传教士不是把本土葡萄和欧亚种酿酒葡萄杂交，就是引进欧亚种葡萄。云南茨中教堂的葡萄园即一例。

位于澜沧江西岸、如今隶属于云南省迪庆藏族自治州德钦县燕门乡的茨中村，和金沙江畔的迪庆州首府香格里拉隔着一座大山，从茨中村上溯澜沧江到德钦县城；在翻越云岭后沿金沙江南下到香格里拉，距离将近300千米，平原地区车行大约两个多小时，在这里要六个小时。就在这样一个交通极其不便的地方，茨中村的村口却屹立着一座天主教堂。以藏族民众为主、被藏传佛教环绕着的茨中村里却有很多天主教徒，这不能不说是奇迹。

天主教元朝时即进入了云南，明末清初，二次传入云南，先后由安南东京代牧区、福建代牧区兼管，或与两广、四川合并为一个代牧区，其中曾一度成立独立的云南代牧区。[1]19世纪中期，当时的罗马教廷很想把天主教传播进西藏，便在印度和中国的川滇地区分别设了两个宗座代牧区，想从两个方向进入西藏，不过都没有成功。面对外来宗教的入侵，清政府从第一次鸦片战争（1840年）前后到第二次鸦片战争（1860年）以后的态度和处理方法有很大不同。1845年，法国遣使会会士古伯察（Evariste Regis Huc, 1813—1860年）和秦噶哔（Joseph Gabet, 1808—1853年）在拉萨被驻藏大臣琦善（满语：kišan, 1786—1854年）拿获，押解至广州驱逐出境。1848年，法国外方传教会的传教士罗勒拿（Charles-René-Alexis, 1812—1863年）企图从四川入藏，也得到同样的下场。但是到了1865年第二次崩卡教案及其后愈演愈烈的多次宗教冲突、天主教全面撤出西藏之后，清政府不仅惩办起事首领，德钦土千总、维西通判问斩，让暴乱主要力量藏传佛教的德钦三大寺付出了惨重代价，还划地、赔款。1907年，法国人凭借获得的划地、赔款，开始了茨中教堂的筹建，并先后新建、扩建了巴东教堂、白汉洛教堂、秋那桶教堂、查腊教堂、小维西教堂等。[2]

1917年，茨中教堂竣工，占地约6700平方米，总建筑面积1386平方米。这个教堂不仅成了天主教西藏教区云南铎区的主教座堂，还为葡萄园环绕，葡萄园面积大约为1300平方米，种有从法国引进的"玫瑰蜜"葡萄。[3]

绝大部分酿酒葡萄在北半球种在北纬32°和51°之间，赤道附近，纬度8°—9°的热带高海拔地区和干燥的沙漠地带也种有葡萄用来酿酒。[4]世界上的高海拔葡萄园多集中在拉丁美洲，不过喜马拉雅高原有增多之势。[5]云南的纬度在21°08'到29°15'之间，昆明的纬度为25°，香格里拉的纬度大约为28°，云南生产酿酒葡萄的大县德钦县纬度在27°33'—29°15'之间，在绝大部分葡萄园的纬度范围之外。但云南的海拔高，平均海拔在2000米以上，人们甚至在将近3000米的高度种葡萄，这里日照充足，紫外线能促进酚类物质的合成，但高海拔是否有利于提高葡萄酒的品质还未有定论。[6]

①刘志庆：《云南天主教教区历史沿革考》，《中国天主教》2014年第4期。
②[法]古伯察：《鞑靼西藏旅行记》，耿昇译，中国藏学出版社，2012，第458—514页；刘瑞云：《1848年清廷驱逐进藏法国传教士罗勒拿之外交交涉》，《世界宗教研究》2020年第2期；斯郎伦布：《卡瓦格博史迹——德钦文物集锦》，民族出版社，2018，第122—138页。
③斯郎伦布：《卡瓦格博史迹——德钦文物集锦》，民族出版社，2018，第139—141页。
④Jancis Robinson, *The Oxford Companion To Wine* (New York: Oxford University Press, 2006), p.393.
⑤Jancis Robinson, *The Oxford Companion To Wine* (New York: Oxford University Press, 2006), p.18.
⑥Jancis Robinson, *The Oxford Companion To Wine* (New York: Oxford University Press, 2006), p.18.

图12.3 葡萄园环抱的茨中教堂

杨晓帆等人对云南高原区的气候条件总结为，云南"大部分地区四季不分明，冬季长夏季短。酿酒葡萄主要种植在海拔1900—2900米之间的干热河谷地区，可谓世界上海拔最高的葡萄酒产区，年平均气温4.7摄氏度，日照时数为1980.7小时，日照百分率为4.5%。积温可满足绝大部分优质酿酒葡萄的充分成熟。降雨偏少，正常年干湿两季分明，年平均降雨量633.7毫米，77%的降水集中在葡萄生长季（5—10月）。夏无酷暑，冬无严寒，沙质土壤，土层深厚，冬季不需要埋土防寒。"[1]而"冬季不需要埋土防寒"是一个大多数中国葡萄酒产区所没有的优势。

李华等人总结了中国的气候条件，认为存在三大特点：显著的季风特色带来雨热同季，降水多发生在偏南风盛行的夏半年5—9月，季风特色不仅反映在风向的转换，也反映在干湿的变化上；明显的大陆性气候使中国成为世界上同纬度冬季最冷、夏季最热（沙漠除外）的国家，拥有多样的气候类型[2]。

中国不用埋土的地区很多，多数位于南方的潮湿环境中，产出的葡萄更适于鲜食，但不管是否埋土都改变不了雨热同季的气候条件。在这个条件下，靠近采收的时候恰是雨水很多的时期。不提雨水会冲淡用这样的葡萄制成的葡萄酒，单是雨水可能带来的病害就会使葡农左右为难：如果打药治病时已进入了采收窗口期，如果持续下雨、继续打药可能错过这个窗口期，而如果不打药就可能不得不在葡萄还未成熟时就采收。也许最好的选择就是种植那些早熟品种。中国北方的优质葡萄酒产区尽管前期积累的积温和糖度大大缓解了这样的困扰，一些晚熟红品种也有很好的表现，但他们又面临着埋土的挑战。北方一旦进入冻土期就没法埋土，这就要压缩修剪的时间和修剪后与埋土的间隔时间，甚至限定了采收的最迟时间，压缩修剪的时间和修剪后与埋土的间隔时间，就会大大增加感染枝干病的可能性，葡萄植株的寿命会因此大大降低。而云南就没有这样的顾虑，云南的葡萄园可以用一个冬天精细地修剪。

当年的法国传教士并没有这样对比优劣之后才栽种葡萄，他们种葡萄酿酒只是为了给天主教仪式提供必不可少的葡萄酒，因此尽可能用中国的本土葡萄和欧亚种酿酒葡萄杂交，玫瑰蜜这一葡萄品种就是他们的选择，据说茨中教堂葡萄园里种植的玫瑰蜜葡萄1884年就从法国引进了。

简希斯·罗宾逊如此介绍葡萄品种玫瑰蜜（Rose Honey）：

根据未经过核实的网上信息，玫瑰蜜同连同水晶葡萄、法国野葡萄和其他几种葡萄品种，于1965年由云南省弥勒县（现弥勒市）的东风农场引入中国，由于DNA测序还未完成，现

①杨晓帆、高媛、韩梅梅、彭振雪、潘秋红：《云南高原区酿酒葡萄果实香气物质的积累规律》，《中国农业科学》2014年第47卷第12期。
②李华、王华、房玉林、火兴三：《我国葡萄栽培气候区划研究（I）》，《科技导报》2007年第25卷第18期（总第240期）。

在还无法确认它与欧洲品种的关系，但有人说玫瑰蜜是*Vitis Vinifera*和*Vitis Labrusca*的杂交品种。

据说玫瑰蜜系于19世纪初由法国传教士从欧洲引进到云南的香格里拉地区，但缺乏充足的文献证据证明这一点。

玫瑰蜜葡萄做酒倾向于宝石红的色泽并且酒体强劲，有着*Vitis Labrusca*品种及其杂交品种特有的甜美浑浊。[①]

对玫瑰蜜的了解或有空白，但这一品种经法国传教士引进中国大概没有异议。传教士大概是近代以后最早留居中国的外国人，对中国的社会、经济、文化和政治都产生了极显著的影响，葡萄品种即为一例。但这种影响是外国人生存的需要或为了达成其传教的目的，而非外国人为了改造中国而特意造成的，如英国人伯格理（Samuel Pollard，1864—1915年）创造了苗文，带领乡亲踢足球。

明代葡萄

潘岳研究了明代的葡萄种植与葡萄酒：

明代内地的葡萄种植在前代的基础上继续扩大普及，并且遍及大江南北。但是在一些元代已经有葡萄种植并酿酒的地区，如北京、南京、苏州，却并没有延续元代葡萄种植和葡萄酒酿造的发展势头，这可能与元末战乱阻断了这些地区葡萄种植的发展以及与明代统治者相比于元代统治者对葡萄及葡萄酒大相径庭的态度不无关系。……这与明代酒文化的发达似乎不成正比。[②]

他认为，明代相比于元代，人们对葡萄种植和葡萄酒酿造的热情非但没有延续反而显著降低，其原因和元末战乱以及统治者的喜好不无关系。但这种归因实有简单化之嫌，实际的影响因素可能有很多。如果单纯是元末的战乱遏制了葡萄酒的发展，那为什么没有遏制谷物酿酒的发展？统治者的态度可能有着深远的影响，比如清初康熙对葡萄酒的喜爱和乾隆对葡萄酒的相对冷淡对葡萄酒在清初的昙花一现大概有一定影响，但乾隆对禁酒的态度不可谓不坚定，禁酒政策不可谓不清晰，持续将近两百年的禁酒最后不了了之，无疾而终，说明统治者的意志有时也会受制于习俗的力量。滥觞于元代的蒸馏技术应用到酒上使得酒的酒精度更高，中国人对曲味的喜好也会进一步促进谷物酒的发展，这种正反馈的作用恐怕不能忽视。明初，朝廷既受到北方蒙古高原北元的威胁，又受到来自海外的袭扰，导致政策全面收缩自保，又实施了海禁，极大地放缓了外国人进入中国的脚步。反观有清一代葡萄酒的命运可见一斑，清初葡萄酒的辉煌固然和康熙的喜好不无关系，也恰好和晚明开始的传教士入华热潮同期，清中期葡萄酒的相对低调又恰好和康熙晚期的"礼仪之争"和其后的"禁教"同期，晚清葡萄酒的再度辉煌，又恰逢西方列强以船坚炮利打开中国紧闭的国门。

吕庆峰注意到"明代葡萄酒业""不如前代发达"，并试图给予解释：

其原因除了中央政府没有大力支持之外，还与这一时期中亚地区伊斯兰教势力膨胀有重大关系。伊斯兰教是严厉禁酒的，而信奉伊斯兰教的中西亚各国处于中西交通的重要关节点

①Jancis Robinson, Julia Harding and José Vouillamoz, *Wine Grapes: A Complete Guide to 1,368 Vine Varieties, Including Their Origins and Flavours* (New York: Ecco Press, 2012), p.908.
②潘岳：《明代的葡萄种植与葡萄酒》，《农业考古》2011年第4期。

上，这就阻断了葡萄酒通过中西亚由欧洲向中国传播的路径，逐渐地使我国葡萄酒的消费和生产幅度大规模降低。[1]

而如果葡萄酒通过中西亚由欧洲向中国传播的路径被阻断，就相当于进口葡萄酒进入中国的路径被阻断，而这恰恰是中国本土葡萄酒发展的大好时机。没有发展恐怕不是因为进口少了而是市场小了。

伊佩霞（Patricia Buckley Ebrey）在描述明代文人的生活时认为："富家也有本钱去追求一种田园牧歌式的文人生活方式，把文学艺术的实践和鉴赏同偶尔出仕结合起来。"[2]明代文人袁宏道（1568—1610年）或为一例：袁宏道和其兄袁宗道（1560—1600年）、其弟袁中道（1570—1626年）以及黄辉（1562—1612年）、谢肇淛（1567—1624年）等人在北京品评诗文、论古说今，结社起名就为"葡萄社"。

滕公栅栏

17世纪50年代，教廷为了限制葡萄牙从15世纪末起拥有的"保教权"，宣布中国南方各省为直属于教廷传信部的"宗座代牧区"，任命了宗座代牧主教。所谓"保教权"，是指"由教宗授予葡萄牙君王在非洲、亚洲和巴西等地传教和建立教会的权利和义务的综合体"。1680年4月，陆方济（François Pallu，1626—1684年）被授予中国司教总代理、福建宗座代牧的职务，主管广东、广西、江西、浙江、四川、湖南、贵州、云南、海南、台湾等地的教务。他要求所有在华修会的传教士都得宣誓效忠代表教廷的主教，否则无权进行圣事活动。在这段时期内，整个中国的教务几乎都进入低潮期。从方济各会士利安定（Agustin de San Pascual，1637—1697年）1689年写给1684年入华的代牧主教、方济各会士伊大任（Bernardino della Chiesa，1644—1721年）的信中可以看出，此时全国范围内的教务都受到了严重冲击：

> 我们修会也失去了目前在传教团这座葡萄园劳作的十一位传教士，多明我会和奥斯定会也同样失去了他们的司铎。[3]

可以看到，传教士自己开辟葡萄园自己劳作，这大概和葡萄酒在天主教会仪式中的重要地位以及传教士的喜好习俗分不开，他们对中国的风俗、植物、饮食习惯感到很新鲜。陈春晓在研究明末清初在华传教士的世俗生活时指出，"葡萄酒既是欧洲人常喝的饮品，也是宗教仪式时必需的"，并指出了传教士获取葡萄酒的三个来源，其一就是传教士自己酿制。[4]

利玛窦在北京度过了最辉煌的十年，于1610年在北京逝世。北京曾为大明王朝的都城，在城西阜成门外有一处叫作"滕公栅栏"的地方，现在在中共北京市委党校（北京行政学院）院内，这是万历皇帝赐给利玛窦的墓地，后来成了传教士墓地。1906年，当时控制清廷的慈禧太后与法国公使商量，在墓地南边的马尾沟教堂正西修建一座修道院，将原来位于府右街北面的法国圣母会及修道院迁至滕公栅栏。后来，这幢楼的一部分成了圣母会所属的教会学校；又在教堂东侧被毁的育婴堂和圣密厄尔教堂的遗址

①吕庆峰：《近现代中国葡萄酒产业发展研究》，博士学位论文，西北农林科技大学，2013。
②[美]伊佩霞：《剑桥插图中国史》，赵世瑜、赵世玲、张宏艳译，山东画报出版社，2001，第147页。
③汤开建、周孝雷：《清前期来华巴黎外方传教会会士及其传教活动（1684—1732）——以该会〈中国各地买地建堂单〉为中心》，《清史研究》2018年第4期。
④陈春晓：《明末清初在华传教士世俗生活研究》，硕士学位论文，南京大学，2011。

上，新建了专门培养神父的神学院——"文声学院"。此外还创建了葡萄酒厂，在墓地四周围种上了大片的葡萄。[1]可见，利玛窦墓地周围开始种植葡萄应在1906年或以后，很有可能是在1906—1907年种植的。

1949年之后，北京市政府购买了教会建筑，又将酒厂迁往石景山，改为北京葡萄酒厂，即现在的北京龙徽酿酒有限公司的前身。

2010年，龙徽公司隆重举办了百年庆典，在该公司网站上，如此介绍其创立史：

> 北京龙徽酿酒有限公司建于1910年的上义洋酒厂，其前系北京阜外马尾沟13号内的法国圣母天主教会圣母文学会附设的葡萄酒厂。开创人是法国修士沈蕴璞先生。因北京圣母文学会院内有一所上义学校，当时亦把这个酒厂称为上义学校酿造所，后来改为上义洋酒厂。用户和客户则因文学会有一石门和铁栅栏门习惯叫它"栅栏洋酒厂"或"石门酒厂"。[2]

其中所考据的上义洋酒厂创建于1910年，可能是这个慈禧太后赐建的葡萄园第一次结果酿酒的时间。一般初次种植的葡萄都要数年后才能结果，如果初次酿酒的时间在1910年，这片葡萄园可能早几年就已种植，两者时间并不矛盾，不过葡萄园何时搬迁尚未考证。但是它以"栅栏"为名可能来自其地名"滕公栅栏"，而"石门"则来自进入利玛窦墓园的石门。

无论始于何时，龙徽的历史都为葡萄酒一开始是用于满足天主教仪式和传教士的需求提供了佐证，它为生产和销售葡萄酒注册的商标以黑山扈教堂的"楼头"图案也同样说明了这点。

张弼士

1892年，爱国华侨张弼士在烟台创立张裕酿酒公司，这一年成为中国民族葡萄酒工业的开端。为酿出高质量葡萄酒，1895年张弼士从法国、德国、意大利、美国引进124个品种25万株欧洲良种葡萄苗木，包括灰比诺（Pinot Gris）、赤霞珠（Cabernet Sauvignon）、梅鹿辄（Merlot）、雷司令（Riesling）、琼瑶浆（Gewürztraminer）及玫瑰香（Muscat Hamburg）等，很多品种都是由其起名，沿用至今。[3]张裕酒文化博物馆的展板说张弼士共引进124个品种69万株苗木，并列举出24种由张裕命名的酿酒葡萄品种，还指出时至今日国内90%以上的葡萄品种是张裕最初引进并命名的。[4]

值得注意的是，千百年来，中国人只注意到葡萄品种或长或圆，或紫或绿，或有核或无核，寥寥数种，而张弼士一次引入品种就达原来十倍以上之多。

张弼士（1841—1916年）生于广东，在山东烟台投资创立近代中国第一家工业化葡萄酒企业，查张弼士创办企业名单，苏门答腊有5家、印度尼西亚4家、马来西亚2家、中国20家（广东15家、上海4家、香港1家）、新加坡1家，另有三家路桥业公司未列具体地点，分别为粤汉铁路公司、闽粤农工路矿总公司、广厦铁路有限公司，都和广东有关，他在南洋、家乡广东和中国的经济中心上海和香港设立公司可以理解，相比之下，在烟台设立的张裕酿酒公司和玻璃料器厂就显突兀了。[5]有研究指出，玻璃料器厂

---

①林华、余三乐、钟志勇、高智瑜：《历史遗痕：利玛窦及明清西方传教士墓地》，中国人民大学出版社，1994，第17页。
②北京龙徽酿酒有限公司。
③吕庆峰、张波：《先秦时期中国本土葡萄与葡萄酒历史积淀》，《西北农林科技大学学报（社会科学版）》2013年第13卷第3期。
④张裕酒文化博物馆。
⑤张裕酒文化博物馆。

的创立，和葡萄酒瓶的需求有关①，这使得张裕酿酒公司实际上成了张弼士在烟台设立的唯一企业。

张弼士在撰于光绪三十二年（1906年）的《张裕酿酒有限公司缘起》中写道："尝考法兰西葡萄酒之利，岁合华银数万万两，为全国出口货物之大宗……我国倘能仿而行之，讲求种植之法，既塞漏卮，兼能富国，是亦开辟利源之一道乎！"在另一份呈光绪皇帝的奏章中，张弼士又提出："中国之酒类，用稻、粱、黍、麦为之，岁耗民食不下四分之一，而其味之美、价之高，反不敌洋酒。则曷若仿照外国，开山种果，以果酿酒之为愈乎……若中国能种植仿造，以其上品之酒出洋，可取回外洋之利不少。即以寻常之品，供民间日用之需，岁可省米麦之属亦不少。"

这些内容说明了种葡萄酿酒之必要，却没有说明选址地点。关于选址的传说体现在下面的故事里：1871年，张弼士应邀出席法国驻印度尼西亚吧城（雅加达）领事馆举办的酒会，张弼士品尝美酒后发现这种酒味道醇美，酒香四溢。席间，一位法国领事讲起，咸丰年间他曾随英法军队到过烟台，发现那里漫山遍野长着野生葡萄，酿出的葡萄酒口味竟然很纯正，烟台的土质气候特别适于种植酿酒葡萄，说者无意，听者有心。偶然间的谈话，点燃了张弼士心中创办中国第一家葡萄酒公司的梦想。这则故事见于多种叙述，但是否可信存疑。这位法国领事如果是随军队路过烟台，应该没有时间用当地所产葡萄酿出葡萄酒，遑论得出"口味竟然很纯正"的结论，文献中均未记载此地生长葡萄并用以酿酒，而可能以当地葡萄酿酒以饮用的外国人又是在咸丰之后才逐步在这一地区定居的。而且，第二次鸦片战争期间，英法联军曾两次北进天津、北京，分别签订了《天津条约》和《北京条约》，一次1857年12月打下广州，第二年5月进逼天津；另一次在1860年春天集结，这一次攻陷了烟台，但同年8月到达天津，进逼北京，故事中的法国人可能见到"野生葡萄"的生长情形但无法品尝出"酿出的葡萄酒口味竟然很纯正"。

早期葡萄园之选址是否评估了种植条件尚未可知，但要靠近产品的市场可能是商业决策的出发点。从清末到民国，继张裕之后的葡萄酒厂多设立于北京、青岛和东北和此种考虑不无关系。北京为中国的政治中心自不待言，这里有众多的外国使馆，很多外国传教士以北京为据点，山东曾是德国人的租界和聚居区，第一次世界大战后，因为国际联盟将原德占中国领土划归日本引发了1919年的五四运动。

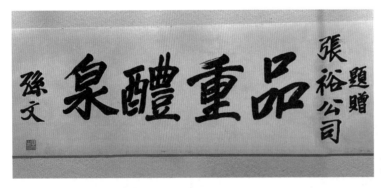

图12.4　孙中山给张裕的题词"品重醴泉"，本书作者摄于"张裕酒文化博物馆"展板

---

① 闫恩虎：《张弼士与近代"客商"文化》，《嘉应学院学报（哲学社会科学）》2006年第24卷第2期。

徐光启在《农政全书》中整理了很多前人种植葡萄的经验和论述。一些现代种植要点，有些是中国特有的，在这部明朝的著作中似乎也有踪影，葡萄树不能自举大概是最明显、最早被观察到的性质了。葡萄作为藤蔓植物得用卷须攀附在其它植物或架上，这一性质被许多诗人歌咏。施坦因在尼雅见到的废弃葡萄园应该看不出棚架，但葡萄架的整齐说明了这是人工种植，而且这种植物不能自举，得靠人工搭架子。徐光启从《齐民要术》中采纳了不少做法。

葡萄树与枣树嫁接很早就在中国得到应用，而埋土防寒更是中国特有的技术要求，这和中国冷热同季，冬天气候干燥寒冷有关，而且干燥是主要因素，这种大陆性气候和大部分葡萄种植地区的地中海型气候很不同。有农户以葡萄种植为生应该是普遍现象。

第十三章 种葡萄

徐光启

图13.1 徐光启像

丝绸之路上的葡萄酒

17世纪的明朝末年，徐光启耗费毕生精力的《农政全书》终于出版了。在这本书中，徐光启搜集整理了前人对种植葡萄的经验和论述，他没有说这些论述是针对引进的欧亚种葡萄还是中国的本土葡萄，但他用标题"葡萄附野葡萄"明确区分了葡萄和野葡萄，并开篇就说明了他所称的葡萄是指他认为张骞带回的葡萄[①]，即引进的葡萄。他又似乎认为葡萄有西种、中种之分：

葡萄作酒，极有利益，然非西种不可。[②]

一些现代种植要点，有些是中国特有的，在这部明朝的著作中也有踪影。[③]

枝条扦插：

二三月间，截取藤枝，插肥地；待蔓长，引上架。

正月末，取嫩枝长四五尺者，卷为小圈……种时，止留二节在外。

嫁接：

宜栽枣树边。春间，钻枣树作一窍，引葡萄枝从窍中过。候葡萄枝长，塞满窍子，斫去葡萄根，托枣以生，其实如枣。

发芽：

春气萌动，发芽尽萃于出土二节。

肥水：

根边，以煮肉汁或粪水浇之。

忌浇人粪。

疏叶：

待结子，架上剪去繁叶，则子得成雨露肥大。

生子时，去其繁叶遮露，则子尤大。

埋土防寒：

冬月，将藤收起，用草包护，以防冻损。

徐光启从《齐民要术》中采纳了不少做法。葡萄树不能自举大概是最明显、最早被观察到的性质

---

①徐光启：《农政全书校注》卷之三十《树艺》，石声汉校注，石定枎订补，中华书局，2020，第一〇三七页。
②徐光启：《农政全书校注》卷之三十《树艺》，石声汉校注，石定枎订补，中华书局，2020，第一〇三九页。
③以下引文取自徐光启：《农政全书校注》卷之三十《树艺》，石声汉校注，石定枎订补，中华书局，2020，第一〇三七至一〇三九页。

了，相应地，棚架大概是最早的架式：

> 蔓延性缘，不能自举。作架以承之，叶密阴厚，可以避热。①
> 二月中，还出，舒而上架。②

葡萄作为藤蔓植物得用卷须攀附在其他植物或架上，这一性质被许多诗人歌咏：

> 色映蒲萄架，花分竹叶杯。全堤不见识，玉润几重开。③

> 杨柳千条花欲绽，蒲萄百丈蔓初萦。④

> 昨夜蒲萄初上架，今朝杨柳半垂堤。⑤

> 蒲萄架上朝光满，杨柳园中暝鸟飞。⑥

> 桂林蒲萄新吐蔓，武城刺蜜未可餐。⑦

> 新茎未遍半犹枯，高架支离倒复扶。
> 若欲满盘堆马乳，莫辞添竹引龙须。⑧

> 柿红蒲萄紫，肴果相扶橤。⑨

> 阴森野葛交蔽日，悬蛇结虺如蒲萄。⑩

> 西园晚霁浮嫩凉，开尊漫摘葡萄尝。
> 满架高撑紫络索，一枝斜罥金琅珰。⑪

> 小摘来禽兴未厌，蔬畦经雨绿纤纤。
> 坐分紫石蒲萄下，不怕龙须胃帽檐。⑫

> 映日圆光万颗余，如观宝藏隔虾须。
> 夜愁风起飘星去，晓喜天晴缀露珠。
> 宫女拣枝模锦绣，论师持味比醍醐。
> 欲收百斛供春酿，放出声名压酪奴。⑬

①贾思勰：《齐民要术（全二册）》卷四《种桃柰第三十四》，石声汉译注，石定枌、谭光万补注，中华书局，2015，第440页。
②贾思勰：《齐民要术（全二册）》卷四《种桃柰第三十四》，石声汉译注，石定枌、谭光万补注，中华书局，2015，第441页。
③李峤：《藤》，载陈贻焮、郝世峰主编《全唐诗》第一册，文化艺术出版社，2001，第421页。
④沈佺期：《奉和春日幸望春宫应制》，载陈贻焮、郝世峰主编《全唐诗》第一册，文化艺术出版社，2001，第702页。
⑤张谔：《延平门高斋亭子应岐王教》，载陈贻焮、郝世峰主编《全唐诗》第一册，文化艺术出版社，2001，第770页。
⑥储光羲：《蔷薇》，载陈贻焮、郝世峰主编《全唐诗》第一册，文化艺术出版社，2001，第1041页。
⑦岑参：《与独孤渐道别长句兼呈严八侍御》，载陈贻焮、郝世峰主编《全唐诗》第一册，文化艺术出版社，2001，第1622页。
⑧韩愈：《题张十一旅舍三咏·葡萄》，载陈贻焮、郝世峰主编《全唐诗》第二册，文化艺术出版社，2001，第1419—1420页。
⑨韩愈：《燕河南府秀才得生字》，载陈贻焮、郝世峰主编《全唐诗》第二册，文化艺术出版社，2001，第1385页。
⑩柳宗元：《寄韦珩》，载陈贻焮、郝世峰主编《全唐诗》第二册，文化艺术出版社，2001，第1500页。
⑪唐彦谦：《咏葡萄》，载陈贻焮、郝世峰主编《全唐诗》第四册，文化艺术出版社，2001，第1000—1001页。
⑫黄庭坚：《饮李氏园三首》，载《黄庭坚全集》外集卷第十九，刘琳、李勇先、王蓉贵校点，四川大学出版社，2001，第一三三一页。
⑬黄庭坚：《景珍太博见示旧倡和蒲萄诗因而次韵》，载《黄庭坚全集》外集卷第十八，刘琳、李勇先、王蓉贵校点，四川大学出版社，2001，第一二九八至一二九九页。

邮亭慈竹笋穿篱，野店蒲萄枝上架。①

蒲萄换叶欲成阴，岁月催人感慨深。
安得门前无俗客，岸巾临水听蝉吟。②

露浓压架葡萄熟，日嫩登场罢亚香。③

深门荫杨柳，高架引蒲萄。④

才喜盘藤卷叶生，又惊压架暗阴成。⑤

杨柳荫中新酒店，葡萄架底小渔船。⑥

弱蔓引修藤，垂旒泫水晶。
忆曾江路见，风露熟秋棚。⑦

番田栽薯蓣，缚架引葡萄。⑧

旧干疏曾讶，新条密更垂。苑花深悄悄，风叶漫披披。
马乳秋同摘，龙须世岂知。相传自西域，种杂至今疑。⑨

诗中提及马乳葡萄须蔓攀爬的特性，又说这个品种来自西域，但来源尚不清楚。

绕篱荒苦竹，小架剩葡萄。⑩

耶律楚材在随成吉思汗西征途中写下不少咏葡萄和葡萄酒的诗作，那时成吉思汗正横跨欧亚大陆一路向西征服，建立庞大的蒙古帝国，而元朝尚未成立，称耶律楚材为元初人其实并不合适，但人们已习惯称其为元初诗人。从这些诗的创作年代（13世纪20年代初）看，耶律楚材正在中亚，看到了葡萄生长和酿制葡萄酒，也饮用了不少葡萄酒，所吟咏的应该是中亚风情。这意味着棚架式种葡萄大概来自中亚。

异域河中春欲终，园林深密锁颓墉。
东山雨过空青叠，西苑花残乱翠重。
把榄碧枝初着子，葡萄绿架已缠龙。
等闲春晚芳菲歇，叶底翩翩困睫慵。⑪

客中为客已浃旬，岁杪西边访故人。

①陆游：《瑞草桥道中作》，载《剑南诗稿校注（全八册）》卷四，钱仲联校注，上海古籍出版社，1985，第三九一页。
②陆游：《睡起》，载《剑南诗稿校注（全八册）》卷六十七，钱仲联校注，上海古籍出版社，1985，第三七五四至三七五五页。
③陆游：《秋思》，载《剑南诗稿校注（全八册）》卷七十二，钱仲联校注，上海古籍出版社，1985，第三九九九页。
④陆游：《梦中江行过乡豪家赋诗二首既觉犹历历能记也》，载《剑南诗稿校注（全八册）》卷七十九，钱仲联校注，上海古籍出版社，1985，第四二九一页。
⑤杨万里：《蒲萄架》，载北京大学古文献研究所编《全宋诗》第四十二册·卷二二九六，北京大学出版社，1998，第二六三六八页。
⑥杨万里：《过杨村》，载北京大学古文献研究所编《全宋诗》第四十二册·卷二二九八，北京大学出版社，1998，第二六三九五页。
⑦释文珦：《蒲萄画》，载北京大学古文献研究所编《全宋诗》第六十三册·卷三三二五，北京大学出版社，1998，第三九六四八页。
⑧陶宗仪：《南村后杂赋十首》，载《南村诗集》卷二，商务印书馆，2006，影印本，第二叶（正）至第二叶（背）。
⑨李梦阳：《葡萄》，载《空同集》卷二十八，商务印书馆，2006，影印本，第六叶（背）至第七叶（正）。
⑩李梦阳：《田园雨芜客过三首》，载《空同集》卷二十八，商务印书馆，2006，影印本，第十九叶（背）至第二十叶（正）。
⑪耶律楚材：《河中春游有感五首》，载《湛然居士文集》卷五，谢方点校，中华书局，1986，第一〇一页。

把榄花前风弄麦，葡萄架底雨沾尘。

山城肠断得穷腊，村馆销魂偶忘春。

今日唤回十载梦，一盘凉饼翠蒿新。①

积年漂泊困边尘，闲过西隅谒故人。

忙唤贤姬寻器皿，便呼辽客奏筝篆。

葡萄架底葡萄酒，把揽花前把榄仁。

酒酽花繁正如许，莫教辜负锦城春。②

这种架式逐渐东传进入新疆一带。施坦因提及他于20世纪初在新疆尼雅发现的古葡萄园时说：

> 对于此地所起大变动的特别动人的证据是离小桥不远，大约遭受风蚀围以高沙丘的一片低地之中，找到一所很大而保存很好的果园遗址，各种果树同葡萄架的行列都很整齐，死去虽已16个世纪，而犹罗罗清疏，可以考见。③

施坦因所见的废弃葡萄园应该已看不出棚架，但葡萄架的整齐说明了这是人工种植的，因为这种植物不能自举，得靠人工搭架子。应该注意到，这个葡萄园废弃于大约3—4世纪，远早于耶律楚材那些诗作的年代。单靠这些诗和施坦因的发现并不足以说明这种架式传播的方向，但将出土文书等众多证据综合起来，还是可以看出端倪。

段成式转述的庾信和尉谨等人的对话中，尉谨注意的也是葡萄架："乃园种户植，接荫连架。"④

明代的陆容注意到京师一带也要引葡萄上架："盖京师种葡萄者，冬则盘屈其干而庇覆之，春则发其庇而引之架上，故云。"⑤

陈习刚指出，宋人"还重视葡萄的日常管理工作，如灌溉和防冻问题"，"宋时葡萄栽培，仍采棚架技术"。⑥

葡萄栽培技术

李时珍对葡萄的生长也有详细描述：

> [时珍曰]葡萄，折藤压之最易生。春月萌苞生叶，颇似栝楼叶而有五尖。生须延蔓，引数十丈。三月开小花成穗，黄白色。仍连着实，星编珠聚，七八月熟。⑦

唐代大诗人刘禹锡自己种葡萄，他在前引《葡萄歌》诗中对葡萄种植过程有过详细的描绘，他描述

①耶律楚材：《十七日早行始忆昨日立春》，载《湛然居士文集》卷六，谢方点校，中华书局，1986，第一三四至一三五页。

②耶律楚材：《赠蒲察元帅七首》，载《湛然居士文集》卷五，谢方点校，中华书局，1986，第九一页。

③[英]斯坦因：《西域考古记》，向达译，商务印书馆，2013，第107页。

④段成式：《酉阳杂俎》前集卷十八《广动植之三》，张仲裁译注，中华书局，2017，第710页。

⑤陆容：《菽园杂记》卷五，载陆容、杨慎、龙遵叙著《菽园杂记 升庵外集 饮食绅言》，中国商业出版社，1989，第28页。

⑥陈习刚：《五代辽宋西夏金时期的葡萄和葡萄酒》，《南通师范学院学报（哲学社会科学版）》2004年第20卷第2期。

⑦李时珍：《李时珍医学全书·本草纲目》卷三十三《果部五》，夏魁周校注，中国中医药出版社，1996，第830页。

了藤蔓植物缠绕攀爬的样子，又在诗中描述了修剪、立架、灌溉，还观察到葡萄所结果实自带酵母的样子（马乳带轻霜），并用之酿酒。[1]

元初，至元十年（1273年），此时元已灭金，尚未并宋，正值黄河流域因多年战乱而生产凋敝之际，元司农司召集多人编写的《农桑辑要》完成，选辑了古代至元初农书的有关内容，为指导农业生产之用。其中这样描述种葡萄：

> 蒲萄蔓延性缘，不能自举，作架以承之。叶密阴厚，可以避热。（注：十月中去根一步许，掘作坑，收卷蒲萄，悉埋之。近枝茎薄，安黍穰弥佳，无穰，直安土亦得。不宜湿，湿则冰冻。二月中还出，舒而上架。性不耐寒，不埋则死。其岁久根茎粗大者，宜远根作坑，勿令茎折，其坑外处，亦掘土并穰培覆之。）
>
> 《博闻录》：蒲萄：宜栽枣树边。春间，钻枣树作一窍，引蒲萄枝从窍中过。蒲萄枝长，塞满窍子，斫去蒲萄根，托枣根以生。其肉实如枣。北地皆如此种。[2]

元代维吾尔族人鲁明善所撰，成书于延祐元年（1314年），又于至顺元年（1330年）再次刊刻的《农桑衣食撮要》是中国古代一部著名的为便于安排一年农事而按月令体裁撰写的农书。元刊本现已失传。收入《四库全书》的明代早期刻本是从《永乐大典》中辑录出来的。书中记载葡萄扩繁用扦插之法，描述了扦插之法、灌溉之法和冬季埋土防寒之法。

> 预先于去年冬间截取藤枝旺者，约长三尺，埋窖于熟粪内，候春间树木萌芽发时取出，看其芽生，以藤签萝卜内栽之，埋二尺在土中，则生根，留三五寸在土外。候苗长，牵藤上架。根边常以煮肉肥汁放冷浇灌，三日后，以清水解之。天色干旱，轻锄根边土，浇之。冬月用草包护，防霜冻损，二三月间皆可插栽。[3]

乾隆二年（1737年），清高宗乾隆皇帝敕命大学士鄂尔泰、张廷玉等40余人纂修的《钦定授时通考》汇辑了前人关于农业方面的著述，为清朝第一部大型官修综合性农书。其中，描述"天时"门二月应行农事时，将葡萄列为"下子、扦插、栽培、压条"中的扦插类。[4]

《钦定授时通考》引用了《种树书》《群芳谱》《广群芳谱》等多种书籍，同时体现出中国古代人民的智慧与谬误。《群芳谱》全名《二如亭群芳谱》，系明末农学家王象晋所著，初刊于天启元年（1621年），清康熙四十七年（1708年）汪灏、张逸少等人奉敕在《群芳谱》基础上进行扩充而成《广群芳谱》一百卷。《钦定授时通考》引用了《群芳谱》中葡萄种植法：

> 取肥枝如拇指大者，从有孔盆底穿过，盘一尺于盆内，实以土，放原架下，时浇之。候秋间生根，从盆底外截断，另成一架。浇用冷肉汁或米泔水，又收藏。北方天寒，初冬须以草裹埋地中尺余。候春分后取出，卧置地数日，然后架起。子生时，去其繁叶，使沾风露，则结子肥大。[5]

这种种植法，除利用有孔之盆、用肉汁灌溉外，其余如埋土、上架、疏叶，现在仍在实践，特别是

---

①刘禹锡：《葡萄歌》，载陈贻焮、郝世峰主编《全唐诗》第二册，文化艺术出版社，2001，第1530页。
②司农司：《桃·樱桃葡萄附》，载《农桑辑要（二册）》，中华书局，1985，第九二页。
③《农桑衣食撮要》，卷上，第八页。
④鄂尔泰等：《钦定授时通考（全二册）》卷三，吉林出版集团有限责任公司，2005，第四七页。
⑤鄂尔泰等：《钦定授时通考（全二册）》卷六十三，吉林出版集团有限责任公司，2005，第九二〇页。

丝
绸
之
路
上
的
葡
萄
酒

埋土，已成了中国北方特有的操作。

明代的徐渭在园中种有葡萄，因其进口自中亚，可能是欧亚种，有一年严寒，很多果树冻死了，即使没冻死，也结果不多。徐渭描述了他鸟口夺食的经历，从描述看，这树葡萄似乎用棚架种植：

> 去冬雪作殃，无物不冻死。橘柚断衢州，松柏亦多瘴。
>
> 园有月支藤，盘曲四五咫。结实苦不多，一斛有余委。
>
> 迨其堪落时，丸丸挂珰水。一日十挈竿，与鸟争啖舐。[①]

中国古代对葡萄的扩繁极为重视，压条移栽较为普遍。东汉人崔寔在其农书《四民月令》中，按月描述了当月农事："二月……自是月尽三月，可掩树枝。"[②]对"掩树枝"，注曰："埋树根枝土中，令生；二岁以上，可移种之。"[③]

《四民月令》这项描述并未专门针对葡萄，贾思勰《齐民要术》在引用时列在种树项下，并同时引用崔寔的说法，冬季整月均可移任何树，但果树除外，如果每月十五日之后移栽果树，结果会少：

> 崔寔曰："正月，自朔暨晦，可移诸树：竹、漆、桐、梓、松、柏、杂木。唯有果实者，及望而止，望谓十五日。过十五日，则果少实。"[④]

相比之下，利用枝条的扦插法似无此限制。《齐民要术》和《种树书》都描述了本自《食经》的扦插：

> 《食经》曰："种名果法：三月上旬，斫取好直枝，如大母指，长五尺，内著芋魁中种之。无芋，大芜菁根亦可用。胜种核；核三四年，乃如此大耳。可得行种。"[⑤]

《种树书》的注者讲了一个"苴莲梨"的故事：

> 据范树隆同志谈，他们五五年在甘肃武都进行梨调查时，即发现一个名叫"苴莲梨"的品种。经访问了解的结果，该品种系当地老乡以当地红梨的枝条，插入苴莲（即球茎甘蓝）的球茎中扦插培育而成。颇类似果木枝条插入芋魁或大蔓菁根的种法。[⑥]

看来扦插扩繁是果树的常见方法。

托枣以生

将葡萄和枣树栽在一起"托枣以生"的方法早有记录。假托唐人郭橐驼之名的《种树书》可能是元末明初俞宗本所著：

> 葡萄，欲其肉实，当栽于枣树之旁。于春钻枣树上作窍子，引葡萄枝入窍中透出。至

①徐渭：《理葡萄》，载《徐文长全集》，周郁浩校阅，广益书局，1936，第二四页。
②崔寔：《四民月令校注》，石声汉校注，中华书局，2013，第二二页。
③崔寔：《四民月令校注》，石声汉校注，中华书局，2013，第二三页。
④贾思勰：《齐民要术（全二册）》卷四《栽树第三十二》，石声汉译注，石定枎、谭光万补注，中华书局，2015，第414页。
⑤贾思勰：《齐民要术（全二册）》卷四《栽树第三十二》，石声汉译注，石定枎、谭光万补注，中华书局，2015，第414页。
⑥俞宗本：《种树书》，康成懿校注，辛树帜校阅，农业出版社，1962，第六八页。

二三年，其枝既长大，塞满树窍，便可斫去葡萄根，讬枣根以生，便得肉实如枣，北地皆如此法种。[1]

李时珍也引宋代《物类相感志》说："其藤穿过枣树，则实味更美也。"[2]

直到二十世纪五六十年代的当代，在园艺实践中，还有人做过试验，《种树书》的注者记载了用古法嫁接枣树的试验：

> 这种接葡萄于枣的方法，现在是否保存于农村？《生物学报》五七年三月号，王德邻同志在《祖国农学遗产中的优异事例》一文中，已有介绍。最近我们闻绥德有过这种方法，曾函询绥德县农业科学研究所，得到了张福瑞同志的答复，摘录如下。
>
> "我县薛家峁公社，薛家峁生产队戴庭轩于五八年进行此一工作（地点是戴家梁山上）。其作法：葡萄藤栽在枣树约二尺远，枣树主干约一寸五分，葡萄枝蔓粗约三分，蔓长三尺多时。于春季清明时进行嫁接，首先在枣树干距离地面一尺左右处，钻成约三分的孔，把葡萄蔓从孔中拉过，把葡萄蔓靠枣树的内皮（即形成层处）接触处，用刀刮去葡萄蔓的老皮，达到呈现绿色即可（刮时勿太重，勿折蔓，否则易流水——伤流），然后用猪油黄蜡作成涂剂。将枣树两边的孔（口）涂好，勿使风、土、水钻入。然后培土，一直埋土于嫁接口上方（把葡萄一面蔓全部埋住）。此试验自五八年春进行后，尚未把葡萄根截断，据云怕因切断而死去。葡萄所结的颗粒，的确带有枣味。但还不算是成功。又戴庭轩谈他这种嫁接方法，是白家、公楼子沟生产队白兴年老汉告诉他的。白老汉已有三十至四十年的接树经验。我们又派人到白老汉处了解，据他说，这种方法，乃闻之义和公社生产队果农□楼所言（其人早已去世），他自己未做过试验，据他所闻，接活后，可把葡萄从根处切断，其他方法，与戴庭轩同。"[3]

葡萄托枣而生声名远扬，清末传教士在《中国杂纂》中说到怀来县的葡萄比较大时就说，这可能和气候有关：

> 如果书上说的是真的，它最初来自这样一个事实，即我们的葡萄生长在枣树上。[4]

埋土防寒

陈习刚研究了吐鲁番出土文书，特别是其中的一些葡萄园买卖文书，他将出土文献和传世文献两相对照，分析了吐鲁番应用的一些技术对提高葡萄的产量和质量的作用：一些稍大的葡萄园建有围墙，葡萄园内普遍建有灌溉设施，葡萄园内道路和周边交通是否便利是评估一个葡萄园价值的重要因素，针对藤蔓植物普遍使用支架，很可能以棚架式为主，其他还包括嫁接和埋土防寒技术。这些技术有些广为采用，有些中国独有，比如《圣经》中的葡萄园就可能建有围墙：

①俞宗本：《种树书》，康成懿校注，辛树帜校阅，农业出版社，1962，第五十六页。
②李时珍：《李时珍医学全书·本草纲目》卷三十三《果部五》，夏魁周校注，中国中医药出版社，1996，第830页。
③俞宗本：《种树书》，康成懿校注，辛树帜校阅，农业出版社，1962，第六十五至六十六页。
④Amiot Joseph Marie, *Mémoires concernant l'histoire, les sciences, les arts, les moeurs, les usages, etc. des Chinois* (Paris: Chez Nyon, 1784), p.498.

耶和华的使者就站在葡萄园的窄路上，这边有墙，那边也有墙。[①]

现在我告诉你们，我要向我葡萄园怎样行：我必撤去篱笆，使它被吞灭；拆毁墙垣，使它被践踏。[②]

"埋土防寒"可能为中国独有，但陈习刚认为，"北方冬季严寒，葡萄易受冻而死"且"踏浆"是"葡萄越冬防寒工作"之一或有偏颇。[③]

埋土防寒是一种古老的方法，古人也很早就注意到葡萄怕冷：

十月中，去根一步许，掘作坑，收卷蒲萄，悉埋之。近枝茎薄安黍穰弥佳，无穰，直安土亦得。[④]

不宜湿，湿则冰冻。[⑤]

性不耐寒，不埋即死。[⑥]

其岁久根茎粗大者，宜远根作坑，勿令茎折。其坑外处，亦掘土并穰培覆之。[⑦]

埋土防寒是中国特有的技术要求，但这和中国冷热同季，冬天气候干燥寒冷有关，而且干燥是主要因素，这种大陆性气候和大部分葡萄种植地区的地中海型气候很不同。这些地区冬季潮湿，比如纽约州周边也防冻害，而其所防冻害是传输水分的细胞管路因水分结冰撑破造成葡萄植株死亡，这和中国的所谓"冻害"实际是因为冬眠的芽苞因过于干旱而死大不相同。中国很早就开始"埋土防寒"，但这和"严寒"的关系还有待进一步研究确认。唐代的《四时纂要》有"盘瘗，（埋）蒲桃""舒蒲桃上架"的说法，但只描述了埋土，并未说埋土的原因。

吐鲁番出土文书中有"踏浆"一语，陈习刚原认为此"浆"系指"泥浆"，和埋土防寒有关，因为这道工序在农历十月进行，正在葡萄植株埋土防寒之前。但农历十月又是葡萄采收季节，即将酿酒。富含糖分的葡萄汁液原来包裹在葡萄皮里面，而葡萄自带的酵母又寄生在葡萄皮表面。将葡萄破碎，让汁液流出和酵母充分接触在依靠天然酵母发酵的古代至关重要。而破碎葡萄最常用的方法就是用脚踩。所以"踏浆"也有可能是指踩碎葡萄，而非防寒。陈习刚后来认为"踏浆"是指破碎葡萄，"浆"是葡萄自有之"浆"，而非"泥浆"。[⑧]这种看法大概更加符合实际情况。

葛承雍指出：

当时高昌使用"踏浆之法"，即脚踩破或用木棒捣碎葡萄颗粒使果汁与果皮酵母接触后发酵的方法，与今日欧洲小型酒厂沿用方法非常相似。[⑨]

在工业化、自动化广泛应用的今天，大部分酒厂都已使用工业酵母，破碎以使汁液流出仍是一道重要工序，只不过破碎越加轻柔，刚刚可以压破葡萄皮，让汁液自然流出。如果制作红葡萄酒，需要将汁

① 选自《圣经·旧约·民数记》22：24。
② 选自《圣经·旧约·以赛亚书》5：5。
③ 陈习刚：《吐鲁番文书所见唐代葡萄的栽培》，《农业考古》2002年第01期。
④ 贾思勰：《齐民要术（全二册）》卷四《种桃柰第三十四》，石声汉译注，石定枌、谭光万补注，中华书局，2015，第440页。
⑤ 贾思勰：《齐民要术（全二册）》卷四《种桃柰第三十四》，石声汉译注，石定枌、谭光万补注，中华书局，2015，第440页。
⑥ 贾思勰：《齐民要术（全二册）》卷四《种桃柰第三十四》，石声汉译注，石定枌、谭光万补注，中华书局，2015，第441页。
⑦ 贾思勰：《齐民要术（全二册）》卷四《种桃柰第三十四》，石声汉译注，石定枌、谭光万补注，中华书局，2015，第441页。
⑧ 陈习刚：《吐鲁番文书中的"酱"、"浆"与葡萄的加工、越冬防寒问题》，《古今农业》2012年第2期。
⑨ 葛承雍：《"胡人岁献葡萄酒"的艺术考古与文物印证》，《故宫博物院院刊》2008年第6期（总第140期）。

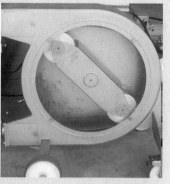

图13.2　图为现代酒厂用于破碎葡萄的转子和蠕动泵，尽量把对葡萄的扰动减至最小，图片由吴业飞拍摄

液和果皮一起浸渍；如果制作白葡萄酒，须将汁液和果皮分离，则会使用气囊压榨等对葡萄较少干预的设备。之前使用脚踏，也是因为人的肉脚比机器对葡萄的损害要小。直到今天葡萄牙的波特酒仍采用踩踏破碎法[1]，一些酒庄为了市场运作目的也会踩葡萄庆丰收。

脚踩葡萄的处理既很古老又持续到今日，所谓"踏浆"很可能是指用这种办法酿酒，而不是防寒。

种植户

元代就有了专业种葡萄的种植户出现。

> 四年……十二月……甲戌，敕驸马爱不花蒲萄户依民例输赋。[2]

> 初，诏遣宋新附民种蒲萄于野马川晃火儿尔不剌之地，既献其实，铁哥以北方多寒，奏岁赐衣服，从之。[3]

> 中贵可思不花奏采金银役夫及种田西域与栽蒲萄户，帝令于西京宣德徙万余户充之。[4]

这些"宋新附民"到这些地方种葡萄并"献其实"，成了葡萄种植户。元西京为今天的山西大同，辖下宣德府府治就在今张家口市宣化区，这位大臣奏请向西域迁徙金银役夫和种田、栽葡萄户，皇帝就令宣德府迁过去一万多户，可见那时宣化一带已有葡萄种植户。

元世祖忽必烈登基之初罢太原、平阳两路进贡葡萄酒时，特意将葡萄园还给种植者：

> （元贞）二年……三月……罢太原、平阳路酿进蒲萄酒，其蒲萄园民恃为业者，皆还之。[5]

晚清入侵北京（1860年）的英国军队中的一名士兵在后来的回忆录中描述了进军北京的见闻，当时他们在天津以外，可能还没到大沽口，进入了一处葡萄园：

[1] Wine & Spirit Education Trust, *Understanding wines: Explaining style and quality* (Hitchin: Wayment Print & Publishing Solutions Ltd., 2016), p.192.
[2] 宋濂：《元史（全十五册）》卷五《本纪第五·世祖二》，中华书局，1976，第九五页。
[3] 宋濂：《元史（全十五册）》卷一百二十五《列传第十二·铁哥传》，中华书局，1976，第三〇七页。
[4] 宋濂：《元史（全十五册）》卷一百四十六《列传第三十三·耶律楚材传》，中华书局，1976，第三四五八页。
[5] 宋濂：《元史（全十五册）》卷十九《本纪第十九·成宗二》，中华书局，1976，第四〇二至四〇三页。

我们将马留在树阴下给龙骑兵们看管，然后进入一处菜园，在里面我们发现一大片非常茂密的葡萄树，如此繁茂的果树真是难得一见，一串串的葡萄，不管是单个还是整串的大小都要超过我在意大利看到的任何葡萄，漂亮的葡萄棚足足有七英尺高，葡萄藤沿着架子爬上去，上面挂满了密密麻麻的葡萄，看起来就像个凉棚，若能坐在下面用早餐，估计皇帝都会羡慕。①

从其描述来看，粒大且用棚架，这很可能是鲜食葡萄。英军推进到河西务时，又有大量的葡萄，都不做酒：

　　巴克斯专门负责葡萄，但是他这个人太好酒，目前要想从我所在的地方找葡萄酒喝，恐怕只能白费工夫。这里只有一些果酒之类的东西，但是和葡萄没有任何关系。不过，河西务的葡萄是我见过的葡萄中最为丰盛的。……他们打开另一扇门出了屋子，这扇门通向一片葡萄园，如此硕果累累的葡萄，我以前从未见过，相信以后也不会再看到。棚架上全是葡萄藤，枝叶非常茂密，即便是最强烈的太阳光也无法穿透。葡萄棚约40码长，15码宽，15到20码高，从棚顶到边缘挂满了一串串的葡萄，不管是大小、形状、新鲜程度，还有味道都胜过我以前见过的葡萄。才一分钟工夫，好几串不同品种的最好的葡萄就落入我的篮子任我处置，我很快将它们一扫而光，一颗颗葡萄味道之清凉犹如夜晚的露珠，究竟吃了多少串，我几乎都不好意思回忆。吃完这些，我又给我的同伴们选了一大篮最好的。②

是否用葡萄做酒至少和两个因素有关：这个地方是否大量生长这种原料，这里是否有优势显著的替代品。这里的葡萄可能在唐朝安史之乱前就被经商又聚居的粟特人引进，但从这里并未以葡萄酒为主、临近的朝鲜半岛未见葡萄酿酒痕迹来看，此地种植酿酒葡萄不是太过昂贵就是葡萄酒的替代品谷物酒优势明显。无论如何，1860年左右，京津地区确有以种植葡萄为业的种植户。

---

①[英]麦吉：《我们如何进入北京——1860年在中国战役的记述》，叶红卫、江先发译，中西书局，2011，第79页。
②[英]麦吉：《我们如何进入北京——1860年在中国战役的记述》，叶红卫、江先发译，中西书局，2011，第100—101页。

关于蒸馏酒的起源一直有多种说法。但蒸馏器可以有多种用途，可以用来蒸馏多种物质，单从一种器具是蒸馏器这一点，得不到该器具用来制作蒸馏酒的结论。海昏侯墓出土的蒸馏器具很有可能用于蒸馏酒，如果此说确实，就会将中国出现蒸馏酒的历史推前到西汉，较李时珍的说法提前一千多年。至少在公元前的西汉皇室，蒸馏器已经用于蒸馏酒，有可能这一技术没有在民间得到扩散。

蒸馏又和酿造完全不同。酿造是将淀粉转化为糖、又将糖转化为酒精的化学过程，而蒸馏的过程是完全的物理过程。蒸馏的目的是浓缩液体中的酒精还是浓缩原来溶解于液体中的内容物可能也不同。如果以浓缩内容物为目的，而内容物又没有随溶剂升腾，单单加热就可以达到目的；而如果为了浓缩酒精，若只煮而没有凝结，遇热逸出的蒸汽一定富含酒精，剩下的部分只会越来越清淡，甚至像水一样。如果蒸馏酒自元代滥觞，则元以前及元前期即使偶有蒸馏酒也未普遍。中国的固态发酵技术起源于何时虽然还未定论，但先将糖化和酒化微生物接入曲中，再将曲拌入大批量生产所需的谷物中这种以曲酿酒、曲中既有糖化剂又有酒化剂的技术路线将糖化和发酵两个过程合二为一，不仅使得以曲酿酒独特技术得以发明，还使得拌有曲的发酵物只能是固态。

第十四章 蒸馏法

蒸馏器

关于蒸馏酒起源有不同的看法。李时珍认为蒸馏酒出现在元朝，一些学者认为出现于唐宋，还有人认为出现在秦汉。[1]争论早已有之，清末民初的徐珂记录道：

> 张文襄公尝因置酒，问坐客以烧酒起于何时。时侯官陈石遗学部衍亦在坐，则起而对曰："今烧酒，殆元人所谓汗酒也。"文襄曰："不然，晋已有之。陶渊明传云，五十亩种秫，五十亩种稻。稻以造黄酒，秫以造烧酒也。"陈曰："若然，则秫稻必齐，《月令》早言之矣。"文襄急称秫稻必齐者再，且曰："吾奈何忘之！"[2]

陈剑梳理了前人的考古发现和研究认为，尽管有学者认为中国最早的并可能用于蒸馏酒的蒸馏设备发现于商代（殷墟妇好墓出土的青铜汽柱甑），又有定年在汉、唐、宋的蒸馏器被陆续发现，但这些蒸馏器既可以蒸馏酒，也可以用于提取花露或蒸取某种药物的有效成分。内蒙古巴林左旗和河北省青龙县出土的酿酒锅为蒙元时期的制造设备，也是我国目前所见最早的蒸馏酒酿造装置。水井街酒坊遗址和李渡烧酒作坊遗址均发现了明代的白酒生产专用蒸馏器遗存。就目前已有的考古实物资料并结合文献记载内容来看，白酒蒸馏技术萌芽于宋，完善于元，发展于明清。甑式蒸馏器源于中国本土，但陈剑认为"用蒸馏的方法制取烧酒，蒸馏酒器无疑是关键的技术设备，因而蒸馏酒的起始问题，就是蒸馏器的出现问题"。[3]

问题是蒸馏技术不仅可用于蒸馏酒，也可用于提取各种菁华。中国文献中很早就有蒸馏技术用于炼丹、制药的记载，[4]但未必用于蒸馏酒。蒸馏酒的起始问题，不是蒸馏器的出现问题，而是蒸馏酒器的出现问题。有学者认为从有无蒸馏器推论有无蒸馏酒是不得已而为之，因为"考古发现中虽有酒类遗存相继问世，但始终缺乏直接辨别蒸馏酒的有效方法。在这一背景下，蒸馏器具就成为探讨酿酒蒸馏工艺的重要依据。"而在其文中，茶艺所用之釜、甑又被大加探讨："一般来说，蒸馏与制茶工艺无关。不过，唐宋时期一度流行的蒸茶工艺，所用器具普遍为釜、甑等，与先秦两汉时期的分体甗不无相通之处。"[5]这实际在说釜甑也用于蒸茶，考古发现中发现蒸馏器具和蒸馏酒不是必然有关。

南宋张世南描述了如何用甑得到花露：

> 以笺香或降真香作片，锡为小甑，实花一重，香骨一重，常使花多于香。窍甑之傍，以泄汗液，以器贮之。毕，则彻甑去花，以液渍香，明日再蒸。凡三四易，花暴干，置磁器中密封，其香最佳。[6]

文中得露的关键则是在甑之旁开一口，以泻汗液，甘露必然是花香升华为气后凝结而成。同样是宋代的周去非描述了炼水银之法，用的也是蒸馏：

> 桂人烧水银为银朱，以铁为上下釜，下釜如盘盂，中置水银，上釜如盖，顶施窍管，其管上屈，曲垂于外。二釜函盖相得，固脐既密，则别以水浸曲管之口，以火灼下釜之底，水

---

①周嘉华：《苏轼笔下的几种酒及其酿酒技术》，《自然科学史研究》1988年第7卷第1期。

②徐珂：《清稗类钞》第一三册，中华书局，1986，第六三二二页。

③陈剑：《古代蒸馏器与白酒蒸馏技术》，《四川文物》2013年第6期。

④周嘉华：《苏轼笔下的几种酒及其酿酒技术》，《自然科学史研究》1988年第7卷第1期。

⑤钱耀鹏：《从"匪腰"甑管窥唐代的蒸馏器》，《南方文物》2020年第06期。

⑥张世南：《游宦纪闻》卷五，张茂鹏点校，中华书局，1981，第四五页。

银得火则飞，遇水则止。火燠体干，白变而丹矣。其上曰头朱，次曰次朱，次者不免杂以黄丹也。[1]

这里明确说凝结剂是水。宋代蔡绦所描述的制作蔷薇水方法也是蒸馏法：

> 旧说蔷薇水，乃外国采蔷薇花上露水，殆不然。实用白金为甑，采蔷薇花蒸气成水，则屡采屡蒸，积而为香，此所以不败。但异域蔷薇花气，馨烈非常。故大食国蔷薇水虽贮琉璃缶中，蜡蜜封其外，然香犹透彻，闻数十步，洒著人衣袂，经十数日不歇也。至五羊效外国造香，则不能得蔷薇，第取素馨茉莉花为之，亦足袭人鼻观，但视大食国真蔷薇水，犹奴尔。[2]

明代方以智也描述了以蒸馏之法制造花露：

> 蒸露法　铜锅平底，墙高三寸，离底一寸，作隔，花钻之使通气，外以锡作馏盖盖之，其状如盏，其顶圬，使盛冷水。其边为通槽，而以一味流出其馏露也。作灶以砖二层，上凿孔，以安铜锅。其深寸，锅底置砂，砂在砖之上，薪火在砖之下。其花置隔上，故下不用水，而花露自出。[3]

明代宋应星描述的炼丹的情况也是用的蒸馏法：

> 上盖一釜，釜当中留一小孔，釜傍盐泥紧固。釜上用铁打成一曲弓溜管，其管用麻绳密缠通梢，仍用盐泥涂固。煅火之时，曲溜一头插入釜中通气，一头以中罐注水两瓶，插曲溜尾于内，釜中之气达于罐中之水而止。共煅五个时辰，其中砂末尽化成汞，布于满釜，冷定一日，取出扫下。[4]

元代司农司在述及缫丝时也提及"蒸馏茧法"：

> 其蒸馏之法，用笼三扇，用软草扎一圈，加于釜口；以笼两扇，坐于上（其笼不论大小）。笼内匀铺茧，厚三四指许。频于茧上，以手背试之：如手不禁热，可取去底扇，却续添一扇在上。亦不要蒸得过了。[5]

清廷的武英殿东梢间用于储藏西洋药品和各种花露，西洋堂曾归武英殿管理，所以所存多西洋之药。露房这个名字应该来自花露，以花露起名也说明了蒸馏花露的重要和历史之长。

> 武英殿有露房，即殿之东梢间，盖旧贮西洋药物及花露之所。甲戌年夏，查检此房，瓶贮甚多，皆丁香、豆范、肉桂油等类。油已成膏匙匕，取之不动。又有狗宝、鳖宝、蜘蛛宝、狮子宝、蛇牙、蛇精等物。其蜘蛛宝黑如药丸，巨若小核桃，其蛛当不细矣。又有曰"德力雅噶"者，形如药膏。曰"噶中得"者，制成小花果，如普洱小茶糕。监造列单，交造办处进呈，上分赐诸臣，余交造办处。旧传西洋堂归武英殿管理，故所存多西洋之药。此

①周去非：《岭外代答》卷七，上海远东出版社，1996，第164页。
②蔡绦：《铁围山丛谈》卷第五，冯惠民、沈锡麟点校，中华书局，1983，第九七至九八页。
③方以智：《物理小识（上、下）》，孙显斌、王孙涵之整理，湖南科学技术出版社，2019，第四一六至四一七页。
④宋应星：《天工开物译注》卷下《丹青第十四》，潘吉星译注，上海古籍出版社，2016，第255页。
⑤司农司：《蒸溜茧法》，载《农桑辑要（二册）》，中华书局，1985，第137页。

次交造办处而露房遂空，旧档册悉焚。于是露房之称始改矣。①

《红楼梦》第八回《比通灵金莺微露意　探宝钗黛玉半含酸》中写道：

> 宝玉吃了半盏，忽又想起早晨的茶来，问茜雪道："早起沏了碗枫露茶，我说过，那茶是三四次后才出色，这会子怎么又斟上这个茶来？"茜雪道："我原留着来着，那会子李奶奶来了，喝了去了。"宝玉听了，将手中茶杯顺手往地下一摔，豁朗一声，打了个粉碎，泼了茜雪一裙子。又跳起来问着茜雪道："他是你哪门子的'奶奶'，你们这样孝敬他？不过是我小时候儿吃过他几日奶罢了，如今惯的比祖宗还大！撵出去大家干净！"说着立刻要去回贾母。②

惹得贾宝玉大发雷霆的不是茶，而是茶中调的枫露。即使贾宝玉早就对李嬷嬷心存芥蒂，想找个借口发通火，这也是个拿得出手的借口。可见枫露在宝玉心中的位置。

第三十四回《情中情因情感妹妹　错里错以错劝哥哥》中宝玉被父亲责打，王夫人便送给宝玉两瓶香露，即木樨清露和玫瑰清露：

> 袭人看时，只见两个玻璃小瓶，却有三寸大小，上面螺丝银盖，鹅黄笺上写着"木樨清露"，那一个写着"玫瑰清露"。袭人笑道"好金贵东西！这么个小瓶子，能有多少？"王夫人道："那是进上的。你没有见鹅黄笺子？你好生替他收着，别糟蹋了。"③

第六〇回《茉莉粉替去蔷薇硝　玫瑰露引来茯苓霜》中说：

> 芳官拿了一个五寸来高的小玻璃瓶来，迎亮照看，里面有小半瓶胭脂一般的汁子，还当是宝玉吃的西洋葡萄酒。母女两个忙说："快拿旋子汤滚水，你且坐下。"芳官笑道："就剩了这些，连瓶子都给你们罢。"
>
> 五儿听说，方知是玫瑰露，忙接了，谢了又谢。④

第六十一回《投鼠忌器宝玉瞒赃　判冤决狱平儿行权》中，玫瑰露丢失又引发了一场官司：

> ……小蝉又道："正是。昨儿玉钏姐姐说太太耳房里的柜子开了，少了好些零碎东西。琏二奶奶打发平姑娘和玉钏姐姐要些玫瑰露，谁知也少了一罐子。若不是寻露，还不知道呢。"莲花儿笑道："这话我没听见，今儿我到了看见一个露瓶子。"⑤

可见花露的贵重。

清初的法国传教士为了讨好康熙皇帝极尽能事：

> 同时，他们也为皇帝制作药品："蒸馏玫瑰水及其他香水，烈酒、糖浆、果酱，诸如此类，尽其所知所能。"⑥

---

①《清朝野史大观卷二·清宫遗闻》，中华书局，第七十一页。
②曹雪芹、高鹗：《红楼梦》，商务印书馆，2016，第71页。
③曹雪芹、高鹗：《红楼梦》，商务印书馆，2016，第270—271页。
④曹雪芹、高鹗：《红楼梦》，商务印书馆，2016，第504页。
⑤曹雪芹、高鹗：《红楼梦》，商务印书馆，2016，第510页。
⑥白雅诗：《医生、理发手术匠与保教权在华利益——耶稣会士卢依道与高竹在清朝的宫廷》，曹晋译，《清史研究》2017年第3期。

丝绸之路上的葡萄酒

图14.1 大约在1600年出版的《现时代的新发明》（*Nova Reperta*）中的第七幅插图"蒸馏的发明"表现了一家蒸馏厂的工人。雕版尺寸27×20厘米，现藏于纽约大都会艺术博物馆

杨艳丽对明清来华的西洋传教士馈赠的研究表明，中国民间传播最多的西洋药物莫过于药露了。[①]

明代外交家陈诚曾在其《西域番国志》中引《广记》的话说，蔷薇水，"大食国之花露也，五代时藩使蒲河散以十五瓶效贡。"陈诚甚奇其多，直到他到哈烈（阿富汗城市赫拉特）时，正值蔷薇盛开，他"则收拾颟轳甋间，如作烧酒之制。蒸出花汁，滴下成水，以甋瓯贮之，故可多得。以泡酒浆，以洒衣服，香气经久不散。故凡合香品，得此最为奇妙也。"[②]这既暗示了香水为蒸馏器的最早用途，又和蒸馏来自阿拉伯人的理论相合。

严小青在研究了古代中国的蒸馏提香术后，得出结论：中国是最早拥有蒸馏技术的国家；蒸馏提香术与蒸酒术关系密切；中国与阿拉伯蒸馏提香术有各自的发展时间、空间与特色；阿拉伯香水的传入唤起了中国人蒸馏提香意识；清代蒸馏提香术在中国广泛传播，人们对蒸馏器的提香机理认识科学；蒸馏提香融入了古人的养生生活。[③]

古希腊哲学家亚里士多德（Aristotle，公元前384—前322年）曾在其公元前340年左右成书的《天象论》（*Meteorologica*）中提及他做的一个有关蒸酒的实验，说及葡萄酒及其他液体加热蒸发后会成为水。公元前28年，一个来自色萨利（Thessaly）的巫师安纳克西劳斯（Anaxilaus）因在貌似水的液体上点火而被逐出罗马，可能他已经得到了高酒精度的酒精。几乎与其同时的古罗马博物学家、哲学家老普林尼（Pliny the Elder）曾尝试用羊毛悬挂在盛有煮沸树脂的坩埚之上收集松节油。据信是世上第一个炼金术士的佐西默斯（Zosimus）约公元250年生于埃及的潘诺波利斯（Panopolis），曾致力于处理法老的尸体使其不腐，他给出炼金术的定义即"研究水的构成、运动和生长，提取其菁华"的学问。不过公认的蒸馏之父是现在伊拉克地区的一位古代穆斯林，阿布·穆萨·贾比尔·本·哈延（Abu Musa Jabir ibn Hayyan），他更简单的名字叫盖博（Geber）。他在8世纪末用金属冷凝管取代羊毛来收集蒸汽中的菁华。盖博的蒸馏器成为今天各种壶式蒸馏器的基本形式。也许盖博蒸馏器并没有用来蒸

①杨艳丽：《明清之际西洋医学在华传播》，硕士学位论文，暨南大学，2007。
②陈诚：《西域番国志》，载《西域行程记 西域番国志 咸宾录》，周连宽点校，中华书局，2000，第115—116页。
③严小青：《中国古代的蒸馏提香术》，《文化遗产》2013年第5期。

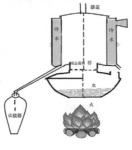

图14.2 左为南昌海昏侯墓室格局，蒸馏器出土于酒器区；右上为出土的蒸馏器，右下为该蒸馏器组装后使用方式示意图

酒，但公元9世纪初的一位阿拉伯诗人阿布·努瓦斯（Abu Nuwas）的一首诗似乎暗示酒精得到了浓缩，他在诗中要了三种葡萄酒，随着诗的进展这些酒越来越强烈。诗人描述最后一种葡萄酒有着"雨水一样的色泽，在肋骨中像火焰一样灼烧"。[1]

罗志腾认为蒸馏器起源自元朝，这又和从阿拉伯传入的观点相左，也和考古发现不同。最有名的考古发现大概是2011—2016年在南昌郊外抢救性发掘所发现的海昏侯墓园，其中最大的一座墓，墓主人被认定为当过27天皇帝的第一任海昏侯刘贺，在他的墓中发掘出了一套完整的蒸馏设备。这套设备下有加热液体的釜，中有双层壁的中筒，上有盖。中筒上部有注水口直通夹层，下部有可和夹层相连的龙形流口，注水口和这个流口配套，可向夹壁的中空层加入冷的液体并排出或在筒外循环。另有一流口和筒内下部的凹槽相连，可以另有容器承接被釜加热蒸发再在中筒内壁凝结的液体。中筒下部有箅子，可使下面釜中加热蒸发的蒸汽通过。中筒和釜可以严密衔接，可使釜内加热升腾的蒸汽直接进入内筒，夹壁内空间自成体系。

这套设备有完整的加热挥发装置、冷凝装置、收集装置，是功能完善的蒸馏器，对此专家们基本没有异议，但对其用途却有不同的理解。来安贵等人认为这套设备既是蒸煮某些食物的蒸煮器，出土时发现其上部有芋头、菱角等物的残留即明证，又是完备的蒸馏器。[2]刘爱华主要基于三点理由倾向于认为它是与低烈度白酒酿造有关的蒸馏器：第一，这套器具结构复杂、完整，有天锅、地锅、导引管和馏口，至少是一种蒸馏器具；第二，这套器具在海昏侯墓酒具库中出土，从这个意义上来说，它可能和酒有关；第三，该器具出土时其内的残留物经过科学鉴定为芋头。芋头属于薯类，薯类是制作白酒的常见原料之一，在日本曾经被用来酿造过低烈度白酒。[3]

但是蒸馏器可以有多种用途，用来蒸馏多种物质，单从一种器具是蒸馏器这一点，得不到其用来制作蒸馏酒的结论。酒具库是考古学家根据一起出土的其他器物给墓室中的不同区域起的名字。这套设备

①Stephenson（2015）pp.10-12。
②来安贵、赵德义、曹建全、周利祥、王海平：《海昏侯墓出土蒸馏器与中国白酒的起源》，《酿酒》2018年第45卷第1期。
③刘爱华：《西汉海昏侯国酒俗文化考略——以南昌海昏侯墓出土筵席器具为例》，《中原文化研究》2019年第6期。

出土于酒具区大大增加了它用于蒸馏酒的可能性，但紧邻酒具区的是餐具区，而且这套设备若是用于制药或炼丹，也不好将其和乐器、钱粮、衣笥、武器、文书、娱乐用品、车马和乐车放在一起。这套设备出土于酒具区并不必然能得到其用于蒸馏酒而非取得药物或花露菁华的结论。刘爱华也只说古代熬药器的假设不可信，但没有排除其可能性，又说，"当然，海昏侯墓出土的这套大型蒸馏器是否与低烈度白酒有关，还有待于出土资料的进一步考证，但可以肯定的是它是一种酿酒器具。"刘爱华既说这套大型蒸馏器是否与低烈度白酒有关还有待于出土资料的进一步考证又说这是一种酿酒器具，想必区分了蒸馏和酿造的不同，但如何能肯定这是一种酿酒器具呢？这套设备出土时发现有芋头的残留物也许可以强化这一观点，但芋头的主要成分是淀粉，要将其变为酒精就少不了将淀粉转化为糖的糖化剂和将糖转化为酒精的酒化剂，当然这样的痕迹不一定能保存下来并且提取出来，但是在提取出来之前，单凭芋头痕迹的存在就下其肯定是酿酒器具的断言还略显草率。

海昏侯墓出土的蒸馏器具很有可能用于蒸馏酒，如果此说为实，就会将中国出现蒸馏酒的历史推前到西汉，较李时珍的说法提前一千多年。至少在公元前的西汉皇室，蒸馏器已经用于蒸馏酒，只是有可能这一技术没有在民间得到扩散。

蒸馏酒

中国尽管很早就酿酒，但对蒸馏酒的文字记录出现得很晚。酿造是将淀粉转化为糖，又将糖转化为酒精的化学过程，而蒸馏的过程又分为升华和凝结两部分，变成气体的过程可能是将被加热液体中沸点各不相同的成分分离出来的过程；也可能在单一的被加热的液体蒸汽升腾的路径上放置需萃取精华的物质（这就是箅子的用处），使得蒸汽吸取精华；也能直接加热箅子上的物质，使其精华升华成气体升腾（以上称为水中蒸馏和水上蒸馏）。但无论如何，升腾的气体都要凝结，这都是完全的物理过程，与酿造完全不同。

认定一种酒是否为蒸馏酒的关键判据有两条，一为是否用任何方式凝露以提高酒精度，这也是认定一件器物是否蒸馏器的要点；二为能否产出一定的量，如果蒸馏技术用以制药或炼丹，也是提取精华，但数量可能很少。

1956年，上海博物馆派驻到上海冶炼厂筛选废铜的专业人员挑出了可能是古物的废铜，马承源从中整理出了一个汉代蒸馏器并做了实验，说明这具蒸馏器可以实际蒸馏，"既可以蒸馏酒，又可以提取花露或蒸取某种药物的有效成分。"[①]这件蒸馏器由下部的釜和上部的甑组合而成，甑底设箅，马承源分析其有几种用途：

> 首先是为了间隔待蒸馏的酒醅或药物香料之类而设计的，最初的实验就是使用原器在储料室中放置酒醅蒸馏的。此外，还用原器蒸馏过桂皮，在储料室中填装了桂皮进行蒸馏，结果在蒸馏液中出现了桂皮油的油气，香味极浓，这些蒸馏液至今已保存了七年，香味仍然很好。其次可能是为了提高蒸馏液有效成分纯度的需要之用。如果在储料室内填放密集的填料，釜内的低度酒或其他待蒸馏的液体，加热后通过填料层，起到简单的分馏作用，这是因为上升的气体一部分上升冷却凝露，另一部分在填料层内回环流动，再上升成纯度更高的凝露，这

①马承源：《中国青铜器研究》，上海古籍出版社，2023，第558页。

两种凝露不断地汇集，因而总的就提高了蒸馏液的质量。[1]

先不说回环流动能否必然提升蒸馏液的质量，但储料室容积（算上部分）不大，马承源一次只能填进0.8公斤酒醅，蒸馏20分钟反复多次得到酒精度20.4°—26.6°的酒50毫升，如果蒸馏30分钟，则得到蒸馏液的酒精度下降到了14.7°—15.5°。如果不用算上的储料室空间填上酒醅，而是用酒精度较低的酒直接在釜中加热，采用液态蒸馏，则得到结果：原酒精度51.5°，蒸馏后酒精度79.4°；原酒精度15.5°，蒸馏后酒精度42.5°。这个蒸馏器蒸馏酒的产量太低，马承源只说它是能蒸馏酒或药品或用于炼丹的蒸馏器，却没有下它就是用来蒸馏酒的结论。[2]

很多学者认为，蒸馏酒的痕迹在于将酿成的酒再予蒸烧以提高酒精度，没有把再凝结来浓缩酒精当成蒸馏最重要的特征。李肖认为宋代笔记小说《夷坚志》中讲的"杨四鸡祸"的故事详细记载了宋人制造蒸馏酒的过程，为中国蒸馏酒起源于宋代说提供了坚实的证据。这则故事记述了烧酒作坊技工杨四平时杀鸡残忍，用开水活活将鸡烫死，结果因为烧锅崩裂而受烫伤致死，自己也落了个与鸡一样的下场。这里明确说"沸汤数斛尽倾于厥身"是他致死的原因，并没有关于凝结的描述，不是描述蒸馏酒的制作过程。[3]

田兵则认为"烧酒"之烈为其特征，能点燃者方为"烧酒"。"取露"浓缩了酒之精华，以"烈"为特征大概不错。田氏又说："市肆之可沽到烧酒，还是清朝乾隆以后的事。在此以前的烧酒，还都是大户世家的密酿。……在科学的蒸馏高粱烧酒以前，我国有一段土法露酒时代，像烧酒，但度数不高，是蒸馏，又不是科学方法。在明代的小说上，有提到烧酒的，但不普遍。高粱烧酒之统治市肆，是清朝一代才有的事。"这就又将"蒸馏"和"酿"混为一谈。他所说的"土法露酒"是基于叶子奇关于酒很浓烈的说法，但既然能聚集酒之"菁华"（取露），对于如何"取露"，又语焉不详。[4]

蒸馏的目的是浓缩液体中的酒精还是浓缩原来溶解于液体中的内容物可能完全不同。如果以浓缩内容物为目的，而内容物又没有随溶剂升腾，单单加热就可以达到目的，而如果为了浓缩酒精，若只煮而没有凝结，遇热逸出的蒸汽富含酒精，剩下的部分只会越来越清淡，甚至像水一样，正如亚里士多德的实验结果，而不能浓缩酒液，只有将逸出的蒸汽凝结才能"取其露"。蒸馏方法也不断改进，开始不能"统治市肆"大概不假，但蒸馏一定有凝结的过程。

宋代杨万里曾在《生酒歌》中提到煮酒：

> 生酒清于雪，煮酒赤如血，煮酒不如生酒烈。
>
> 煮酒只带烟火气，生酒不离泉石味。
>
> 石根泉眼新汲将，曲米酿出春风香。
>
> 坐上猪红间熊白，瓮头鸭绿变鹅黄。
>
> 先生一醉万事已，哪知身在尘埃里。[5]

可见煮酒是当时的一种饮酒方法，但酒一煮酒精就会逃逸，如不再凝结，酒精就会减少而不会浓缩，"煮酒不如生酒烈"，显然不是蒸馏。李斌就认为，唐宋文献中有关"烧酒""烧春"的记载，是

①马承源：《中国青铜器研究》，上海古籍出版社，2023，第556页。
②马承源：《中国青铜器研究》，上海古籍出版社，2023，第555—556页。
③李肖：《白酒起源于宋代的新证据》，《北方工业大学学报》2018年第30卷第4期。
④田兵：《酒的史话》，《贵州文史丛刊》1991年04期。
⑤杨万里：《生酒歌》，载北京大学古文献研究所编《全宋诗》第四十二册·卷二二八四，北京大学出版社，1998，第二六二〇五页。

一种温酒方法。①

李华瑞对唐宋以来有关蒸馏酒史料进行了考释和分析，确信"中国蒸馏酒不始于元，而是可上溯到宋代乃至更早的唐朝"②，对此，王赛时表示不以为然，他认为"唐代的葡萄酒并没有采取蒸馏工艺。宋代的烧酒与唐代烧酒的含义完全相同，均不指蒸馏酒。"③冯恩学则认为蒸馏酒起源于辽金。④

花果入烧酒，在清末的京师应为常见。清末民初的徐珂如此描述：

> 京师酒肆有三种，酒品亦最繁。……别有一种药酒店，则为烧酒以花蒸成，其名极繁，如玫瑰露、茵陈露、苹果露、山楂露、葡萄露、五茄皮、莲花白之属。凡以花果所酿者，皆可名露。⑤

利玛窦观察到：

> 中国人酿的酒和我们酿的啤酒一样，酒劲不很大，喝多了也可能会醉，但第二天的后劲并不很难受。⑥

从他的描述可以看出，他说的不像是蒸馏酒，他久在长江以南，这里说的"中国人酿的酒"可能是酿造酒，如黄酒。

《说文解字》"馏"字条说："饭气流也。"⑦

段玉裁注说，"流各本作蒸。……然则饭气流者，谓气液盛流也。……再蒸为馏"。⑧可见中文中"馏"字大概与"蒸"相同。但是，这样的解释没有反映出用以蒸馏酒精的蒸馏器和用来蒸饭的蒸煮器一个明显的区别，这个差别就在于有无冷凝功能和收集承接冷凝得到的液体菁华的装置。

现代对"蒸馏"的解释为：

> 把液体混合物加热沸腾，使其中沸点低的组分首先变成蒸汽，再冷凝成液体，以与其他组分分离或除去所含杂质。⑨

这种解释强调了冷凝步骤，却将蒸馏对象限制为液体。

元代的忽思慧大概最早明确说到蒸馏酒：

> 阿剌吉酒，味甘辣，大热，有大毒。主消冷坚积、去寒气。用好酒蒸熬取露，成阿剌吉。⑩

这段话不仅说阿剌吉是用酒取露而得，又将取得阿剌吉和取得其他菁华的方法、器皿联系起来了。

《饮膳正要》写于1328年，15年后，元代的朱德润为蒸馏酒作赋，详细描述了蒸馏器的构造和造蒸馏酒的过程：

---

①李斌：《唐宋文献中的"烧酒"是否是蒸馏酒问题》，《中国科技史料》1992年第13卷第1期。
②李华瑞：《中国烧酒起始探微》，《历史研究》1993年第5期。
③王赛时：《中国烧酒名实考辨》，《历史研究》1994年第6期。
④冯恩学：《中国烧酒起源新探》，《吉林大学社会科学学报》2015年第55卷第1期。
⑤徐珂：《清稗类钞》第一三册，中华书局，1986，第六三二五页。
⑥利玛窦、金尼阁：《第七章》，载《利玛窦中国札记》第一卷，何高济、王遵仲、李申译、何兆武校，中华书局，1983，第72页。
⑦许慎：《说文解字注》五篇下，段玉裁注，上海古籍出版社，1981，第二一八页。
⑧许慎：《说文解字注》五篇下，段玉裁注，上海古籍出版社，1981，第二一八页。
⑨中国社会科学院语言研究所词典编辑室：《现代汉语词典（第5版）》，商务印书馆，2005，1736页。
⑩忽思慧：《饮膳正要》，中国书店，2021，第二二〇页。

至正甲申冬，推官冯仕可，惠以轧赖机酒，命仆赋之，盖译语谓重酿酒也。……法酒人之佳制，造重酿之良方，名曰轧赖机而色如酊，贮以札索麻而气微香。……观其酿器，扃钥之机，酒候温凉之殊，甄一器而两圈，铛外环而中注，中实以酒，仍械合之无余，少焉，火炽既盛，鼎沸为汤，包混沌于郁蒸，鼓元气于中央，熏陶渐渍，凝结为炀，潏渤若云蒸而雨滴，霏微如雾，融而露瀼，中涵既竭于连灶，顶溜咸濡于四旁，乃泻之以金盘，盛之以瑶缢。……①

朱德润称轧赖机为译名，那时大概没有专名称呼，所以他用了现成的名词，称其为"重酿"——重复酿了几次。重酿虽然可以少许提升酒精度，但仍然突破不了酵母在酒精度过高的环境里无法存活这个事实，所提升酒精度依然有限，重酿不是蒸馏酒。但朱德润所描述的造酒过程又无疑是蒸馏。他所用的名词——轧赖机和阿剌吉音相近，很可能是同一种酒。

邢润川则认为蒸馏酒始于唐代，虽然他的判据多出于自己的推论，但他所引用的明代《居家必备》中关于"南番烧酒法"的记载和康熙以前《西南彝志》中关于"酿成醇米酒，如露水下降"的描述却明确记载了凝结的过程。如果以上两书成书较晚，并不能引以为证，那么唐代陈藏器在开元年间就在《本草拾遗》中提到的"甄气水""以器承取"，似乎已有再度凝结为液体的影子。②

同处元代的许有壬也在其诗作《咏酒露次解恕斋韵并序》中说：

世以水火鼎炼酒取露，气烈而清秋空，沆瀣不过也。虽败酒亦可为，其法出西域，由尚方达，贵家今汗漫天下矣。译曰阿剌吉云：

水气潜升火气豪，一沟围绕走银涛。璇穹不惜流真液，尘世皆知变浊醪。上贡内传西域法，独醒谁念楚人骚。小炉涓滴能均醉，傲杀春风白玉槽。③

他对蒸馏过程的描述可谓细致入微。元末明初的叶子奇也在其著作《草木子》中提到蒸馏酒：

酒法，用器烧酒之精液，取之名曰"哈剌基"，酒极浓烈，其清如水，盖酒露也。④

《本草纲目》在酒类之外单设"烧酒"条：

烧酒非古法也，自元时始创。其法，用浓酒和糟入甄，蒸令气上，用器承取滴露。凡酸坏之酒皆可蒸烧，近时惟以糯米或粳米或黍或秫或大麦，蒸熟和曲酿瓮中七日，以甄蒸取。其清如水，味极浓烈，盖酒露也。⑤

李时珍此说大概基于忽思慧的描述，也和北宋时期精通医术的官员朱肱（公元1050—1125年）在《北山酒经》里对葡萄酒的描述相近。朱肱对酒法进行了全面的描述，但他似乎对葡萄酒法不甚了了：

酸米入甄蒸，气上用杏仁五两（去皮尖），蒲萄二斤半（浴过干，去子皮），与杏仁同于砂盆内一处，用熟浆三斗，逐旋研尽为度，以生绢滤过。其三斗熟浆泼饭软，盖良久，出饭，摊于案上。依常法候温，入曲搜拌。⑥

①朱德润：《存复斋文集》卷三，清金氏文瑞楼抄本，第六叶（背）至第七叶（背）。
②邢润川：《论蒸馏酒源于唐代——关于我国蒸馏酒起源年代的再探讨》，《酿酒科技》1982年第02期。
③许有壬：《至正集》卷第十六，中国国家数字图书馆。
④叶子奇：《草木子》卷之三下，中华书局，1959，第六八页。
⑤李时珍：《李时珍医学全书·本草纲目》卷二十五《谷部四》，夏魁周校注，中国中医药出版社，1996，第693页。
⑥朱肱等：《北山酒经（外十种）》，任仁仁整理校点，上海书店出版社，2016，第37页。

此处所说的葡萄酒法似乎更像蒸馏，但又没有描述对蒸馏至为重要的凝结过程。放入葡萄时用酸米蒸出的汽浴过，而且去皮，最大限度减少了葡萄皮上自带的酵母，故而也不像为了启动发酵。大概加入葡萄只为了味道，而且是杂以曲的味道。

李时珍尽管可能对水果酿酒和曲蘖酿酒的差别不甚了了，但对酿造酒和蒸馏酒有着明确的区分，如他在"葡萄酒"条中说：

> 葡萄酒有二样。酿成者味佳，有如烧酒法者有大毒。……烧者……取入甑蒸之，以器承其滴露，红色可爱。[①]

吴德铎写在半世纪前、目前仍被引用的一篇文章中认为古人对酿造酒和蒸馏酒的分别不甚清楚，这是有可能的。但吴德铎认为"烧酒""阿剌吉"和"Arrack"都是指酿造酒：

> Arrack……本来是指"树汁"（尤其是棕桐之类植物的液汁）后来发展成指称植物的液汁自然发酵成的酒，再进一步便成了一切当地原料酿造成的酒的泛称。
> Arrack这字的涵意，既可指未经蒸馏的树汁及其自然发酵而成的酒，又可用来指称经蒸馏而成的蒸馏酒。经过蒸馏与否，在Arrack这字中，并没有太严格的界限。
> ……………
> "……若顿逊国树、叶汁，取停之数日，即为佳酒"。这种"佳酒"，当然是Arrack。
> 我国早在公元纪元后的两百多年，便已知道树汁经发酵后，可以成为Arrack。[②]

吴德铎认为，"Arrack这个字，起源于植物的液汁及其自然发酵而形成的酒，是无可置疑的"，这句话大概不错[③]，但李时珍不仅区分了"酒"与"烧酒"的不同，还在"葡萄酒"条中明确说葡萄酒有"酿成者"和"烧酒"两样，李时珍已经区分酿造酒和烧酒也是确实的。早于李时珍一百多年的元时的忽思慧用了"阿剌吉"这一译名并被李时珍引用，这虽然并不能说明中国在元朝以前没有烧酒，但也同样无法得出中国在这之前就有烧酒的结论。

朱宝镛认为至今中东称蒸馏酒为Arack或Araki"无疑是由阿剌吉转变而来的"[④]的观点却大可怀疑，这种翻译很可能发生在另一个方向，因为无论是"轧赖机"或"阿剌吉"都没有确切含义，可能是译名，而阿拉伯语Araq有"汗"的意思，很可能用于描述冷凝的状态。要云则认为阿剌吉是女真语及其后继语言满语"airki"的汉语译音，汉名"阿勒锦"。[⑤]吴德铎认为出"汗"本来是指树汁液流出，后来又指树汁发酵得到的酒也有可能。

吴德铎还质疑了李时珍在论述葡萄酒起源时间上的自相矛盾[⑥]，周嘉华也认为李时珍在"葡萄酒"条下所提到的起源说有歧义。[⑦]曹元宇也认为李时珍的说法自相矛盾，但他认为"似不应轻信唐初内地已有了烧酒"。[⑧]李时珍既说烧酒"自元时始创"，又说葡萄酒"唐时破高昌始得其法"，看似自相矛

[①]李时珍：《李时珍医学全书·本草纲目》卷二十五《谷部四》，夏魁周校注，中国中医药出版社，1996，第694页。
[②]吴德铎：《烧酒问题初探》，《史林》1988年第01期。
[③]吴德铎：《烧酒问题初探》，《史林》1988年第01期。
[④]朱宝镛：《古人笔下的蒸馏酒从朱德润的〈轧赖机酒赋〉看元代的蒸馏设备与工艺》，《黑龙江发酵》1982年第02期。
[⑤]要云："阿剌吉"与"阿勒锦"——中国白酒产生年代之我见》，《黑龙江史志》2020年第8期。
[⑥]吴德铎：《烧酒问题初探》，《史林》1988年第01期。
[⑦]周嘉华：《苏轼笔下的几种酒及其酿酒技术》，《自然科学史研究》1988年第7卷第1期。
[⑧]曹元宇：《烧酒史料的搜集和分析》，《化学通报》1979年第2期。

盾，但李时珍是在"烧酒"和"葡萄酒"两个不同的条目中说这两句话的，又对葡萄酒的制法不很清楚（"如常酿糯米饭法"），他说的唐破高昌始得葡萄酒法与烧酒自元时始创并不必然有矛盾。[①]新、旧《唐书》和《太平御览》等书都没有关于葡萄烧酒的记载，但有许多关于葡萄酒的记载，有"……及破高昌，收马乳蒲桃实于苑中，种之并得其酒法。帝自损益，造酒成，凡八色，芳辛酷烈，味兼醍盎，既颁赐群臣，京师始识其味"之语。劳费尔也对李时珍这看似矛盾的说法表示过怀疑，但他疑惑的是李时珍将葡萄酒分成"酿成者"和"烧者"两类，"却不能告诉我们葡萄酒的蒸馏法是什么时候开始有的"，他疑惑"为什么这么简单的事情（指酿酒）中国人还要跟回鹘人学"，并说"如果能获得一个文件更详细地说明唐朝历史所以如此重视的这个制酒法究竟是什么方法，那倒是很有趣的"。[②]

李时珍所描述的确是蒸馏之法，他认为此法始于元代。虽然唐代一些诗作中就有"烧酒"字样，但宋代数部酿酒专著中竟无一部讲过蒸馏器及其使用方法，罗志腾在对有关记述经过梳理后认为，唐代诗词中所谓"烧酒"仅指将酒加热后饮用，并非指蒸馏酒，蒸馏酒的起源还是暂以元朝为记，似乎更恰当些。[③]

如果人类对酒精的嗜好起源很早，并写进了基因；如果人类起初用酒精和上天神灵沟通，后来抗拒不了酒精的诱惑开始大量制酒，自己饮用；如果人类很早就发现了提取花露和药物菁华的奥秘并发明了蒸馏术和蒸馏器，就很难认为人类很晚才将蒸馏器用于蒸馏酒，取得更高的酒精度。但是考古虽然发现了很早的蒸馏设备，但无法明确这些设备的用途，而传世文献又很晚才有蒸馏酒的纪录。

方心芳认为蒸馏酒至迟始于南宋，至于南宋以前是否已有蒸馏酒，就难于作出定论了。他认为蒸馏器脱胎于很早就出现的蒸食物的甑、甗，下有箅子，可用于固体蒸馏。他还认为蒸馏器很早就很完善了，最早用于炼丹。[④]

陈习刚也认为宋代有可能出现了蒸馏酒：

> 学术界多数并不完全否认宋代蒸馏酒的存在，笔者也认为五代辽宋西夏金时期，尤其在西北地区，存在着葡萄蒸馏酒的可能。[⑤]

周嘉华认为蒸馏酒"宋代起源说"的过硬史料采自于南宋人宋慈《洗冤录集》中治疗毒蛇咬伤的"急救方"，方心芳就认为只有高酒精度的蒸馏酒才能用于治疗蛇毒，从而得到"蒸馏酒的出现至少始于南宋"的结论。而周嘉华认为，宋慈的《洗冤录集》是我国古代法医学的重要典籍，自序写成于淳祐丁未（1247年），今存许多版本，宋本《洗冤集录》久已失传，现存最古的版本是元刻《宋提刑洗冤集录》。由贾静涛点校的《洗冤集录》是以元刻本为主要底本，参考《仿元本》中有关内容而整理出来的，其中就没有上述有关烧酒的内容。直到嘉庆元年（1796年）王又槐增编、李观澜补辑的《洗冤录集证》中才出现了上述有关烧酒的记载。这本书显然不能成为宋时已有烧酒的依据。[⑥]

但李华瑞指出宋代的唐慎微在《重修政和证类本草》中已引用唐德宗《贞元集要广利方》的用酒治蛇毒方，《洗冤集录》并非孤证，唐代已有蒸馏酒应确定无疑。[⑦]而祝亚平认为，唐代文献中的"滴淋

① 李时珍：《李时珍医学全书·本草纲目》卷二十五《谷部四》，夏魁周校注，中国中医药出版社，1996，第693—694页。
② [美]劳费尔：《中国伊朗编》，林筠因译，商务印书馆，2015，第64—65页。
③ 罗志腾：《我国古代的酿酒发酵》，《化学通报》1978年第5期；罗志腾：《略论我国古代的酿酒发酵技术》，《西北大学学报（自然科学版）》1977年第02期。
④ 方心芳：《关于中国蒸酒器的起源》，《自然科学史研究》1987年第6卷第2期。
⑤ 陈习刚：《五代辽宋西夏金时期的葡萄和葡萄酒》，《南通师范学院学报（哲学社会科学版）》2004年第20卷第2期。
⑥ 周嘉华：《苏轼笔下的几种酒及其酿酒技术》，《自然科学史研究》1988年第7卷第1期。
⑦ 李华瑞：《中国烧酒起始探微》，《历史研究》1993年第5期。

图14.3　敦煌榆林窟第3窟（西夏）位于榆林窟所在河谷地的东崖下层北侧，坐东向西，平面为长方形，窟顶为浅穹窿顶，窟中央设八角形三级佛坛，为曼荼罗（坛城）形式。东壁南侧壁画画面上有两位妇女，一人蹲在灶火前，一手正往熊熊燃烧的火中添加薪柴，一手拿着吹火筒准备随时吹火，她身边的空地上摆放着高足碗、酒壶和木桶。另一个妇女站在塔式蒸馏器旁，一手伏在灶膛上，一手举着酒杯，俯视着烧火的妇女述说着什么。该图片被李约瑟等解读为蒸馏酒，图片由敦煌研究院提供

法"和南宋所称的"钓藤酒"已经利用了酒精蒸汽遇冷凝结原理，是我国最早的蒸馏酒。[①]

　　李映发则认为中国蒸馏酒或蒸馏技术来源于亚洲其他国家和地区的观点值得商榷。[②]

　　认为中国蒸馏酒始于宋朝的学者常以敦煌榆林窟第3窟的西夏壁画《酿酒图》为证，何丙郁教授和李约瑟博士最早猜想这幅画在表现蒸馏，后来又被多位学者引用，几成定论。敦煌研究院的王进玉则认为"将其说成'蒸馏器'证据不足"，还引用台湾大学化学系刘广定的话说，"细观其图，并无冷却的设备，是否确为'蒸馏'图，甚可怀疑"。的确，称左右基本对称的这两幅图为"酿酒图"还存有诸多疑点，比如其中一幅图表现了从层层叠压的方形器上方的锥形物里冒出滚滚浓烟，和下面正在生的火相呼应，就很可疑，画中又的确看不出冷凝装置。如果所冒之烟气来自底下的薪火，其所走的路线似很蹊跷；如果所冒之烟气来自层叠之方形物（一般认为是蒸锅和蒸馏器），又意味着此为开敞式蒸烧，不可能在蒸馏酒。当然，也有可能蒸锅是环形的，薪火之烟气直上烟囱并排出，路途中加热蒸锅，而蒸锅本身又是密闭的，上有冷凝器但看不见，从而符合蒸馏酒的原理，但下断语为时嫌早。[③]

葡萄蒸馏酒

　　周嘉华通过梳理已掌握史料认为，阿剌吉、轧赖机、哈剌基、答剌吉、哈剌吉这些名称其实是指水果蒸馏酒，这和忽思慧称阿剌吉是一种蒸馏酒并不冲突，因为忽思慧并没有说阿剌吉是或不是水果酒。中国人以此为名始于元代，以葡萄烧制的阿剌吉的确是从西亚传来，在中国酿酒发展史上起了一个里程碑的作用。但在此之前，中国不仅已生产蒸馏酒，而且这种制酒法已在相当地域内得到推广和发展，后人称之为烧酒法。在元代以前，中国部分地区的少数人，特别是制药者已掌握了运用蒸馏技术来制取蒸馏酒。这种蒸馏酒只是少量制备，没有形成社会性的规模生产。[④]

①祝亚平：《从"滴淋法"到"钓藤酒"——蒸馏酒始于唐宋新探》，《中国科技史料》1995年第16卷第1期。
②李映发：《十三至十五世纪亚洲酿酒技术考察》，《中国文化研究》1997年夏之卷（总第16期）。
③王进玉：《敦煌石窟西夏壁画"酿酒图"新解》，《广西民族大学学报（自然科学版）》2010年第16卷第3期。
④周嘉华：《苏轼笔下的几种酒及其酿酒技术》，《自然科学史研究》1988年第7卷第1期。

如果蒸馏酒自元代滥觞，则元以前及元前期即使偶有蒸馏酒也未普遍。马可·波罗所述之酒没有特别指出蒸馏，或为证明。而他唯一说其"色清爽目"，"较他酒为易醉"，疑似蒸馏酒者[1]，又是他所称"契丹人所饮之酒"，这或和元代方流行蒸馏酒不无关系。蒸馏酒可能始于横跨欧亚的契丹人和蒙古人，且最早的蒸馏酒可能是水果酒，就是葡萄酒：

> 盖其不仅味佳，而且色清爽目。其味极浓，较他酒为易醉。[2]

明永乐年间，明成祖朱棣和继帖木儿后控制庞大帖木儿帝国的沙哈鲁之间相互遣使，是中国和中亚地区友好往来史中的一段佳话。对于这个时期的使节，双方的历史文献都留下了较丰富的记载。中国方面留下了陈诚的《西域行程纪》和《西域番国纪》各一卷，在另一方面，则有画师火者·盖耶速丁的《沙哈鲁遣使中国记》。盖耶速丁作为沙哈鲁之子米儿咱·贝孙忽儿的代表，参加了沙哈鲁遣使中国的庞大使团，他以日记的形式记录了沿途风土人情及中国的政治、经济、人物、风俗等诸多繁荣景象，其中就提到使团在前来迎接的中国官员举办的欢迎宴会上喝到一种甜酒，"大家都喝醉了"。译者何高济在注中说"波斯语araq，一种果子酒"，他说使团喝的是蒸馏酒又是果子酒。[3]如果忽思慧说的阿剌吉是蒸馏酒，阿剌吉又是araki的音译，那么调和这两种说法的唯一方式就是这种酒是一种蒸馏的果子酒。

劳费尔也认为阿剌吉或蒙语的ariki都来自阿拉伯语'araq，迟至元朝才在亚洲东部出现。[4]这个字又有"浓缩""蒸馏"的意思，那么这种让大家"都喝醉"的餐后甜酒可能是蒸馏酒。

也许正如吴德铎所说，这个字原本既指酿造酒又指蒸馏酒或泛指酒，或如周嘉华所说，中国在引入这一名称之前已经用某种蒸馏法制造一些酒精浓度较高的酒了，忽思慧所称阿剌吉很有可能是指蒸馏酒，而且是指葡萄蒸馏酒，不仅葡萄蒸馏酒，葡萄酿造酒也是从外域传来。李华瑞认为"中国烧酒的起始，是唐宋时期的中国人独立完成，并非由外域传入"[5]，而王赛时认为"元代的蒸馏酒最初以外来语的形式流行于酿酒界"，"元人把蒸馏酒称作烧酒，主要还是受外来语的影响"[6]，外来名称间接表示蒸馏酒是域外传入。陈习刚则明确表示，蒸馏技术来自西域，"葡萄蒸馏酒唐代西域高昌创始，后来葡萄蒸馏酒技术应用到谷物制酒中，到元代谷物蒸馏酒技术得到普遍推广"。[7]

图14.4　明成祖朱棣像

叶子奇下面一段描述葡萄酒的话可能有不实之词，但是被李时珍在《本草纲目》中引用：

> 用器烧酒之精液取之，名曰哈剌基。酒极浓烈，其清如水，盖酒露也。每岁于冀宁等路造葡萄酒，八月至太行山中。辨其真伪，真者不冰，倾之则流注。伪者杂水，即冰凌而腹坚矣。其久藏者，中有一块，虽极寒，其余皆冰而此不冰，盖葡萄酒之精液也，饮之

①Stephen G. Haw, *Marco Polo's China: A Venetian in the Realm of Khubilai Khan* (London: Routledge, 2006), p.147.

②[意]马可·波罗：《第一〇〇章·契丹人所饮之酒》，载《马可波罗行纪》，冯承钧译，上海书店出版社，2001，第254页。

③[波斯]火者·盖耶速丁：《沙哈鲁遣使中国记》，载《海屯行纪　鄂多立克东游录　沙哈鲁遣使中国记》，何高济译，中华书局，1981，第107页。

④[美]劳费尔：《中国伊朗编》，林筠因译，商务印书馆，2015，第63页。

⑤李华瑞：《中国烧酒起始探微》，《历史研究》1993年第5期。

⑥王赛时：《中国烧酒名实考辨》，《历史研究》1994年第6期。

⑦陈习刚：《元代的葡萄加工与葡萄酒酿造技术的进步》，《吐鲁番学研究》2021年第2期。

则令人透液而死。二三年宿葡萄酒，饮之有大毒，亦令人死。此皆元朝之法酒，古无有也。[①]

酒精凝固点为零下114摄氏度，大大低于水的凝固点，高酒精度是否为"其余皆冰而此不冰"的原因？后面又说"此皆元朝之法酒，古无有也"也暗示了此为蒸馏酒。

用水果做蒸馏酒的描述也很多：

酸枣树……救饥，采取其枣，为果食之，亦可酿酒，熬作烧酒饮。[②]

徐光启也对桑椹树有相似的描述：

桑椹树……救饥，采桑椹熟者食之。或熬成膏，摊于桑叶上，晒干，捣成饼收藏；或直取椹子晒干，可藏经年。及取椹子清汁置瓶中，二三日即成酒，其色味似葡萄酒，甚佳。亦可熬烧酒，可藏经年，味力愈佳。[③]

固态发酵、蒸馏

中国的固态发酵技术起源于何时虽然还未定论，但先将糖化和酒化微生物接入曲中，再将曲拌入大批量生产所需的谷物中这种以曲酿酒、曲中既有糖化剂又有酒化剂的技术路线将糖化和发酵两个过程合二为一，不仅引致以曲酿酒的独特技术得以发明，还使得拌有曲的发酵物也只能是固态。比较先加入热水完成糖化再酒化这种把糖化和酒化过程清晰分开的啤酒酿造工艺，中国酒的固态发酵技术成为独特的必须，但发酵产物必然是液态，这在唐宋时期多首描写酒的诗词中都有体现：

琉璃钟，琥珀浓，小槽酒滴真珠红。
烹龙炮凤玉脂泣，罗帏绣幕围香风。
吹龙笛，击鼍鼓，皓齿歌，细腰舞。
况是青春日将暮，桃花乱落如红雨。
劝君终日酩酊醉，酒不到刘伶坟上土！[④]

桃花为曲杏为糵，酒酝仙方得新法。
大槽迸裂猩血流，小槽夜雨真珠滴。
岘山之北古襄阳，春风烂漫草花香。
乘轺谁为部使者，金闺通籍尚书郎。[⑤]

秋风渐渐正吹凉，似报归期未欲忙。
寻路竹间深入寺，泊船沙外远依庄。
小槽压酒珠红滴，新饭炊粳雪白香。

①叶子奇：《草木子》卷之三下，中华书局，1959，第六八页。
②朱橚：《救荒本草校释与研究》下卷《木部》，王家葵等校注，中医古籍出版社，2007，第247页。
③徐光启：《农政全书校注》卷之五十六《荒政》，石声汉校注，石定枎订补，中华书局，2020，第二〇七〇至二〇七一页。
④李贺：《将进酒》，载陈贻焮、郝世峰主编《全唐诗》第三册，文化艺术出版社，2001，第45页。
⑤刘过：《红酒歌呈西京刘郎中立义》，载北京大学古文献研究所编《全宋诗》第五十一册·卷二六九九，北京大学出版社，1998，第三一八〇八页。

更听夜来思远浦，军声十万似钱塘。①

瓮头一日绕数巡，自候酒熟不倩人。
松槽葛囊才上榨，老夫脱帽先尝新。②

莫道迎春好，迎春是送春。
可怜一条路，知老几多人。
坦绿偏宜袜，飘红并可绷。
青帘好消息，今日榨头新。③

　　大槽自流得酒，小槽压榨得酒。这样得到的发酵酒酒精度受酵母的影响，有上限。之后再通过蒸馏提高酒精度只能是液态蒸馏，如果把酒糟和酒液混合之后再蒸馏，或者将发酵和蒸馏过程合二为一，固态蒸馏就成为可能。从唐宋诗词中多发酵后即饮用来看，那时蒸馏酒如果不是没有，就是还不广泛，至于固态发酵，可能尚未出现。

　　贺娅辉等人在新石器时代晚期到青铜时代早期的二里头遗址的陶器上发现了半固态发酵的端倪，他们在大口尊里发现了残留的发酵痕迹，从器形上看，很可能是半固态发酵。

　　明代宦官刘若愚也描述了取米精为露的方法，是大臣霍维华进献给明熹宗朱由校的"灵露饮"：

　　按维华原献蒸法，大略用银锅一口，口径尺，内按木甑如桶，高尺余，圆径称之。甑底安箅，箅中央安长颈大口空银瓶一个，周围用淘净糠米或糯米、老米、小米旋添入甑。候热气透一层，再添一层，约离瓶口七分，不可十分满，恐米涨入瓶不便。上盖一尖底银锅，底尖下垂，正对银瓶之口，离二三分许。外上添冷水，周围封固完密。下用桑柴或好炭火蒸之，候上内水热，即换冷水，不数换而瓶中之露可满，取出温服，乃米谷之精华也。④

　　这里用的是大米，如果拌曲，得到的就是酒。描述中没有用曲，得到的便是露而非酒，但此法使用了冷水冷凝的装置，是蒸馏之法无疑，而且是固态蒸馏。文中大米遇水会涨，可见用的是生米，使得这一蒸馏过程愈加不易，所得之露十分金贵。

　　宋代赵汝适说到当时用以模仿大食国制造花露的方法是"采花浸水"，说明以前的炼丹制药和采露的方法大概也是固体直接加热蒸馏：

　　蔷薇水，大食国花露也。……今多采花浸水，蒸取其液以代焉。其水多伪杂，以琉璃瓶试之，翻摇数四，其泡周上下者为真。其花与中国蔷薇不同。⑤

　　这样蒸取的液体大概以水为主。但花浸水中保持不长久，很可能以酒为溶剂，可赵汝适又明确说"采花浸水"。

---

①刘过：《寓公坊》，载北京大学古文献研究所编《全宋诗》第五十一册·卷二七〇四，北京大学出版社，1998，第三一八四二页。
②杨万里：《新酒歌》，载北京大学古文献研究所编《全宋诗》第四十二册·卷二三〇七，北京大学出版社，1998，第二六五二二至二六五二三页。
③杨万里：《午憩褚家方清风亭二首》，载北京大学古文献研究所编《全宋诗》第四十二册·卷二三〇八，北京大学出版社，1998，第二六五二八页。
④刘若愚：《恭纪先帝诞生》，载《酌中志》卷之三，北京古籍出版社，1994，第二二页。
⑤赵汝适：《蔷薇水》，载《诸蕃志校释》卷下·志物，杨博文校释，中华书局，1996，第172页。

中国首次出现固态法白酒生产记录大概在明朝（1368—1644年）期间。成书于1504年的宋诩《竹屿山房杂部》记载：

> 用腊酒糟或清酒糟，每五斗杂砻谷糠二斗半，内甑中，以锡锅密覆。炀者举火聚其气，从口滴下，即烧酒也。锡锅上储以冷水，太热必耗酒，遂宜泻去，而复易之，视酒薄则止。[1]

这一记录清楚地说明了用固态蒸馏法制酒。

明代徐光启在《农政全书》中论及甘薯（藷）有十三项优点，其中第八项即为可以酿酒：

> 造酒法：藷根，不拘多少，寸截断，晒晾半干。上甑炊熟，取出揉烂，入瓶中。用酒药研细，搜和按实，中间作小坎。候浆到，看老嫩，如法下水；用绢袋洒过，或生或烝熟任用。其入缸寒煖，酒药分两，下水升斗，或用曲蘖，或加药物香料，悉与米酒同法。若造烧酒，或即用藷酒入锅，盖以锡兜鍪，烝煮滴槽，成头子烧酒；或用藷糟，依法造成常用烧酒；亦与米酒米糟造烧酒同法。[2]

这里，甘薯蒸熟后拌曲按实，可见是固态发酵。

①宋诩：《竹屿山房杂部》卷一《养身部一·烧酒》，载赵希鹄《洞天清录（外五种）》，上海古籍出版社，1993，第871、121页。
②徐光启：《农政全书校注》卷之二十七《树艺》，石声汉校注，石定枎订补，中华书局，2020，第八六一页。

古代，医、酒、巫不分。酒的医疗作用很早就被意识到，最明显的是酒精能抑制人的中枢神经，使人感觉不到痛苦，但随之而来的快乐更多的是幻觉。少量服用可以通经活血，令人精神兴奋；大量服用就会麻醉神经，令人昏睡不醒，因而酒被先民们当做最早的兴奋剂和麻醉剂来使用。酒入药大概有几种方式：一是用作有机溶剂，二是因其能使药力更快更有效而助力，三是其本身的药性。人对高酒精度蒸馏酒的需求最初可能就是用于医药。酒若以本身药性入药，则并不必须做成为酒，原料本身就具有药性。不过最显著的还是酒本身的清洁消毒功效，这种功效大概是古人很早就认识到的酒本身具有的药理。

西方人也对葡萄酒的药效很早就有了解。明末以后西方传教士来华的主要目的是传教而不是行医治病，他们带来了一些西药和葡萄酒，虽然主要是自己服用、饮用，但是也给皇帝和各级官僚饮用，以此来巴结这些人，希望天主教能因此顺利传播。其中，最成功的莫过于他们用葡萄酒治好了康熙皇帝的心悸病。

唐时流行于长安的三勒浆是和葡萄酒类似的一种饮品。三勒浆在元朝有过短暂复兴，推手许国祯来自一个医学世家，他"尤精医术"，"以医征至瀚海，留掌医药"，治愈过庄圣太后等人的疾病，还主持编撰过《御药院方》，流传后世。因他博通经史和医学，参与编辑过《大元本草》，对西域药物颇为熟悉，故能依古法而合出此"五百年来未之有"的三勒浆。三种果实入药时，要是有酒也是三勒自己酿的酒，酿酒方式保持了水果酿酒的原来方式，和中国的以曲酿酒不一样。

巫与医

古时医又写作"醫""毉"，显示医与巫、酒之间的关系。《说文解字》中醫字条：

> 治病工也。从殹从酉。殹恶姿也，醫之性然得酒而使，故从酉。王育说。一曰殹，病声。酒所自治病也。周礼有医酒。古者巫彭初作医。[①]

段玉裁注说，"此说从酉之故，以醫者多爱酒也"，又说"醫非酒也，而谓之酒者，醫亦酒类也"，显示出医酒之渊源。[②]医又写作毉，显示出毉巫之联系。《说文解字》巫写作巫或覡，称后者为古文巫：

> 巫，祝也。女能事无形，自舞降神者也。象人两袖舞形，与工同意。古者巫咸初作巫。[③]

段玉裁认为"祝"乃"觋"字之误。[④]《说文解字》覡字条下又说：

> 能齐肃事神明者。在男曰觋，在女曰巫。从巫见。[⑤]

巫觋的作用即为"能见神"。人体之复杂，使得即使有现代医学的帮助，人们也对人体或生命体如何运转知之甚少，更何况古人！他们认为人为神的创造，人体之病自然也非神莫能除，巫、医同源当不为怪。李零总结的十六种巫术就有医术和祝由，即用祷告鬼神的方法为人治病之术。[⑥]

宋镇豪认为，由于人们把疾病的致因归诸鬼魂的作用，巫师则充当了人鬼之间中介人的身份，其以巫术行医，安抚死神而消除人间病患。[⑦]疾病的致因或为神灵或为鬼魂——死去的人，但有两点是确实的：神灵或鬼魂都是看不见摸不着的神秘力量，与其沟通只能借助能散发出气味的物质；巫师是人神、人鬼之间的中介。

《山海经》有：

> 开明东有巫彭、巫抵、巫阳、巫履、巫凡、巫相，夹窫窳之尸，皆操不死之药以距之。窫窳者，蛇身人面，贰负臣所杀也。[⑧]

又有：

> 有灵山，巫咸、巫即、巫盼、巫彭、巫姑、巫真、巫礼、巫抵、巫谢、巫罗十巫，从此升降，百药爰在。[⑨]

一说，"从此升降"是指上下天庭，与神相通；一说，"从此升降"是指上山采药。巫彭又被称作医生的始祖，"初作医"，说明这些早期的医者都有巫的身份。巫、医不分体现在巫字底的"毉"字上。

①许慎：《说文解字注》十四篇下《酉部》，段玉裁注，上海古籍出版社，1981，第七五〇页。
②许慎：《说文解字注》十四篇下《酉部》，段玉裁注，上海古籍出版社，1981，第七五〇页。
③许慎：《说文解字注》五篇上《巫部》，段玉裁注，上海古籍出版社，1981，第二〇一页。
④许慎：《说文解字注》五篇上《巫部》，段玉裁注，上海古籍出版社，1981，第二〇一页。
⑤许慎：《说文解字注》五篇上《巫部》，段玉裁注，上海古籍出版社，1981，第二〇一至二〇二页。
⑥李零：《中国方术续考》，中华书局，2006，第56页。
⑦宋镇豪：《商代的巫医交合和医疗俗信》，《华夏考古》1995年第1期。
⑧《海内西经》，载方韬译注《山海经》卷十一，中华书局，2009，第二一三页。
⑨《大荒西经》，载方韬译注《山海经》卷十六，中华书局，2009，第二五〇至二五一页。

丝绸之路上的葡萄酒

宋镇豪对巫的观点也可以用在酒上：

> 上古时代的巫术治病绝非通常所理解的只是单纯的跳神弄法和诵念咒语，它既是行为状态，又是信仰系统，既是一定时期特有的社会现象，又包涵着当时来自实际生活的某些经验对巫术行为的启示，以及巫者个人证实巫力的智商能力。①

关于"巫术"，伏尔泰曾说：

> 何谓巫术？巫术就是能做出自然所做不到之事的秘密，就是不可能之事。在任何时代，都有人相信巫术。巫术（magie）一词来自迦勒底语的"术士"（mag，magdim或mages）。术士比其他人见识多，他们探索晴雨的原因，不久便被视为能够呼风唤雨。他们是天文学者，其中最无知又最大胆的人就成了占星术士。某一件事发生在两个行星会合之时，这两个行星就是产生此事件的原因，于是占星术士便成了行星的主人。若因日有所思，夜间梦见自己的朋友生命垂危或者去世了，这便是巫师使死者托梦显现。②

这一段话和梅维恒（Victor H. Mair）关于中文巫和英文magician同源的理论不谋而合。③暂不论梅维恒这一理论是不是能被接受，伏尔泰认为巫术"就是能做出自然所做不到之事的秘密"，也就是说巫术是一种超自然的信仰，大概广为接受。

童恩正对中国古代的巫作了一番爬梳：

> 巫和广义的巫术产生于远古的人民之中，具有极其深厚的根基和顽强的生命力。在中国进入文明史以后的漫长时代中，巫师们仍然存在，继续在民间发挥其古老的魔力，直至今日，其影响深入到了民俗的各个领域。当我们谴责其落后和迷信的一面时，也应该看到问题的另一方面。当人民在历史的漫漫长夜之中，遭受各种社会的压迫和自然的灾害，贫苦无告，求助无门的时候，只有本乡本土的巫师，才能以低微的报酬，为他们提供精神的支持，医药的帮助。……世界各民族中最早的医师，实际上就是巫师，所以在很多民族的词汇中，巫师与巫医（medicine men）的含义十分相近，中国的情况也是如此。④

酒精因其挥发性可以和烤肉的香味一样直上九霄，成为神灵或鬼魂与人之间的中介。事实上，巫师可能就是借着酒精与神灵或鬼魂所在的另一个世界联系的。酒、医密切相关又体现在酉字底的"醫"字上。《说文解字》因此说"酒所自治病也"。⑤

《中国医学史》如此描述巫术与医术：

> 但神灵是人们幻想出来的，怎样才能与神沟通，让神明白人的意思，人也能领会神的意志呢？随着原始社会末期社会分工的出现，出现了这样一部分专掌沟通人神之间联系的人，这便是"巫"。而巫医的产生则是基于两个原因：一是人们认为疾病是因鬼神作祟，而驱鬼又是巫的职能之一；二是巫在当时既是巫术的施行者，又是远古文化的继承者，通过实践巫医掌握了一些原始的医药知识。《山海经》中描述的上巫在灵山"从此升降，百药爰在"，

---

①宋镇豪：《商代的巫医交合和医疗俗信》，《华夏考古》1995年第1期。

②[法]伏尔泰：《风俗论（上册）》，梁守锵译，商务印书馆，1994，第148页。

③Victor H. Mair, "Old Sinitic *myag, Old Persian maguš, and English, 'Magician'," *Early China*, vol.15 (1990): 27-47.

④童恩正：《中国古代的巫》，《中国社会科学》1995年第5期。

⑤许慎：《说文解字注》十四篇下《酉部》，段玉裁注，上海古籍出版社，1981，第七五〇页。

实际上是巫医到险峻高山采药的神话化。①

《黄帝内经》论述到酒的功用：

> 黄帝问曰：为五谷汤液及醪醴，奈何？……帝曰：上古圣人作汤液醪醴，为而不用，何也？岐伯曰：自古圣人之作汤液醪醴者，以为备耳，夫上古作汤液，故为而弗服也。中古之世，道德稍衰，邪气时至，服之万全。②

可见，古人认为疾病和邪气有关，和人没有遵循理法有关，但五谷制成的酒却能医治百病。

酒的医疗作用很早就被意识到，最明显的是酒精能抑制人的中枢神经，使人感觉不到痛苦，但随之而来的快乐更多的是幻觉。少量服用可以通经活血，令人精神兴奋；大量服用就会麻醉神经，令人昏睡不醒，因而酒被先民们当作最早的兴奋剂和麻醉剂来使用。③

《礼记》有言：

> 故有疾饮酒食肉。④
> 病则饮酒食肉。⑤

孔子这段话是针对服丧期间不能"饮酒食肉"而言，但有疾则可。孙婷婷认为，"'饮酒'是利用酒具有活血疏通筋络的功效，'食肉'，则是加强抵抗力，以固本培元"。⑥但"饮酒食肉"是为了以酒疗疾当无疑问，古已有之。

余华青等人认为："早在汉代之前，人们就已经了解到酒的一些特性，开始用酒来治疗某些疾病了。汉代人把酒称为"百药之长"，药用非常普遍。《金匮要略》等汉代医书中用酒治病的记载很多，有炮制药酒内服，有作药引，有作外用。武威发现的汉代医方简中，以酒为药引的医方甚多。甚至还有让患者卧于药酒之中以活血化瘀的治疗方法。"⑦

李时珍收集整理了各种曲、蘖米、各种酒、葡萄酒和酒糟的药性，如他在"酒"条项下列出"愈疟酒""屠苏酒"等69种酒，疗效各不相同，而他还没有列全："[时珍曰]《本草》及诸书，并有治病酿酒诸方。今辑其简要者，以备参考。药品多者，不能尽录。"⑧这些酒，多浸以他认为有疗效的药材，或将骨肉熬烂，和曲一起酿酒。周祖亮总结了酒做药用的六种方法："（1）以酒送服药物；（2）浸泡药物；（3）煎煮药物；（4）糅拌药物；（5）清洗伤患；（6）洗涤器物。"⑨

在酒中加入一些有医疗作用的物质并不新鲜，比如麦戈文就在多个新石器时代陶罐中发现了树脂

①常存库主编：《中国医学史》，中国中医药出版社，2003，第17页。
②南京中医药大学：《汤液醪醴论篇第十四》，载《黄帝内经素问译释（第四版）》，上海科学技术出版社，2009，第135—136页。
③彭榕华：《浅谈医源于酒与医促酒俗》，《福建中医药大学学报》2012年第22卷第2期。
④《十三经注疏》整理委员会整理、李学勤主编：《十三经注疏·礼记正义（上、中、下）》注疏卷第四十二《杂记下第二十一》，北京大学出版社，1999，第1210页。
⑤《十三经注疏》整理委员会整理、李学勤主编：《十三经注疏·礼记正义（上、中、下）》注疏卷第四十二《杂记下第二十一》，北京大学出版社，1999，第1210页。
⑥孙婷婷：《先秦时期酒文化探析》，硕士学位论文，哈尔滨师范大学，2012。
⑦余华青、张廷皓：《汉代酿酒业探讨》，《历史研究》1980年第5期。
⑧李时珍：《李时珍医学全书·本草纲目》卷二十五《谷部四》，夏魁周校注，中国中医药出版社，1996，第691页。
⑨周祖亮：《简帛医书药用酒文化考略》，《农业考古》2015年第4期。

图15.1　纽约大都会艺术博物馆收藏的这件提梁卣，高（至提梁）22.2厘米，宽（钮到钮）22.9厘米，足宽15.2厘米，定年公元前10世纪，大约在西周初年

成分。[1]树脂有强烈的抗氧化作用，能在一定程度上延缓酒的变质。考古学家也发现早期人类用牙咬树脂留下的痕迹，大概是为了缓解牙疼。人们发现一些树在树皮被划伤后会分泌树脂，得到树脂可以疗伤的结论并用到人的伤口上。那么加入树脂究竟是为了酒的健康还是喝酒人的健康呢？

出土于殷墟刘家庄（M1046:2，大约公元前1250—前1100年）的青铜器盉高30.1厘米，饰以饕餮纹，出土时因盖子锈死，尚存有三分之一的液体。这个已3000多岁的液体仍然散发着芳香，有着雪莉酒的气息，液体来自小米或稻米，但是没有蜂蜜或水果的痕迹，也就是说，不需要蜂蜜或水果助力发酵，是那时中国已用曲了吗？麦戈文从封存在这个青铜器内的液体里还发现了β-香树脂醇和齐墩果酸两种三萜系化合物的痕迹，表示该液体曾经很可能添加过来自橄榄科（Burseraceae）的某种树脂，或者菊属花朵。三萜系化合物具有抗氧化性能，可降低胆固醇，清除可致癌的自由基。麦戈文认为这种液体有可能是古代中国的一种药酒。[2]

麦戈文等人"对两城镇遗址23个龙山文化陶器标本所做的多项化学分析结果显示，当时人们饮用的酒是一种包含有稻米、蜂蜜和水果并可能添加了大麦和植物树脂（或药草）等成分之后而形成的混合型发酵饮料，酒中的主要成分是稻米"。[3]

1979年，河南省罗山县莽张镇天湖村后李村民组境内，东临竹竿河的山坡上，发现了一组商周墓地，经鉴定属于晚商先周时期，距今大概3200年前。经过几次发掘，共发掘了商代墓17座，周代墓24座，共出土商代青铜器、玉器、陶器、石器、木漆器等器物336件，其中215件为青铜器，还出土了周代器物180件。在1980年的第二次发掘中，M8墓出土了仍然封存着液体的提梁卣（yǒu）。牛立新编摘的一则消息说，该卣中封存的液体经北京大学化学系分析"毫无疑义"是葡萄酒。他还说："有关分析研究正在发展，可望在不久后，有关详细的分析报告将公之于世。"但不知下文。[4]罗山县人民政府网站的文章也只说"1979年发掘的莽张镇天湖后李商周墓地""八号墓出土的提梁铜卣内所封存的2公斤液体

[1]Patrick E. McGovern, *Uncorking The Past: The Quest for Wine, Beer, and Other Alcoholic Beverages* (Oakland: University of California Press, 2009), pp.37–38.

[2]Patrick E. McGovern, *Uncorking The Past: The Quest for Wine, Beer, and Other Alcoholic Beverages* (Oakland: University of California Press, 2009), pp.48–49.

[3]麦戈文、方辉、栾丰实、于海广、文德安、王辰珊、蔡凤书、格里辛·霍尔、加里·费曼、赵志军：《山东日照市两城镇遗址龙山文化酒遗存的化学分析——兼谈酒在史前时期的文化意义》，《考古》2005年第3期。

[4]牛立新：《保藏三千年的葡萄酒》，《酿酒》1987年第5期。

经北京大学化学系化验证明是3000多年前的酒”，而未说是葡萄酒，该发现仍然存疑。①

但即使发现了卣中液体有某种葡萄酒成分（一般为酒石酸盐），也不清楚此酒系由本土野葡萄酿造，还是由欧亚种葡萄酿造，也不知道是完全的葡萄酒或是含有葡萄成分的某种混合酒精饮料。编者明确说：“经过漫长岁月，酒的成分变得较为复杂，酒精含量亦有较大的损失。”目前，这一证据能否说明欧亚种葡萄制成的葡萄酒3200年前即已在中国存在还是疑问。

河南省鹿邑县长子口墓出土了90多个青铜容器，其中52个仍存有四分之一到一半的液体，麦戈文对其中一个带盖卣内的液体做了化学分析，结果显示，内中液体只来自稻米，而非稻米和小米的混合物。他从中同样发现了两种单萜类分子——樟脑和α-柏树烯的痕迹，其很可能来自树脂添加剂。②

麦戈文指出，曲不仅能分解淀粉还能启动发酵。曲的使用使中国人不必使用口嚼或发芽方法，但水果和蜂蜜酿酒并没有绝迹。在泰西对商代遗址的发掘中发现了漏斗和奇形怪状的容器，如将军盔，用尖底接酵母尸体。另一个类似容器装有桃、李和中国枣核，还有甜丁香、茉莉和大麻的种子。③

麦戈文分析了出土于山东两城镇龙山文化遗址（公元前2600—前1900年）的陶罐内容物，结果是一种贾湖类型的混合饮料，成分有水果（山楂或葡萄）、蜂蜜和稻米，很可能用的是野葡萄。麦戈文团队也发现了添加树脂的化学痕迹。④

树脂的抗氧化作用应该很早就被人们发现，早期的人类在酒中加入树脂一起喝不无道理，可能是为了酒不变质⑤，酒精能溶解树脂的特性可能很早就被发现了。

百药之长

《汉书·食货志》称酒为“百药之长”。⑥赵兴连认为酒之所以为“百药之长”，原因在于酒本身具有药理，又很早就被多部医典和《说文解字》记载，酒与他药相配，能改变中药性能，酒或酒制剂具有脂溶和水溶双重性，能提高中药所含某些化学物质的溶解度和溶出率，具有吸收快、扩散快、效应产生迅速等特性。⑦郑炳林在研究敦煌酿酒业时也注意到，“在敦煌医学文书的各类医方中，又常常以酒入药。”⑧

酒精饮品本身即具有药性不独中国古人觉察到。麦戈文就指出酒精的健康作用显而易见，可以“缓

① 上述引文的编者是在一个葡萄栽培研讨会及有关展览上得悉此事，并转述了一位北京大学化学系副教授的话“可以毫无疑义地说铜卣中的液体是葡萄酒”。文中也明确说，由于前几年的分析手段落后，可望在不久后，有关详细分析报告将公诸于世。其他提及此事的文献，都可追溯到这一唯一来源。笔者也未找到北京大学有关此事的后续报告。见信阳地区文管会、罗山县文化馆：《罗山县蟒张后李商周墓地第二次发掘简报》，《中原文物》1981年第4期，也只说“铜卣：一件（MS：6），内有液体，送北京化验，暂缺”。在此之后有关此卣的介绍，包括罗山县人民政府网站及保存此卣的信阳博物馆网站，都只说“古酒”“酒”，而没有特指葡萄酒。

② Patrick E. McGovern, *Uncorking The Past: The Quest for Wine, Beer, and Other Alcoholic Beverages* (Oakland: University of California Press, 2009), p.49.

③ Patrick E. McGovern, *Uncorking The Past: The Quest for Wine, Beer, and Other Alcoholic Beverages* (Oakland: University of California Press, 2009), pp.53—54.

④ Patrick E. McGovern, *Uncorking The Past: The Quest for Wine, Beer, and Other Alcoholic Beverages* (Oakland: University of California Press, 2009), p.55.

⑤ Patrick E. McGovern, *Uncorking The Past: The Quest for Wine, Beer, and Other Alcoholic Beverages* (Oakland: University of California Press, 2009), p.13.

⑥ 班固：《汉书（全十二册）》卷二十四下《食货志第四下》，中华书局，1962，第一一八三页。

⑦ 赵兴连：《“酒为百药之长”的作用机制》，《山东中医杂志》2000年第19卷第8期。

⑧ 郑炳林：《晚唐五代敦煌酿酒业研究》，《敦煌归义军史专题研究三编》2005年。

丝绸之路上的葡萄酒

296

解疼痛、制止感染并且看上去能治疗疾病"[1]，马克·尼尔森（Mark Nelson）在分析阿梅拉戈斯教授发现的浸透四环素的努比亚人骨样（350—550年）时（阿梅拉戈斯团队认为这些深入骨髓的四环素痕迹和这些人长期饮用啤酒有关）发现，甚至一个四岁孩童的颈骨和头骨也浸满了四环素，说明这个孩童曾将啤酒作药大量饮用来治愈疾病。[2]

2世纪，曾任角斗士医生的伽林成为罗马皇帝的私人医生，他"把医术变成了医学"，其创立的医疗体系"组织严密、内容广泛、理论严谨，一直主导了欧洲的医学，直到近代"。葡萄酒成了他的绝技，他曾用葡萄酒清洗过角斗士那些恐怖的伤口，用一些药物和葡萄酒调制成了"百宝丹"，还对葡萄酒作了细致入微的描述。[3]

船员成为了马德拉葡萄酒的重要市场，据说对长期漂浮在海上缺少新鲜食物的海员来说，马德拉葡萄酒有一定的健康作用，不管有没有、有多少健康作用，只要相信，这都是一个不可忽视的因素。[4]

美国1919—1932年禁酒期间，温斯顿·丘吉尔正在美国访问，他的医生以他在车祸康复期为由开出证明，说他每天需要在就餐时饮用葡萄酒，至少250立方厘米且没有上限。这被认为是丘吉尔在禁酒期间能够喝到酒的方法，也反映了直到那个时候，酒精饮料仍被视为医药的事实。

1993年，湖北省荆州市周梁玉桥遗址博物馆在发掘周家台墓地30号秦墓时发现了一批秦简，整理者依据简文内容将其分为《历谱》《日书》和《病方及其他》三组[5]，秦简中述及了酒在医药上的应用，但并不清楚是利用其本身就有的药性，还是借其力发挥其他草药的药性，还是二者兼顾：

> 温病不汗者，以淳（醇）酒渍布，饮之。[6]
> 取车前草实，以三指撮，入酒若粥中，饮之，下气。[7]

1972—1974年对长沙马王堆三座西汉墓葬的发掘中，出土了大量帛书、帛画、竹简、木牍，其中有很多古代医方，这是西汉初期第一任轪侯、长沙国丞相利苍的家庭墓地。[8]医方中记载了不少以酒入药的例子，有的和上述秦简类似，但因为丝帛的朽坏，缺字甚多：

> 诸伤……毁一丸杯酒中，饮之，日壹饮。[9]
> 冶齐石……淳酒渍而饼之，……，人三指撮半杯温酒……[10]
> 百草末八亦冶而……一丸温酒一杯中而饮之。[11]

①Patrick E. McGovern, *Uncorking The Past: The Quest for Wine, Beer, and Other Alcoholic Beverages* (Oakland: University of California Press, 2009), p.xi.
②Carol Clark, "Ancient brewmasters tapped drug secrets," 2010, https://www.emory.edu/EMORY_REPORT/stories/2010/09/07/beer.html.
③[英]休·约翰逊：《葡萄酒的故事》，李旭大译，陕西师范大学出版社，2005，第87页。
④Liddell A. Madeira, *The Mid-Atlantic Wine* (New York: Oxford University Press, 2014), p.48.
⑤陈伟主编，李天红、刘国胜、曹方向、蔡丹、彭锦华著：《秦简牍合集·释文注释修订本（叁）》，武汉大学出版社，2016，第179—181页。
⑥同上书，第226页。
⑦同上书，第227页。
⑧湖南省博物馆、复旦大学出土文献与古文字研究中心编纂，裘锡圭主编：《长沙马王堆汉墓简帛集成（壹）》，中华书局，2014，第一页。
⑨同上书，第二一五页。
⑩同上书，第二一六页。
⑪同上书，第二一六页。

令金伤无痛方……取三指撮一，入温酒一杯中而饮之。……①

令金伤无痛……取三指撮到节一，醇酒盈一中杯，入药中，扰饮。②

取一斗，裹以布，淬醇酒中，入即出，蔽以布。③

以三指一撮，和以温酒一杯，饮之。④

伤痉者，……，以淳酒半斗煮沸，饮之。⑤

取杞本长尺，大如指，削，春木白中，煮以酒……饮……⑥

蚖：斋兰，以酒沃，饮其汁。⑦

燔狸皮，冶灰，入酒中，饮之。⑧

蠭兰……以酒而……⑨

以淳酒……渍……⑩

病马不痌者，……撮者一杯酒中，饮病者……⑪

……置酒中，饮。⑫

……及瘻不出者方：以醇酒入……火而焠酒中，……以酒饮病者。⑬

以酒一杯，渍襦颈及头垢中，令浊而饮之。⑭

痒，取景天长尺，大围束一，分以为三，以淳酒半斗，三沝煮之。⑮

痒，……薄洒之以美酒，……⑯

取蠃牛二七，薤一菜，并以酒煮而饮之。⑰

石痒：三温煮石韦若酒而饮之。……（注说，若犹及也。）⑱

以醯、酒三沝煮黍秆而饮其汁。⑲

三指撮至节，人半杯酒中饮之。⑳

皆燔……酒饮财足以醉。㉑

①湖南省博物馆、复旦大学出土文献与古文字研究中心编纂，裘锡圭主编：《长沙马王堆汉墓简帛集成（伍）》，中华书局，2014，第二一九页。
②同上书，第二二〇页。
③同上书，第二二一页。
④同上书，第二二二页。
⑤同上书，第二二三页。
⑥同上书，第二二九页。
⑦同上书，第二三一页。
⑧同上书，第二三四页。
⑨同上书，第二四一页。
⑩同上书，第二四一页。
⑪同上书，第二四二页。
⑫同上书，第二四三页。
⑬同上书，第二四五页。
⑭同上书，第二四八页。
⑮同上书，第二四八页。
⑯同上书，第二四九页。
⑰同上书，第二四九页。
⑱同上书，第二五〇页。
⑲同上书，第二五一页。
⑳同上书，第二五三页。
㉑同上书，第二五七页。

丝绸之路上的葡萄酒

……以温酒一杯和，饮之。①

渍以淳酒而丸之。②

并以三指大撮一入杯酒中，日五、六饮之。③

……以酒一杯……④

以酒沃，即浚……淳酒半斗，煮，令成三升……出而
止。⑤

细切，淳酒一斗……半斗，煮成三升……⑥

熬麤矢，以酒挐，封之。⑦

以酒渍之……⑧

饮热酒，已，即入汤中。又饮热酒其中……⑨

令病者每旦以三指三撮药入一杯酒若粥中而饮之，日壹
饮。⑩

图15.2　马王堆汉墓出土的《五十二病方》帛书。图片由湖南博物院提供

《史记》中讲了一个名医扁鹊的故事。他在拜见齐桓公时，开始只说大王在皮肉之间有小病，后来又说病已进入血脉，再后来又说病已进入肠胃，如果不治会加重。每次齐桓公都说没病。再后来，扁鹊远远见到齐桓公就跑，他在回答齐桓公问题时说：

疾之居腠理也，汤熨之所及也；在血脉，针石之所及也；其在肠胃，酒醪之所及也；其在骨髓，虽司命无奈之何。今在骨髓，臣是以无请也。⑪

即是说，病症在皮肉之间，汤剂、药熨的效力就能治好；病症到了血脉中，靠针刺和砭石的效力也能治好；病症到了肠胃，依靠药酒的效力还能治好；但是病症进入骨髓，就是掌管生死的神也无可奈何。现在大王的疾病已进入骨髓，我因此不再要求为他治病。这里，关注的无疑是酒精能够助药的功效，能把药效送抵肠胃。

北魏太武帝南征时，赏赐给南宋王、臣各种盐。代表太武帝的李孝伯说：

黑盐治腹胀气满，末之六铢，以酒而服。⑫

黑盐的功效因酒而得彰显。出土于晚唐的敦煌文书则显示敦煌酒类中有所谓清酒，主要用于祭祀和入药。敦煌所出的大量医药单方、奇方、偏方中往往以酒入药。⑬

第十五章　医、酒、巫

---

①湖南省博物馆、复旦大学出土文献与古文字研究中心编纂，裘锡圭主编：《长沙马王堆汉墓简帛集成（伍）》，中华书局，2014，第二六〇页。
②同上书，第二六四页。
③同上书，第二六六页。
④同上书，第二六七页。
⑤同上书，第二六九页。
⑥同上书，第二七〇页。
⑦同上书，第二七二页。
⑧同上书，第二九〇页。
⑨同上书，第二九一页。
⑩同上书，第二九五页。
⑪司马迁：《史记（全九册）》卷一百五《扁鹊仓公列传第四十五》，韩兆琦译注，中华书局，2010，第6281页。
⑫魏收：《魏书（全八册）》卷五十三《李孝伯传》，中华书局，1974，第一一七〇页。
⑬郑炳林：《晚唐五代敦煌酿酒业研究》，《敦煌归义军史专题研究三编》2005年。

各种酒入药大概有几种方式，一是用作有机溶剂，二是因其能使药力更快更有效而助力，三是其本身的药性。要云就认为人对高酒精度蒸馏酒的需求最初就是用于医药。[①]范文来也认为中国"烧酒"最早出现于与药相关的著作中，和西方的威士忌和白兰地相同。第一瓶葡萄蒸馏酒可能与药有关，出现在意大利的萨勒诺（Salerno），中世纪早期的萨勒诺学院（Salerno School）的药物手册中曾经提到"燃烧的水（aqua ardens, burning water）"。即使后来蒸馏技术得以改进，出现水冷却器，仍然由医生和药剂师（apothecary）生产蒸馏酒。及至明代，烧酒仍是医生的专业用品。[②]

杨友谊梳理了葡萄酒药用的文献记载和考古发现，认为"由于历史的变迁和自然的以及人为的因素，今天已经很难找到葡萄药用的考古证据，但是庆幸的是在吐鲁番地区发现了古代葡萄药用的踪迹"，"西域和中原的医学文化交流，不仅源远流长，而且相互影响"。但他并未区分酒作为有机溶剂、作为助力和利用本身药性的不同，而在描述中强调葡萄或葡萄酒本身的药性。[③]

苏轼在任职河北定州期间曾以诗赋赞颂一种松脂酿的酒[④]，说这种酒比孟佗用以贿赂张让的葡萄酒还贵重（"笑凉州之蒲萄"[⑤]）。松脂不溶于水，但溶于酒精，如何酿酒？苏轼《中山松醪赋》中有句，"收薄用于桑榆，制中山之松醪。救尔灰烬之中，免尔萤燿之劳。取通明于盘错，出膏泽于烹熬。与黍麦而皆熟，沸香声之嘈嘈"，[⑥]大概这种酒加入了松脂燃烧后的灰烬，并与黍麦同煮，利用的大概是酒精有机溶剂的特性，是一种药酒。王赛时指出，松醪酒从唐时就已流行，是一种配制的药酒，"唐人喜欢养生，为了滋补长寿，配制出各种松醪酒"。[⑦]

中国人用各种植物、药材、香料浸泡制作配制酒很常见，《楚辞》中有关于桂树生长的描述：

> 桂树丛生兮山之幽，偃蹇连蜷兮枝相缭。[⑧]

又有桂用于酿酒的诗句：

> 奠桂酒兮椒浆。[⑨]

窦苹则据《楚辞》的这句诗认为"然则古之造酒皆以椒桂"。[⑩]

《汉书》卷二十二《礼乐志第二》序《郊祀歌》说：

> 牲茧栗，粢盛香，尊桂酒，宾八乡。[⑪]

颜师古在注中说：

> 应劭曰："桂酒，切桂置酒中也。"晋灼曰："尊，大尊也。元帝时大宰丞李元记云

①要云：《"阿剌吉"与"阿勒锦"——中国白酒产生年代之我见》，《黑龙江史志》2020年第8期。
②范文来：《我国古代烧酒（白酒）起源与技术演变》，《酿酒》2020年第47卷第4期。
③杨友谊：《明以前中西交流中的葡萄研究》，硕士学位论文，暨南大学，2006，第41—51页。
④苏轼：《中山松醪寄雄州守王引进》，载张志烈、马德富、周裕锴主编《苏轼全集校注·诗集》卷三十七，河北人民出版社，2010，第四二九九至四三〇一页；苏轼：《中山松醪赋》，载张志烈、马德富、周裕锴主编《苏轼全集校注·文集》卷一，河北人民出版社，2010，第五十七至六十三页。
⑤苏轼：《中山松醪赋》，载张志烈、马德富、周裕锴主编《苏轼全集校注·文集》卷一，河北人民出版社，2010，第五十八页。
⑥苏轼：《中山松醪赋》，载张志烈、马德富、周裕锴主编《苏轼全集校注·文集》卷一，河北人民出版社，2010，第五十八页。
⑦王赛时：《唐代酿酒业初探》，《中国史研究》1995年第1期。
⑧《招隐士》，载林家骊译注《楚辞》，中华书局，2010，第248页。
⑨《九歌·东皇太一》，载林家骊译注《楚辞》，中华书局，2010，第38页。
⑩窦苹：《酒谱》，载朱肱等著《北山酒经（外十种）》，上海书店出版社，2016，第49页。
⑪班固：《汉书（全十二册）》卷二十二《礼乐志第二》，中华书局，1962，第一〇五二页。

'以水渍桂，为大尊酒'。"师古曰："茧栗，言角之小如茧及栗之形也。八乡，八方之神。"①

宋代《北山酒经》中记载的各种酒多配有药物，如杏仁、香桂、辣蓼。②一种"桂酒"系以桂花浸泡在酒里而制成，另一种则是用一种有医用功效的也叫桂的植物浸制。《说文解字注》木部释"桂"字说："江南木，百药之长。"③

苏轼曾作《桂酒颂》，序中说：

> 《礼》曰："丧有疾，饮酒食肉，必有草木之滋焉。姜桂之谓也。"古者非丧，食不征姜桂。《楚辞》曰："奠桂酒兮椒浆。"是桂可以为酒也。《本草》：桂有小毒，而菌桂、牡桂皆无毒。大略皆主温中，利肝腑气，杀三虫，轻身坚骨，养神发色，使常如童子，疗心腹冷疾，为百药先，无所畏。④

苏轼爱好喝酒也酿酒，他自制的各种酒很多是药酒，他将制酒步骤记录在《东坡酒经》中。酿酒首先要制曲，"杂以卉药而为饼"⑤。这里面"卉药"不一定是专指药性，而可能是加入某种味道或防止某种味道，但在制曲时加入一些草药，古已有之。贾思勰介绍的河东神曲的制法就加入了草药，注者认为，这些植物性药料加入曲中，是为了防止一些微生物扰乱可能发生的不良气味，"桑叶五分，苍耳一分，艾一分，茱萸一分，若无茱萸，野蓼亦可用。合煮取汁，令如酒色。滤去滓，待冷，以和曲。勿令太泽。"⑥宋代田锡的一部《曲本草》记述了从五代到宋初的各种药酒的原料、制法与功能。⑦朱肱也说"后世曲有用药者，所以治疾也"。⑧

周嘉华认为，苏轼所深感满意的"桂酒"就是《楚辞》中所说的产于桂树的这种"桂酒"⑨：

> 捣香筛辣入瓶盆，盎盎春溪带雨浑。收拾小山藏社瓮，招呼明月到芳樽。酒材已遣门生致，菜把仍叨地主恩。烂煮葵羹斟桂醑，风流可惜在蛮村。⑩

《郊祀歌十九章·赤蛟十九》中说：

> 勺椒浆，灵已醉。⑪

彭卫认为桂浆、椒浆就是桂浆、椒浆，是一种药酒。⑫

酒若以本身药性入药，则并不必须做成为酒，原料本身就具有药性。麦戈文的研究则表明蜂蜜在古埃及除

①班固：《汉书（全十二册）》卷二十二《礼乐志第二》，中华书局，1962，第一〇五三页。

②朱肱等：《北山酒经（外十种）》卷中，任仁仁整理校点，上海书店出版社，2016，第16—17页。

③许慎：《说文解字注》六篇上《木部》，段玉裁注，上海古籍出版社，1981，第二四〇页。

④苏轼：《桂酒颂并叙》，载张志烈、马德富、周裕锴主编《苏轼全集校注·文集》卷二十，河北人民出版社，2010，第二二七七至二二七八页。

⑤苏轼：《东坡酒经》，载朱肱等著《北山酒经（外十种）》，上海书店出版社，2016，第10页。

⑥贾思勰：《齐民要术（全二册）》卷七《造神曲并酒第六十四》，石声汉译注，石定枎、谭光万补注，中华书局，2015，第822—823页。

⑦田锡：《曲本草》，载朱肱等著《北山酒经（外十种）》，上海书店出版社，2016，第1页。

⑧朱肱等：《北山酒经（外十种）》，任仁仁整理校点，上海书店出版社，2016，第15页。

⑨周嘉华：《苏轼笔下的几种酒及其酿酒技术》，《自然科学史研究》1988年第7卷第1期。

⑩苏轼：《新酿桂酒》，载张志烈、马德富、周裕锴主编《苏轼全集校注·诗集》卷三十八，河北人民出版社，2010，第四四六三页。

⑪班固：《汉书（全十二册）》卷二十二《礼乐志第二》，中华书局，1962，第一〇六九页。

⑫彭卫：《汉代酒杂识》，《宜宾学院学报》2011年第11卷第3期。

了做成酒外，还用作杀菌、疗伤、内服等。[1]李时珍列出的蜂蜜的性质为"其味甘，平，无毒"，和葡萄"其味甘，平，涩，无毒"的药性相类。[2]葡萄既"无毒"，药性也就不那么显著，葡萄酒送药大概更多地是利用其能作为有机溶剂和有助药力的特点。比较"曼陀罗花"，《本草纲目》记其"辛，温，有毒"，但可以酿酒，喝了这种花酿的酒，会使人发笑、跳舞。但李时珍亲自验证，发现需酒至半酣，并且有人或笑或舞作出样子才行：

> ［时珍曰］相传此花笑采酿酒饮，令人笑；舞采酿酒饮，令人舞。予尝试之，饮需半酣，更令一人或笑或舞引之，乃验也。[3]

周去非记载，广西贺州有一种酒也是利用酒气纳曼陀罗花之毒性：

> 闻其造酒时，采曼陀罗花置之瓮面，使酒收其毒气。此何理耶！[4]

不过最显著的还是酒本身的清洁消毒功效。清洁消毒的功效大概是古人很早就认识到的酒本身具有的药理。

> 犬所齧，令无痛及易疗方：令齧者卧，而令人以酒财沃其伤。[5]
> 以酒洗，……[6]

古人认为生子很神秘，对婴儿胎盘（胞衣）的处理即是一例，古人认为如何处理胎盘会影响到婴儿的健康和今后的运势。长沙马王堆汉墓的整理者根据内容将其中一篇出土的帛书命名为《胎产书》，写道：

> 凡治字者，以清……浣胞……
> 一曰：必熟洗浣胞，又以酒浣……小麑……以瓦瓯，毋令虫蚁能入而進（？）……[7]

日本人丹波康赖所撰《医心方》说得更清楚：

> 《产经》云：凡欲藏胞衣，必先以清水好洗子胞，令清洁，以新瓦瓮，其盖亦新，毕，乃以真绛缯裹胞，讫，取子贡钱五枚，置瓮底中罗列，令文上向，乃已。取所裹胞盛纳瓮中，以盖覆之，周密泥封，勿令入诸虫畜禽兽得食之，毕。按随月图，以阳人使理之，掘深三尺二寸，坚筑之，不欲令复发故耳。能顺从此法者，令儿长生，鲜洁美好，方高心善，圣智富贵也。且以欲令儿有文才者，以新笔一柄著胞上藏之，大吉。此黄帝百廿占中秘文也。且藏胞之人，当得令名佳士者，则令儿辨慧多智，有令名美才，终始无病，富贵长寿矣。
> 又云：一法先以水洗胞，令清洁讫，复用清酒洗胞，以新瓦瓮盛胞，取鸡雏一枚，以布若缯缠雏置胞上，以瓦瓯盖其口埋之。[8]

①Patrick E. McGovern, *Uncorking The Past: The Quest for Wine, Beer, and Other Alcoholic Beverages* (Oakland: University of California Press, 2009), p.240.
②李时珍：《李时珍医学全书·本草纲目》卷三十九《虫部一》，夏魁周校注，中国中医药出版社，1996，第969—970页；李时珍：《李时珍医学全书·本草纲目》卷三十三《果部五》，夏魁周校注，中国中医药出版社，1996，第829—830页。
③李时珍：《李时珍医学全书·本草纲目》卷十七《草部六》，夏魁周校注，中国中医药出版社，1996，第551页。
④周去非：《岭外代答》卷六，上海远东出版社，1996，第133页。
⑤湖南省博物馆、复旦大学出土文献与古文字研究中心编纂，裘锡圭主编：《长沙马王堆汉墓简帛集成（伍）》，中华书局，2014，第二二七页。
⑥同上书，第二七七页。
⑦湖南省博物馆、复旦大学出土文献与古文字研究中心编纂，裘锡圭主编：《长沙马王堆汉墓简帛集成（陆）》，中华书局，2014，第九五页。
⑧［日］丹波康赖：《藏胞衣料理法第十五》，载《医心方》卷第廿三，高文柱校注，华夏出版社，2011，第469页。

丝绸之路上的葡萄酒

宫廷玉液

清康熙三十二年（1693年）五月，康熙皇帝曾患疟疾，多亏了传教士献上的金鸡纳霜才治愈，康熙在川陕总督佛伦的请安折上用寥寥数字记述说：

> 朕自初八日始患汗病，十三日始疟疾，隔一日来一次，甚重。二十七日疟疾瘥愈。朕体今大安了，好像旧病诸疾都已根除了。[①]

二十年后，康熙好友曹寅也患疟疾，康熙皇帝星夜派驿马驰送金鸡纳霜，可惜曹寅无法等到药至便去世了。康熙随药还附了服法：

> 用二钱末酒调服，若轻了些，再吃一服，必要住的。住后或一钱或八分，连吃二服，可以出根。[②]

据说，康熙皇帝曾令传教士白晋（Joachim Bouvet，1656—1730年）与张诚（Jean-François Gerbillon，1654—1707年）写作关于西洋药学的著作，二人后来用满文写成了《西洋药书》，现藏于台北故宫博物院。书中用很大的篇幅介绍了金鸡纳霜，虽然和康熙所说有些出入，但是用酒调服却相同：

> 叫作金鸡纳的药，是叫作金鸡纳的树之树皮。其味苦。金鸡纳树之身，如樱桃树似的。树叶，种子都与橡木一样。生长在大西洋西边，相隔约三万里叫作孛露的地方。其树皮可以治疗各种疟疾。使用时，磨成细粉过筛后，粉之两数（此为重量单位——译注）配合病情使用，而看人之意愿，或是水，或是酒，混入之后服用也行，或是混入甜稀汤中（酸的东西不合于此药。因此，合于甜的东西），做成膏子、丸子后服用也行，都可以。混入水中服用者，效力稍微弱。[③]

引文取自蔡名哲对《西洋药学》的研究。引文中说金鸡纳粉末既可用水调和，又可用酒，只是用水效力稍弱，而康熙给曹寅的方子只说用酒。《西洋药书》说的混酒调和之方子，所取之金鸡纳粉量与做丸子的量同，且是混入一杯酒服用。蔡名哲还注意到其他多处不同，包括疗程。蔡名哲认为，清宫对于西洋药似乎发展出自己的一套用法。但可以看出，这里的用"酒调服"是利用酒作为有机溶剂的功能。《西洋药书》颇为推崇的黄、白、黑三种药中的黑药是指将药泡在酒中制成药酒。蔡名哲的研究认为满文eliksir应为拉丁文elixir的译音，elixir意为长生药，和酒精有关。

献药的传教士洪若翰神父在他给拉雪兹神父的信里说到此事：

> 人们立即端上了盛满酒的杯子与金鸡纳霜，皇帝亲自搅合了酒与药。[④]

康熙五十五年（1716年）六月，直隶总督赵弘灿因风湿病久治无效，奏请康熙恩赐御制药酒，康熙恩准并说明用法：

①中国第一历史档案馆：《康熙朝满文朱批奏折全译》，中国社会科学出版社，1996，第43页。
②中国第一历史档案馆：《康熙朝汉文朱批奏折汇编》第四册，档案出版社，1985，第三二六页。
③蔡明哲：《〈西洋药书〉与康熙朝宫廷西洋药物知识刍议》，《国际汉学》2022年第3期（总第32期）。
④[法]杜赫德：《洪若翰神父致拉雪兹神父的信》，载《耶稣会士中国书简集：中国回忆录》第一卷，郑德弟、吕一民、沈坚译，大象出版社，2005，第289页。

图15.3 清康熙皇帝的六十大寿（1713年）是个举国欢庆的日子。图片取自《万寿盛典》

将药泡一日一夜，取出，用清酒最能化疾，若多了即吐泻，止可二钱酒则可。因酒易坏，将药带去。[①]

赵弘灿照此法服用后效果明显。上面说的用"酒调服""清酒""酒"，应该是同时利用了酒作为有机溶剂和有助药力的性质。

康熙四十二年（1703年）以后，中西药合用情况增多。理藩院右侍郎荐良脾肺虚寒、喘胀，病情十分严重。御医中西药合用，其中加减实脾饮的药方里有这么一味：白芍酒炒一钱。[②]

这里所说的"酒"既为"酒炒"，很可能不是用作溶剂。

在治疗康熙皇帝咳嗽病的时候，西洋人张诚还尝试将龙涎香、冰糖和麝香的粉末，用"玉泉酒露拌之"，加热后得到龙涎香露。龙涎香为抹香鲸肠内分泌物的干燥品，能行气活血，止咳喘气逆及心腹疼痛，麝香亦治"风痰""痰厥"，冰糖可和胃润肺，止咳嗽，化痰涎。由这三味药制成的龙涎香露有健脑补心之功效，可补气血两亏。此药露可与"合六滴至十二滴烧酒"或"合于治心脏病之各种露汁、茶水"同服。这里的"玉泉酒露""烧酒"都是蒸馏酒，可能用作溶剂。

将龙涎香一两、冰糖一两、麝香二钱五分，三种药研成很细粉状，用一斤玉泉酒露拌之，置于银制胆瓶中，再用一个银制胆瓶将口盖封，固定在热炭上，用微火煮三天三夜，将药过滤后，可得龙涎香露九两五钱。……无论何时，或温或寒，均可服饮。然不可使之达到热的程度，若热时，龙涎香就失去药力矣。[③]

西方人也很早就对葡萄酒的药效有所了解。明末以后西方传教士来华的主要目的是传教而不是行医治病，他们带来了一些西药和葡萄酒，虽然主要是自己服用、饮用，但是也给皇帝和各级官僚饮用，以

①中国第一历史档案馆：《康熙朝汉文朱批奏折汇编》第七册，档案出版社，1985，第二〇七页。
②中国第一历史档案馆：《康熙朝满文朱批奏折全译》，中国社会科学出版社，1996，第687页；陈可冀主编：《清宫医案集成》上册，科学出版社，2009，第29页。
③陈可冀主编：《清宫医案集成》上册，科学出版社，2009，第18—19页。

此来巴结这些人，希望天主教能因此顺利传播。其中，最成功的莫过于他们用葡萄酒治好了康熙皇帝的心悸病。

1713年，康熙六十大寿，传教士们也呈上了礼品，其中就包括"欧洲葡萄酒"这一在中国最为稀罕的东西。[①]

慈禧光绪医方中专门有泡酒和酿酒的药方。[②]不过不在酒中浸渍或以酒送服而是通过酿制得酒的代表性药材是诃黎勒，一般认为这种植物源自波斯，后经过印度传入中国。《旧唐书》对诃黎勒原产波斯做了注释：

> （波斯……出）……香附子、诃黎勒、胡椒、荜拨……[③]

诃黎勒本身具有药性，唐代风行一时的名酒三勒浆中的一勒就是诃黎勒，诃黎勒做的酒可以说是一种药酒。

葡萄、葡萄酒、葡萄醋

唐时流行于长安的三勒浆是和葡萄酒类似的一种饮品。陈明对"三勒浆"的源起和流布作了一番梳理。他指出，三勒果实既可单独入药或与其他药物配伍熬汤，又可三勒一起发酵成酒。三勒浆在元朝有过短暂复兴，推手许国祯来自一个医学世家，他"尤精医术"，"以医征至瀚海，留掌医药"，治愈过庄圣太后等人的疾病，还主持编撰过《御药院方》，流传后世。因他博通经史和医学，参与编辑过《大元本草》，对西域药物颇为熟悉，故能依古法而合出此"五百年来未之有"的三勒浆。[④]王恽在其《三勒浆歌》中对三勒浆颇尽夸赞之能事，他在序中说：

> 今光禄许公复以庵摩、诃梨、毗梨三者酿而成浆，其光色晔晔，如蒲萄桂醑，味则温馨甘滑，浑涵妙理。及荐御，天颜喜甚，谓非余品可及。[⑤]

三种果实入药时，要是有酒也是三勒自己酿的酒，酿酒方式保持了水果酿酒的原来方式，和中国的以曲酿酒不一样。这可能是中国人口味不同和三勒浆酒只依赖进口而葡萄这种植物进入了中国所致。三勒浆和葡萄酒相比昙花一现可能有多种原因，也可能与此有关。

杨富学对高昌回鹘王国时期的一个回鹘文写卷残本T Ⅰ D120（《杂病医疗百方》）进行了研究，他认为这个写卷提到的药材多种多样，其中就有葡萄、葡萄藤、葡萄酒和葡萄醋。比如：

> 用石鸡胆和等量的糖敷到眼睛上，失明的话可复明痊愈。又：取石鸡胆晾干泡入葡萄酒和麦酒中喝，略微喝些，只要不醉，即可见好。（50—53行）
> 牙被虫蛀，把葡萄醋含在嘴里漱后吐出。（70—71行）
> 治牙痛方：取黑胡椒一钱，与葡萄醋同煮，冷却后含在口中，牙痛可祛。又一方：将熟

①[意大利]马国贤：《清廷十三年——马国贤在华回忆录》，李天纲译，上海古籍出版社，2013，第073页。
②陈可冀主编：《清宫医案集成》下册，科学出版社，2009，第1285页。
③刘昫等：《旧唐书（第六册）》卷一百九十八·列传第一百四十八《西戎·波斯》，中华书局，1975，第4568—4569页。
④陈明：《"法出波斯"："三勒浆"源流考》，《历史研究》2012年第1期。
⑤王恽：《钦定四库全书荟要·秋涧集》卷六，吉林出版集团有限责任公司，2005，第六九至七〇页。

筋在水中煮熟后，含于口内，可愈。（134—137行）[1]

杨富学认为，残卷中有些词，如葡萄写作[buda]，是来自汉语。[2]此前，杨富学已经表示过"葡萄"可能是汉语的音译，又说也有可能直接借自大宛语：

buda-nī，名词buda的宾格形式。buda，意为"葡萄"，疑为汉语"葡萄"之音译。汉语"葡萄"源自古大宛语bādā ga。回鹘文献中的buda也有可能是直接借自大宛语。[3]

而汉语的"葡萄"一词很有可能是伊朗语的音译，"葡萄"这种植物在黑海岸边的高加索地区得到人工种植后，一方面向西扩散到地中海周边，一方面又继续东传，来到了中亚，翻过帕米尔高原后就经西域来到了中国北方。从这种传播次序看，回鹘语表示这种植物的词更有可能来自伊朗语。这个拼写又和伊朗语词根相同，进一步印证了劳费尔的理论，葡萄并非来自希腊语的"一串葡萄（Bότρυς）"。

夏雷鸣也对《杂病医疗百方》和《回回药方》中采用葡萄，包括葡萄酒、葡萄醋、葡萄果实和茎叶入药进行了一番梳理，和杨富学的文章基本相同（有三方重复，不列）：

治腹痛之方：取二孙克（süngük一种重量单位）公山羊肉、一碗葡萄酒、一碗水，掺和在一起煮熟，凉后服下，可愈。（16—20行）

谁若月经不调，血流不止，将藏红花和玉米面、麝香放入葡萄酒中喝，可愈。（66—68行）

月经常常迟来的妇女，可吃燕子肉，再将藏红花、玉米面、麝香和葡萄酒同喝，即愈。（93—95行）

治牙痛方：将黑牛粪与醋同煎，然后将盐碱地里的骆驼粪和红盐舂碎和入葡萄酒搅匀，用砂锅加热，放入布袋中，泡在芝麻油里，取之置于牙齿上。（97—102行）

治牙痛方：将黄杏仁舂碎，和葡萄醋一起敷于嘴上，可愈。（97—102行）

难产者……又一方：烧蛇皮，取其灰，用葡萄酒送服，可保平安。（107—110行）

将蛇蜕和十字路口之土、蜂蜜、牛胆汁、葡萄醋掺和服下，即使胎死，也可产出……（114—118行）

妇女若生殖器官有病，将大麻纤维切成三截，然后将一杯葡萄酒和两杯水掺和在一起，加入牛油后敷患处，可治愈。（121—124行）

治胎死腹中方：将狗奶和葡萄醋同服，[死胎]即出。（140—141行）

治腹泻方：取野蔷薇果壳（金樱子）一钱、桑白皮一钱、葡萄藤一钱……先倒入一些水，当剩下一碗[水]时，把这三种东西放在一起煮熟，然后喝，不论是谁……晚上临睡时服下。此乃验方。（190—195行）

声音沙哑难以发音者，可将一寸长的葡萄分为二等份，将其中的一半略微挖空，把qidaisimiq（一种植物）稍稍捣碎，加入三四粒胡椒，[然后]把两半葡萄合在一起，用线捆起来，外面再用纸裹住，埋在热灰里煨熟，待熟透后，再剥去裹的纸，用前牙咬住，闭着嘴吸

①杨富学：《高昌回鹘医学稽考》，《敦煌学辑刊》2004年第2期（总第46期）。
②杨富学：《高昌回鹘医学稽考》，《敦煌学辑刊》2004年第2期（总第46期）。
③邓浩、杨富学：《吐鲁番本回鹘文〈杂病医疗百方〉译释》，载敦煌研究院编《段文杰敦煌研究五十年纪念文集》，世界图书出版公司，1996，第368页。

丝绸之路上的葡萄酒

食里面的汁。二、三次后，病情会渐渐好转。此乃验方。（146—154行）[①]

最后一条的"葡萄"有可能是指"葡萄藤"。夏雷鸣注意到这里"葡萄药用的15个医方中使用葡萄酒的医方有8个，占半数以上。这一现象并非孤立。《回回药方》中也有同类现象：使用葡萄酒的医方的数量超过葡萄醋、葡萄、葡萄干、葡萄枝药用医方的总和"。

回鹘文《杂病医疗百方》出土于吐鲁番，定年为受到伊斯兰文化影响之前的高昌回鹘王国时期，大约成书于9—12世纪。而《回回药方》则成书于14世纪末，即明初洪武年间（1368—1402年），是公认的阿拉伯医书。即便《回回药方》仅残留原书36卷中的4卷，这个文献仍提供了弥足珍贵的葡萄药用资料："在陈葡萄酒内熬""与陈葡萄酒同服""于葡萄酒内熬过""用熬过的熟葡萄酒浸一昼夜""葡萄酒和水各等分浸一周""上药方化者以葡萄酒化""用热葡萄酒熬过""于性收缩黑葡萄酒蘸湿""葡萄酒脚干者"。用葡萄酒送服其他药使用陈葡萄酒、新鲜葡萄酒；熬药用热葡萄酒、陈葡萄酒、新鲜葡萄酒；渍药用熬过的熟葡萄酒和一般葡萄酒；甚至还使用干的葡萄酒的沉淀物作药。《回回药方》对葡萄的药用记载也十分精细："将干葡萄在葡萄酒内浸一日取出捣烂""与葡萄肉共捣""葡萄（干者去核）八两""无子干葡萄""无子葡萄一两""干葡萄水送下""干青葡萄水送下""用白葡萄汁拌匀"等。[②]

夏雷鸣同样注意到，所引药方中，多利用葡萄酒的有机溶剂功能和助力功能，利用"醋的散瘀解毒和葡萄酒对药力的推助"，如用葡萄酒渍药、用葡萄酒送服其他药、用葡萄酒熬药、用葡萄酒调药等等，方中有些成分往往在药理上能治病，如尿、屎、盐、芝麻、牛油、蛇蜕、狗奶等，这些很有可能得益于与中原的交往，中原的医典中，这些成分往往有相同的药理功用，但只说明用酒而没有单独指明用葡萄酒。夏雷鸣也注意到，中原的古代医典中多见葡萄、葡萄藤叶的药用，鲜见葡萄酒、葡萄醋的药用，从《杂病医疗百方》中可以看到古西域人在使用葡萄酒方面的聪明、智慧。[③]

《杂病医疗百方》和《回回药方》文化背景虽然相差很大，但在葡萄和葡萄酒入药方面却有很多共同之处。这些相同点很可能来自两者共同的地域——新疆。夏春雷注意到《杂病医疗百方》中有药方用到了盐碱地里的骆驼粪，"这种能力只有生活在西域这一特定生态环境中的人才会拥有。"[④]同样，《杂病医疗百方》和《回回药方》对葡萄和葡萄酒的利用是基于对葡萄酒熟悉，相比之下，中原相似的药方只言用酒而不说葡萄酒。夏春雷指出，"只有葡萄种植业的发达，才有葡萄酒酿造业的兴盛"，认为"葡萄酒的药用在西域有着深厚的基础"，并用新疆出土文书作为佐证。[⑤]

在新疆发现的敦煌变文《下女夫词》中，客人问："即问二姑婆，因何行药酒？"这可能说明了药酒的普遍，也可能说明药酒和非药酒差别明显。文中并未说明差别在何处，但无疑问的是店家奉上的"酒是蒲桃酒"。[⑥]

李时珍将葡萄酒另列一目，和酒、烧酒并列，他认为葡萄酒有两类，一为酿制，一为蒸馏（烧酒），这两类的药性特征不同："酿酒，[气味]甘，辛，热，微毒""暖腰肾，驻颜色，耐寒"，而葡萄烧酒的药性和其他烧酒相同，"[气味]辛，甘，大热，有大毒""益气调中，耐饥强志，消痰破

---

①夏雷鸣：《西域葡萄药用与东西方文化交流》，《敦煌学辑刊》2004年第2期（总第46期）。
②夏雷鸣：《西域葡萄药用与东西方文化交流》，《敦煌学辑刊》2004年第2期（总第46期）。
③夏雷鸣：《西域葡萄药用与东西方文化交流》，《敦煌学辑刊》2004年第2期（总第46期）。
④夏雷鸣：《西域葡萄药用与东西方文化交流》，《敦煌学辑刊》2004年第2期（总第46期）。
⑤夏雷鸣：《西域葡萄药用与东西方文化交流》，《敦煌学辑刊》2004年第2期（总第46期）。
⑥佚名：《下女夫词》，载王重民、王庆菽、向达、周一良、启功、曾毅公编《敦煌变文集》卷三，人民文学出版社，1957，第二七五页。

癣"。①葡萄作为水果鲜食也有药用功能，《神农本草经》就有记录。李时珍记录葡萄的药用功效为：

> 实，［气味］甘、平、涩，无毒。［主治］筋骨湿痹。益气倍力强志，令人肥健，耐饥忍风寒。久食，轻身不老延年。可作酒。逐水，利小便。除肠间水，调中治淋。②

宋代的唐慎微在《证类本草》中引用《药性论》说：

> 葡萄君，味甘酸，除肠间水气，调中治淋，通小便。③

又言及葡萄的药效：

> 葡萄味甘平，无毒。主筋骨湿痹，益气、倍力、强志，令人肥健耐饥，忍风寒。久食轻身不老延年。可作酒。逐水，利小便。④

明代的《救荒本草》也说：

> 味甘、性平、无毒。⑤

其中对药性的描述都差不多，可能都是基于前人的成果，但葡萄可入药当不错。

①李时珍：《李时珍医学全书·本草纲目》卷二十五《谷部四》，夏魁周校注，中国中医药出版社，1996，第694页。
②李时珍：《李时珍医学全书·本草纲目》卷三十三《果部五》，夏魁周校注，中国中医药出版社，1996，第830页。
③唐慎微：《重修政和经史证类备用本草》卷二十三《果部上品》，人民卫生出版社，1957，第四六四页。
④唐慎微：《重修政和经史证类备用本草》卷二十三《果部上品》，人民卫生出版社，1957，第四六三页。
⑤朱橚：《救荒本草校释与研究》，王家葵等校注，中医古籍出版社，2007，第305页。

各朝各代施行了各种酒政，包括禁酒、榷酤和税酒，其原因不外乎"与民争粮""喝酒乱性"和"增加税收"，但我们经常见到的理由却是"与民争粮"和"喝酒乱性"，没有"增加税收"。我们很难确定当时的人已经有意识地把税收作为一个调节消费的手段，或者无意识地使用了这样的工具，但是每个人都知道财政要有收入，大概"增加税收"才是终极目标。对酒业的征税成了政府的一大税收来源。但酒和一般消费品不同，和水这类必需品也不同。人没有酒依然可以存活，但人生来就对酒的嗜好，使其接近于必不可少、无可替代，中外历代酒政制定者都认为其"适于赋课重税"，其"为消费大宗，不第非生活必需之品，且有害生理之健康"，可"课之以较高之税"，为"良好之税源"。

第十六章 酒之政

禁酒与榷酤

三国时期，蜀国曾禁酒，凡私自酿酒、售酒的一律处死，家有酿具也与私酿同罪。一天，简雍和刘备同行，见有一男一女走在路上，简雍便说，他们有行淫的器具，和家有酿具一样，为何不处罚？刘备大笑：

> 时天旱禁酒，酿者有刑。吏于人家索得酿具，论者欲令与作酒者同罚。雍与先主游观，见一男女行道，谓先主曰："彼人欲行淫，何以不缚？"先主曰："卿何以知之？"雍对曰："彼有其具，与欲酿者同。"先主大笑，而原欲酿者。①

这则故事讲简雍多智、滑稽，使得刘备在大笑之中决定不再惩罚有酿具者。

史上严厉的禁酒刑罚还有很多，比如《尚书·酒诰》中规定对于酗酒、群饮者要杀，西汉时萧何制定的律法说"三人以上无故群饮，罚金四两"（《史记·文帝本纪》，《集解》引文颖注。②）北魏文成帝禁酒期间，乐部郎胡长命的妻子张氏因婆婆王氏年迈多病便私自酿酒给她喝，被官府发觉后张王二人竟担罪责，文成帝最终原谅了张氏，这则故事被记录在《魏书·列女传》中：

> 乐部郎胡长命妻张氏，事姑王氏甚谨。太安中，京师禁酒，张以姑老且患，私为酝之，为有司所纠。王氏旨诣曹自告曰："老病需酒，在家私酿，王所为也。"张氏曰："姑老抱患，张主家事，姑不知酿，其罪在张。"主司疑其罪，不知所处。平原王陆丽以状奏，高宗义而赦之。③

这则故事中虽然当事人最终被赦免，但有司面对高级干部妻子的违法行为"不知所处"，还要皇帝来定夺，而且他们的"不知所处"不是因为违法者的特殊身份，而是因为两个当事人各执一词，都要承担责任，可见禁酒刑罚的严厉。

晚唐时，官府对于私酒的处罚也极重，一人犯罪，连累全家和邻里。五代时后唐、后周禁私造曲，凡私造曲5斤以上者处死；北宋初年，宋太祖颁布"禁曲酒令"，规定私造曲酒15斤、私运曲酒入城满三斗者即处死刑（太祖建隆二年四月，诏："应百姓私造曲十五斤者死，醖酒入城市者三斗死，不及者等第罪之。买者减卖入罪之半，告捕者等第赏。"④），后来在数量上有所放宽，但刑法之严峻没有变。⑤金代海陵王完颜亮弑熙宗上台，他以饮酒杖责犯禁的近臣。⑥元世宗时派巡查专使领军士千人，会同酒使司四出巡察私酿。

对于酒这种饮料，政府多采用禁酒、榷酤（专卖）和税酒几种形式进行控制。中国历朝历代，或因财政需求，或因灾疫所迫，或因战乱窘迫等因素而采取不同的管理方式。⑦而禁酒政策往往因执行不下去而不了了之，葛洪认为这和"缓己急人，虽令不从"可能有关系：

---

①陈寿：《三国志》蜀书《许麋孙简伊秦传第八》，裴松之注，中华书局，2011，第809页。

②司马迁：《史记（全九册）》卷十《孝文本纪第十》，韩兆琦译注，中华书局，2010，第992页。

③魏收：《魏书（全八册）》卷九十二《列传列女第八十》，中华书局，1974，第一九八〇页。

④刘琳、刁忠民、舒大刚、尹波等校点《宋会要辑稿（全十六册）》食货二〇，上海古籍出版社，2014，第六四一七页。

⑤陈忠海：《漫话古代的酒政》，《中国发展观察》2022年第03期；徐少华：《中国酒政概说》，《中国酿造》1998年第02期；凌大班：《中国酒税史略（上）》，《中国税务》1988年第02期；凌大班：《中国酒税史略（下）》，《中国税务》1988年第03期。

⑥"丁丑，判大宗正徒单贞、益都尹京、安武军节度使爽、金吾卫上将军阿速饮酒，以近属故，杖贞七十，余皆杖百"，见脱脱等：《金史（全八册）》本纪第五《海陵》，中华书局，1975，第一一二页。

⑦姚轩鸽：《中外酒税史料略考及其得失评析》，《宜宾学院学报》2022年第22卷第10期（总第285期）。

曩者饥年荒谷贵，人有醉者相杀，牧伯因此辄有酒禁。严令重申，官司搜索，收执榜徇者相辱，制鞭而死者太半。防之弥峻，犯者至多，至乃穴地而酿，油囊怀酒。民之好此，可谓笃矣。……临民者虽设其法，而不能自断斯物，缓己急人，虽令不从；弗躬弗亲，庶民弗信。以此而教，教安得行！以此而禁，禁安得止哉！沽卖之家，废业则困。遂修饰略遗，依凭权右，所属吏不敢问。无力者独止，而有势者擅市。张垆专利，乃更倍售，从其酤买，公行靡惮。法轻利重，安能免乎哉？①

　　"禁酒"虽在某种情况下能对遏制"因酒废行"起到一定作用，却违背了人类的好酒本性，也断了政府的一大财路，所以"禁酒"往往是暂时之法，长期则持续不下去。美国虽为禁酒而修改了宪法，也推行了立法，却最终不得不放弃，也许即为一例。周代虽然认为殷商的灭亡和沉湎于酒、荒政废职有很大关系，周公又发布了严厉的禁酒令——《酒诰》，却设立了多个和饮酒有关的职位，管理皇室和平民百姓的饮酒行为。有学者认为设立如此之多的职位是为了管理、规范和限制饮酒，但可以想见，喝酒是多么难以抗拒，以至于需要这么多官员加以规范。

　　三国时期，曹魏也曾禁酒，但人偷偷地喝，不便明说，还给酒起了外号，圣人和贤人。鱼豢曾作《魏略》记录曹魏的历史，虽已久佚，但多书引用，如《太平御览》：

　　《魏略》曰：太祖时禁酒，而人窃饮之。故难言酒，以白酒为贤人，清酒为圣人。②

　　金天会十三年（1135年）正月，太宗崩，熙宗刚即位，即于同月禁酒（甲戌，诏中外。诏公私禁酒。③），但他本人却耽于饮酒，宰相进谏，他用"明日当戒"推脱。皇统二年五月，《金史》如此记载：

　　五月癸巳朔，不视朝。上自去年荒于酒，与近臣饮，或继以夜。宰相入谏，辄饮以酒，曰："知卿等意，今既饮矣，明日当戒。"因复饮。乙卯，赐宋誓诏。辛酉，宴群臣于五云楼，皆醉而罢。④

　　杨国誉研究了汉唐北宋的赐酺之举，他认为"酒禁"政策执行与贯彻的力度"大可存疑"，以"酒禁"或"禁群饮"政策的存在来解释赐酺的发生，以为赐酺即为解"酒禁"的理解太过简单，缺乏说服力。⑤

　　清人在入关前就约束饮酒，入关后，康熙朝即颁烧锅禁令，雍正即位后，在禁酒方面与康熙帝如出一辙，反对开禁烧锅，乾隆年间的酒禁具有规模大、范围广、禁令严和持续时间长的特点，但朝中大臣对禁酒的态度不统一。尽管几代皇帝均屡屡谕令严禁，康雍乾时期的酒禁政策最终结果却不尽如人意。政策制定之初忽视了酒的特殊功能，在执行过程中又摇摆不定，导致酒禁成为空谈，并且由于酒禁时紧时松，反倒成了有些官吏骚扰百姓的借口，加重了百姓的负担。⑥乾隆后期，酒曲禁令已不再频发。嘉庆时期，禁酒之举只是循例而报。道光时期民间似乎已在无碍民食、日用所需的幌子下公开地造酒贩卖了。及至咸丰初年正式驰禁，清前期的酒禁政策实行了约200年，还是实行不下去。⑦

①葛洪：《抱朴子外篇（全二册）》卷二十四《酒诫》，张松辉、张景译注，中华书局，2013，第503—504页。
②李昉：《太平御览（第八卷）》卷八百四十四《饮食部二》，孙雍长、熊毓兰校点，河北教育出版社，1994，第845页。
③脱脱等：《金史（全八册）》卷四《本纪第四·熙宗》，中华书局，1975，第七〇页。
④脱脱等：《金史（全八册）》卷四《本纪第四·熙宗》，中华书局，1975，第七八至七九页。
⑤杨国誉："'开禁'还是'飨宴'？——汉唐北宋赐酺举措缘起、背景与施行动因的再探讨"，《北京社会科学》2016年第12期。
⑥周全霞："清康雍乾时期的酒政与粮食安全"，《湖北社会科学》2010年第7期；陈连营："浅议清代乾隆年间的禁酒政策"，《史学月刊》1996年第2期；范金民："清代禁酒禁曲的考察"，《中国经济史研究》1992年第3期。
⑦范金民："清代禁酒禁曲的考察"，《中国经济史研究》1992年第3期。

酒利之大使之成为财政收入的可观部分，完全禁断可能极大地影响到朝廷的收入，因此朝廷上下也缺少禁断的动力，造成禁而难断。所以在酒政措施中，朝廷只是偶尔禁酒，还是以榷酤和课税为主。

榷酤即专卖，《说文解字》中，"榷"字写作榷，意思是"水上横木，所自度者"[1]，本意为仅容一人通过、不允许他人并行的独木桥，引申为商品专营可谓贴切。"榷"有"榷曲""榷酒""榷酤"几种形式，实际上是在制酒售酒的不同阶段进行专营。

也有学者将"禁榷"二字连用，但还是指"榷"，即"国家垄断经营制度，是国家凭借其行政特权将一些重要的商品的生产经营权收归政府，从而获得其正常经营利润和垄断收益的经济行为。"[2]"禁"是指无论官私，一概禁之，而"榷"是只许州官放火，不许百姓点灯，这二字各有不同的含义，无法连用。但二字连用却有一定道理，因为对小民而言，二者相同，无论是"禁"或"榷"，严禁私酿都是朝廷的重要任务。

除禁曲刑罚严厉之外，宋代禁曲还有联保连坐一说："（庆历）二年正月七日，审刑院、大理寺请自今州县官监酒务处，令五家相保，如有私酤，坐五保。"[3]

元世祖至元十五年（1278年）间，忽必烈曾两下圣旨，一为二月初十日圣旨："做私酒来的，为头的杀者。家缘抄上了呵，官司收拾者。"一为七月十六日圣旨："造酒底，除本人夫妻二人只身外，应有老小财产，尽行断没了者。"[4]元延祐年间（1314—1320年），江浙省杭州路和湖广省常德路在给刑部和中书省的咨文里说，有些私酿者或未依法纳税者，不是"不过营求微利糊口而已"，就是"小民无生理，沽卖酒浆过活，愚而无知，以致匿税，误犯刑宪"，却要依旧例而受到"徒二年，决杖七十，财产一半没官"的惩罚，中书省回复说"似涉太重"。[5]蒙古帝国地域广大，所行政策随地域不同有所不同，城市和乡村也有不同，时间不同政策也有变化。忽必烈已于至元二十二年（1285年）"罢榷酤"，可能仅试用于大都地区[6]，可是咨文当时，"榷酤之法既已改革，酒醋课程普散于民"，杭州路也已有包税或指定酒户确保税额，即"已有上户自包认，其他路分门摊散办，课额不亏"，但两路仍按至元二十五年（1288年）颁行的官办时期禁私犯酒曲刑律处罚。[7]可见榷酤时禁私酿之严厉。杨印民研究了元代的酒禁政策与驰禁，发现"元代酒禁主要是针对粮食酒和以粮食酒为基酒的配制酒而禁的，对于葡萄也有禁私酿的规定"。显然，禁粮食酒是因为酿酒耗粮，而葡萄酒因为不耗粮所以为了税收的需要只禁私酿。[8]

酒政原因

各朝各代施行各种酒政的原因不外乎"与民争粮""喝酒乱性"和"增加收入"，分别着眼于对饮酒施以"安全约束""道德约束"和"官收约束"。我们很难确定那时候的人已经有意识地把税收作为一个调节消费的手段，或者无意识地使用了这样的工具，但是每个人都知道财政要有收入，大概"增加

---

①许慎：《说文解字注》六篇上《木部》，段玉裁注，上海古籍出版社，1981，第二六七页。
②张锦鹏：《试论中国古代实施禁榷制度的目的》，《贵州社会科学》2002年第4期（总178期）。
③刘琳、刁忠民、舒大刚、尹波等校点：《宋会要辑稿（全十六册）》食货二〇，上海古籍出版社，2014，第六四二五页。
④陈高华等点校：《元典章（二）》户部卷之八《典章二十二》，中华书局、天津古籍出版社，2011，第866页；杨印民：《从榷酤到散办：元代酒课征榷政策的调适及走向》，《中国社会经济史研究》2009年第2期。
⑤陈高华等点校：《元典章（二）》户部卷之八《典章二十二》，中华书局、天津古籍出版社，2011，第869—873页。
⑥陈高华：《元代的酒醋课》，《中国史研究》1997年第2期。
⑦陈高华等点校：《元典章（二）》户部卷之八《典章二十二》，中华书局、天津古籍出版社，2011，第869—873页。
⑧杨印民：《禁弛之间的博弈：元代酒禁政策与弛禁》，《江海学刊》2008年第3期。

丝绸之路上的葡萄酒

税收"才是终极目标。

所谓"安全约束"是指酒与人争粮，中国由于用谷物酿酒，酿酒材料和人的食物相同，所以每当遇到严重自然灾害或战乱多发时，王朝即颁行禁酒法令或官办专卖或增加税负。[1]钟立飞对酒禁与粮食关系的研究表明，酒：

> 被发明出来后不可能永远被禁止，统治者除了灾荒之年发生粮荒时外，一般是不推行酒禁的，尤其是丰年和政府财政拮据时，更是唯恐人民不饮，这里就有一个酒之利在起作用。酒税的收入自汉代以降都是很大的，对于弥补封建政府的财政问题尤其是养兵备战起了很大的作用。尤其是唐代宗以后，政府把酒归为官府独营，常禁私酿，其所获之利常成为封建政府的一大财源，这就使统治者在没有遇到严重粮食危机时，一般是不禁酿酒，要禁，也只是禁民间私酿。这是中国封建社会酒禁的一个特点。[2]

清代严厉的禁酒政策引发群臣议论，反对禁酒而力谏的孙嘉淦也强调与民争粮的安全因素，他认为烧酒原料是不到万不得已民可不食的高粱，而与民争粮的是用米麦等细粮的黄酒，禁烧酒而不禁黄酒不但于民食无益且有害，如果按照"各省一体通行严禁"的说法，则"宣化之苦高粱，山、陕之枣、柿、葡萄等物，亦不许复用酿酒"，明明可以利用的物资不加利用，可以使民得利的事情不准去办，这又谈得上什么裕民裨食呢？他主张"烧酒之禁，宜于歉岁而不宜于丰岁"，"可禁于成灾之地而各处不必通行"。[3]

肖俊生在分析传统酿酒业与粮食生产的关系时注意到，"清代及民国前期各级政府禁酿、限酿均是以为酿酒消耗了大量粮食"，而在酿酒的主要原料中，高粱在农民食用粮食中所占比例甚小，而以南方各省的基本食粮、占用耕地面积较广的稻谷为主要原料的是黄酒，高粱和玉米则是黄酒以外各酒种的主要原料。故酿酒业的发展对作为口粮的粮食的生产影响较小。[4]类似的分析都指出酿酒业的发展对民众的口粮不构成安全威胁，而不是安全威胁不存在。

酿酒和食用粮食的联系和矛盾只有谷物酿酒才会发生，而葡萄酒很明显不与人争粮，元朝对粮食酒和葡萄酒悬殊的征税额是可资比较的特例。中书省给出了依据：

> 葡萄酒浆虽以酒为名，其实不用米曲，难同酝造盉酒一体办课。又兼在先制府已曾断令三十分取一，及至[元]六年、七年定立课额，葡萄酒浆止是三十分取一。依此参详，拟合改正，依旧例三十分取一，验所卖价直折收宝钞纳官。呈奉都堂钧旨，送本部，准呈施行。[5]

"其实不用米曲"、不与人争夺粮食成了葡萄酒税率低和粮食酒税率高的一个理由，但可能不是唯一的理由。李生春言及马可·波罗记载的杭州酒税为百分之三又三分之一。[6]有一种版本的《马可·波罗游记》言杭州"其地制糖甚多，其课值百取三点三三，与其他诸物同，又如米酒及上述共有一万二千店肆之十二业之出产亦然。商人或输入货物至此城，或遵陆输出货物至他州，抑循海输出货物至外国者，亦纳课百分之三点三三。然远海之地如印度等国输入之货物，应纳课百分之十。"[7]又说，"然此地不

①陈忠海：《漫话古代的酒政》，《中国发展观察》2022年第03期；凌大珽：《中国酒税史略（下）》，《中国税务》1988年第03期。
②钟立飞：《酒禁与中国封建社会粮食问题》，《农业考古》1993年第3期。
③陈高华等点校：《元典章（二）》户部卷之八《典章二十二》，中华书局、天津古籍出版社，2011，第865—866页。
④肖俊生：《民国传统酿酒业与粮食生产的相依关系》，《社会科学辑刊》2009年第2期（总第181期）。
⑤陈高华等点校：《元典章（二）》户部卷之八《典章二十二》，中华书局、天津古籍出版社，2011，第865—866页。
⑥李生春：《〈马可·波罗游记〉中的中国酒》，《酿酒》1990年第5期。
⑦[意]马可·波罗：《第一五二章·大汗每年取诸行在及其辖境之巨额赋税》，载《马可波罗行纪》，冯承钧译，上海书店出版社，2001，第367页。

产葡萄，亦无葡萄酒，由他国输入干葡萄及葡萄酒。"①这么说来，杭州的葡萄酒来自远海输入，其税率应高于谷物酒税率，甚为奇怪。抑或上述数据只是商税。

各个朝代取税法与当今惯以产出价值的百分比取税的方式大不相同，无法直接相比。比如，麹氏高昌国时期（460—640年），葡萄园用葡萄酒纳税，每亩葡萄田交纳葡萄酒三斛②，这就和每亩产酒量无关。有些酒税按用曲量抽取，而酒价和曲价也差别很大。

但是税率在元朝的例子中反映得非常明显。对于驰骋在草原上的游牧民来说，最熟悉的酒精饮料是畜奶制成的奶酒。在他们打败金朝和南宋，逐步向南推进占领汉地以后，又面对着汉人习惯的粮食酒。蒙古帝国一路向西扩张到欧洲，占领了俄罗斯和伊朗的大片土地，又有很多色目人在蒙古朝廷内供职，这些欧洲人和中亚、西亚人又把他们喜食的葡萄酒带入了蒙古包。

起初，窝阔台刚登上汗位（1229年）的第二或第三年，听从耶律楚材的建议，设置十路征收课税使，征收的税种中就有"酒醋课"，据《元史》，税额为"验实息取一"，即实际利润的10%。这个数额并不高，因为按销售价值课税必然小于这个数，而且只有当利润率无限高时，按销售额计算的税率才接近10%。比如，利润为成本的三倍时，即利润率达到75%时，税率才达到7.5%。

但这样的规定却一厢情愿，无法执行，只有以专卖或"榷酤"的方式参与实际经营，即官办获得所有利润，官府才能确切取得真实的税前成本和课税的基础——利润。大概正是因此，课额后来变成了"验民户多寡定之"。到了至元二十一年（1284年）冬，卢世荣以言利得到忽必烈信任，掌握大权时，又将课税额调至原来的10倍，以至杭州、建康城里酒价不到半月间每瓶"骤增起二百文"。③

反观对葡萄酒之征税，税率曾达到10%，"每葡萄酒一十斤数勾抽分一斤"。当时以粮做酒的酒户每石卖钞四两，含税一两，即税率25%。而葡萄酒每斤一钱，一千斤即为百两，含税六两，即税率6%，或每卖钞四两，只有税负二钱四分，和粮食酒比起来不可谓不低。尽管如此，中书省户部仍确认了葡萄酒的税率为"三十分取一"，即3.33%。陈高华"葡萄酒实际上是按商税征收的办法处理"的看法也佐证了葡萄酒相对于粮食酒的低税率。这一税率远低于粮食酒。④

"安全约束"和"道德约束"是中国的封建统治者和文人常用以约束饮酒行为的理由，这在下面一段话中表现得至为明显：

> 朝廷不榷酒酤，民得自造，又无群饮之禁，至于今日，流滥已极。凡人计腹而食，日米一升，能者倍之而已。饮酒，率数升，能者无量。食食三篮、五篮以至八篮止矣，虽多无所用之。宴饮，则至百品、五十品，俭者一、二十品极矣。食食，久不过逾刻，饮酒，或终日夜。

> 朝野上下，恒舞酣歌，妨日废业，犹其小也；淫奢于是乎兴，狱讼于是乎繁；金于是乎生，粟于是乎死。天下嚣然尝苦不足，无谓秫田伤谷有数也。百亩之田，秫居三之一，甚者过之，以是为粳，无益于饥乎？得百里之地而治之，禁酿三年，而民自足。⑤

"道德约束"是统治者限制酒类消费时冠冕堂皇的理由。传说中大禹喝了仪狄造的酒觉得很美却疏远了仪狄，这个传说可能是后人根据后世情况的杜撰，但也是出于劝告世人不要因沉湎于酒而误事的美好愿望（大禹预计"后世必有以酒亡其国者"）。《尚书·酒诰》告诫人们不要踏殷之覆辙也说明人

①[意]马可·波罗：《第一五一章·补述行在》，载《马可波罗行纪》，冯承钧译，上海书店出版社，2001，第359页。
②陈习刚：《葡萄、葡萄酒的起源及传入新疆的时代与路线》，《古今农业》2009年第1期。
③陈高华：《元代的酒醋课》，《中国史研究》1997年第2期。
④陈高华：《元代的酒醋课》，《中国史研究》1997年第2期。
⑤张履祥：《补农书校释》（增订本），陈恒力校释、王达参校，农业出版社，1983，第160页。

图16.1　大盂鼎及铭文。大盂鼎通高101.9厘米，口径77.8厘米，重153.5千克，立耳、折沿、垂腹、三蹄足，口沿下饰6组饕餮纹，"几"形角，身、爪与首分离，中有扉棱；蹄足上部饰卷角饕餮纹，有扉棱。铭文铸于器内壁，共19行291字，铸造年代断为周康王二十三年（公元前998年）。现藏于中国国家博物馆

对喝酒乱性有着清醒的认识。《酒诰》中关于殷鉴的叙述得到了大盂鼎铭文的佐证。现藏于中国国家博物馆的大盂鼎于清道光年间（1821—1850年）或嘉庆、道光年间出土于陕西省岐山县礼村或眉县礼村，一说李村。铸造于西周早年周康王时期的大盂鼎，其铭文讲述了周康王对盂的一次册命，大致内容是：康王追述了文王受天命和武王建邦的历史，指出纵酒是商王灭亡的原因；勉励盂效法其祖南公，恪尽职守，夙夜在公；赏赐盂鬯酒、舆服和南公之旂，以及奴仆1700余人；盂感念王之册命，为祭祀南公而作宝鼎。铭文中说："我闻殷坠命，唯殷边侯、田与殷正百辟，率肆于酒，故丧师已。"学者们对大盂鼎的释文尚有争议，不过对这句话的解读基本一致："我听说殷朝丧失了上天所赐予的大命，是因为殷朝从远方诸侯到朝廷内的大小官员，都经常酗酒，所以丧失了天下。"这和《酒诰》中的叙述相类，"今惟殷坠厥命，我其可不大监抚于时……刚制于酒"。

魏文帝曹丕也在《酒诲》中说：

酒以成礼，过则败德。而流俗荒沉，作《酒诲》。[①]

这也是用"道德要求"约束饮酒。

税酒

"官收约束"有可能是政府对酒业加以约束的重要目的，对酒业的征税成了政府的一大税收来源。史上实行的"榷酒"和"税酒"制度，目的都在于增加官府收入。董希文在探析唐代酒政时指出："唐前期由于租调收入能够满足国家的各种财政需求，唐政府对酒业并未采取税收政策，只在谷贵饥馑时，为限制国储的损耗，实行过暂时性救荒措施——禁酒。安史之乱后，由于社会经济遭到惨重破坏，加

①曹丕：《典论酒诲》，载《魏文帝集全译》，易健贤译注，贵州人民出版社，2009，第411页。

之方镇屡叛，兵革之兴累世不息，使得用度之数无法节制，朝廷财政屡告困厄，由是财利之说兴，聚敛之臣进，他们巧立名目搜刮钱财，对酒业实行了一系列政策，如税酒户、榷酒、官酤、纳榷、榷曲等。"[1]

李华瑞曾指出，"两宋时期实行酒类专卖制度，其目的在于由国家最大限度的垄断酒课征收"。[2]但是，两宋时期各地实施的酒政千差万别，实行榷酒榷曲的仅有都城。况且，榷酒虽然能攫取最大利润，可投入也大，甚至入不敷出。宋代及以后朝代逐渐改榷酒为承包，直至税酒。虽然让利于民，可税收有保障。杨师群指出，"由于官营酒务严重亏损，朝廷不得不允许把其经营权买卖给平民承包经营"[3]。贾大泉指出，酒课是"历代封建王朝的财源之一。故每当国家财用不足，酒的专卖则严，酒课益多；国用丰裕，酒的专卖则弛，酒课减少"，"宋朝征收酒税，往往视财政需要而定其课额的多少，宋初财用充足，故酒税收得少，以后冗官、冗兵、冗费日多，酒课就征收得越来越多"。[4]

尽管早期历史资料缺乏，研究者还是可以确认，中国最早对酒征税大概起源于西汉昭帝时期，盐铁辩论后改榷酒为税酒。而在西方，一些马德拉岛的岛民在1461年发起请愿，希望岛方对他们出口的葡萄酒、糖、木材和谷物免税，结果岛方在1485年决定对出口葡萄酒增税，理由很简单，满足财政收入的需要[5]。

尽管增加收入或为实际目标，中国的统治者却很少明说，代之以与民争粮的"安全"需要或者饮酒误国的"道德"需要。清代前中期因担心酿酒耗费粮食过多，政府一直限制、禁止酿酒。迄至晚清，因中央和地方政府财政窘绌，军饷筹措异常艰难，而陆续开酿造之禁，并公开征税。[6]咸丰三年（1853年）正式弛禁自乾隆末年始就已名存实亡的延续约200年的禁酒政策，和1840年第一次鸦片战争后清廷财政紧张不无关系。范金民即指出，"当时入不敷出，主计部门弛禁烧酒的着眼点在于酒税，增加收入"，"很明显，弛禁只是为了筹款增收"，并认为"既要厉行酒曲之禁，又在体制上不作相应变更，紧抓住蝇头小利，却丢掉了该收而未收的大笔税款。税制上的缺陷是造成酒曲禁而不止的又一个原因"。[7]

对酿酒施行管控的典型时期恐怕是战乱，但战乱的情况特殊，有可能战乱中政府急须增加财政收入，不能禁酒而自断其路，又可能要采取禁酒政策以保障粮草这一军需物质的供应。比如，金朝在将对宋发起大规模战争之前，曾推行禁酒[8]；而国民政府设立之初，所面临的财政问题极为严峻，及至全面抗战爆发后，财政需用浩繁，加税成为国民政府不得已而为之的选择，酒税亦在加征之列。[9]20世纪30年代末至40年代，抗日战争时期，福建省就经历了战时禁酿、解禁、再度禁酿及战后弛禁、复禁的曲折过程，酿酒政策在保障粮食安全和保障财政收入之间变化不定，这也说明了酒税对政府财政收入的重要性。[10]民国"政府担心损失税源，出台了很多措施，严防糟房停产、减产。"[11]

《魏书》中算了一笔账：

①董希文：《唐代酒业政策探析》，《齐鲁学刊》1998年第4期。
②李华瑞：《宋代非商品酒的生产和管理》，《河北大学学报》1991年第3期。
③杨师群：《宋代官营酒务》，《中州学刊》1992年第4期。
④贾大泉：《宋代四川的酒政》，《社会科学研究》1983年第4期。
⑤Liddell A. Madeira. *The Mid-Atlantic Wine* (New York: Oxford University Press. 2014). p.9.
⑥肖俊生：《晚清酒税政策的演变论析》，《社会科学辑刊》2008年第3期（总第176期）。
⑦范金民：《清代禁酒禁曲的考察》，《中国经济史研究》1992年第3期。
⑧周峰：《金代酒务官初探》，《北方文物》2000年第2期（总第62期）。
⑨郭旭：《国民政府时期酒税制度研究（1927—1949）》，《贵州社会科学》2019年第9期（总357期）。
⑩王荣华：《米、酒、税的三重变奏：20世纪40年代福建禁酿问题研究》，《近代史研究》2021年第2期。
⑪肖俊生：《民国传统酿酒业与粮食生产的相依关系》，《社会科学辑刊》2009年第2期（总第181期）。

丝绸之路上的葡萄酒

正光后，四方多事，加以水旱，国用不足，预折天下六年租调而征之。百姓怨苦，民不堪命。有司奏断百官常给之酒，计一岁所省合米五万三千五十四斛九升，蘗谷六千九百六十斛，面三十万五百九十九斤。其四时郊庙、百神群祀依式供营，远蕃使客不在断限。尔后寇贼转众，诸将出征，相继奔败，所亡器械资粮不可胜数，而关西丧失尤甚，帑藏益以空竭。有司又奏内外百官及诸蕃客禀食及肉悉二分减一，计终岁省肉百五十九万九千八百五十六斤，米五万三千九百三十二石。[1]

　　这里面对灾害，有司奏请断减原供应百官和使节的酒肉，看似酿酒耗粮甚巨，根本原因是"国用不足"。

　　酒和一般消费品不同，和水这类必需品也不同。人没有酒依然可以存活，但人生来就对酒的嗜好，使其接近于必不可少、无可替代，中外历代酒政制定者都认为其"适于赋课重税"，其"为消费大宗，不第非生活必需之品，且有害生理之健康"，可"课之以较高之税"，为"良好之税源"。[2]陈文帝天嘉二年（561年）十二月，"以国运不足"为由，特立榷酤科取酒利。[3]据唐文宗太和八年（834年）的统计，当年酒税收入达到156万贯，仅次于盐业专卖收入。北宋末年，筹集军费开支成了大事，四川的酒税收入一项就等于茶税、盐税的总和。及至南宋绍兴七年（1137年），四川的财政岁收高达3667万缗，这比北宋末年四川的1599万缗财政岁收几乎多了一倍。就是这笔巨额收入，有力地支撑着川陕的抗金战争，从而挡住了金兵的凶锋。在当时四川的财政岁收中，茶盐酒三项专卖收入共约有1260万缗，约占岁收总数的三分之一，可谓四川财政的三大支柱。其中，酒税一项约有690万缗，占茶盐酒收入总数的一半略强，可谓第一支柱。[4]酒课在北宋初期到中期迅速递增，到真宗天禧年间（1017—1021年），已成为国家财政现钱收入中的重要项目。太宗至道末年，酒课约占岁缗钱收入的1/12，到天禧年间，已占岁缗钱收入的1/3到1/2。清初本对酒税不太注重，咸丰十年（1860年），在第二次鸦片战争之后，清廷财政拮据，朝廷遂开征酒税。[5]

　　1993年，酿酒行业纳税61个亿，在轻工行业中仅次于烟草工业而居第二位。在原轻工部1993年公布的《中国轻工业企业200强》中，按销售额排序酿酒企业有23家，按固定资产净值排序酿酒企业有39家，但按利税总额排序酿酒企业却有56家。[6]

　　中国酒政的起始，有酒税首次出现的"西周说"，有汉武帝始行"榷酒酤"，后为汉昭帝在盐铁辩论后废止改行税酒的"西汉说"，以及认为唐宋才开始建立起成熟酒政制度的"宋朝说"。[7]罗庆康则认为，战国时期，秦国的商鞅即征酒税。罗庆康认为，"自秦以来的重酒之税"与"一贯推行重农抑商的政策有关"，但汉武帝以后实行的"官作酒""税利归国家"[8]又似乎和"抑商"关系不大。大体而言，以"增加税收"为目标大概是税酒的一大特征。

　　汉武帝天汉三年（公元前98年）讨伐匈奴与巨额赏赐使国家财政支出很多，桑弘羊建议统制酒类，禁止私酿，实行专卖，史称"榷酤"。盐铁辩论中，贤良文学们直言其为"与民争利"。[9]桑弘羊应对说：

①魏收：《魏书（全八册）》卷一百一十《食货志》，中华书局，1974，第二八六〇至二八六一页。
②郭旭：《国民政府时期酒税制度研究（1927—1949）》，《贵州社会科学》2019年第9期（总357期）。
③徐少华：《中国酒政概说》，《中国酿造》1998年第02期。
④陈忠海：《漫话古代的酒政》，《中国发展观察》2022年第03期；杨倩描：《赵开酒法述评》，《河北大学学报》1986年第3期。
⑤杨师群：《宋代的酒课》，《中国经济史研究》1991年第3期；凌大班：《中国酒税史略（下）》，《中国税务》1988年第03期。
⑥吴佩海：《酒税沉思录》，《中国酒》1995年第1期。
⑦姚轩鸽：《中外酒税史料略考及其得失评析》，《宜宾学院学报》2022年第22卷第10期（总第285期）。
⑧罗庆康：《关于西汉酒制的几个问题》，《益阳师专学报（哲科版）》1986年第2期。
⑨桓宽：《盐铁论》卷一《本议第一》，陈桐生译注，中华书局，2015，第2页。

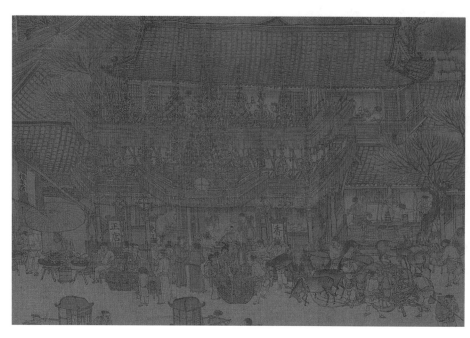

图16.2 《清明上河图》局部，绢本，淡设色，纵24.8厘米，横528厘米。图片由故宫博物院提供

> 边用度不足，故兴盐铁，设酒榷，置均输，蕃货长财，以佐助边费。①

北宋政府对卖酒控制很严，北宋都城东京汴梁（今河南省开封市）大街小巷的饮食场所大致有"正店"和"脚店"之分，规模大、拥有卖酒权的被称为正店。京师72家正店中，樊楼是最为突出的一个，其不仅是一座营业中的大酒楼，还是一处重要的造酒作坊，其缴纳酒税之高可从一件小事看出来：樊楼曾经严重亏损，导致国库因此减少了一大笔酒税收入，宰相寇准相当在意，就令中央财政部门三司制订方案，降低对樊楼的征税标准，来确保樊楼的繁荣发展，此举得到了宋真宗的赞同和百姓的拥护。②张择端《清明上河图》中描绘了一个三层酒楼，门口醒目地立着"正店"的招牌，这个酒楼是否以樊楼为样板尚未可知，但这幅画描绘的确是清明时节北宋汴京东角子门内外和汴河两岸的繁华热闹景象。

南宋初期，战争局势险恶，国家财政拮据，各路军队为解决军费开支诸问题，都进行了各种经营性活动，其中酒库经营发展到相当规模。同时，各类机构急需经费，也各自经营酒业，从而各系统的官府酒库像雨后春笋般地在各地林立。③酒税还被用来直接支持军务：

> （绍兴）四年四月十二日，江南西路转运司言："漕计之实，惟仰酒税课利资助支遣，比年以来，州郡多以应军期为名，更不请降朝廷处分，一面擅置比较酒务、回易库，将漕计钱物不住取拨充本。又于诸城门增置税务，其逐处所收课息，并不分隶诸司。"④

朱熹也说：

> 熹契勘本军财赋匮乏，官兵支遣常是不足，逐时全仰酒税课利分隶相助。……自此之后，酒税所收课利，除桩移用钱外，诸司所得分隶钱数不多，致本军财计转见阙乏，支持不行。⑤

①桓宽：《盐铁论》卷一《本议第一》，陈桐生译注，中华书局，2015，第4页。
②鲍君惠：《开封樊楼的前世今生》，《开封大学学报》2011年第25卷第4期。
③杨师群：《宋代的酒课》，《中国经济史研究》1991年第3期。
④刘琳、刁忠民、舒大刚、尹波等校点：《宋会要辑稿（全十六册）》食货二〇，上海古籍出版社，2014，第六四三三页。
⑤朱熹：《乞减移用钱额劄子》，载《晦庵先生朱文公先生文集》卷二十，上海古籍出版社，2010，第九二四页。

酒官

西周初期即设置有复杂的酒官体系，可以想见，这样的体系不会凭空产生，很可能酒官体系的渊源很早，自有文字之初便已存在。之后各个朝代禁酒、榷酒、税酒等酒政的实施又少不了这些酒政赖以实现的官僚机构。

史籍中对酒业管理机构的记载很多，即使少数民族边远地区，也模仿中原地区的设置建有酒业管理机构。王萌在研究北朝时期国家对酒业的管理时，指出：

> 由于酿酒业需要消耗大量的粮食，而酒的生产和销售又能带来丰厚的利润，所以，北朝国家制定了相关政策来对酒业进行管理。[1]

靠酒税收入补贴财政开支的传统和美国形成了鲜明的对比。风靡好莱坞经久不衰的音乐剧《汉密尔顿》中，托马斯·杰斐逊对阿历克斯·汉密尔顿唱道：

> 如果你试图对我们的威士忌征税，试想什么会发生？[2]

榷场

"榷场"二字有多种含义，"榷"字是"专卖""专营"之意，"场"字则有"市""市集"之意，合称"榷场"即指官府主导和控制的贸易市场，多设立在靠近边界地区，与外国人民或敌国人民市易：

> 榷场，与敌国互市之所也。[3]

但"榷场"又可以指交易"榷酤"物的场所，随着疆域的变动，原设"榷场"不再位于边境地区，但"榷场"还在，交易的是专卖品。南唐还雄踞江南时，宋朝政府就在江北的扬州设立了榷场，还有专门的行政部门管理。随着南唐被消灭，那些为与南唐贸易而设的榷场就改变了职能，由以前的负责对外贸易，变为对内掌管专卖。冯金忠对"榷场"的含义和来源进行了梳理。[4]

设立于边境的"榷场"既是边民贸易的场所，也是文化交流的平台。冯金忠认为，宋与西夏之间的榷场很可能来自宋金间的榷场，也可能相反，而来源又可能是仿宋辽榷场，部分官职可能远承唐制。[5]这实际上构建了一个中原和蒙古高原民族交流的平台。

张君君在研究宋元时期农业科技文化交流时注意到，"宋元时期边疆地区居民与邻近周边国家的往来，对促进中外农业科技文化的发展是作出巨大贡献"，从东北到西南，边境地区的边民交往对中原地区的发展至为重要。比如，"西北鄯州等地区是中国通西域的门户……高昌诸国的商人因经常到鄯州等地贸易，而国强民富。榷场上各种奇珍异宝、农副产品、手工业产品应有尽有……边疆贸易，互补余

---

①王萌：《北朝时期酿酒、饮酒及对社会的影响研究》，博士学位论文，吉林大学，2012。
②译自《内阁争斗一》的歌词，https://www.allmusicals.com/lyrics/hamilton/cabinetbattle1.htm。
③脱脱等：《金史（全八册）》卷五十·志第三十一《食货五》，中华书局，1975，第一一一三页。
④冯金忠：《榷场的历史考察——兼论西夏榷场使的制度来源》，《宁夏社会科学》2013年第3期（总第178期）。
⑤冯金忠：《榷场的历史考察——兼论西夏榷场使的制度来源》，《宁夏社会科学》2013年第3期（总第178期）。

缺，一些西域物种也随之而来"。①

王子今进一步把酒在汉代边民与周边民族物质交流中的作用进行了梳理："关市贸易，很可能包括农耕社会'酒'的输出。'酒''蘗''蘗酒'的'输''奉''赐''遗'，也是物质文化交流史值得重视的现象。'酒'也通过'关市'贸易实现民族间的流通。""丝绸之路上民族交往实践中多见'酒'的作用。有关西域'蒲陶酒'生产与消费的信息为中土所知。而'蒲陶'引种至汉王朝中枢地区，也改变了内地'酒'品种单一的传统。"②

丝绸之路上的葡萄酒

①张君君：《宋元时期中外农业科技文化交流研究》，硕士学位论文，西北农林科技大学，2017。
②王子今：《"酒"与汉代丝绸之路民族交往》，《西域研究》2022年第4期。

欧阳修本来是说"觥筹交错","筹"是指行酒令时所用的骰子。我们只说酒具，不谈筹码，故而改为"杯觥交错"。海螺或牛角或类似物体天然具有空腔，又一头大一头小，可能是人类发现最早的饮器形象。吸管可穿过漂浮在液面上的发酵残渣和稻壳，这对饮用成本较低、酒精度也较低、较为普遍的一类酒精饮料非常有用，既省了过滤工序，又不用把很重的酒罐倒来倒去。高柄杯是大汶口文化中晚期到龙山文化早期流行于黄淮下游一带的典型器物，多出土于山东省和江苏省北部。高柄杯的高柄和今天的葡萄酒杯相似，还不禁令人想到另一种也有高柄的器物——豆，豆用来盛装黍粟或稻，后来又用以装作料、蘸料、肉酱或肉羹。

中国的青铜时代大概包括了还未得到证明的夏代在内的夏、商、周三代，而以商代最旺，多处遗址出土了大量青铜器，尤以青铜酒器为多。青铜器具先是模仿陶器，后来不再铸造青铜器后，便改用其他材质，但其形制似无变化。最早的酒器采用的是天然材质，最知名的就是各种角质，这也可从后面流行的各类酒器大都有角字旁看出端倪，如角、觥、觚、觯、觞，但中国人的观念里，尽管玉石很早就得到开采，却一直都备受青睐，用以彰显贵气。

角杯

海螺或牛角或类似物体天然具有空腔，又一头大一头小，可能是人类发现最早的饮器形象。法国多尔多涅区域的一处悬崖上发现的大约距今20 000年的喝酒女人浮雕表现了一位女性手拿一个角状容器，从小头的朝向看，她正在饮用某种饮料[1]。

直到后来以至当代，这种饮器仍在使用。1957年，在河南洛阳烧沟发现的第61号汉墓，年代可能在公元前48年—前7年（汉元帝初元元年—汉成帝绥和二年）之间的西汉时期，其后室后山墙随墙体结构作梯形绘一壁画，一说描绘的是楚汉战争中的鸿门宴，其中疑似项羽的一人，面左，跪踞，赤足，身着紫衣，手持一角杯。

陕西西安何家村遗宝中有一件镶金兽首玛瑙杯，有可能是公元前2世纪时在伊朗或希腊制作的。

中国古代有一类青铜器称为角，音同"爵"，这是宋代学者起的名称，指类似于爵，有时可以取代爵的一类饮器。后来，学者亦用角来指称殷墟、镇江、柳州及益阳等地出土的一类角状饮器时，为与前一种角相区别，音jiǎo。

入华粟特人墓中浮雕反映了他们的生活习俗，安伽墓围屏石榻中有一石屏表现萨保和突厥首领在虎皮帐篷中，手持一个角杯。史君墓墓门石门框雕有飞天形象，其中之一即手举一兽首杯，石堂北壁第四幅浮雕中一男子高举一个类似何家村遗宝中兽首玛瑙杯的物件。

可能是出土于河南安阳区域的北齐石棺床构件散落于世界各处。现藏于美国波士顿艺术博物馆的这个石棺床背板浮雕之一幅上部表现了一群人在葡萄园里宴饮的场景，其中一人高举一个角杯。

兽首角杯出现于何家村遗宝中和仍保持着粟特人习俗之人的墓中，让人不得不怀疑这种器物是否西来。的确，这种形制的器物在西方很普遍，名曰"来通"（Rhyton），在片治肯特壁画中也有表现。"来通"和原始的角形容器还是有基本的不同，反映在用大头喝酒，还是在小头钻洞让酒流出，但他们都利用了角形容器。

纽约大都会艺术博物馆收藏了一件越南的石制角形饮器，定年在公元前500年到公元100年之间，用

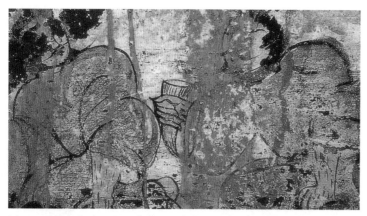

图17.1　洛阳烧沟61号汉墓壁画，年代可能在公元前不久的西汉时期，据说描绘的是楚汉战争时期的鸿门宴。项羽手持角杯欲饮，与其相对回望者似是刘邦

图17.2　镶金兽首玛瑙杯，1970年西安市南郊何家村窖藏出土，高6.5厘米，长15.6厘米，口径5.6厘米。现藏于陕西历史博物馆

[1]Patrick E. McGovern, *Uncorking The Past: The Quest for Wine, Beer, and Other Alcoholic Beverages* (Oakland: University of California Press, 2009), p.16.

丝绸之路上的葡萄酒

图17.3　北齐石棺床背板浮雕线描图

图17.4　纽约大都会艺术博物馆藏越南石质角形饮器，高7厘米，直径5.7厘米

图17.5　故宫博物院藏，清犀角雕葡萄花果纹杯，高21厘米，口径17.7—11厘米，以非洲犀牛额前之角随形雕成，上阔下尖，葵花式口，宽流。图片由故宫博物院提供

石质模仿天然角质只能说明当时角的普遍。

　　角形容器最有名的恐怕是犀牛角，这种角在中国知名是由于它的药用价值。犀角由表皮角质形成，从表皮长出，主要成分为角蛋白（Keratin）、胆固醇、磷酸钙、碳酸钙等。犀牛角内无骨心，呈圆锥形，自底部渐细，稍弯曲，长短不等，表面乌黑色，下部色渐浅，呈灰褐色，底盘长圆形，角质坚硬。

　　犀牛角做成各种饮器也是利用其中空的特性，外面饰以雕刻，在故宫博物院藏有多个这样的犀牛角制品。

吸管

　　还有一种遍布全球的酒精饮料饮用方式是用吸管。吸管可穿过漂浮在液面上的发酵残渣和稻壳。这对饮用成本较低、酒精度也较低、较为普遍的一类酒精饮料非常有用，既省了过滤工序，又不用把很重的酒罐倒来倒去。这类图像在两河流域多有出土，说明饮用这种酒精饮料很普遍。据说最早的用吸管喝啤酒的形象出土于今天伊拉克，在大约公元前3850年的一枚陶土印章上，两个人正从一个巨大的瓶中吸食某种液体。①虽然图像没有表现用吸管吸出的是何种饮料，但据信是啤酒。②

　　一些地位较高的人使用专用的吸管从专用的酒罐中饮酒，这些吸管装饰着宝石，被这些人死后带进了坟墓。

　　英国考古学家查尔斯·伦纳德·伍莱爵士（Sir Charles Leonard Woolley，1880—1960年）在两次世界大战之间，在今天伊拉克南部的古城乌尔进行长期发掘，发现了一处墓地遗址，据信埋葬于此的是一个古代城邦的国王，所以被称为王室墓地。其中一座墓几千年来没有被盗掘过，保存完好。墓内遗骸是一位女性，在她身边发现了几枚滚筒印章，其中一枚说明了她的身份——普阿比女王或王后（Queen

①Patrick E. McGovern, *Uncorking The Past: The Quest for Wine, Beer, and Other Alcoholic Beverages* (Oakland: University of California Press, 2009), p.98.

②Patrick E. McGovern, *Ancient Wine: The Search for the Origins of Viniculture* (New Jersey: Princeton University Press, 2003), pp.155–156.

Puabi）。这个墓葬的年代据说为大约公元前2600—前2500年，墓内不仅出土了印章还出土了用青金石、金或银制作的管状物。其中的一枚印章分为了上下两层，上层表现了两人正对坐着从面前的罐子里用管状物吸食着什么，据说其中一人就是普阿比女王。下层则表现普阿比女王正坐在椅子上用杯子喝着饮料。据说上层表现的是女王正在喝啤酒，下层是在喝葡萄酒，整个滚筒印章是在表现宴饮场景，现藏于大英博物馆。[1]

现代学者将普阿比女王用吸管喝的饮料解释为啤酒，而将另用杯子喝的解释为葡萄酒，这既说明这两种饮料在当地都有饮用，也说明这些学者认为啤酒更普遍更廉价。

学者认为用吸管从中吸饮的容器既是酿造器具又是饮器。[2]一般发酵过程并非一蹴而就，而是需要一段时间才能完成，这种在酿酒容器中吸食的酒精饮料可能是开始发酵不久的低度饮料。这种饮用方式历史悠久，古希腊历史学家、苏格拉底的学生色诺芬（Xenophon，Ξενοφών，公元前440年左右—前355年）曾加入波斯内战的希腊雇佣军，这支军队受争夺王权的小居鲁士（居鲁士三世，Cyrus III，公元前423—前401年）雇佣，在小居鲁士战死后穿过安纳托利亚的中、东部撤退。色诺芬在他的《远征记》（Anabasis）里生动描写了他们在一个偏远的村庄里用吸管从一个大罐子中吸食一种"大麦酒"的情景。[3]

阿尔及利亚撒哈拉沙漠深处的塔希里-阿杰尔（Tassili n'Ajjer）山区，大约海拔1500米的地方，一处叫作康博士（Dr. Khen shelter）的岩洞里，有一幅岩画大概作于公元前3000—前2500年或更早，画上表现了用吸管喝酒。

开罗以南大约300公里的尼罗河畔，这里的阿马尔奈遗址（Tell el-Amarna）曾经短暂做过古埃及都城，由古埃及十八王朝的法老阿蒙诺菲斯-阿蒙荷太普四世（Amenophis-Amenḥotep IV，又叫作阿肯那

图17.6 坦桑尼亚的菲巴人（Fipa of Tanzania）用吸管群饮。图片由兰迪·哈兰拍摄

①Patrick E. McGovern, *Ancient Wine: The Search for the Origins of Viniculture* (New Jersey: Princeton University Press, 2003), p.156; Patrick E. McGovern, *Uncorking The Past: The Quest for Wine, Beer, and Other Alcoholic Beverages* (Oakland: University of California Press, 2009), pp.97-99; Osama Shukir Muhammed Amin, "Cylinder Seal of Queen Puabi," 2018, https://www.worldhistory.org/image/8104/cylinder-seal-of-queen-puabi.
②Patrick E. McGovern, *Ancient Wine: The Search for the Origins of Viniculture* (New Jersey: Princeton University Press, 2003), p.155.
③Patrick E. McGovern, *Uncorking The Past: The Quest for Wine, Beer, and Other Alcoholic Beverages* (Oakland: University of California Press, 2009), p.99.

吞（Akhenaton），约公元前1379—前1362年在位）创建。这里发现的画在石灰岩石碑上的图画描绘了一个男人用吸管吸食的情景。这幅画后来被麦戈文用作其书封面。[1]这种使用吸管的饮酒方式在当代社会的很多地方还见得到，比如肯尼亚讲班图语的马塞人和尼日利亚的科菲亚尔人用高粱和小米在大罐子中做酒，然后用长芦苇秆直接从中吸食。

中国用吸管饮酒的传统好似多在偏远的少数民族地区，明代谢肇淛就描写了云南的饮酒之法：

> 饮酒之法，杂荞、秫、曲、稗于巨瓮，渍令微热，客至，则燃火于下。以小竹或藤插瓮中，主客环坐，吸而饮之，曰"咂鲁麻"。[2]

"鲁麻"又称速鲁麻、速儿麻、顺鲁麻、索儿麻、唆鲁麻，是波斯语或突厥语sarma之译名。元代之前其名不见于文献，应是元代由西域传入方法所造之酒。

宋代庄绰描述了以"荻管"吸酒：

> 又夷人造嗜酒，以荻管吸于瓶中。老杜《送从弟亚赴河西判官》诗云："黄羊饫不膻，芦酒多还醉。"盖谓此也。[3]

高脚杯

高脚杯普遍用于饮用葡萄酒，对于其之所以有高脚，一种解释是手持时可避免接触装酒的上部，使得人手的温度不会影响到杯中酒的饮用温度。这种解释有道理。但中国又出土了一些陶制或青铜高柄杯，同样有高脚，对于它们应该有不同的解释。

高柄杯是大汶口文化中晚期到龙山文化早期流行于黄淮下游一带的典型器物，多出土于山东省和江苏省北部。针对高柄杯的研究多侧重于其材质——黑陶，与厚度——有的薄如蝉翼，大约0.3毫米，被称作蛋壳陶，而对其有高柄的特征却少有涉及。高柄杯的高柄不禁令人想到另一种也有高柄的器物——豆，据专家考证，豆用来盛装黍粟或稻，后来又用以装作料、蘸料、肉酱或肉羹，考虑到人们最早的粒食主食不是饭而是粥，豆很可能用于盛装流动的食物和进食过程中需要频繁取用的食物，如粥、羹、酱一类。之所以要抬高，是因为到汉代以后才出现案、几、桌、凳等使人能够垂腿而坐的家具，在此之前，中国人都是席地而坐，早期的几也只是跪坐时倚靠用，而不是放置食物的家具。有一种理论认为，豆之类的器具有柄是为了取食者能更靠近，取食更方便。一些煮食器具如鼎等也有腿进行抬高。相应地，作为酒水器的高柄杯是否也是为了方便取用呢？

有些高柄杯上部较深，显然不适于盛装蘸料，形状上看，更像今天用来喝葡萄酒的高脚酒杯。故宫博物院认为其所藏属于新石器时代龙山文化时期（距今至少4000年前）的黑陶高柄杯就是一件精致的酒杯。

①Patrick E. McGovern, *Uncorking The Past: The Quest for Wine, Beer, and Other Alcoholic Beverages* (Oakland: University of California Press, 2009), pp.247-248; Philipp W. Stockhammer, "Performing the Practice Turn in Archaeology," *Transcultural Studies* (Jul. 2012): 7-42.
②谢肇淛：《滇略》卷四，商务印书馆，2006，影印本，第十一叶（正）。
③庄绰：《鸡肋编》卷中，萧鲁阳点校，中华书局，1983，第五三页。

图17.7　1985年山东泗水尹家城遗址出土的高柄杯，高27.5厘米，口径13.2厘米，盆形口，尖底，略嵌入柄内，细柄，浅喇叭形底。图片由山东大学博物馆提供

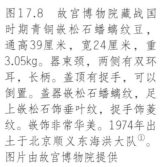

图17.8　故宫博物院藏战国时期青铜嵌松石蟠螭纹豆，通高39厘米，宽24厘米，重3.05kg。器束颈，两侧有双环耳，长柄。盖顶有捉手，可以倒置。盖器嵌松石蟠螭纹，足上嵌松石饰垂叶纹，捉手饰菱纹。嵌饰非常华美。1974年出土于北京顺义东海洪大队[1]。图片由故宫博物院提供

图17.9　故宫博物院藏新石器时代龙山文化时期黑陶高柄杯，足径6厘米，高15厘米。杯敞口，束腰，高柄足外撇，平底。杯身有凸出的弦纹为饰，高柄中空，柄外壁镂三孔。器壁较薄，素面磨光，配以镂空等多种工艺手法，制作十分考究。图片由故宫博物院提供

图17.10　高安市博物馆收藏的高足杯瓷器：元釉里红彩斑贴塑蟠螭龙纹高足转杯，通高12.6厘米，印坯成型，撇口，斜壁，深腹，高足呈喇叭形，竹节状，圈足与杯身结合处无釉，杯与杯把皆可自由转动，足中空，圈足露胎

　　后世也有高柄杯形制的陶瓷器，那时中国人已不是席地而坐，这种式样显然不是为了取食方便，也许仅仅是惯性和习惯。元朝的陶瓷高足杯却很难认为和葡萄酒有关联。

　　大同地区的辽金墓葬也出土了用于饮茶或饮酒的高足器皿，太原的北齐徐显秀墓出土了四件高柄器物，发掘人称其为"灯"，其中一件上部似碗。其上部所盛有可能为灯油，其也有可能和豆一样用于饮

---

①丁孟主编：《故宫青铜器图典》，紫禁城出版社，2010，第188页。

食。在同一份发掘报告中，发掘者称之为"碗"和"灯盏"的器皿相差很大，"碗"的口径（半径）和深度之比不到1，而"灯盏"的半径和深度之比约为7:1—9:1，"灯盏"正中有一凸起，发掘者谓之"灯柱"。看来，所谓的"灯"的上部更像碗而不是灯盏，可能用于饮食而非点灯。[①]至于这个"碗"是否用来喝酒还未知。

2003年3月，内蒙古通辽市吐尔基山采石矿在采石过程中发现了一座墓葬，随后由内蒙古文物考古研究所、通辽市博物馆、科尔沁左翼后旗文管所组成的考古队成立，于3月21日对该墓葬进行正式发掘，5月16日发掘结束。发掘者推断此墓应该是辽代早期的贵族墓葬，这个辽墓出土的金银器造型、纹饰、工艺等方面包含了诸多外来因素，随葬品中一件高足玻璃杯十分引人注目，这件玻璃器质地细腻，手感很轻。[②]

葡萄酒是西来饮料，一般认为喝葡萄酒的高足杯也是西来。公元前4世纪，希腊人把粟特地区的撒马尔罕城称为玛拉干达。在玛拉干达遗址上发现的希腊形制的陶器，被认为是亚历山大带领的希腊军队带来的希腊文化的反映，这些陶器中就有白色高脚容器。[③]但日本出土的弥生式陶器中也有高脚杯，可能被用作祭器。弥生后期的高脚杯多选用优质的陶土，并施红色涂料。[④]

唐代的国际主义胸怀使大唐境内出现许多西式器皿，其中不乏酒器。故宫博物院收藏的这件鎏金杯就是一个实例。大都会博物馆收藏的几件银制品也出自唐朝。

其实，兼收西式风格的国际主义胸怀不是唐朝特有，其早在中国南北分裂时期就已出现。

隋墓出土的壁画中夫妻二人对坐，手持透明高足杯，持杯手势似持底座和杯柄。荣新江对安伽墓

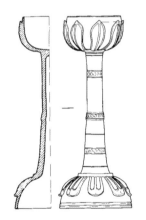

图17.11　2000年12月，因为发现盗掘，山西省和太原市的文物考古研究所组成王家峰北朝壁画墓考古队实施发掘，结果证实该墓为北齐太尉、武安王徐显秀墓，坐落于太原市东山西麓的山前坡地。这一墓葬出土有四个高柄器皿，发掘者称为"灯"，其一通高48厘米，灯径14厘米，底径18厘米，柄长31厘米。分座、柄、盏三部分。灯座饰八瓣覆莲图案，灯柄饰三圈联珠纹、数圈弦纹，灯盏直口内敛，盏底饰八瓣仰莲。通体施黄绿釉，有冰裂纹

图17.12　徐显秀墓出土的"碗"有上百个之多，"灯盏"有两个，其一"碗"口径11.5厘米，通高8厘米，而其一"灯盏"盘径12.5厘米，通高4.5厘米，底径7厘米

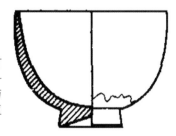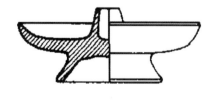

①常一民、裴静蓉、王普军：《太原北齐徐显秀墓发掘简报》，《文物》2003年第10期。
②内蒙古文物考古研究所：《内蒙古通辽市吐尔基山辽代墓葬》，《考古》2004年第7期。
③蓝琪：《金桃的故乡——撒马尔罕》，商务印书馆，2014，第8、15页。
④王仲殊：《日本古代文化简介》，《考古》1974年第4期。

图17.13　内蒙古吐尔基山辽墓出土的这件玻璃高足杯极具异域风情，口径9.4厘米，底径3.9厘米，高12.5厘米。现藏于内蒙古博物院①

图17.14　故宫博物院收藏的这件唐代鎏金杯，高7.5厘米，口径7厘米，足径3.4厘米。杯撇口，形如倒钟，高圆足。杯身鎏饰金水，通体光素，只在杯身上部饰弦纹一道。唐代金银器的制作颇为考究，多数作品上饰有精湛的动物或花卉纹样，但此杯通体简洁，无繁复的纹饰，这在传世的唐代金银器中是不多见的。此杯器形明显受到西方风格的影响。图片由故宫博物院提供

图17.15　纽约大都会艺术博物馆收藏的这件银杯，高6.2厘米，宽8.8厘米。银质鎏金，圆形柄，八棱，为唐代器具

图17.16　纽约大都会艺术博物馆收藏的这件银高足杯，高6厘米，直径3.8厘米，为唐代器具

出土的围屏石榻屏风浮雕上的酒具进行过研究，认为高足杯是胡人饮酒的主要酒器。这有助于我们认识高足杯从西方传入中国的途径。

　　除了荣新江指出的安伽墓中后屏最东侧屏风上表现的榻上一人手持高足杯之外，后屏西侧最西侧屏风上部中坐榻上一人，好似手持一物，画工不知为何只雕刻了手部，没有雕刻手持的物品，径直上了衣服的颜色，但从手势猜想，好似手持高柄杯，这也和所描绘的场景（前有乐舞，榻前放着酒瓶）一致；后屏西侧当中屏风上，主人手持酒杯，身后侍从似也持酒杯，从持杯手势可猜想手持的是高足杯；左（西）屏最北侧屏风描绘了萨保在突厥首领帐中拜访突厥首领，门外一位随员手持高足杯的场景。

　　至于喝葡萄酒的杯具为何会有高脚，还有待进一步研究。

---

①内蒙古文物考古研究所：《内蒙古通辽市吐尔基山辽代墓葬》，《考古》2004年第7期。

图17.17　1976年出土于山东省嘉祥县英山徐敏行墓（隋开皇四年，584年）墓室北壁。壁画高74厘米，宽93厘米。现存于山东博物馆

图17.18　安伽墓围屏石榻屏风上高柄杯或疑似高柄杯形象：上排，后屏最西侧屏风细节，后屏西侧当中屏风；下排，左（西）屏最北侧屏风，左（西）屏最北侧屏风细节，后屏西侧当中屏风细节

杯碗

耳杯大概是中国古代最常见的饮酒器皿。在位于敦煌的汉代墓葬中发现有相当数量的漆耳杯等酒器随葬品，魏晋十六国时期的墓葬中，出土有漆、陶、铜耳杯等饮酒器具。[1]

在此之前，《楚辞》就有：

瑶浆蜜勺，实羽觞些。[2]

古人喝酒的容器往往带有两翼或耳朵（羽）。西汉的海昏侯墓出土了漆器和玉制的耳杯（"羽觞"）。[3]

出土于四川大邑县的一幅东汉画像砖表现的宴饮图中有七位峨冠博带的贵族，皆席地而坐，其间放置几案及一些器皿，其中案后一人正在举杯敬酒，席上一人面前放一耳杯。[4]这种耳杯和南京博物院收藏的汉代夹纻漆耳杯很相似。

李白有"葡萄酒，金叵罗"的诗句赞"叵罗"，荣新江指出"叵罗"为粟特文patrōδ的音译，"是'碗''杯'之意"[5]，在辽墓壁画和入华粟特人墓葬中多见。碗既可做饮食器具，又可做酒具，用碗喝酒在唐代实属常见，而杯碗这种适于盛装液体的容器用于饮酒并没有什么特别之处，但将杯碗做成波浪形多瓣式样，或成盘形，或拉长做成"长杯"，或用金银为材料，就很可能是受到西来文化的影响。中亚的粟特地区出土有这样的容器。[6]

岑参的这首诗中表示，在河西走廊，人们多用叵罗饮酒，且为金质：

---

①郑炳林：《晚唐五代敦煌酿酒业研究》，《敦煌归义军史专题研究三编》2005年。

②《招魂》，载林家骊译注《楚辞》，中华书局，2010，第219页。

③江西省文物考古研究所、南昌市博物馆、南昌市新建区博物馆：《南昌市西汉海昏侯墓》，《考古》2016年第7期。

④常任侠（1988）图二二二，第177页。

⑤荣新江：《中古中国与粟特文明》，生活·读书·新知三联书店，2014，第386页。

⑥[俄]李特文斯基主编：《中亚文明史第3卷：文明的交会：公元250年至750年》，马小鹤译，中国对外翻译出版公司，2003，第209—212页。

图17.19　汉夹纻漆耳杯，口纵14.1厘米，口横8.8厘米，腹深3.8厘米，底纵7.6厘米，底横3.95厘米，通耳高5.0厘米，通耳阔11.0厘米。现藏于南京博物院

> 琵琶长笛曲相和，羌儿胡雏齐唱歌。
> 浑炙犁牛烹野驼，交河美酒金叵罗。①

唐代的王维曾有诗把酒家胡和金碗相联系：

> 画楼吹笛妓，金碗酒家胡。②

唐文宗（826—840年在位）曾用金碗装酒赐给王源中，这个故事曾被《唐摭言》记录，又被《太平广记》转载：

> 王源中，文宗时为翰林承旨。暇日，与诸昆季蹴鞠于太平里第。毬子击起，误中源中之额，薄有所损。俄有急召，比至，上讶之。源中具以上闻，上曰："卿大雍睦。"命赐酒二盘。每盘贮十金碗，每碗各容一升许，宣令并碗赐之。源中饮之无余，略无醉容。③

图17.20　2000年发现的西安安伽墓有多处浮雕表现了叵罗：上排，围屏石榻东侧居中一幅浮雕及细节；下排，门额及细节

---

①岑参：《酒泉太守席上醉后作》，载陈贻焮、郝世峰主编《全唐诗》第一册，文化艺术出版社，2001，第1623页。
②王维：《过崔驸马山池》，载陈贻焮、郝世峰主编《全唐诗》第一册，文化艺术出版社，2001，第900页。
③李昉等编：《太平广记》，中华书局，1961，第一七八八至一七八九页。

图17.21 耶律羽之墓出土的随葬品：左，五瓣花形金杯，口径7.3厘米，底径4厘米，高4.9厘米；右，鎏金錾花银把杯，口径7.3厘米，腹径5.2厘米，底径3.9厘米，高6.4厘米

现藏于美国波士顿艺术博物馆的安阳北齐石棺床中也有多处描绘了叵罗。

2003年清理的西安史君墓石堂北壁第四幅下部表现了多种酒器，上部男主人手持一个碗状或长杯状酒器。北壁第二幅台阶上男主人（戴冠者）手持一长杯，女主人（戴花冠者）手持酒器似碗，又似来通或高脚杯。除此之外，石堂南壁、石堂西壁第二幅和石堂北壁第一幅浮雕也表现了碗状饮酒器。

1992年，内蒙古文物考古研究所、赤峰市博物馆和阿鲁科尔沁旗文物管理所对赤峰市阿旗境内的一座大型辽墓进行了抢救性发掘。该墓墓主人为辽东丹国的左相耶律羽之，生于唐大顺元年（890年）契丹迭剌部人，随葬品有五瓣花形金杯和鎏金錾花银把杯。[①]

2010年，在内蒙古锡林郭勒盟正镶白旗发现的伊和淖尔M1古墓，出土的鎏金錾花银碗（高足杯）类器物系金属容器的一种，多以碗的形式出现，该墓亦有少量的高足杯出土。此类器物在大同南郊北魏首都平城遗址亦有出土，现收藏于纽约大都会博物馆。这种器物不仅使用金银质或鎏金银，装饰的人物头像也是西方种族，学者认为反映了古代中西文明的交流。[②]

青铜酒器

中国的青铜时代大概包括了还未得到证明的夏代在内的夏、商、周三代，而以商代最旺，多处遗址出土了大量青铜器，尤以青铜酒器为多，但是周代以后，青铜酒器渐少。这可能和商代好酒、尚鬼，而周代禁酒有关。青铜酒器又分为饮酒器、温酒器、盛酒器和混酒器各类，温酒器以将容器高高托起下可加火的三足或四足最为明显，而盛酒器、混酒器则容量较大。

出土最多也最具争议的是青铜爵，有学者认为爵是温酒器，不能用来饮酒，另一些学者则认为爵集温酒和饮酒两种功能于一身。认为爵有温酒功能的理由就是它有三足，而认为其没有饮酒功能的看法则是因为它的器型不适于饮酒。还有学者认为爵更多用于敬神，承担着礼器的功能。古人认为神虽不能食饮，但更喜欢闻味儿。这样，使用爵来敬神只要有三足能生火加热，使酒香更容易上达天庭就达到目的了，不是真的来饮酒，器形上是否适于饮酒也就不重要了。

①内蒙古文物考古研究所、赤峰市博物馆、阿鲁科尔沁旗文物管理所：《辽耶律羽之墓发掘简报》，《文物》1996年第1期。
②王晓琨：《试析伊和淖尔M1出土人物银碗》，《文物》2017年第1期。

图17.22　1975年出土于洛阳偃师二里头遗址的乳钉纹铜爵被认为是夏代的器物，高22.5厘米。图片由二里头夏都遗址博物馆提供

丝绸之路上的葡萄酒

认为爵没有饮酒功能的理由在于爵有双柱，喝酒时会戳到饮酒者的眼睛。清朝学者程瑶田认为这样喝酒时不能酣饮，更符合儒家礼仪。但这种理论不能解释为什么比爵大、本来就不能用来饮酒的斝也有双柱。更何况，有些爵，主要是早期的爵，流更长，双柱更矮，不能戳到饮酒者的眼睛。马承源通过考察爵的实物和"爵"字在甲骨文中的写法，认为双柱是用于悬挂滤清酒液的过滤器，可能是网状。但他没有论及爵是饮酒器还是温酒器的问题。①

有可能爵的用途也是不断发展变化的。如同现在用于祭拜先人的酒菜、果盘在祭拜后多被家人吃掉一样，用于祭拜神灵的酒在祭拜完成后可能也被祭拜者喝掉。早期的爵既可以温酒也用于饮酒，也和祭拜用品都是从实用品变化而来的逻辑相符。后来，随着人们越来越重视礼仪，出现了专门用于祭祀的用具，爵也只用来温酒不再用于饮酒了。于是爵的流越来越短，双柱越来越高，装饰越来越华丽②，至于是否能戳到饮酒者的眼睛已不重要。

一般认为，陶土材质的同类器皿为青铜材质的前身，但杜金鹏认为"早期，陶爵曾是铜爵模仿的对象，但由于二者在质料和工艺上的差异，终于导致其分道扬镳。"但出土陶爵只在后期的仿铜陶爵上才有柱，有的陶爵三足十分矮小，只能作为底座放置，不能在其下加热，这就对足和柱的功能提出了挑战。可能从陶爵到铜爵的变化过程并不简单。③

另有一种单独的饮酒器叫"觚"，觚与爵在考古发掘中经常伴随出土，觚也有与斝组合的。④《礼记》在说明"有以小为贵"时说"宗庙之祭，贵者献以爵，贱者献以散"，郑玄认为爵觚之别在于大小，他在注中说：

凡觞一升曰爵，二升曰觚，三升曰觯，四升曰角，五升曰散。⑤

对于各种器物的用途或来自个人的判断，但对于容量大小的观察大概不差。爵与觚同出，更有可能是因为二者用途不同，而觚有时与爵搭配，有时与斝搭配，更暗示了爵与斝的用途有可能相同——给神灵温酒，而非用于饮酒。

容庚（1894—1983年）曾说过，

①马承源：《中国青铜器研究》，上海古籍出版社，2023，第495—500页。
②李建华：《传统青铜酒具造型与装饰纹样的适合研究》，硕士学位论文，江南大学，2009；杜金鹏：《商周铜爵研究》，《考古学报》1994年第3期。
③杜金鹏：《陶爵——中国古代酒器研究之一》，《考古》1990年第6期。
④王戈：《先秦青铜酒具与礼仪》，《紫禁城》2004年第125卷。
⑤《十三经注疏》整理委员会整理、李学勤主编：《十三经注疏·礼记正义（上、中、下）》卷第二十三《礼器第十》，北京大学出版社，1999，第729页。

图17.23　爵的演进，流从长到短，柱从矮到高

爵之用昔人称为饮器。余所藏□父乙爵，腹下有烟炱痕，乃知三长足者，置火于下以烹煮也。角，斝，盉三器皆有足，其用同。[1]

但有学者认为，足下烧火之痕只在有些爵上发现，不足以说明问题。爵是否为饮酒器，不同的意见至今僵持不下，但出土了这么多温酒器以致独辟一类，至少说明中国酒有可能是加温饮用的，但这和古籍中有些说法相悖：

挫糟冻饮，酎清凉些。[2]

20世纪三四十年代，容庚在论著中将酒器分为了煮酒器（爵、角、斝、盉、斚）、盛酒饮酒器（尊、觚、鸟兽尊、觥、方彝、卣、罍、壶、缶、瓿、觯、鉼）、挹注器（勺）和承尊器（禁）四种，后来又在与张维持合著的《殷周青铜器通论》中将盛酒器和饮酒器细分开了。按此分法，只有觚、觯、杯用于饮酒。

青铜器具先是模仿陶器，后来不再铸造青铜器后，又用了其他材质，但其形制似无变化。

酒器材质

最早的酒器采用的是天然材质，最知名的就是各种角质，这也可从后面流行的各类酒器大都有角字旁看出端倪，如角、觥、觚、觯、觞。后世则用天然材质模仿古物并以此为贵，比如，《红楼梦》

图17.24　一般被视为饮器的是觚。商代（公元前1600—前1046年）青铜觚，通高26.4厘米，底座直径7.9厘米，口沿直径15.2厘米。现藏于纽约大都会艺术博物馆

---

[1]容庚第374页。
[2]《招魂》，载林家骊译注《楚辞》，中华书局，2010，第219页。

第四十一回《贾宝玉品茶栊翠庵　刘姥姥醉卧怡红院》中写道，贾母吃过酒，带着刘姥姥散心来到了栊翠庵，妙玉给贾母献上茶后，拉着宝钗、黛玉来到耳房品茶，被宝玉看见，妙玉另拿了两只杯来，一名"瓟斝"（bānpáojiǎ），一名"点犀𥁕"（qiáo）。沈从文认为，并非这个斝类杯近似瓜类形状，而是将葫芦幼小时就套上斝形范，长成了斝形，是"用瓟瓜仿作斝形"的用具，贵重在其材质。①

觚在用铜制作前用的是陶，而更为复杂的漆觚则彰显了其贵重。吕琪昌认为："觚是夏、商两代的重要礼器，对中国早期文明的研究具有特殊意义。卞家山良渚文化遗址出土的大量漆器，是长江下游地区史前考古的又一重大发现；其中数量最多的漆觚，尤其引起关注。"②

随着技术的发展，玉器、陶器、青铜器、漆器、金银器、玻璃器、玛瑙器、琥珀器、水晶器和瓷器先后登场，但中国人的观念里，尽管玉石很早就得到开采，但一直都没有过时，却一直都备受青睐，用以彰显贵气。这从和氏璧的故事中也看得出来。据说唐代王翰的著名诗句"葡萄美酒夜光杯"中的"夜光杯"也由美玉制成。西汉第一代海昏侯、当过皇帝的刘贺也用玉质酒器随葬。

元代忽必烈迁都北京，据冯承钧考证，马可·波罗笔下的"绿山"由金人始筑，称琼花岛，1262年忽必烈重修岛中园林，改名为万寿山。③万寿山顶有广寒殿，殿前有一黑玉酒瓮，周围雕有出没于波涛之中的海龙、海兽：

> 前架黑玉酒瓮一，玉有白章。随其形刻为鱼兽出没于波涛之状。其大可贮酒三十余石。④

该酒瓮又称"渎山大玉海"，1745再度被发现，乾隆还敕建石亭以贮之，现存于北京北海团城的"渎山大玉海"或就是此瓮。⑤

1985年，在内蒙古自治区哲里木盟奈曼旗青龙山镇东北10公里斯布格图村西发现了辽陈国公主与驸马合葬墓，此墓出土的陪葬品中有数件玻璃器，从化学成分分析结果、制作工艺以及器型来看，此类玻璃器均是来自中亚，同样出土于该墓的水晶耳杯也极具异域风情。

图17.25　西汉海昏侯墓出土的玉羽觞

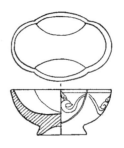

图17.26　辽陈国公主墓出土的水晶耳杯实物及线描图。该杯置于该墓葬东耳室中部。无色，透明，口四曲椭圆形，斜弧腹，圆足，底略残。器表光亮透明，外壁刻有4组云纹。口径3.6—5.3厘米，底径1.8—2.5厘米，高2.3厘米

①沈从文：《沈从文全集 30》，北岳文艺出版社，2009，第287—288页。
②吕琪昌：《卞家山出土漆觚的启示》，《华夏考古》2013年第3期。
③[意]马可·波罗：《第八三章·大汗之宫廷》，载《马可波罗行纪》，冯承钧译，上海书店出版社，2001，第208页。
④陶宗仪：《南村辍耕录》卷二十一《宫阙制度》，中华书局，1956，第二五六页。
⑤周鸿承：《马可波罗与东方饮食文化的传播及影响》，《地域文化研究》2017年第3期。

丝绸之路上的葡萄酒

图17.27 汉画像砖刻拓片。该砖出土于四川省大邑县。图片取自口纵14.1厘米、口横8.8厘米、腹深3.8厘米、底纵7.6厘米、底横3.95厘米、通耳高5.0厘米、通耳阔11.0厘米。现藏于南京博物院

非饮用器具

有几种东西虽不是饮酒器具，却对饮酒至关重要。一种是勺子，一般有长曲柄，多有出土。

拥有金手指的米达斯国王留下的青铜器具可能大多用于将酒精饮料从大缸大罐转移到小一点容量的容器中，三个大缸大罐容量很大，大约一个就有150升，而个人用来饮酒的碗则有一百多个，每个容积1—2升，可以想象，饮用时得用一个勺子将酒从大容器中舀出。所以有研究者认为这些大缸大罐是用来酿酒或是混合酒的容器，但酿酒需要时间，而缸中残留有水果酒、蜂蜜酒和粮食酒的痕迹可能是将几种酒混合后饮用的痕迹，也可能是混合发酵的痕迹。[1]

在Godin Tepe遗址，麦戈文团队关注几个大罐，每个容积可达60升，若装满液体就太重了，难以移动。麦戈文认为，这几个大罐的内容物也是舀出的。[2]马可·波罗笔下描述的忽必烈殿堂的布置也有一个大酒瓮和用于从中分酒的大勺：

> 大汗所坐殿内，有一处置一精金大瓮，内足容酒一桶。大瓮之四角，各列一小瓮，满盛精贵之香料。注大瓮之酒于小瓮，然后用精金大杓取酒。其杓之大，盛酒足供十人之饮。取酒后，以此大杓连同带柄之金盏二，置于两人间，使各人得用盏于杓中取酒。[3]

这和米达斯坟墓出土的青铜酒器几可类比。

①Patrick E. McGovern, *Uncorking The Past: The Quest for Wine, Beer, and Other Alcoholic Beverages* (Oakland: University of California Press, 2009), pp.131-134.

②Patrick E. McGovern, *Uncorking The Past: The Quest for Wine, Beer, and Other Alcoholic Beverages* (Oakland: University of California Press, 2009), pp.64-65.

③[意]马可·波罗：《第八五章·名曰怯薛丹之禁卫一万二千骑》，载《马可波罗行纪》，冯承钧译，上海书店出版社，2001，第219页。

上引四川省大邑县出土的汉画像砖中，放在地上的耳杯旁有一大型容器，内置一勺。可见当时的饮酒方式是用勺舀到各自的耳杯中。

另一种是木桶。它在2000多年中用于大批量地储存和运输液体和其他用品，并不限于葡萄酒或酒，比如直到今天，原油仍然以桶计量。但无论如何，木桶所储藏或运输的物品都很沉重，但木桶可以滚上斜坡，而一旦直立，又相当稳定。①

丝
绸
之
路
上
的
葡
萄
酒

②Henry H. Work, *Wood, Whiskey and Wine: A History of Barrels* (London: Reaktion Books, 2014), p.14.

①Henry H. Work, *Wood, Whiskey and Wine: A History of Barrels* (London: Reaktion Books, 2014), p.14.

《诗经·国风序》中说："诗者，志之所之也，在心为志，发言为诗。情动于中而形于言，言之不足故嗟叹之，嗟叹之不足故咏歌之。"

各个朝代谈及酒的诗句很多，诗人大多以酒助诗兴，醉中吟诗，并非专咏葡萄酒。以葡萄或葡萄酒入诗的又多用典，反映出诗人眼中的葡萄稀有、高贵，出自深宫的形象，成了北方的象征。用典最多的大概是张骞的事迹，传说中张骞带回了葡萄和苜蓿，所以后人常将这两者对仗入诗，又经常把葡萄和其他植物对仗入诗，或将葡萄和貂裘对仗入诗，也有诗人直接歌颂博望侯张骞，葡萄宫和一斗博凉州的故事也常常入典，同样备受诗人青睐的是大诗人李白使用的酒和江水的比喻，但这并不说明诗人见过葡萄、种过葡萄、饮过葡萄酒。有些诗句细致入微地描绘了葡萄从出土到发芽、挂果、转色、采收到埋土的全过程。这其中著名的莫过于刘禹锡的《葡萄歌》，诗人不但言及葡萄和葡萄酒，还详细刻画了葡萄的种植过程。

胡姬来自西域，她们的容貌、装饰与风俗不同于中原妇女，带来了浓郁的异国情调，她们卖的是西域特产葡萄酒，食客吃的是西域风味美食当不为怪。对胡姬的描写往往暗示着异域风情和葡萄酒，描写胡姬的诗句多写就于唐朝。但胡姬与酒家胡应在唐朝之前就有。

第十八章 咏之歌之

各个朝代谈及酒的诗句很多，诗人大多以酒助诗兴，醉中吟诗，并非专咏葡萄酒。以葡萄或葡萄酒入诗的又多用典，反映出诗人眼中的葡萄稀有、高贵，出自深宫的形象，成了北方的象征。用典最多的大概是张骞的事迹，传说中张骞带回了葡萄和苜蓿，所以后人常将这两者对仗入诗，又经常把葡萄和其他植物对仗入诗，或将葡萄和貂裘对仗入诗，也有诗人直接歌颂博望侯张骞，葡萄宫和一斗博凉州的故事也常常入典，同样备受诗人青睐的是大诗人李白使用的酒和江水的比喻，但这并不说明诗人见过葡萄、种过葡萄、饮过葡萄酒。明清诗人特别是清代的诗作，用典为多，大多用以彰显作者的博学知广，但对当时的葡萄种植、酿酒过程展示得不多，故不取。

图18.1　李白

葡萄类

吟诵中国本土葡萄的诗句大多是吟诵和葡萄类似的藤蔓植物山葡萄、野葡萄。

七月（［周］《诗经》）①

……

六月食郁及薁，七月亨葵及菽。

八月剥枣，十月获稻。

……

葛藟（［周］《诗经》）②

绵绵葛藟，在河之浒。终远兄弟，谓他人父。谓他人父，亦莫我顾。

绵绵葛藟，在河之涘。终远兄弟，谓他人母。谓他人母，亦莫我有。

绵绵葛藟，在河之漘。终远兄弟，谓他人昆。谓他人昆，亦莫我闻。

旱麓（［周］《诗经》）③

……

莫莫葛藟，施于条枚。岂弟君子，求福不回。

樛木（［周］《诗经》）④

南有樛木，葛藟累之，乐只君子，福履绥之。

南有樛木，葛藟荒之，乐只君子，福履将之。

南有樛木，葛藟萦之，乐只君子，福履成之。

①《七月》，载《十三经注疏》整理委员会整理、李学勤主编《十三经注疏·毛诗正义（上、中、下）》卷第八·八之一，北京大学出版社，1999，第503页。

②《葛藟》，载《十三经注疏》整理委员会整理、李学勤主编《十三经注疏·毛诗正义（上、中、下）》卷第四·四之一，北京大学出版社，1999，第265—266页。

③《旱麓》，载《十三经注疏》整理委员会整理、李学勤主编《十三经注疏·毛诗正义（上、中、下）》卷第十六·十六之三，北京大学出版社，1999，第1008页。

④《樛木》，载《十三经注疏》整理委员会整理、李学勤主编《十三经注疏·毛诗正义（上、中、下）》卷第一·一之二，北京大学出版社，1999，第41—42页。

丝绸之路上的葡萄酒

种葛篇（［三国·魏］曹植）①

种葛南山下，葛藟自成阴。……

九叹（［汉］刘向）②

……

葛藟虆于桂树分，鸱鸮集于木兰。偓促谈于廊庙分，律魁放乎山间。

……

都尉山亭（［唐］杜审言）③

紫藤萦葛藟，绿刺胃蔷薇。下钓看鱼跃，探巢畏鸟飞。

……

杂诗六首（［唐］李华）④

（其四）

……

葛藟附柔木，繁阴蔽曾原。风霜摧枝干，不复庇本根。

……

哭小女痴儿（［唐］李群玉）⑤

……

条蔓纵横输葛藟，子孙蕃育羡蓥斯。

……

疑似葡萄酒

有时，诗人可能并未明说所咏唱的是葡萄酒，但从上下文和其他方面可推知可能是葡萄酒。有时诗中虽言明了葡萄，但可能并非用以酿酒。

对酒（［南朝·陈］张正见）⑥

当歌对玉酒，匡坐酌金罍。

竹叶三清泛，蒲萄百味开。

风移兰气入，月逐桂香来。

独有刘将阮，忘情寄羽杯。

诗中虽明确说葡萄，但并未说是用来酿首句所说之"酒"的。

---

①王巍：《曹植集校注》，河北教育出版社，2013，第63—64页
②《九叹·忧苦》，载林家骊译注《楚辞》，中华书局，2010，第350页。
③杜审言：《都尉山亭》，载陈贻焮、郝世峰主编《全唐诗》第一册，文化艺术出版社，2001，第439页。
④李华：《杂诗六首》，载陈贻焮、郝世峰主编《全唐诗》第一册，文化艺术出版社，2001，第1180页。
⑤李群玉：《哭小女痴儿》，载陈贻焮、郝世峰主编《全唐诗》第四册，文化艺术出版社，2001，第103页。
⑥《相和歌辞二》，载郭茂倩著《乐府诗集（全四册）》卷二十七，中华书局，1979，第四〇四页。

王绩（约590—644年）在前引《过酒家五首》诗中明确指出了葡萄，也说明酿酒的是胡人。他在另一首诗《看酿酒》中有"六月调神曲"之句，[①]可能当时酿葡萄酒也用曲，或者王绩想当然地认为葡萄酿酒也用曲。

渭城曲（［唐］王维）[②]

……

劝君更尽一杯酒，西出阳关无故人。

友人即将"西出阳关"，王维"劝进"的可能是葡萄酒，也有可能是出关后就很难喝到的以曲酿造的酒。

猛虎行（［唐］李白）[③]

……

溧阳酒楼三月春，杨花茫茫愁杀人。

胡雏绿眼吹玉笛，吴歌《白纻》飞梁尘。

……

这里，李白所咏的酒楼使用"胡雏"招徕客人，很可能以异域情调为特色，客人不是异域胡人就是胡风爱好者，供应葡萄酒大有可能。

襄阳歌（［唐］李白）[④]

……

遥看汉水鸭头绿，恰似葡萄初酦醅。

此江若变作春酒，垒曲便筑糟丘台。

千金骏马换小妾，笑坐雕鞍歌《落梅》。

车旁侧挂一壶酒，凤笙龙管行相催。

咸阳市中叹黄犬，何如月下倾金罍？

……

李白的这一首《襄阳歌》虽然点明葡萄，但他又说所用之曲、所产之糟可以垒作台，"车旁侧挂"的可能是用曲酿制的谷物酒。他把"葡萄初酦醅"又比作"鸭头绿"，很像是谷物发酵的绿色，可能是白葡萄酒，"糟丘台"又可能指红葡萄酒带皮发酵后剩下的皮渣，总之这首诗意是否在咏葡萄酒还不清楚。但是这首诗被后世多首诗借典，用酒糟筑台、江水变酒表示酒之多。

营州歌（［唐］高适）[⑤]

营州少年厌原野，狐裘蒙茸猎城下。

虏酒千钟不醉人，胡儿十岁能骑马。

---

① 王绩：《看酿酒》，载陈贻焮、郝世峰主编《全唐诗》第一册，文化艺术出版社，2001，第206页。
② 王维：《渭城曲》，载陈贻焮、郝世峰主编《全唐诗》第一册，文化艺术出版社，2001，第937页。
③ 李白：《猛虎行》，载《李太白全集（全三册）》卷之六，王琦注，中华书局，1977，第三六三页。
④ 李白：《襄阳歌》，载《李太白全集（全三册）》卷之七，王琦注，中华书局，1977，第三七〇页。
⑤ 高适：《营州歌》，载陈贻焮、郝世峰主编《全唐诗》第一册，文化艺术出版社，2001，第1792页。

图18.2　高适

高适此诗未明言"虏酒"是什么酒，但他描写的是今辽宁省朝阳地区的北方景色，营州是粟特人的聚居地，喝的可能不是中原习见的谷物酒，有可能是葡萄酒，也有可能是蒙古草原的游牧民族所习惯的奶酒。有学者认为既"不醉人"，应该喝的是低度酒，由此认为可能是葡萄酒，这种说法不准确。且不说唐朝时有没有蒸馏酒、能不能制造高度酒还存疑，那时的谷物酒如米酒度数也很低（白居易有诗句"绿蚁新醅酒，红泥小火炉"[1]，描写了米粒发酵的绿色），而且游牧民族习惯的奶酒度数也不高。

饮中八仙歌（［唐］杜甫）[2]

知章骑马似乘船，眼花落井水底眠。汝阳三斗始朝天，道逢曲车口流涎，恨不移封向酒泉。

左相日兴费万钱，饮如长鲸吸百川，衔杯乐圣称避贤。

宗之潇洒美少年，举觞白眼望青天，皎如玉树临风前。

苏晋长斋绣佛前，醉中往往爱逃禅。

李白一斗诗百篇，长安市上酒家眠，天子呼来不上船，自称臣是酒中仙。

张旭三杯草圣传，脱帽露顶王公前，挥毫落纸如云烟。

焦遂五斗方卓然，高谈雄辩惊四筵。

杜甫此处未言这饮中八仙喝的是什么酒，但此歌描写的是当时的国际化大都会长安，各色人等聚集，各类饮品荟萃，李白喝葡萄酒不无可能，但贺知章喝的则可能是曲做的酒（"道逢曲车口流涎"）。

前引李贺《将进酒》没有说葡萄，但根据描绘的酒色推测可能是葡萄酒。也有学者认为，这时的黄酒有的着色，颜色发红，李贺的这首诗形容的就是当时好酒的颜色。[3]

图18.3　杜甫

述梦诗四十韵（［唐］李德裕）[4]

……

倚檐阴药树，落格蔓蒲桃。荷静蓬池鲙，冰寒郢水醪。

……

这首诗中，前八句注说"悉是内属物色，惟尝游者，依然可想也"，对"冰寒"一句注说"颁赐冰及烧香酒，以酒味稍浓，每和冰而饮。禁中有郢酒坊也。"并未说蒲桃用来做酒，但禁中的酒须冷饮。

西瓜（［元］周权）[5]

当年传种非东陵，蒲萄石榴来与并。

碧壶深贮白沆瀣，霜刃冻割黄水晶。

豪家宴客侯鲭列，浊酒鲸吞嫌内热。

此时专席荐冰盆，分与风前满襟雪。

这首诗并未说此处的"蒲萄"即用以酿造诗中的"浊酒"，但说明酒需冷饮。

①白居易：《问刘十九》，载陈贻焮、郝世峰主编《全唐诗》第三册，文化艺术出版社，2001，第419页。
②杜甫：《饮中八仙歌》，载陈贻焮、郝世峰主编《全唐诗》第二册，文化艺术出版社，2001，第11页。
③黄正建：《唐代衣食住行研究》，首都师范大学出版社，1998，第44页
④李德裕：《述梦诗四十韵》，载陈贻焮、郝世峰主编《全唐诗》第三册，文化艺术出版社，2001，第780页。
⑤周权：《西瓜》，载《此山诗集》卷三，商务印书馆，2006，影印本，第十二叶（背）至第十三页（正）。

葡萄酒

有些作者在作品中指明了葡萄或葡萄酒，但往往并不清楚葡萄酿酒的独特之处。

还台乐（［南朝·陈］陆琼）①

蒲萄四时芳醇，琉璃千钟旧宾。
夜饮舞迟销烛，朝醒弦促催人。
春风秋月恒好，欢醉日月言新。

此诗前四句又题以晋代陆机所作《饮酒乐》，收入《乐府诗集》第七十四卷和《陆机集》中，文字完全相同，但少了后两句，故而《陆机集》的注者怀疑这首诗并非陆机所作，但“蒲桃”二字显然是指葡萄酒。

倡女行（［唐］乔知之）②

石榴酒，葡萄浆。兰桂芳，茱萸香。
愿君驻金鞍，暂此共年芳。愿君解罗襦，一醉同匡床。
……

凉州词二首（［唐］王翰）③

（其一）

葡萄美酒夜光杯，欲饮琵琶马上催。
醉卧沙场君莫笑，古来征战几人回。

这首《凉州词》可谓家喻户晓，成为写葡萄酒的代表。

塞下曲（［唐］李颀）④

……
帐下饮蒲萄，平生寸心是。

对酒（［唐］李白）⑤

蒲萄酒，金叵罗，吴姬十五细马驮。
青黛画眉红锦靴，道字不正娇唱歌。
……

汉话说不利索的小姑娘是“吴姬”不是“胡姬”，有可能她讲的是吴侬软语，说不利索北方话或四川话。这可能说明江南一带也种葡萄酿酒，也可能说明葡萄酒如此流行以至于不用葡萄酿酒的江南也为顾客提供葡萄酒，更可能是习喝葡萄酒的胡人在唐朝的国际主义大背景下也成规模地来到了南方。李白的另一首诗《猛虎行》所咏唱使用“胡雏”接待客人的酒楼就位于今江苏溧阳。二者共同的是葡萄酒和外来的饮器所营

①《杂曲歌辞十七》，载郭茂倩著《乐府诗集（全四册）》第七十七卷，中华书局，1979，第一〇八四页。
②乔知之：《倡女行》，载陈贻焮、郝世峰主编《全唐诗》第一册，文化艺术出版社，2001，第566页。
③王翰：《凉州词二首》，载陈贻焮、郝世峰主编《全唐诗》第一册，文化艺术出版社，2001，第1208页。
④李颀：《塞下曲》，载陈贻焮、郝世峰主编《全唐诗》第一册，文化艺术出版社，2001，第965页。
⑤李白：《对酒》，载《李太白全集（全三册）》卷之二十五，王琦注，中华书局，1977，第一一七九页。

造的异域氛围。葛承雍认为吴地不种植葡萄，故自酿的可能性较小，或是来自北方输送或是来自域外。①

陪窦侍御灵云南亭宴诗得雷字（［唐］高适）②

（序）

凉州近胡，……林木更爽，觞蒲萄以递欢……

春游曲（［唐］刘复）③

春风戏狭斜，相见莫愁家。细酌蒲桃酒，娇歌玉树花。……

葡萄酒需细酌，反映了葡萄酒的贵重。

前引白居易《寄献北都留守裴令公》诗句用葡萄酒代指从羌地塞外到燕赵大地的景色，葡萄酒已成了北方的代名词。

和李校书新题乐府十二首·西凉伎（［唐］元稹）④

……

蒲萄酒熟恣行乐，红艳青旗朱粉楼。

……

杂感（［宋］陆游）⑤

（之四）

一尊易致蒲萄酒，万里难逢鹳鹊楼。

何日群胡遗种尽，关河形胜得重游？

陆游的这首诗将葡萄酒和"群胡"联系到了一起。

狂吟（［宋］陆游）⑥

……

年来自笑弥耽酒，百斛蒲萄未解酲。

闻蝉思南郑（［宋］陆游）⑦

昔在南郑时，送客褒谷口。金羁叱拨驹，玉碗蒲萄酒。

……

湖上小阁（［宋］陆游）⑧

蒲萄初紫柿初红，小阁凭阑万里风。

莫怪年来增酒量，此中能著太虚空。

①葛承雍：《"胡人岁献葡萄酒"的艺术考古与文物印证》，《故宫博物院院刊》2008年第6期（总第140期），第081—098页。

②高适：《陪窦侍御灵云南亭宴诗得雷字》，载陈贻焮、郝世峰主编《全唐诗》第一册，文化艺术出版社，2001，第1789页。

③刘复：《春游曲》，载陈贻焮、郝世峰主编《全唐诗》第一册，文化艺术出版社，2001，第1086页。

④元稹：《和李校书新题乐府十二首·西凉伎》，载陈贻焮、郝世峰主编《全唐诗》第三册，文化艺术出版社，2001，第198页。

⑤陆游：《杂感》，载《剑南诗稿校注（全八册）》卷五十五，钱仲联校注，上海古籍出版社，1985，第三二一四至三二一五页。

⑥陆游：《狂吟》，载《剑南诗稿校注（全八册）》卷十二，钱仲联校注，上海古籍出版社，1985，第九八八至九八九页。

⑦陆游：《闻蝉思南郑》，载《剑南诗稿校注（全八册）》卷十三，钱仲联校注，上海古籍出版社，1985，第一〇五三页。

⑧陆游：《湖上小阁》，载《剑南诗稿校注（全八册）》卷二十三，钱仲联校注，上海古籍出版社，1985，第一六九七页。

初寒（［宋］陆游）①

……

罢亚炊香甑，蒲萄压小槽。

……

题兴宁县东文岭瀑泉在夜明场驿之东（［宋］杨万里）②

……

酿泉为酒不用曲，春风吹作蒲萄绿。

……

　　杨万里这首诗赞美泉水，知晓葡萄酿酒不用曲，但他似乎以为是水变为酒不用曲（酿泉为酒）。国人多不清楚葡萄酿酒可不加水，而以为必须加水，但这是谷物酿酒的必须。商周时期总结的酿酒"六必"之法就有"水泉必香"，19、20世纪之交，在敦煌石室发现的一批变文中乡贡进士王敷撰写的《茶酒论》用酒之口说明了葡萄酒也是酒之一种（"蒲桃、九酝，于身有润"），但最后水的一席话却使茶酒都哑口无言："茶不得水，作何相貌？酒不得水，作甚形容？"酒离不开水大概是国人根深蒂固的认识。③

和许昌张彦升见寄（［元］耶律楚材）④

……

何日安车蒲轮诏，攻入北阙，

葡萄佳酿烂饮玻璃缸。（西人葡萄酿皆贮以玻璃瓶。）

再用韵记西游事（［元］耶律楚材）⑤

……

亲尝芭榄宁论价，自酿蒲萄不纳官。

……

谢禅师口公寄阊山紫玉（［元］耶律楚材）⑥

……

琥珀精神浑彷彿，葡萄滋味较锱铢。

……

赠蒲察元帅七首（［元］耶律楚材）⑦

（其一）

……

①陆游：《初寒》，载《剑南诗稿校注（全八册）》卷七十八，钱仲联校注，上海古籍出版社，1985，第四二五八页。
②杨万里：《题兴宁县东文岭瀑泉在夜明场驿之东》，载北京大学古文献研究所编《全宋诗》第四十二册·卷二二九一，北京大学出版社，1998，第二六三〇一页。
③王敷：《茶酒论》卷三，载王重民、王庆菽、向达、周一良、启功、曾毅公编《敦煌变文集》，人民文学出版社，1957，第二六七至二六九页。
④耶律楚材：《和许昌张彦升见寄》，载《湛然居士文集》卷一，谢方点校，中华书局，1986，第一〇页。
⑤耶律楚材：《再用韵记西游事》，载《湛然居士文集》卷四，谢方点校，中华书局，1986，第六七页。
⑥耶律楚材：《谢禅师口公寄阊山紫玉》，载《湛然居士文集》卷四，谢方点校，中华书局，1986，第八四页。
⑦耶律楚材：《赠蒲察元帅七首》，载《湛然居士文集》卷五，谢方点校，中华书局，1986，第九一页。

花开把榄芙渠淡，酒泛蒲萄琥珀浓。

......

（其二）

......

葡萄架下葡萄酒，把榄花前把榄仁。

......

庚辰西域清明（［元］耶律楚材）[①]

......

葡萄酒熟愁肠乱，玛瑙杯寒醉眼明。

......

西域家人辈酿酒戏书屋壁（［元］耶律楚材）[②]

西来万里尚骑驴，旋借葡萄酿绿醑。

......

西域河中十咏（［元］耶律楚材）[③]

（其一）

寂寞河中府，连甍及万家。

葡萄亲酿酒，把榄看开花。

......

西域蒲华城赠蒲察元帅（［元］耶律楚材）[④]

......

琉璃钟里葡萄酒，琥珀瓶中把揽花。

......

戏作二首（［元］耶律楚材）[⑤]

（其一）

......

屈眴轻衫裁鸭绿，葡萄新酒泛鹅黄。

......（白葡萄酒色如金波。）

（其二）

......

葡萄酒熟红珠滴，把榄花开紫雪香。

......

①耶律楚材：《庚辰西域清明》，载《湛然居士文集》卷五，谢方点校，中华书局，1986，第九三页。
②耶律楚材：《西域家人辈酿酒戏书屋壁》，载《湛然居士文集》卷五，谢方点校，中华书局，1986，第一〇七页。
③耶律楚材：《西域河中十咏》，载《湛然居士文集》卷六，谢方点校，中华书局，1986，第一一四页。
④耶律楚材：《西域蒲华城赠蒲察元帅》，载《湛然居士文集》卷六，谢方点校，中华书局，1986，第一三五至一三六页。
⑤耶律楚材：《戏作二首》，载《湛然居士文集》卷六，谢方点校，中华书局，1986，第一三六页。

赠高善长一百韵（［元］耶律楚材）①

（序）

　　高善长本书生也，屡入御闱而不捷，乃翻然医隐，悉究难素之学，后进咸师法焉。与龙岗居士善，尤长于诗，而酷爱予之拙语，盖自厌家鸡耳。因漫成俚语一百韵以赠之。

……

烂醉蒲萄酒，渴饮石榴浆。

……

通州道中（［宋末元初］汪元量）②

……

几回兀坐穹庐下，赖有葡萄酒熟初。

冬至日同舍会拜（［宋末元初］汪元量）③

……

葡萄酒熟浇驼髓，萝卜羹甜煮鹿胎。

……

苏武洲毡房夜坐（［宋末元初］汪元量）④

……

赖有葡萄醅，借煖敌风急。

湖州歌九十八首（［宋末元初］汪元量）⑤

（之七十三）

第四排筵在广寒，葡萄酒酽色如丹。

并刀细割天鸡肉，宴罢归来月满鞍。

（之八十三）

每月支粮万石钧，日支羊肉六千斤。

御厨请给蒲桃酒，别赐天鹅与野麢。

（之八十五）

客中忽忽又重阳，满酌葡萄当菊觞。

谢后已叨新圣旨，谢家田土免输粮。

次韵宋显甫（［元］虞集）⑥

……

蒲萄水绿可为酒，杨柳条青堪贯鱼。

……

丝绸之路上的葡萄酒

①耶律楚材：《赠高善长一百韵》，载《湛然居士文集》卷十二，谢方点校，中华书局，1986，第二六六至二六七页。
②汪元量：《通州道中》，载《汪元量集校注》卷二，胡才甫校注，浙江古籍出版社，1999，第53页。
③汪元量：《冬至日同舍会拜》，载《汪元量集校注》卷三，胡才甫校注，浙江古籍出版社，1999，第104—105页。
④汪元量：《苏武洲毡房夜坐》，载《汪元量集校注》卷三，胡才甫校注，浙江古籍出版社，1999，第117—118页。
⑤汪元量：《湖州歌九十八首》，载《汪元量集校注》卷二，胡才甫校注，浙江古籍出版社，1999，第77—81页。
⑥虞集：《次韵宋显甫》，载《虞集全集（上册）》，王颋点校，天津古籍出版社，2007，第189页。

送钱塘琴士汪水云（［元］陈泰）①
······

银山千片潮卷雪，天马万匹风驱云。
龙颜正色动一笑，锦幄劝醉葡萄春。
······

友人赴陕西作县（［元］贡师泰）②
······

银瓶细溜蒲萄热，三叠歌残人欲别。
······

此诗描写冬景，所称"葡萄热"应为葡萄酒而非鲜食葡萄，而陕西可归入北方大地，又用西式细溜银瓶装酒，可想见诗人描写的是一派北国景色。只是诗人常年在江南一带做官，这一北国风光可能是其想象，说明葡萄酒俨然已经成为北方的象征。

归彦温赴河西廉使（［元］贡师泰）③
贺兰山前河水西，金沙路平香草齐。
······

甘州枸杞红玉重，凉州葡萄酱满瓮。
······

和胡士恭泺阳巴纳遵即事韵（［元］贡师泰）④
（之一）
紫驼峰挂葡萄酒，白马鬃悬芍药花。
······

忽必烈曾在滦水北之龙冈建开平府城（故址在今内蒙古正蓝旗五一农场），并在此即位，后升开平为上都，升中都（北京）为大都，上都仍为皇帝夏季避暑驻地，每年巡幸至此。因滦水流经其地，故又称滦京。杨允孚作《滦京杂咏》，用上百首诗记录了一次避暑行幸之典：

滦京杂咏（［元］杨允孚）
嘉鱼贡自黑龙江，西域蒲萄酒更良。
南土至奇夸凤髓，北陲异品是黄羊。⑤
蒲萄万斛压香醪，华屋神仙意气豪。
酬节凉糕犹未品，内家先散小绒绦。⑥

①陈泰：《送钱塘琴士汪水云》，载《所安遗集》，商务印书馆，2006，影印本，第二十叶（正）至第二十叶（背）。
②贡师泰：《友人赴陕西作县》，载《玩斋集》卷二，吉林出版集团有限责任公司，2005，第四六页。
③贡师泰：《归彦温赴河西廉使》，载《玩斋集》卷二，吉林出版集团有限责任公司，2005，第四六页。
④贡师泰：《和胡士恭泺阳巴纳遵即事韵》，载《玩斋集》卷五，吉林出版集团有限责任公司，2005，第七八页。
⑤王云五主编：《滦京杂咏及其他二种》上，商务印书馆，1936，第四页。
⑥王云五主编：《滦京杂咏及其他二种》下，商务印书馆，1936，第八页。

赠孙炎（［元末明初］汪广洋）①

……

清歌来窈窕，名酒把葡萄。

南城歌寄赠胡思敬（［明］周是修）②

……

城南山头桑叶黄，葡萄万斛生春光。

……

再赓酬光远文学（［明］周是修）③

……

山菹藏荜菝，家酿出葡萄。

……

葡萄（［明］李梦阳）④

万里西风过雁时，绿云玄玉影参差。

酒醒试取冰丸嚼，不说天南有荔支。

此处"冰丸"似为"葡萄"的别称，是否因"葡萄"清凉爽口不得而知，而嚼葡萄用以醒酒，可能是指葡萄酒。

蒲桃（［明］徐渭）⑤

闻道羌葡萄，家家用醋酒。老夫画笔渴，此时堪一斗。

凉州曲（［明］王世贞）⑥

（之一）

……

闻道酒泉香似酒，不烦银瓮贮葡萄。

燕京四时乐四首（［明］王世贞）⑦

（之二）

……

不是蒲萄浑难醉，银冰片片水精盘。

①汪广洋：《赠孙炎》，载《凤池吟稿》卷三，中国书店出版社，2018，第83页。
②周是修：《南城歌寄赠胡思敬》，载《刍荛集》卷二，商务印书馆，2006，影印本，第三十五叶（正）至第三十六叶（背）。
③周是修：《再赓酬光远文学》，载《刍荛集》卷三，商务印书馆，2006，影印本，第六叶（背）至第七叶（正）。
④李梦阳：《葡萄》，载《空同集》卷三十六，商务印书馆，2006，影印本，第二十一叶（正）。
⑤徐渭：《蒲桃》，载《徐文长全集》，周郁浩校阅，广益书局，1936，第一三八页。
⑥王世贞：《凉州曲》，载《弇州山人四部稿》卷四十七，商务印书馆，2006，影印本，第六叶（背）至第七叶（正）。
⑦王世贞：《燕京四时乐四首》，载《弇州山人四部稿》卷四十七，商务印书馆，2006，影印本，第十八叶（背）至第十九叶（正）。

丝绸之路上的葡萄酒

将还故乡醉别燕中友人（［明］王世贞）①

（之一）

葡萄新酿紫霞文，累醑深巵谢数君。

……

赠别于鳞还邢州（［明］王世贞）②

（之三）

葡萄美酒玉壶寒，写向离筵泪并残。

……

夜过前中丞翟廷献饮醉作（［明］王世贞）③

……

丈夫意气偶相许，不惜葡萄千石多。

……

题十八学士春宴图（［明］王世贞）④

……

大槽乱拍真珠流，葡萄就煖沈香虬。

……

罢官杂言则鲍明远体十章（［明］王世贞）⑤

（之一）

……

邻里老翁怪我红颜未凋歇，前劝葡萄美酒玻璃觞。

……

（之八）

饮用葡萄九酝清泠之美酒，焚用都梁百和猗旎之妙香。

……

九酝之法是曹操推荐给皇帝的酿酒法，核心在于分批投饭，多达九次。诗中"九酝"如是指酿酒法来说明葡萄酒的酿制则其谬大焉，将以九酝法酿造的美酒和葡萄酒并列则更可能，就像将"都梁"与"百和"并列。

①王世贞：《将还故乡醉别燕中友人》，载《弇州山人四部稿》卷四十七，商务印书馆，2006，影印本，第二十一叶（背）至第二十二叶（正）。

②王世贞：《赠别于鳞还邢州》，载《弇州山人四部稿》卷四十八，商务印书馆，2006，影印本，第十叶（正）至第十叶（背）。

③王世贞：《夜过前中丞翟廷献饮醉作》，载《弇州山人四部稿》卷十八，商务印书馆，2006，影印本，第十八叶（正）。

④王世贞：《题十八学士春宴图》，载《弇州山人四部稿》卷十八，商务印书馆，2006，影印本，第二十一叶（背）至第二十二叶（正）。

⑤王世贞：《罢官杂言则鲍明远体十章》，载《弇州山人四部稿》卷十九，商务印书馆，2006，影印本，第一叶（正）至第一叶（背）、第三叶（背）。

四月一日同于鳞子与诸君水头放舟六首（［明］王世贞）①

（之一）

……

玳瑁涓人马，葡萄上客筵。那能不深醉，北望有风烟。

寄甘肃侯中丞儒宗（［明］王世贞）②

……

那能醉尔葡萄酒，射鹿还煎热洛河。

春宫曲（［明］王世贞）③

……

当筵拜领葡萄酒，纤月双弯衬脸霞。

谢生歌七夕送脱屣老人谢榛（［明］王世贞）④

……

大白入手葡萄惊，慷慨为尔歌平生。

……

寿吴封君九十翁子参政宪副侍养其孙峻伯郎中来请诗（［明］王世贞）⑤

……

雕厨荐杞菊，银烛醉葡萄。

……

白纻歌二首（［明］胡应麟）⑥

（之一）

葡萄之酒琥珀缸，金罍玉斝春茫茫。

……

白榆歌别司马汪公归婺中（［明］胡应麟）⑦

……

定瓷博山焚妙香，蒲萄之酿琥珀光。

……

丝绸之路上的葡萄酒

————————
①王世贞：《四月一日同于鳞子与诸君水头放舟六首》，载《弇州山人四部稿》卷二十四，商务印书馆，2006，影印本，第一叶（背）。
②王世贞：《寄甘肃侯中丞儒宗》，载《弇州山人四部稿》卷四十三，商务印书馆，2006，影印本，第七叶（背）。
③王世贞：《春宫曲》，载《弇州山人四部稿》卷四十七，商务印书馆，2006，影印本，第六叶（背）。
④王世贞：《谢生歌七夕送脱屣老人谢榛》，载《弇州山人四部稿》卷十六，商务印书馆，2006，影印本，第十二叶（正）。
⑤王世贞：《寿吴封君九十翁子参政宪副侍养其孙峻伯郎中来请诗》，载《弇州山人四部稿》卷三十，商务印书馆，2006，影印本，第二十一叶（背）至第二十二叶（背）。
⑥胡应麟：《白纻歌二首》，载《少室山房集》卷二十五，商务印书馆，2006，影印本，第一叶（正）。
⑦胡应麟：《白榆歌别司马汪公归婺中》，载《少室山房集》卷三十，商务印书馆，2006，影印本，第四叶（正）。

远别离（［明］胡应麟）①

······

蒲萄之酿紫花泼，绿尊翠杓春溶溶。

······

送顾观察之蓟中二首（［明］胡应麟）②

（之一）

······

新刍满瓮蒲萄熟，谁共襄阳醉接罗。

折槛行送沈纯父北上（［明］胡应麟）③

······

酌汝蒲萄之美酒，系汝珊瑚之宝玦。

······

送王次公观察视学关中六首（［明］胡应麟）④

（之五）

······

葡萄细酌咸阳夜，好是经过旧酒楼。

题画赠陈生东父兼柬王伯宠将军十八韵（［明］胡应麟）⑤

······

幽人题桂树，上客醉葡萄。

······

葡萄生长和果实

有些诗句细致入微地描绘了葡萄从出土到发芽、挂果、转色、采收到埋土的全过程。其中著名的莫过于前引刘禹锡的《葡萄歌》，诗人不但言及葡萄和葡萄酒，还详细刻画了葡萄的种植过程。⑥收下来的果实凡没有明确说用于葡萄酒的即可能用于鲜食。

①胡应麟：《远别离》，载《少室山房集》卷六，商务印书馆，2006，影印本，第二叶（正）。

②胡应麟：《送顾观察之蓟中二首》，载《少室山房集》卷五十二，商务印书馆，2006，影印本，第八叶（背）。

③胡应麟：《折槛行送沈纯父北上》，载《少室山房集》卷二十九，商务印书馆，2006，影印本，第五叶（背）至第八叶（正）。

④胡应麟：《送王次公观察视学关中六首》，载《少室山房集》卷五十四，商务印书馆，2006，影印本，第九叶（正）至第十叶（正）。

⑤胡应麟：《题画赠陈生东父兼柬王伯宠将军十八韵》，载《少室山房集》卷四十四，商务印书馆，2006，影印本，第一叶（背）。

⑥刘禹锡：《葡萄歌》，载陈贻焮、郝世峰主编《全唐诗》第二册，文化艺术出版社，2001，第1530页。

古从军行（［唐］李颀）①

……

年年战骨埋荒外，空见蒲桃入汉家。

送康洽入京进乐府歌（［唐］李颀）②

……

长安春物旧相宜，小苑蒲萄花满枝。

……

将游衡岳，过汉阳双松亭，留别族弟浮屠谈皓（［唐］李白）③

……

忆我初来时，蒲萄开景风。

……

解闷十二首（［唐］杜甫）④
之十一

……

翠瓜碧李沈玉甃，赤梨葡萄寒露成。

……

送寇侍御司马之明州（［唐］武元衡）⑤

……

莲唱蒲萄熟，人烟橘柚香。

……

浙西李大夫述梦四十韵并浙东元相公酬和斐然继声（［唐］刘禹锡）⑥

……

美香焚湿麝，名果赐干萄。

……

和令狐相公谢太原李中寄蒲桃（［唐］刘禹锡）⑦

珍果出西域，移根到北方。昔年随汉使，今日寄梁王。

上相芳缄至，行台绮席张。鱼鳞含宿润，马乳带残霜。

染指铅粉腻，满喉甘露香。酝成十日酒，味敌五云浆。

咀嚼停金盏，称嗟响画堂。惭非未至客，不得一枝尝。

①李颀：《古从军行》，载陈贻焮、郝世峰主编《全唐诗》第一册，文化艺术出版社，2001，第975页。
②李颀：《送康洽入京进乐府歌》，载陈贻焮、郝世峰主编《全唐诗》第一册，文化艺术出版社，2001，第978页。
③李白：《将游衡岳过汉阳双松亭留别族弟浮屠谈皓》，载《李太白全集（全三册）》卷之十五，王琦注，中华书局，1977，第七三四至七三五页。
④杜甫：《解闷十二首》，载陈贻焮、郝世峰主编《全唐诗》第二册，文化艺术出版社，2001，第282—284页。
⑤武元衡：《送寇侍御司马之明州》，载陈贻焮、郝世峰主编《全唐诗》第二册，文化艺术出版社，2001，第1144页。
⑥刘禹锡：《浙西李大夫述梦四十韵并浙东元相公酬和斐然继声》，载陈贻焮、郝世峰主编《全唐诗》第二册，文化艺术出版社，2001，第1672—1674页。
⑦刘禹锡：《和令狐相公谢太原李中寄蒲桃》，载陈贻焮、郝世峰主编《全唐诗》第二册，文化艺术出版社，2001，第1664页。

丝绸之路上的葡萄酒

这首诗既描绘了葡萄皮上酵母的样子，又说酿酒需要十天，但最后一句"不得一枝尝"又好似鲜食果实，可能诗中所描述的葡萄既可用来鲜食又可用来酿酒。

房家夜宴喜雪戏赠主人（［唐］白居易）[1]

……

酒钩送盏推莲子，烛泪粘盘垒蒲萄。

……

谢汾州田大夫寄茸毡葡萄（［唐］姚合）[2]

筐封紫葡萄，筒卷白茸毛。

……

句（［唐］姚合）[3]

……

萄藤洞庭头，引叶漾盈摇。皎洁钩高挂，玲珑影落寮。
阴烟压幽屋，蒙密梦冥苗。清秋青且翠，冬到冻都凋。

（《全唐诗》诗尾注"蒲萄架"）

葡萄（［唐］唐彦谦）[4]

金谷风露凉，绿珠醉初醒。珠帐夜不收，月明堕清影。

古塞上曲七首（［唐］贯休）[5]

（之五）

……

赤落蒲桃叶，香微甘草花。

……

诗（［唐］捧剑仆）[6]

青鸟衔葡萄，飞上金井栏。

美人恐惊去，不敢卷帘看。

秋兴（［宋］陆游）[7]

……

蒲萄雨足初全紫，乌白霜前已半颓。

……

第十八章　咏之歌之

①白居易：《房家夜宴喜雪戏赠主人》，载陈贻焮、郝世峰主编《全唐诗》第三册，文化艺术出版社，2001，第438页。
②姚合：《谢汾州田大夫寄茸毡葡萄》，载陈贻焮、郝世峰主编《全唐诗》第三册，文化艺术出版社，2001，第1014页。
③姚合：《句》，载陈贻焮、郝世峰主编《全唐诗》第三册，文化艺术出版社，2001，第1023—1024页。
④唐彦谦：《葡萄》，载陈贻焮、郝世峰主编《全唐诗》第四册，文化艺术出版社，2001，第987页。
⑤贯休：《古塞上曲七首》，载陈贻焮、郝世峰主编《全唐诗》第五册，文化艺术出版社，2001，第586页。
⑥捧剑仆：《诗》，载陈贻焮、郝世峰主编《全唐诗》第四册，文化艺术出版社，2001，第1540页。
⑦陆游：《秋兴》，载《剑南诗稿校注（全八册）》卷二十七，钱仲联校注，上海古籍出版社，1985，第一九〇七页。

初食太原生蒲萄，时十二月二日（［宋］杨万里）①

淮南蒲萄八月酸，只可生吃不可干。

淮北蒲萄十月熟，纵可作靶也无肉。

……

与渠倾盖真忘年，君不见道逢曲车口流涎。

归舟大雪中入运河过万家湖（［宋］杨万里）②

……

忽见琼缸清彻底，蒲萄一色万家湖。

赠蒲察元帅七首（［元］耶律楚材）③

（其六）

主人开宴醉华胥，一派丝簧沸九衢。

黯紫葡萄垂马乳，轻黄把榄灿牛酥。

金波泛蚁斟欢伯，雪浪浮花点酪奴。

忙里偷闲谁若此，西行万里亦良图。

西域河中十咏（［元］耶律楚材）④

（其三）

寂寞河中府，遐荒僻一隅。

葡萄垂马乳，把榄灿牛酥。

酿春无输客，耕田不纳租。

西行万余里，谁谓乃良图。

戏秀玉（［元］耶律楚材）⑤

（序）

辱书，闻秀玉油房萧索，马溺卫死，田亩水灾，不胜感叹。清溪达士，岂芥蒂胸中耶？
因作诗以戏之。

清溪掀倒打油房，五卫凋零三径荒。

未信塞翁嗟失马，须知御寇觅亡羊。

东湖菡萏从君赏，西域蒲萄输我尝。

各在天涯会何日，临风休忘老髯郎。

丝绸之路上的葡萄酒

---

①杨万里：《初食太原生蒲萄时十二月二日》，载北京大学古文献研究所编《全宋诗》第四十二册·卷二三〇一，北京大学出版社，1998，第二六四三九至二六四四〇页。
②杨万里：《归舟大雪中入运河过万家湖》，载北京大学古文献研究所编《全宋诗》第四十二册·卷二三〇一，北京大学出版社，1998，第二六四四三页。
③耶律楚材：《赠蒲察元帅七首》，载《湛然居士文集》卷五，谢方点校，中华书局，1986，第九二页。
④耶律楚材：《西域河中十咏》，载《湛然居士文集》卷六，谢方点校，中华书局，1986，第一一四页。
⑤耶律楚材：《戏秀玉》，载《湛然居士文集》卷六，谢方点校，中华书局，1986，第一二九页。

万松老人万寿语录序（［元］耶律楚材）^①

......

然软蒸豆角，新煮鸡头，蒲萄驻颜，西瓜止渴，无边功德……

八月八日，有感，题视草堂壁（［元］虞集）^②

......

文园多病渴，常想赐蒲萄。

送袁伯长扈从上京（［元］虞集）^③

......

白马锦鞯来窈窕，紫驼银瓮出蒲萄。

......

酬萧侯送蒲萄（［元］虞集）^④

萧侯昔致蒲萄苗，山童不灌三日焦。

......

坐曹（［元］马祖常）^⑤

......

礼乐南宫官独美，尚书诗句咏蒲萄。

葡萄和葡萄酒几百上千年来一直无比珍贵，正如诗中说，官至尚书才在诗句中咏葡萄。

剪灯联句（［元］贡师泰等）^⑥

......

碎讶珠胎迸，尖愁燕尾翱。微茫萦错落，斜隙漏葡萄。

......

壮游奉柬诸阁老（［元末明初］汪广洋）^⑦

......

湖光潋滟开，云压蒲萄绿。

......

大都即事六首（［明］张宪）^⑧

（之五）

......

①耶律楚材：《万松老人万寿语录序》，载《湛然居士文集》卷十三，谢方点校，中华书局，1986。
②虞集：《八月八日，有感，题视草堂壁》，载《虞集全集》，王颋点校，天津古籍出版社，2007，第70—71页。
③虞集：《送袁伯长扈从上京》，载《虞集全集》，王颋点校，天津古籍出版社，2007，第92页。
④虞集：《酬萧侯送蒲萄》，载《虞集全集》，王颋点校，天津古籍出版社，2007，第44—45页。
⑤马祖常：《坐曹》，载《石田先生文集》卷三，李叔毅点校，中州古籍出版社，1991，第58页。
⑥贡师泰：《剪灯联句》，载《玩斋集》卷五，吉林出版集团有限责任公司，2005，第八五页。
⑦汪广洋：《壮游奉柬诸阁老》，载《凤池吟稿》卷一，中国书店出版社，2018，第13页。
⑧张宪：《大都即事六首》，载《玉笥集》卷八，商务印书馆，2006，影印本，第十六叶（背）至第十七叶（正）。

朱丝红桱枖，玉斗紫葡萄。

……

熊子河西使回三首（［明］李梦阳）①
（之三）

……

葡萄应啖足，沙枣故携归。

……

题环上人精舍（［明］李梦阳）②
前月到寺萱草香，今月到寺葡萄长。

……

正德宫词（［明］王世贞）③
（之十四）
上阳宫里进葡萄，争道沾恩色自骄。

……

重过张太学因赠二首（［明］王世贞）④
（之一）

……

葡萄浓不泻，琼树俨分行。

……

和王明佐新声慰其不遇名曰怨朱弦（［明］王世贞）⑤
（之二）

……

葡萄尚暖，蝴蝶犹萦。

……

李翰林白自明（［明］王世贞）⑥

……

衣我宫锦袍，葡萄发醽醁。

……

①李梦阳：《熊子河西使回三首》，载《空同集》卷二十四，商务印书馆，2006，影印本，第十八叶（背）至第十九叶（正）。
②李梦阳：《题环上人精舍》，载《空同集》卷三十一，商务印书馆，2006，影印本，第六叶（正）。
③王世贞：《正德宫词》，载《弇州山人四部稿》卷四十七，商务印书馆，2006，影印本，第十一叶（正）至第十三叶（背）。
④王世贞：《重过张太学因赠二首》，载《弇州山人四部稿》卷二十四，商务印书馆，2006，影印本，第七叶（正）。
⑤王世贞：《和王明佐新声慰其不遇名曰怨朱弦》，载《弇州山人四部稿》卷五十四，商务印书馆，2006，影印本，第二十六叶（正）。
⑥王世贞：《李翰林白自明》，载《弇州山人四部稿》卷九，商务印书馆，2006，影印本，第二十八叶（正）至第二十八叶（背）。

丝绸之路上的葡萄酒

别子与（［明］王世贞）①

……

忆为子昔歌击鹿，豪气尽压长安城。
琥珀下坠鸾刀紫，葡萄寒摧大白明。

……

金吾行赠戴锦衣（［明］王世贞）②

……

葡萄暖发茵陈香，羽声春激白帝霜。

……

同胡孟韬王永叔李季宣游曲中戏为二绝（［明］胡应麟）③
蒲萄新绿照人明，急管繁弦四坐倾。

……

同谢友可集王行父馆中（［明］胡应麟）④
一尊长夜把蒲萄，邂逅燕城贳锦袍。

……

葡萄见于其他事物

葡萄因其贵重，又多见于其他事物，如葡萄纹样，汉武帝还以葡萄命名一座宫殿，该宫因接待过匈奴单于而知名。历代诗作中述及葡萄宫的不少，显然是用此典，虽不取，但说到葡萄宫就联想到外臣，可见葡萄这种植物成了外来物的代表。后世历代帝王都以葡萄宫接待来访使节。

八咏应制二首（［唐］上官仪）⑤
（之一）

……

罗荐已擘鸳鸯被，绮衣复有蒲萄带。

……

送秘书晁监还日本国并序（［唐］王维）⑥
（序）

……亦由呼韩来朝，舍于葡萄之馆。……

①王世贞：《别子与》，载《弇州山人四部稿》卷十六，商务印书馆，2006，影印本，第十六叶（背）。
②王世贞：《金吾行赠戴锦衣》，载《弇州山人四部稿》卷十七，商务印书馆，2006，影印本，第二十叶（背）至第二十一叶（正）。
③胡应麟：《同胡孟韬王永叔李季宣游曲中戏为二绝》，载《少室山房集》卷七十五，商务印书馆，2006，影印本，第十五叶（正）至第十五叶（背）。
④胡应麟：《同谢友可集王行父馆中》，载《少室山房集》卷五十九，商务印书馆，2006，影印本，第四叶（正）。
⑤上官仪：《八咏应制二首》，载陈贻焮、郝世峰主编《全唐诗》第一册，文化艺术出版社，2001，第236页。
⑥王维：《送秘书晁监还日本国》，载陈贻焮、郝世峰主编《全唐诗》第一册，文化艺术出版社，2001，第917页。

薛王花烛行（［唐］阎德隐）①

……

合欢锦带蒲萄花，连理香裙石榴色。

……

酥乳（［唐］赵鸾鸾）②

……

浴罢檀郎扪弄处，灵华凉沁紫葡萄。

赵鸾鸾是长安平康坊名妓，她这句诗以葡萄比乳头成为名句。

胡歌（［唐］岑参）③

黑姓蕃王貂鼠裘，葡萄宫锦醉缠头。

……

前引李端和刘言史的诗中刻画了胡儿佩戴葡萄长带和饮葡萄酒的画面。

和梦游春诗一百韵（［唐］白居易）④

……

裙腰银线压，梳掌金筐蹙。带襻紫蒲萄，袴花红石竹。

……

奉和浙西大夫李德裕述梦四十韵大夫本题言赠于梦中诗赋以寄一二僚友
故今所和者亦止述翰苑旧游而已次本韵（［唐］元稹）⑤

……

借骑银杏叶，横赐锦垂萄。

冰井分珍果，金瓶贮御醪。

……

杂古词五首（［唐］施肩吾）⑥

（之三）

夜裁鸳鸯绮，朝织蒲桃绫。

白角簟（［唐］曹松）⑦

……

蒲桃锦是潇湘底，曾得王孙价倍酬。

①阎德隐：《薛王花烛行》，载陈贻焮、郝世峰主编《全唐诗》第五册，文化艺术出版社，2001，第155—156页。
②赵鸾鸾：《酥乳》，载陈贻焮、郝世峰主编《全唐诗》第五册，文化艺术出版社，2001，第354页。
③岑参：《胡歌》，载陈贻焮、郝世峰主编《全唐诗》第一册，文化艺术出版社，2001，第1669页。
④白居易：《和梦游春诗一百韵》，载陈贻焮、郝世峰主编《全唐诗》第三册，文化艺术出版社，2001，第384—385页。
⑤元稹：《奉和浙西大夫李德裕述梦四十韵大夫本题言赠于梦中诗赋以寄一二僚友故今所和者亦止述翰苑旧游而已次本韵》，载陈贻焮、郝世峰主编《全唐诗》第三册，文化艺术出版社，2001，第221页。
⑥施肩吾：《杂古词五首》，载陈贻焮、郝世峰主编《全唐诗》第三册，文化艺术出版社，2001，第943页。
⑦曹松：《白角簟》，载陈贻焮、郝世峰主编《全唐诗》第三册，文化艺术出版社，2001，第1444页。

丝
绸
之
路
上
的
葡
萄
酒

林次中示及追和浙西三贤述梦诗其间叙卫公事几尽辄拾其遗逸再次前韵（［宋］苏颂）[1]

……

带垂金错落，服赐锦葡萄。

……

次韵子瞻和子由观韩干马因论伯时画天马（［宋］黄庭坚）[2]

于阗花骢龙八尺，看云不受络头丝。

西河骢作蒲萄锦，双瞳夹镜耳卓锥。

……

秋兴（［宋］陆游）[3]

（之三）

……

蒲萄锦覆桐孙古，鹦鹉螺斟玉瀣香。

……

白纻歌舞四时词·冬（［宋］杨万里）[4]

……

玻璃盏底回青春，蒲萄锦外舞玉尘。

……

贡待制文修撰王都司同赋牡丹分得色字（［元］马祖常）[5]

……

初凝沆瀣冰，渐展蒲萄织。

……

平阳伎（［明］王世贞）[6]

（之一）

杨柳堤边控紫骝，葡萄新锦费缠头。

……

题王叔明湖山清晓图（［明］王世贞）[7]

……

零露枝枝璎珞珠，初阳处处葡萄绮。

……

①苏颂：《林次中示及追和浙西三贤述梦诗其间叙卫公事几尽辄拾其遗逸再次前韵》，载《苏魏公文集（全二册）》卷九，王同策、管成学、颜中其等点校，中华书局，1988第一〇五至一〇六页。

②黄庭坚：《次韵子瞻和子由观韩斡马因论伯时画天马》，载《黄庭坚全集》正集卷第四，刘琳、李勇先、王蓉贵校点，四川大学出版社，2001，第八二页。

③陆游：《秋兴》，载《剑南诗稿校注（全八册）》卷二十七，钱仲联校注，上海古籍出版社，1985，第一七八五页。

④杨万里：《白纻歌舞四时词·冬》，载北京大学古文献研究所编《全宋诗》第四十二册·卷二二九四，北京大学出版社，1998，第二六三四八至二六三四九页。

⑤马祖常：《贡待制文修撰王都司同赋牡丹分得色字》，载《石田先生文集》卷一，李叔毅点校，中州古籍出版社，1991，第6页。

⑥王世贞：《平阳伎》，载《弇州山人四部稿》卷四十七，商务印书馆，2006，影印本，第一叶（背）至第二叶（正）。

⑦王世贞：《题王叔明湖山清晓图》，载《弇州续稿》卷九，商务印书馆，2006，影印本，第三叶（背）。

胡姬

胡姬来自西域，她们的容貌、装饰与风俗不同于中原妇女，带来了浓郁的异国情调，她们卖的是西域特产葡萄酒，食客吃的是西域风味美食当不为怪。向达说过，"当时贾胡，固有以卖酒为生者也。侍酒多胡姬，就饮者多文人"。①

石田干之助则这么描写：唐代长安的酒家中有胡姬待客，这是反映当时市井社会风俗不可或缺的一面。路边酒肆里，浓妆艳抹的胡姬往夜光杯里倒着葡萄酒，以她们与"平康三曲"歌妓不同的风情，令千金公子、少年游侠神魂颠倒。②

薛爱华则说"精明能干的老板娘会雇用带有异国风韵的、面目姣好的胡姬（比如说吐火罗姑娘或者粟特姑娘），用琥珀杯或玛瑙杯为客人斟满名贵的美酒"。③

对胡姬的描写往往暗示着异域风情和葡萄酒，描写胡姬的诗句多写就唐朝。但胡姬与酒家胡应在唐朝之前就有。

羽林郎（［汉］辛延年）④
昔有霍家姝，姓冯名子都。
依倚将军势，调笑酒家胡。
胡姬年十五，春日独当炉。
……

过崔驸马山池（［唐］王维）⑤
画楼吹笛妓，金碗酒家胡。
……

赠酒店胡姬（［唐］贺朝）⑥
胡姬春酒店，弦管夜锵锵。
红毾铺新月，貂裘坐薄霜。
……

白鼻䯀（［唐］李白）⑦
银鞍白鼻䯀，绿地障泥锦。
细雨春风花落时，挥鞭直就胡姬饮。

少年行二首（［唐］李白）⑧
（其二）
五陵年少金市东，银鞍白马度春风。

①向达：《唐代长安与西域文明》，学林出版社，2017，第52页。
②[日]石田干之助：《长安之春》，钱婉约译，清华大学出版社，2015，第025页。
③[美]薛爱华：《撒马尔罕的金桃——唐代舶来品研究》，吴玉贵译，社会科学文献出版社，2016，第077页。
④徐陵：《玉台新咏笺注》，吴兆宜注，程琰删补，穆克宏点校，中华书局，2018，第22页。
⑤王维：《过崔驸马山池》，载陈贻焮、郝世峰主编《全唐诗》第一册，文化艺术出版社，2001，第900页。
⑥贺朝：《赠酒店胡姬》，载陈贻焮、郝世峰主编《全唐诗》第一册，文化艺术出版社，2001，第809页。
⑦李白：《白鼻䯀》，载《李太白全集（全三册）》卷之六，王琦注，中华书局，1977，第三四二页。
⑧李白：《少年行二首》，载《李太白全集（全三册）》卷之六，王琦注，中华书局，1977，第三四一至三四二页。

丝绸之路上的葡萄酒

落花踏尽游何处，笑入胡姬酒肆中。

前有樽酒行二首（［唐］李白）①
（其二）
琴奏龙门之绿桐，玉壶美酒清若空。
催弦拂柱与君饮，看朱成碧颜始红。
胡姬貌如花，当垆笑春风。
笑春风，舞罗衣，君今不醉将安归？

醉后赠王历阳（［唐］李白）②
书秃千兔毫，诗裁两牛腰。
笔踪起龙虎，舞袖拂云霄。
双歌二胡姬，更奏远清朝。
举酒挑朔雪，从君不相饶。

送裴十八图南归嵩山二首（［唐］李白）③
（其一）
何处可为别，长安青绮门。
胡姬招素手，延客醉金樽。
……

青门歌送东台张判官（［唐］岑参）④
……
东出青门路不穷，驿楼官树灞陵东。
花扑征衣看似绣，云随去马色疑骢。
胡姬酒垆日未午，丝绳玉缸酒如乳。
……

送宇文南金放后归太原寓居因呈太原郝主簿（［唐］岑参）⑤
……
送君系马青门口，胡姬垆头劝君酒。
……

胡姬词（［唐］杨巨源）⑥
妍艳照江头，春风好客留。
当垆知妾惯，送酒为郎羞。

①李白：《前有樽酒行二首》，载《李太白全集（全三册）》卷之三，王琦注，中华书局，1977，第一九九至二〇〇页。
②李白：《醉后赠王历阳》，载《李太白全集（全三册）》卷之十二，王琦注，中华书局，1977，第六〇六至六〇七页。
③李白：《送裴十八图南归嵩山二首》，载《李太白全集（全三册）》卷之十七，王琦注，中华书局，1977，第八〇七页。
④岑参：《青门歌送东台张判官》，载陈贻焮、郝世峰主编《全唐诗》第一册，文化艺术出版社，2001，第1620页。
⑤岑参：《送宇文南金放后归太原寓居因呈太原郝主簿》，载陈贻焮、郝世峰主编《全唐诗》第一册，文化艺术出版社，2001，第1629页。
⑥杨巨源：《胡姬词》，载陈贻焮、郝世峰主编《全唐诗》第二册，文化艺术出版社，2001，第1294页。

香渡传蕉扇，妆成上竹楼。

数钱怜皓腕，非是不能留。

少年行（［唐］章孝标）[1]

平明小猎出中军，异国名香满袖薰。

画楹倒悬鹦鹉嘴，花衫对舞凤凰文。

手抬白马嘶春雪，臂䐭青鞯入暮云。

落日胡姬楼上饮，风吹箫管满楼闻。

白鼻䯄（［唐］姚合，一作张祜）[2]

为底胡姬酒，长来白鼻䯄。

摘莲抛水上，郎意在浮花。

敕勒歌塞北（［唐］温庭筠）[3]

敕勒金䫜壁，阴山无岁华。

帐外风飘雪，营前月照沙。

羌儿吹玉管，胡姬踏锦花。

却笑江南客，梅落不归家。

赠袁司录（［唐］温庭筠）[4]

一朝辞满有心期，花发杨园雪压枝。

刘尹故人谙往事，谢郎诸弟得新知。

金钗醉就胡姬画，玉管闲留洛客吹。

记得襄阳耆旧语，不堪风景岘山碑。

北齐二首（［唐］韩偓）[5]

（其一）

任道骄奢必败亡，且将繁盛悦嫔嫱。

几千套镜成楼柱，六十间云号殿廊。

后主猎回初按乐，胡姬酒醒更新妆。

绮罗堆里春风畔，年少多情一帝王。

葡萄酒用以对比

　　有时，诗人提到葡萄酒是为了对比歌颂另一种酒或美好的事物，葡萄酒不是唯一选择，却是好酒的参照标杆。

---

①章孝标：《少年行》，载陈贻焮、郝世峰主编《全唐诗》第三册，文化艺术出版社，2001，第1051页。
②姚合：《白鼻䯄》，载陈贻焮、郝世峰主编《全唐诗》第三册，文化艺术出版社，2001，第1022—1023页。
③温庭筠：《敕勒歌塞北》，载陈贻焮、郝世峰主编《全唐诗》第四册，文化艺术出版社，2001，第185页。
④温庭筠：《赠袁司录》，载陈贻焮、郝世峰主编《全唐诗》第四册，文化艺术出版社，2001，第191页。
⑤韩偓：《北齐二首》，载陈贻焮、郝世峰主编《全唐诗》第四册，文化艺术出版社，2001，第1122页。

丝绸之路上的葡萄酒

廖致平送绿荔支为戎州第一王公权荔支绿酒亦为戎州第一（［宋］黄庭坚）①

王公权家荔支绿，廖致平家绿荔支。

试倾一杯重碧色，快剥千颗轻红肌。

拨醅蒲萄未足数，堆盘马乳不同时。

谁能同此胜绝味，唯有老杜东楼诗。

乌祈酒二首（［宋］杨万里）②

（之二）

毛永乌祈山两崖，家家酒肆向江开。

也知第一蒲萄色，只问米从何处来。

此诗将葡萄酒与乌祈酒对比，又问酿制葡萄酒的米从何来，可见诗人对酿制葡萄酒不需要米都不了解，或者他心目中酿制葡萄酒也要用米。

樱桃（［明］王世贞）③

……

不独葡萄先让色，玉门澄酎有余酸。

酒品前后二十绝（［明］王世贞）④

（之七）

潞州鲜红酒，盖烧酒也。入口味稍美，易进而作剧，吻咽间如刺，或云即蒲萄酒遗法也。

潞州城中酒价高，胭脂滴出小檀槽。

华胥一去不易返，汉使何烦种葡萄。

后杂言六首（［明］王世贞）⑤

（之一）

食肉无马肝，不为不知味。

饮酒无葡萄，不为不成醉。

……

①黄庭坚：《廖致平送绿荔支为戎州第一王公权荔支绿酒亦为戎州第一》，载《黄庭坚全集》正集卷第七，刘琳、李勇先、王蓉贵校点，四川大学出版社，2001，第一七二至一七三页。

②杨万里：《乌祈酒二首》，载北京大学古文献研究所编《全宋诗》第四十二册·卷二三〇〇，北京大学出版社，1998，第二六三二八页。

③ 王世贞：《樱桃》，载《弇州山人四部稿》卷四十四，商务印书馆，2006，影印本，第一叶（正）至第一叶（背）。

④王世贞：《酒品前后二十绝》，载《弇州山人四部稿》卷四十九，商务印书馆，2006，影印本，第十六叶（正）至第十八叶（正）。

⑤王世贞：《后杂言六首》，载《弇州续稿》卷六，商务印书馆，2006，影印本，第十九叶（背）。

参考文献

一、中外古籍

《阿达维拉之书》，http://www.avesta.org/mp/viraf.html。

Herodotus, An Account of Egypt.

姚汝能：《安禄山事迹》，曾贻芬校点，上海古籍出版社，1983。

葛洪：《抱朴子外篇（全二册）》，张松辉、张景译注，中华书局，2013。

李百药：《北齐书（全二册）》，中华书局，1972。

朱肱等：《北山酒经（外十种）》，任仁仁整理校点，上海书店出版社，2016。

李延寿：《北史（全十册）》，中华书局，1974。

李时珍：《李时珍医学全书·本草纲目》，夏魁周校注，中国中医药出版社，1996。

[意大利]柏朗嘉宾、[法]鲁布鲁克：《柏朗嘉宾蒙古行纪 鲁布鲁克东行纪》，耿昇、何高济译，中华书局，1985。

张华：《博物志校证》，范宁校证，中华书局，1980。

Gaius Plinius Secundus, *The Natural History*, trans. John Bostock and H.T.Riley (London: George Bell and Sons, 1898).

叶子奇：《草木子》，中华书局，1959。

王巍：《曹植集校注》，河北教育出版社，2013。

王钦若等：《册府元龟（校订本）》，周勋初等校订，凤凰出版社，2006。

王敷：《茶酒论》，载王重民、王庆菽、向达、周一良、启功、曾毅公编《敦煌变文集》，人民文学出版社，1957。

宋敏求：《长安志》，辛德勇、郎洁点校，三秦出版社，2013。

李志常：《长春真人西游记》，党宝海译注，河北人民出版社，2001。

张鷟：《朝野佥载》，赵守俨点校，中华书局，1979。

唐慎微：《重修政和经史证类备用本草》，人民卫生出版社，1957。

周是修：《刍荛集》，《钦定四库全书·集部六·别集类五》，商务印书馆，2006，影印本。

林家骊译注《楚辞》，中华书局，2010。

周权：《此山诗集》，《钦定四库全书·集部五·别集类四》，商务印书馆，2006，影印本。

朱德润：《存复斋文集》，清金氏文瑞楼抄本。

慧立、彦悰：《大慈恩寺三藏法师传》，孙毓棠、谢方点注，中华书局，1983。

玄奘、辩机：《大唐西域记校注》，季羡林等校注，中华书局，1985。

[葡]曾德昭：《大中国志》，何高济译、李申校，上海古籍出版社，1998。

谢肇淛：《滇略》，《钦定四库全书·史部十一·地理类三》，商务印书馆，2006，影印本。

苏轼：《东坡酒经》，载朱肱等著《北山酒经（外十种）》，上海书店出版社，2016。

苏鹗：《杜阳杂编》，中华书局，1985。

[亚美尼亚]乞拉可思·刚扎克赛、[意大利]鄂多立克、[波斯]火者·盖耶速丁：《海屯行纪 鄂多立克东游录 沙哈鲁遣使中国记》，何高济译，中华书局，1981。

范成大：《范成大集校笺（全五册）》，吴企明校笺，上海古籍出版社，2022。

汪广洋：《凤池吟稿》，中国书店出版社，2018。

丝绸之路上的葡萄酒

[法]伏尔泰：《风俗论（上册）》，梁守锵译，商务印书馆，1994。

法显：《佛国记注译》，郭鹏、江峰、蒙云注译，长春出版社，1995。

清圣祖敕撰《广群芳谱四册》，商务印书馆，1935。

周密：《癸辛杂识》，吴启明点校，中华书局，1988。

《汉谟拉比法典》，https://ehammurabi.org。

班固：《汉书（全十二册）》，中华书局，1962。

张德彝：《航海述奇》，钟叔河校点，湖南人民出版社，1981。

刘文鹏、陈文明、李长林、周怡天：《赫梯法典》，《东北师大学报（哲学社会科学版）》1957年第6期。

余太山主编：《黑鞑事略校注》，许全胜校注，兰州大学出版社，2014。

曹雪芹、高鹗：《红楼梦》，商务印书馆，2016。

范晔：《后汉书（全十二册）》，李贤等注，中华书局，1965。

常璩：《华阳国志》，汪启明、赵静译注，江苏人民出版社，2021。

刘安：《淮南子（全二册）》，陈广忠译注，中华书局，2012。

南京中医药大学：《黄帝内经素问译释（第四版）》，上海科学技术出版社，2009。

黄庭坚：《黄庭坚全集》，刘琳、李勇先、王蓉贵校点，四川大学出版社，2001。

庄绰：《鸡肋编》，萧鲁阳点校，中华书局，1983。

俞绍初辑校《建安七子集》，中华书局，2017。

陆游：《剑南诗稿校注（全八册）》，钱仲联校注，上海古籍出版社，1985。

脱脱等：《金史（全八册）》，中华书局，1975。

房玄龄：《晋书（全十册）》，中华书局，1974。

窦苹：《酒谱》，载朱肱等著《北山酒经（外十种）》，上海书店出版社，2016。

朱橚：《救荒本草校释与研究》，王家葵等校注，中医古籍出版社，2007。

史玄、夏仁虎、阙名：《旧京遗事　旧京琐记　燕京杂记》，北京古籍出版社，1986。

刘昫等：《旧唐书（全六册）》，中华书局，1975。

李梦阳：《空同集》，《钦定四库全书·集部六·别集类五》，商务印书馆，2006，影印本。

上海古籍出版社：《历代笔记小说大观：唐五代笔记小说大观（全二册）》，丁如明、李宗为、李学颖等校点，上海古籍出版社，2000。

《十三经注疏》整理委员会整理、李学勤主编：《十三经注疏·礼记正义（上、中、下）》，北京大学出版社，1999。

利玛窦、金尼阁：《利玛窦中国札记（全二册）》，何高济、王遵仲、李申译、何兆武校，中华书局，1983。

李白：《李太白全集（全三册）》，王琦注，中华书局，1977。

王翰：《梁园寓稿》，《钦定四库全书·集部六·别集类五》，商务印书馆，2006，影印本。

姚思廉：《梁书（全三册）》，中华书局，1973。

脱脱等：《辽史（全五册）》，中华书局，2016。

杨伯峻：《列子集释》卷第三《周穆王篇》，中华书局，1979。

吴震方：《说铃之一》，载《岭南杂记》，中华书局，1985，第三八页。

周去非：《岭外代答》，上海远东出版社，1996。

刘禹锡：《刘禹锡集（全二册）》，《刘禹锡集》整理组点校、卞孝萱校订，中华书局，1990。

王云五主编：《滦京杂咏及其他二种》，商务印书馆，1936。

杨衒之：《洛阳伽蓝记》，尚荣译注，中华书局，2012。

[意]马可·波罗：《马可波罗行纪》，冯承钧译，上海书店出版社，2001。

Amiot Joseph Marie, *Mémoires concernant l'histoire, les sciences, les arts, les moeurs, les usages, etc. des Chinois* (Paris: Chez Nyon, 1784).

张廷玉等：《明史（全二十八册）》，中华书局，1974。

张邦基、范公偁、张知甫：《墨庄漫录 过庭录 可书》，孔凡礼点校，中华书局，2002。

郭璞注，王贻樑、陈建敏校释：《穆天子传汇校集释》，中华书局，2019。

陶宗仪：《南村辍耕录》，中华书局，1956。

陶宗仪：《南村诗集》，《钦定四库全书·集部六·别集类五》，商务印书馆，2006，影印本。

Pliny the Elder, *The Natural History*, trans. John Bostock, M.D. and F.R.S. (London: Henry G.Bohn, York street, Covent Garden, 1855).

司农司：《农桑辑要（二册）》，中华书局，1985。

张履祥：《补农书校释》（增订本），陈恒力校释、王达参校，农业出版社，1983。

徐光启：《农政全书校注》，石声汉校注，石定枎订补，中华书局，2020。

叶隆礼：《契丹国志》，贾敬颜、林荣贵点校，中华书局，2014。

贾思勰：《齐民要术（全二册）》，石声汉译注，石定枎、谭光万补注，中华书局，2015。

鄂尔泰等：《钦定授时通考（全二册）》，吉林出版集团有限责任公司，2005。

《清朝野史大观卷二·清宫遗闻》，中华书局。

《清实录》，中华书局，1985。

[意大利]马国贤：《清廷十三年——马国贤在华回忆录》，李天纲译，上海古籍出版社，2013。

王恽：《钦定四库全书荟要·秋涧集》，吉林出版集团有限责任公司，2005。

田锡：《曲本草》，载朱肱等著《北山酒经（外十种）》，上海书店出版社，2016。

费振刚、仇仲谦、刘南平校注《全汉赋校注（上、下册）》，广东教育出版社，2005。

北京大学古文献研究所：《全宋诗》，北京大学出版社，1998。

陈贻焮主编：《增订注释全唐诗（全五册）》，文化艺术出版社，2001。

陈寿：《三国志（全二册）》，裴松之注，中华书局，2011。

方韬译注：《山海经》，中华书局，2009。

《十三经注疏》整理委员会整理、李学勤主编：《十三经注疏·尚书正义》，北京大学出版社，1999。

胡应麟：《少室山房集》，《钦定四库全书·集部》，商务印书馆，2006，影印本。

《圣经》，中国基督教三自爱国运动委员会、中国基督教协会出版，中文和合本New International Version。

司马迁：《史记（全九册）》，韩兆琦译注，中华书局，2010。

《十三经注疏》整理委员会整理、李学勤主编：《十三经注疏·毛诗正义（上、中、下）》，北京大学出版社，1999。

崔鸿：《二十五别史·十六国春秋辑补》，齐鲁书社，2000。

马祖常：《石田先生文集》，李叔毅点校，中州古籍出版社，1991。

高承：《事物纪原（外二种）》，上海古籍出版社，1992。

陆容、杨慎、龙遵叙：《菽园杂记 升庵外集 饮食绅言》，中国商业出版社，1989。

许慎：《说文解字注》，段玉裁注，上海古籍出版社，1981。

刘向：《说苑校证》，向宗鲁校证，中华书局，1987。

胡应麟：《四部正伪》卷下·穆天子传，顾颉刚校点，1929。

永瑢等：《四库全书总目（全二册）》，中华书局，1965。

崔寔：《四民月令校注》，石声汉校注，中华书局，2013。

韩鄂：《四时纂要校释》，缪启愉校释，农业出版社，1981。

刘琳、刁忠民、舒大刚、尹波等校点：《宋会要辑稿（全十六册）》，上海古籍出版社，2014。

许嘉璐主编：《二十四史全译　宋史（全十六册）》，汉语大词典出版社，2004。

沈约：《宋书（全八册）》，中华书局，1974。

上海古籍出版社编：《宋元笔记小说大观（六）》，上海古籍出版社，2001。

张志烈、马德富、周裕锴主编：《苏轼全集校注（全二十册）》，河北人民出版社，2010。

苏颂：《苏魏公文集（全二册）》，王同策、管成学、颜中其等点校，中华书局，1988。

魏征、令狐德棻：《隋书（全六册）》卷七十五·列传第四十·儒林，中华书局，1973。

陈泰：《所安遗集》，《钦定四库全书·集部五·别集类四》，商务印书馆，2006，影印本。

李昉等编：《太平广记（全十册）》，中华书局，1961。

李昉：《太平御览（全八册）》，夏剑钦、王巽斋、王晓天、钟隆林、劳柏林、张意民、任明、朱瑞平、李建国、聂鸿音、孙雍长、熊毓兰校点，河北教育出版社，1994。

李肇：《唐国史补校注》，聂清风校注，中华书局，2021。

宋应星：《天工开物译注》，潘吉星译注，上海古籍出版社，2016。

蔡绦：《铁围山丛谈》，冯惠民、沈锡麟点校，中华书局，1983。

杜佑：《通典（全十二册）》，王文锦、王永兴、刘俊文、徐庭云、谢方点校，中华书局，2016。

麻赫穆德·喀什葛里：《突厥语大词典》，校仲彝等译，民族出版社，2002。

王原祁等：《万寿盛典》，康熙五十六年内府刻本。

贡师泰：《玩斋集》，《钦定四库全书荟要》，吉林出版集团有限责任公司，2005。

汪元量：《汪元量集校注》，胡才甫校注，浙江古籍出版社，1999。

王祯：《王祯农书（上、下册）》，孙显斌、攸兴超点校，湖南科学技术出版社，2014。

王重民、王庆菽、向达、周一良、启功、曾毅公编：《敦煌变文集》，人民文学出版社，1957。

魏收：《魏书（全八册）》，中华书局，1974。

曹丕：《魏文帝集全译》，易健贤译注，贵州人民出版社，2009。

方以智：《物理小识（上、下）》，孙显斌、王孙涵之整理，湖南科学技术出版社，2019。

葛洪：《西京杂记全译》，成林、程章灿译注，贵州人民出版社，1993。

熊梦祥：《析津志辑佚》，北京古籍出版社，1983。

陈诚：《西域番国志》，载《西域行程记　西域番国志　咸宾录》，周连宽点校，中华书局，2000。

佚名：《下女夫词》，载王重民、王庆菽、向达、周一良、启功、曾毅公编：《敦煌变文集》卷三，人民文学出版社，1957。

欧阳修、宋祁等：《新唐书（全二十册）》，中华书局，1975。

徐渭：《徐文长全集》，周郁浩校阅，广益书局，1936。

桓宽：《盐铁论》，陈桐生译注，中华书局，2015。

王世贞：《弇州山人四部稿》，《钦定四库全书·集部六·别集类五》，商务印书馆，2006，影印本。

王世贞：《弇州续稿》，《钦定四库全书·集部》，商务印书馆，2006，影印本。

[法]杜赫德：《耶稣会士中国书简集：中国回忆录（上、下卷）》，郑德弟、吕一民、沈坚译，大象出版社，2005。

[摩洛哥]伊本·白图泰：《伊本·白图泰游记》，马金鹏译，宁夏人民出版社，2000。

玄应、慧琳、希麟：《一切经音义三种校本合刊》，徐时仪校注，毕慧玉、耿铭、郎晶晶、王华权、徐长颖、许启峰助校，上海古籍出版社，2008。

欧阳询：《艺文类聚》，汪绍楹校，上海古籍出版社，1965。

[日]丹波康赖：《医心方》，高文柱校注，华夏出版社，2011。

忽思慧：《饮膳正要》，中国书店，2021。

岳珂：《桯史》卷十一《番禺海獠》，吴企明点校，中华书局，1981。

《永乐大典》，中华书局，1986。

张世南：《游宦纪闻》，张茂鹏点校，中华书局，1981。

段成式：《酉阳杂俎（全二册）》，张仲裁译注，中华书局，2017。

虞集：《虞集全集（上、下册）》，王頲点校，天津古籍出版社，2007。

张宪：《玉笥集》，《钦定四库全书·集部五·别集类四》，商务印书馆，2006，影印本。

徐陵：《玉台新咏笺注》，吴兆宜注，程琰删补，穆克宏点校，中华书局，2018。

陈高华等点校：《元典章》，中华书局、天津古籍出版社，2011。

姚奠中主编：《元好问全集》，三晋出版社，2015。

宋濂：《元史（全十五册）》，中华书局，1976。

郭茂倩：《乐府诗集（全四册）》，中华书局，1979。

刘向编：《战国策（全二册）》，缪文远、缪伟、罗永莲译注，中华书局，2012。

耶律楚材：《湛然居士文集》，谢方点校，中华书局，1986。

许有壬：《至正集》，中国国家数字图书馆。

《中国印度见闻录》，穆根来、汶江、黄倬汉译，中华书局，1983。

[波]卜弥格：《中国植物志》，载《卜弥格文集——中西文化交流与中医西传》，[波]爱德华·卡伊丹斯基波兰文翻译，张振辉、张西平译，华东师范大学出版社，2013。

俞宗本：《种树书》，康成懿校注，辛树帜校阅，农业出版社，1962。

《十三经注疏》整理委员会整理、李学勤主编：《十三经注疏·周礼注疏（上、下）》，北京大学出版社，1999。

令狐德棻等：《周书（全三册）》，中华书局，2022。

《十三经注疏》整理委员会整理、李学勤主编：《十三经注疏·周易正义》，北京大学出版社，1999。

赵汝适：《诸蕃志校释》，杨博文校释，中华书局，1996。

宋诩：《竹屿山房杂部》，载赵希鹄《洞天清录（外五种）》，上海古籍出版社，1993。

朱熹：《朱子全书修订本（共二十七册）》，朱杰人、严佐之、刘永翔主编，上海古籍出版社，2010。

刘若愚：《酌中志》，北京古籍出版社，1994。

李日华：《蓬栊夜话》，载《紫桃轩杂缀（全二册）》，中央书店，1935。

司马光：《资治通鉴（全十二册）》，胡三省音注，中华书局，2013。

《十三经注疏》整理委员会整理、李学勤主编：《十三经注疏·春秋左传正义（上、中、下）》，北京大学出版社，1999。

二、现当代书籍和论文

"Beer in Ancient Egypt," https://egypt-museum.com/beer-in-ancient-egypt/.

Osama Shukir Muhammed Amin, "Cylinder Seal of Queen Puabi," 2018, https://www.worldhistory.org/image/8104/cylinder-seal-of-queen-puabi.

安旗：《李白传》，人民文学出版社，2019。

[美]A.T.奥姆斯特德：《波斯帝国史》，李铁匠、顾国梅译，上海三联书店，2017。

George J. Armelagos and Kristin N. Harper, "Genomics at the Origins of Agriculture, Part One," *Evolutionary Anthropology*, vol.14 (Apr.2005): 68-77.

柏松：《渤海国对外关系研究》，博士学位论文，东北师范大学，2016。

白雅诗：《医生、理发手术匠与保教权在华利益——耶稣会士卢依道与高竹在清朝的宫廷》，曹晋译，《清史研究》2017年第3期。

鲍君惠：《开封樊楼的前世今生》，《开封大学学报》2011年第25卷第4期。

包启安：《我国发酵酒酒母生产的演进》，《中国酿造》1990年第5期。

包启安：《汉代的酿酒及其技术》，《中国酿造》1991年第2期。

包启安：《谈谈曲蘖》，《中国酿造》1993年第3期。

包启安：《我国酒母培养技术的变迁》，《酿酒科技》2002年第2期（总第110期）。

包启安：《再谈曲蘖（上）》，《酿酒科技》2003年第5期（总第119期）。

包启安：《再谈曲蘖（下）》，《酿酒科技》2003年第6期（总第120期）。

包启安：《史前文化时期的酿酒（一）酒的起源》，《酿酒科技》2005年第1期（总第127期）。

包启安：《中国酒的起源（上）》，《中国酿造》2005年第2期（总第143期）。

包启安：《史前文化时期的酿酒（二）——谷芽酒的酿造及演进》，《酿酒科技》2005年第7期（总第133期）。

包启安：《史前文化时期的酿酒（三）——曲酒的诞生与酿酒技术进步》，《酿酒科技》2005年第10期（总第136期）。

Barker G., *The agricultural revolution in prehistory: why did foragers become farmers?* (New York: Oxford University Press, 2006).

北京龙徽酿酒有限公司，https://www.dragonseal.com/gywm11/dsj2/2e7a3f29f79b49d787da3925eb860e73.html。

Olivier Bernard and Thierry Dussard, *La magie du 45e parallèle* (Paris: Féret, 2014)。

毕波：《隋唐长安坊市胡人考析》，《丝绸之路》2010年第24期（总第193期）。

毕波：《隋代大兴城的西域胡人及其聚居区的形成》，《西域研究》2011年第2期。

Jacques Blouin and Émile Peynaud, *Connaissance et travail du vin, 3e édition* (Paris: Dunod, 2001), p.10.

[英]C.R.博克舍：《十六世纪中国南部行纪》，何高济译，中华书局，1990。

Robert J. Braidwood, Jonathan D. Sauer, Hans Helbaek, Paul C. Mangelsdorf, Hugh C. Cutler, Carleton S. Coon, Ralph Linton, Julian Steward and A. Leo Oppenheim, "Symposium: Did Man Once Live By Beer Alone?" *American Anthropologist*, vol.55, no.4 (Oct.1953): 515-526.

E. A. Wallis Budge, *An Egyptian Hieroglyphic Dictionary* (London: John Murray, 1920).

蔡鸿生：《唐代九姓胡与突厥文化》，中华书局，1998。

蔡明哲：《〈西洋药书〉与康熙朝宫廷西洋药物知识刍议》，《国际汉学》2022年第3期（总第32期）。

曹元宇：《烧酒史料的搜集和分析》，《化学通报》1979年第2期。

Alain Carbonneau and Jean-Louis Escudier, *De l'œnologie à la viticulture* (Paris: Quae, 2017).

[英]戈登·柴尔德：《人类创造了自身》，安家瑗、余敬东译、陈淳审校，上海三联书店，2012。

常存库主编：《中国医学史》，中国中医药出版社，2003。

[日]长谷川道隆：《辽、金、元代的长壶》，杨晶译，《北方文物》1997年第2期（总第50期）。

中国美术全集编辑委员会编《中国美术全集·绘画编·18·画像石画像砖》，上海人民美术出版社，1988。

常一民、裴静蓉、王普军：《太原北齐徐显秀墓发掘简报》，《文物》2003年第10期。

陈昌全：《玉壶春瓶考》，《文物鉴定与鉴赏》2010年第11期。

陈春晓：《明末清初在华传教士世俗生活研究》，硕士学位论文，南京大学，2011。

陈高华：《元代的酒醋课》，《中国史研究》1997年第2期。

陈剑：《古代蒸馏器与白酒蒸馏技术》，《四川文物》2013年第6期。

陈杰林：《论元代制酒业与酒业政策特点》，《淮北煤炭师范学院学报（哲学社会科学版）》2003年第24卷第2期。

陈杰林：《元代制酒业与酒业政策述评》，《池州师专学报》2004年第18卷第1期。

陈景虹：《宋代梅瓶形制定型考》，《陶瓷研究》2018年第33卷第128期。

陈可冀主编：《清宫医案集成》，科学出版社，2009。

陈连营：《浅议清代乾隆年间的禁酒政策》，《史学月刊》1996年第2期。

陈明：《"法出波斯"："三勒浆"源流考》，《历史研究》2012年第1期。

陈尚武、李德美、罗国光、马会勤：《欧美杂交种酿酒葡萄的历史与展望》，《中外葡萄与葡萄酒》2005年第4期。

陈伟主编，李天红、刘国胜、曹方向、蔡丹、彭锦华著：《秦简牍合集·释文注释修订本（叁）》，武汉大学出版社，2016。

陈习刚：《唐代葡萄种植分布》，《湖北大学学报（哲学社会科学版）》2001年第28卷第1期。

陈习刚：《唐代葡萄酿酒术探析》，《河南教育学院学报（哲学社会科学版）》2001年第20卷第4期（总第78期）。

陈习刚：《吐鲁番文书所见唐代葡萄的栽培》，《农业考古》2002年第01期。

陈习刚：《中国冻酒考》，《许昌学院学报》2003年第22卷第1期。

陈习刚：《吐鲁番文书中葡萄名称问题辨析——兼论唐代葡萄的名称》，《农业考古》2004年第01期。

陈习刚：《五代辽宋西夏金时期的葡萄和葡萄酒》，《南通师范学院学报（哲学社会科学版）》2004年第20卷第2期。

陈习刚：《隋唐时期的葡萄文化》，《中华文化论坛》2007年第1期。

陈习刚：《吐鲁番文书所见葡萄加工制品考辨》，《唐史论丛》2010年第0期。

陈习刚：《葡萄、葡萄酒的起源及传入新疆的时代与路线》，《古今农业》2009年第1期。

陈习刚：《再论吐鲁番文书中葡萄名称问题——与刘永连先生商榷》，《古今农业》2010年第2期。

陈习刚：《吐鲁番文书中的"酱"、"浆"与葡萄的加工、越冬防寒问题》，《古今农业》2012年第2期。

陈习刚：《中国古代的葡萄种植与葡萄文化拾零》，《农业考古》2012年第4期。

陈习刚：《几件吐鲁番回鹘文买卖文书及相关文书的探讨》，《吐鲁番学研究》2018年第1期。

陈习刚：《元代的葡萄加工与葡萄酒酿造技术的进步》，《吐鲁番学研究》2021年第2期。

陈寅恪：《元白诗笺证稿》，载《陈寅恪集》，生活·读书·新知三联书店，2001。

陈育宁：《丝绸之路的文化交流对宁夏地区的影响》，《宁夏社会科学》1995年第4期（总第71期）。

陈跃：《汉晋南北朝时期吐鲁番地区的农业开发》，《陕西学前师范学院学报》2014年第30卷第5期。

陈忠海：《漫话古代的酒政》，《中国发展观察》2022年第03期。

程功：《隋唐时期营州地域文化研究》，硕士学位论文，大连大学，2014。

Carol Clark, "Ancient brewmasters tapped drug secrets," 2010, https://www.emory.edu/EMORY_REPORT/stories/2010/09/07/beer.html.

Oz Clarke and Margaret Rand, *Grapes & Wines: A Comprehensive Guide to Varieties and Flavours* (New York: Union Square & Co., 2010).

Glenn L. Creasy and Leroy L. Creasy, *Grapes* (London: CABI Publishing, 2009).

崔明德：《试论安史乱军的民族构成及其民族关系》，《中国边疆史地研究》2001年第10卷第3期。

崔向东：《东北亚走廊与丝绸之路研究论纲》，《广西民族大学学报（哲学社会科学版）》2017年第39卷第5期。

崔永红：《丝绸之路青海道史》，青海人民出版社，2021。

Christopher Cumo, *Encyclopedia of Cultivated Plants: from Acacia to Zinnia* (New York: ABC-CLIO, 2013).

戴羽：《比较法视野下的西夏酒曲法》，《西夏研究》2014年第2期。

Rob DeSalle and Ian Tattersall, *A Natural History of Beer* (New Haven: Yale University Press, 2019).

Melissa De Witte, "An ancient thirst for beer may have inspired agriculture," 2018, https://news.stanford.edu/2018/09/12/crafting-beer-lead-cereal-cultivation/.

邓浩：《〈突厥语词典〉与回鹘的农业经济》，《敦煌研究》1995年第4期。

邓浩、杨富学：《吐鲁番本回鹘文〈杂病医疗百方〉译释》，载敦煌研究院编《段文杰敦煌研究五十年纪念文集》，世界图书出版公司，1996。

丁孟主编：《故宫青铜器图典》，紫禁城出版社，2010。

董莉莉：《丝绸之路与汉王朝的兴盛》，博士学位论文，山东大学，2021。

董希文：《唐代酒业政策探析》，《齐鲁学刊》1998年第4期。

董业生：《话说"鬼子酒"》，《酿酒科技》1988年第03期。

杜金鹏：《陶爵——中国古代酒器研究之一》，《考古》1990年第6期。

杜金鹏：《商周铜爵研究》，《考古学报》1994年第3期。

杜景华：《中国酒文化》，新华出版社，1993。

杜晓勤：《"草原丝绸之路"兴盛的历史过程考述》，《西南民族大学学报（人文社会科学版）》2017年第12期。

Robert Dudley, *The Drunken Monkey: Why We Drink and Abuse Alcohol?* (Oakland: University of California Press, 2014).

Selçuk Esenbel, *Japan on the Silk Road: Encounters and Perspectives of Politics and Culture in Eurasia* (Leiden: Brill Academic Pub, 2017).

樊保良：《蒙元时期丝绸之路简论》，《兰州大学学报（社会科学版）》1990年第18卷第4期。

范金民：《清代禁酒禁曲的考察》，《中国经济史研究》1992年第3期。

范文来：《我国古代烧酒（白酒）起源与技术演变》，《酿酒》2020年第47卷第4期。

方心芳：《我国古人是怎样利用微生物的？》，《科学大众》1962年第5期。

方心芳：《对"我国古代的酿酒发酵"一文的商榷》，《化学通报》1979年第3期。

方心芳：《祝〈酿酒〉成功——兼谈高温酒曲》，《酿酒》1982年第3期。

方心芳：《关于中国蒸酒器的起源》，《自然科学史研究》1987年第6卷第2期。

冯恩学：《中国烧酒起源新探》，《吉林大学社会科学学报》2015年第55卷第1期。

冯尔康：《康熙帝多方使用西士及其原因试析》，《安徽史学》2014年第5期。

冯金忠：《榷场的历史考察——兼论西夏榷场使的制度来源》，《宁夏社会科学》2013年第3期（总第178期）。

冯立君：《高句丽与柔然的交通与联系——以大统十二年阳原王遣使之记载为中心》，《社会科学战线》2016年第8期。

冯培红：《丝绸之路陇右段粟特人踪迹钩沉》，《浙江大学学报（人文社会科学版）》2016年第46卷第5期。

Charles Frankel, *Guide des Cépages et Terroirs* (Paris: Delachaux et Niestlé, 2013).

傅金泉：《中国古代酿酒遗址及出土古酒文化》，《酿酒科技》2004年第6期（总第126期）。

[英]彼得·弗兰科潘：《丝绸之路：一部全新的世界史》，邵旭东、孙芳译，徐文堪审校，浙江大学出版社，2016。

傅梦孜：《对古代丝绸之路源起、演变的再考察》，《太平洋学报》2017年第25卷第1期。

Clive Gamble, *Origins and Revolutions: Human Identity in Earliest Prehistory* (Cambridge: Cambridge University Press, 2007).

Thomas V.Gamkrelidze and V.V.Ivanov, "The Early History of Indo-European Languages," *Scientific American*, no.3 (Mar.1990): 119-116.

甘肃省文物考古研究所、武威市文物考古研究所、天祝藏族自治县博物馆：《甘肃武威市唐代吐谷浑王族墓葬群》，《考古》2022年第10期。

甘正猛：《唐宋时代大食藩客礼俗考略》，载蔡鸿生主编《广州与海洋文明》，中山大学出版社，1997。

高荣盛：《香料与东西海上之路论稿》，载荣新江、党宝海主编《马可·波罗与10—14世纪的丝绸之路》，北京大学出版社，2019。

林华、余三乐、钟志勇、高智瑜：《历史遗痕：利玛窦及明清西方传教士墓地》，中国人民大学出版社，1994。

葛承雍：《"胡人岁献葡萄酒"的艺术考古与文物印证》，《故宫博物院院刊》2008年第6期（总第140期）。

葛承雍：《"醉拂林"：希腊酒神在中国——西安隋墓出土驼囊外来神话造型艺术研究》，《文物》2018年第1期。

Carrie Golus, "Five things I learned about Sumerian beer," *UCHICAGO MAGAZINE*, no.4(Apr.2014).

《吉尔伽美什史诗》，拱玉书译注，商务印书馆，2021。

[法]古伯察：《鞑靼西藏旅行记》，耿昇译，中国藏学出版社，2012。

[日]古贺邦正：《威士忌的科学：制麦、糖化、发酵、蒸馏……创造熟陈风味的惊奇秘密》，黄姿玮译，晨星出版公司，2020。

顾颉刚：《顾颉刚全集·顾颉刚书信集》卷一，中华书局，2011。

郭靓：《中日酒文化起源之对比》，《潍坊学院学报》2019年第19卷第5期。

郭沫若：《李白与杜甫》，北京联合出版公司，2023。

郭旭：《国民政府时期酒税制度研究（1927—1949）》，《贵州社会科学》2019年第9期（总357期）。

[美]哈金：《通天之路：李白传》，汤秋妍译，北京十月文艺出版社，2020。

Zahi Hawass, "The Discovery of the Tombs of the Pyramid Builders at Giza," 1997, https://www.guardians.net/hawass/buildtomb.htm.

[加]布莱恩·海登：《最早驯化的是奢侈食品吗？东南亚民族考古学的视角》，奚洋译，陈淳校，《南方文物》2019年第04期。

韩建业：《马家窑文化半山期锯齿纹彩陶溯源》，《考古与文物》2018年第2期。

Valerie Hansen, "Religious life in a silk road community: Niya during the third and fourth centuries," *Religion and Chinese society*, vol.1(2004).

Stephen G.Haw, *Marco Polo's China: A Venetian in the Realm of Khubilai Khan* (London: Routledge, 2006).

丝
绸
之
路
上
的
葡
萄
酒

何红中、李鑫鑫：《欧亚种葡萄引种中国的若干历史问题探究》，《中国农史》2017年第5期。

[以色列]尤瓦尔·赫拉利：《人类简史：从动物到上帝》，林俊宏译，中信出版社，2014。

亚努士·赫迈莱夫斯基、高名凯：《以"葡萄"一词为例论古代汉语的借词问题》，《北京大学学报（人文科学）》1957年第01期。

贺娅辉、赵海涛、刘莉、许宏：《二里头贵族阶层酿酒与饮酒活动分析：来自陶器残留物的证据》，《中原文物》2022年第6期（总第228期）。

Kimberley J. Hockings, Nicola Bryson-Morrison, Susana Carvalho, Michiko Fujisawa, Tatyana Humle, William C. McGrew, Miho Nakamura, Gaku Ohashi, Yumi Yamanashi, Gen Yamakoshi and Tetsuro Matsuzawa, "Tools to tipple: ethanol ingestion by wild chimpanzees using leaf-sponges," *Royal Society Open Science*, no. 2 (Jun. 2015).

洪光住：《中国酿酒科技发展史》，中国轻工业出版社，2011。

Ian S. Hornsey, *A History of Beer and Brewing* (London: Royal Society of Chemistry, 2003).

湖南省博物馆、复旦大学出土文献与古文字研究中心编纂，裘锡圭主编：《长沙马王堆汉墓简帛集成（全七册）》，中华书局，2014。

胡佩佩：《董越〈朝鲜赋〉整理与研究》，硕士学位论文，延边大学，2017。

胡拥军：《盛唐诗歌中的"胡风"》，硕士学位论文，暨南大学，2009。

胡宇蒙：《丝绸之路沿线文化交流研究（公元前2世纪—公元2世纪）》，硕士学位论文，陕西师范大学，2018。

H. T. Huang, *Science and Civilisation in China: Volume 6, Biology and Biological Technology, Part 5, Fermentations and Food Science* (Cambridge: Cambridge University Press, 2000).

黄进德：《欧阳修诗词文选评》，上海古籍出版社，2011。

黄明兰、郭引强：《洛阳汉墓壁画》，文物出版社，1996。

黄正建：《唐代衣食住行研究》，首都师范大学出版社，1998。

黄治国、曾永仲、扶勇、周其、李利君、徐至选：《酱香型白酒轮次堆积发酵新工艺的研究》，《酿酒科技》2023年第1期（总第343期）。

[英]霍布斯：《利维坦》，黎思复、黎廷弼译，杨昌裕校，商务印书馆，1985。

Ronald S. Jackson, *Wine Science: Principles and Applications Third Edition* (New York: Academic Press, 2008).

季羡林：《糖史（一）》，载《季羡林文集》第九卷，江西教育出版社，1998。

贾大泉：《宋代四川的酒政》，《社会科学研究》1983年第4期。

贾守玉、方心芳：《一个值得回忆的问题》，《酿酒》1983年第4期。

[日]菅间诚之助：《日本酿造技术的发展与中国的关系》，《四川食品与发酵》1994年第4期。

姜伯勤：《天水隋石屏风墓胡人"酒如绳"祆祭画像石图像研究》，《敦煌研究》2003年第1期（总第77期）。

江瀚：《王逸著述考略》，《学术交流》2012年总第5期（第218期）。

蒋洪恩：《我国早期葡萄栽培的实物证据：吐鲁番洋海墓地出土2300年前的葡萄藤》，载《新疆吐鲁番洋海先民的农业活动与植物利用》，科学出版社，2022。

江西省文物考古研究所、南昌市博物馆、南昌市新建区博物馆：《南昌市西汉海昏侯墓》，《考古》2016年第7期。

金鹤哲：《隐藏于中国典故中的殖民地抗日号角——韩国诗人李陆史作品中的隐喻研究》，《外国文学评论》

2015年第2期。

Hugh Johnson and Jancis Robinson, *The World Atlas of Wine* (London: Mitchell Beazley, 2006).

Donald Johanson and Maitland Edey, *Lucy: The Beginnings of Humankind* (New York: Simon & Schuster Paperbacks, 1982).

[美]亚历山德拉·卡皮诺、琼·M.詹姆斯：《也谈李贤墓鎏金银壶》，苏银梅译，《固原师专学报》1999年第20卷第5期（总第71期）。

康志杰：《利玛窦论》，《湖北大学学报（哲学社会科学版）》1994年第2期。

Carolyn G.Koehler, "Wine Amphoras in Ancient Greek Trade," in *The Origins and Ancient History of Wine*, by Patrick E.McGovern, Stuart J.Fleming, and Solomon H.Katz (London: Routledge, 1996).

来安贵、赵德义、曹建全、周利祥、王海平：《海昏侯墓出土蒸馏器与中国白酒的起源》，《酿酒》2018年第45卷第1期。

蓝琪：《金桃的故乡——撒马尔罕》，商务印书馆，2014。

[美]劳费尔：《中国伊朗编》，林筠因译，商务印书馆，2015。

Mark Lehner, "Excavations at Giza: 1988-1991: The Location and Importance of the Pyramid Settlement," *The Oriental Institute*, no.135 (1992): 1-9.

Mark Lehner, *The Complete Pyramids: Solving the Ancient Mysteries* (London: Thames & Hudson, 1997).

李宝嘉：《官场现形记》，浙江文艺出版社，2021。

李斌：《唐宋文献中的"烧酒"是否是蒸馏酒问题》，《中国科技史料》1992年第13卷第1期。

李彬彬：《辽金时期鸡腿瓶研究》，硕士学位论文，辽宁师范大学，2020。

李婵娜：《张骞得安石国榴种入汉考辨》，《学理论》2010年第21期。

李崇新：《〈穆天子传〉西行路线的研究》，《西北史地》1995年第2期。

李次弟：《葡萄的中国缘——浅析葡萄与葡萄酒的传入》，《考试》2011年第51期。

李大和：《台湾酒业考察》，《食品与发酵科技》2011年第47卷第2期（总第162期）。

Li Hua, Hua Wang, Huanmei Li, Steve Goodman, Paul van der Lee, Zhimin Xu, Alessio Fortunato and Ping Yang, "The worlds of wine: Old, new and ancient," *Wine Economics and Policy*, vol.7 (Dec.2018).

李华等：《葡萄酒工艺学》，科学出版社，2007。

李华、王华、房玉林、火兴三：《我国葡萄栽培气候区划研究（I）》，《科技导报》2007年第25卷第18期（总第240期）。

李华：《葡萄栽培学》，中国农业出版社，2008。

李华瑞：《宋代非商品酒的生产和管理》，《河北大学学报》1991年第3期。

李华瑞：《中国烧酒起始探微》，《历史研究》1993年第5期。

李华瑞：《略论宋夏时期的中西陆路交通》，《中国史研究》2014年第2期。

李华瑞：《北宋东西陆路交通之经营》，《求索》2016年第2期。

李家烈：《李白的经济来源考辨》，《四川师范学院学报（哲学社会科学版）》1998年第6期。

李健：《渤海国商业贸易研究》，硕士学位论文，黑龙江省社会科学院，2013。

李建华：《传统青铜酒具造型与装饰纹样的适合研究》，硕士学位论文，江南大学，2009。

李金明：《唐代中国与阿拉伯的海上贸易》，《南洋问题研究》1996年第1期。

李零：《中国方术续考》，中华书局，2006。

李明伟：《"丝绸之路"概述》，《兰州商学院学报》1987年第1期。

李生春：《〈马可·波罗游记〉中的中国酒》，《酿酒》1990年第5期。

[俄]李特文斯基主编：《中亚文明史第3卷：文明的交会：公元250年至750年》，马小鹤译，中国对外翻译出版公司，2003。

李肖：《白酒起源于宋代的新证据》，《北方工业大学学报》2018年第30卷第4期。

李晓娟：《从楚国琉璃、丝绸看早期中西艺术交流》，《湖北美术学院学报》2009年第2期。

李新伟：《库库特尼—特里波利文化彩陶与中国史前彩陶的相似性》，《中原文物》2019年第5期（总第209期）。

李鑫鑫、王欣、何红中：《紫花苜蓿引种中国的若干历史问题论考》，《中国农史》2019年第06期。

李亚、李肖、曹洪勇、李春长、蒋洪恩、李承森：《新疆吐鲁番考古遗址中出土的粮食作物及其农业发展》，《科学通报》2013年第58卷增刊I。

李仰松：《对我国酿酒起源的探讨》，《考古》1962年第1期。

李映发：《十三至十五世纪亚洲酿酒技术考察》，《中国文化研究》1997年夏之卷（总第16期）。

李月丛、宋朝杰：《宣化辽墓出土红色液体的初步分析》，载河北省文物研究所《宣化辽墓——1974～1993年考古发掘报告》，文物出版社，2001。

李宗勋、王建航：《高句丽人"渡来"日本过程考察》，《东疆学刊》2018年第35卷第2期。

梁敏华、赵文红、白卫东、余元善、卢楚强、陈从贵、费永涛：《白酒酒曲微生物菌群对其风味形成影响研究进展》，《中国酿造》2023年第42卷第5期（总第375期）。

Liddell A.Madeira, *The Mid-Atlantic Wine* (New York: Oxford University Press, 2014).

林梅村：《公元100年罗马商团的中国之行》，《中国社会科学》1991年第4期。

凌纯声：《中国酒之起源》，载《二十世纪中国民俗学经典·物质民俗卷》，社会科学文献出版社，2002。

凌大珽：《中国酒税史略（上）》，《中国税务》1988年第02期。

凌大珽：《中国酒税史略（下）》，《中国税务》1988年第03期。

刘爱华：《西汉海昏侯国酒俗文化考略——以南昌海昏侯墓出土筵席器具为例》，《中原文化研究》2019年第6期。

刘长江、李月丛：《宣化辽墓出土植物遗存的鉴定》，载河北省文物研究所《宣化辽墓——1974～1993年考古发掘报告》，文物出版社，2001。

刘贵斌：《大同地区辽金墓葬出土酒具类型分析》，《文物天地》2020年第9期。

刘军、莫福山、吴雅芝：《中国古代的酒与饮酒》，商务印书馆，1995。

Li Liu, Jiajing Wang, Danny Rosenberg, Hao Zhao, György Lengyel and Dani Nadel, "Fermented beverage and food storage in 13,000 y-old stone mortars at Raqefet Cave, Israel: Investigating Natufian ritual feasting," *Journal of Archaeological Science: Reports,* vol.21(Oct.2018).

Li Liu, Jiajing Wang, Maureece J. Levin, Nasa Sinnott-Armstrong, Hao Zhao, Yanan Zhao, Jing Shao, Nan Di and Tian'en Zhang, "The origins of specialized pottery and diverse alcohol fermentation techniques in Early Neolithic China," *PNAS*, no.26(Jun.2019).

刘莉：《早期陶器、煮粥、酿酒与社会复杂化的发展》，《中原文物》2017年第2期（总第194期）。

刘莉、王佳静、赵雅楠、杨利平：《仰韶文化的谷芽酒：解密杨官寨遗址的陶器功能》，《农业考古》2017年第6期。

刘莉、王佳静、陈星灿、李永强、赵昊：《仰韶文化大房子与宴饮传统：河南偃师灰嘴遗址F1地面和陶器残留物分析》，《中原文物》2018年第1期（总第199期）。

刘莉、王佳静、赵昊、邵晶、邸楠、冯索菲：《陕西蓝田新街遗址仰韶文化晚期陶器残留物分析：酿造古芽酒的新证据》，《农业考古》2018年第1期。

刘莉、王佳静、邸楠：《从平底瓶到尖底瓶——黄河中游新石器时期酿酒器的演化和酿酒方法的传承》，《中原文物》2020年第3期（总第213期）。

刘莉、王佳静、陈星灿、梁中合：《北辛文化小口双耳罐的酿酒功能研究》，《东南文化》2020年第5期（总第277期）。

刘莉、王佳静、刘慧芳：《半坡和姜寨出土仰韶文化早期尖底瓶的酿酒功能》，《考古与文物》2021年第2期。

刘莉、李永强、侯建星：《渑池丁村遗址仰韶文化的曲酒和谷芽酒》，《中原文物》2021年第5期（总第221期）。

刘茗铭、赵金松、边名鸿、冯方剑：《高温大曲中微生物的研究进展》，《酿酒》2021年第48卷第5期。

刘启振、王思明：《陆上丝绸之路传入中国的域外农作物》，《中国野生植物资源》2016年第35卷第6期。

刘启振、张小玉、王思明：《汉唐西域葡萄栽培与葡萄酒文化》，《中国野生植物资源》2017年第36卷第4期。

刘全波、王政良：《甘州回鹘朝贡中原王朝史实考略》，《西夏研究》2017年第2期。

刘瑞云：《1848年清廷驱逐进藏法国传教士罗勒拿之外交交涉》，《世界宗教研究》2020年第2期。

刘世松、练武、刘爽主编：《葡萄酒营养学》，中国轻工业出版社，2018，第1—2页。

刘硕：《隋唐时期的胡乐人研究》，博士学位论文，上海音乐学院，2019。

刘夙：《万年的竞争：新著世界科学技术文化简史》，科学出版社，2017。

刘永连：《吐鲁番文书"桃"与葡萄关系考辨》，《中国典籍与文化》2008年第1期（总第64期）。

刘志庆：《云南天主教教区历史沿革考》，《中国天主教》2014年第4期。

Vladimir A.Livšic, "The Sogdian Ancient Letters（Ⅱ，Ⅵ，Ⅴ），" in *Symbola Caelestis* (New Jersey: Gorgias Press, 2009).

卢嘉锡总主编，赵匡华、周嘉华：《中国科学技术史·化学卷》，科学出版社，1998。

卢梦雅：《早期法国来华耶稣会士对中国民俗的辑录和研究》，《民俗研究》2014年第3期（总第115期）。

卢苇：《海上丝绸之路的出现和形成》，《海交史研究》1987年第1期。

逯静：《蒙古族酒具技术浅析》，硕士学位论文，内蒙古大学，2009。

罗丰：《北周李贤墓出土的中亚风格鎏金银瓶——以巴克特里亚金属制品为中心》，《考古学报》2000年第3期。

罗丰：《胡汉之间——"丝绸之路"与西北历史考古》，文物出版社，2004。

罗庆康：《关于西汉酒制的几个问题》，《益阳师专学报（哲科版）》1986年第2期。

罗山县人民政府网站，http://www.luoshan.gov.cn/news.php?cid=12&id=3897。

罗云兵等：《河南舞阳县贾湖遗址出土猪骨的再研究》，《考古》2008年第1期。

罗志腾：《试论贾思勰的思想和他在酿酒发酵技术上的成就》，《西北大学学报（自然科学版）》1976年第1期。

罗志腾：《略论我国古代的酿酒发酵技术》，《西北大学学报（自然科学版）》1977年第02期。

罗志腾：《我国古代的酿酒发酵》，《化学通报》1978年第5期。

罗志腾：《古代中国对酿酒发酵化学的贡献》，《西北大学学报（自然科学版）》1979年第02期。

罗志腾：《中国古代人民对酿酒发酵化学的贡献》，《中山大学学报》1980年第1期。

吕琪昌：《卞家山出土漆觚的启示》，《华夏考古》2013年第3期。

吕庆峰、张波：《先秦时期中国本土葡萄与葡萄酒历史积淀》，《西北农林科技大学学报（社会科学版）》2013年第13卷第3期。

吕庆峰：《近现代中国葡萄酒产业发展研究》，博士学位论文，西北农林科技大学，2013。

吕颖：《从传教士的来往书信看耶稣会被取缔后的北京法国传教团》，《清史研究》2016年第2期。

马承源：《中国青铜器研究》，上海古籍出版社，2023。

马琼：《汉文典籍中的"葡萄酒"漫议》，《留住祖先餐桌的记忆：2011杭州·亚洲食学论坛论文集》2011年。

马炜梁主编：《植物学》，高等教育出版社，2009。

马永超、吴文婉、杨晓燕、靳桂云：《两周时期的植物利用——来自〈诗经〉与植物考古的证据》，《农业考古》2015年第6期。

[法]阿里·玛扎海里：《丝绸之路——中国—波斯文化交流史》，耿昇译，新疆人民出版社，2006。

麦戈文、方辉、栾丰实、于海广、文德安、王辰珊、蔡凤书、格里辛·霍尔、加里·费曼、赵志军：《山东日照市两城镇遗址龙山文化酒遗存的化学分析——兼谈酒在史前时期的文化意义》，《考古》2005年第3期。

[英]麦吉：《我们如何进入北京——1860年在中国战役的记述》，叶红卫、江先发译，中西书局，2011。

Victor H. Mair, "Old Sinitic *myag, Old Persian maguš, and English, 'Magician'," *Early China*, vol. 15 (1990).

https://www.worldhistory.org/article/222/the-hymn-to-ninkasi-goddess-of-beer/.

Patrick E. McGovern, Donald L. Glusker, Lawrence J. Exner, and Mary M. Voigt, "Neolithic resinated wine," *NATURE*, vol. 381 (Jun. 1996).

Patrick E. McGovern, *Ancient Wine: The Search for the Origins of Viniculture* (New Jersey: Princeton University Press, 2003).

Patrick E. McGovern, Juzhong Zhang, Jigen Tang, Zhiqing Zhang, Gretchen R. Hall, Robert A. Moreau, Alberto Nuñez, Eric D. Butrym, Michael P. Richards, Chen-shan Wang, Guangsheng Cheng, Zhijun Zhao and Changsui Wang, "Fermented Beverages of Pre- and Proto-Historic China," *PNAS*, vol. 101, no. 51 (Dec. 2004): pp. 17593-17598.

Patrick E. McGovern, *Uncorking The Past: The Quest for Wine, Beer, and Other Alcoholic Beverages* (Oakland: University of California Press, 2009).

Patrick E. McGovern, Mindia Jalabadze, Stephen Batiuk, Michael P. Callahan, Karen E. Smith, Gretchen R. Hall, Eliso Kvavadze, David Maghradze, Nana Rusishvili, Laurent Bouby, Osvaldo Failla, Gabriele Cola, Luigi Mariani, Elisabetta Boaretto, Roberto Bacilieri, Patrice This, Nathan Wales, and David Lordkipanidze, "Early Neolithic wine of Georgia in the South Caucasus," *PNAS*, vol. 114 (Nov. 2017): E10309-E10318.

Raoul McLaughlin, *The Roman Empire and the Silk Routes: The Ancient World Economy and the Empires of Parthia, Central Asia and Han China* (Barnsley: Pen and Sword History, 2016).

https://www.wired.com/2010/09/antibiotic-beer/.

[美]路易斯·亨利·摩尔根：《古代社会（全二册）》，杨东莼、马雍、马巨译，商务印书馆，1977。

Rudolph H. Michel, Patrick E. McGovern and Virginia R. Badler, "Chemical evidence for ancient beer," *Nature*, vol. 360 (Nov. 1992).

Rudolph H. Michel, Patrick E. McGovern and Virginia R. Badier, "The First Wine & Beer—Chemical Detection of Ancient Fermented Beverages," *Analytical Chemistry*, vol. 65 (Apr. 1993).

Dani Nadel, Danny Rosenberg and Reuven Yeshurun, "The Deep and the Shallow: The Role of Natufian Bedrock Features at Rosh Zin, Central Negev, Israel," *Bulletin of the American Schools of Oriental Research*, 355 (Aug. 2009).

内蒙古文物考古研究所、赤峰市博物馆、阿鲁科尔沁旗文物管理所：《辽耶律羽之墓发掘简报》，《文物》1996年第1期。

内蒙古文物考古研究所：《内蒙古通辽市吐尔基山辽代墓葬》，《考古》2004年第7期。

内蒙古自治区文物考古研究所、哲里木盟博物馆：《辽陈国公主墓》，文物出版社，1993。

Max Nelson, *The Barbarian's beverage — A History of Beer in Ancient Europe* (London: Routledge, 2005).

Mark L. Nelson, Andrew Dinardo, Jeffery Hochberg, George J. Armelagos, "Brief communication: Mass spectroscopic characterization of tetracycline in the skeletal remains of an ancient population from Sudanese Nubia 350 - 550 CE," *American Journal of Physical Anthropology*, vol. 143 (Sep. 2010).

宁夏回族自治区博物馆、宁夏固原博物馆：《宁夏固原北周李贤夫妇墓发掘简报》，《文物》1985年第11期。

牛立新：《保藏三千年的葡萄酒》，《酿酒》1987年第5期。

潘岳：《明代的葡萄种植与葡萄酒》，《农业考古》2011年第4期。

庞贝古城遗址网文章，http://pompeiisites.org/en/oplontis-en-2/villa-b-or-of-lucius-crassius-tertius。

[美]林肯·佩恩：《海洋与文明》，陈建军、罗燚英译，天津人民出版社，2017。

彭榕华：《浅谈医源于酒与医促酒俗》，《福建中医药大学学报》2012年第22卷第2期。

彭卫：《汉代酒杂识》，《宜宾学院学报》2011年第11卷第3期。

Thomas Pinney, *A History of Wine in America: from prohibition to the present* (Oakland: University of California Press, 2005).

Madeline Puckette, "The Real Differences Between New World and Old World Wine," https://winefolly.com/deep-dive/new-world-vs-old-world-wine/.

钱伯泉：《先秦时期的"丝绸之路"——〈穆天子传〉的研究》，《新疆社会科学》1982年第3期。

钱耀鹏：《从"匪腰"甗管窥唐代的蒸馏器》，《南方文物》2020年第06期。

乔天：《唐代三勒浆杂考》，《唐史论丛》2017年第25辑。

庆昭蓉、荣新江：《唐代碛西"税粮"制度钩沉》，《西域研究》2022年第2期。

邱东如：《张骞引种的植物》，《植物杂志》1991年第4期。

[日]秋山裕一：《日本清酒入门（一）》，周立平译，《酿酒科技》2001年第5期（总第107期）。

[日]秋山裕一：《日本清酒入门（三）》，周立平译，《酿酒科技》2002年第1期（总第109期）。

任乃宏：《"西王母之邦"与"丝绸之路青海道"》，《民族历史研究》2017年第2期（总第170期）。

日知：《张骞凿空前的丝绸之路——论中西早期文明的早期关系》，《传统文化与现代化》1994年第6期。

Thomas J. Rice and Tracy G. Cervellone, *Paso Robles: An American Terroir* (Paso Robles: Private, 2007).

Andrew Robinson, "Archaeology: The wonder of the pyramids," *Nature*, vol. 550 (Oct. 2017).

Jancis Robinson, *The Oxford Companion To Wine* (New York: Oxford University Press, 2006).

Jancis Robinson, Julia Harding and José Vouillamoz, *Wine Grapes: A Complete Guide to 1,368 Vine Varieties, including their Origins and Flavours* (New York: Ecco Press, 2012).

容希白：《燕京学报专号之十七·商周彝器通考（上、下）》，台湾大通书局。

荣新江：《中古中国与外来文明》，生活·读书·新知三联书店，2001。

荣新江：《学术训练与学术规范——中国古代史研究入门》，北京大学出版社，2011。

荣新江：《中古中国与粟特文明》，生活·读书·新知三联书店，2014。

荣新江：《丝绸之路与东西文化交流》，北京大学出版社，2022。

芮传明：《葡萄与葡萄酒传入中国考》，《史林》1991年第3期。

William B. F. Ryan, Walter C. Pitman III, Candace O. Major, Kazimieras Shimkus, Vladamir Moskalenko, Glenn A. Jones, Petko Dimitrov, Naci Gorür, Mehmet Sakin, Hüseyin Yüce, "An abrupt drowning of the Black Sea shelf," *Marine Geology*, 138 (Apr. 1997).

William B. F. Ryan, Walter C. Pitman III, Candace O. Major, Kazimieras Shimkus, Vladamir Moskalenko,

丝绸之路上的葡萄酒

Glenn A.Jones, Petko Dimitrov, Naci Gorür, Mehmet Sakin, Hüseyin Yüce, "An Abrupt Drowning of the Black Sea Shelf at 7.5 KYR BP". Geo-Eco-Marina, no.2(1997).

William Ryan and Walter Pitman, *Noah's Flood: The New Scientific Discoveries About the Event That Changed History* (New York: Simon & Schuster, 1998).

塞萨洛尼基考古博物馆, https://www.amth.gr/en/exhibitions/permanent-exhibitions/gold-macedon。

[日]桑原骘藏：《蒲寿庚考》，陈裕菁译，中华书局，1929。

Quirin Schiermeier, "Noah's flood," *Nature*, vol.430 (Aug.2004).

Frank Schoonmaker, *Encyclopedia of Wine* (London: A.& C.Black, 1977).

[俄]Э·В·沙弗库诺夫等：《渤海国及其俄罗斯远东部落》，宋玉彬译，东北师范大学出版社，1997。

[俄]Э·В·沙弗库诺夫：《东北亚民族历史上的粟特人与黑貂之路》，郝丽娜、营思婷译，《广西民族大学学报（哲学社会科学版）》2017年第39卷第5期。

[日]杉山正明：《游牧民的世界史》，黄美蓉译，北京时代华文书局，2020。

山西省考古研究所、太原市考古研究所、太原市晋源区文物旅游局：《太原隋代虞弘墓清理简报》，《文物》2001年第1期。

陕西省博物馆革委会写作小组、陕西省文管会革委会写作小组：《西安南郊何家村发现唐代窖藏文物》，《文物》1972年第1期。

陕西省考古研究所：《西安北郊北周安伽墓发掘简报》，《考古与文物》2000年第6期。

陕西省考古研究所：《西安北周安伽墓》，文物出版社，2003。

尚衍斌、桂栖鹏：《元代西域葡萄和葡萄酒的生产及其输入内地述论》，《农业考古》1996年第3期。

Jonathan Shaw, "Who Built the Pyramids?," *Harvard Magazine* (2003).

沈从文：《沈从文全集 30》，北岳文艺出版社，2009。

沈怡方主编：《白酒生产技术全书》，中国轻工业出版社，1998。

石红：《我国古代梅瓶初探》，《文物世界》2006年第5期。

[日]石见清裕：《浅谈粟特人的东方迁徙》，《唐史论丛》2016年第23辑。

[日]石毛直道：《发酵食品文化——以东亚为中心》，《楚雄师范学院学报》2014年第29卷第5期。

石声汉：《试论我国从西域引入的植物与张骞的关系》，载《石声汉农史论文集》，中华书局，2008。

[日]石田干之助：《长安之春》，钱婉约译，清华大学出版社，2015。

时为平：《新型酱香型白酒的生产》，《酿酒科技》2005年第8期（总第134期）。

史金波：《西夏、高丽与宋辽金关系比较刍议》，《史学集刊》2018年第3期。

斯郎伦布：《卡瓦格博史迹——德钦文物集锦》，民族出版社，2018。

[英]斯坦因：《西域考古记》，向达译，商务印书馆，2013。

斯维至：《张骞通西域与西南夷》，《人文杂志》1987年第05期。

四川省文物考古研究院、三星堆博物馆、三星堆研究院：《三星堆出土文物全记录》，天地出版社，2009。

M. Siddall, Lawrence J.Pratt, Karl R.Helfrich and Liviu Giosan, "Testing the physical oceanographic implications of the suggested sudden Black Sea infill 8400 years ago," *Paleoceanography & Paleoclimatology*, vol.19 (Mar.2004).

宋镇豪：《商代的巫医交合和医疗俗信》，《华夏考古》1995年第1期。

Tristan Stephenson, *The Curious Bartender: An Odyssey of Malt, Bourbon & Rye Whiskies* (London: Ryland Peters & Small, 2014).

Tom Stevenson, *The Sotheby's Wine Encyclopedia* (London: Dorling Kindersley Limited, 2005).

参考文献

Philipp W. Stockhammer, "Performing the Practice Turn in Archaeology," *Transcultural Studies* (Jul. 2012).

苏海通：《海昏侯蒸馏器使用方法辨析》，《酿酒》2021年第6期。

宿白：《考古发现与中西文化交流》，文物出版社，2012。

孙机：《中国圣火——中国古文物与东西方文化交流中的若干问题》，辽宁教育出版社，1996。

孙启中、柳茜、那亚、李峰、陶雅：《我国汉代苜蓿引入者考》，《草业学报》2016年第25卷第1期。

孙启中、柳茜、陶雅、徐丽君：《张骞与汉代苜蓿引入考述》，《草业学报》2016年第25卷第10期。

孙启中、柳茜、陶雅、徐丽君：《汉代苜蓿传入我国的时间考述》，《草业学报》2016年第25卷第12期。

孙婷婷：《先秦时期酒文化探析》，硕士学位论文，哈尔滨师范大学，2012。

孙炜冉、苗威：《粟特人在渤海国的政治影响力探析》，《中国边疆史地研究》2014年第24卷第3期。

孙玉良、孙文范主编：《简明高句丽史》，吉林人民出版社，2008。

Ian Tattersall and Rob DeSalle, *A Natural History of Wine* (New Haven: Yale University Press, 2015).

太原市文物考古研究所：《隋代虞弘墓》，文物出版社，2005。

谭其骧主编：《中国历史地图集》，中国地图出版社，1982。

汤开建：《党项民俗述略》，《西北民族研究》1986年第0期。

汤开建、周孝雷：《清前期来华巴黎外方传教会会士及其传教活动（1684—1732）——以该会〈中国各地买地建堂单〉为中心》，《清史研究》2018年第4期。

唐耕耦、陆宏基编：《敦煌社会经济文献真迹释录》第一辑，书目文献出版社，1986。

唐云明：《藁城台西商代遗址》，《河北学刊》1984年第4期。

唐云明：《藁城台西与安阳殷墟》，《殷都学刊》1986年3期。

陶锦：《中国帕米尔高原十字花科分类学研究》，硕士学位论文，石河子大学，2006。

田兵：《酒的史话》，《贵州文史丛刊》1991年04期。

天水市博物馆：《天水市发现隋唐屏风石棺床墓》，《考古》1992年第1期。

文物出版社编辑部：《文物与考古论集》，载童恩正《试论我国从东北至西南的边地半月形文化传播带》，文物出版社，1986。

童恩正：《中国古代的巫》，《中国社会科学》1995年第5期。

童恩正：《古代中国南方与印度交通的考古学研究》，《考古》1999年第4期。

[日]土肥祐子：《试论宋代的舶货》，《国际社会科学杂志（中文版）》2014年第2期。

Étienne de la Vaissière, *Sogdian Traders: A History*, trans. James Ward (Leiden: Brill Academic Pub, 2005).

N. I. Vavilov, *Origin and Geography of Cultivated Plants translated by Doris Löve* (Cambridge: Cambridge University Press, 1992).

"Vinepair Stuff Wine 101: The Guide To Old World Wine Vs. New World Wines," https://vinepair.com/wine-101/guide-old-world-vs-new-world-wines.

"Which is better: New World wine or Old World wine?," https://www.winespectator.com/articles/new-world-versus-old-world-wine-vinny-53983.

王炳华：《丝路葱岭道初步调查》，《丝绸之路》2009年第6期（总第151期）。

王炳华：《"吐火罗"译称"大夏"辨析》，《西域研究》2015年第1期。

王纲：《清代禁酒政策论》，《文史杂志》1991年第1期。

王戈：《先秦青铜酒具与礼仪》，《紫禁城》2004年第125卷。

丝绸之路上的葡萄酒

王国维撰：《古本竹书纪年辑校 今本竹书纪年疏证》，国家图书馆出版社，2021。

王华、宁小刚、杨平、李华：《葡萄酒的古文明世界、旧世界与新世界》，《西北农林科技大学学报（社会科学版）》2016年第16卷第6期。

王佳静、刘莉、Terry Ball、俞霖洁、李元青、邢福来：《揭示中国5000年前酿造谷芽酒的配方》，《考古与文物》2017年第6期。

王进玉：《敦煌石窟西夏壁画"酿酒图"新解》，《广西民族大学学报（自然科学版）》2010年第16卷第3期。

王静、沈睿文：《大使厅西壁壁画研究综述》，《故宫博物院院刊》2020年第12期。

王军、段长青：《欧亚种葡萄（Vitis vinifera L.）的驯化及分类研究进展》，《中国农业科学》2010年第43卷第8期。

王坤：《隋倭通交中的朝鲜半岛因素》，《西安电子科技大学学报（社会科学版）》2014年第24卷第6期。

王萌：《北朝时期酿酒、饮酒及对社会的影响研究》，博士学位论文，吉林大学，2012。

王明星、王东福：《朝鲜古代文化之东传（下）》，《通化师范学院学报》2000年第3期。

王清华、徐冶：《西南丝绸之路考察记》，云南大学出版社，1996。

王荣华：《米、酒、税的三重变奏：20世纪40年代福建禁酿问题研究》，《近代史研究》2021年第2期。

王赛时：《中国烧酒名实考辨》，《历史研究》1994年第6期。

王赛时：《唐代酿酒业初探》，《中国史研究》1995年第1期。

王三三：《帕提亚与希腊化文化的东渐》，《世界历史》2018年第5期。

王巍：《汉代以前的丝绸之路——考古所见欧亚大陆早期文化交流》，《中国社会科学报》2016年第004版专版。

王小甫：《"黑貂之路"质疑——古代东北亚与世界文化联系之我见》，《历史研究》2001年第3期。

王晓琨：《试析伊和淖尔M1出土人物银碗》，《文物》2017年第1期。

王欣：《古代鄯善地区的农业与园艺业》，《中国历史地理论丛》1998年第3期。

王一丹：《波斯、和田与中国的麝香》，《北京大学学报（哲学社会科学版）》1993年第2期。

王银田：《丝绸之路与北魏平城》，《暨南学报（哲学社会科学版）》2014年第1期（总第180期）。

王政：《〈诗经〉与"植物祭"》，《兰州学刊》2010年第5期（总第200期）。

王政林：《粟特商团事件原因探析》，《河西学院学报》2012年第28卷第6期。

王仲殊：《日本古代文化简介》，《考古》1974年第4期。

王子今：《前张骞的丝绸之路与西域史的匈奴时代》，《甘肃社会科学》2015年第2期。

王子今：《"酒"与汉代丝绸之路民族交往》，《西域研究》2022年第4期。

魏国忠、朱国忱、郝庆云：《渤海国史》，中国社会科学出版社，2006。

魏淑霞：《7—14世纪党项西夏与吐蕃关系述论》，《西夏研究》2020年第3期。

魏志江：《论辽帝国对漠北蒙古的经略及其对草原丝绸之路的影响》，《社会科学辑刊》2017年第3期（总第230期）。

卫斯：《从佉卢文简牍看精绝国的葡萄种植业——兼论精绝国葡萄园土地所有制与酒业管理之形式》，《新疆大学学报（哲学·人文社会科学版）》2006年第34卷第6期。

卫斯：《唐代以前我国西域地区的葡萄栽培与酿酒业》，《农业考古》2017年第6期。

文焕然、文榕生：《历史时期中国气候变化》，山东科学技术出版社，2019。

Henry H. Work, *Wood, Whiskey and Wine: A History of Barrels* (London: Reaktion Books, 2014).

Wine & Spirit Education Trust and Wine & Spirit Education Trust, *Wines and spirits: understanding style and quality* (London: Wine, 2012).

Wine & Spirit Education Trust, *Understanding wines: Explaining style and quality* (Hitchin: Wayment

Print & Publishing Solutions Ltd., 2016).

吴德铎：《烧酒问题初探》，《史林》1988年第01期。

吴倩华：《16—18世纪入华耶稣会士中国地理研究考述》，博士学位论文，暨南大学，2013。

吴佩海：《酒税沉思录》，《中国酒》1995年第1期。

武斌：《张骞与丝绸之路》，《侨园》2019年第04期。

武玉环、程嘉静：《辽代对草原丝绸之路的控制与经营》，《求索》2014年第7期。

西安市文物保护考古所：《西安北周凉州萨保史君墓发掘简报》，《文物》2005年第3期。

西安市文物保护考古研究院、杨军凯：《北周史君墓》，文物出版社，2014。

[美]菲利普·希提：《阿拉伯通史（第十版）》上，马坚译，新世界出版社，2008。

夏雷鸣：《西域葡萄药用与东西方文化交流》，《敦煌学辑刊》2004年第2期（总第46期）。

夏鼐：《青海西宁出土的波斯萨珊朝银币》，《考古学报》1958年第01期。

夏如兵、徐暄淇：《中国石榴栽培历史考述》，《南京林业大学学报（人文社会科学版）》2014年第02期。

向达：《唐代长安与西域文明》，学林出版社，2017。

肖俊生：《晚清酒税政策的演变论析》，《社会科学辑刊》2008年第3期（总第176期）。

肖俊生：《民国传统酿酒业与粮食生产的相依关系》，《社会科学辑刊》2009年第2期（总第181期）。

新疆维吾尔自治区博物馆、新疆维吾尔自治区文物考古研究所：《中国新疆山普拉——古代于阗文明的揭示与研究》，新疆人民出版社。

新疆维吾尔自治区文物考古研究所、吐鲁番地区文物局：《新疆都善县洋海墓地的考古新收获》，《考古》2004年第5期。

信阳博物馆，https://www.xymuseum.com/index.php?m=content&c=index&a=show&catid=40&id=664。

信阳地区文管会、罗山县文化馆：《罗山县蟒张后李商周墓地第二次发掘简报》，《中原文物》1981年第4期。

星球研究所、中国青藏高原研究会：《这里是中国》，中信出版社，2019。

邢鹏：《四系瓶、经瓶与梅瓶——"经瓶"名称由来之我见》，《文物天地》2018年第10期。

邢润川：《论蒸馏酒源出唐代——关于我国蒸馏酒起源年代的再探讨》，《酿酒科技》1982年第02期。

熊子书：《酱香型白酒酿造》，中国轻工业出版社，1994。

徐光冀主编：《中国出土壁画全集》，科学出版社，2012。

徐珂：《清稗类钞》第一三册，中华书局，1986。

徐少华：《中国酒政概说》，《中国酿造》1998年第02期。

许序雅：《粟特、粟特人与九姓胡考辨》，《西域研究》2007年第2期。

[美]薛爱华：《撒马尔罕的金桃——唐代舶来品研究》，吴玉贵译，社会科学文献出版社，2016。

薛军主编：《中国酒政》，四川人民出版社，1992。

闫恩虎：《张弼士与近代"客商"文化》，《嘉应学院学报（哲学社会科学）》2006年第24卷第2期。

颜昭斐：《葡萄传入内地考》，《考试》2012年第8期。

严小青：《中国古代的蒸馏提香术》，《文化遗产》2013年第5期。

杨富学：《高昌回鹘医学稽考》，《敦煌学辑刊》2004年第2期（总第46期）。

杨富学：《回鹘文文献与高昌回鹘经济史的构建》，《史学史研究》2007年第4期（总第128期）。

杨国誉：《"开禁"还是"飨宴"?——汉唐北宋赐酺举措缘起、背景与施行动因的再探讨》，《北京社会科学》2016年第12期。

杨倩描：《赵开酒法述评》，《河北大学学报》1986年第3期。

杨师群：《宋代的酒课》，《中国经济史研究》1991年第3期。

丝绸之路上的葡萄酒

杨师群：《宋代官营酒务》，《中州学刊》1992年第4期。

杨柳：《中国少数民族酒文化》，《酿酒》2011年第38卷第6期。

杨妹：《敖汉旗新州博物馆馆藏胡人彩陶塑》，《草原文物》2022年1期。

杨蕤：《北宋初期党项内附初探》，《民族研究》2005年第4期。

杨晓帆、高媛、韩梅梅、彭振雪、潘秋红：《云南高原区酿酒葡萄果实香气物质的积累规律》，《中国农业科学》2014年第47卷第12期。

杨彦杰：《台湾高山族的酿酒与饮酒文化》，《东南文化》1992年第02期。

杨艳丽：《明清之际西洋医学在华传播》，硕士学位论文，暨南大学，2007。

杨益民、郭怡、马颖、王昌燧、谢尧亭：《出土青铜酒器残留物分析的尝试》，《南方文物》2008年第1期。

杨印民：《禁弛之间的博弈：元代酒禁政策与弛禁》，《江海学刊》2008年第3期。

杨印民：《从榷酤到散办：元代酒课征榷政策的调适及走向》，《中国社会经济史研究》2009年第2期。

杨友谊：《"嚼酒"民俗初探》，《黑龙江民族丛刊（双月刊）》2005年第3期（总第86期）。

杨友谊：《明以前中西交流中的葡萄研究》，硕士学位论文，暨南大学，2006。

杨志玖：《马可波罗离开中国在1291年的根据是什么？》，《历史教学》1983年第02期。

杨智敏、孔德媛、杨晓云、袁金娥、刘新春、冯宗云：《青稞籽粒淀粉含量的差异》，《麦类作物学报》2013年第33卷第6期。

Valentina Yanko, "Controversy over Noah's Flood in the Black Sea: Geological and foraminiferal evidence from the shelf," in *The Black Sea Flood Question Changes in Coastline, Climate and Human Settlement*, ed. Valentina Yanko-Hombach, Allan S.Gilbert, Nicolae Panin, Pavel M.Dolukhanov (New York: Springer, 2007).

姚轩鸽：《中外酒税史料略考及其得失评析》，《宜宾学院学报》2022年第22卷第10期（总第285期）。

要云：《"阿剌吉"与"阿勒锦"——中国白酒产生年代之我见》，《黑龙江史志》2020年第8期。

叶俊士：《汉晋时期西域精绝国农业生产考述》，《农业考古》2020年第4期。

易华：《金玉之路与欧亚世界体系之形成》，《社会科学战线》2016年第4期。

[美]伊佩霞：《剑桥插图中国史》，赵世瑜、赵世玲、张宏艳译，山东画报出版社，2001。

殷晴：《物种源流辨析——汉唐时期新疆园艺业的发展及有关问题》，《西域研究》2008年第1期。

Ofer Bar-Yosef and F.Valla, "The Natufian Culture and the Origin of the Neolithic in the Levant," *Current Anthropology*, no.4(1990).

Ofer Bar-Yosef：《黎凡特的纳吐夫文化——农业起源的开端》，高雅云译，陈雪香校，《南方文物》2014年第1期。

余华青、张廷皓：《汉代酿酒业探讨》，《历史研究》1980年第5期。

余太山：《东汉与西域关系述考》，《西北民族研究》1993年第2期（总第13期）。

余太山：《〈穆天子传〉所见东西交通路线》，载上海社会科学院历史研究所《第二届传统中国研究国际学术讨论会论文集（一）》，2007。

余太山：《希罗多德关于草原之路的记载》，载上海社会科学院历史研究所《第二届传统中国研究国际学术讨论会论文集（二）》，2007。

余太山：《两汉魏晋南北朝正史西域传研究（上下册）》，商务印书馆，2013。

[日]羽田亨：《西域文明史概论》，郑元芳译，商务印书馆，1934。

袁翰青：《中国化学史论文集》，生活·读书·新知三联书店，1956。

[英]休·约翰逊：《葡萄酒的故事》，李旭大译，陕西师范大学出版社，2005。

曾枣庄、吴洪泽主编：《宋代辞赋全编》，四川大学出版社，2008。

詹嘉：《明代景德镇瓷质酒具与士人酒风》，载《第四届亚洲食学论坛（2014西安）论文集》，2014。

张春海：《唐代平卢军南下后的种族与文化问题》，《史学月刊》2006年第10期。

张福有、王松林：《破解千古"蕃书"之谜》，《松辽学刊（人文社会科学版）》2001年第5期。

张静、涂正顺、张学文、谭皓：《日本葡萄酒产地》，《中外葡萄与葡萄酒》2004年第6期。

张居中、程至杰、蓝万里、杨玉璋、罗武宏、姚凌、尹承龙：《河南舞阳贾湖遗址植物考古研究的新进展》，《考古》2018年第4期。

张广达：《唐代六胡州等地的昭武九姓》，《北京大学学报（哲学社会科学版）》1986年第2期。

张光直：《美术、神话与祭祀》，郭净译，生活·读书·新知三联书店，2013。

张国才、柴多茂：《汉唐时期丝路重镇凉州与中亚古国粟特交流研究》，《发展》2020年第2期。

张国刚：《丝绸之路与中西文化交流》，《西域研究》2010年第01期。

张国刚：《中西文化关系通史（全二册）》，北京大学出版社，2019。

张锦鹏：《试论中国古代实施禁榷制度的目的》，《贵州社会科学》2002年第4期（总178期）。

张君君：《宋元时期中外农业科技文化交流研究》，硕士学位论文，西北农林科技大学，2017。

张宽：《慈禧与美国女画家》，春风文艺出版社，1993。

张庆捷：《胡商　胡腾舞与入华中亚人——解读虞弘墓》，北岳文艺出版社，2010。

张诠：《"穆塞勒斯"趣谈》，《新疆地方志》1992年第3期。

张松柏：《敖汉旗李家营子金银器与唐代营州西域移民》，《北方文物》1993年第1期（总第33期）。

张素凤、卜师霞：《也谈"妇好墓"》，《中原文物》2009年第2期。

张星烺：《中西交通史料汇篇》，辅仁大学图书馆，1930。

张星烺：《欧化东渐史》，商务印书馆，2015。

张裕酒文化博物馆展板。

张宗子：《葡萄何时引进我国？》，《农业考古》1984年第02期。

翟少冬：《面包还是啤酒？——从近东地区石臼的功能看科技手段在石器功能研究中的应用》，中国社会科学院考古研究所中国考古网，http://kaogu.cssn.cn/zwb/kgyd/kgsb/202007/t20200730_5163567.shtml。

赵兴连：《"酒为百药之长"的作用机制》，《山东中医杂志》2000年第19卷第8期。

赵志军、张居中：《贾湖遗址2001年度浮选结果分析报告》，《考古》2009年第8期。

赵志军：《新石器时代植物考古与农业起源研究》，《中国农史》2020年第3期。

赵志军：《农业起源研究的生物进化论视角——以稻作农业起源为例》，《考古》2023年第2期。

郑炳林：《晚唐五代敦煌酿酒业研究》，《敦煌归义军史专题研究三编》2005年。

仲高：《丝绸之路上的葡萄种植业》，《新疆大学学报（哲学社会科学版）》1999年第27卷第2期。

中国第一历史档案馆：《康熙朝汉文朱批奏折汇编》，档案出版社，1985。

中国第一历史档案馆：《康熙朝满文朱批奏折全译》，中国社会科学出版社，1996。

钟立飞：《酒禁与中国封建社会粮食问题》，《农业考古》1993年第3期。

中国社会科学院考古研究所：《殷墟妇好墓》，文物出版社，1980。

中国社会科学院语言研究所词典编辑室：《现代汉语词典（第5版）》，商务印书馆，2005。

周峰：《金代酒务官初探》，《北方文物》2000年第2期（总第62期）。

周恒刚：《大曲的特征》，《酿酒科技》1993年第2期。

周鸿承：《马可波罗与东方饮食文化的传播及影响》，《地域文化研究》2017年第3期。

周嘉华：《苏轼笔下的几种酒及其酿酒技术》，《自然科学史研究》1988年第7卷第1期。

周嘉华：《中国蒸馏酒源起的史料辨析》，《自然科学史研究》第14卷1995年第3期。

周嘉华：《曲蘖发酵》，《广西民族大学学报（自然科学版）》2016年第22卷第2期。

周全霞：《清康雍乾时期的酒政与粮食安全》，《湖北社会科学》2010年第7期。

周伟洲：《唐代六胡州与"康待宾之乱"》，《民族研究》1988年第3期。

周勋初：《李白评传》，南京大学出版社，2005。

周祖亮：《简帛医书药用酒文化考略》，《农业考古》2015年第4期。

朱宝镛：《古人笔下的蒸馏酒从朱德润的〈轧赖机酒赋〉看元代的蒸馏设备与工艺》，《黑龙江发酵》1982年第02期。

祝慈寿：《中国古代工业史》，学林出版社，1988。

朱起凤：《辞通》，上海古籍出版社，1982。

祝亚平：《从"滴淋法"到"钓藤酒"——蒸馏酒始于唐宋新探》，《中国科技史料》1995年第16卷第1期。

朱瑞熙等：《辽宋西夏金社会生活史》，中国社会科学出版社，1998。

子仁：《中国梅瓶史小说》，《大匠之门——2018年北京画院论文合集》2018年。

参考文献